汉译世界学术名著丛书

十六、十七世纪科学、技术和哲学史

上册

〔英〕亚·沃尔夫 著

周昌忠 苗以顺 毛荣运

傅学恒 朱水林 译

周昌忠 校

商务印书馆

2016年·北京

Abraham Wolf

A HISTORY OF SCIENCE,
TECHNOLOGY, AND PHILOSOPHY
IN THE 16TH & 17TH CENTURIES

London: George Allen & Unwin Ltd.
First Published in 1935
据伦敦乔治·艾伦与昂温公司 1935 年初版译出

汉译世界学术名著丛书
出 版 说 明

我馆历来重视移译世界各国学术名著。从五十年代起，更致力于翻译出版马克思主义诞生以前的古典学术著作，同时适当介绍当代具有定评的各派代表作品。幸赖著译界鼎力襄助，三十年来印行不下三百余种。我们确信只有用人类创造的全部知识财富来丰富自己的头脑，才能够建成现代化的社会主义社会。这些书籍所蕴藏的思想财富和学术价值，为学人所熟知，毋需赘述。这些译本过去以单行本印行，难见系统，汇编为丛书，才能相得益彰，蔚为大观，既便于研读查考，又利于文化积累。为此，我们从 1981 年至 1989 年先后分五辑印行了名著二百三十种。今后在积累单本著作的基础上将陆续以名著版印行。由于采用原纸型，译文未能重新校订，体例也不完全统一，凡是原来译本可用的序跋，都一仍其旧，个别序跋予以订正或删除。读书界完全懂得要用正确的分析态度去研读这些著作，汲取其对我有用的精华，剔除其不合时宜的糟粕，这一点也无需我们多说。希望海内外读书界、著译界给我们批评、建议，帮助我们把这套丛书出好。

商务印书馆编辑部

1991 年 6 月

图 1—培根著《新工具》的扉页

"杰出的先生,来吧,打消惊扰我们时代庸人的一切疑惧;为无知和愚昧而作出牺牲的时间已经够长了;让我们扬起真知之帆,比所有前人都更深入地去探索大自然的真谛。"

〔亨利·奥尔登伯格:1662年7月致斯宾诺莎的信。他在信中报告说,由他当首任秘书的皇家学会已领到特许状。——《斯宾诺莎书信集》(*The Correspondence of Spinoza*),亚·沃尔夫译,1928年,第100页〕

目　　录

序　言

本书试图对十六和十七世纪里整个“自然”知识领域的成就作一个相当完整的叙述。所有的科学，包括迄今尚未纳入科学史的那几门科学，都受到了应有的注意，而且详细叙述了近代这最初两个世纪里，每门科学所做的一切重要工作。技术的各个主要分支也占了相当的篇幅。此外，本卷还相当完备地论述了这个时期的哲学，以帮助理解这个时期的科学家们的一般的理智倾向。希望本书行文的明白晓畅和富有启示的插图能使一般读者从这部历史获益较多。然而，本书主要旨在满足严肃的学生的需要。因此，本书完全是根据史料写成的。把精选的参考书目（注明确切的出处）插在正文之中的安排，或许比通常那种正式的书目更有帮助得多，后者使得寻找一个具体观点的根据犹如大海捞针一样困难。在最后一卷中将包括一个对于整个近代的比较正式的参考书目。

本书本身是完整的。然而，我打算它仅仅成为一部完整科学史的一个片段。作者计划接下去撰述十八和十九世纪，然后再是古代和中世纪。不过，每一卷都将尽可能地做到接近自成一体。当然，人类历史不可能同确切的世纪相吻合。和其他人类活动领域一样，在科学中，一个世纪里发生的事情也有其在以前世纪里的先声和以后世纪里的余绪。因此，为了使每一卷更加易于理解，并自成一体，作者已经并将继续毫不犹豫地间或述及主题以外的世纪。

在一个极端专门化的时代，像本书这样的百科全书式的著作可能显得和时代不合拍。然而，人们已普遍认识到，这种趋向狭隘专门化的倾向已经走得太远了。当代科学和哲学的密切关系，对历史和科学发展的日益增长的兴趣，都可以认为是一个证据，证明人们越来越认识到需要比较广阔的视野。本书的撰写首先是为了满足伦敦大学学生学习科学史、科学方法和科学原理等课程的需要。然而，作者也期待它的效用将远远超出这个范围。

xxvi

不用说，没有其他专家的帮助，这个工作是完成不了的。作者非常幸运地得到了许多同事的极为宝贵的帮助。这里把他们的名字按字母顺序记下，并简扼地说明他们每人所提供的帮助。A. 阿米塔奇先生不仅在天文学和数学这两个具体学科上，而且还在许多其他方面，都给予慷慨帮助。F. 丹内曼教授让作者应用他在这个领域里多年工作的成果，虽然德国的环境不幸妨碍了我们原先准备进行的更为密切的合作。R. 道林小姐校阅了生物学部分。L. N. G. 菲伦教授不顾他在伦敦大学副校长任上日理万机，还是抽出时间仔细审阅了有关天文学的各章，并以他在这个学科方面的精湛学识使之生色。W. T. 高顿教授就这个时期的地质学提出了一些非常有益的意见。S. B. 汉密尔顿先生在一部分关于技术的章节上提供极为有益的帮助。L. 罗德伟尔·琼斯教授通读了地理学那一章。D. 麦凯博士以他关于化学史的专门知识，提供了宝贵的帮助。L. C. 罗宾斯教授审阅了经济学部分。D. 奥森·伍德先生对物理学各章作了精到的批判。本书还从 T. L. 雷恩先生在数学史方面的精湛学识中获益不少。作者深切感谢所有这些同事，赞赏他们的友情。但是作者并不想逃避对全书所负的责任。

在本书的写作过程中，作者自然常常去图书馆查阅稀罕的古籍。伦敦经济学院、伦敦的大学学院和伦敦大学的图书馆都不遗余力地为作者寻找所需要的书籍；它们使作者受惠良深。

作者对插图特别重视，为它们查遍了一切可能的资料。许多线条画由 D. 迈耶小姐复制并作了修改，作者非常感激她的技艺和同情。伦敦科学博物馆当局也惠允复制馆藏的一些古老版画的照 xxvii 片等等。《矿业杂志》(*The Mining Magazine*)的所有主允准使用阿格里科拉的胡佛版本的许多插图。约翰·莱恩先生同意复制 W. G. 贝尔的《伦敦大瘟疫》(*The Great Plague in London*)的死亡率表的摹本。梅休因先生及其同事允许使用 Wm. 巴雷特爵士和 T. 贝斯特曼的《魔杖》(*The Divining Rod*)的卷首插图。作者对所有这一切恩惠表示感谢。

不用说明，读者也一定知道为了撰写这本书，作者何等地含辛茹苦。在这漫长而又艰苦的事业中，始终支持着作者的，除了他对这个题目抱有兴趣之外，是作者相信世界需要重新确定新的理智发展方向，并相信为此最好是从仔细研究人类思想在那些最为客观的领域里的历史开始。正是本着这种信念和希望的精神，作者承担了这项工作，并已经进行到了今天。作者希望，读者也将本着同样的信念和希望——以及博爱的精神阅读它。

亚·沃尔夫

1934 年 12 月于伦敦大学

第一章　近代科学

近代科学的肇始

在近代之初，科学还没有与哲学分离，科学也没有分化成众多的门类。知识仍然被视为一个整体；哲学这个术语广泛使用来指称任何一种探索，不管是后来狭隘意义上的科学探索还是哲学探索。然而，这些变化已经发生。近代科学先驱者们的数学和实验倾向，不可避免地导致分化成精密科学即实验验证的科学和纯思辨的哲学。同样，虽然经常是同一个人研究一切门类学科，同一本书论述的内容无所不包，但是科学成果的迅速积累还是不可避免地迅速导致劳动分工，导致分化成若干门科学。本书对科学的分类，有人很可能认为与时代不合拍。但是就简单性和条理化而言，这种分类还是合理的。没有条理分明的论述方案，近代科学前几个世纪的叙述必将陷于极端混乱。同时，一部史书的职责也毕竟是把事理弄清楚。

一个个历史时代都不是突然出现的。它们通常总需要有预先的准备。所以，要确定它们的开端是困难的。科学的近代是跟着文艺复兴接踵而来的，文艺复兴复活了一些反对中世纪观点的古代倾向，而且部分地也是由于这个原因，那些对中世纪的生活和实在观心怀不满的人都拥护文艺复兴。不信宗教的古代和中世纪的基督教世界泾渭分明。中世纪基督教趋向于自我克制和向往来[2]世。恪守宗教生活誓约的理想的基督教徒一心想着天国。他对自然界和自然现象,从根本上说毫无兴趣。自然的欲望必须转变成隐秘的神迷;自发的个人思想必须服从权威。重见天日的希腊和罗马古籍犹如清新的海风吹进这沉闷压抑的气氛之中。诗人、画家和其他人激起了对自然现象的新的兴趣;有些勇敢的人充满了一种渴望自主的理智和情感的冲动。在这些方面,近代思想基本上是古代的复活,借助古代学术而问世。而近代科学在它的早期阶段,更加具体地得助于古代流传下来的天文学、数学和生物学论著,或许其中大都是阿基米得的力学论著以及亚历山大里亚的希罗和维特鲁维乌斯的技术著作。

中世纪对自然现象缺乏兴趣,漠视个人主张,其根源在于一种超自然的观点、一种向往来世的思想占据支配地位。与天国相比,尘世是微不足道的,今生充其量不过是对来世的准备。教会对天恩灵光所启示的真理拥有绝对权威,与此相比,理性之光则黯然失色。诚然,与感化的理由相比,托马斯·阿奎那及其门徒承认除天恩灵光之外,理性之光也是知识的一个源泉;但是甚至他们也毫不怀疑自然知识从属于天启。有人试图声称经院哲学是理性主义的;怀特海教授甚至已把近代科学说成是"从中世纪思想的固定合理性的倒退"(*Science and the Modern World*, p. 11, ed. 1929)。这种说法只说对了一点点,且容易令人误解。经院哲学家无疑是聪明的唯理智论者,而且已证明思想极为敏锐。在寂寥的中世纪里,他们为维持基督教世界的思想的生存,无疑也作出了宝贵的贡献。但是,他们的推论总是囿于基于权威的前提;他们从不试图运用,也不允许其他人运用更为宽广的理性,后者企求囊括整个人类经验,而没有任何像权威所规定的教义那种专横的限制。对确凿的观察事实抱应有的重视乃是任何彻底理性的一个不可或缺的部分,而不是理性的倒退;那种半截子的理性是不完全合理的,然而它在其他方面可能是敏锐的和合理的。就此而言,近代科学也是恢复到隐含地依赖于古人所遗留下来的自然知识。从近代最初开始,人们注意起大自然的确凿的事实,并重视经验尤其是实验。这种状况主要是自然主义的精神所促成的。自然主义既体现了不信宗教的古代学术的复兴,又为这种复兴所鼓动。自然主义的精神同弥漫在中世纪理智气氛之中的超自然主义精神大相径庭。它不是从理性倒退的结果,而是迈向不受任何界限限制的更自由、更完整的理性的一大步。这就是为什么科学是普遍的,而基督教则不然的原因所在。科学对培育它的推理不施加任何专横的限制;但是基督教通常总把理性的范围限制在它的几条信经或教义的专横界限之中。

上述的对比还可以用一种略微不同的方式来说明。自然主义观点可以认为本质上是世俗的、注重事实的观点;超自然主义观点则倾向于神秘。前者寄望于大自然的规则性,后者则准备在自然现象中发现奇迹和魔法。甚至不信仰宗教的古代也感染上轻信迷信,但没有达到中世纪基督教世界那样的程度。近代花了很长时间才抛弃掉了中世纪的迷信。要知道巫术的自然观曾何等有力地控制着中世纪和近代初期的知识界和民众,只要想一下巫术迷信是多么顽固,在近代的头几个世纪里还有无数人被狡猾的审判者和教会权贵指控行巫而牺牲就可以了。像威廉·哈维和托马斯·布朗爵士那样的名医也曾涉嫌行巫而受审,这是令人震惊的。因此,自然知识的增长和机械装置的发明,以利用“自然”魔法创造奇迹,从而使近代世界摆脱笼罩中世纪的黑暗的神秘势力,只是在缓慢地进行。

当然,对自然现象抱世俗态度并不一定排斥对世界抱宗教态度。开普勒的看法就是一个特别突出的例子。他的态度不仅是宗教的,而且还极其神秘。他的伟大的天文学发现主要出于宗教动机。他从寻找上帝之路出发,结果发现了行星的路径。笛卡儿也有神秘主义的倾向。这从他对1619年11月10日夜间梦境所作的叙述可以看出,后面我们在适当的地方还要详述。但是,他的科学著作却是用世俗的观点写的。近代科学的先驱者们实际上都笃信宗教,事实上都是基督教的忠实儿子。然而,对科学来说,幸运的是:他们对于自然现象的态度都基本上是世俗的、注重事实的。开普勒的神秘狂受到第谷·布拉赫经验主义的有效遏制,后者使他成为一位科学的天文学家,即使还没能使他克服崇拜太阳的倾向。伽利略明确地区分,宗教的职责是教导去天国的门路,而天文学的职责是发现天空中的道路。甚至牛顿也是这样,虽然他对传统的神学问题比伽利略、开普勒或者笛卡儿兴趣更大,但他仍极为谨慎地把神学教义甚至哲学假说排斥在科学之外。经院哲学或者说托马斯主义认为知识有两种或两个来源的观点可能仍旧有用,因为笛卡儿无疑就是如此。甚至像雅科布·波墨以及开普勒和笛卡儿等人的神秘经验可能也有一定的价值,不论对它们做什么心理学上的解释。因为他们必定加强个人自主的要求而反对教会的权威。总之,近代科学与古代思想相似,而与中世纪思想不同,它采取了一种世俗的注重事实的态度。

近代科学和中世纪的思想也还有一些其他差别。然而,这些差别与上述的不同,它们一般不涉及中世纪思想和希腊思想之间任何带根本性的分歧。它们相反倒是由于这样的事实:中世纪的思想家信奉一套希腊思想,而近代科学先驱者却接受另一套希腊观点。经院哲学在不涉及宗教教义的问题上,把亚里士多德奉为权威。于是,亚里士多德基本上是一个生物学家,他的科学主要是定性的而不是定量的。他从事把事物分成类和亚类,列举它们的属性,区别本质属性和非本质属性。中世纪思想继承了亚里士多德的传统。但是,还有另一个更早的希腊传统或者说思想派别即毕达哥拉斯派。这种派别把数或量放在无上的地位。近代科学的开创者们满脑子都是毕达哥拉斯主义精神。哥白尼和开普勒尤其如此,而伽利略和牛顿也大致如此。因此,他们趋向否认那些所谓第二性的性质的客观实在性,因为这些性质不能作数学处理。而主要是像玻意耳、吉尔伯特和哈维这样的非数学的科学家才不这样地走极端。不管怎样,近代科学始终坚持尽可能精确定量的描述和定律的理想。

5

中世纪和近代思想家对希腊传统的选择上的另一个分歧在于他们所赞成的解释的种类。经院哲学家沉迷于苏格拉底和柏拉图使之流行的那种解释。这种解释在于发现事物所服务的目标或目的,在于指示事物适合的对象;在柏拉图的宇宙图式中,有一个目的或者说“善”的等级体系,其极点是最高的“善”,宇宙万物都朝这个目标运动。中世纪思想荒诞不经地胡乱杜撰,说事物都服务于它的种种虚幻的目的。这种想象出来的目标通常都是人的目的。因此，这种目的论的解释倾向于助长中世纪的人类中心偏见。万物都被认为是旨在并被指定服务于某种人类需要。人们几乎要说，上帝自己也被认为主要在忙于人类的事务。当这样地把人类看做宇宙体系的中心时，他们的舞台地球自然就被看成是宇宙的中心了。因此，地心说的盛行成了阻碍天文学变革的最大障碍之一。近代科学是从尽可能地拒斥目的论解释开始的，而且今天仍然这样。它接受德谟克利特和其他原子论者所提倡的解释方法，即根据产生事物的原因和条件、事物的直接原因而不是最终原因来解释。这种解释方式与近代科学的数学倾向很合拍，因为数学是目的论显然没有立足之地的一个知识领域。

简单说来，区别近代科学与中世纪思想的一般特征便是这样。自然，这种变革起初并不彻底。开始时科学家人数很少，而且即使是这些人也由于害怕或出于习惯而作出种种妥协。乔丹诺·布鲁诺和米凯尔·塞尔维特的牺牲以及伽利略和其他人的遭遇都表明面对强大的教会应当谨慎行事。人们可能欣赏列奥那多·达·芬奇和十五世纪类似人物的智慧，他们抑制自己不发表观点。从上述的任何一个标准来看，列奥那多·达·芬奇都算得上是一位卓绝的近代科学家。虽然他和亲密的同人足以能用个人的不引人注目的方式帮助为未来的进步开辟道路，但是世界还没有为他准备好条件。第一个重大进步是在十六世纪中叶作出的，因为哥白尼发表了日心说(1543 年)。科学的进展不是在整个战线上同时取得的，而是一部分一部分地在不同时期里取得的。带头的是天文学。继而是十六世纪的物理学。化学在十八世纪得到发展。尽管维萨留斯(1543 年)和哈维已带了头,但生物科学仍落在后面,直到十九世纪才取得进展。

历史的遗产

新时代所承担的许多任务,古代人大都早已注意过了,只是在中世纪遭到漠视。因此,新时代也不得不几乎就是接着古代人继续把这些任务搞下去。诚然,近代也给这些旧任务增加了越来越多的新任务,而且也意识到新任务、新发现和新发明等方面有着无限的可能性。但是,这并不影响近代对古代的感激。因此,我们首先应当概要地说明这份历史遗产。

希腊人已从根本上奠定了数学的基础,欧几里得更是极为完整地使之臻于系统化。阿基米得和阿波洛乌斯对数学科学尤其是圆锥曲线理论作了重要的补充。接着,托勒密的《至大论》(*Almagest*)提出了平面三角学和球面三角学的纲要。更晚些时候,主要借助于印度和阿拉伯,出现了通用的数系和代数学的雏形。

古代人还引人注目地教导过怎样把数学运用于解答天文学和力学中的问题。托勒密和阿基米得的著作里有大量这种应用的例子。此外,对恒星的运行也进行了大量观察,并作了记载。正确的天文学理论也已有了开端,只是需要发展得更加完备。希腊人的天文学方法和仪器跟近代第一批天文学家所使用的本质上是相同的;他们研究的问题也基本相同。地球周长的确定、它与其他天体的关系、恒星区域的形貌学、空间和时间的精确测定以及交食之类天文学事件的预测,所有这些问题都是古代尤其是亚历山大里亚 7

时期所熟悉的，而近代首先是从托勒密的著作中学到这些东西的。

在古代，静力学和光学也都作为科学而得到发展。实际上，这些研究尤其适合于应用希腊人极为崇尚的演绎方法。他们获得的成果已为近代人所继承。至于物理学的其他分支，情况就不同。除了少数零星的观察资料外，从希腊物理学学不到多少有价值的东西。磁学和电学尤其如此。气体和蒸汽的研究也多少是如此，尽管亚历山大里亚的希罗曾对这个课题作出过一些有意义的贡献。

化学也是在亚历山大里亚成长，在那里古埃及传下来的经验知识同希腊思想相接触，促使化学变得更加科学。但是，由于新柏拉图主义的影响，亚历山大里亚的化学家变成了神秘的方士。他们搜寻创造奇迹的物质，例如能把贱金属嬗变成贵重金属的"哲人石"或者能够起死回生的"长生不老药"或"万应灵药"。中世纪虽然也对实验化学作出过一些有价值的贡献，但主要兴趣还在于这种炼金术。在哥白尼开创近代以后，化学在很长时间里基本上仍保持着它在中世纪的特征。

在自然历史的领域里，以及一般地在各门描述科学里，近代也还是在继续古代的工作。首先，由于重新研究古典作家而带来了推动，逐渐地产生的对独立观察的兴趣日益取代了习惯上对书本和权威的信赖。随着比较精密的科学的发展，也大大促进了各门描述科学，以致它们所积累的观察资料远远超过古代人。

另外，古代所获得的科学知识在中世纪没有完全丧失掉。无论怎样，在希腊流亡者或者移民的帮助下，东方同古代科学保持着一定程度的连续性。他们甚至企图通过独立研究来发展这种知识。我们发现,在九、十世纪里,许多阿拉伯作家在科学和医学上显示出一定的独立性。这个运动在十一世纪达到顶峰。

技术的发展在为近代作准备中起了重要作用。当然,技术也起源于古代。但是在十一世纪和更早的时候,波希米亚、德国、匈牙利等等国家里铁矿业、盐场、铸造厂、玻璃厂等等的发展,对于近代的形成起了特别重要的作用。从事各种工业的技术人员不再一味啃书本。他们不可避免地从直接研究事实中获取学识。任何权威的书本对他们都毫无用处。起初,他们的实际知识是靠口头传播的,所以不可能对纯粹科学产生很大影响。但是有些技术人员逐渐地用语言来表述了,或者更确切地说是诉诸文字了,而在印刷术发明之后,他们的书对近代科学的客观态度的发展起了一定的作用。

知识的世俗化

中世纪科学道路上的主要障碍是基督教会。教会主要关心平民,蔑视世界和众生,而且傲慢地自信拥有无所不包的天启真理。因此,教会始则轻视继而敌视一切企图凭借独立的理性之光来探索自然知识的人。事实上,教会有时也感到,利用科学和哲学的论据来反驳不信宗教的人或者异端是很得策的。但是,任何这种非宗教的思想都必须服从教会的教义。像罗吉尔·培根(1214—1292)和列奥那多·达·芬奇(1452—1519)那样具有独立精神的人都慑于教会的权势而噤若寒蝉。如果能够自由行事的话,他们本来会使科学得到复兴。甚至文艺复兴和宗教改革运动也都没有直接促进科学发展。诚然,文艺复兴通过与自然主义的异教相接触而向基督教世界吹进了一股清新的凉风。但是,它更关心的是书本知识,而不是对自然的第一手研究。而且在大学里,古典文学的研究也证明不利于科学研究。至于宗教改革运动的领袖们,他们至少也像天主教一样容不得异端。然而,这两个运动都间接地对科学事业有所贡献。教派争吵不休和教会专横的褊狭使一些出类拔萃的人对它们退避三舍,他们转而诉诸理性之光来探求真理,漠视一切教派声称的天启的权威。这些人立即就受到文艺复兴运动所振兴的自然主义精神的影响。当各大学对科学采取冷漠态度的时候,一些新的研究机构或研究院却为了促进实验科学而建立起来了。这些新的研究机构中,著名的有佛罗伦萨的西芒托学院(建于 1657 年)、伦敦的皇家学会(建于 1662 年)和巴黎科学院(建于 1666 年)。这些研究机构在某种程度上受到政府的鼓励,政府期待它们将作出许多有用的发现作为报偿。例如,为了英国海军的利益而建立的格林威治天文台(1675 年),在很大程度上就是这样。这样,知识的探求逐渐地世俗化了,走出中世纪的修道院而进入近代世界,虽然不进行斗争,教会是不会善罢甘休的。

此外,还有一些政治因素也在起促进作用。在近代最初的科学史上,像在经济和政治领域里一样,英国和荷兰在科学领域里也起了重要作用。这两个国家通过国际贸易的经验学会了采取宽容的态度;两国都与天主教进行斗争;它们的政府因此更倾向于对那些探求自然知识的人采取一定程度的容忍态度,给予相当的自由。荷兰实际上变成许多学识渊博的法国人的避难所,这些法国人在祖国感到不安全,因为那里天主教对大学控制得相当严密。学术界和科学界还感激荷兰的是，埃尔策维尔斯出版社和其他出版社出版了大量书刊，它们在那些关键性的年月里大大促进了知识的发展。

科学仪器

近代科学的主要特征之一在于使用科学仪器。这些仪器的功能各不相同。它们使观察者得以大大改进他们原来可能已仅仅用感官进行过的观察，虽然还不是那么完善。它们可能使观察者发觉那些否则根本察觉不到的东西。它们便利了对各种现象作精密测量。它们也许使得能够在可以严格控制的条件下研究一个现象，因此有理由认为所得的结论是可靠的。科学仪器已经并且现在仍然从这些方面对近代科学提供了极其重要的帮助，而且成为它与以前科学的主要区别之一，以前科学仅仅使用一些极其简陋的仪器。十七世纪里，至少发明和使用了六种非常重要的科学仪器，即显微镜、望远镜、温度计、气压机、抽气机和摆钟。这些和其他一些仪器将在后面加以论述。不过，这里就总的方面略述一二也许还是恰当的。显然，天文学家用望远镜比用肉眼能够更清楚地看到遥远的天体（如果他们不用望远镜却能看到的话）。同样，10 利用显微镜就可以研究微小的物体。气压计和温度计也使得能够分别观察和测量气压和温度的变化，而否则这些变化就发觉不了，或者至少无法测量。抽气机使得物理学家对空气性质的研究能够在按照所有关于空气的相互冲突的推测而设置的条件下进行。最后，摆钟使得人们能够测量微小的时间间隔，而在摆钟发明以前，这根本不可能测量,或者至少不可能测量得这样精确。此外,对各种现象的测量以及把它们定量地关联起来,在近代科学中起了那么大的作用,以致很难设想要是没有上述的和类似的科学仪器的帮助,近代科学会有可能存在。

第二章　哥白尼的革命

哥白尼的生平

尼克拉·哥白尼克（我们以后将用大家更熟悉的他的拉丁文名字尼古拉·哥白尼）1473年2月19日出生在维斯杜拉河畔的托伦城。他的父亲是一个商人，其国籍到底是德国还是波兰，至今仍然是个有争议的问题。他的母亲是德国血统。父亲在1483年去世，哥白尼由他舅父抚养，舅父想叫他在教会供职。在托伦上中学以后，哥白尼在克拉科夫大学读了三年书。在阿尔伯特·布鲁兹乌斯基的教育下，他对数学和天文学发生兴趣，并且养成了使用天文仪器观察天象的习惯。在与他舅父（当时是埃尔梅兰的主教）一起过了两年之后，1496年哥白尼来到意大利，在随后的十年里他先后在波洛尼亚、帕多瓦和斐

图2—哥白尼

拉拉三所大学里攻读。在这些年里，他学习的专业科目是法律和医学。虽然今天对他在意大利的活动知道得不多，但是有充分的理由可以认为，他在意大利花了大量时间研究理论和实用天文学。

在波洛尼亚期间，哥白尼与该校天文学教授多美尼哥·迪·诺瓦拉有密切的个人接触。诺瓦拉是在自然哲学中复兴毕达哥拉斯思想的领袖，这个运动当时正在唤醒意大利的各所大学。两人在一起进行观察，在一种哥白尼习见的那些圈子中所看不到的自由气氛中，讨论托勒密《至大论》的错误以及改进托勒密体系的可能性。毋庸置疑，正是在勾留意大利期间，哥白尼最早受到激励，立志改革天文学，后来在他隐退的年月里终于获得成功。

在哥白尼勾留意大利期间，他已被任命为他舅父主管的教区内的弗劳恩堡总教堂的牧师。但是回国以后，他仍与舅父一起住在舅父在海尔斯贝格的邸宅，直到 1512 年这位主教去世。然后，哥白尼到弗劳恩堡总教堂任职，他在那里度过了一生余下的三十年，除了偶尔中断过而外。这三十年从表面上来看，是哥白尼一生 12 最平静的年代。他参与牧师会的事务，做了一点政治工作，还免费为这个地区的贫民治病。但是，正是在这些年里，哥白尼构想了他的行星系的细节，对大量复杂的计算作了整理(通过这些计算，这个思辨的体系终于达到了在数字上的精确)，并且逐步地使手稿臻于完善，记载着他的全部劳动成果的这部手稿最后奉献给了世界。

13 哥白尼从一开始就清楚地认识到，由于他发表关于太阳系结构的新观点，将会引起来自学术和教义两方面的反对。所以，他年复一年地不断修订他的手稿，而对是否发表这部手稿一直犹豫不决。然而，当他的真正见解走漏了风声以后，便引起了议论和好奇;大约在 1529 年,他把《短论》(*Commentariolus*)的手稿在朋友中间传阅。这本小册子对他体系的描述很接近最后文本,但是所有计算都略去了。(根据 Curtze 对两份存留的手稿作过校勘的《短论》的一个文本刊印于 L. Prowe: *Nicolaus Coppernicus*, Berlin,1883,1884;Bd. II.)大约十年以后,哥白尼接待了年轻天文学家乔治·约阿希姆(更出名的是他的拉丁名字赖蒂库斯)的长时间来访,后者研究了尚未发表的手稿,并以《概论》(*Narratio Prima*)(1540 年)为题把它印出让更广泛的人知道这份手稿的内容。

三年以后,已经衰老多病的哥白尼在朋友们的劝说下,终于决定将手稿托付赖蒂库斯去发表。这本书在纽伦堡印刷,于 1543 年出版;据说第一本书送到哥白尼手里几小时以后,他就逝世了,那是 1543 年 5 月 24 日。

这本印成的书以《托伦的尼古拉·哥白尼论天体运行轨道(共六册)》(*Nicolai Copernici Torinersis de revolutionibus orbium coelestium Libri VI*)为题,并奉献给了在位的教皇保罗二世,哥白尼要求他给予关心和保护。然而,这第一版几乎每一页都与原稿不同。书名本身就是添加上去的,有理由可以认为,哥白尼更愿意简单地把他的著作称为《天体运行论》(*De Revolutionibus*)。手稿曾佚失两百多年,但又重新发现,并及时据此出了"世俗版"(*Säkul ar-Ausgabe*)(托伦,1873 年),这是该书的权威版本。

哥白尼的书发表以后的一些年里,究竟把他的假说看做对地球和行星实际运行的描述,还是只不过用作为一种便于编制行星表的计算工具,人们还拿不准主意。在当时宗教见解的状况下,接受还是拒绝哥白尼的学说,在很大程度上取决于从哪种意义来理解它们。因此,这个问题就变得更为重要了。这种不确定的状况主要是由于该书出版时的情势所造成的。起初负责印制工作的赖蒂库斯没有完成就先期因故离开了,他把这项工作委托给当地的一个路德教牧师安德烈亚斯·奥西安德尔,他是数学家,也是哥白尼的朋友。奥西安德尔害怕地球运动学说会触怒哲学家和严酷的路德教派,因此他在书中插入了自己写的短序,声明这全部学说仅仅是一种计算工具,并不冒犯《圣经》或者自然的真理。哥白尼的朋友们一眼就看出这篇伪作,最后是开普勒加以揭露(*Astronomia Nova*,扉页的背面,ed. Frisch, Vol. III, p. 136)。奥西安德尔或许是出于善意,因此预先就劝告哥白尼插入这样一个祈求宽恕的序言,但哥白尼拒绝这样做。序言读起来很奇怪,与正文格格不入,但是直到原稿被重新找到以后,才得以最后宣布序言是添加上去的。在充满毕达哥拉斯思想的哥白尼看来,行星运动的最精致和最谐和的数学表示,无疑是唯一真正的行星理论。

哥白尼的天文学

在他的《天体运行论》的献词性的序言里,哥白尼开门见山地让读者了解那个他毕生为解决它而工作的由来已久的问题。这个问题就是要弄清楚,哪些几何定律在支配行星的运动,以便解释过去观察到的视运动和预言行星的未来运动。自古以来不断有人尝试解决这个问题,结果产生了两大类型理论。

第一种类型理论全要追溯到柏拉图的学生欧多克索的同心球。在该体系中，每颗行星据认为都镶嵌在一个以地球为中心的匀速旋转的球的赤道之中。这个球的两极固定在第二个外面的球的表面，这个球与第一个球同心，绕一个轴匀速旋转，这轴不断倾向于第一个球的轴。第二个球又与第三个球结成这种关系，如此直到球的数目满足解释所观察到的行星行为的需要。这种理论符合亚里士多德的物理学体系，而且实际上构成了这个体系的基础；由于这个缘故，中世纪的自然哲学家复活了这个理论。但是实际的天文学家已不能容忍同心球体系，这不仅是因为它与好多众所周知的天文现象不相符合，而且还因为行星运动已表明极为复杂，而如果用这种方式来表示，那球的组合便繁复得不堪设想。因此，借助这种假说从未得出过数值定量的理论去作为星表的基础。哥白尼认识到，沿着这条路线不可能取得进步。 15

哥白尼在序言中提到的第二种类型行星理论系利用亚历山大里亚天文学家的偏心圆和本轮。这些理论从一颗行星匀速地画一个以地球为圆心的圆这个概念出发，然后通过使圆心偏离地球而改进之，把匀速运动看做圆内的一个任意选定的点，把圆上的动点仅仅看做行星实际沿其旋转的一个更小的圆的圆心。这样便建立起了托勒密的复杂的行星体系。这个体系在十四个世纪以后仍然主宰着哥白尼时代的天文学。与欧多克索的体系不同，这个体系极其适合作为星表的基础；但是在这个精心构造的体系中，亚里士多德物理学的基本原理已被抛到了九霄云外。

哥白尼说明了他如何不满意这种局面，决心用不同的方法来解决这个问题。在探索新的思想时，他从研究古典作家着手，看看他们不得不给出过哪些可供选择的理论。他发现，相当一批早期的思想家，例如希塞塔斯、费劳罗和旁托斯的赫拉克利德都曾经把某种形式运动（沿闭合轨道的轴向旋转）归因于地球；他就是这样引证了好几位古典作家。我们不能肯定哥白尼究竟是起初就真的从他提到的那些作家获取思想，还是只是为了给当时的读者留下印象而提出这些名字。我们在本章后面还要谈到哥白尼概念的独创性问题。总之，他利用这些古典著述作为提出他自己体系的一种理由，在他的体系中，地球绕自己的轴转动，而且又作为行星之一而绕着太阳旋转。

哥白尼写道："以此为契机，我也开始思考地球运动的能力。虽然这种思想看起来荒诞不经，但是我知道，有人在我之前已自由地想象他们要用哪些圆圈以便解释天文现象。因此我想，我不也可以尝试一下，假定地球具有某种运动，看看能不能为天球的转动比别人找到更加有效的论证。

"这样，在假定了这些运动（我在本书后面还将把它们归因于

16 地球）以后，我经过大量持久的观察，终于发现，如果把其余行星的运动归因于地球的转动，并按每个行星的周期计算这些运动，那么，不仅将得知这些行星现象是一种结果，而且，这些行星和所有天球依次相继的顺序和大小乃至天穹本身都彼此密切相连，以致任何部分如果调换位置，便将导致其余部分乃至整个宇宙发生混乱"（*Preface*）。

哥白尼设想的太阳系的总排列（略去他后来所作的改进）示于他的著名的宇宙图中。图中，水星、金星、地球、火星、木星和土星都画出以太阳为圆心的同心轨道（见图 3）。

“太阳居于群星的中央。在这个辉煌无比的庙堂中，这个发光体现在能够同时普照一切，难道谁还能够把它放在另一个比这更好的位置上吗？……因此，太阳俨然高居王位之上，君临围绕着他的群星。……”(I,10)

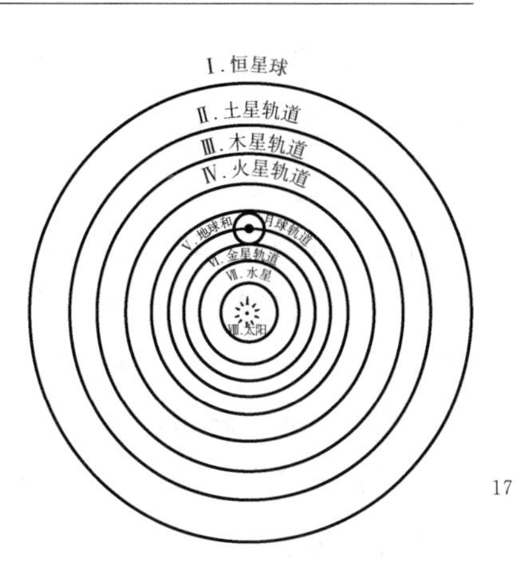

图 3—哥白尼的宇宙

17

自毕达哥拉斯主义者时代以来，凡是涉及地球运动的任何行星假说都遭到反对，理由是任何这种运动都将导致恒星发生相应的视运动(见图 4)。虽然人们探索这种视运动，但从未观察到过。哥白尼预先考虑了这种批评，他认为，恒星离我们的距离无可比拟地大于地球轨道半径，因此地球的周年运动同恒星的视方向没有关系。然而，随着观察愈趋精密，却仍未能发现任何周年恒星视差，这种反对便也越来越激烈了。只是在最近一百年里，在某些恒星观察到了数量级达到分的恒星视差，这种反对声才最后平息了下去。

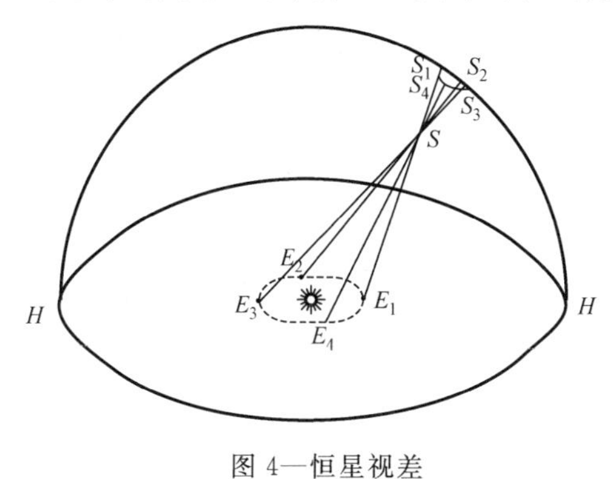

图 4—恒星视差

无疑，哥白尼由于这种新观点更有对称性和一致性而心向往之。这些优点对于一个充满新毕达哥拉斯主义思想的人富有魅力。因为，毕达哥拉斯主义的精髓是它坚持认为，宇宙应该用数学关系来描述；两个几何上等价的行星理论，其中比较谐和、比较对称的那个理论也比较正确。但是，哥白尼仍旧不得不向北欧学者证明他的观点之正确，这些人师法亚里士多德而不是毕达哥拉斯。因此，哥白尼专门用该书第1册的前几章论证，这种新体系既与亚里士多德的物理学相一致，也与托勒密的体系相一致。他的问题是驳斥亚里士多德用以断言地球静止在宇宙中心的那些论据，而同时又使亚里士多德的原理保持原样，并运用这些原理作为他自己论证的根据。

18　然而，哥白尼从一切运动都是相对运动这条原理中更正确地推论出："每一个视在的位置变化不是由于观察对象运动，就是由于观察者运动，或者由于这两者位置发生不相同的变化。……如果现在我们设想地球也有某种运动，那么，这运动看来是一种类似的但方向相反的运动，它影响地球以外的一切事物，仿佛我们经过它们"(I，5)，哥白尼首先利用这个视运动互易性的原理来解释天上的视在周日旋转："如果你认为天上没有一个部分做这种运动，而地球从西向东旋转，那么，就此旋转与太阳、月球和恒星的视在的出没有关而言，你只要仔细考虑一下，就会发现一切都是如此发生的"(I，5)。后来他又将这条原理应用于与太阳视在的周日环行有关的现象："如果〔这环行〕从太阳转换成地球〔现象〕，并姑

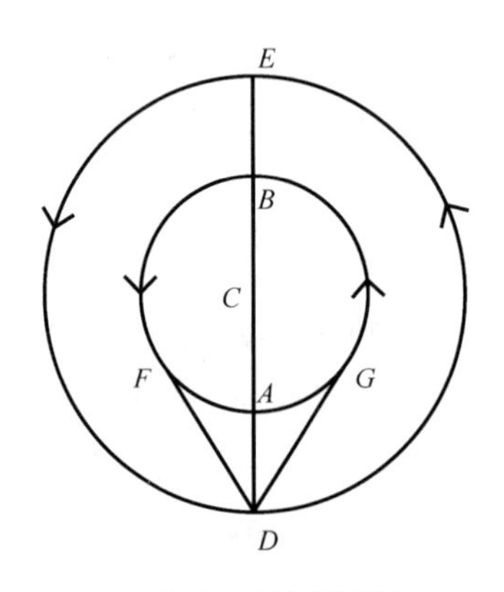

图5—行星视振动

且认为太阳是静止的，那么，这些星座和恒星的出没（它们因之而成为晨星和昏星）将〔和以前〕同样地发生。”（I，9）

然而，哥白尼假说在科学上的优越性的最有说服力的论据，是它能对行星视运动的某些特殊之点作出简单的解释。如果一夜又一夜地观察这些天体中的一个（比如一颗外行星），那么一般就会发现，它以恒星为背景缓慢地由西向东越过南天。然而，这种向东的移动不时受到阻止和倒向，而且该行星在恢复其正常的向东方向运行之前，先由东向西行过了一个短距离。行星的这种**驻留**和**逆行**的物理意义，以往对天文学家说来始终是个谜；但是，哥白尼却能说明，这些不平衡乃是地球周年运动的必然结果。例如，假设地球和一颗外行星各自的轨道 *AB* 和 *DE*（见图 5）是两个以 *C* 为共同圆心的共平面圆。首先假设地球始终以其平均速度沿它的轨道运动，而行星保持静止在 *D* 点不动。从 *D* 画地球轨道的两条切线 *DF* 和 *DG*。于是，在地球画出弧 *FAG* 的同时，在一个地球上的观察者看来，处于 *D* 的行星沿逆向通过角 *FDG* 运动；而当地球画出其轨道的余下的弧 *GBF* 时，行星沿正向通过这个角运动。这就是说，该行星以等于角 *FDG* 的振幅振动。现在设该行星以其平均速度沿其轨道运动，这个速度小于地球的平均速度。因此，在一个地球上的观察者看

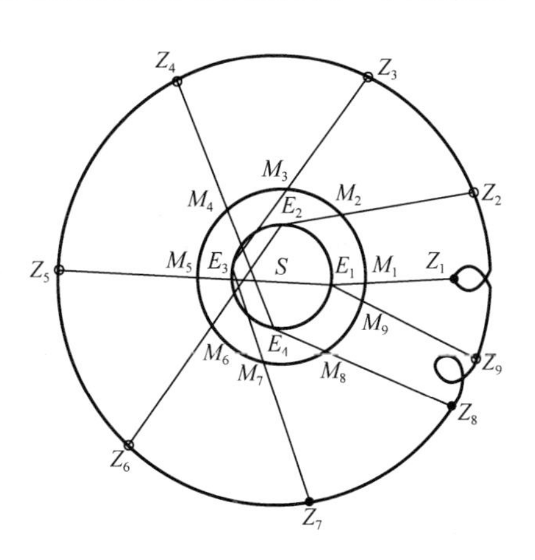

图 6—行星运动的视在不规则性

19

来，上述振动叠加在这行星不断地向东运动之上，而一颗行星所特有的这种特殊运动便如此产生了。

从上面的图(图 6)多少可以看清，哥白尼怎样解释一个行星路径上的这种振动仅仅是由于地球轨道运动，因而让一个地球上的观察者看到的现象。

设 S 表示太阳在宇宙中心的位置。设围绕 S 的最小的圆表示地球的轨道，E_1、E_2、E_3、E_4 则表示地球四个间隔三个月的逐次位置。设其次一个较大的圆表示行星之一比如火星的轨道，M_1、M_2、M_3、M_4、M_5 等表示火星间隔三个月的逐次位置。设最大的圆表示恒星的位置，尤其是各个星座的位置，即黄道十二宫，从地球上看来，各行星正是在它们中间运动。于是，如果地球处于 E_1，则火星这个行星将在沿直线 E_1M_1 的方向上看到，而且看来处于 Z_1；当地球处于 E_2，火星处于 M_2 时，后者看来处于 Z_2；同样，当地球处于 E_3、E_4 时，火星看来分别处于 Z_3、Z_4。*

可见，在刚才所述的第一年期间，尽管火星实际上以恒定速度

* 甚至最近恒星离地球的距离也千倍到百万倍于行星到地球的距离，但是肉眼仍旧觉察不出恒星和行星在视距离上的差异。这是因为我们判断距离的能力仅仅在一个适当范围内有效，它相当于我们在地面上的正常视距。在这个范围内，我们根据一个物体呈现在我们双眼的方位之差而本能地判断出物体的远近，而且这种判断在某种程度上还根据为使我们眼球晶体适配该物体发出的光线，并使两条视线会聚于它所必须用的力的大小。一个类似物体的视在大小也帮助我们确定它的位置，其他居间物体的存在也有这种作用。但是，在观察像行星那样遥远的物体时，这些有助于判断的因素一个也不起作用。因为，来自这些天体的光线对于视觉是平行的，因此也不需要适配和会聚光线。而且，甚至当(像太阳和月球的情况那样)天体有视在尺寸时，我们也没有可作比较的关于它们的绝对大小的概念。而且也不存在一系列这样的物体，它们从我们一直延伸到天上，从而提供给我们一个距离尺度。因此，恒星和行星看上去都投影在一个半径无限大的天球的背景上。

从 M_1 运动到 M_2、M_3、M_4，但看起来它却是以不同速度从 Z_1 运动到 Z_2、Z_3、Z_4，在明显地驻留了一段时间后又往后退行，在 Z_1 处形成一个环，但迅速从 Z_2 运动到 Z_3，如此以往。同样，当地球在完成其第二个循环而从 E_4 运动到 E_1 时，火星虽然仍然恒速地从 M_8 朝向 M_9 运动，但为了完成其第一个循环(因为火星完成其轨道所需时间大约是地球的两倍)，它看上去是先驻留，然后退行，再在 Z_8 和 Z_9 之间形成环。这样，地球沿其轨道的圆周运动引起行星轨道上出现环。

为了表示一个行星运动中的这种不均衡，托勒密设想这颗行星在一个专门为此引入的本轮上运动。这相当于把地球的运动传递给这颗行星。但是必须对每颗行星都这样做，而哥白尼却能根据地球的单一运动解释每颗行星中的这种现象。这是简单性上的一大进步。

21 然而，正如我们现在所知道的那样，由于行星轨道是椭圆的，因而行星的视在路径中还有进一步的不均衡性。而且，太阳在黄道中的视运动速度逐日有所变动。为了说明这些现象，哥白尼不得不改进图 3(边码第 16 页)的简单图式，那里，地球和行星全都画出以太阳为圆心的同心圆。在详细构造他的行星轨道(这项工作占了《天体运行论》的大部分篇幅)时，哥白尼应用了像古人那样的但与托勒密不同的偏心圆和本轮。他总是注意确保他的圆周运动不仅相对于圆中任意选择的点，而且也相对于圆心而匀速进行。

《天体运行论》(第三册)通篇考虑归因于地球的各种运动。第一册所勾勒出的初步轮廓中，已经说明季节现象依赖于地球在其轴向保持近似不变的同时而绕太阳进行的周年旋转运动。在第三册的比较精确的理论中,认为地球的轨道是一个太阳略为偏离其中心的圆。哥白尼按照希帕克的方式确定了这种轨道的拱线方向(见边码第136和137页的脚注)及其相对太阳的偏心率。他的理论由于下述两个原因而变得复杂了:它试图表示拱线的一种(实际的)向前运动(九世纪的阿拉伯人巴塔尼猜测到并为哥白尼所证实)以及试图考虑这种运动和轨道的偏心率有一定的(假想的)变动,这些变动是中世纪进行的精确度很成问题的观察所表明的,而哥白尼感到不得不加以考虑。

哥白尼对地球运动的说明的一个重要特点,是他解释了二分点的岁差。约在公元前150年发现这种现象的罗得岛的希帕克把它归因于恒星球围绕黄道轴缓慢转动。哥白尼对这种岁差提出的近代解释是,地球赤道平面的变动引起地球的轴在空中画一个锥形。这里,为了使他的理论与某些古代和中世纪的观察相一致,他又没有必要地使他的理论复杂化。他在工作中对这种传统的数据始终采取完全不加批判的态度,并且也不考虑严重的观察误差、欺骗或原文讹误等可能性。这使他的理论变得不必要地错综复杂,而同时又显示出他在几何学上的技巧高超。他偶尔也借助他自己作的二十七项观察,它们在现代版本上只占了一页,而且他自己也承认它们很粗糙,他曾经对赖蒂库斯说:“据说当初毕达哥拉斯发现直角三角形定律时高兴非凡。我只要能精确到10弧分,我也会像他那样欢欣鼓舞。”(*Rhetici ephemerides novae*, 1550, p.6)

在对地球运动的研究之后,下一册专门论述月球理论。月球同地球的关系不受哥白尼发动的观点变革的影响,而且他对托勒密已经知道的月球运动在黄经上的不均衡性也没有作什么补充。

但是，他表示这些不均衡性的方法比《至大论》更令人满意。按照托勒密的理论，月球的角直径有时候应该是它在其他时候的两倍；哥白尼发现一种表示月球黄经运动的方法，它和托勒密一样正确，但是它没有大大夸大月轮视尺寸的微小变动。然而，哥白尼仅略作改动就采纳了托勒密大大低估了的太阳到地球的距离即仅约为地球半径的1200倍。天文学一直抱住这个谬误，直到十七世纪下半期，由于应用望远镜进行精确的天文测量，才有可能作准确的测定。

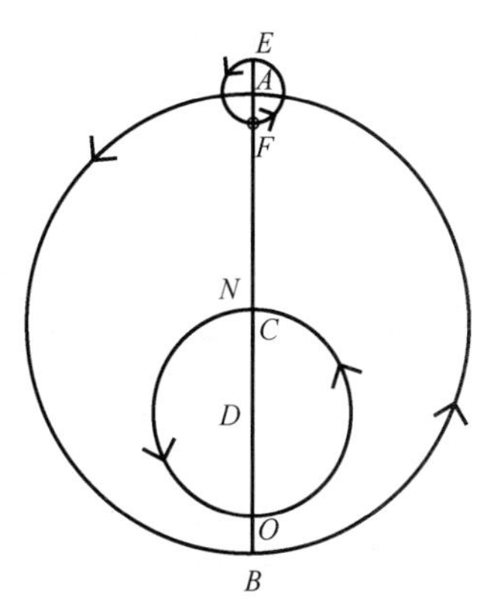

图7—三颗外行星的轨道

《天体运行论》的最后两册（Ⅴ和Ⅵ）分别论述行星的黄经和黄纬运动。

哥白尼首先论述了三颗外行星，他暂时假设，就黄经运动而言，每颗行星都有一个按图7构成的轨道。行星 *F* 画出一个以 *A* 为中心的本轮 *EF*，而后者沿中心为 *C* 的均轮 *AB* 旋转。本轮和均轮的方向和周期（即行星的恒星周期）都相同。如果地球的轨道用圆心为 *D* 的圆 *NO* 来表示，那么半径 *AF* 便取为 *CD* 的三分之一。从理论上说，这样一个轨道的诸要素（拱线 *ACDB* 的方向和偏心率 *CD*/*CB*）只要当该行星处于平冲时，对它作三次观察即可测定。23 所谓平冲就是在一个地面观察者看来，这个行星所处的方向与地球轨道的中心 *D* 径向对立。哥白尼先后根据《至大论》中的三次观察和他自己的三次观察推算出轨道要素，并且证明这样获得的两组要素彼此相当符合，他由此证明用这种组合足以近似地表示每个外行星的运动。

对于内行星、金星和水星的这种组合要复杂得多，不过这些假设的轨道要素在此也是根据适当地组合起来的观测确定的。

一当一个行星轨道的诸要素这样确定了下来，哥白尼便能考虑当这行星**不**处于平冲时对它所作的一次观察。他能把实际观察到的该行星从地球轨道中心看来的位置同（计算得到的）该行星位置相比较，然后求出这两个位置之差。根据这些数据，哥白尼能够按照地球轨道半径求得行星偏心圆（均轮）的半径。他得到的结果与现代的“平均距离”相当接近。这里我们首次看到，一个天文学家按照地球轨道半径来求得行星轨道的大小，而不必预先给这些量之间设定人为臆造的关系，那些不得不解决这个问题的古代天文学家就曾试图这样做。

在解释所观察到的行星对黄道面的偏离——它们的黄纬运动时，哥白尼假设几个轨道平面的交角有周期性的变动。开普勒后来认识到，这种做法是使行星的运动以地球轨道中心而不是正确地以太阳为参照这种基本错误的必然结果。哥白尼对内行星黄纬的处理尤为复杂，而且所用的方法几乎完全因袭《至大论》。

哥白尼的目标是编制数值的行星表，其精度不下于任何根据地心假说编制的星表。他根据《天体运行论》中提出的理论所编制的星表，使得能够很容易地计算出太阳、月球和行星在任何给定时刻的位置。成为该书基本特点的这些星表事实上是对当时通用的那些星表的改进，这种情况间接地促进了天文学家们接受这个新学说。但是，由于这些星表所根据的只是最低量的粗略而又往往

24

不可靠的观察(它们包容在一个误以为符合虚幻的物理定律的理论之中),所以它们的精确度必定要减损。几年以后,哥白尼的门生莱因霍尔德重新仔细考查了这些数据,使之略有改进。然而,在这种新的宇宙论能产生与之相称的星表之前,还必须有第谷·布拉赫所做的那些精密而又有系统的观察,以及开普勒的坚韧而喜欢冒险的天才。

哥白尼的独创性

现在我们可能面临对哥白尼的天文学贡献的独创性进行评价的问题。无可否认,哥白尼从托勒密那里获益匪浅。从《至大论》中,他得到了许多观察数据和几何方法以及编制星表的资料。

然而,在某种意义上,哥白尼受托勒密的好处又是微不足道的,因为他使欧洲天文学发生革命的那些思想同这些亚历山大里亚人大相径庭。但是,这些思想的萌芽可以(如果可以的话)在少数人的猜测中看到,他们置身于思想主流之外,而他们有文字记载的学说散见于古典和中世纪的文献。就哥白尼可能知道的那些著述而言,对它们的研究表明,他的体系所根据的那些基本思想并不是他首创的。例如,萨莫斯的阿利斯塔克(约公元前250年)已经预见到完整的日心体系的大致轮廓,他因而被称为"古代哥白尼";但可惜的是,哥白尼与阿利斯塔克思想的关系尚不清楚。然而,不管哥白尼从哪里汲取到他的基本思想,他对天文学所作出的伟大的、无可怀疑的贡献,必须认为在于他精心地把这些思想搞成一个一致的行星理论,它能提供精确度前所未有地高的星表。诚然,我们再不能认为太阳、地球轨道的中心或者任何其他参考原点静止在空间之中，除了在处理某些特殊问题时作为方便的权宜之计。可是，自从哥白尼系统阐述了日心观点以来，它在科学上的实用以及它和观察事实的联系大大增加。对于哥白尼来说，日心观点仅仅代表行星最对称的排列，以及用以解释观察到的行星运动的最简单的方式。但是对于开普勒来说，它是他发现行星运动定律的必要前提，而对牛顿来说，它打开了一条合理解释这些定律的道路。最后，从拉普拉斯到琼斯等天体演化学家认识到太阳中央有一个母体，原先就是在离心力或潮汐力的作用下而从中抛射出行星物质。他们由此而赋予日心观点以一种新的发生的意义。

哥白尼主义的传播

哥白尼的体系经过了大半个世纪才在科学思想中牢固地树立起来。它从一开始就遭到路德和宗教改革者的反对；天主教虽然起初还容忍它，但后来他们越来越反对，直至 1616 年他们准备禁止伽利略讲授哥白尼的天文学。然而，这种新的学说仍然广泛传播开来，尤其在实用天文学家中间。许多英国科学著作家都推崇日心说，最先是约翰·菲尔德在 1556 年首开其端（*Ephemeris anni 1557 currentis juxta Copernici et Reinholdi canones*），还有威廉·吉尔伯特，他试图在他关于磁学的思辨与哥白尼理论之间建立一种关系（*De Magnete*, 1600, Bk. VI）。弗兰西斯·培根反对日心假说（*Novum Organum*, Bk. II, xlvi, etc.）。哥白尼体系之最终为科学界所接受，主要应归功于伽利略、开普勒和笛卡儿以及后来还有牛顿等人的权威。

哥白尼学说的最早拥护者之一是乔丹诺·布鲁诺(1548—1600),他开始是多明我会僧侣,以后云游欧洲传授异教思想,为此他最后被宗教法庭绑在火刑柱上烧死。在哲学上,他是一个泛神论者和斯宾诺莎的先驱者之一。布鲁诺的著作包含为哥白尼天文学辩解的内容,但他比他的先师更进了一步,抛弃了那种认为恒星固定在一个以太阳为中心的晶莹的天球上的信念。他把恒星看做是散布在无限空间中的一个个太阳,成为无数个像我们一样的行星系的中心。他凭直觉预见了许多发现,这些发现后来为观察所证实,例如太阳围绕着它的轴转动,地球在两极处呈扁平状。他把彗星看做是一种行星,并猜测太阳系所具有的行星可能不止当时所已知道的那些。布鲁诺还在某种程度上预言了能量守恒的学说,因为他教导说,在这个变幻不定的世界上,唯一永恒的东西是构成万物之基础的创造能量。

26

继哥白尼之后,又一个重要的天文学家是第谷·布拉赫,因此如果年代和天文学是主要考虑,那我们应当接着就论述他。然而,他的工作和开普勒是分不开的,而开普勒的工作又和牛顿分不开。伽利略和第谷·布拉赫同时代但更年轻,也和开普勒同时代但更年长。作为现代科学的先驱,伽利略占有特殊重要的地位。他不仅在天文学上作出了一些宝贵的发现,并且还为动力学奠定了基础,从而为牛顿的综合做好了准备。此外,他还对其他各门科学也作出了重要贡献,鼓励创建了最早的科学社团,大大促进了新型科学仪器的发明。以这些和其他一些方式,他不仅对天文学,还对近代科学总的发展产生了无与伦比的影响。因此,在论述第谷·布拉赫、开普勒和天文科学的进一步发展之前，先来论述伽利略、最早的科学社团和新型科学仪器，将既便利又恰当。

（参见 J. L. E. Dreyer，*History of the Planetary Systems from Thales to Kepler*，Cambridge，1906；A. Berry，*A Short History of Astronomy*，1898；D. Stimson，*The Gradual Acceptance of the Copernican Theory of the Universe*，New York，1917；R. Wolf，*Geschichte der Astronomie*，Munich，1877；E. Zinner，*Die Geschichte der Sternkunde*，Berlin，1931。）

第三章　伽利略·伽利莱

意大利一直是古典学术复兴的舞台。也是在意大利,伽利略和他的追随者为近代科学奠定了基础。当中世纪的黑暗开始消散的时候,意大利分裂成许多共和国和公国,它们为了争权夺利,时而挑起战争,时而诉诸比较温和形式的竞争。这些小国的主要生计是商业和工业。在应用了航海罗盘和地理图表以后,意大利的水手开辟了相当规模的通往地中海东部各国和岛屿的航线。它的一个结果是意大利的工艺美术得到迅速发展。威尼斯的玻璃制品、马纳利卡和其他意大利城市的彩饰陶器和金属铸件在当时都是无与伦比的。当然,意大利在更早一些的时期就已取得了远为重大的成就——但丁和彼特拉克的不朽诗篇、列奥那多·达·芬奇的全才、拉斐尔和米开朗琪罗的至善至美的艺术。但是在近代初期,意大利的艺术走向衰落,而科学精

图 8—伽利略·伽利莱

神则开始勃兴。就在米开朗琪罗逝世那天，伽利略·伽利莱首先领悟到，看来意大利的科学注定要接过意大利艺术的荣耀。

伽利略的早年

伽利略·伽利莱于1564年2月15日出生在比萨。虽然在中世纪里，比萨一直是个自由城市，但那时属于佛罗伦萨的美第奇政府治理。伽利略的父亲芬桑齐奥·伽利略是个酷爱音乐和数学的贫困贵族。他著有《音乐对话》(*Dialogue on Music*)，在书中，他反对惯常的诉诸权威。饶有趣味的是，父亲的爱好和脾性都在儿子身上重现。

伽利略在中学已表现出极其勤奋，以及一定程度的使他区别于其他同学的独立思想。他接着学习医学。那时在整个欧洲学习医学有如今天在英国学习法律一样，就是说，如果父母还不清楚他们应当要儿子学什么，那儿子就可能会去攻读医学。然而，那时医学的状况还没有那么激起青年伽利略的兴趣。精密科学更加吸引着他。据说他经常站在教室门口听数学课，并想在学生离开教室时，从他们那里获得点滴知识。数学讲师得知后，便采取措施使伽利略能从学习医学转为学习数学和物理学。他在这两门科学上进步很快，因此在二十五岁那年就被任命为他家乡大学的讲师。

伽利略对于物理现象的独立研究，使他这时相信，那作为亚里士多德物理学讲授的、被奉为权威的东西包含许多严重错误。他毫不隐瞒自己的观点。相反，他坚持不懈地公开抨击亚里士多德的物理学观点，结果他弄得不受同事欢迎，他们认为他太爱寻衅。一次，他当众证明，亚里士多德的观点至少有一个是荒谬的，即落体的速度随物体重量而变的观点。他把三个重量相差很大的物体同时从比萨斜塔顶上抛下，结果证明它们同时抵达地面。这种事情并不能改变他的那些亚里士多德派同事的看法，而只是使他们对伽利略更不友好。因此，当1592年威尼斯评议会聘他到帕多瓦大学任职时，他欣然接受邀请，并于那年12月开始在帕多瓦大学讲课。

伽利略不崇尚书本，也不炫耀学问。虽然伽利略精通拉丁文，这是当时和以后很长时间里学者的“世界语”，但他宁肯用意大利语讲课和写作。在他最早写的关于运动的论文中（他在其中反驳了上述关于落体速度的亚里士多德学说），他明白指出，只要他的观点同经验和理性相调和，他一点不在乎它是否和旁人的观点一致。但是，伽利略强烈爱好缜密的观察和推理。据说他年轻时坐在比萨大教堂里时就已注意到，屋顶上长链悬挂着的灯在来回摆动，而他巧妙地用自己的脉搏做的测量表明，不管链的长短如何，每次摆动所花时间似乎都相同。由于有如此思想开阔、观察力敏锐的头脑，伽利略对哥白尼的日心说自然而然地感到同情，而置教会的敌视于不顾。的确，他似乎很早就接受了哥白尼的观点。事实上，那是在1597年之前“许多年”。这可以从他那年为感谢开普勒对他的开导而写给开普勒的信中看出。因此，这封信的部分内容值得录引在这里。伽利略写道：“我为自己在寻求真理上找到一个这样伟大的志同道合者而感到幸运。委实可怜的是，孜孜不倦地追求真理，准备抛弃错误的搞哲学的方法的人寥若晨星。然而，这不是痛惜我们时代处境窘困的地方，而只是庆贺你的卓越研究的地方。……我这样做所以更感高兴，是因为我许多年来已经是哥白尼理论的信徒。这个理论给我解释了许多现象的道理，而若

29

按照那些公认的观点,则它们根本无法理解。我已收集了许多论据来驳斥后者,但我不敢公布这些论据。……当然,如果像你这样的人所在多有的话,我是敢这样做的。但是事实并非如此,所以我必须把它们搁置起来"(*Opere*, Edizione Nazionale, Vol. X, p. 68)。伽利略完全有理由谨小慎微,因为险恶的经历到时候就要教训他。事实上,他写这封信不到三年,他的同胞乔丹诺·布鲁诺便由于信奉哥白尼和其他人的异端邪说而被烧死在火刑柱上。伽利略与反哥白尼派的第一次冲突发生在1604年。这年一颗新星的观察使伽利略和开普勒联合起来与亚里士多德派论战,亚里士多德派坚持认定这颗新星的位置在月球内,按照亚里士多德派的观点,超出这个范围,根本不会发生变化,也不会出现新的天体。

伽利略不久就发现,帕多瓦的理智气氛并不比比萨更鼓舞人多少。这可以从他写给开普勒的另一封信中看出。这里值得从信中录引如下段落,从中可以看到,对权威的迷信之可能导致对事实视而不见,已达到了何等惊人的地步。

"我亲爱的开普勒,我希望我们能一起尽情嘲笑这班无知之徒的愚蠢至极。你认为这所大学的第一流哲学家们怎么样?尽管我一再勉力相邀,无奈他们冥顽不化,拒绝观看行星、月球或者我的眼镜〔望远镜〕!……为什么在我能与你一起揶揄他们之前,我还必须等待这么长的时间?最慈爱的开普勒,如果你听到该大学那位第一流哲学家反对我的论据,你一定会捧腹大笑,他在比萨大公面前卖弄他那语无伦次的论据,好像它们是魔术般的咒语,能把这些新行星〔木星的卫星〕从天空中驱除和拐走!"(*Opere*, Ed. Naz., Vol. X, p. 423)

伽利略的天文学发现

30

望远镜的历史将在科学仪器那一章里叙述。这里仅需指出，伽利略在1609年制造了一架荷兰式望远镜，并首先把它用作为一种科学仪器。他用望远镜作出的最重要发现是，木星周围有四颗卫星围绕它转动。他起先在1610年1月7日看到其中的三颗，几天以后看到了全部四颗。作为对那位统治君主的一种敬意，伽利略把它们命名为"美第奇星"。木星及其卫星的观察在伽利略成为同哥白尼所构想的太阳系的一个令人信服的类比。将近1610年底时伽利略发现，像月球一样，金星也有位相。接着他又发现了银河的本质，并很接近于发现土星光环。从他在1610年1月和7月写给贝利萨里奥·芬塔的信中，可以看出他赋予自己的各个发现以何等重大的意义。他在1月30日的信中写道："我惊喜若狂，无限感谢上帝，他喜欢和允许我发现这么多前所未知的伟大奇迹。月球是一个类似地球的天体，这一点我以前就已深信不疑。我也观察到了大量前所未见的恒星，它们比肉眼可以看到的要多十几倍。……我现在已经知道银河究竟是什么了"（*Opere*，Ed. Naz.，Vol. X，p. 280）。在1610年7月30日的信中他写道："我已经发现，土星由三个天球构成，它们几乎相触，从不改变相对位置，并沿着黄道带排成一行，以致中间的球三倍于另外两个"（同上，p. 410）。为了阐明这封信中所提到的某些论点，这里可以再略述一二。伽利略通过望远镜看到月球像地球一样也有山谷，他甚至根据月球上山的阴影长度估计出它们的高度。至于从望远镜看到的恒星数目更远远多于肉眼看到的颗数,例如伽利略在昴星团座中数出了四十颗恒星,而他用肉眼只能看见其中六颗。

伽利略所作出的另一项重要的天文学发现,是他在1610年10月第一次观察到太阳黑子。但是,这个发现的荣誉应该由他和另外二三位同时代的天文学家分享。如我们将看到的那样,开普勒已经设法知道太阳表面有黑子存在,他甚至没有借助望远镜。31 法布里修斯在伽利略之前已经用自己的望远镜看到了太阳黑子。他在1611年出版的《论我所观察到的太阳黑子》(*De maculis in sole observatis*)中作了如下记述:“当我仔细观察太阳的边缘时,一个黑子不期然地出现了。起初我以为它是一朵过眼的云。然而,第二天早晨当我再观察时,又看见了这个黑子,虽然它的位置好像稍微移动了一点。接着一连三天都是阴沉天气。当天空转晴时,这黑子已从东移动到了西,而一些比它小的黑子占据了它原先的位置。后来这大黑点逐渐朝对侧边缘移动,最后消失在那里。从小黑子的运动可以知道,它们亦复如此。一个朦胧的希望敦促我期望它们回来。事实上,那大黑子在10天以后果然又在东侧边缘重新出现。”另一位很早观察到太阳黑子的是沙伊纳,他是在1611年4月观察到太阳黑子的。起初他猜想这现象是一种光学假象,或者是由于他的望远镜有缺陷。但是在沙伊纳和他的朋友用八架不同的望远镜都观察到黑子以后,他再也不能怀疑黑子的实在性。甚至那时他还拿不准黑子究竟在太阳本身之上,还是仅仅靠近它。但是,他对黑子运动进行了仔细而又坚持不懈的研究,由此推知太阳一定围绕它的轴在转动。法布里修斯从一开始就坚持认为,黑子处于太阳本身之上,而不是由于黑暗物体在太阳附近围绕它旋转的缘故。伽利略确认了这个观点。他指出，当黑子接近太阳边缘移动时，与它们处于经过太阳的其余路径时相比，速度大大减小，而这种情况用该假设解释最好。这种关于太阳黑子本质的观点终于得到了公认，而黑子的运动提供了确定太阳自转周期和太阳赤道位置的数据。

伽利略还对星云作了各种观察。但他不是最早观察星云的人。西蒙·马里于斯看来在1612年就已对星云（仙女座中的一个星云）作了首次观察。伽利略把星云和银河看做是包含许多恒星的星团。

为了完整无遗地概述伽利略对天文学的贡献，我们必须提前先论述他的某些后期工作。他最后用望远镜作出发现是在1637年，不久他即双目失明。这些发现包括月球的周日和周月天平动，即从地球上能看到的那部分月球表面的微小振动。伽利略接着解决测量陆地和海洋经度的问题——这对以航海为业的国家是个非常重要的问题。为此，他试图利用他早期的一项发现，即木星的卫星。在古代和中世纪，经度有时是参考月食确定的，即比较一次日食在地球不同地方的当地出现时间。但是，由于月食相当罕见，因此这种方法不怎么有用。木星卫星公转周期非常短，因此几乎每夜总有某个卫星被木星所交食。所以，伽利略认为可以利用这些交食现象来实现上述目的。他实际编制了近似准确的这些卫星公转的表。但是，由于各种原因，这个巧妙的思想没有得到实现。

32

托勒密和哥白尼世界体系的对话

1632年，伽利略发表了他的《关于托勒密和哥白尼两大世界体系的对话》(*Dialogue concerning the two chief Systems of the World, the Ptolemaic and Copernican*)(T. Salusbury 的英译本,1661 年)一书。这部著作包括四次内容广泛的对话(即“四日”)。可能出于各种文学上和其他方面的原因,伽利略选择了对话的形式来表达他的思想。然而,主要的原因很可能是他希望谨慎行事,不过多地表态。几个对话者之间的讨论总是给作者留下必要时进行辩护的余地,他可以说某些观点实际上不是他自己的,而是对话中虚构人物的,这些观点是根据文学即想象而加诸他们之口的。伽利略《对话》中的人物萨尔维阿蒂和沙格列陀是他的朋友和拥护者,而辛普利丘则是亚里士多德注释者,扮演了权威和传统的狂热捍卫者的角色。

图 9—比萨斜塔

《对话》一开头是抨击亚里士多德的下述学说:天体与地球在性质和组成上完全不同,天永远不变。新星和太阳黑子的出现被引用来作为反对的证据。通过望远镜可以看到的月球上的山岳驳斥了亚里士多德认为月球是完美天球的观点。至于天体的不可毁灭性,则坚决主张,一切物质甚至地上物质都是不可毁灭的。萨尔维阿蒂在《对话》中说:"我从来不完全相信这种物质嬗变(仍旧限制在自然范围内):一种物质发生如此大的转变,以致必须说它被毁灭了,以致它的前身荡然无存,而另一个与之迥然不同的物体产生了。如果我设想一个物体处于一种面貌,不久又处于另一种迥异的面貌,那么我不能认为,不可能仅仅对各个部分作简单的变换,而不毁坏什么,也不产生任何新东西"(Thomas Salusbury 的译文,载他的 *Mathematical Collections and Translations*, London, 1661, Vol. I, pp. 27, 28)。

33

《对话》偶尔也对经院哲学家们射出一支嘲笑的利箭,揭露他们的论点的荒诞不经。例如,当辛普利丘坚持亚里士多德不可能在推理上犯错误,因为他是逻辑学的创始人时,他就遭到反驳:一个人很可能是一位出色的乐器制造者,却不是优秀的音乐家。

在讨论到究竟是所有天体都在 24 小时里围绕地球旋转,还是实际上是地球在这个时间里绕自己的轴转动,因此只是引起了星空的视转动的问题时,《对话》认为,初看起来,这两个假说无论哪一个都能解释所观察到的现象,但是从全面来考虑,地球转动的假说更可能是正确的。当我们考虑到星空与小几百万倍的地球相比是何等广袤时,考虑到星空要在一天之中完成环绕地球的旋转而需要何等巨大的速度时,那就看来难以置信:天空在运动,而地球却静止不动。而且,如果假设地球静止不动,那么就必须认为恒星沿与行星相反的方向移动,而所有的行星都是从西向东运动,运动得相当缓慢。另一方面,各个行星的转动周期随着它们轨道的大小而增加,月球绕轨道运行一周花 28 天,火星为 2 年,木星为 12 年,土星这颗最遥远的行星为 30 年。这个规律同样地适用于木星的卫星,按照它们离木星的距离递增,它们绕自己轨道运行一周的时间分别为 42 小时、$3\frac{1}{2}$天、7 天和 16 天。但是,如果我们假设星空围绕地球旋转,那么我们必定面临一种悖论:先从月球三十天的周期增加到土星三十年的周期,接着却突然巨跌至遥远恒星的只有一天的周期!而且,我们不得不设想,甚至恒星本身也以极其多变的速度运动,视它们离天极的不同距离而定。使托勒密观点更形困难的是,恒星的位置经历着缓慢的变化。某些在几千年前处于赤道、沿着最大轨道运行的恒星,现在都离开了赤道几度,因此必定沿较小的轨道运行得较慢。甚至一颗总是在运行的恒星也可能暂时在天极处保持静止不动,然后再开始运行。

34

各种论点不仅针对经院哲学家贬地球而褒天体,而且也针对整个认为不变性是完美标志的概念。《对话》中的另一个人物沙格列陀说:“如果对我的见解不赞美备至,不,如果不否弃我的见解,那我就不会听信,为了崇敬和完美起见,应当认为自然天体是麻木的、永恒不变的、不可改变的,等等。反过来,我也不会听信,可以变动、可以创生、可以变化等等都属于极其不完美。我的意见是,由于地球中不断发生着如此众多而又如此多样的变化、突变和创生等等,所以地球是十分崇高的、可赞美的。……我说月球、木星和世界所有其他天球亦复如此”(同上,pp. 44,45)。到处都可观察到变化。新星闯入视野(例如在1572和1604年),太阳黑子来而复去,彗星出现又消失。这种自然事件在整个宇宙中处处发生,甚至天空也遵从自然规律。《对话》中所坚决主张的哥白尼假说即日心说也极其简单地解释了,行星的停止和逆行仅仅是因地球周年旋转而引起的现象,而托勒密假说即地心说则根本无法解释这些现象,除非诉诸无端的猜想。按照《对话》,还有一些地球现象即潮汐和信风似乎也支持哥白尼的假说,它们的最好解释就是由于地球的自转所使然。

在伽利略对哥白尼理论所作的最重大的贡献之中,想必包括他对付了反对日心说的两个主要理由,即没有恒星视差和地上物体垂直坠落。第一个反对理由在古代就已由亚里士多德提出以反对任何非地心说的观点。它坚称,如果地球沿围绕太阳的轨道运行,那么,当地球从其轨道上的一个位置运行到正相对立的位置时,恒星应当出现视在的位置变化(视差)(见图4,第22页)。《对话》反驳了这一反对理由,它指出,必定是由于恒星离开地球太遥远了,所以这种视差觉察不出来。恒星离地球的距离必定至少是太阳离地球的距离的一万倍。(事实上直到1838年才由F. W. 贝塞耳研制和提出了足可用来测量恒星视差的天文学仪器和方法。) 35

另一个同样古老的反对理由也是亚里士多德提出的,他争辩说,如果地球转动,那么一个垂直上抛的物体不应当落回到原先把它抛出的地方,而是稍微偏西,因为在这个物体升降所占有的时间里,地球一定已朝东转过一点;然而,事实是这样:往上抛的物体通常都回到原来位置。而且,他还争辩说,如果地球转动,那么由于自转离心力的作用,地球表面上至少是不怎么接近两极的地方的物体应当被抛出地球表面。《对话》引用惯性定律驳斥了前一个论点。惯性定律是伽利略所作出的在整个科学史上最重要的发现之一。从一座高塔上坠落的一块石头将落在塔的脚下，因为石头本身与塔用同样速度一起向东运动。从一艘静止或者航行的船只的桅杆顶上跌落的一块石头，在这两种情况下都落在桅杆脚下。〔值得指出，第谷·布拉赫在他的《天文学书信》(*Epist. Astr.*)中曾否认这一点。〕如果在船只航行的情况下，石头的坠落有微小的偏离，那么这种偏离将是空气的阻力所引起的。因为相对航船来说，空气处于静止；而在船只处于静止的情况下，桅杆、石头和空气三者同等地共有地球的自转运动，因此石头坠落时所通过的空气在这种情况下将不影响其坠落方向。第二个论点也遭到反驳。《对话》指出，由于地球围绕其轴的转动比较缓慢，所以离心力远小于引力，这样，物体便不受地球自转的影响而仍然留在其表面。

伽利略的《对话》是近代天文学文献的三部最伟大的杰作之一，另外两部是哥白尼的《天体运行论》和牛顿的《自然哲学的数学原理》。《对话》还具有最明白易懂的优点。

伽利略和罗马教会

正如上面已经指出的那样，伽利略很早就已成为一个心悦诚服的哥白尼主义者。由于哥白尼著作被列为禁书，因此伽利略不得不谨慎小心。但是，随着时间的推移，他对日心说的热诚发展到不可遏止的地步，而他对经院哲学的偏见和褊狭的憎恨也必定使他有时发表在当时看来是不慎重的言论。1613年，他发表了《论太阳黑子的书信》(*Letters on the Solar Spots*)，表达了他对哥白尼主义笃信不疑。他被指责为信奉邪说,但他极力为自己辩护,不仅试图把与日心说相悖的《圣经》经文解释清楚,而且甚至还试图引用经文来支持日心说。因此,他在1615年受到警告,要他置身于神学争论之外。1616年初,宗教法庭的权威神学家们颁布了如下法令:“认为太阳处于宇宙中心静止不动的观点是愚蠢的,在哲学上是虚妄的,纯属邪说,因为它违反《圣经》。认为地球不是在宇宙的中心,甚至还有周日转动的观点在哲学上也是虚妄的,至少是一种错误的信念。”凡是传授地球运动学说的书都被查禁,教皇保罗五世还警告伽利略不得“持有、传授或捍卫”哥白尼理论。

伽利略在1610年离开帕多瓦,此后除了偶尔访问罗马之外,一直在托斯卡尼大公的庇护下居住在佛罗伦萨。在1616年对他提出告诫以后,伽利略在许多年里保持着一定程度的沉默,潜心于科学研究。1623年,他发表了《试金者》(*Saggiatore*),书中他极其机智地试图把彗星解释为犹如晕和虹霓的大气现象。伽利略将这本书奉献给了新教皇乌尔班八世。这位教皇对天文学很感兴趣,曾赋诗庆祝伽利略发现木星卫星。现在他又忽视了《试金者》中有些段落为哥白尼观点所做的含蓄的辩护。事情看上去是那么大有希望:伽利略看来已试图说服教皇接受日心说,或者劝说他至少撤销1616年的法令。但是这一切都成了泡影。当1632年伽利略发表了轰动整个学术界的《两大世界体系的对话》时,他就大难临头了。《对话》在发表之前曾被审查员检查通过。但是,曾经与伽利略就观察太阳黑子的优先权问题发生过争执的耶稣会教士沙伊纳进行挑拨离间而得逞。据说他说服教皇相信,他就是《对话》中那个愚笨的地心说捍卫者辛普利丘。总之,这本书遭到禁止,作者被宗教法庭传唤到罗马。起初他托词有病，但后来他还是在1633年2月来到罗马，被监禁起来。6月他在宗教法庭受审，遭到刑讯逼供。于是，伽利略宣布放弃信仰，宗教法庭遂感到满意而判处监禁。法庭命令他在三年里每星期都要背诵《诗篇》中的七首忏悔诗。伽利略被迫公开宣布放弃信仰，这值得录引下来作为宗教和科学关系史的文献。这里稍有节略。“我跪在尊敬的西班牙宗教法庭庭长面前。我抚摸着《福音书》保证，我相信并将始终相信教会所承认的和教导的东西都是真理。我奉神圣的宗教法庭之令，不再相信也不再传授地球运动而太阳静止的虚妄理论，因为这违反《圣经》。然而，我曾写过并发表了一本书，在书中我阐发了这种理论，并且提出了支持这种理论的有力根据。因而我已被宣布为涉嫌信奉邪说。现在，为了消除每个天主教徒对我的应有的怀疑，我发誓放弃并诅咒已指控的谬见和邪说、一切其他谬见和任何违背教会教导的见解。我还发誓，将来我永远不再用书面或者口头发表任何可能使我再次受到怀疑的言论。我不管在什么地方发现任何邪说，或者觉得有这种可疑，都将立即向神圣的法庭报告。”显然，伽利略不仅打算改变自己的信念，而且还准备充当特务，把别人交给宗教法庭恣意虐待。相传伽利略在被迫公开认错之后，曾喃喃自语道：“可是，地球是在运动。”这传说至少表明伽利略实际上仍抱着这个总的信念，甚或他对教会或任何其他强权机构妄想阻止科学思想前进的企图的嘲弄和谴责有增无减。

《对话》和哥白尼的其他著作一直被列为禁书，直到1822年红衣主教团终于宣布允许在天主教国家讲授哥白尼理论。于是，一贯正确的教会不得不宣布放弃其早先的观点。在有些地方，科学思想可能发展极其缓慢；“可是，它是在运动。”

在监禁或者说半监禁中度过了几个月之后,伽利略蒙准到靠近佛罗伦萨的阿切特里过隐居生活。他对科学的热忱仍不减当年。但是,他从此局限于研究那些不大可能与教会发生冲突的问题。他极其重要的科学贡献《关于两种新科学的谈话》(*Discourses on Two New Sciences*)于1638年在荷兰莱顿由埃尔策维尔斯出版社出版。该书在1636年就已写成,但因为意大利禁止发表他的著作,所以不能立即出版。1637年,伽利略双目完全失明。不过,他在门徒特别是维维安尼和托里拆利的帮助下,仍然从事力所能及的工作。

1638年,伽利略在阿切特里受到伟大诗人、清教徒约翰·弥尔顿的拜访。弥尔顿的《力士参孙》(*Samson Agonistes*)(1671年)可以看做是体现了双目失明的伽利略和这位诗人两人的悲剧。六　38 年以后;弥尔顿在他的《论出版自由》(*Areopagitica*)(1644年)中谈到了这次访问。这篇论文庄严要求"出版无须批准的自由"。他在开头几页里表示他喜爱的是"希腊古老而优雅的人性"而不是"**匈奴**和**挪威人**堂皇的粗野跋扈"。弥尔顿的话今天仍不失其重要意义,而且鉴于匈奴的野蛮和法西斯主义的暴戾又在伽利略故乡肆虐,同时对自由的蔑视也与日俱增,他在批评议院禁止印刷没有得到批准的书籍的命令时写道:"上下议院的议员们,听听国民的忠告吧!有识之士对你们这个命令的阻拦只是唇枪舌剑而没有实际意义。我可以谈谈我在这种宗教法庭横行的其他国家的见闻;我被拥坐在他们的志士仁人中间,因为我赢得过荣誉,还因为我有幸出生在他们心目中有**哲学**自由的英国,而他们一味哀叹他们学术所处的侍婢地位;而正是这使意大利理智的光荣减色;这许多年里,除了谄媚和夸夸其谈之外,什么也没有写出来。我寻访了著名的**伽利略**,他已经衰老,由于主张为方济各会和多明我会审查员所不容的天文学思想而成为阶下囚”(*Areopagitica*, ed. T. Holt White, 1819, p. 116f.)。

伽利略在1642年与世长辞。同年,一颗新星在西方升起——牛顿降世了。

关于两种新科学的谈话

伽利略的天文学发现无疑非常重要,甚至给科学界以外的有识之士也留下了深刻的印象。然而,从纯科学的观点来看,伽利略对力学的贡献甚至更为重要。这些贡献具有划时代的意义。伽利略正确地把论述这些贡献的《谈话》说成是介绍两种新科学或者说科学的两个新分支。伽利略在他积极活动的一生中对力学问题的研究时断时续。但是,在他受教会迫害的悲剧遭遇以后,他即呕心沥血专门研究力学问题。他把所有实验和研究结果汇总在《谈话》(H. Crew 和 A. de Salvio 的英译本,New York, 1914)之中。这部著作也采用对话形式,书中人物皆与1632年的《对话》相同,即39 沙格列陀、萨尔维阿蒂和辛普利丘,前两人代表伽利略的观点,而后者为亚里士多德或者说经院哲学的观点辩护。

伽利略对力学的划时代贡献主要在于创立了动力学,也就是运动物体的科学。除了阿基米得、列奥那多·达·芬奇和其他几个人作出过一些比较次要的贡献之外,力学这个分支中后来几乎再没有做什么工作。伽利略对于落体定律、摆和抛射体的运动的研究,树立了科学地把定量实验与数学论证相结合的典范,它至今仍是精密科学的理想方法。

落体定律

前面已提到，伽利略曾公开证实亚里士多德关于落体速度随其重量而变的观点是错误的。但是，这个论证当然没有正面说明物体坠落的定律。甚至凭直观也可看出，落体的速度可能随其坠落的持续时间而变，但是却始终得不到确切的证据。伽利略首先引入了匀加速度的观念以区别于匀速度，于是就用加速度解决了落体定律的问题。伽利略所说的匀加速度是指在相等的时间内速度的增加也相等。动力学研究的另一个前提是正确的惯性观念，惯性也是伽利略首先提出的。当然，在他那个时代之前很久就已知道，一个静止物体只有在受到某个力的作用时才能运动。但是在伽利略之前，人们怎么也没有想到惯性原理可以推广到运动物体。通常总以为，除非有某个力一直在使它保持运动，否则一个运动物体最后必定要停止运动，哪怕没有任何阻力也罢。作为对这种假设的反驳，伽利略提出一个物体一旦运动起来便一直用同样速度沿同样方向不断运动，除非有某个力作用于它。他把这列为惯性原理的一部分。而且，他还认为，当一个力作用于一个物体时，不管该物体是静止的还是在运动，其效应完全一样。这些概念使得能够正确地描述一个物体自由坠落时所发生的情形。在这种情况下，有一个力(**重力**)一直作用于该物体，其效应累积起来，因为按照惯性定律，效应每时每刻都在产生。其结果就是该落体的速度均匀增加。因此，如果让一个静止物体坠落，落下时间为 t，其末速度为 v，那么，它的速度将从开始时的0(当它从静止开始坠

40 落时)均匀地增加到终止时的 v;因此,物体在坠落期间经过的距离 s 将与其始终以均匀速度 $v/2$ 即 $vt/2$ 坠落时相等。伽利略处理这个问题所采用的图解法即几何法代表了他的数学方法,所以可以援引来作为这种方法实际应用的一个简单例子。

一个从静止开始以均匀加速度运动的物体经过任一距离所花的时间等于该物体以均匀速度运动经过同样距离所花的时间,这个均匀速度的值等于最高速度和加速开始前的速度的平均值。

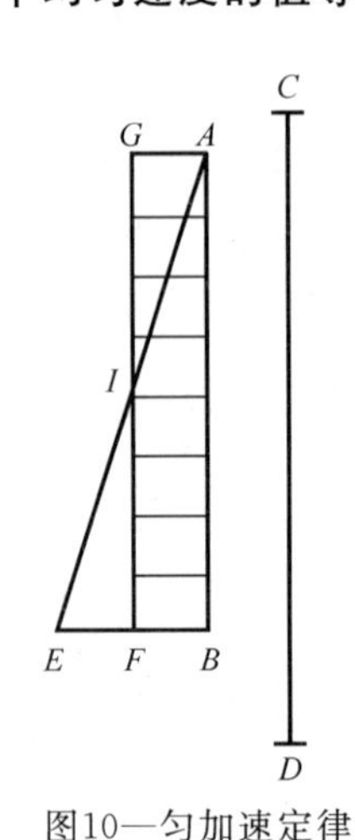

图10—匀加速定律

"让我们用直线 AB〔图 10〕表示一个从静止于 C 点开始均匀加速运动的物体经过距离 CD 所花的时间;设与 AB 成直角的直线 EB 表示在时间 AB 里达到的最高的末速度;画直线 AE,于是,从 AB 上的等距离点画出的平行于 BE 的所有直线将表示从瞬时 A 开始递增的速度值。设点 F 等分直线 EB;画 FG 平行于 BA,GA 平行于 FB,如此构成一个平行四边形 $AGFB$,其面积将等于三角形 AEB,因为边 GF 在点 I 等分边 AE;因为,如果三角形 AEB 中的平行线延长到 GI,那么该平行四边形所包含的所有平行线的总和便等于三角形 AEB 所包含的平行线的总和;因为,三角形 IEF 中的平行线等于三角形 GIA 中的平行线,而梯形 $AIFB$ 中所包含的平行线则是公共的。因为时间间隔 AB 中的每一个瞬时在 AB 线上都有其对应点(为三角形 AEB 所限制的、从这些点画出的平行线表示递增的速度值),还因为长方形中所包括的平行线表示不在增加而是恒定的速度的值,所以,看来在加速运动的情况下,该运动物体的动量同样也可以用三角形 *AEB* 中的递增的平行线来表示,而在匀速运动的情况下,则用长方形 *GB* 的平行线来表示。因为,加速运动初期可能欠缺动量(三角形 *AGI* 的平行线表示动量的欠缺)这一情况用三角形 *IEF* 的平行线所表示的动量来填补。

"因此很清楚,两个物体在相等时间里将经过相等的距离,其中一个物体从静止开始做匀加速运动,而另一个匀速运动物体的动量是加速运动时的最大动量之半。证讫。" 41

伽利略根据方程式 $s = vt/2$ 导出了许多其他定律。其中最重要的一条定律是:一个从静止开始坠落的物体所经过的距离随着坠落时间的平方而变化。因为,已经解释了一个落体的速度随时间而变,比如 $v=gt$,其中 g 表示某个常数。因此,$s = t^2 \times g/2$。

伽利略接着试图确定落体的实际加速度。利用当时可供使用的仪器来直接测量加速度是不可能的。因此,他采取的手段是测量物体沿斜面滚下的较慢的加速度。已经知道,同一个物体降落的加速度随斜面的倾斜程度而变。当物体垂直坠落时,加速度达到最大,而这个加速度随着对垂直方向的偏角增大而减小。因此,看来动量、能量或者降落的趋向都受该物体降落时所沿平面的影响。伽利略发现,一个物体在降落时所得到的这种动量随斜面高度同其长度的比例而变化。他用这种方法进行了斜面实验。在一块大约十二码长的木板上开槽。这槽约半英寸宽,开得笔直而又光滑,上面覆盖着极其光滑的羊皮纸。然后把这块木板的一端升到各种高度。接着让一只抛光的黄铜球沿槽的全长滚下,记下该球滚过全程所花的时间。再让它滚过全程的四分之一,同样记下所花时间。于是发现，经过四分之一距离所花的时间是经过全程时的一半。经过大量重复这个实验而得出的一般结果表明，对于任何给定的倾斜度，距离与经过其所需要的时间的平方成正比。这些结果只能达到比较好的一致性，因为伽利略在检查滚球沿斜面的加速运动时还不知道滚球的转动惯量所起的作用。

伽利略的实验还由于没有一种适合测量短暂时间间隔的仪器而受到阻碍。他克服这个困难的方法是饶有趣味的。简单地说，他是利用那种古老的配备天平的水钟。在所观察的降落运动期间，让一只较大容器中的水通过底部的一个小孔流进一只较小的容器。然后仔细称量聚积在这个较小容器内的水的重量，而不同实验中获得的水的相对重量便给出了落体对于不同距离或倾斜角度所花的相对时间。如果大容器中的水平面保持不变，那么，时间测量最终将是精确的。

42

伽利略从他的斜面实验发现的另一个重要事实是，一个落体的末速度仅随垂直高度而变，而与平面的倾角无关。因此（见图11），一个物体不管从 C 点降落到 A、D 还是 B 点，都将获得完全相同的末速度。

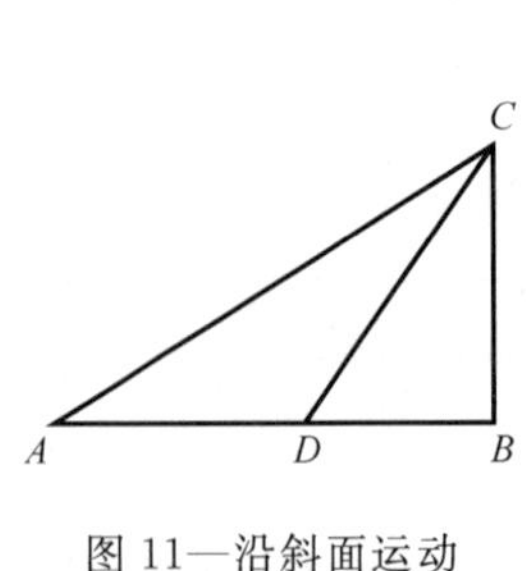

图 11—沿斜面运动

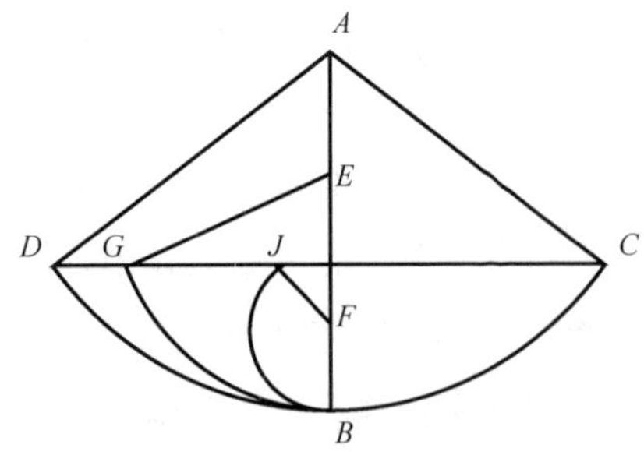

图 12—摆的振动

摆的实验进一步证实了这条定律，这里忽略了转动惯量的影响（见图12）。让摆 *AB* 靠近一道墙摆动，使之画出弧 *CBD*。然后用钉入墙的一颗钉子把摆线在 *E* 点处截断，于是弧改变成 *BG*。当钉子位置移到在 *F* 点截断摆线时，画出的弧又变成 *BJ*。于是，在所有这些情形中（考虑到空气和摆线的阻力），这个摆都上升到平面 *CD*，虽然实际的路径都不同。同样，在回摆时，摆也总是近似地上升到 *C*，而不管它是从 *D* 还是 *G* 开始回摆。看来重要的是摆降落的高度，而不是弧的性质等等因素。

摆的振动

伽利略在他的动力学研究中所遇到的另一个困难，是要消除空气对他实验中的运动物体所产生的阻力。当时抽气机还没有发明，因此空气的影响无法消除。但是，伽利略确信，一块软木和一块铅在坠落速度上的差别，是由于在通过同样大小的空气阻力时，轻的软木比重的铅减速更甚。诚然，在斜面实验中，物体向下运动的速度比垂直坠落时慢，因此空气阻力的影响大大减小。然而，这时由于运动物体和斜面的表面相接触，所以又产生了一种新的阻力。不过，伽利略发现了一种能在一定程度上摆脱这个困难的办法：用一对摆做实验，其中一个摆由一个软木摆锤系上一根约四五码长的细线组成，而另一个摆是个铅摆锤系上同样长短的细线。当这两个摆以同样方式和同一时间运动时，它们沿着半径相同的弧运动。甚至在来回摆动许多次以后，两者的运动仍看不到显著差异。因此，看来媒质的阻力在摆的振动中没有起多大作用。这个事实使伽利略特别注意摆的实验。

43

这些实验的结果之一，是证实了伽利略早年在比萨大教堂的观察，即相同的摆摆动一次所花时间显然相同，而不管摆动的幅度是宽还是窄。这个结果与伽利略的斜面实验的一个结果极其相似。当一个球从几个斜面滚下而它们是一个垂直圆的不同弧的

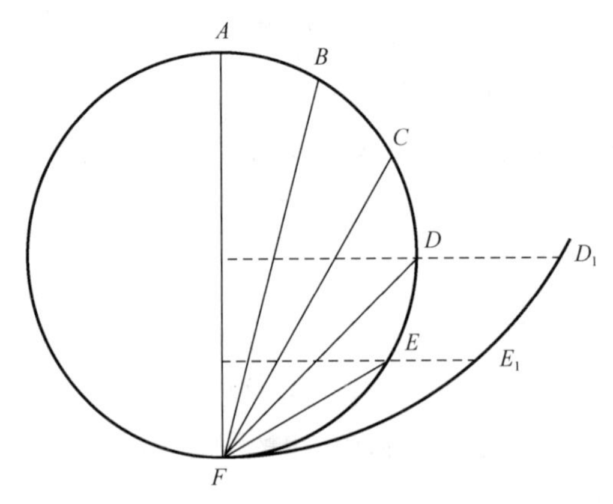

图 13—摆的振动的等时性

弦，并且每条弦都以该圆的最低点为终点时，它划出每个平面所花的时间相同。因此(见图 13)，这个球从 B、C、D 或 E 滚到 F 或者直接从 A 垂直坠落到 F 所花的时间均相同。同样，一个悬置在 A 点的摆，从 D_1 摆动到 F 和从 E_1 摆动到 F 所花的时间也相同。44 再使几个有的用铅锤、有的用软木锤但摆线长度相同的摆与垂直线成 50°角地摆动。起初这些摆在垂直线(图 13 中的 AF)两边一起摆过 50°或 100°的弧。这些弧渐渐地减小到 40°、30°、20°等等，直至全都停止摆动。但所有的摆动都花去同样长的时间。伽利略看来把他的实验局限于较小的角度。对于较大的角度上述定律并不成立。惠更斯后来表明，摆的振动的同时性仅仅对于沿旋轮线的

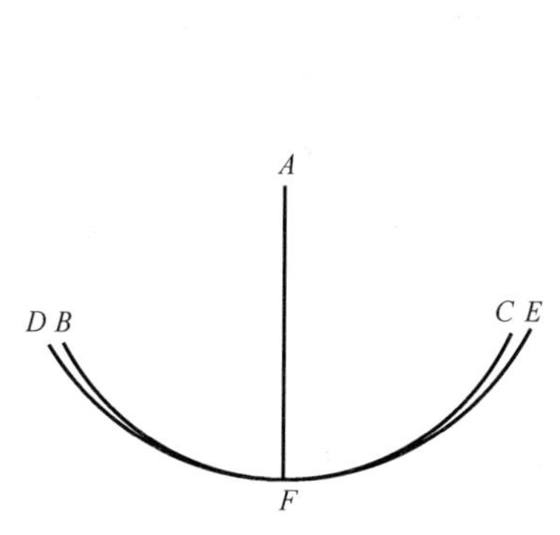

图 14—振动的圆形和旋轮线形路径

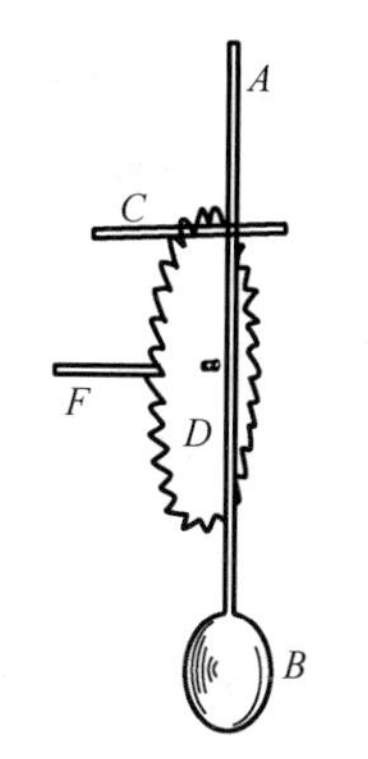

图 15—摆和齿轮

弧的运动成立，而对于弧不成立。但是，在小角度的情形中，这差异可忽略不计（见图 14，图中 *BFC* 是旋轮线的弧，DFE 是圆弧）。

摆振动同时性的发现使伽利略想到有可能制造摆钟。他实际上曾指示他的儿子和他的门徒维维安尼动手研制。他所设想的摆钟如图 15 所示。一根硬的鬃毛 *C* 固定在摆 *AB* 上，摆每来回摆动一次，这鬃毛都使装在轴 *F* 上的齿轮 *D* 转过等于一个齿宽的距离。所必需进行的计算并不困难。问题是要发明某种装置，它使摆持续相当长时间的摆动，使摆钟足可使用。惠更斯首先制成这种装置。

抛射体

在成功地把摆的振动和落体运动相类比之后，伽利略接着试图也对抛射体运动这样做。他的研究根据两条原理，一条是惯性原理（上面已经提到过）的推广，另一条原理是：作用于一个物体的每一个力都产生其独立的效应，这条原理是伽利略首先明确地提

45

出的，虽然古代和中世纪的天文学家已经运用过这条原理来解释天体运动。这些原理的应用自然而然地导致应用运动或者速度的平行四边形法则，亚里士多德的《力学》(*Mechanics*)中在某种程度上已经预示了这种法则。由于力和位移的合成定律相似，因此牛顿把伽利略说成是力的平行四边形法则的发现者。

我们现在可以来考虑伽利略怎样把上述的原理运用于一个具体事例。假设一个物体沿水平面运动。按照惯性原理，只要没有其他力作用于该物体，它将趋向沿同一方向匀速运动。然而，如果物体运动的表面突然到了尽头，那么重力便将开始起作用，引起一种新的运动。现在该物体将沿着一条曲线路径运动。令 AB

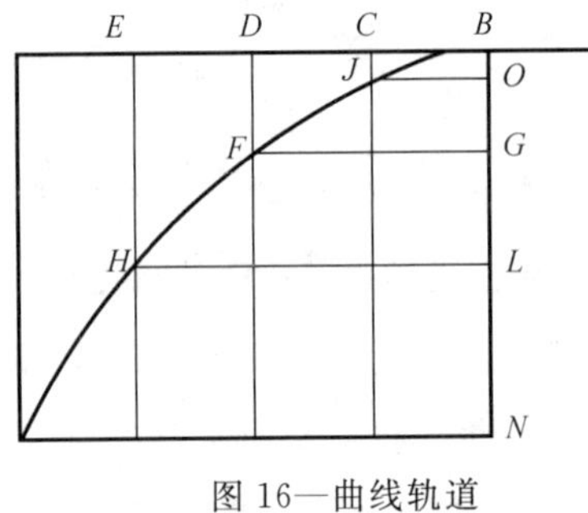

图 16—曲线轨道

(图 16)表示终止在 B 点的水平路径。一当到达 B 点，该物体便失去支承，于是便由于它的重量而产生了一种新的运动，即沿着 BN 垂直坠落。但是沿水平路径的匀速运动并没有消灭。这两种运动组合了起来，该物体既不仅仅沿 $BCDE$ 运动，也不仅仅沿 $BOGLN$ 运动，而是沿着曲线路径 $BJFH$ 运动，这里 $DF=4\times CJ$，因为 $BD=2\times BC$，并且一个物体坠落的距离随时间平方而变。同样，$EH=9\times CJ$。因此，该曲线是一条半抛物线。伽利略接着着手证明，当把一个物体倾斜地向上抛射时，它的路径将恰好是一条抛物线。他认为，一根两端固定、中间在重力作用下自由地悬着的绳子也趋于呈抛物线的形状(事实上它极其接近于悬链线)。

伽利略知道，落体、摆和抛射体等的实际运动并不完全像他描绘的那样。为了得出结果，他必须把各种各样干扰因素排除掉。46 伽利略不得不忽略空气的阻力、朝向地球中心的重力运动的会聚和其他环境因素，因为数学分析尚没有充分发展，还不能同时处理这么多变量。约翰·伯努利和其他十八世纪数学家对弹道学问题进行了更加精确的研究，但力学这个分支的完备理论仍有待建立。

虚速度原理

伽利略不仅为区别于静力学的动力学奠定了基础，而且他还教导了称为虚速度或虚位移原理的静力学和动力学原理的特殊结合。它们是指，一个质点系沿着作用于这些质点的各个力的诸方向、在该质点系在这些力的作用下做假想运动期间的诸速度或位移的诸分量；它们并同质点系的接法相容。这个原理最早似乎是约翰·伯努利在1717年给瓦里尼翁的一封信中明确提到的。它断言，当质点系通过一个平衡位置时，各个力同它们各自作用的质点的分速度的乘积的总和等于零。科里欧利斯在十九世纪初把它表述为虚功原理，这命题断言，当作用于一个质点系的各个力处于平衡时，它们在这个系统作任意规定的无限小位移时所做的总功等于零。例如，一根处于平衡的杠杆的情形便是这样（见图17）。两个力 P 和 Q 成直角地作用于杠杆的两臂 ACB，结果杠杆失去平衡，而杠杆两臂分别发生位移 AD 和 BE。对于小的角度来说，这两条线 AD 和 BE

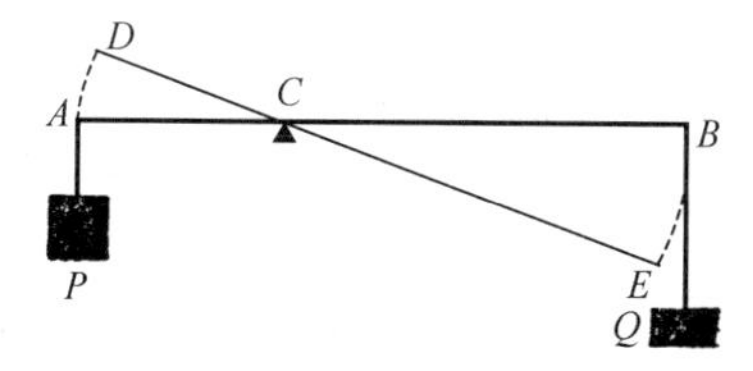

图 17—杠杆和虚速度原理

可以看做是与 ACB 成直角的直线。于是,我们可以说,当杠杆仍然处于平衡时,力 P 和 Q 彼此与它们的位移成反比关系,即 $P:Q::BE:AD$。这样,原来只是隐含的静态关系现在变得明显了。早先人们已经从杠杆隐含地认识到这条原理,那时它表达为格言的形式:"获得多少力,就失去多少速度";它在亚里士多德的著作中也已有预兆。

47

伽利略还把这条原理运用到滑轮和斜面。例如,有重物 P 和 Q 在一个长度两倍于高度的斜面上处于平衡(见图 18)。这里 $P=Q/2$。伽利略指出,根据这条原理,这两个物体的平衡可通过使它们靠近或远离地球中心来确定。因为,如果重物 P 下垂距离 h,那么重物 Q 将升高距离 $h/2$。因为 $P=Q/2$,所以 $Ph=Qh/2$。

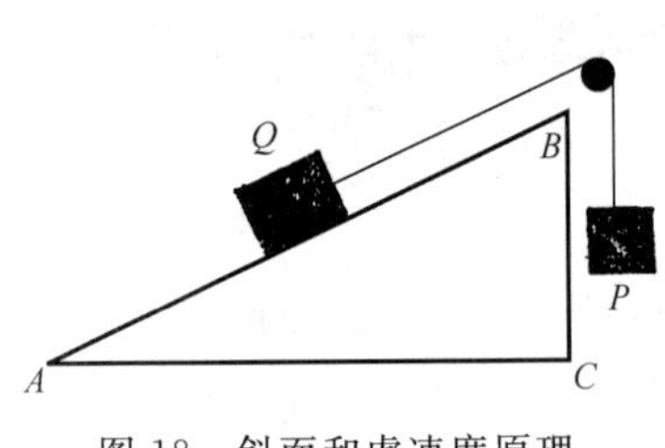

图 18—斜面和虚速度原理

利用虚位移的概念,伽利略还确定在滑轮中力和负载之间的关系。通过假定力和负载的路径 s 和 w 与负载分布于其上的绳子的数目成正比,伽利略获得了方程 $Ps=Qw$。这力所做的功(Ps)等于这负载所做的功(Qw)。

碰撞动力学

伽利略的研究在局限于若干力作用于单个物体或质量的情形时,是卓有成效的。但是,他在处理物体间的反作用时就不怎么成功,也没有能搞出它们的数学定律。

伽利略清楚地认识到并指出,碰撞力取决于两个因素,即碰撞物体的质量和它在碰撞时的速度。所以，他认为，一次碰撞的力无限地大于纯粹的压力，因为在只有压力的情况下，这两个因素中决定碰撞能量的那一个即速度等于零。因此，他还把一个静止物体的纯粹压力称为“死重量”。

伽利略做的碰撞实验中，有一项实验后来导致重大发展，这里介绍一下这个实验可能是令人感兴趣的。他在一个横梁天平的一臂悬挂两只量筒，一只在另一只的上面（见图19）。上面的量筒盛有水，下面的则是空的。在另一个臂上挂一个砝码，使这个系统处于平衡。然后让上面量筒中的水（通过这筒底部的小孔）流入下面的量筒。伽利略注视着当水流到下面的量筒时发生的碰撞所产生的效应；但似乎没有发生什么。起初这个臂一度使这两个筒略微上升了一点，好像这量筒是变轻了。但一当水流到下面的量筒，平衡便重又建立，流水对下面的量筒的碰撞似乎没有产生什么效应。 48

伽利略感到不知所措，怎么也无法理解。然而，实际上应当这样来解释。一旦流动达致稳态（假定上面量筒中的水量很大，以致在相当长的时间里水头明显地保持稳定），便没有任何额外的力能作用于由量筒、流体和挂钩组成的系统，因为流体处于稳态运动的那部分即系统动量的总的垂直分量是恒定的。所以，总的垂直外力等于零。又因为总重量显然是不变的，所以作用于挂钩的反作用力必定和

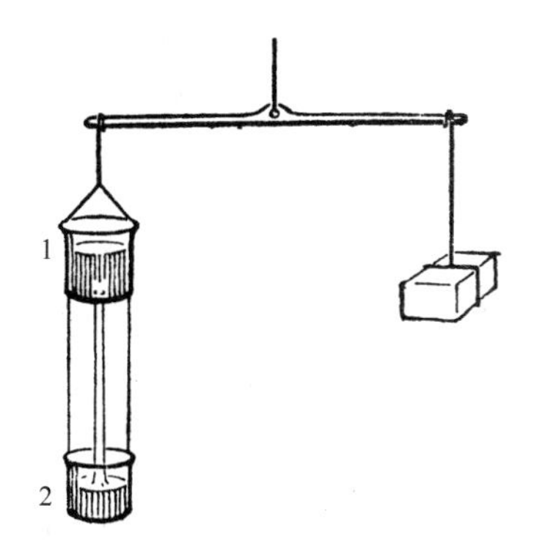

图19——一个物体系中各个力的相互关系

总重量大小相等，方向相反，因此与最初状况相同。

其他物理学研究

流体静力学

自从阿基米得时代以来，流体力学的研究一直遭到忽视。直到伽利略才重又从事这种研究，他首先进行了一系列实验，来证实阿基米得所提出的流体静力学定律。伽利略发现这些定律都是正确的。与一个固体的漂浮取决于它的形状这种流行观点相反，伽利略像他的先辈阿基米得一样，也证明固体的漂浮取决于它的比重，如果一个物体的比重小于一种流体，那么这个物体将漂浮在流体之上。阿基米得把漂浮与形式即形状联系起来的观点是以极薄金属片漂浮在水面上这种类似现象为根据的。伽利略证明，这些金属片实际上处于水面上的一个空穴之中，一当浸入水中，它们就下沉，再也不会升起。直到十八世纪发现了液体的表面张力以后，金属薄片和金属细针的漂浮现象才真正得到解释。这个发现也解释了另一个伽利略无法说明的现象，即叶子上的水珠的内聚性。

49

伽利略借以将物体在液体中的漂浮与它们的比重联系起来而进行的实验之一如下所述。他把一只蜡球浸在纯水之中。这只球沉到水底。然后，他把不同量的盐溶解在水里，从而逐渐增加了水的比重。当溶液达到一定浓度时，这个蜡球便浮出水面。

伽利略还传播了这样的思想：流体由孤立的粒子构成，这些粒子非常活动，哪怕最轻微的压力也会使它们运动。这样，每个压力都传遍整个流体。这种概念今天仍得到公认，而且实际上是一切流体静力学和流体动力学研究的基础。

伽利略试图把流体力学和固体力学的一般原理联系起来。为此，他首先把虚功（或虚速度）原理运用于流体静力学关系。巴斯卡首先完全认识到流体静力学的这种新方法的全部意义，并充分加以利用。

在研究静态关系时，阿基米得引入了“静力矩”的概念，而在解释简单机械时，他集中注意有关重物和它们与支点的距离。但是，伽利略从动力学的观点来看待静态关系，把重物和它们的虚降落（即当系统发生位移时它们的降落）或虚位移的距离看成是决定平衡条件的决定性因素。这种虚速度或虚位移的原理归根结底等于是说：当力所做的功等于负载所做的功，而所做的功用重量乘以垂直位移计算出来时，平衡保持着。

伽利略把虚速度原理应用于流体静力学的最简单例子，是把一个棱柱形物体浸在一个注满某种液体的相似的棱柱形容器中。伽利略将这棱柱体的位移或其等效速度同流体表面朝相反方向的位移相比较。棱柱体位移或速度和液面的位移跟相应的表面即棱柱体的底和流体的表面成反比关系。当再把棱柱体取出时，流体的液位就相应下降。如果要保持平衡，则浸入物体的重量和其速度的乘积必须等于流体升高部分的重量和速度的乘积。虚速度原理就这样应用在这种情况中。伽利略还把这条原理推广运用于相互连通的管道中流体的关系，认为这种情形与上述例子相似。因为，流体在细管子中的降落和在粗管子中的上升类似于棱柱体浸入和水位随之升高，这升降同样也与管子直径的平方成反比。

50

气体力学

从古代起人们就已相信，空气像火一样也具有“轻”的属性即绝对上升的倾向，而水和土则绝对地“重”即倾向下降。伽利略用实验证明了这种关于空气的观点的虚假性。他取一个玻璃泡，用注射器注入空气。然后，他仔细称量这个充满压缩空气的玻璃泡。当秤精确平衡时，打开玻璃泡口，让强迫注入的空气逸出一些。于是观察到，这个玻璃泡重量明显减轻。这表明，空气具有“重”的性质即重量。因为，如果空气是轻的，那么当把额外的空气强加入玻璃泡时，玻璃泡应当变得更轻，而部分空气的逸出应使它变得更重。伽利略在证明了空气具有重量之后，接着便着手测定空气的比重。他给一个充满空气的玻璃泡注入四分之三的水，但不让空气逸出。然后，精确地称量这个泡及其内含物。接着再让空气逸出，放掉原先充入的空气的四分之三。再次称量这个泡和剩余的内含物，因此逸出空气重量的测定是相对相同体积的水的重量进行的。伽利略估算出水比空气重 400 倍。实际上，水比空气重 773 倍。然而，当然必定是由于秤的不完善而产生了误差，他用这秤来衡量逸出相当小体积的空气所引起的差别。

鉴于伽利略对空气重量的测定，似乎令人惊讶的是，他竟未能解开水泵和类似现象的奥秘。经院哲学家通常把抽水机中水的上升和空吸之类现象以及光滑板附着都解释为由于据说大自然憎恶真空所致。伽利略对这种超自然性质的解释可能不满意，但他又不能完全摆脱这种解释。他至少试图通过测量阻止真空形成的阻力的大小来从实验上测定这种现象的定量特性。《谈话》中对这个实验作了如下描述:“我将告诉你们怎样把真空的压力和其他力分离开,然后又怎样测量它。为此让我们考虑一种连续实质,它的组分都丝毫不阻止分离,除了来自真空的以外,例如在水的情形里。……每当一桶水受到一个拉力作用时,它总是要抵抗对它各部分的分离作用,这可以归因于真空的阻力。为了尝试一下这种实验,我发明了一种装置。我可以用示意图比仅仅用文字更好地说明它。设 *CABD*(图 20)表示用金属或者更可取的用玻璃精密加工制成的一个中空圆筒的截面。这筒里再放入一个纹丝不差地恰好容下的木筒,其截面用 *EGHF* 表示,它能上下运动。这个圆筒的中央钻一个孔以穿过一根铁丝,后者的下端 *K* 装有一个挂钩,而上端 *I* 有一个圆锥头。这个木筒柱体顶部开有一个锥口孔,以便当下端 *K* 被拉下去时,精确适配地容纳铁丝 *IK* 的圆锥头。现在把木筒 *EH* 放进空心圆筒 *AD*,不让它触及后者的上端,而留出二三指宽的空隙;把这容器口 *CD* 朝上地拿住,并把木塞 *EH* 往下推,这样给这个空隙注满水,在这同时使铁丝的圆锥头 *I* 保持脱离木筒的那个中空部分。这样一当按下木塞,空气便沿着铁丝(它未与孔紧密配合)逸出。在空气逸出,铁丝的头又回到木筒的锥形凹陷之中以后,把这容器倒过来使它的口向下,再在挂钩 *K* 上挂上一只桶,桶内可装上沙子或其他沉重的东西,其数量足以使原来只是由于真空的阻力而吸附于水的下表面的木塞之上表面 *EF* 最后与这水面

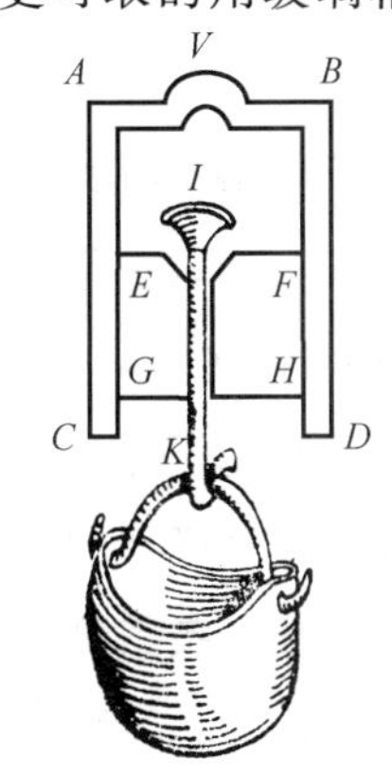

图 20—真空的阻力

分开。现在把木塞和铁丝连同桶及内装物料一起称量;这样我们将得出真空的力"(*Discourses concerning Two New Sciences*, p. 62, Vol. VIII, of the National Edition;Crew and de Salvio 的英译本,p. 14f.)。

声学

我们主要是从默森那里了解到伽利略的声学工作,默森在伽利略的影响下和在他的直接指导下继续进行声学工作。伽利略正是由于作出了有关摆振动定律的发现而注意起弦的振动,尤其是所谓和应振动现象,通常将它归因于其他弦同振动弦的和应。首先,伽利略证明,一个律音的音调依赖于一个给定时间内的振动次数。他利用下述实验来证明这一点。他用一个锋利的铁块划一块黄铜板。这样,每当产生了一个清晰的律音时,伽利略就记下铜板上留下的一条条等距离细线的条数。当划动加快时,他获得一个更高的律音,而线条更加靠拢;当律音较低时,线条离得较开。显然,线条的接近程度和数目相应于铁块振动次数的多少。为了定量地研究这个声学现象,伽利略接着利用每当产生某个律音时单位时间内留下的线条数目。例如,他通过相继较快和较慢地划动铜板产生两个律音,而当他获得两个和音(它们在音乐中据说构成"五度和音")时,他计算了黄铜板上留下的线条数目,测量了它们的间距,结果发现高音有 45 条线(因此也就是振动 45 次),低音有 30 条线(因此也就是振动 30 次)。当然,关于律音和产生律音的弦的关系的实验是非常古老的。毕达哥拉斯(公元前六世纪)就已进行过这种实验。但是,迄今所研究过的关系一直仅仅是律音调和弦的**长度**间的关系。伽利略第一个注意到**振动**速率(即频率)是决定任何发声体所产生的律音之音调的真正重要因素。通过上述那种简单实验,伽利略发现了主音、四度和音、五度和音和高八度音的振动速率之比为1∶4/3∶3/2∶2即6∶8∶9∶12(*Discourses concerning Two New Sciences*,第一天,将近结束时)。这些实验很重要,但可惜的是它们在某些方面没有解说清楚。 53

伽利略还考虑了律音和谐与不和谐的生理问题。他认为,当产生律音的振动以一定的节奏规则地刺激耳朵鼓膜时,这律音听上去就和谐。另一方面,当振动没有节制时,所产生的律音听起来就不和谐,因此它们对鼓膜的作用就不规则,是一种骚扰。

光学和磁学

除了制造望远镜而外,伽利略并没有花更多精力研究光学。值得指出的是,他假设光以有限速度行进,而且他为了确定这一点,曾实际进行过一些光信号实验。但是他没有取得成功。

在吉尔伯特的磁学工作的影响下,伽利略曾试图运用磁学概念解释天文学现象。这些尝试的说明在他的《对话》中占有一定篇幅。例如,他把诸如地球绕轴自转和地轴方向固定不变等现象以及月球总是以同一侧面朝着地球这一事实都归因于磁的作用。他还对磁石进行过各种实验,证明用一块抛光的衔铁如何能大大增强磁石的磁力。于是,他宣称已使一块磁石的磁力增加了80倍,使一块磁石吸起26倍于其自身重量的负载。

验温器及其他

伽利略对验温器(即温度计)以及显微镜和望远镜等仪器的制造和使用所作的贡献将在关于科学仪器的那一章里叙述;他对梁的强度的研究则将在第二十一章中论述。

(参见 J. J. Fahie, *Galileo*, 1903 和 *Memorials of Galileo*, 1929; W. W. Bryant, *Galileo*, 1925。)

第四章　十七世纪的科学社团

科学社团的产生

罗马教会虽然能监禁伽利略的身体，但他的科学精神却仍在传播。不仅是他的门徒维维安尼和托里拆利，而且许多其他人也都受到他对实验科学的热忱的感染；在一个相当短的时间内，为了促进实验科学这个特殊目的，一批有影响的机构在它们成员的合作下组织了起来。许多成员由此受到激励而进行他们自己的各种重要科学研究。这些新机构中，最重要的有佛罗伦萨的西芒托学院、伦敦的皇家学会和巴黎的科学院。

科学社团在那时形成并不是偶然的；它是那个时代精神的重要标志。正是这种精神促使弗兰西斯·培根在他的《新工具》（*Novum Organum*）的扉页上，刊载一艘帆船无畏地扬帆穿越直布罗陀海峡——旧世界的界限的照片。

这是开拓者的黄金时代。人的精神长期受传统和权威的禁锢。人们对知识的渴求只能在权威认可的寥寥几本书里去得到满足。智力活动的欲望也只能通过比较和调和其他人的言论来发泄。除此之外的一切言行在一定程度上都被视为越轨。然而，反抗的力量在逐渐增长；尽管既有的权威横加阻拦，但一些勇敢的有识之士还是冲破了经院哲学的枷锁,冒险航行到地图上没有标绘过的海洋,想亲眼看看世界,用自己的理智解释它。大学可望带头,或者至少参与这个理智解放运动。但是它们根本没有这样做,因为它们受教会控制。哲学仅仅是神学的侍婢,而大学则是教会的灰姑娘①。事实上,这个时代的鲜明特点是,绝大多数现代思想先驱都完全脱离了大学,或者只同大学保持松弛的联系。为了培育新的精神,使之能够发现自己,就必须有新的、本质上真正世俗的组织。弗兰西斯·培根在他的《新大西岛》(*New Atlantis*)中向往这样的机构。他的后继者在一定程度上受他的远见的激励目睹了他的梦想成为现实。科学社团正是顺应新时代的新需要而诞生的。就在这些社团里,现代科学找到了机会,受到了激励,而大学不仅在十七世纪,而且在以后相当长时间里都一直拒绝给予这些。

西芒托学院

这个实验学院于1657年在佛罗伦萨建立。它的发起人是伽利略的两个最杰出的门徒维维安尼和托里拆利。美第奇家族的托斯卡纳大公斐迪南二世及乃兄利奥波尔德提供了必要的资助,他们两人都曾在伽利略的指导下学习过。在这个学院正式建立之前十几年,美第奇弟兄俩就已创办了一个实验室,完善地配备着当时所能获得的科学仪器。在1651到1657年间,各方面的科学家为了进行实验和探讨问题,多少定期地在这个实验室里聚会。西芒

① 灰姑娘是童话中的人物,为继母所驱使,日与煤渣为伴。——译者

托学院仅仅是这种非正式团体的一个比较正式的组织。这两位美第奇人继续是它的资助人。他们是真正热心而又积极的资助人。利奥波尔德亲王尤其如此。值得注意的是，他被封为红衣主教那年(1667年)，这学院的活动便告中止。难怪有人怀疑这是一笔肮脏的交易，从学院的关闭看出教皇向这位想当红衣主教的亲王勒索了一笔钱。

佛罗伦萨实验学院成员的名册中，除了维维安尼和托里拆利以外，还有解剖学家波雷里(他将力学原理应用于生理学)、丹麦解剖学家和矿物学家斯特诺、胚胎学家雷迪和天文学家多米尼科·卡西尼(他后来是新建立的巴黎天文台事实上的台长)。这些人和其他一些人在1657到1667年间一起进行了许多次物理学实验。当1667年学院解散时，一位成员安东尼奥·奥利瓦在罗马落入宗教法庭的魔掌，为了逃避拷打，他从监狱的高窗跳下自杀。幸运的是，记载最重要研究成果的一份记录留传了下来。

西芒托学院的成员1667年在佛罗伦萨发表了《西芒托学院自然实验文集》(*Saggi di naturali esperienze fatte nell' Accademia del Cimento*)，叙述了他们共同做的实验和发现。(英译本：Richard Waller, *Essays of Natural Experiments made in the Academie del Cimento*, London, 1684。)这部著作最重要的部分系论述温度和大气压的测量。 56

《文集》最详细的部分用于叙述空气自然压力的实验。院士们重复做了托里拆利的气压研究(见第五章)，做了大量有趣的气体实验。在一个实验中，一只仅含有一点点空气的小的气囊悬挂在一个气压计量管顶端的钟状容器的盖子上(见图21)。气压计的量管注满水银，再把盖子盖上，气囊放在容器之中。让水银沉降，这样便在气囊周围形成了一个托里拆利真空，而这个气囊在其内含空气压力作用下立即胀足。

用类似仪器还表明：在托里拆利真空中，众所周知的液体在细玻璃管中的升高仍旧发生，液滴保持它们的球状，一枚针被磁石吸引；因此，这些现象都与空气压力无关。但是，试图确定在这真空中，已励磁的琥珀是否会吸引稻草，铃声是否听得见的试验仍无确定的结果。成员们重复进行了玻意耳的几个实验，包括温水煮沸；他们观察了动物在没有空气的情况下的行为。他们还制造一台抽气机，但这已证明是个失败。

他们发明了好几种仪器，用来演示大气压怎样随着地面以上高度的增加而减少。图 22 表示出这些仪器的一种，它是一根带刻度的两端开口的玻璃管，插在一个侧壁有一个孔但其余部分都封闭的玻璃容器之中。把足够的水银灌进该容器，淹没玻璃管的下端，然后将侧壁的孔密封。如果现在把这个仪器放到某个塔的顶端或者其他高的地方，那么就会发现管子中的水银在上升，因为密封容器中的压力现在超过管子中水银表面所受到的压力。

他们进行了大量有关水和其他液体的凝固的实验，有些实验中应用了如笛卡儿在他的《气象学》(*Météores*)中所叙述的那种冰和盐的冷凝剂。水结冰时的膨胀比率正确地估计为约 9∶8；在这些实验的过程中，这种膨胀显示出了巨大的力量。金属容器注满水，严实地密封，然后周围放上冰。结果发现，它们由于受到里面的水在结冰时产生的压力的作用，因而总是爆裂。院士们用一个摆来比较用冷凝剂凝固不同液体试样所需要的不同时间。为了提

57

高测量时间的准确度，他们利用双线悬挂来使摆锤始终保持在同一平面上（见图71）。他们还尝试过一个重要实验：把一块冰放在一面凹镜面前某个距离处，观测一个放在凹镜焦点处的灵敏温度计的指示。温度计显示出温度下降，但是用冰直接冷却的可能性并不能排除，因此这个实验被认为是无说服力的。 58

为了研究水的压缩性，院士们重复了弗兰西斯·培根的实验。他们把一个银容器注满水，严实地密封，然后用锤打得它变形，使之容量减小，从而压缩了所封闭的液体。然而，他们发现这水通过

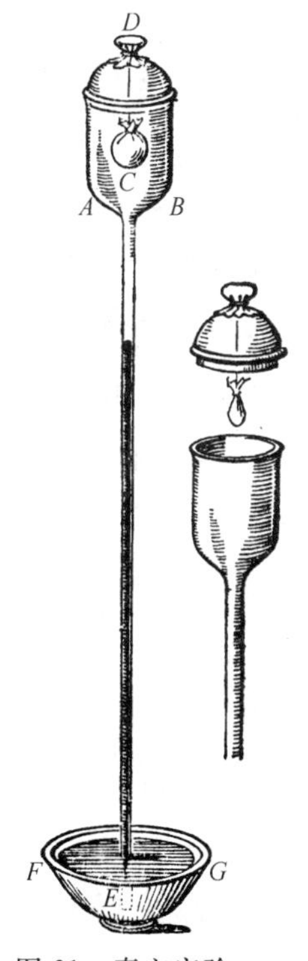

图 21—真空实验

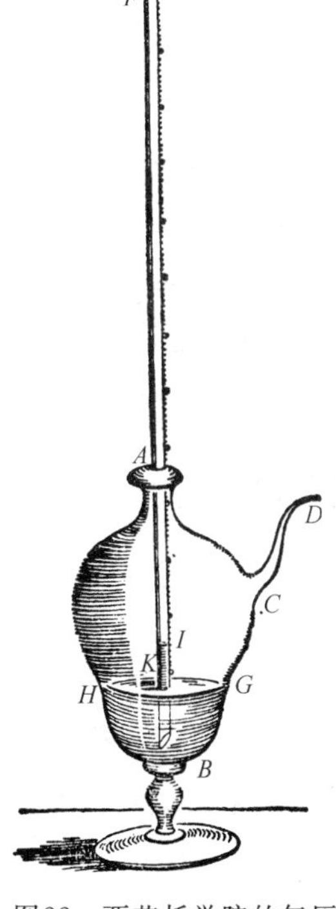

图22—西芒托学院的气压计

金属微孔流逸。尽管这个结果使人相信水是非常不可压缩的，但这些研究者仍不敢断言水是绝对不可压缩的。水实际上可压缩这个事实约在一个世纪以后才由坎顿所证实。

西芒托学院的成员进一步研究了固体和液体的热膨胀、某些物质溶解在水中时热的释放和吸收以及电和磁的基本现象。他们通过记下一门发射已知距离的大炮闪光和炮声的视在间隔时间来计算声速；但是他们错误地以为风对声音的视速度没有影响。他们也重复了伽利略测定光速的尝试，但得出了否定的结果。学院还第一次进行了几个伽利略所提出的抛射体实验。例如，证明了在塔顶从一门大炮水平地射出的一个球与同时坠落的一个类似的球于同一时刻到达地面。

学院成员中托里拆利特别关心光学问题。他证明了小的玻璃球怎么能用作为放大率相当高的单显微镜。他还用几何学方法研究了透镜的性质，制造了望远镜，他们改良了伽利略的望远镜。

波雷里特别研究了毛细现象，然而他关于这个问题的著作与学院同人的著作分开出版。列奥那多·达·芬奇(1490 年)早已描述过液体在细玻璃管中的上升，但为巴斯卡所忽视。波雷里发现了这上升如何取决于管子的性质。他注意到，管子内侧湿润时，液体上升比干燥时更显著；他还发现液体上升的高度与管子直径成反比($h:h'=d':d$)。他也发现漂浮在液体上的两个物体(例如漂浮在水上的木板)当处于一定距离之内时会互相吸引，如果两者先前都已被该液体弄湿的话。然而，他发现，如果仅仅一个物体弄湿，那么将发生排斥。克勒洛约在十八世纪中叶首先对这些毛细现象作出了令人满意的解释。

59

如可能已经注意到的那样，西芒托学院的研究就下述意义而言，是严格科学的：采用精密的实验方法，所得出的结论严格限制于观察证据的必然，而不试图作思辨的遐想。这种自我约束可能主要是由于相互批评所使然，而这种批评是成员们共同研究的合作的自然结果。因为正如拉普拉斯后来所指出的，“个别科学家可能容易犯武断的毛病，而一个科学团体将会被各武断观点间的冲突搞得立时解体。而且，试图说服别人的愿望还导致只接受观察和计算结果的一致意见”（*Précis de l'histoire de l'astronomie*, 1821, p. 99）。不无可能的是，伦敦皇家学会的许多会员所以对思辨施加限制，尤其是牛顿所以厌恶科学上的思辨假说，也是由于类似的原因，虽然皇家学会会员的个人主义比它的意大利楷模的成员们要显著得多。

皇家学会

皇家学会看来是从弗兰西斯·培根的实验哲学的追随者们的一个非正式社团发展而成的。这些人约从1645年开始每周在伦敦聚会讨论自然问题。他们中间有：著名的数学家和神学家约翰·沃利斯（1616—1703）；后来的切斯特主教约翰·威尔金斯（1614—1672），他的兴趣广及力学发明和天文学思辨；一批物理学家包括乔纳森·戈达德、乔治·恩特和克里斯托弗·梅里特；格雷歇姆学院天文学教授塞缪尔·福斯特；特奥多尔·哈克，这些星期聚会的主意似乎是这个德国人出的。这个社团表现出广阔的兴趣和评论范围，但是其成员约定把神学和政治排除在他们的讨论范围

图 23—布龙克尔　查理二世　培根

之外。

60　随着沃利斯、威尔金斯和戈达德等人约在 1649 年迁居牛津，该社团遂一分为二，在牛津形成了一个小规模的团体，它包括萨维利亚天文学教授塞思·沃德(1617—89),他在著作中试图改进当时的行星理论;以及最早对人口和死亡率统计进行系统研究的著作家之一威廉·配第(1623—1687)。牛津学会一度在罗伯特·玻意耳(1627—1691)的寓所聚会,玻意耳的名字前面已经提到过,我们在化学史上还将再次遇到他。然而,这个学会很快由于迁居而失去了许多最积极的成员,终于在1690年告终。其间伦敦的那一支却兴旺发达,它的成员中有:克里斯托弗·雷恩(1632—1723),精通许多门学科,虽然今天人们主要提到他是个建筑师;劳伦斯·鲁克(1622—1662),他在成为格雷歇姆学院的天文学教授之前,曾经是玻意耳的化学助教;罗伯特·莫里爵士,他一直是查理一世的一位坚决支持者,直至学会合并之前,一直任学会会长;布龙克尔勋爵(1620—

图24—亨利·奥尔登伯格

图25—约翰·威尔金斯

1684),一位杰出的数学家,学会合并之后当选为会长;以及日志秘书约翰·伊夫林。这些人士和许多其他人都习惯于在雷恩和鲁克的星期演讲之后在格雷歇姆学院聚会。1658年,由于当时政治动乱,这些聚会一度中断,学院也变成了一座兵营。

图26—格雷歇姆学院

然而,查理二世复辟后不久,那些不久便成为皇家学会核心的人又恢复了他们在格雷歇姆学院的星期聚会。同时,他们还制定了一项计划,旨在建立一个致力于探索实验知识的正式学会。1662年7月15日,皇家学会蒙特许准予成立,这个计划终于得到实现。翌年又颁发了第二个特许状,准予扩大该学会的特权。

皇家学会一开始就形成一个惯例,即在学会的会议上把具体的探索任务或研究项目分配给会员个人或小组,并要求他们及时向学会汇报研究成果。例如,我们发现布龙克尔勋爵曾承担进行枪炮反冲实验的任务;玻意耳应邀演示他的抽气机的工作;准备一份关于树木的解剖学的报告这个任务委派给了伊夫林。同时，学会还要求会员进行任何他们认为将促进学会目标的新实验。最早需要尝试的这种实验包括：用化合方法生产颜料，通过焙烧锑看看在这过程中锑的重量是否增加，测量空气的密度，定量比较不同金属丝的致断负载，以及多次进行的压缩水的无效尝试。因此，早期的会议都是会员作报告和演说，演示实验，展览各种各样稀奇的东西，并对所有这些所引起的问题进行活跃的讨论和探究。随着时间的推移，逐渐建立了一些委员会来指导学会各部门的活动。其中之一的贸易史委员会从事工业技术原理的研究，其间不时向学会作出的报告涉及诸如海运业、矿业、酿酒业、精炼业、羊毛制造业等等工业。有一个委员会收集关于自然现象的报告，另一个委员会致力于改进机械发明。此外，还有天文学、解剖学、化学等等学科的委员会。然而，学会的特权并不包括捐款，等到几年以后会员才得以享受使用专门实验室设施的权利。 61

1662年，罗伯特·胡克被任命为皇家学会的干事，职责是为每次会议准备三或四项他自己和任何别人的实验，以应学会的不时之需。胡克是那时皇家学会中最有才干的实验家和最有独创性、最富有想象力的发明家。他所进行的一些与皇家学会有关的研究值得在这里介绍。为了确定重力是否随着离地球中心的距离的增加而明显减少，胡克把一架精密天平放在威斯敏斯特教堂的尖顶上，称量一块铁和一根长的包扎绳的重量。然后他用这绳子把这铁块悬挂在一只秤盘上，再称量这铁块和绳子的重量。如果现在由于这铁块大大接近地面而重量增加，那么重力便确有明显减少；但是胡克并没能检测出在这两种不同条件下有明显的重量差别。后来,他又在旧圣保罗教堂的尖顶上重做了这个实验,在那里他也有机会研究一个200英尺长的摆的行为。胡克最早与皇家学会的通信之一是报告了一种证实称为“玻意耳定律”的物理关系的方法,他同这种方法的首创有密切的关系。胡克还用他自己设计的一种仪器进行了一系列关于透明液体的折射率的测量。学会会员们利用他的显微镜热切地观察了软木细胞结构、“醋鳗”、昆虫的解剖以及后来在《显微术》(*Micrographia*)(1665年)中记叙和描绘的各种其他微小物体。

62 除了理化科学的研究之外,皇家学会的早期会员尤其是医学家还极其重视生物学问题,对动物进行了大量解剖和实验。皇家学会的特权之一是有权要求解剖被处决的死囚尸体,1664年成立了一个委员会,主持每逢处决日进行的解剖。塞缪尔·佩皮斯在入会以后(他最后成为皇家学会会长)对学会这一部门的工作特别关心。学会收到全国各地医生寄来的叙述极其有趣的临床病例的报告。医学会员还广泛进行动物解剖实验,虽然通常都没有获得什么有用的或结论性的结果。他们还把液体(例如水银、烟叶油等等)注射进动物静脉,或者切除器官,割断神经,结果都作了记载。他们进行了许多给相似或不同的动物包括狗、羊、狐狸和鸽子等输血的实验——这是皇家学会获悉洛厄在牛津输血成功后受到激励而进行的一项研究。后来还尝试过把羊血输入人体静脉的实验,没有出现不幸的后果。

空气在呼吸和燃烧中的作用主要是玻意耳和胡克两人借助抽气机进行研究的。把小动物或者点亮的灯,有时把它们一齐放在抽气机的容器里,观察它们在抽掉空气时的情况。胡克表明,通过从气管上的开孔把空气注入狗肺，已解剖的狗的心脏便还能跳动一个多小时。好些会员亲自试验了一个给定大小气囊容纳的空气所能供给呼吸的次数。当发现动物尸体虽加密封以排除掉空气，但仍有蛆滋生时，自然发生的可能性问题便在学会会议上提出进行讨论。

为了储存学会所得到的日益增多的自然标本(动物、植物、地质等等)，1663 年开设了一个陈列室，由胡克经管。陈列室还保存了会员制造或发明的许多仪器和机械装置，以及许多没有科学价值的珍品。这些东西不少是旅游者从国外带来的。皇家学会确实对外国的状况、自然物产等等情况进行了大量探究，欢迎探险家、船长和其他人提供报告，以及他们可能发现的任何有价值的矿石、产物等等的标本。早在 1660 年就制定了一项使用气压计、温度计、湿度计、摆等等进行物理实验的详细计划，并且到特纳里夫岛在海平面直到山顶的不同高度上进行试验。 63

皇家学会还经常研究当时流行的那些对会员不无影响的信仰。克里斯托弗·雷恩爵士讲述过一个传说，说是一个伤口和后来拆掉的绷带间发生了“同情”；尝试过用蝰蛇的化成粉末的肺和肝来创生这种爬行动物；还报道过好几种磁疗法。讨论了蝾螈的种种奇异特性，还做过一个实验，看看当一只蜘蛛被“独角兽”的角的粉末包围时，能否逃脱，这角粉显然是由白金汉公爵提供的。

《皇家学会哲学学报》(*Philosophical Transactions of the Royal Society*)于 1665 年 3 月由学会秘书亨利·奥尔登伯格独自出版。《哲学学报》的内容主要包括会员投交的论文和摘要、各方报告的观察到奇异现象的报道、与外国研究者的学术通信和争论以及最新出版的科学书籍的介绍。

皇家学会早期会员对一切新奇的自然现象普遍感到好奇，这证明是造成他们软弱的根源。他们把研究的网撒得太宽，因此丧失了统一地长期集中研究一组有限的问题所会带来的好处。所以，应当说，这个年轻学会对发展科学的真正意义，与其说在于它对科学知识的积累作出了共同贡献，还不如说在于它对它所聚集的那些杰出人物产生了激奋性的影响，我们还将论述他们，他们各人都有其专门的探究领域。

法兰西科学院

法兰西科学院起源于将近十七世纪中叶时巴黎一群哲学家和数学家的非正式聚会。这批人包括笛卡儿、巴斯卡、伽桑狄和费尔玛等人，他们经常在墨森的寓所聚会，讨论当前的科学问题，提出新的数学和实验研究。后来，聚会改在行政法院审查官蒙莫尔和博览群书、周游四方的塔夫诺的宅邸举行，也比较定期了。包括霍布斯、惠更斯和斯特诺在内的外国学者也都被吸引来了，最后根据夏尔·佩罗的建议，科尔培尔向路易十四建议设立一个正规的学院。这个机构原先打算兼及历史和文学以及科学问题，但是这个计划没有实现，当 1666 年 12 月 22 日这个新学院举行首次会议时，它成了一个完全致力于科学研究的聚会。其成员得到国王的津贴，研究活动也得到资助。这些研究分成**数学**（包括力学和天文学）和**物理学**（当时认为物理学还包括化学、植物学、解剖学和生理学）。院士们在毗邻一个实验室的皇家图书馆的一个房间里聚会，共同进行研究。他们一周聚会两

64

图 27—巴黎科学院(路易十四视察)

次,会议轮番讨论物理学和数学。

在纯粹物理学方面,科学院重做了西芒托学院和皇家学会的许多实验。他们研究了水凝固时把金属容器爆裂的能力所表现出来的水凝固的膨胀力。他们还使用抽气机进行了好些实验。有一个实验把一个盛有一条鱼的水缸放到一个容器中。当抽空容器中的空气时,没有观察到变化,但当重新放入空气时,鱼便沉到水缸底部停留在那里,因为鳔中的空气在上次抽气机容器抽空时也被抽空。为了确定热是否能透过真空,把黄油放在容器中,抽掉空气后把一块炽热的铁靠近之。结果发现,当把这铁靠得足够近时,这黄油便熔化了。发现一株植物在一个抽掉空气的容器中放上几天后便停止生长了。还进行了一些实验,想确定水的沸腾是否对随后水凝固的快慢有什么影响。没有看出任何这样的影响,但是发现沸水由于其中没有溶解空气,因而形成的冰更硬也更透明。科学院的早期成员之一马里奥特用这种冰制成了取火镜。在这些物理研究中,惠更斯起了领导作用,正是在巴黎作为科学院院士时,他写作了《光论》(*Traité de la Lumière*)(1690 年)。

科学院最早的化学研究包括对某些金属焙烧时所表现出来的重量增加的研究。杜克洛把一磅粉末状的锑置于一面取火镜的作用下历时一小时,发现锑的重量比原先的增加了十分之一。他猜想锑重量的增加,是由于增加了来自空气中的含硫粒子。然而,有一种意见认为,这锑可能是通过损耗容器而增加重量的。他们分析了许多地方的矿泉水,并把结果进行了比较。

65

在生物学的研究中,院士们的目标是运用他们的眼睛和理性,尤其是眼睛来研究动物和植物器官的构造和功能。他们的《动物自然史》(*Natural History of Animals*)(1666 年起;英译本:Alexander Pitfield, London, 1702)系根据对相当数量动物包括一头豹和一头象(他们从凡尔赛动物园得到它们的尸体)的考察和解剖而写成的。然而，这些解剖并没有按预定的计划进行，它们旨在说明所研究的这些动物的特性，而不是它们的相似之处。然而，它们消除了自然史上某些一般的错误。以皇家学会为楷模，院士们进行了狗和其他动物血的输血实验，但是成效甚微。他们长期研究了血、牛奶和其他这类流体的凝结，尤其是凝结发生的条件。科学院的会议偶尔也解剖人体。人的眼睛和耳朵的结构都得到仔细的描述，在这方面马里奥特作出了眼睛盲点的重要发现。

科学院研究植物构造的方法非常原始，使人误以为获得了很有价值的结果。一种常用的操作是把从给定的植物熬出和榨出的液汁同某些铁盐或铅盐溶液混合，如果产生了颜色或者沉淀的话，就宣称哪些植物含有更多“地上”含硫盐。由于发现“治伤的”药草能够淀积溶解在醋中的铅，他们便认为这萃取物吸收了使醋对舌头产生特殊作用的“特征”(笛卡儿的一种见解)，而这种药草也以类似的方式作用于使伤口溃烂的酸；因而药草有疗效。研究植物的另一种方式是榨出它们的液汁，然后让液汁蒸发，再检查结晶出来的精盐。然而，大量时间浪费在用甑分馏植物上面。冒出的蒸气被凝结，然后用升汞和其他试剂来试验酸反应和“含硫物”的性质，甑中的残渣则抛弃掉。用这个方法处理了四百五十种不同的植物，有一次一下子就分馏了四十只蟾蜍。直到1679年，才有马里奥特指出这种处理是徒劳的，它必然要破坏所要检查的物质。 66

科学院的纯数学研究主要讨论笛卡儿在该领域的工作和几何学中应用无限小量所引起的种种问题。院士们撰写了许多专著；

还联合编著了一本关于力学的论著,但是没有什么科学价值。在流体静力学中,院士们按照托里拆利业已制定的方法研究了从容器出来的射流的速度和压头间的关系。

在应用力学的领域内,科学院指派几个院士研究工业上常用的工具和机械,旨在阐明它们的工作原理以及改进或简化它们的结构。此外,院士们还设计了许多有创造性的机械装置,并发表在一本有图解的样本上。尤其注意了无摩擦滑轮组、泵和自动锯。这些发明者中最主要的是佩罗。他设计了一面可活动的镜子,控制一颗恒星或其他天体的光线使之进入一架大型固定望远镜。这个装置在一定程度上是现代定星镜的前身,它使观察者不用移动望远镜就能跟踪一颗恒星的行程。佩罗还发明了一种用水使摆保持运动的钟,水轮番流入在摆的两边的容器,交替地把它们压降。

科学院的天文学院士尤其是皮卡尔和奥祖的工作代表一种独特的进步,因为他们首创系统地把望远镜和刻度盘结合起来实际应用于精密测量角度。利用物焦平面上相交的刻度线精确地确定望远镜的准直线。测微计也被系统地应用于测量望远镜视野中同时看到的物体的微小角距离。皮卡尔设想利用恒星中天时间来测定恒星的赤径差,为此他使用了惠更斯新研究出的摆钟。在巴黎专门研究了大气折射这个多少被忽略的因素。院士们最早的天文学观测,是在他们惯常聚会的地方的一个后花园中进行的。但是这个地方被房屋团团包围,因此他们吁请国王建造一所正规的天文台。天文台按照克洛德·佩罗的设计建造在圣雅克近郊,实际建成是在1672年。从1669年起,科学院的天文学工作是在科尔培尔邀请到巴黎来的一位意大利天文学家G. D. 卡西尼的领导下进行的。

科学院组织了几次海外考察。其中有两次尤其值得一提。1671年，为了精确测定已成为废墟的从前的第谷·布拉赫的天文台乌拉尼堡的位置，皮卡尔前往丹麦。他回来时把奥劳斯·勒麦带到巴黎，后者成为科学院的院士，在法国期间，作出了光逐渐传播这个重要发现。另一次考察由让·里歇率领，于1672年到卡宴去观察火星的一次冲。根据对里歇的观察和卡西尼同时在巴黎作的观察所作的比较而推算出的火星和太阳视差的值，在精度上远远超过以往所获得的值。里歇还作出了一个重要发现：为了走秒时，钟摆在卡宴必须比在巴黎制作得短——这个发现标志着开始考虑地球的确切形状。

1683年科尔培尔逝世后，卢瓦就任皇家科学院的督导。他不屑于纯粹理论研究，因此科学院的活动一直趋于沉寂，直到1699年比尼翁彻底改组并扩充了科学院。

柏林学院

十七世纪德国建立了许多科学社团。最早的一个这种团体是1622年由生物学家和教育改革家约阿希姆·荣吉乌斯在罗斯托克建立的艾勒欧勒狄卡学会，旨在促进和传播自然科学，把它建立在实验基础之上。然而，这个学会似乎仅维持了两年左右。三十年以后，建立了自然研究学会。这个学会基本上是医生的行会，它的主要活动是出版一份期刊，刊载会员的医学专业研究成果。1672年又建立了实验研究学会，它从其创立者阿尔特多夫的克里

斯托弗·施图尔姆的学生中吸收新会员。施图尔姆把他精心收集
68 的一批物理仪器供他的学会用于进行特殊的实验工作。然而，唯一能与皇家学会或法兰西科学院并驾齐驱的德国科学社团是柏林学院。作为它的创始人莱布尼茨的理想的体现，柏林学院必须被看做是十七世纪的产物，尽管因为它直到1700年才建立，所以这里我们不去叙述它后来的命运。

柏林学院是莱布尼茨多年精心规划和不断鼓吹的结果，虽然这仅代表了他那雄心勃勃的宏图的一部分。他起先同流行的教育方法相抵触，这些方法都强调抽象思维和纯粹文字上的学识。莱布尼茨认为对青年的教育应注重客观现实，他强调指出，适当讲授数学、物理学、生物学、地理学和历史学等学科具有重要意义。他亟望应当用德文取代拉丁文作为教育的媒介语。如果采取了这一步骤，那么知识就会传遍全国，语言与陈腐思想的结合也就会在德国被冲破，像它们已在英国和法国为培根和笛卡儿的国语著作的影响所冲破一样。莱布尼茨认为，以他和志同道合者结成的社团为媒介，便能最有效地宣传他的观点，实现他的改革。从他跨入成年期开始，他关于这样一个社团的组成和作用的思想不断在发展，这些思想不时孕育具体的设想。他一开始就设想，这个社团应由人数有限的学者组成，他们的职责是记载实验，同其他学者和外国科学社团通信和合作，建立一个大型图书馆，就有关商业和技术的问题提供咨询。这个社团应有权在德国只批准出版那些达到他们标准的书籍。莱布尼茨在1670年左右写的两份备忘录中又记载了进一步的细节，其中把这个拟议中的机构称为“德国技术和科学促进学院或学会”(Foucher de Careil, *Œuvres de Leibniz*, Vol.

VII, Paris, 1875, pp. 27 ff. and 64 ff.)。这个社团的兴趣应当非常广泛,除了科学和技术之外,还应包括历史、商业、档案、艺术、教育等等。广泛进行解剖学和生理学研究,结合患病贫民的救济、孤儿的专门教育和监狱的管理等等事业,检验社会科学的各种新方法。这个社团将派遣旅行教师,出版一份期刊,以使任何人作出的有用发明都能广泛传播。在这两份备忘录中,莱布尼茨抱怨,在德 69 国重要发明没有尽其所能地应用于实际生活来造福人类。它们时常被遗弃,不然就传到国外,后来再作为新事物重新传入德国。他认为,如果有一个社团保护和发展这些发明,那么就能挽救这种状况。不久以后,在访问巴黎和伦敦期间,莱布尼茨得以实地研究法兰西科学院和皇家学会的工作。他由此受到鼓舞而提出一个新的计划,设想建立一个人员精干、有充分经费并装备仪器的社团。每个成员都应致力于就某个选定的问题做实验,用德文报告实验结果。这样积累起来的知识有系统地用于造福人类,最后编纂成包罗一切科学的浩瀚的百科全书。1676 年莱布尼茨成为汉诺威公爵的图书馆馆长。当这个家族的一个女儿与普鲁士选帝侯弗里德里希一世结婚时,莱布尼茨产生一个想法:他设想的一个社团可以在弗里德里希一世的庇护下建立在柏林。他了解到有些科学家已经一直在斯潘哈姆的寓所聚会,因此他就去找这位外交家。他似乎还曾试图劝说这位选帝侯的妻子扩充她的计划,在柏林建立一个包括他所希望的那种学院的天文台。1699 年德国又决定采用格雷戈里历法时,莱布尼茨建议,这位选帝侯应该保留各种历法的专利,而且应该把收入用来资助天文台和学院。这个建议蒙准,新学院于 1700 年 7 月 11 日收到了特许状。

组织学院的计划主要由莱布尼茨拟订，他还同宫廷传教士雅布隆斯基磋商。这位选帝侯规定学院的研究应当包括历史和德语的发展。莱布尼茨出任院长，而且像皇家学会一样，也有一个院务会负责学院的行政管理和选举新院士的工作。会议有三类，分别讨论物理数学、德语和文学。为了谋得正常活动，拥有自己的会场和正式章程，学院在障碍重重和令人沮丧的情况下奋斗了十年之久。1710 年学院终于用拉丁文出版了它的《柏林学院集刊》(*Miscellanea Berolinensia*)的第一卷。它共收五十八篇文章，主要涉及数学和科学，其中莱布尼茨的有十二篇。然而，此后莱布尼茨同学院其他领导人疏远了。学院也开始一度走向衰落，尤其是在弗里德里希·威廉一世的不利统治下。只是当出现比较有利的环境时，学院才恢复生气。按照莱布尼茨的原来计划，柏林学院应当成为遍布整个德国、最终是整个文明世界的有关社团网的中心。虽然这个计划没有实现，但是圣彼得堡学院(1724 年)的建立似乎可追溯到莱布尼茨与彼得大帝的一次谈话。

(参见 M. Ornstein, *The Rôle of Scientific Societies in the Seventeenth Century*, Chicago, 1928; T. Birch, *The History of the Royal Society of London*, 1756—1757; R. T. Gunther, *Early Science in Oxford*, Vol. iv, Oxford, 1925; J. L. F. Bertrand, *L'Académie des Sciences et les Académiciens de* 1666 *à* 1793, Paris, 1869; H. Brown, *Scientific Organizations in Seventeenth-Century France*, Baltimore, 1934。)

第五章　十七世纪的科学仪器

我们已经提到过科学仪器在近代科学中所起的重要作用。要论述近代科学史的最早阶段，就非谈到某些科学仪器不可。前面我们已经明白地述及几种仪器，同时所讲述的那些成果里也隐含了应用别的仪器。现在到了比较适宜的时候，我们可以尽量扼要地介绍一下十七世纪几种最重要的科学仪器的发明经过。故事理应有头有尾，为此我们也不得不展望一下它们后来的发展。本章选来作历史考查的仪器有显微镜、望远镜、温度计、气压计、抽气机、摆钟和几种船用仪器。其他各种科学仪器将在以后各章讨论。我们将会看到，这几种仪器都是在近代之初以某种形式问世的。这充分地表征了一个时代，这个时代怀着坚定的决心要找到适合自己的东西。

显　微　镜

单显微镜即只有一个短焦距会聚透镜的显微镜有着漫长的历史。古希腊人和中世纪的阿拉伯人都很了解这种放大镜和取火镜。各种各样镜子形成的不同种类的图像也是早期数学家们极感兴趣的一个研究题目，他们根据几何原理解释了这些图像。然而，复显微镜似乎直到1590年左右甚或更晚些时候才发明。复显微镜由若干会聚透镜组合而成,其中有一个是短焦距透镜。复显微镜的发明史现在不清楚。不过,这个发明的荣誉最有可能属于荷兰。还在中世纪的时候,荷兰研磨玻璃和宝石的技术就已经很发达,及至十六世纪末,眼镜透镜制造业已是一个十分健全的工业。最早的复显微镜非常低劣,因此有些科学家,包括十七世纪最伟大的显微生物学家之一列文霍克宁愿使用单显微镜。

72

发明复显微镜的荣誉也许属于扎哈里耶斯·詹森。他是荷兰米德尔堡的一个眼镜制造者。据说约莫在1590年,他由于一个幸运的偶然机会而作出了这个发明。他的显微镜由一个双凸透镜和一个双凹透镜组成,前者作为物镜,后者作为目镜。博雷利乌斯描述过这种复显微镜一个最早的实样。镜筒大约长18英寸,直径约2英寸。放在显微镜支座上的小物体当从镜筒看去时,显得大了许多。米德尔堡科学协会今天仍保存着一架这种复显微镜,据称是詹森制造的。

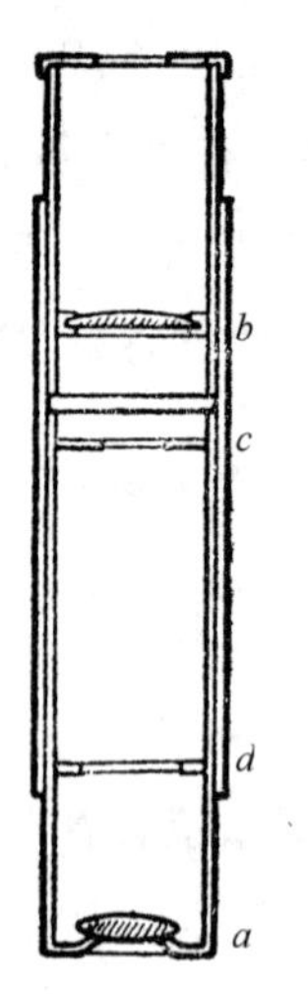

图28—带有两个会聚透镜的显微镜

当然,今天所使用的复显微镜构造已经不同。它们由两个会聚透镜或两个透镜系组成,每个透镜系都起一个单透镜的作用。最靠近物体的透镜(图28中的透镜a)产生一个实像,通过作为放大镜的第二透镜(b)可以看到这个实像。然而,这种显微镜直到十七世纪二十年代才制造出来。

伽利略似乎最早把复显微镜用于科学工作。1610 年甚或更早，他用复显微镜研究了昆虫的运动器官和感觉器官，此外还观察了昆虫的复眼。使显微术流行开来的殊荣属于胡克。他制造的复显微镜是早期最出色的这类显微镜的一种。他的《显微术》(*Micrographia*)(1665 年)是最早论述显微观察的专著，详尽无遗地说 73 明了有效使用显微镜的方法。胡克的复显微镜(见图 29)用一个半球形单透镜作为物镜，一个平凸透镜作为目镜。镜筒长 6 英寸，但可用一个附加的拉筒来加长。镜筒用螺丝装在一个可活动的环上，后者装在一个立架上。待察物体固定在一个从底座伸出的针状物上，并用一只灯照明，灯上附装有一个球形聚光器。

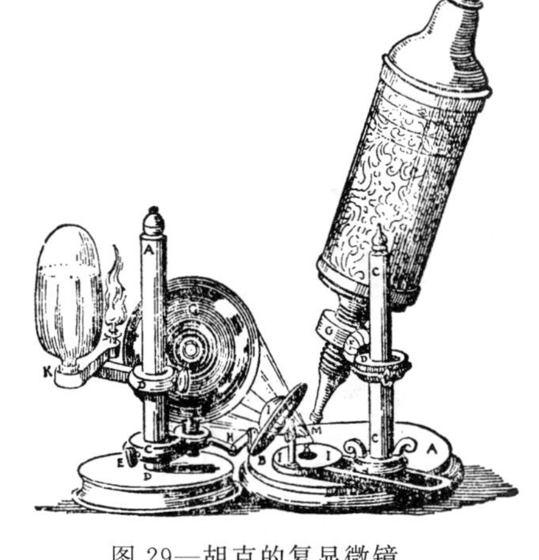

图 29—胡克的复显微镜

其他类型复显微镜是奥尔良的谢吕贝(1671 年)、基歇尔(1691 年)和赫特尔(1716 年) 74 等人制造的。

阿撒那修斯·基歇尔 1646 年使用的单显微镜，在十七世纪所应用的单显微镜中有相当的代表性。它是个拇指般大小的短镜筒，一端有一个透镜，另一端有一片平面玻璃。待察物体靠着平面玻璃放置，用一支蜡烛照明，通过这放大透镜进行观察(见图 30)。

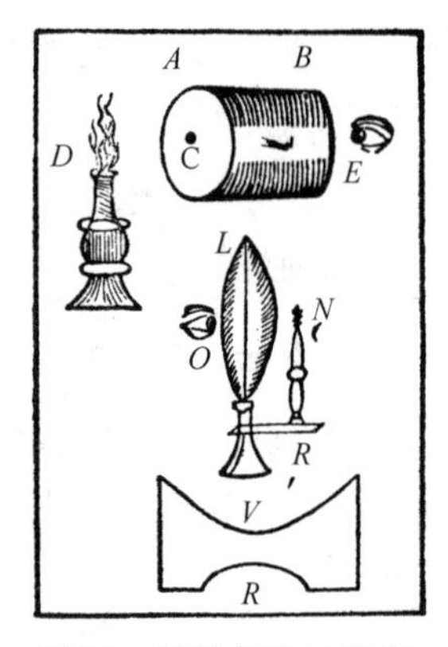

图 30—基歇尔的显微镜

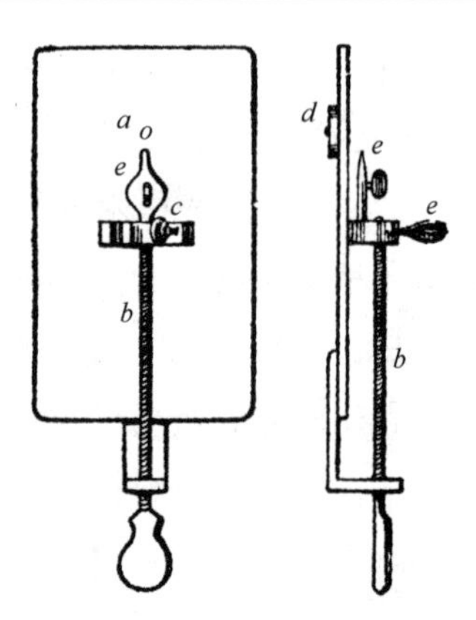

图 31—列文霍克的单显微镜

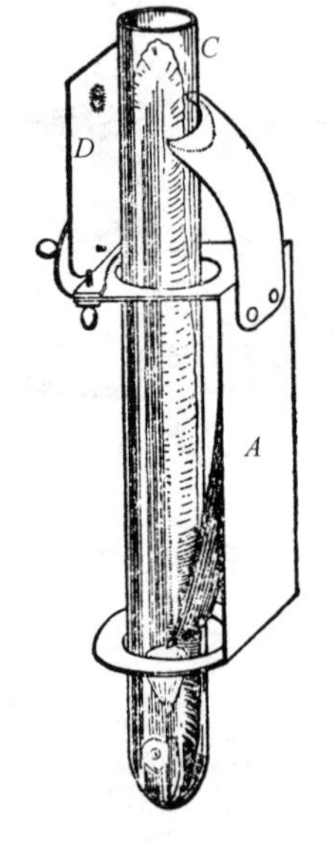

图 32—列文霍克的单显微镜用于观察鱼尾中的血液循环

这种单显微镜通常用于观察昆虫，因此人们给它起了个绰号，叫“蚤镜”或者“蝇镜”。

列文霍克的单显微镜与此不同。他把一个透镜装在一块黄铜或者银的平板上，另用一个凹镜使光聚焦在待察物体上（见图31）。

图 32 表明，列文霍克用这种单显微镜观察一条小鱼的透明尾巴中的血液循环。鱼放在一个盛水的玻璃管里。玻璃管固定在一个金属架子上。一块带有放大透镜（*D*的正上方）的金属板（*D*）也

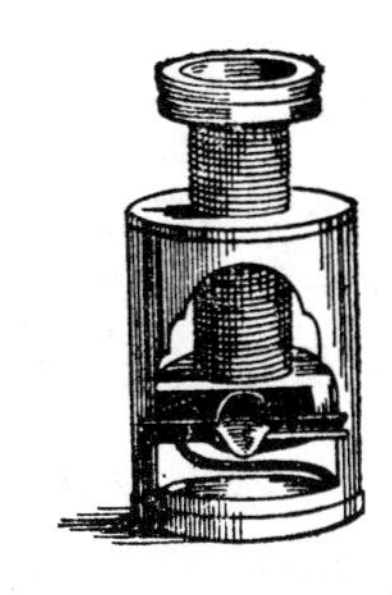

图 33 和 34—康帕尼的和威尔逊的螺丝显微镜　　图 35—格雷的水显微镜

固定在这个金属架子上。观察者把眼睛紧贴在透镜上,后者可以用螺丝加以调节。

图 33 和 34 示出两种用来调节显微镜的单螺丝装置,这两种显微镜是康帕尼(1686 年)和威尔逊(1700 年)所应用的。

最后,在此还必须提到斯蒂芬·格雷的水显微镜(图 35)。仪器构架用厚度约为1/16英寸的黄铜制造,在 *A* 处钻有一个直径约为1/30英寸的孔,金属架两表面沿着孔的周围每一面都有一个球形凹陷。在使用这种显微镜时,孔和凹陷都充入水,构成一个双凸透镜。这种显微镜用来观察放在点 *F* 处的小物体或者孔 *C* 处的水滴。物体相对透镜的位置可以调节,只需围绕 *E* 转动支架 *CDE*,以及转动螺丝 *G*,后者从 *D* 点作用于支架使之弯向或者离开构架 *AB*。这样,物体就可以处在焦点的位置上。B 处的金属较厚,有一个直径约为1/10英寸的孔。孔里可形成一个水滴,借助从水滴对面反射过来的光,就可以观察到水滴中所包含的微生物。因此,在

75

格雷看来,水滴也就是它自己的显微镜(*Phil.Trans.*, 1696, Vol. XIX, No. 223)。

望 远 镜

望远镜的发明史现在还很不清楚。那些认为是罗吉尔·培根发明的种种论断,可不予理会。如果说是一位牛津数学家伦纳德·迪格斯发明的,那也许更可信一点。迪格斯死于 1571 年,他似乎制造过某种望远镜。因为他的儿子托马斯留下了一份相当详细的望远镜使用说明书。但是,现在总共才只有这点证据。实际上,望远镜也许可以说是米德尔堡的一个荷兰眼镜制造者汉斯·利佩希于 1608 年发明的。也有人对此提出异议,认为是米德尔堡的另一个眼镜制造者发明的,他就是上面提到过的扎哈里耶斯·詹森。据说詹森的儿子曾经声称,他父亲曾在 1604 年仿照一架 1590 年的意大利望远镜,制造了一架望远镜。笛卡儿将这发明归功于詹姆斯·梅齐乌斯。海牙[①]的官方文件则支持利佩希。这些文件表明,国会在 1608 年 10 月 2 日审议了利佩希为他所发明的一种望远镜申请的专利权。他获得了一笔奖金,并被要求改进他的仪器,使之能够同时用双眼进行观察。于是,他在 12 月 15 日呈交了一个双筒望远镜,并又得到了一笔奖金。但他申请的专卖权未获准,理由是其他人也能制造这种仪器。值得提到的是,国会在 10 月 17 日也审议了梅齐乌斯申请的同样的专利权。这整个争执

① 荷兰中央政府所在地。——译者

并没有多大意思。荷兰眼镜制造者把望远镜仅仅看做是一种令人好奇的玩具。望远镜有效地应用于科学,主要同伽利略有关,结果不久人们就管荷兰望远镜叫伽利略望远镜。

利佩希制造的第一架望远镜同最早的复显微镜非常相像,也由一个作为物镜的双凸透镜和一个作为目镜的双凹透镜组合而成。现在人们有时仍把这种仪器称为荷兰望远镜;今天,观剧用的望远镜和双筒望远镜仍旧按这种方式制造。像复显微镜的发明一样,望远镜的发明似乎也是一个幸运的偶然事件的结果。据说有一天利佩希纯属偶然地把这种透镜组合转到对准附近一座教堂的尖顶上的风标,他惊喜地发现风标被大大地放大了。

这个惊人发明的消息迅速传开。在德国,据说在 1608 年底望远镜就已经有市售。在意大利,伽利略于 1609 年听到这个发明。在法国,1610 年已经用望远镜来观察木星的卫星。作为最了解这个新发明的科学可能性的人,我们必须推举伽利略。当这个发明的消息传到伽利略的耳朵里时,他的创造能力正达于巅峰。他被激起了一种迫不及待的热望,立刻就动手制造望远镜,要用它来作天文观察。在他于 1610 年出版的《恒星的使者》(*Sidereus Nuntius*)(E. S. 卡洛斯于 1880 年将它译成英文:*The Sidereal Messenger*)里,伽利略这样写道:

"大约 10 个月以前,我听到消息说,一个荷兰人发明了一种仪器,用它可以观察远处的物体,就像近在眼前一样清楚。这使我思考起来,我怎样也能制造一架这种仪器。光学定律指导我想出一个主意,把两个透镜固定在一个管筒的两端,一个是平凸透镜,另 77

78

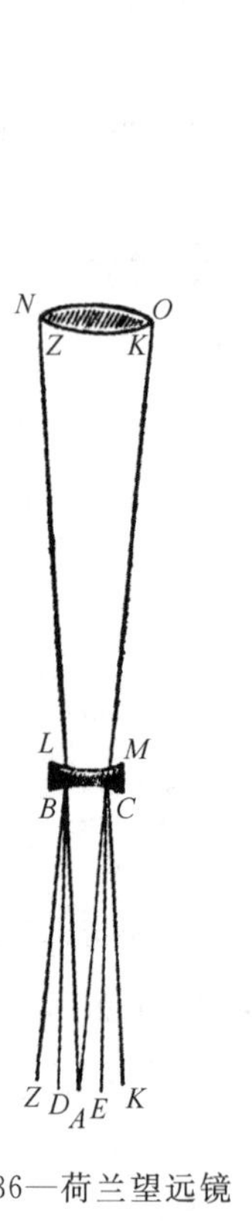

图 36—荷兰望远镜

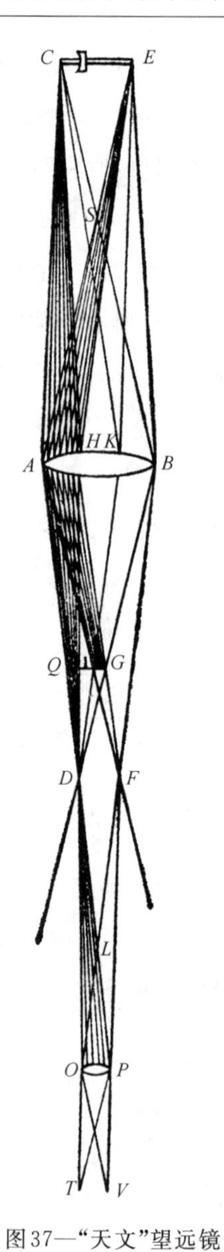

图37—“天文”望远镜

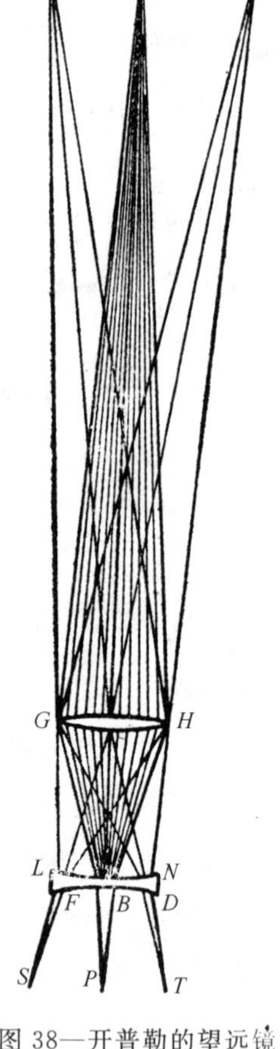

图 38—开普勒的望远镜

一个是平凹透镜。当我把眼睛凑近后一个透镜时，我看到的物体的距离，只有它实际距离的三分之一左右，而大小是实际的9倍。我含辛茹苦，节衣缩食，结果取得了很大的成功。我制成了一架卓绝的仪器，使我能够这样观察物体：同肉眼所见相比，它们几乎大了一千倍，而距离只有30分之一。”

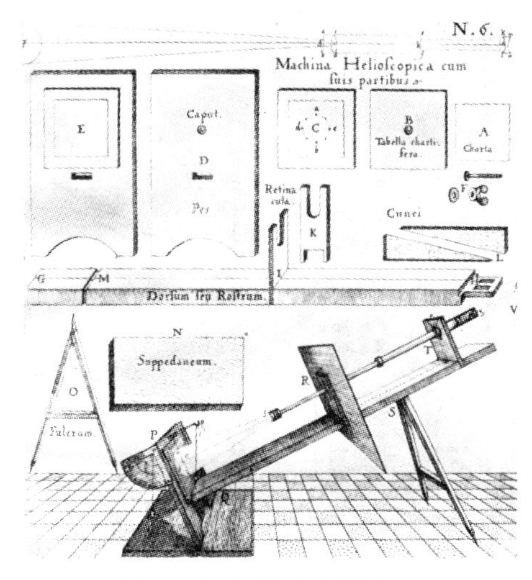

图39—沙伊纳的太阳镜

伽利略的望远镜本质上就是荷兰的望远镜，不过远比荷兰眼镜制造者们的制品为好。有鉴于伽利略具备精深的光学知识，这是可以料到的。

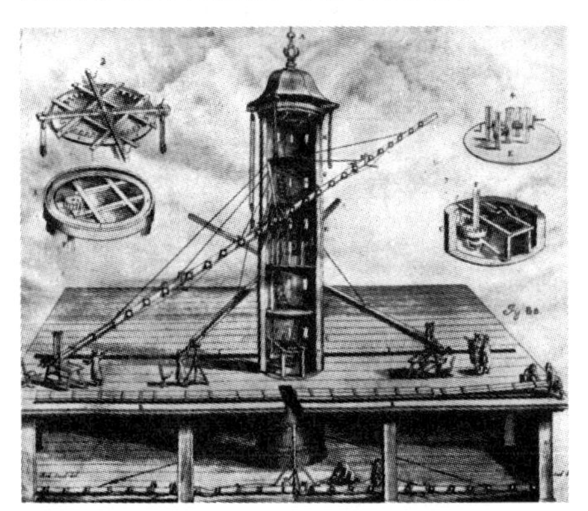

图40—海维留斯的长望远镜

开普勒在他1611年出版的《屈光学》(*Dioptrics*)中，解释了荷兰或伽利略望远镜以及显微镜所涉及的光学原理。他解释说，眼睛通过凹透镜 *LM*(见图36)所看到的模糊物像，当把凸透镜 *NO* 放在离这凹透镜某个距离处

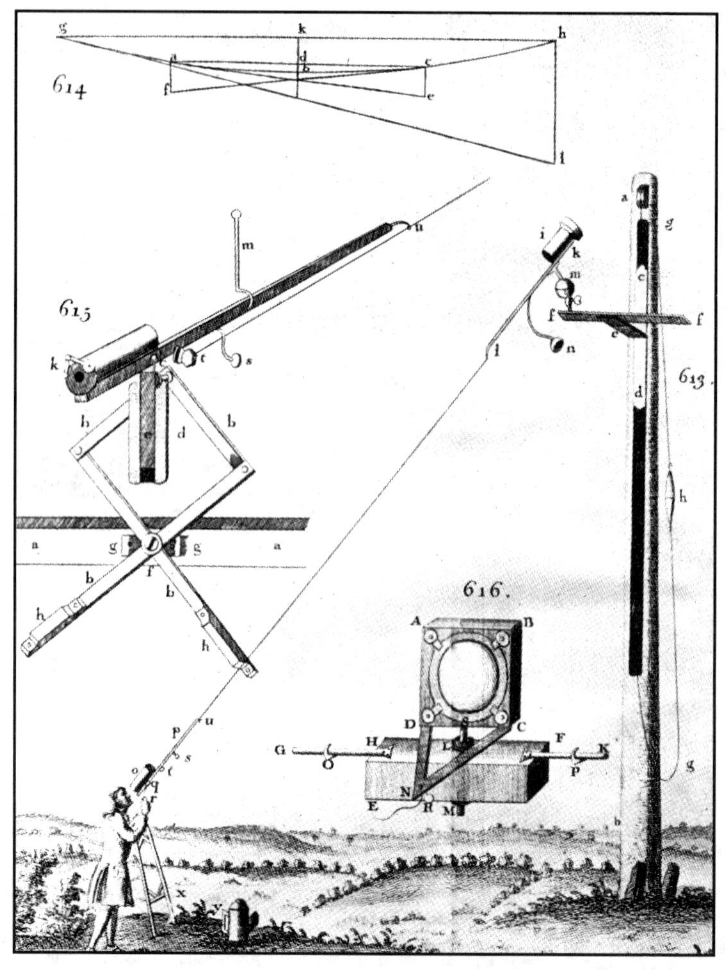

图 41—惠更斯的高空望远镜

时，就变得又大又清楚。他进一步解释说，用凸透镜 *NO* 会聚而落在凹透镜 *LM* 上的光线，在到达它们的交点之前，先被折射，以致或者它们的交点再向前远移(到 *A*)，或者它们变成平行光线

(*D*，*E*)或发散光线(*Z*,*K*)。

荷兰望远镜不久就为开普勒在他的《屈光学》里提出的“天文望远镜”所取代。像后来的显微镜一样,后来的望远镜也由两个会聚透镜(见图 37)组成。物镜 *AB* 离物体 *CE* 的距离这样放置,使得物体的倒像不清楚;再在眼睛和这模糊的像之间放置第二个凸透镜 *OP*,这时来自 *D* 和 *F* 的光线就变成会聚光线而清楚起来。目镜如此产生的像显得比透镜 *OP* 从透镜 *AB* 得到的像大。天文望远镜比较它所取代的荷兰望远镜有两个优点。一是它的视野较宽,二是使得能够把一个遥远物体的像同放在这两个透镜的共同焦点处的一个小物体相比较,而这种比较曾导致盖斯科因发明测微计(约 1638 年)。令人惊讶的是,开普勒没有制造他所介绍的、以他命名的望远镜。第一架这种望远镜是沙伊纳制造的,我们在关于伽利略的那一章里已经提到过他。沙伊纳还遵照开普勒的另一个建议,制造了一种有第三个凸透镜的望远镜,把倒像变成了正像。 79

开普勒还提出过下述几条改良望远镜的建议。用两个凸透镜(一个紧靠在另一个的后面)代替单一的目镜,使得能够利用较短的镜筒。采用可活动的镜筒,使望远镜能够配合观察者的眼睛。最后,他还表明怎样把一个凹透镜和一个凸透镜相组合,便能获得比本来单用一个凸透镜时为大的实像。这示于图 38,在图中示出一个物体从点 C、A、E 发出的三束光线的路径。凹透镜 *LN* 放在凸透镜 *GH* 投下一个模糊像的地方。这凹透镜恰在三支光线笔即将变成一个点之前截住它们,使它们在 *S*、*P*、*T* 处变成一个点,在这里形成的实像比本来单用凸透镜时将在 *F*、*B*、*D* 处形成的像更清楚、更大。开普勒的这一建议在近代导致发明远距照相透镜组合。

现在还不明确第一架“天文”即开普勒望远镜是什么时候制成的。沙伊纳也许是在 1613 和 1617 年间的某个时候制成这种望远镜的。沙伊纳肯定也属于最早用望远镜进行天文观察的人，他于 1611 年 4、5 月间观察了太阳黑子，与法布里修斯和伽利略的观察差不多是同时。他在多年的天文工作中进行了数千次的观察。他根据经验发明了一种在望远镜观察期间保护眼睛的方法，即给望远镜配上特殊的遮光玻璃。他把已磨光的有色玻璃片固定在透镜前面，甚至还试图用有色玻璃制造透镜以减低光的强度，但没有成功。伽利略的失明可能就是由于没有沙伊纳的这种装置保护而观察太阳所造成的。

沙伊纳还发明过一种方法，使得几个人可以同时观看望远镜所展示的情景。把一架他所称的太阳镜(实际是一种荷兰或伽利略望远镜)放在一间暗室里，把它对准太阳。这样，他便在放在望远镜后面的一个白平面上得到带黑子的日轮的像，而在暗室里的人就全都能看到这个像(见图 39)。

沙伊纳在他于 1630 年出版的一本名为《奥尔西尼的玫瑰花》(*Rosa Ursina*)的书中论述了他的天文学工作。(“玫瑰花”是太阳的象征;“奥尔西尼”是为了向他的资助人奥尔西尼公爵表示敬意。)

80 当时所应用的这些透镜不久就令人感到不满。但它们的真正缺陷在被牛顿发现之前，人们一直不知道。在这期间，开普勒、笛卡儿和其他人都把透镜的像差归因于它们的球形表面，因而试图利用双曲面的透镜来克服这个问题。但是，这种透镜很难制造。克服这个困难的另一种办法是使用非常长的望远镜。但泽的海维留斯（也叫海维尔）制造了一架长150英尺的望远镜，还设计了一个塔来支承它。为了避免这种长望远镜带来的制造和安装上的困难，根据奥祖的建议，惠更斯创制了“高空望远镜”。通过按附图（图41）所示方式安置物镜和目镜，这种望远镜省去了通常的镜筒。

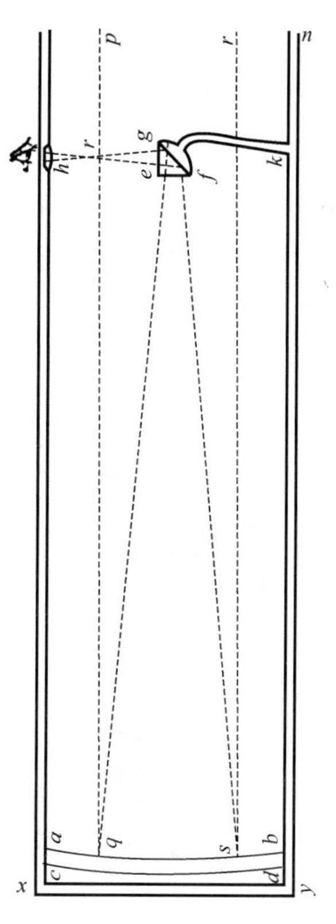

图42—牛顿的反射望远镜（示意图）

牛顿很早就发现白光的合成性质，这导致他得出结论：当时所用的折射望远镜的主要缺陷不是由于物镜的球面像差，而是由于物镜的色像差所致，因为色像差使得所形成的像带有彩色边沿。而且，他认为折射望远镜的这种缺陷是无法弥补的。因此，他考虑制造别种类型望远镜的可能性。接着在1663年，詹姆斯·格雷戈里提议制造反射望远镜，作为补救球面像差的办法。牛顿按自己的方式接受了这个建议，于1668年制成了第一架反射望远镜。在这种仪器里，从一个遥远物体发出的光线经一个凹镜折射后被聚集，而这会聚光束在快要达到其焦点之前被一个小的平面镜截

81

住，使之射向放在镜筒旁边的目镜(见图 42)。

牛顿自己动手研磨反射镜，并制成了一架长只有约 6 英寸、口径 1 英寸的小型望远镜。然而，他用这望远镜观察到了木星的卫星和金星的周相。他后来又制造了一架比较大的这种望远镜。他把这架望远镜献给了皇家学会，至今还保存在皇家学会的图书馆里(图 43)。

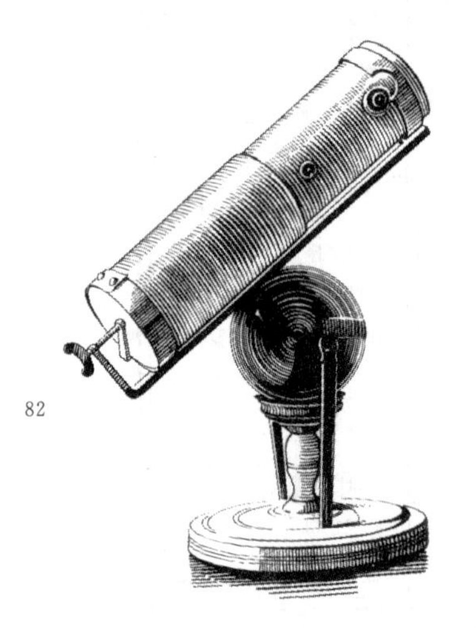

图 43—牛顿的小型反射望远镜

82

牛顿关于折射望远镜的色像差不可救药的看法，后来证明过分悲观。1733 年，切斯特·莫尔·霍尔制造成功了消色差透镜，产生的像没有颜色。导致他作出这一发现的似乎是他考虑到和人眼的(不正确的)类比。这种类比戴维·格雷戈里也曾考虑过(1695 年)，后来欧勒又重新提出过(1747 年)。他错误地认为，眼睛中有各种液体，它们对光线的折射各不相同，因此在视网膜上产生无色的像。于是，他(幸运地)得出结论：由不同折射的媒质所组成的透镜能够产生无色的像。约翰·多朗德在 1758 年独立地作出了同样的发现，他对消色差折射望远镜的制造作出过宝贵的贡献。他的消色差透镜由一个冕牌玻璃制的凸透镜和一个燧石玻璃制的凹透镜组合而成，后者矫正冕牌玻璃所造成的色散。

1630年过后不久，天文学家开始用望远镜测量角度。最初应用的是荷兰（或者说伽利略）式的望远镜。下一章里将要比较完整地说明，后来把开普勒的（即“天文的”）望远镜同一架像盖斯科因所发明的那种显微镜结合使用，取得了更好的结果。不过，这已是1660年前后的事了。事实上，有些天文学家宁肯不用望远镜进行角度测量。这可以海维留斯和胡克两人在1668—1679年间进行的激烈论争为证。胡克极力主张，望远镜比屈光装置（敞开观测）优越。海维留斯则坚持认为，他的敞开观测能够达到跟胡克的望远镜观测一样精确。1679年，哈雷特地来到但泽度过几个星期，对他自己用胡克望远镜作的观察同海维留斯的敞开观测进行精确度比较。哈雷宣称，海维留斯证明是有理由的。然而，胡克为他的望远镜观测所作的辩护无疑是正确的。

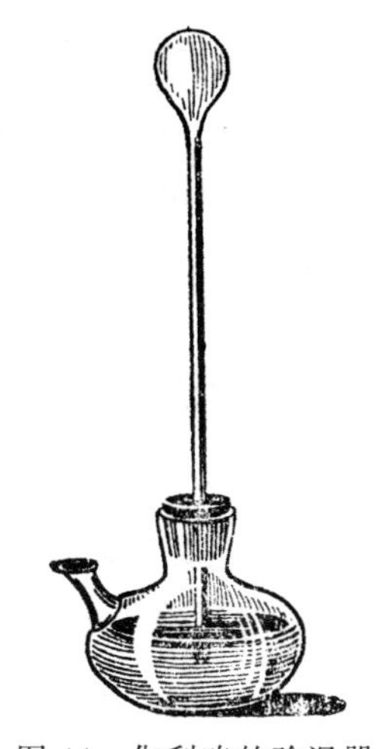

图44—伽利略的验温器

温　度　计

现在人们一般都认为近代第一个温度计是伽利略发明的。断定他发明的主要根据是他的朋友和学生的证言。因为从幸存下来的他自己的著作来看，其中似乎只是附带地提到过这种仪器的原理。在1613年5月9日写给伽利略的信中，他的朋友萨格雷多把这个发明归功于他，但在后来的一封信（1615年2月7日）中他声

83

称自己已对他经常使用的这种原始形式的仪器作了改进(*Le Opere di Galileo Galilei*, Edizione Nazionale, 1890—1909, Vol. XI, p. 506, and Vol. XII, p. 139)。另外,根据维维安尼的说法(*Vita di Galileo Galilei*, Florence, 1718),伽利略约在1592年发明了这种仪器;卡斯特利曾写信告诉切萨里尼(1638年9月20日),说在1603年曾看到伽利略在演讲中使用过温度计:“伽利略拿出一个鸡蛋大小的玻璃容器,配有一根麦秆那样粗、二拃长的玻璃管;他把这玻璃泡放在手里弄热,然后把它倒过来,让管子浸在另一个容器所盛的水中;一当这玻璃泡冷却下来,水就在管子中上升到水面上一拃的高度;他用这仪器来检测冷热程度”(*Opere*, Vol. XVII, p. 377,亦见 H. C. Bolton: *The Evolution of the Thermometer*, 1592—1743, 1900, p. 18)。

可见,伽利略早年做实验用的是一种空气温度计或者说空气验温器,它是一根下端开口、上端呈封闭玻璃泡状的玻璃管(图44)。玻璃泡里有空气,当温度上升或者降低时,泡中的空气就膨胀或者收缩,而玻璃管中的水便随着下降或者上升。玻璃管上很可能附有标度。因为,在他的《对话》的“第一天”里,伽利略说到过热6度、9度和10度(*Opere*, Ediz. Naz., Vol. VII, p. 55)。萨格雷多必定也给他的仪器附上标度,因为(在他1615年2月7日的信中)他曾提供在下述三种情形里他的仪器的读数:夏天最热的时候(360度)、浸在雪中时(100度)和放在雪和盐的混合物中(零度)。

伽利略很可能是从亚历山大里亚的希罗的著作中得到启发而产生制造验温器的想法的。古代人已经知道空气变热时要膨胀。

希罗的机械玩具有一些就是根据这个道理制造和作用的，而拜占庭的斐罗（公元前或者公元一世纪）实际上已经制造过一种验温器。死于 1637 年的罗伯特·弗拉德记述过一种验温器，他说他在一份大约五百年前的手稿中看到关于这种验温器的描述（*Philosophia Moysaica*，Goudae，1638；*Mosaicall Philosophy*，London，1659）。尽管这样，伽利略还是最早考虑利用空气膨胀来测量温度的近代科学家。

萨格雷多称温度计是一种“用来测量热和冷的仪器”。84 thermomètre〔温度计〕这个术语最早见于 J. 勒雷雄的《数学娱乐》（*La récréation mathématique*）（1624 年）。

就在伽利略和萨格雷多对各地和不同季节的温度进行比较，用冻结的混合物进行实验的同时，伽利略的一位医学朋友、帕多瓦大学医学教授桑克托留斯在用一种特殊的验温器指示人体热度的变动，如他在其 1612 年（写于 1611 年）于威尼斯出版的《盖仑医术评注》（*Commentaria in artem medicinalem Galeni*）中所述。这种独特的验温器可以看做是最早的体温计。它的说明和图示见第十八章（见边码第 432 页）。这里只需再指出一点：桑克托留斯还曾试图用他的验温器来比较太阳的热度和月球的热度。

弗兰西斯·培根在他的《新工具》（1620 年）里描述了一种和伽利略验温器非常相似的仪器，上面附有纸质标度（Book II，xiii，38）。然而，这种标度究竟怎样，现在一无所知。不管怎样，这种标度不可能是可靠的，因为只要有气压和温度的变化，就会影响管中液体的位置。因此，它只能用于测量比较短时间的温度。85

在发现了他的气体定律之后，鉴于已知的气压的可变性，玻意耳清楚地看出了空气温度计的这个根本缺陷。他写道："这些**仪器**要受**大气**重量变化以及**热**和**冷**的影响，因此可能……很容易在许多情形里常常告诉我们错误的结果，除非在这些**情形**里我们用别的**仪器**观察**大气**当时的重量"（*New Experiments and Observations touching Cold*, London, 1665, p. 71; *Works*, ed. 1772,

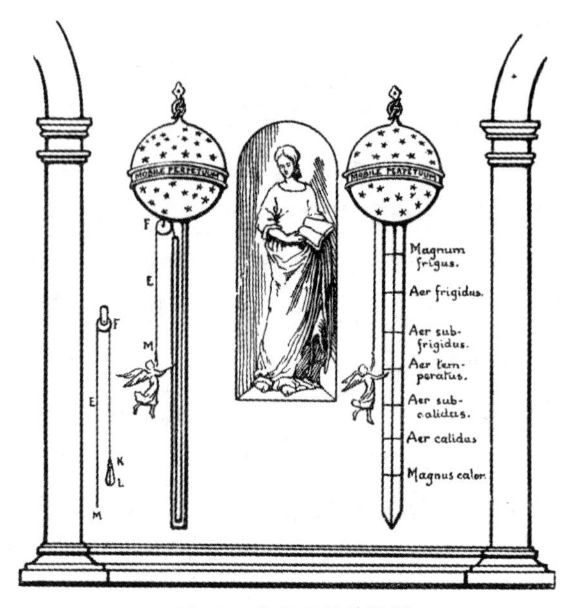

图 45—盖里克的验温器

Vol. II, p. 498）。不过，在整个十七世纪上半期里，这种空气温度计一直在应用，并得到发展。基歇尔（*Magnes, sive de arte magnetica*, Rome, 1641）描述过一种验温器，它的玻璃管两端都开口，浸入盛在另一个封闭玻璃泡内的液体之中。关闭在泡里的液体上方的空气受热后，便会膨胀，迫使一部分液体顺着玻璃管上行。基歇尔指出这里可以使用汞。

奥托·冯·盖里克制造过一种改进的空气温度计(*Experimenta Nova*,1672,Book III)。它是一个盛有空气的铜球。球附装有一根内盛酒精的 *U* 形管子,后者将该球形容器封闭(图 45)。酒精上有一个浮子,浮子系一根线,线绕过一个滑轮,下面垂一个指示温度的小天使像。当球中空气膨胀时,*U* 形管开口分支中的酒精上升,小天使就下降;反之,当空气收缩时,小天使就上升。盖里克用的温标有 7 度,从“大热”到“大冷”。当然,作为一个研究气压计的实验家,他知道气压是变化的。因此,他在验温器的铜球里放入一个阀门,这样当气压变化时,封闭空气的体积也相应变化,从而补偿了气压的变化。

阿蒙顿制造了一种空气温度计。这种温度计不是用封闭空气的膨胀,而是用其压力的增加来测量温度。它的读数定期校正,以适应大气压强的变化(*Mém. de l'Acad. des Sciences*, Paris, 1688)。

这种仪器是一个汞虹吸气压计 *ABC*,它的管子在下面的汞面处膨大成一个泡 *C*,然后再一直垂直向上,端末是另一个泡 *F*。管子的 *CD* 部分内盛有碳酸钾溶液,而它上面是油柱 *DE*,管端密封的泡 *FE* 中是空气。在制造时,管子在 *A* 和 *F* 处最初是开口的,竖直放置,在 *F* 处装上一个漏斗并用蜡密封,然后注入汞,直至汞面上升到 *A* 的一半左右。然后用烛焰和喷管将 *A* 处的开口密封。接着将管子倒置,以便把 *B* 泡中的空气和支管 *FG* 中的汞去除。当再将此管子竖直放置时,汞上升到 *C*,而在 *B* 的上面形成托里拆利真空。*C* 以上的空管现在充入有色的钾碱溶液到 *D*,另

86

一半则充油到 E。然后把管子放置一个星期左右,让各种液体达到它们正式的高度。这时把 F 端密封起来,把管子固定在一块板上面,后者沿 CE 标有刻度。油和盐溶液的交接部在标度上的位置即表明了温度。

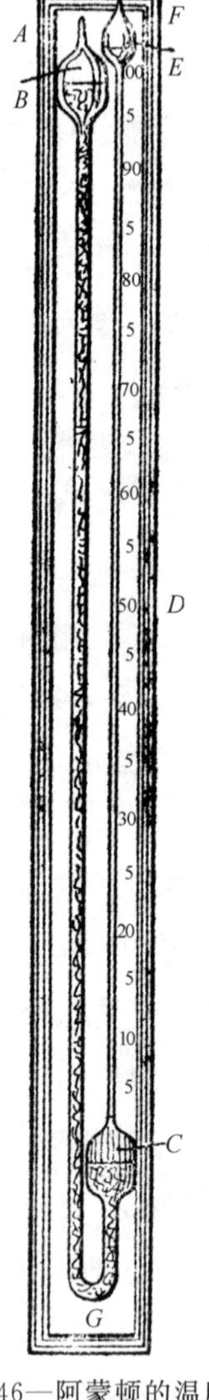

87

图 46—阿蒙顿的温度计

阿蒙顿的仪器和这个时期的其他仪器当时主要缺乏一种精确的标准温标。在后来关于这个问题的一篇论文(*Histoire de l'Académie des Sciences*, 1703)中,阿蒙顿描述了另一种 U 形管式空气温度计,其中空气的量保持恒定,而其(用约束汞柱的高度表示的)压力是可变的,并在各种待比较的温度上进行测量。阿蒙顿希望如此能避免因温度计管子口径不均匀所引起的误差。

法国医生让·莱伊似乎第一个在1632年1月1日致默森的一封信里提议制造液体温度计(Rey's *Essays*, 1777, p. 136)。他把伽利略的验温器反过来装,在泡里充水,管子里充空气,用水的膨胀来指示温度。他写道:"使用的时候,将泡充满水直到颈部,把它放在太阳下面或者一个发烧病人的手里；热使水膨胀而上升，上升多少视热度高低而定”（Bolton，上引著作，p. 30）。他看来没有把管子端末封住，而如果这样的话，水的蒸发必定使这仪器变得非常不可靠。

液体温度计制造上的一个重大改良归功于托斯卡纳的大公斐迪南二世，他是佛罗伦萨西芒托学院的创建人之一。他用有色的酒精代替水作为测温液体，并将玻璃管密封。这个改良或许是早在 1641 年作出的，不过肯定地说则是在 1654 年。佛罗伦萨学院成员一律使用这种温度计，它们也因而得名为佛罗伦萨温度计（见图 47）。这些温度计的分度都直接制在玻璃上面，而不是用另外的标度附贴到温度计上；但是这些分度是用细玻璃珠而不是细线标出的，因此这种仪器的优越性有所减色。按照所需要的精确度，学院使用的温度计有四种。它们的分度数目从 50 到 300 不等。图 48 所示的佛罗伦萨温度计有 300 个分度。由于管子太长，不能制成直管，因此巧妙地把它做成螺旋形状。各种温度计在玻璃泡大小、管子直径和酒精数量三者的关系上保持相同，因而彼此相似。令人非常奇怪的是，这些温度计没有定点。佛罗伦萨学院仅仅试图保持两个定点，即托斯卡纳仲冬时分温度计酒精的最低位置和仲夏时分的最高点。这两个点分别和一百分度温度计上的第十六度和第八十度大致相当。

学院成员也常常利用浮在一个容器里的酒精液面上的许多带标度的空心玻璃球来估计温度。当液体上升超过某个相应的温度，其密度因而减小到某个值以下时，每个玻璃球都会下沉。这样，随着酒精热起来，这些球将按照规则的次序挨个下沉，于是就测下了这温度的上升。

佛罗伦萨温度计不久就传到欧洲。最早进行测温实验的英国人是玻意耳和胡克。玻意耳曾为缺乏一个绝对的测温标准而感到苦恼（*New Experiments and Observations touching Cold*, London, 1665, Discourse II; *Works*, ed. 1772, Vol. II, p. 489 f.)。他建议以茴香子油的凝固点作为一个定点，而认为不需要**两个**定点。胡克在他的《显微术》(1665 年，第 38、39 页)里，当谈到密封温度计时写道："我已经……使之变得非常确定和十分灵敏。"温度计充以胭脂红色的酒精，夏天酒精接近达到管顶，冬天接近达到管底，而且不容易凝固。玻璃泡浸在刚刚凝固的蒸馏水中时的酒精位置取为一个定点，并标在管径上："至于我的其余分度……我按照**液体**相对刚才提到的它冷得凝固起来时的那个体积的**膨胀**或**收缩**的**程度**，加以确定。"

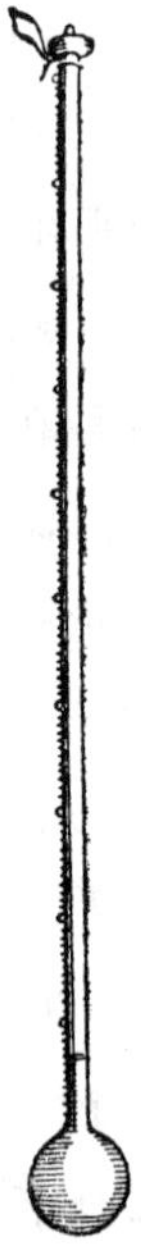

图 47—佛罗伦萨温度计

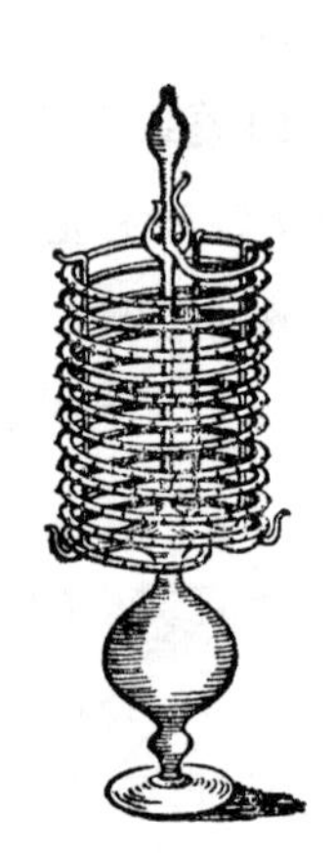

图 48—佛罗伦萨螺旋温度计

在 1665 年 1 月 2 日写给罗伯特·莫里的信中，惠更斯提议使温度计标准化，方法是商定一个确定的泡的容积与管径的比例，并取水的冰点**或者**沸点作为一个定点，据此来计量度数（*Schriften der naturforschende Ge-*

sellschaft, Danzig; N. F. VII)。H. 法布里(*Physica*, Leyden, 1669)发现有必要用实验来确定**两个**定点,并把中间的温度划分成任意多个相等的度;他利用雪和最酷的暑热给出这两个极端温度;达朗塞(*Traittez des baromètres*, *thermomètres*, etc., Amsterdam, 1688)建议用水的冰点和黄油的熔点作为两个定点;曾是西芒托学院成员的C. 雷那尔迪尼(*Naturalis Philosophia*, Padua, 1693, 1694)建议利用冰的熔点和水的沸点**这两者**,把中间温度划分为十二等分。

现在不知道什么时候以及是谁首先想到可以把汞的膨胀应用于计温术或者首先这样做过。佛罗伦萨学院成员用金属做过实验,发现它虽然对温度变化的反应比水快,但膨胀程度不如水。马斯格雷夫描述过汞体温计。哈雷(*Phil. Trans.*, 1693, Vol. XVII, p. 650)做过水、汞和酒精的热膨胀实验,以便确定哪一种最适用于计温术。他发现水对变热和变冷的反应很慢,虽然它最终表现出相当明显的体积变化。但是,水的冰点很高,因此它不适宜于在我们的气候条件下应用。汞由于对变热作出即时的反应而略胜一筹,但是汞的膨胀比例不如水;酒精膨胀相当厉害,但在容器中的水达到沸点之前,它早就挥发了。考虑了他实验的种种结果之后,哈雷得出结论:没有什么测温媒质可以同空气相比;他似乎产生了复活空气温度计的念头,想采取适当的防护措施来克服其缺点。

和哈雷差不多的时候,牛顿也从事计温术的研究。他的成果比较重要,但到很晚才发表(*Phil. Trans.*, 1701, Vol. XXII, p. 824)。牛顿制定了一个温度标,其范围从水的冰点到煤火的温

90 度，并提供了下述中间数据：煮沸水所需的温度、熔化蜡、铅和各种易燃金属化合物所需的温度以及使物体达到赤热所需的温度。在制定这个温标时，对于较低的温度，牛顿使用一个亚麻籽油温度计，它以水的冰点为零点，量出人体的温度为十二度。他使温度与亚麻籽油的膨胀成正比。对于较高的温度，牛顿利用一块厚铁板，加热到赤热，然后借通风来自然冷却。铁板在任何时刻的温度均通过观测这铁后来冷却到人体温度所需要的时间来估计。为此牛顿提出了以他命名的冷却定律："炽热的铁在一个确定时间里传给附近物体的热，即这铁在一定时间里所失去的热，视这铁的总热量而定；因此，如果取若干相等的冷却时间，那么这些温度将成几何比"(*Phil.Trans.*, 1701, Vol. XXII, p. 828)。这条定律现在通常这样表述：一个物体在任一时刻的冷却速率同其温度超过环境温度的逾量成正比。这条定律仅对小的温度逾量成立；但牛顿用它来比较各种金属试样的温度，这些试样放在随着冷却而凝固起来的加热过的铁的上面。他偶然发现，所研究的这些金属都在一定的温度上发生凝固。利用这种温度计和铁板进行一系列充分重叠的测量，就可把所有的温度都用这温度计的分度来表示。

约莫在 1714 年，D. G. 华伦海特(1686—1736)创造了现在仍以他命名的大家熟悉的那种温度计。华伦海特是一个富有的但泽商人的儿子，但他一生大部分时间都在阿姆斯特丹度过，在那里潜心于科学研究。他访问过英国，被选为皇家学会会员。他对气象学很感兴趣。这导致他制造和改良温度计。在一度利用酒精之后，华伦海特采用汞作为测温液体，并取了三个定点：(1)冰、纯水和盐或氯化铵的混合物的温度(=零度)；(2)冰和纯水的混合物的温度(他标之为 32°);以及(3)人体的温度(他取其为 96°)。(见 *Phil.Trans.*, 1724—1726。)

后来华伦海特又扩展了他的温标,以包括水在标准大气压下的沸点(标为 212°),甚至汞的沸点(标为 600°)。鉴于水的沸点随大气压而变化,华伦海特制造了一种温度计,它同一个专门用于气象学而不是用于测量高度的气压计相组合(后来卡瓦罗和沃拉斯顿分别于 1781 年和 1817 年加以改进,称之为温差气压计)。 91

这里只需叙述有关温度计的几件事实。列奥弥尔于 1730 年引入一种温标,它在水的冰点和沸点之间划分 80 度(*Mém.de l'Acad. des Sciences*, Paris, 1730, p.452; 1731, p.250)。他是由于注意到下述事实而提出这个温标的:标准浓度的酒精在从水的冰点加热到沸点时,其体积从 1000 份膨胀到 1080 份。因此,他的温标的每一度所代表的温升相当于这种酒精的原始体积平均膨胀千分之一。A. 摄尔絮斯于 1742 年发明了分为 100 度的温标,但今天的百分温标是里昂的克里斯廷发明的(1743 年)。摄尔絮斯把融冰的温度标为 100°,而把水的沸点标为零点(*Vetenskaps Akademiens Handlingar*, Stockholm, 1742)。最早的有效的最高最低温度计是

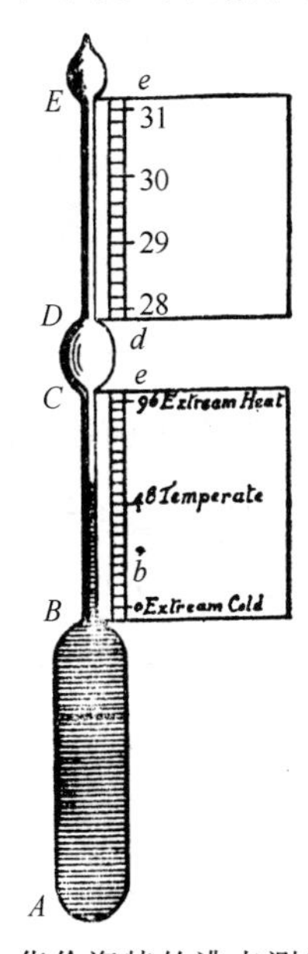

图 49—华伦海特的沸点测定器

詹姆斯·西克斯发明的,它的钢质标尺可用一块磁石调整(*Phil. Trans.*, 1782, Vol. LXXII, p. 72)。

在结束温度计的论述之前,我们再提一种有关的仪器即华伦海特的**沸点测定器**(图 49)。

这种测量液体沸点的仪器的发明是受到液体的沸点取决于大气压这个发现的启发。它由一个圆筒 *AB* 构成,从它向上伸出的一根管子 *BC* 在通过一个小泡 *CD* 后变成口径极细的管子 *DE*,其端末又是一个泡。圆筒内充有导热性质优良的液体。当露置于正常气温下时,液体上升到管子 *BC* 上的某一点,这样就测定了 bc 标的温度。然而,当这仪器置于沸水之中时,这液体由于膨胀而充入泡 *CD*,并进入管子 *DE*,液体在这里的高度即测定了 de 标的水在现有压力下的沸点(*Phil. Trans.*, 1723—1724, XXXIII, No. 385)。

92

气 压 计

在十七世纪中叶之前,水在一台抽水机的轴中上升这类空吸现象一般都归因于据说大自然具有的憎恶真空的脾性。然而,伽利略于 1638 年注意起当时已经知道的一个奇特的事实:一台普通抽水机的轴中,水上升到超过外部水面 32 英尺之后就不再上升了。

这个观察导致伽利略的学生托里拆利去探究,这种所谓的恐真空性(*horror vacui*)到底能把约比水密十四倍的汞提到多高。他猜想,这个高度大约只有水所能升起的高度的十四分之一。维维安尼根据他的建议做了这个实验，结果证明托里拆利的猜测是正确的。这两位实验家1643年共同做实验时所应用的设备示于图50(*Esperienza dell' Argento Vivo*, Hellmann's *Neudrucke*, No. 7)。这是一根约2码长的玻璃管，一端封闭，里面充有汞。开口端用手指塞住，然后把管子倒置，手指塞住的那一端浸入一个广口的盛有汞的容器。当移去手指时，管内汞面便下降到容器内汞面以上约30英寸的高度上停住。管子顶部留下一个空虚空间，后来得名“托里拆利真空”。托里拆利猜想，汞柱被自由汞面上的大气的压力平衡住了；他把汞柱高度日常的微小变动归因于大气压的变化。托里拆利在1647年的夭折使他未能证实这个假说，而把它留诸他人；恐真空性之说是根深蒂固的，因此只有在巴斯卡和盖里克做了令人信服的种种实验之后，这种谬见才被逐出物理学。

93

巴斯卡通过墨森获悉托里拆利的实验，并亲自再用汞和水重复做了这种实验。他起先倾向于把此结果归因于恐真空性，但后来他相信托里拆利的假说，而待到做了一个关键性的实验之后，他就更对之深信不疑了。关于这个实验的构想，他可能受惠于笛卡儿。这个实验于1648年9月在巴斯卡的指导下由他的姻兄弟佩里埃进行(*Récit de la Grande Expérience de l' Equilibre des Liqueurs*, Paris, 1648, Hellmann's *Neudrucke*, No. 2)。沿着

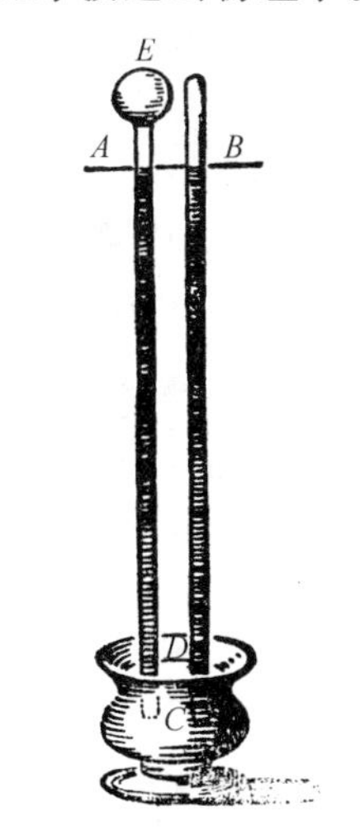

图50—托里拆利的气压计

奥弗涅山脉多姆山的山坡从山脚到山顶设立若干个观测站,向上依次在每个站上装置一个托里拆利气压计,每次用的管子和汞都相同。在每个站上测量汞的高度,汞的高度随着站的高度增加而递减。同时在山脚下设置第二个气压计,由另一个观测者不时读取测量结果,发现有小的变化。气压计高度随同如此建立的大气压而发生的变化表明两者之间有密切的联系。翌日佩里埃又在克莱蒙最高的塔的脚下和塔顶重复了他的观察,得到了肯定的结果但不太明显;后来巴斯卡在巴黎的高层大厦上亲自做了这个实验。尔后,这个时期的科学会社的成员们都把做这种实验当作一种爱好。

佩里埃在向巴斯卡汇报时建议,用数字列表表明气压计高度随观察地高度的变化,这表可用来确定大气在地球上空延伸的高度。巴斯卡提出把气压计用作为测量高度的仪器。他还估计出全部大气的重量为 800 亿亿磅。哈雷后来以玻意耳定律为理论根据,列出了气压对高度的表;这样,他还估计出了大气的广袤,并说明怎样结合运用这种表和气压计来测量山的高度,但这种测量直到十八世纪初才进行。

罗伯特·玻意耳约在 1659 年用实验证明,气压计流体的高度取决于外部压力(*New Experiments Physico-Mechanicall*, 1660)。他在其抽气机的接受器中设置一个气压计,发现液柱随着空气抽去而下降,随着重新充入空气而回升。

奥托·冯·盖里克曾制造过一种水气压计,但不清楚他是独立创制还是模仿托里拆利的(*Experimenta Nova*, etc., 1672)。他发现,利用一个抽空的接受器能够通过空吸作用把水从地面升

高到他住房的第三层，但升不到第四层。为了精确地确定水所能 94
上升的高度，盖里克设计制造了图 51 所示的设备。它由四根黄铜管 ab、cd、ef、gh(I)首尾相连地级连成一个垂直的长管(II)，上部端末为一个玻璃接受器 ik(如 IV 中放大示出)，下端为一旋塞，浸在一个盛水容器 mn 之中。开始时旋塞关闭，管子全部长度 bi 和接受器均充以水。然后打开旋塞，于是管子中的水便下沉到一定的高度，这可以从玻璃接受器的边上观察，由浮在水面上的一个木头小人的伸出手臂指点一个带刻度的标尺而作出指示。这时就可以借助铅垂线来确定管中水面高度和容器中水面高度之差。

图 51—盖里克的水气压计

盖里克将水的上升归因于大气压力以及因气压变化而引起的水面高度的日常变动。他对这种变动作了长期的研究，试图把这种变动同天气变化联系起来。他曾根据气压的突然下降预报出 1660 年的一次严重风暴。十七世纪乃至后来都对气压计高度

图 52—奥托·盖里克

和天气间的关系作了大量研究，产生了许多猜测。其他人如玻意耳、马里奥特和哈雷等曾对气压与降雨量等等的关系作过比较粗糙的力学解释。

后来人们对托里拆利的原始形式的气压计作了修改，使它更加小巧，便于携带，或者使它测量更为精确。最初的改良是虹吸气压计，它省去了汞槽，管子的开端弯过两个直角，用闭支管和开支管中的液面高度之差来测量大气压。阿蒙顿于1665年(*Remarques et expériences physiques*, p. 121)提出一种气压计，它朝着闭端方向狭下去，适合于海上使用(见图53)；后来于1688年(*Acta Eruditorum*, p. 374)又提出了另一种气压计，气压由若干汞柱相继平衡，这样就缩短了仪器的高度(图54)。在莫兰的气压计(以拉马齐尼的气压计为基础)里，管子倾斜上升，因此大气压的微小变化在管子中引起相当大的汞柱位移。另一种气压计也依据这种原理，但管子呈螺旋形上升。遵照笛卡儿的建议，惠更斯试图提高气压计对气压变化的灵敏度，为此，他除汞而外还同时应用例如水或酒精之类比重较小的液体。

95　所谓的**胡克轮式气压计**(*Micrographia*, *The Preface*, and Sprat, *H. R. S.*, p. 173)属于最著名的气压计之一。胡克用一

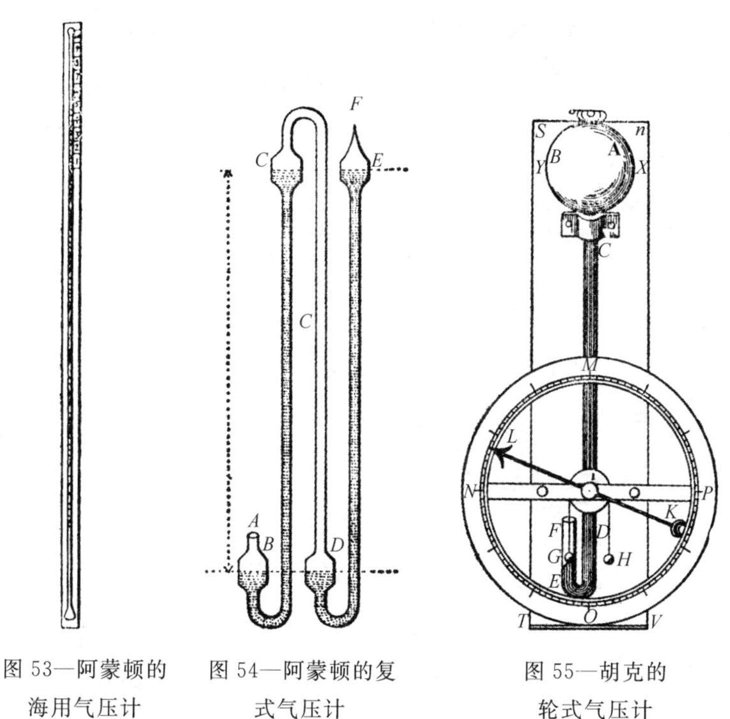

图 53—阿蒙顿的海用气压计

图 54—阿蒙顿的复式气压计

图 55—胡克的轮式气压计

个泡 *AB*(见图 55),它有一个 $2\frac{1}{2}$英尺长的管子 *CD*,端末黏结一个倒置的虹吸管 *DEF*,后者在 *E* 处有一个开口,并从 *E* 点再向上伸出大约 8 英寸。他把整个装置固装在一块板上,沿着板的长度从与泡的中心平齐的直线 *XY* 开始刻度,以一英寸和十分之一英寸分度。他然后用蜡或水泥把 *F* 密封,将这装置倒置,再用一个插在 *E* 处开口的漏斗向泡和管注入汞,并不时摇动这装置以消除气泡。然后他把 *E* 处的开口密封,按竖直位置安放这仪器;再打开管子的 *F* 端,用一根虹吸管从开口支管抽出足够的汞以使闭合支管中的液面下降到 *XY*。然后,他在管子 *EF* 或者附加的木板上刻 96

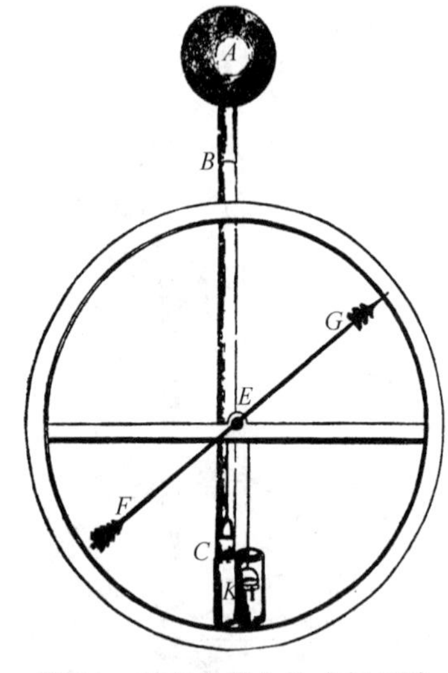

图 56—胡克的简化轮式气压计

度，每一分度按相当于管子两个支管中的汞面之差变化1英寸。继之他把一个带刻度的圆环 *MNOP* 固定在仪器构架上，圆环中央装有一个能绕轴灵活转动的圆筒 *I*，后者带有一根轻的指针 *KL*，在刻度圆环上面。这圆筒（其周长两倍于管子 *EF* 的一个分度之长）上绕有一根丝状的线，两端各有一个小的钢质重物，其中较重的一个放在管子 *EF* 的汞面上，而另一个则自由悬置；"利用这种装置，汞的高度之任何最微小的变化，均将由小指针 *KL* 的来回运动明显地表现出来。"

97

胡克后来想出了一种方法（说明和图示见 *Phil. Trans.*, Vol. I, No. 13），把指针和标尺使用于由插在汞槽里的管子构成的普通气压计（图 56）。指针仍像前面一样由一个重物的升降来启动，但现在这重物放在槽内的汞的自由液面之上。

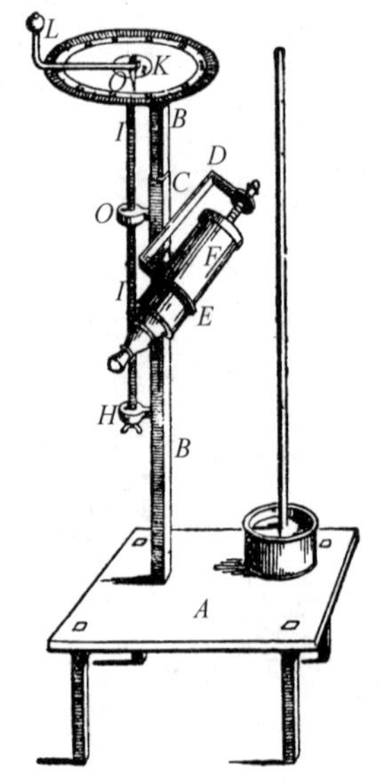

图 57—格雷的带显微镜和测微计的气压计

98

斯蒂芬·格雷于 1698 年（*Phil. Trans.*, No. 237, p. 45）提出利用移

测显微镜和测微计的旋转来极端精确地测读汞面高度(图 57)。

然而,这些气压计和别种更为离奇的气压计大都不适用于科学目的,而提高精确度的途径是改进仪器的读出方法,并考虑到诸如汞的热膨胀等因素所引起的各种误差。

似乎是莱布尼茨于 1700 年前后在写给他的朋友的信中,最早提出无液气压计的原理,其中完全省掉了液柱。

抽　气　机

99

约在十七世纪中期由奥托·冯·盖里克发明的抽气机对于气体物理性质的研究,具有极其重要的意义。

图 58—盖里克的第一台抽气机

盖里克于1602年出生于马格德堡的一个贵族家庭，1686年死于汉堡。他早年攻读法学，后来改学数学和力学；三十年战争①大动乱时期，他大部分时间致力于帮助德国各个城镇巩固城防。当1631年梯里的军队劫掠马格德堡时，盖里克仓皇出逃，仅以身免。但后来他又返回故乡，帮助重建和设防，并当上了市长。盖里克也赞同许多当时流行的哲学概念，而由于受有关真空问题论争的影响，结果他投身于气体力学的研究；不过，他的工作的特色在

图59—盖里克的第二台抽气机

① 发生于1618—1648年间，西欧、中欧和北欧的主要国家几乎全都先后卷入。主要战场在德国。——译者

于重视实验，这在当时的德国还是新鲜事；他的参与为实验科学在北欧的兴起开辟了道路。

现在无法肯定盖里克发明抽气机的确切日期，不过这个日子不可能晚于 1654 年，那年他公开演示了抽气机的本领。现在有理 100 由推断，他的全部研究可能是在 1635 年和 1645 年间进行的。他不断改进了这种仪器的样式。最早的几种设计得非常简单（见图 58）。第一台抽气机是一只木桶，缝隙用沥青妥善填密，里面充入水，而水再用有两个活门的黄铜泵抽空。但当水抽空后，仍可听到空气穿过木桶微孔的声音。当把这木桶完全密闭在一个更大的也盛有水的木桶里时，结果仍旧这样。因此，盖里克放弃使用木质容器，改而试图抽空铜球。他直接用泵抽出铜球中的空气，而不再事

图 60—盖里克的马格德堡半球实验(I)

先注入水(见图 59)。

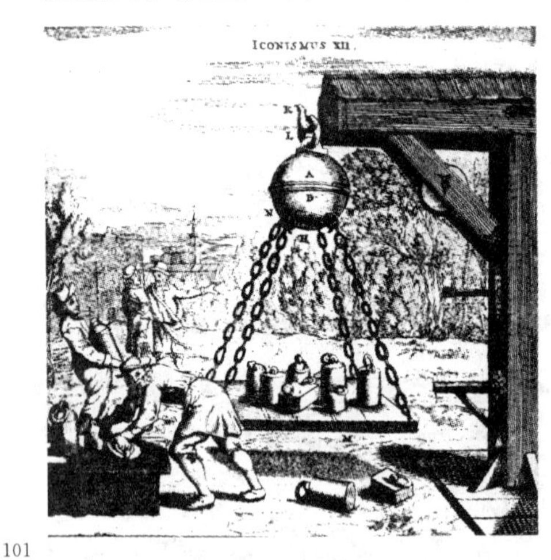

101

图 61—盖里克的马格德堡半球实验(II)

这种劳动太繁重了。而且像盖里克所认识到的那样,由于外部空气的压力以及容器没有制成真正的球形,所以当抽空达到一定程度时,这球便崩解。然而,盖里克又制成了一种没有这个缺陷的铜球,并且成功地获得了相当高的真空度。这一定是1654年以前的事,因为那年他曾向在雷根斯堡召开的帝国议会表演了一些引人注目的气体实验。其中给人留下最深刻印象的是著名的“马格德堡半球”。两个空心的青铜半球边沿紧密结合,通过装在一个半球上的管闩把里面抽空,然后再关闭这管闩。每个半球都套上一支八匹马的马队,沿相反方向驱赶这两支马队,可是它们拉不开这两个半球,只要管闩保持关闭(图 60)。

图 62—空气的重量

另一个实验用砝码表明了，需要多大的力才能把这种抽空的球的两半分开(图 61)。

盖里克用他的抽气机还做过许多其他有趣的实验，罗伯特·玻意耳后来比较透彻地研究过这些实验所涉及的种种问题。盖里克用实验证明空气是有重量的；他用天平称一个容器在抽空前后的重量(图 62)，表明它抽空后比充满空气时轻。他还约略估计了空气密度。盖里克观察到抽空容器的视在重量逐日变动，他正确地将之归因于大气压的微小变化以及大气对这悬浮容器所产生的阿基米得上推力。他还注意到，当让一个玻璃容器里的空气骤然扩散进一个抽空的容器中时，这个玻璃容器里会形成一片湿气云，呈现虹霓的颜色。 102

盖里克原先并不打算记述他的发现，但后来由于遭到反对，遂不得不这样做。他的书于 1663 年写成，但初次发表是在 1672 年，书名是《马格德堡的新的真空实验》〔*Experimenta Nova*(*ut vocantur*)*Magdeburgica de Vacuo Spatio*〕。这本书全面地论述了宇宙学，但最主要的部分是第三篇，题为《论专门实验》(*De propriis experimentis*)。它是最有影响、最有教益的早期物理学专著之一(F. 丹内曼的德文译本收入奥斯特瓦尔德的 *Klassiker*, No. 59)。

然而，最早发表的对盖里克的抽气机及其气体实验的论述，是耶稣会教士卡斯帕尔·朔特(1608—66)的著作。他是维尔茨堡大学的物理学和数学教授。朔特曾应盖里克的要求用他的抽气机重做了他的实验。朔特在很大程度上是出于对新兴实验科学的同情，但他绝没有摆脱盖里克所极力反对的恐真空性的束缚。然而，他对活跃德国的科学研究作出了一定的贡献。像默森一样，他通

图 63—玻意耳的第一台抽气机

过同许多研究者通信而促进了新观察和新发现的消息的传播；他还提出了一些新问题，使论争继续下去。朔特对盖里克研究工作的论述发表于他的《流体-气体力学》(*Mechanica Hydrau-lico-Pneumatica*)(1657年)。正是这部著作激励罗伯特·玻意耳制造出一台抽气机，使他的夙愿得遂。

玻意耳在他的《关于空气弹性的新的物理-力学实验》(*New Experiments Physico-Mechanicall touching the Spring of the Air*)(牛津，1660年)一书中论述了这种仪器以及他用它做的实验。实际上，这种抽气机是在罗伯特·胡克于1658年或1659年做了几次尝试之后才设计和制造出来的，像玻意耳正式承认的那样。它标志着盖里克的模型从多方面得到了改进。例如，容器可以花较轻的劳力抽空；

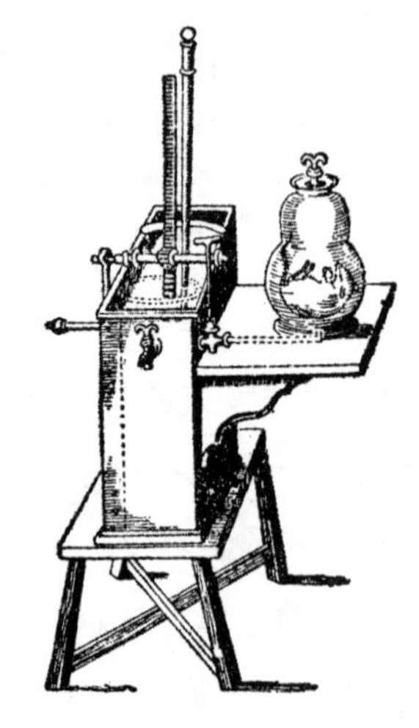

图 64—玻意耳的第二台抽气机

容器顶端有一个开口,可通过它放进物体,然后又可以用一个气密塞关闭。示于图 63 的这种机器主要由一个玻璃容器和一个用以抽空容器的泵组成,整个装置由一个木架支承。容器有一个管闩,开 103 口通入泵桶。后者由一个黄铜圆筒和一个皮柄状的活塞组成;活塞与圆筒密切配合,由一个曲柄通过齿条和小齿轮升降。圆筒上有一个孔作为阀门,可以用一个黄铜塞塞住,也可以不塞住。在泵的下冲程,管闩打开,阀门关闭,空气便从容器中抽出;在上冲程,管闩关闭,阀门 104 打开,于是空气从抽气机排出,以后逐次冲程的情况都是这样。

玻意耳的第二个抽气机与第一个差不多,只是圆筒浸在水中,玻璃容器放在抽气机旁的一块搁板上。抽气通过一根管子进行,管子则黏结在搁板的一个缝槽里,它的通气口向上伸入待抽气的容器。管闩放在圆筒和容器之间。

玻意耳的第三台抽气机有两个泵桶。*BB* 是两个空心活塞,两个阀门向外开口让空气逸出,而阻止空气重新回进来。*DDDD* 是连杆。*GGG* 是同铁镫相连的绳索,并经过滑轮 *H*。圆筒底部的两个阀门 *LL* 朝里开口,接受来自管子 105 *MM* 的空气,管子 *MM* 经由 *PPQQ* 到达板 *O*,后者中央开有一个孔,放置容器例如 *R*。整台机器由一个木架支承;水通过 *Q* 在

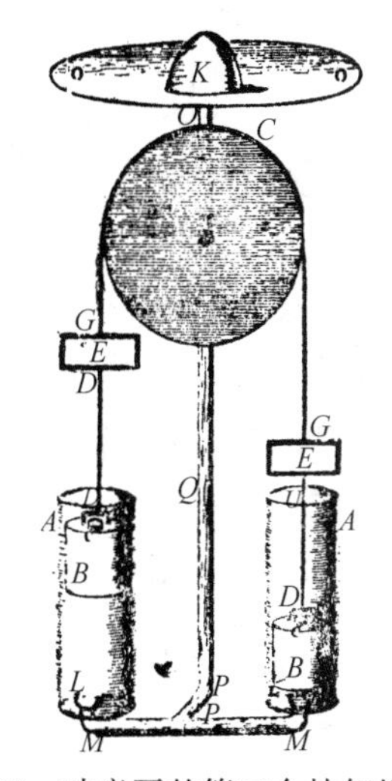

图 65—玻意耳的第三台抽气机

板 *O* 上的开口注入,注入的水量略微超过注满圆筒所需的量。司泵

者站在铁镫 EE 上，用脚轮番抬起和踏下每个铁镫。

玻意耳和胡克用这种设备做了大量实验。他们注意到，当容器内达到部分真空时，小动物窒息而死；蜡烛的火焰变蓝而迅即熄灭；灼热的煤失去红色的光泽，但装入手枪的弹药仍能击发；悬挂手表的走时声音再也听不到了，但磁石对指南针的引力仍不受影响。他们发现，部分充入空气的密闭球胆放在容器里后随着抽出空气而逐渐膨胀，最后破裂，而热的液体会自发沸腾。在沃利斯、沃德和雷恩等人在场的情况下，玻意耳用实验证明，气压计中的汞柱系由大气压支承。为此，他在容器里设置一个气压计，其顶端穿过塞子，观察汞柱随着空气抽出而逐渐下降，而当空气再度充入时又回升。通过在抽空的容器里称量球胆中所包含的空气，玻意耳还大略估算出空气的密度。他注意到了抽空容器中的发光放电情形，但他未能作出解释。

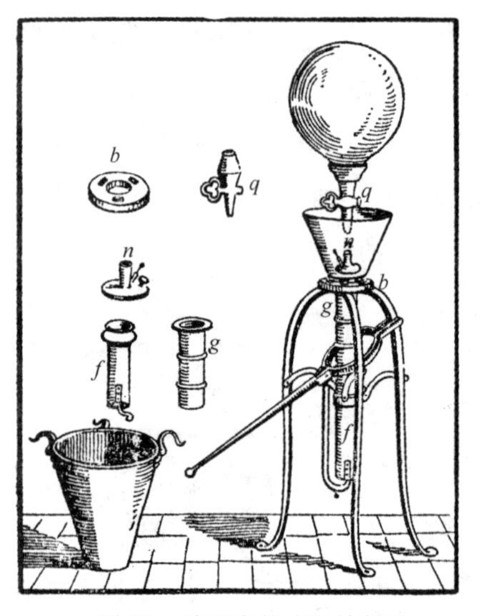

图 66—盖里克的改良抽气机

106

在玻意耳工作的激励下，盖里克制造了一台如同图 66 所示的改良的抽气机。这仪器装在一个三脚架上，后者用螺杆固装于地面。泵桶 fg 固定在三脚架三条腿之间的适当高度上，活塞用杠杆操纵。泵桶端部是一根管子 n（图 66），容器的锥端插入此管之中，管子下面是一个皮阀门。在泵的下冲程中,这个阀门打开,让空气从容器进入泵桶;在上冲程中,它关闭,空气通过外阀门排出。当这设备装配好,缝隙都填严后,漏斗状的接受器注入水以尽可能地阻止空气重新进入容器。为了同样的目的,泵桶的下端浸在一个盛水器里(图 66)。 107

108

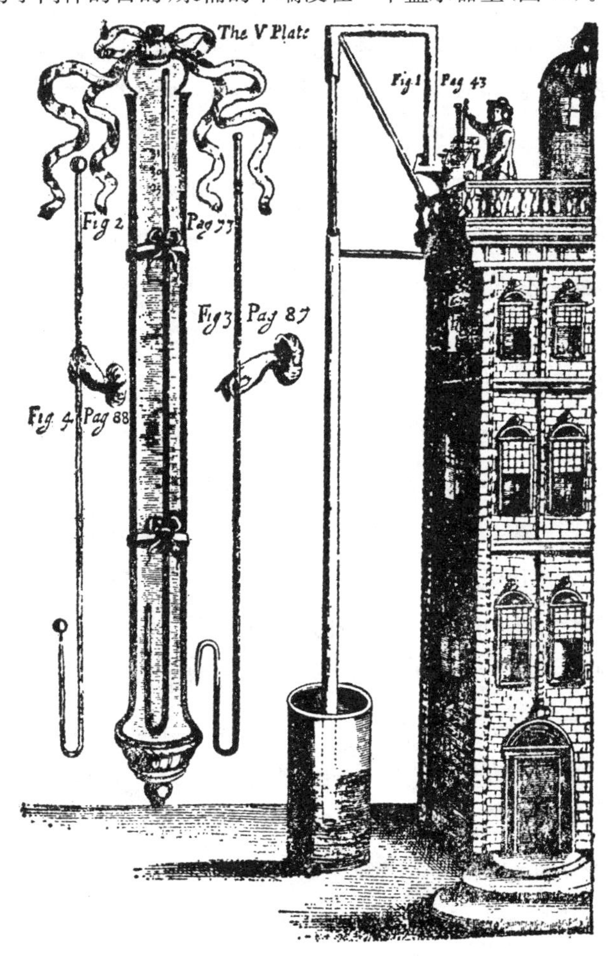

图 67—玻意耳的空气弹性实验

在惠更斯1661年访问伦敦期间,玻意耳唤起了他对抽气机的兴趣;那年他自己也制造了一台抽气机,他后来用它做了许多实验。他的仪器以玻意耳的仪器为基础,但作了不少改进。例如,盖里克和玻意耳的瓶形容器代之以圆盖形的容器,倒置在一个台面上,并用软水泥使之与台面保持密切接触。这一改进似乎是惠更斯作出的(见他1661年12月21日的信 *Œuvres complètes*, Vol. III, p. 414)。惠更斯似乎还有计划地用一个气压计放在容器里作为测试抽空程度的工具(见 E. Gerland in *Wiedemann's Annalen*, 1883, Vol. XIX, p. 549)。十七世纪下半期抽气机又得到进一步的改进,其中有帕潘引入的双通接头;还有可能也是帕潘引入但豪克斯贝使之完善的双圆筒泵,豪克斯贝所设计的抽气机在长时间里一直被奉为标准式样。

玻意耳把他原始的抽气机奉献给皇家学会,几年以后他又造了一台自己使用。他在其《关于空气弹性和重量的新的物理-力学实验续篇》(*A Continuation of New Experiments Physico-Mechanical touching the Spring and Weight of the Air*)(牛津,1669年)一书里介绍了他的进一步研究。他又重做了早期的许多实验,还做了些新的实验,证明在一个抽空的容器中,摩擦能够生热,用钢在糖上摩擦会产生火花。一束羽毛在容器中像一块石头一样坠落,而当通过转动一个外部手柄以操纵弹簧钟舌去撞击一个悬在容器中的钟时,几乎听不到什么声音。这些实验有几个是为了证明当其他条件相同时,空吸或者压力能够使液体升起的高度与液体的比重成反比。根据这些实验,玻意耳利用一种和盖里克的水气压计有些相似的装置试验了水所能升起的高度(见图67)。他让一根上部用玻璃制的管子依靠一所房屋的墙来支承。这管子的下端浸在一个有水的盛器里,上端同一台抽气机的容器相连,抽气机装在这房屋的平屋顶上,离地面大约 30 英尺。玻意耳把水升高到离盛器中水面 33 英尺 6 英寸高的高空,不过继续应用泵未产生进一步的效果。通过比较水气压计和汞气压计两者液柱同时达到的高度,玻意耳得出了这两种液体的相对密度的改良值。 109

摆　钟

古代和中世纪已经应用各种仪器来计量时间,其中有些一直留传到了今天,但只是作为装饰品或者玩具。人们现在仍旧相当熟悉日晷(即阴影钟)、漏壶(即水钟)和砂漏。人们还曾用附上标尺的点燃的蜡烛或者油灯来计量流逝的时间。中世纪后期已经开始使用粗糙的摆轮钟。这种用重锤驱动的钟似乎早在十一世纪就有一些修道院在使用了。十三世纪开始形成在大教堂尖顶安装这种钟的风气;及至十四世纪,这种习俗已经相当流行。这些钟用风向标或者一根水平加载的横杆即心轴调整。这种钟现存最早的实物示于图 68,它自 1348 到 1872 年一直在多佛报时,现存伦敦南肯辛顿的科学博物馆。悬挂在绳索上的驱动锤(未示出)转动嵌齿轮,而后者与相邻的嵌齿轮啮合并使之运动,这个嵌齿轮又同一个水平摆的垂直轴啮合。水平摆由通过两块板传递到其轴的冲力驱动,而这两块板与第二个嵌齿轮相对点上的轮牙接合。摆动的频率用滑动锤控制。下一个图(图 69)比较清楚地说明了这种钟(带有一个心轴节摆件)的机构。AB是一根杆(称为“心轴”),每 110 111

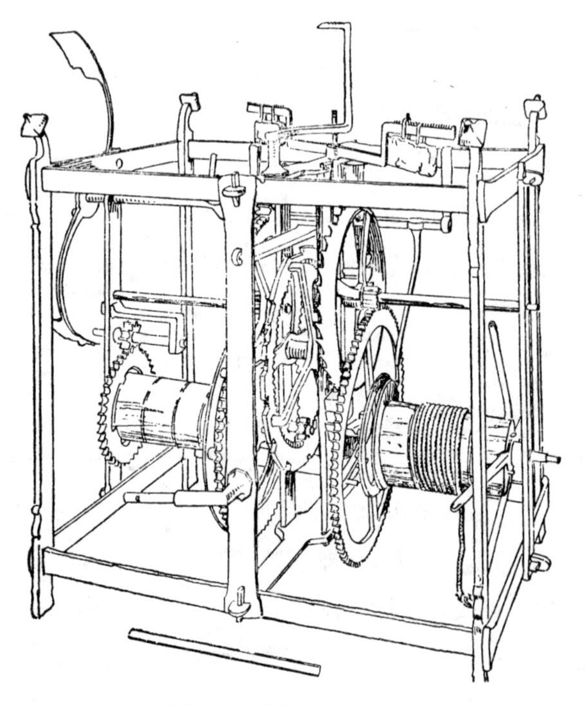

图 68—多佛钟(1348 年)

端各有一个重锤。它固定的位置同一根水平轴 *C* 相垂直,后者安装在贴近水平“冕状”齿轮 *E* 的支枢上。轴 *C* 上装有两个“棘爪”*F* 和 *G*,它们与冕状齿轮 *E* 的相对轮牙啮合,齿轮 *E* 则由绳索和重锤 *H* 驱动旋转。当冕状齿轮旋转时,一个棘爪与该齿轮的一个轮牙啮合。这制动了心轴,并使之沿相反方向摆动。随着这个过程的继续,就保持了一种周期性的摆动。借此摆动,就可以用一个通过“齿轮套齿轮”而同冕状齿轮相连的度盘来计量时间。

在上述各种钟里,漏壶最适用于计量短的时间间隔,因此甚至

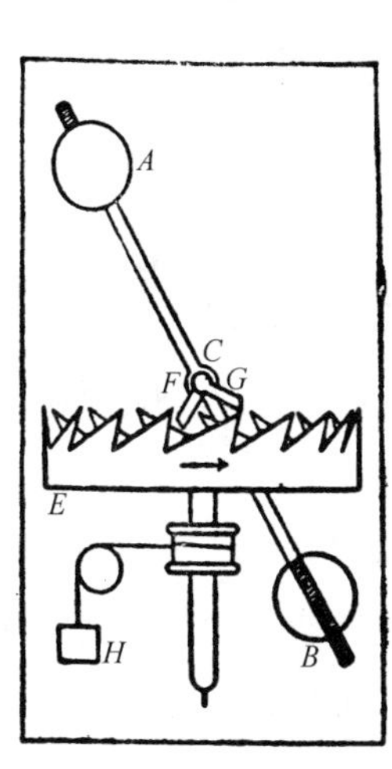

图 69—心轴节摆件

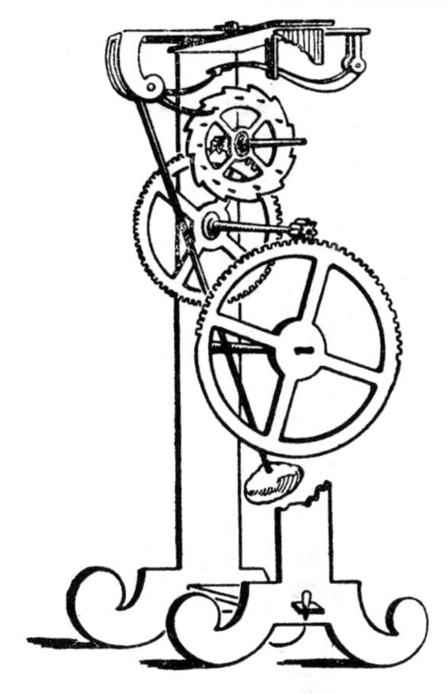
图 70—伽利略的摆钟

在十七世纪还这样使用它。我们已经看到，伽利略何等机智地把水钟同天平结合起来应用，以便测量非常短的时间，适应他的落体实验的需要。我们还将看到，伽利略发现的摆的等时性怎样可以应用于制造一种医用仪器（脉搏计），用于测量病人脉搏的速率（见边码第 433 页）。它由一个由一根线悬着的摆组成，线的长度可以伸缩，直到摆的摆动频率和脉搏速率相等；利用一种任意单位的指标，即可进行

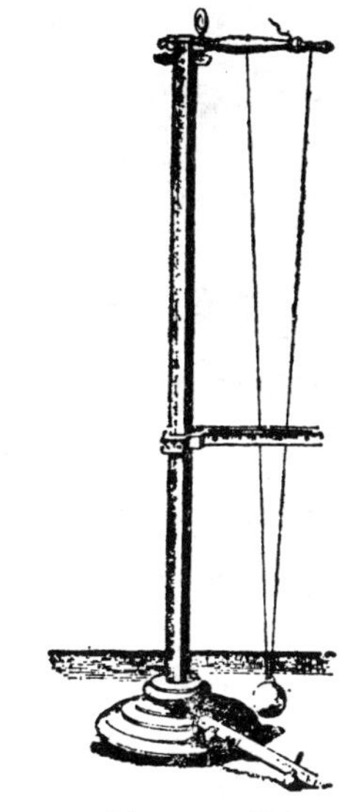
图 71—双线摆

医学上有用的比较。并且，如已经说明过的那样，伽利略在其生命 112 的最后时刻曾发明过一种用一个摆来计量时间的方法。这个摆由自动作用的冲力维持运动，摆动次数则用时钟机构记录在一个度盘上。伽利略向他的儿子芬琴齐奥和他的门生维维安尼说明了他的设计，而他们两人画了一张图（图 70 就是根据这个图画的）。然而，芬琴齐奥还没有完成他父亲的计划就先死了，因此发明摆钟的任务就注定地落到了克里斯琴·惠更斯的身上。但是，西芒托学院以发明双线摆也做出了重要贡献（图 71）。

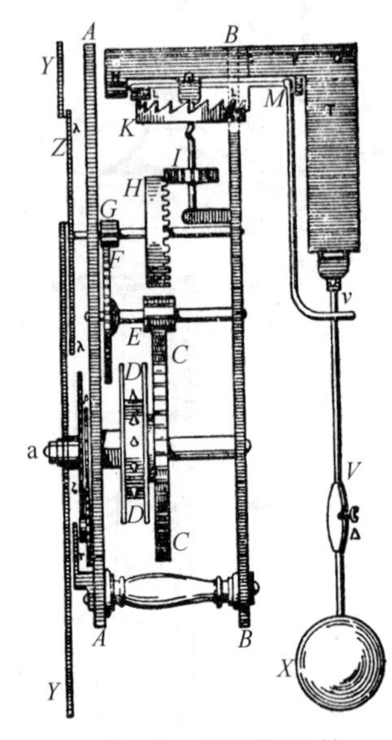

图 72—惠更斯的钟

113 惠更斯于 1657 年取得了他的钟的专利权。他在其《摆钟论》（*Horologium Oscillatorium*）（巴黎，1673 年）里对此有详尽的叙述，这本书另外还论述了他研究钟摆运动时所发生的许多力学问题。取自这本书的图 72 示出惠更斯的钟的局部。像早期的时钟一样，它也由一个下垂的重锤驱动，后者由绕在鼓 D 上的绳索支承。这个重锤的拉力驱动时钟，并通过经由一个节摆件向摆施以周期的、瞬时的冲力而使摆保持运动。摆本身又调节着重锤的下降和指针的运动。这种仪器的关键部件是水平节摆轮 K，它的轮牙交替作用于一个同摆相连的水平轴的两个棘爪 L、L。惠更斯的摆钟有一台今天仍保存在莱顿大学，但它不是他最初的那种，虽然有人这样认为。

现在通用的节摆锚是晚些时候发明的。一个伦敦钟表制造者克莱门特于 1680 年把它引入钟表制造术，不过在此之前，罗伯特·胡克已经介绍过它，或许还是他发明的。

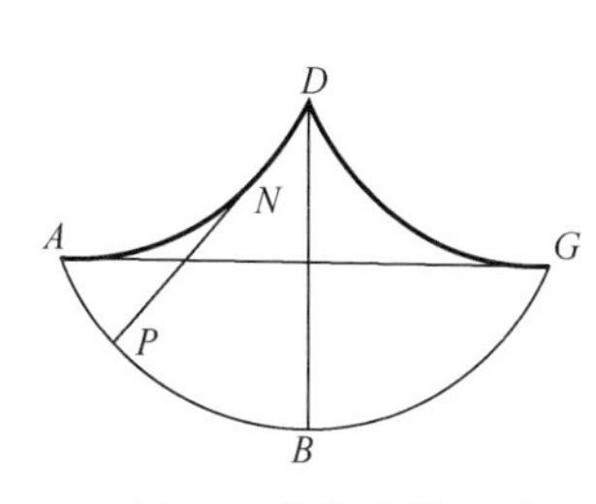

图 73—摆的摆线运动

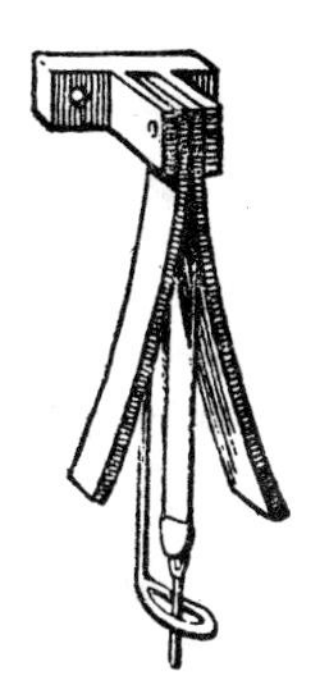

图 74—摆线形夹片

《摆钟论》中所讨论的许多力学问题中，有一个是制造一种精确等时的单摆的问题。惠更斯的解决办法是，使悬线轮番为两个摆线状的夹片所限制（图 74）。在这些条件下，摆锤本身画出一条摆线，惠更斯表明这是一条等时曲线，即摆锤无论从 A 和 B 之间的任一点 P 出发，它都在同一时刻到达其弧的最低点 B。惠更斯把这条原理应用于他的时钟，如图 72 所示；但是不久由于引入了节摆锚和利用小的冲力，这种装置就成为不必要的了。惠更斯也是手表的平衡发条的独立发明者（图 75）。他在巴黎发表了他关于摆钟的书。我们马上还将看到皮卡尔在巴黎天文台对他同事的发明的重要应用。

114

有一段时间里伽利略的追随者同惠更斯的朋友围绕摆钟发明的优先权发生争执。然而，惠更斯的发明无疑独立于伽利略的发

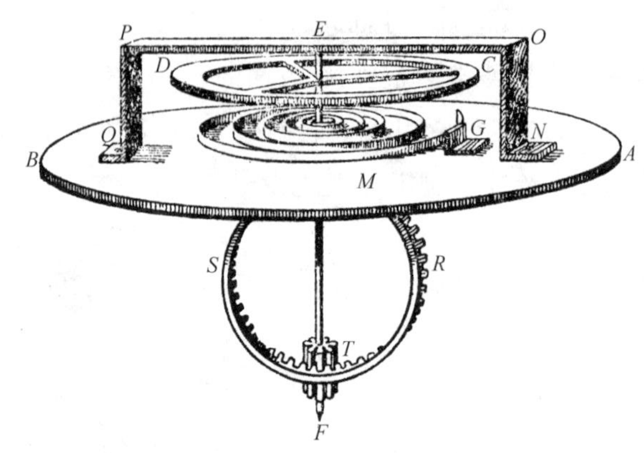

图 75—惠更斯的平衡发条

明，两者在原理上根本不同。伽利略试图把时钟机构应用于摆，而惠更斯则把摆应用于现有的时钟以取代老式的平衡轮。

各种航海仪器

在十七世纪里，发明了或者采用了许多专门用于海上的科学仪器。其中最重要者有惠更斯的船用钟，即他的特别适合船上使用的摆钟；胡克发明的一种新颖的测深仪，用来测定海深，而无须测量绳；胡克还发明了另一种仪器，用于获取任何所希望的深处的 115 海水样品。其他如磁倾计、风速计和比重计等科学仪器也日渐被列为远洋航行船舶的必需装备的一部分。

惠更斯的船用钟

惠更斯约在 1659 年设计了一种船用钟，用以在海上指示标准

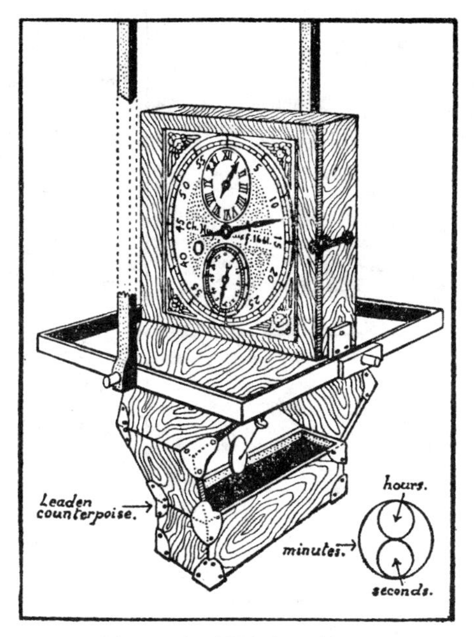

图 76—惠更斯的船用钟(1)

时间,以便确定经度。这种仪器在一两年里制造了好几台。惠更斯在这项工作中曾得助于由于政治原因在荷兰避难的金卡丁的伯爵亚历山大·布鲁斯。这船用钟由一个每拍半秒的短摆调节(图76和图77)。从图中可看到仪器基座上方的摆锤,它由 V 形双线悬置方式支撑,以在一个平面上摆动。这摆锤和一条悬置绳索上的可移动重锤相组合,后者可上下移动,以调准时钟的走速。每次摆动时,绳索都为摆线状颊板所限制,因此摆锤严格等时地摆动。时钟由一个圈状发条维持运动,后者由摆通过一个心轴节摆件调节。水平放置的冕状齿轮不是由发条的直接作用来驱动,而是由一个周期地下降的重锤所产生的冲力来驱动。发条在相继冲力的

116

117

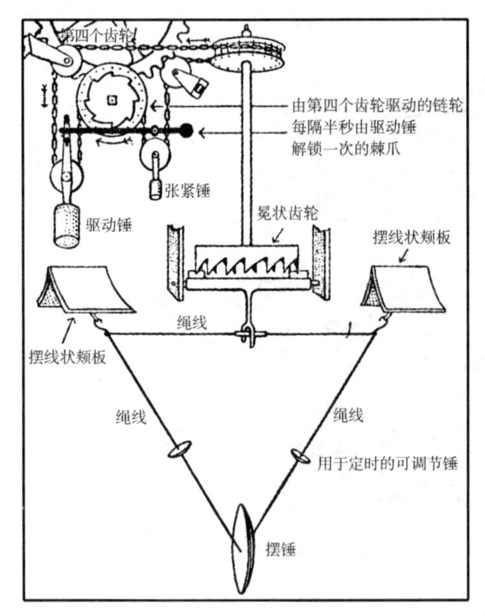

图 77—惠更斯的船用钟(2)

间隔期间把这重锤吊起。这就是所谓的 remontoire〔杠杆节摆件〕,这种结构似乎从十七世纪初就为人们所知,在后来的钟表制造技术史上更得到多方面的发展。它的作用是使驱动力的大小实际上保持不变。仪器下面垂一个铅质衡重体,仪器本身吊在船体中部的常平架上,以便尽可能少受船只运动的影响。金卡丁勋爵在海上试验了两台这种船用钟,对它们的性能感到满意。它们还在霍姆斯率领的 1664 年到几内亚海岸的航行中试用过(*Phil. Trans.*, Vol. I)。但是,除了在风平浪静的天气里,它们必定没有使人感到满意。后来惠更斯做了一些实验,利用平衡发条来控制船用时钟,但他未将这个设计付诸实施。

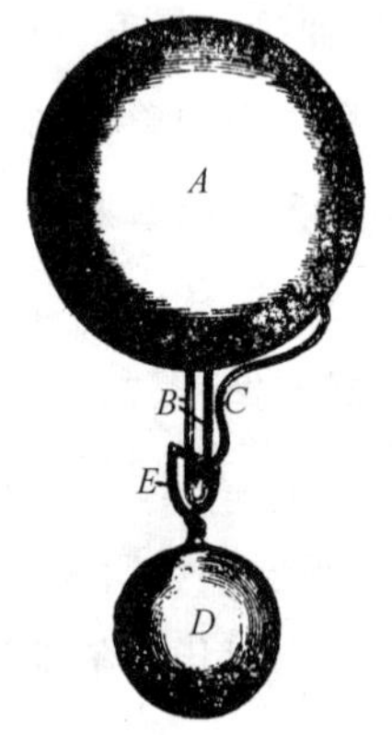

图 78—胡克的测深仪

胡克的测深仪

1666 年，皇家学会给准备进行远洋航行的海员拟订了几条指示(*Phil.Trans.*, 1666, No. 9, and 1667, No. 24)。这些指示中，有一条说明了胡克发明的用来估计海洋深度的装置。它无须测量绳。它有一个轻木材制的球 A 和一个铅块或石块 D，后者的重量足以使前者沉入水中(图 78)。球 D 悬挂在 A 下面的一个弹簧的末端 F，这弹簧通过将环 E 插在其末端和钩环 B 之间而保持弯曲。让这整个装置沉入其深度待测的海洋中，于是 D 撞击海底而释出 C，结果球 A 便升到海面。用挂表、分砂漏或者秒摆测量仪器下沉和木球重新在水面出现所相隔的时间，这样就能够估计出这海洋的深度，只要事先根据用这仪器在已知深度上所作的观察制定出图表。为此曾在泰晤士河做了试验。

118

胡克的海水取样器

胡克提出的另一种仪器系用来从任何所希望的深度获取海水样品(图 79)。当这仪器沉入海洋时，水的阻力使盒 C 的两端 E、E 打开，但当用绳子把这仪器拉起来时，这盒子下沉到位置 G，在

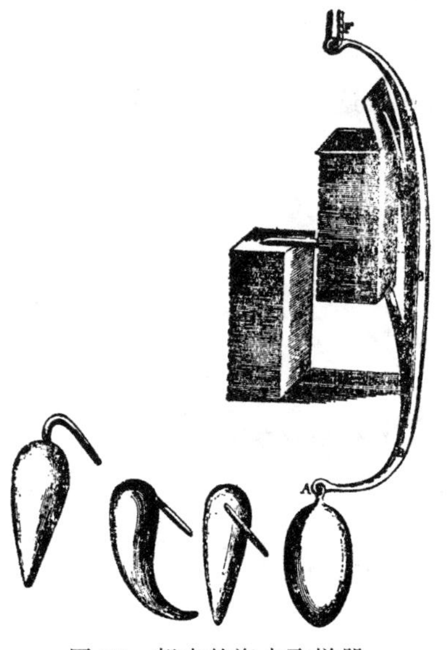

图 79—胡克的海水取样器

119

这个位置上它由柄 D、D 支撑，柄的两端贴着门 E、E。结果在这个位置上，盒子被关闭，因而水既不能进去，也不能出来。这样就能够获取该仪器所能下降到的最深处的海水的样品。对于不同的深度，采用各种不同的下沉重锤。

磁倾针及其他

在对海员提出的进一步指示中(*Phil. Trans.*，Vol. II，No. 24)，建议他们用磁倾针(图 80)来测量一个悬置于其重心、自由转向磁子午圈的磁针的磁倾角。指示还要求他们把所到之处的风向和风强都记录下来，并建议用图 176(边码第 309 页)所示的胡克的仪器来获取风强的数值量度。它的作用有些像现代飞机场上的锥形风标。一块平板经由一根臂自由摆动，臂则随着平板被风吹向外面而在一个有刻度的度盘上转动，这样便以任意的单位测出风强。这度盘的作用如同风向标，使平板保持面向风。

120

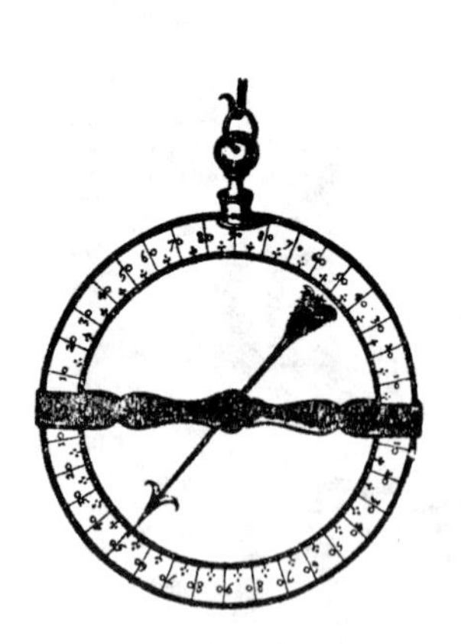

图 80—磁倾针

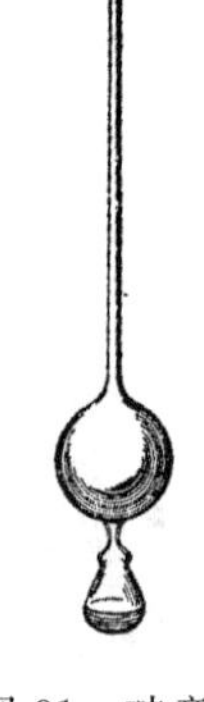

图 81—玻意耳的比重计

各地取得的一定量的海水应加以称量，再在考虑到温度的情况下比较它们的比重。然后再把水蒸干，以便可以称量盐分，从而估计出含盐度。另外，还建议用一种比重计来比较各种海水样品的比重。经玻意耳改进的这种仪器

(图 81)是一根密封的带泡管子,内有适量的汞,恰好浮在淡水上面。当浸入其他液体之中时,它沉到不同的深度,可借助用金刚石刻在管子上的刻度加以比较。(*Phil.Trans.*, No. 24 中的这篇文章再次说明了胡克的上述两种仪器,即确定海深的仪器和从水面下获取海水样品的仪器。)

(参见 E. Gerland and F. Traumüller, *Geschichte der physikalischen Experimentierkunst*, Leipzig, 1899; R. T. Gunther, *Early Science in Oxford*, vols. I and II, Oxford, 1923; R. S. Clay and T. H. Court, *The History of the Microscope*, 1932; H. Servus, *Die Geschichte des Fernrohrs*, Berlin, 1886; R. T. Gould, *The Marine Chronometer, its History and Development*, 1923; J. A. Repsold, *Zur Geschichte der astronomischen Messwerkzeuge*, Leipzig, 1908。)

121

第六章　天文学的进步：第谷·布拉赫和开普勒

哥白尼的太阳系理论之所以为天文学家们所接受，主要是由于这个理论附带提供了有所改进的行星表。哥白尼自己计算编制的原始星表在他死后过了几年由艾拉斯姆斯·莱因霍尔德加以修正和增补，莱因霍尔德称自己版星表为《普鲁士星表》（*Tabulae Prutenicae*）（1551 年），以纪念他的资助人普鲁士公爵。但是哥白尼和莱因霍尔德可以运用的观测数据很少，而且不可靠，因此根据它们编制的星表远不能准确表示行星的实际运动。很清楚，在还没有积累起关于行星的准确而又有系统的观测资料之前，在编制出正确的星表方面不可能取得什么进步。因此，十六世纪下半期的天文学史主要就是为满足这种需要所做的种种努力。这一时期中最杰出的人物是丹麦天文学家第谷·布拉赫，他对那个时代的需要看得最清楚，并全力以赴地去满足这个需要。

第谷·布拉赫的生平

第谷·布拉赫于 1546 年 12 月 14 日诞生在斯堪尼亚的克努兹特鲁普（今瑞典南部，当时属于丹麦）。他出身于一个丹麦贵族家庭，还是一个孩子时就进了哥本哈根大学。他在那里期间，一次在预报的时间发生的日食引起了他的好奇心，使他的兴趣转到天文学方面。于是他不顾正常的学业，找到托勒密的著作读了起来，并于 1563 年木星和土星相合时作了他第一次有记录的天文观测。第谷甚至用自制的粗糙仪器进行观测就已能发现，按照普鲁士星表或别的星表计算的行星位置与实际观测到的行星位置之间存在严重偏差。他似乎已认识到，行星表应当在长期系统而又精确的观察基础上进行编制。

图 82—第谷·布拉赫

离开哥本哈根之后，第谷先后又在莱比锡大学、维滕贝格大学、罗斯托克大学和巴塞尔大学求学，在各大学都求教于第一流的数学和天文学教师，时常进行观测，偶尔也搞一些占星术的预测。122 1570 年，第谷回到丹麦，此后有一段时间他似乎曾投身于化学研究。但是，1572 年 11 月仙后座中一颗引人注目的新星的出现又马上把他的兴趣吸引到天文学上来。这个现象的可见期持续了十八个月左右，其间第谷用他自制的六分仪反复测量了这颗新星与邻星的角距。他根据这些数据得出了一个重要的结论，关于这一点，我们将在下面适当的地方加以阐述。在这颗新星的整个可见期之中，他不断跟踪观察其亮度和色彩的变化，并于 1573 年发表了一篇专文《论新星》(*De Nova Stella*)。

此后不久，在一次周游欧洲的旅行中，第谷拜访了黑森的兰德格拉夫·威廉四世。威廉四世酷爱天文学，他在卡塞尔建造了一座屋顶可以移动的观测台，并已在使用一种粗糙的时钟。1576年，丹麦国王弗里德里希二世在兰德格拉夫·威廉四世的请求之下，决定资助第谷，赐予他一笔经费又把赫威恩岛赐给他作为天文台的台址，该岛位于哥本哈根和埃尔西诺尔之间的海峡上。第谷接受了国王的赏赐，在赫威恩岛上建造了城堡和天文台，他称之为乌拉尼堡("天塔")。天文台四周都是花园，里面有豪华的陈设，除了一些观测室而外，还有一个几乎可制造一切仪器的工场、一个图书馆、一个化学实验室和印刷所等等。除了国王赐予的年俸之外，第谷还从大量农田和房地产得到收入，此外，还有罗斯基尔德大教堂给予的俸禄。但是他有时还是要支付由于开支过大而出现的大笔债务。在他的孩子和一班助手的协助下，第谷从1576到1597年一直在赫威恩岛进行观测。

然而，1588年丹麦国王去世，在年幼的王子成年之前，一直选出摄政者来主持国政。第谷很快就开始失去朝廷的恩宠，朝廷对他的工作从来没有发生多少兴趣。他似乎不善于与贵族周旋，挥金如土，对租户刻薄刁狠，玩忽因领取罗斯基尔德大教堂的俸禄所应尽的职责。结果，他的各项津贴逐渐都被撤销。终于在1597年，他带着全家离开了乌拉尼堡。在哥本哈根作了短暂勾留之后，他便赴德国去拜访汉堡附近的一位贵族，他在那里写了《力学重建的天文学》(*Astronomiae instauratae Mechanica*)一书，记述了自己的生平以及他的各种仪器和方法，于1598年发表。同年，第谷

123

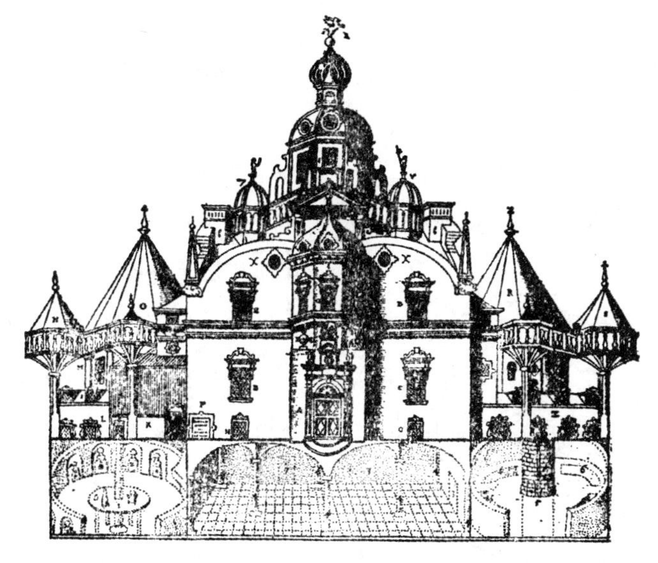

图 83—第谷·布拉赫的天文台——乌拉尼堡

应德皇鲁道夫二世的邀请到布拉格，1599 年鲁道夫二世赐予他一笔资金，并将他安置在布拉格附近的一个城堡里，他把它建成了一座天文台。在等待他的仪器和书籍从赫威恩搬来这段时间里，第谷为他将来的研究工作物色助手。就在这一时期，一位年轻的德国天文学家约翰·开普勒加入了第谷的工作。开普勒曾把自己在 1596 年出版的一本著作《宇宙的奥秘》（*Mysterium Cosmographicum*）寄赠给第谷，这本书引起了第谷对他的注意。开普勒于 1600 年初造访第谷，第谷便邀他做自己的助手。此后不久，他把观测工作停顿了一下，搬到布拉格小住了一段时间，以接近德皇。但在他还未能够安顿下来进行系统的工作之前，他突然病倒，于 1601 年 10 月 24 日去世。

124

第谷·布拉赫对天文学的贡献

第谷·布拉赫研究了精密天文学的大多数问题，他还以前所未有的精确度测定了大多数重要的天文学常数。他的工作注定要在他死后才能结出极其丰硕的成果。不过，甚至在他生前，由于他的勤勉以及他的仪器和方法精良，他也曾作出了若干重要发现。

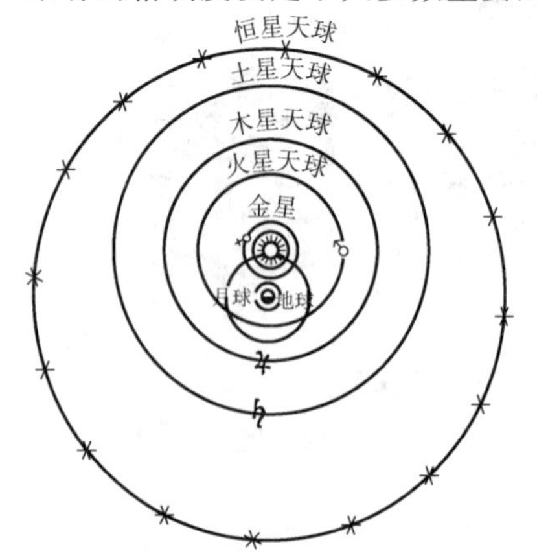

图 84—第谷·布拉赫的宇宙

他对仙后座中的那颗新星的观测是他最早的发现，我们在上面已经提到过。他还表明了，这颗新星相对周围的恒星没有明显的周日变化（视差），而如果它像月球一样离我们很近的话，情况就不会如此。它也没有像行星那样的自身运动。他从而得出结论说，这颗新星肯定位于恒星区域，而按照当时公认的亚里士

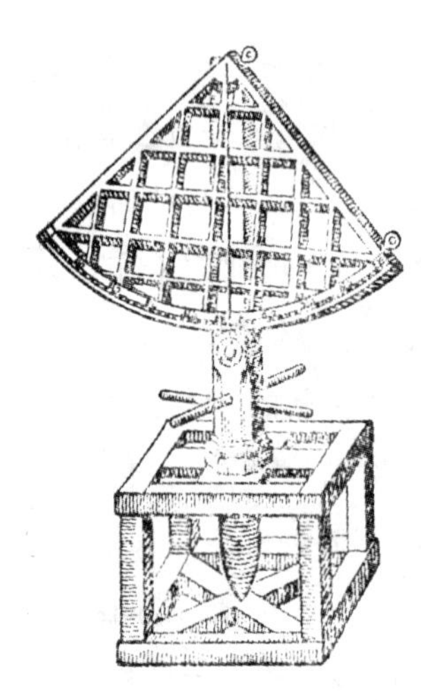

图 85—第谷·布拉赫的巨型象限仪

多德宇宙学，恒星区域里不可能发生物理变化。第谷后来对彗星也引出了一个与此相似的结论。他对这种天体进行了一系列观察，这项工作开始于对1577年大彗星的观察，他证明了，彗星没有显出明显的周日视差，因而肯定比月球遥远得多。第谷对1577年彗星的阐述见于他1588年问世的著作《论天上世界的新现象》（*De Mundi aetherii recentioribus phaenomenis*）。他打算将它纳入一部未完成的巨著《新编中学天文学》（*Astronomiae instauratae Progymnasmata*）之中。 125

在1588年的这一卷（第八章）中，第谷还概述了他的太阳系理论，并计划以后再详尽地阐发。他抛弃哥白尼的体系而计划建立起他自己的体系：水星、金星、火星、木星和土星等行星围绕太阳旋转，而太阳和月球围绕地球旋转。各个星球都有各自的旋转周期，并且在绕地球的周日旋转中共占恒星天球，而地球是宇宙的固定不动的中心（见图84）。

第谷抛弃哥白尼体系的理由是：那种关于沉重而又呆滞的地球在运动的说法，似乎违背正确物理学的原理，同时也不符合《圣经》的教义。再者，从古代起人们就知道，如果地球绕太阳旋转，那么恒星的视位置必将产生周年视差移动。可是，从来没有人观察到过这种移动；第谷本人也无法检测出它。因此，如果这种移动存在的话，它必定极其小，以致恒星移到了离地球令人难以置信地遥远的距离。不过，第谷·布拉赫并不是作为一个理论家，而主要是作为一个观测家对天文学做出了卓越贡献；我们现在来论述他的观测工作。

第谷最初的观测是用当时航海家使用的非常粗糙的携带式仪

图 86—第谷·布拉赫的墙象限仪

器进行的。然而,1569 年他在一次访问中为奥格斯堡市长设计的一个巨型象限仪表明他在观测仪器方面迈进了一大步。这种仪器如图 85 所示，半径约 19 英尺，框架是木制的，刻度盘由黄铜制成。126 它可用操纵杆来使之绕一个竖直轴转动，还能在它自己的平面上绕其中心点转动，以使两个瞄准孔（示于图中右面的半径上）可以对准地平线之上的任一天体目标。借助一根铅垂线便可在刻度盘上读出目标的高度，精确到几分之一分。

第谷后来在乌拉尼堡所制造和应用的仪器有好几种不同类型。其中有些是以古代天文学家的浑仪为根据，这种浑仪由一些代表天球各个圆圈的带刻度的金属同心圆组合而成，用来测定恒星的黄经和黄纬等等。第谷对这种仪器作了改革，使之改为测定赤经和赤纬，同时他还减少了所需的圆圈数目，提高了仪器的对称性。

第谷的天文台里，还有许多其他仪器，它们实质上都是用木头或金属制的某种扇形体（象限仪、六分仪或八分仪），带有具精确刻度的金属环，中心装有一个精确定位的瞄准器。还装有一个可动的瞄准器，它可以沿金属刻度弧上下滑动，或由一个可绕扇形体中心转动的径向臂即**游标盘**带动在刻度弧上移动。这些仪器都安装在球窝式支架上，因而可以调节到置于由观测者的眼睛和任意两颗需求角距的恒星所决定的平面上。在测定这个角度时，将瞄准线先后对准每颗恒星，每次都把可动瞄准器的定位从刻度盘上读出来，这两个读数之差就给出这两颗恒星的角距。有时可装设两个可动瞄准器或**照准仪**，这样就可由两个观测者同时作两次定位，从而可避免由于恒星周日运动所造成的误差。这样的扇形体可以置定在子午面上，其刻度弧的一端垂直地处于中心瞄准器的下面或上面，这样就可用于测量天体目标越过这子午面时的高度。这后一种仪器即如第谷著名的墙象限仪所例示(图 86)。

127　第谷还制造过可转动到任一垂直平面的象限仪,用以测量这个平面中任何天体目标的方位角和高度。其中的一种如图 87 所示,现代经纬仪与这种仪器很相像。

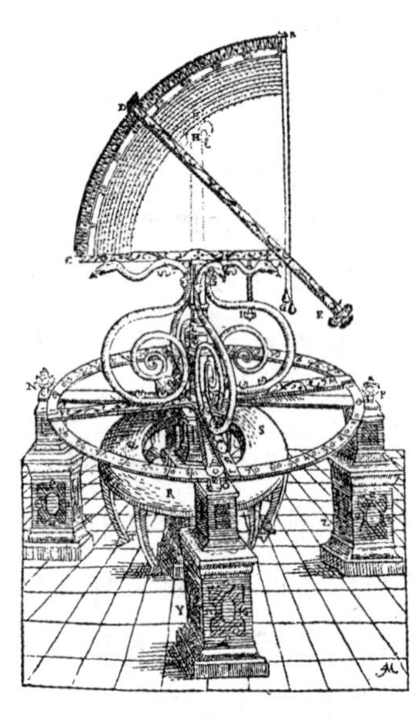

图 87—第谷·布拉赫的经纬仪

在没有时钟的条件下,因为时间常常必须从观测到的某个已知恒星或别的天体的高度推算出来,所以这样的观测便更其重要。诚然,第谷也有几台那个时代通用的不完善的时钟,并使用各128 种类型漏壶做过实验。但对于那些精确度要求高的工作,他几乎只用我们上面述及的那种仪器来测量角量。

在第谷之前,人们曾力图利用庞大仪器来提高刻度的精确度,但由于这些仪器自身太重,所以总是有发生变形的危险。然而,第谷已能应用几种当时才发明不久的替标尺刻度的装129 置。其中包括以其发明者努涅茨命名的“努尼乌斯”〔游标〕,其中扇形体的金属环上刻有许多同心弧,每条弧各又分成数目不同的等分。只要记下基准线与之重合的那个刻度以及这个刻度所处的特定圆圈,理论上即可读出**照准仪**的定位,读到分和秒。但这样的仪器刻度在实际应用时有很大困难。因此,第谷最后采取了“横截法”，我们知道这是对角线尺度的基础。现在在物理和天文仪器上十分广泛应用的**游标尺**到1631年才有记述。第谷还对仪器的照准仪用以对准恒星的瞄准器的制造作过重要改进。

第谷借助这些装置，他的仪器的精良制造以及他的敏锐观察力，作出了异常精确的观测。他用反复观测和组合观测的办法减小了误差，因而在他的星表中，标准星坐标的概差仅为25秒左右。另外，他以基本上和现代相同的态度来对待仪器误差。他认识到，不管一架仪器制造得多么精细，误差都是在所难免的，于是他就用适当的组合观测的办法检测出误差，然后便可用它们来修正用这仪器做的一切观测。

第谷如此精确的观测明显地受大气折射的影响。他力图修正这一因素，为此研究了太阳的视赤纬（即与天赤道的距离）怎样随其在地平线上的高度而变化，然后利用这种观测和类似观测的结果编制了最早的经验的大气折射表。不过，由于过高估计了太阳的视差，所以这些表会导致错误。

关于构成行星运动背景的那些恒星的分布的知识对于精密天文学有着带根本性的重要意义。因此，第谷在赫威恩花了许多时间来测定星位，并搞出了一个星表，它在1602年一发表便取代了托勒密的《至大论》中的古旧了的星表。第谷通常的观测程序是直接测量恒星的子午圈高度来测知其**赤纬**，并利用一系列比较所构成的链间接测知其**赤经**（或黄经）。在这个比较链中，太阳、金星以及适当选择的一些标准星作为链环，金星被选作为太阳和那些恒星间的中介，因为当金星的位置合适时，白天和晚上都可以看见这颗行星。这样，金星和太阳在赤经上的差别可在白天测知（通过测

130

量它们各自的赤纬和它们间的角距),而金星和一颗所选的恒星在赤经上的差别则也可以同样方式在当日夜间它们都出现在地平线之上时测知。将这两个结果结合起来,即可推算出太阳和这恒星在赤经上的差别,在两次观测之间金星行过的距离也考虑在内。此后,确定星位所需要的就只有太阳在观测时的绝对赤经;这个数据可查星表获知,这些表系根据第谷对太阳视轨道的诸常数所作的绝对测定编制。用这样的办法确定了天空各部位经过挑选的不多几颗恒星的坐标后,第谷就用不着金星和太阳了,而可用这些恒星作为标准参考标来测定其他星位了。他用这种办法精确测定了777个星位,后来这个数字又很快增加到1000个。第谷将自己的赤经数据与古代和中世纪观测者的记录进行比较,结果他对二分点的岁差率作出了精确估计;于是他终止了由来已久的见解:这岁差率的数值是大幅度变化的。

第谷曾对全年的太阳子午圈高度进行了系统观测,从而改进了太阳视轨道各主要常数(偏心率、远地点的黄经、周年长度等等)的公认数值。这样,他就能算出精确的太阳表,而我们已经知道,测定恒星的绝对赤经时需要用这种表。他的那些带有瞄准孔的仪器还不够精确,因此他未能纠正大大低估了的日地距离,这个值还是从托勒密传下来的,哥白尼只是对之作了一点微小的修正。

第谷在赫威恩工作期间,曾对月球在其轨道各点上的位置作定期观测,这使得他自托勒密以来第一次把月球运动理论向前推进了一大步。我们几乎可以肯定地说,第谷最早发现称为**二均差**的不均等性。现在我们知道,这是由于当月球和地球离太阳的距离不同时,太阳对两者的吸引强度不一样所引起的,这种差别起一种扰动力的作用，致使月球的轨道运动交替地加速和减速。他还认识到并估计到另一种不均等性即**周年差**，这是由于这种扰动力的周年性波动所致。这后一效应也曾被开普勒独自发现过。第谷还检测出月球轨道对黄道（地球轨道或太阳视轨道）倾角的波动，以及月球轨道结点绕黄道运行的速率。 131

对天文学后来发展最有重要意义的是第谷对行星的观测。他在早期就已着手这项工作，其方法是用当时的粗糙仪器来测量行星与其邻近恒星的角距。在赫威恩工作期间，他始终用他的墙象限仪和浑仪继续进行这项工作，但他的过早去世使他没能根据这些观测结果建立一个数值行星理论。他临终时在病榻上将这项工作托付给开普勒；据说他嘱咐开普勒要按照第谷的行星体系，而不要按照哥白尼的体系来搞这个新理论。为了知道这项工作是如何完成的，我们首先必须简述一下约翰·开普勒的生平。

开普勒的生平

约翰·开普勒于1571年12月27日出生在斯图加特附近的魏尔，他的父亲在符腾堡公爵属下的新教教会中任职。他自幼羸弱多病，双亲为贫穷所累。不过，公爵送他进了毛尔布龙神学院就学，后来他从那里转入那所庞大的新教图宾根大学。1591年，他在那里取得了文学硕士学位。开普勒早期所接受的教育主要是神学方面的，但在图宾根，他认识了数学和天文学教授米歇尔·梅斯特林。梅斯特林唤起了他对这两门学科的兴趣，并且使他转为信仰哥白尼学说，而另有一种说法说他在此以前已信仰伽利略的学

图 88—约翰·开普勒

说。开普勒日趋自由的思想使他没有资格在教会中任职,因为当时在教会中是严格的正统思想统治一切。他在施蒂里亚的格拉茨谋得了一个天文学讲师的教职,他非常高兴。在业余时间,他便开始了后来为之奋斗终生的行星问题的研究,这些研究虽然屡遭失败,但最后使他作出了许多伟大的发现。他在这方面最早的思考成果于1596年发表在他的著作《宇宙的奥秘》(*Prodromus Dissertationum Cosmographicarum continens Mysterium Cosmographicum*)之中。他曾把这本书寄送给第谷·布拉赫,我们已经知道,这导致两位天文学家开始通信,以及第谷邀请他到布拉格会面。其后不久,在施蒂里亚对新教徒的迫害日益加剧,这迫使开普勒匆匆逃往匈牙利。他曾返回格拉茨作了短暂勾留,但看到那里的境况非复当初,于是便决意投奔第谷,于1600年初到达布拉格。第谷热情接待了他,让他继续整理他的行星观测资料。两位天文学家的关系最初不太融洽,这是因为他们各自信奉不同的宇宙理论,还因为开普勒的地位不确定。但在第谷在世的最后那一年中,他们和衷合作。我们已经知道,第谷临终前在病榻上把自己积累的宝贵的观测资料交给了开普勒。第谷逝世前不久,鲁道夫

132

皇帝授予开普勒以“帝国数学家”的称号；于是，他就继承了第谷的职位。然而，由于薪俸削减，而且不是定期发放，因此他一直处于经济困难的窘境。他不得不再去教点书和搞点占星术来挣点外快。“如果女儿‘占星术’不挣来两份面包，那么‘天文学’母亲就准会饿死。”(据说他曾经这样说过。)1612年他离开布拉格去林茨，在那里教授数学，兼做监督勘测作业的工作。尽管有这么多事干扰，开普勒仍然没有丢掉他的两个任务。一是要搞出一套与哥白尼学说相一致的行星理论；二是要根据第谷的观测结果编制出行星运行的表，这些表将取代当时通用的那些很不准确的星表。我们将在适当的时候论述开普勒是如何完成这个任务的。经济困难，宗教仇恨以及别的一些干扰延迟了星表的编制工作。有一次，他的母亲因被指控犯有行巫罪而受审，于是他不得不赶去搭救她。最后，他被迫离开林茨而到乌尔姆。1627年，他正是在那里发表了他的《鲁道夫星表》(*Tabulae Rudolphinae*)，这样命名是为了纪念他的老赞助人、已于十五年前去世的鲁道夫皇帝。随着星表的出版，开普勒的工作实际上已告终结，他流浪生活也已去日无多。他一度结识了瓦伦斯坦，其时瓦伦斯坦正炙手可热。这位帝国的首脑因为开普勒的占星术业绩而对他十分器重，并举荐他到罗斯托克当天文学教授。瓦伦斯坦失势以后，开普勒便去到雷根斯堡向国会要求偿付他的欠薪。但他刚到那里便得了热病，遂于1630年11月15日逝世。他被埋葬在城门外面，但他的坟墓在三十年战争期间被破坏得杳无踪迹。

133

开普勒对天文学的贡献

从最初开始从事研究起,激励开普勒的信念是,上帝按照某种先存的和谐创造了世界,而这种和谐的某些表现可以在行星轨道的数目与大小以及行星沿这些轨道的运动中追踪到。这种自然观也许和当时意大利大学里毕达哥拉斯主义的复兴不无联系,而这个运动曾激励过哥白尼。

开普勒最初试图发现构成宇宙结构基础的简单关系即和谐而取得的一些结果载于他1596年的著作《宇宙的奥秘》之中。这本书包含着他后来所进行的一切探索工作的萌芽。他一开始似乎是

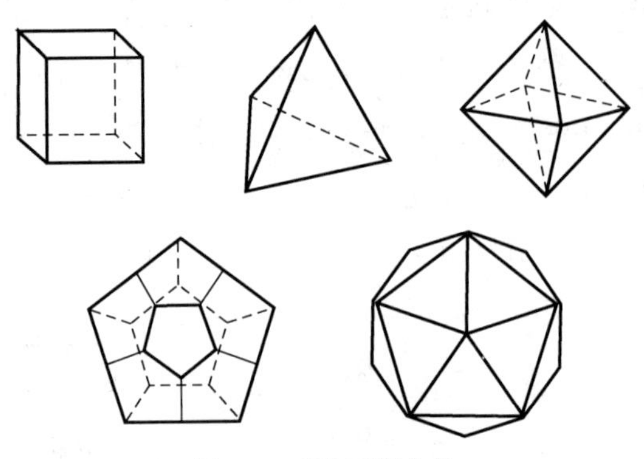

图89—五种正则立体

试图发现几颗行星与太阳距离之间的简单算术比例。他猜想,其中有些距离可能是其他距离的简单倍数;但这种规则没有显现出来。于是开普勒便试图发现简单的几何关系。他作了一系列正多边形,其中每个正多边形都有一个内切圆,而这个圆同时又是下一

个正多边形的外接圆。他认为，这些相继的圆的半径可能与相邻行星的距离成比例；但结果又使他失望。不过，这一次尝试却使他继续去计算一对对可各别地与五种正则立体内切和外接的球面的半径（图 89），看看这里是否可能具有什么宇宙意义。其结果使他十分满意，因为他发现了宇宙的基本秘密之一。八面体的内切和外接球面两者的半径同水星距太阳的最远距离和金星距太阳的最近距离相当成比例。同样，二十面体的内切和外接球面的半径可以认为分别代表金星的最远距离和地球的最近距离。十二面体、四面体和立方体可类似地插入到地球、火星、木星和土星的诸相继轨道之间（图 90）。 134

只有六颗行星（当时所知道的）存在，于是似乎就同只有五种正则立体存在相联系。实际上，根据这个图式计算出来的行星距离与通过观测而推算出的在数值上并不完全一致；但开普勒在那时可以理所当然地把这种偏差归咎于错误的观测。

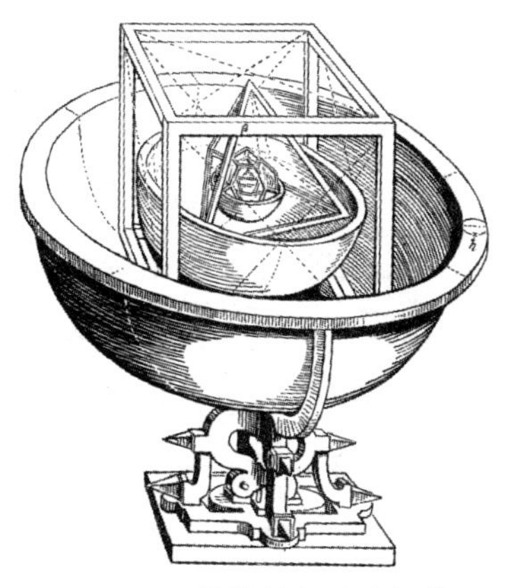

图 90—开普勒的行星球概念

《宇宙的奥秘》中还包含有捍卫哥白尼行星体系而反对托勒密体系的很有价值的论述。他引起人们注意到，外行星在它们的（托勒密的）均轮上的运动与地球沿其周年的（哥白尼的）轨道的运动完全相似。然而，开普勒在几个重要的方面毫不犹豫地打破哥白尼的惯例，以便使数据更符合于他的理论。于是，开普 135

勒在规定行星轨道时，以太阳作为参考，而不是像哥白尼那样以地球的偏心轨道的中心作参考。这为开普勒后来的发现迈出了很有价值的一步；在这个基础上重新计算得到的数据与他关于正则立体的巧妙假说更相符合。不过，后来得到的这些比较精确的数据，并未证明这假说，而现在看来它也没有什么科学意义。然而，他指望行星距离的精确观测将证实他的猜想这个希望，正是驱使他接近第谷·布拉赫的观察资料宝库的动机之一；而《宇宙的奥秘》这本书就是把他介绍给这位丹麦天文学家的媒介。

第谷对自己的观测工作总是很注意保密的。但他很快就让开普勒去搞使火星运动理论臻于完善的工作，而这一工作当时正由第谷的一位老助手隆戈蒙塔努斯在搞，后者在赫威恩就是第谷的助手，并跟随他来到布拉格。第谷声称，只要恰当地将本轮等等组合起来，这理论就已和当火星在 2 弧分内与太阳相冲时，他对火星黄经的观测相符。当一颗行星与太阳相冲时，从地球测得的它的黄经和从太阳测得的它的黄经相等；但是在不相冲时，若分别从地球和太阳观察这颗行星，则由于日地间的距离，两处所看到的这颗行星的视方向就会形成一个相当大的夹角（日心视差）。第谷在开普勒之前给出的这理论不能圆满解释所观测到的火星的日心视差，也不能解释所观察到的这颗行星与黄道面的偏离。此外，说这理论与火星处于冲位时的观测相一致，也属夸大其词。第谷理论所依据的冲只是与太阳的**平均**位置的冲，而并不是与太阳的**真实**位置的冲。开普勒提出反对，他认为，这样就要把一些影响太阳视运动的不确定因素引入行星视运动的问题，从而使得这项研究复杂化。第谷曾设想**太阳**以均匀角速度绕其中心画出一个圆形轨道，而开普勒把这运动归于地球，但作了一个重要的修正，即这个均匀的角速度既不是围绕其中心，也不是围绕太阳，而围绕第三个点即**等分点**。他对别的行星也暂时作了这样的假设。然而，他尽力守信于第谷，为此他沿三个平行的方向，即分别依照托勒密、哥白尼以及第谷的体系发展他的行星理论，不过，在这样做的过程中，他越来越感到哥白尼体系的科学准确性。 136

第谷的早亡使得开普勒放开了手脚。他假定火星具有上述那样的轨道，所以他的第一个任务便是通过把适当选择的观测结果组合起来而确定这个轨道的诸基本要素。他立即发现，这样一个轨道的平面将经过太阳，它对黄道面的倾角是恒定的，并且不受以往行星理论总要假设的那种周期性变动的影响。

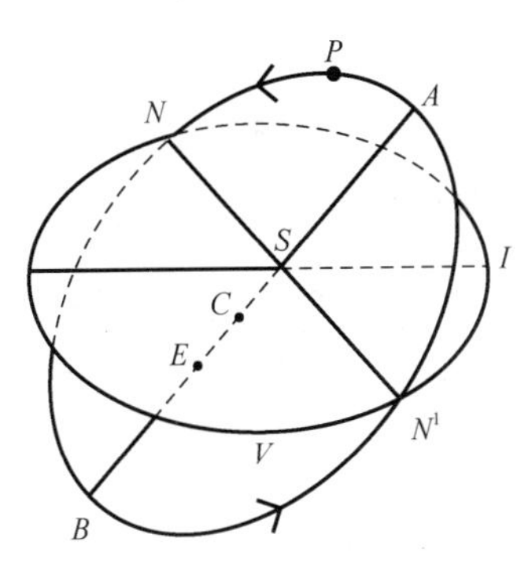

图 91—开普勒等人的某些天文学术语的图解

于是，他致力于根据火星在真冲时的四个位置来确定其轨道的拱线和偏心率以及等分点的位置，这一工作使他付出了巨大的劳动。他只能用试错法来进行这项工作，他不得不花了四年工夫，做了七十次试验才使他的理论与这些数据相符合。如此从四次冲得出的理论同第谷观测到的所有其他冲都符合得很好。但这理论存在严重的缺陷，没能说明这颗行星的所观察到的黄纬，甚至它不在冲位时的黄经。①

137　于是开普勒不得不重新开始他的工作。他采用了托勒密的"平分偏心率"的方法，即将轨道中心置于太阳和等分点的中间，于是他将误差减小到了 8 弧分之内。但他对这种符合程度仍不满意。他写道："对于我们来说，既然神明的仁慈已经赐予我们第谷·布拉赫这样一位不辞辛劳的观测者，而他的观测结果揭露出托勒密的计算有 8 弧分的误差，所以我们理应怀着感激的心情去认识和应用上帝的这份恩赐。这就是说，我们应该含辛茹苦，……以期最终找到天体运动的真谛。……因为如果我认为这 8 弧分的经度可以忽略不计，那么我就应当已经完全纠正了第十六章所提出的假说（利用平分偏心率法）。然而，由于这个误差不能忽略不计，所以仅仅这 8 弧分就已表明了天文学彻底改革的道路；这 8 弧分已经成为本书的基本材料"（*Ast.Nov.*，Cap. XIX）。

---

① 我们在论述开普勒的行星理论时所涉及的术语大都可参照图 91 来解释。在可能的最简单形式的日心说中，一颗行星（P）匀速地画出一个以太阳为中心（C）的圆（APB）。不过，可以检测出这行星绕日的角速度的变化和矢径即太阳与这行星的连线（SP）的长度的变化。这样，就必须假设，太阳（S）不在行星轨道的中心（C）（因而这轨道就成为一个偏心圆），并进而假设，行星匀速地围绕其运动的中心既不在 *C* 也不在 *S*，而在某个第三点 *E*（等分点）。若使这行星绕其平均位置画出一个小圆（**本轮**），而它同时还横断圆 *APB*（**均轮**），则这体系可能更加复杂。CS 向两个方向延长时和轨道的交点 *A* 和 *B* 是**拱点**，A 是较近的拱点即**近日点**，B 为较远的拱点即**远日点**，AB 是拱线。CS 与 *CA* 之比是**偏心率**。后来当开普勒的圆形轨道为椭圆所取代时，拱线便成为这个椭圆的长轴，而太阳位于其焦点。这行星的绕日轨道的平面与地球轨道平面（**黄道**）成一夹角 *ASI*，这两个平面相交于一直线（**交点线**），这直线通过太阳，并在 *N*、*N*′两个交点上截切这行星的轨道。这行星的**黄经**是它在黄道上的投影和黄道上的一个标准点之间的角距，从太阳上看去就是**日心经度**，从地球上看去就是**地心经度**。这行星的**黄纬**是它与黄道的角距，从太阳上看去就是**日心纬度**，从地球上看去就是**地心纬度**。

开普勒由失败中推知，不能把火星的轨道看成是火星围绕轨道内某一点以均匀角速度画出的一个圆。这个轨道或许是圆形的，但在这种情况下等分点不可能是一个固定不变的点。

为了替进一步研究火星提供基础，开普勒遂决意研究地球轨道的确切本质，确定地球以均匀角速度绕其运动的等分点的位置。当火星处于其轨道某给定点时，对火星作的适当观测表明，其等分点必定位于地球的拱线上，而轨道的几何中心点处于等分点和太阳的中间(见上一页上的脚注)。这就是对火星给出最好结果的布置。从等分点不与轨道中心重合这一事实可知，地球沿其行径的线速度不可能是均匀的，以及在两个拱点上，画出相等小弧所需的时间必然与其时地球距太阳的距离成正比。在《宇宙的奥秘》一书中开普勒就已曾提出，太阳上可能有一个 *anima motrix*〔运动精灵〕在推动各个行星沿各自的轨道运动，它对行星施加的力越大，行星就距离太阳越近。他认为，从太阳上发出的力局限于黄道面，因而这种力与简单距离成反比。所以，设想由这力所维持的速度便应也服从这同一规律。在拱点附近区域显然验证了这条规律以后，开普勒就猜想，这行星能以与自太阳画出的**矢径**长度成正比的时间**在其轨道的任何部分**都画出相等的小弧。于是他便把地球轨道等分成三百六十个小弧，计算了从太阳到这每个分点的**矢径**长度。他发现，地球沿其轨道从一点运行到另一点所需的时间大致与连向这两点所截切的那些轨道分段上的矢径之和成正比。开普勒似乎曾这样来简化他的近似计算：他注意到，在偏心率很小的轨道上，这一系列**矢径**(每条矢径都乘以相应的小弧)的和同两个末端矢径和轨道的弧所包围的面积近似地成正比。他最后得出这样

138

一条定律:地球沿其轨道从一点运动到另一点所需的时间与在这段时间内矢径所扫过的面积成正比。他以此作为对地球轨道速度的精确描述。

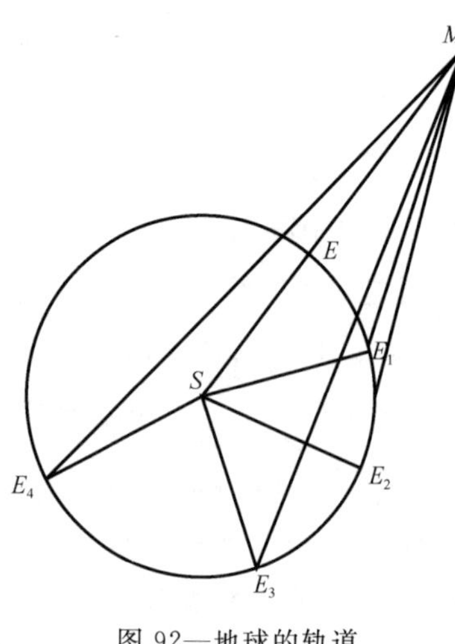

图 92—地球的轨道

139

开普勒测定地球轨道的偏心率和取向的方法可以参考图 92 来解释。

设 E 为火星、地球和太阳成一直线(MES)时地球的位置。687 天之后,火星将重返同一位置(M),但地球那时尚未走完它的第二圈路程,因而地球的位置不是在 E,而是在另一点 E_1。三角形 ME_1S 的各个角都可以测量出来,因此也可测出 SE_1 同 SM 的关系。再过 687 天,火星又将返回原先的位置(M),而其时地球将在 E_2。这时可测出三角形 ME_2S 的各个角,因此也可测出 SE_2 同 SM 的关系。同样,在相继的 687 天的周期里,每过一个周期,火星总要返回位置 M,而地球则依次处于位置 E_3、E_4,等等。在这些位置时,SE_3、SE_4 等等与 SM 的关系均可测定。但是,由于 SM 是恒定的,于是开普勒便得到了 SE_1 与 SE_2 与 SE_3 与 SE_4 等等的关系,它们就是地球的**矢径**。

在假设了地球按照他的新的面积定律画出它的偏心轨道之后,开普勒便回到火星研究上面来了。然而他仍感到还不能够构造一个完全令人满意的理论,于是他开始猜想,火星轨道并不是一个圆。在这颗行星轨道上好几处测它与太阳的相对距离表明，所求的曲线为卵形，这卵形完全处于过去所设想的偏心圆之内，但与后者在两个拱点上相切触。他试验了许多种卵形，每一种都是一头大一头小。最后他才想到尝试**椭圆**，这是最简单的卵形。他利用试错法终于得出了椭圆轨道，对于这个椭圆轨道，面积定律完全成立。

开普勒研究火星的方法可从图 93 加以说明。

设 M_1、M_2、M_3 等等分别代表火星在与太阳相冲即火星、地球和太阳三者在一直线上(MES)时的不同位置；并设 E_1、E_2、E_3 等代表火星冲日后再运行一圈的 687 天里地球所处的几个位置。依照以上就测定地球相对距离所说明的推论方法(图 92)，开普勒从 SE_1M_1、SE_2M_2、SE_3M_3 等等三角形推出了 SM_1、SM_2、SM_3 等等相对距离。而且他最终发现，M_1、M_2、M_3 等等位置都位于以太阳为一个焦点的一个椭圆轨道上。

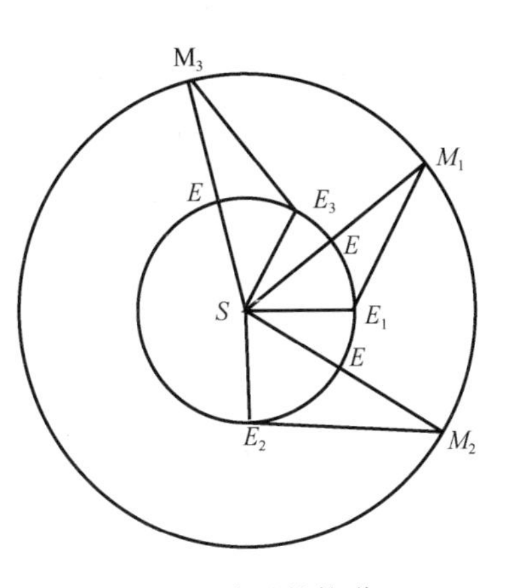

图 93—火星的轨道

140 开普勒发现，若假定火星按照这面积定律画出其轨道并以太阳为一个焦点(见图 93)，则这样一种火星轨道处处满足第谷观测的要求，不论在经度上还是在纬度上。这样，他便首先对火星提出了他的前两条行星运动定律：

1. 火星画出一个以太阳为一焦点的椭圆；

2. 从太阳到火星的矢径在相等时间内画出相等的面积。

开普勒将这些发现以及作出这些发现所经历的艰苦过程，于1609年发表于他的伟大著作《以对火星运动的评论表达的新天文学或天体物理学》（*Astronomia Nova* αιτιολογετος *seu Physica Coelestis*，*tradita commentariis de Motibus Stellae Martis*）（Max Caspar 的德译本，München-Berlin，1929）。

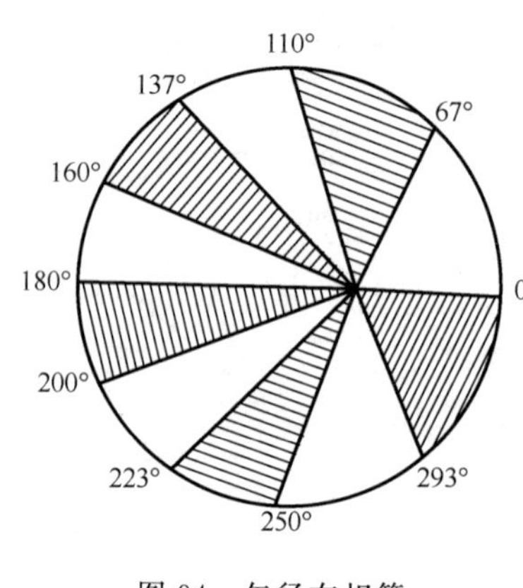

图 94—矢径在相等时间里扫过的面积相等

开普勒去世多年以后，直到牛顿利用开普勒定律导出了他的远为普遍的万有引力定律，开普勒对天文学所做的贡献的意义才完全显现出来。但是，还在生前，开普勒就已把他的发现付诸实用，作为《鲁道夫星表》的基础。他的这一著作在其后的百余年中一直是精密天文学的一份必不可少的参考资料。除了预测行星位置用的星表和规则之外，这部著作还载有第谷的包括一千多个恒星位置的星表以及折射表。编制这些星表的繁重工作在最后由于运用了对数而有所减轻。对数当时刚由苏格兰的耐普尔和瑞士钟表师比尔奇各自独立发明。比尔奇曾在卡塞尔的兰德格拉夫·威廉的天文台工作过，后来在开普勒的赞助人鲁道夫二世那里供职。开普勒自己计算的一个对数表也被收入这本书之中。

在开普勒的其他著作中，我们可以提到他的《哥白尼天文学概论》(*Epitome Astronomiae Copernicanae*)(1618—1621年)，这是一本问答体的全面介绍哥白尼天文学的著作。在这本著作中，开普勒将他的两条行星定律明确地推广(尽管没有恰当的证明)到其余行星、月球以及木星的美第奇卫星。开普勒的第三条定律载于他的《世界的和谐》(*Harmonices Mundi*，1619)(V，3)之中，这也是他关于行星运动的最后一条伟大定律。这条定律是：

141

3. 各个行星周期的平方与各自离开太阳的平均距离的立方成正比。

这条定律现在通常的表述为：a^3/T^2 为常数，其中 a 代表行星与太阳的平均距离，亦即行星绕日运行的椭圆轨道的半长径；T代表行星的周期，亦即它沿轨道运行一周所需的时间。这可从下表看出，表中以地球的周期及其平均轨道半径为单位，而常数近似地等于1。

行　星	周　期(T)(年)	平均距离(a)	T^2	a^3
地　球	1	1.00	1	1
水　星	0.24	0.387	0.058	0.058
金　星	0.61	0.723	0.378	0.378
火　星	1.88	1.524	3.54	3.54
木　星	11.86	5.202	140.7	140.8
土　星	29.46	9.539	867.9	868.0

《世界的和谐》中假设地把各个行星绕日的角速度与律音的频率相类比。这样的论述占了这部著作的相当篇幅。一个行星在绕日的周期运行过程中，角速度要发生波动，因而所对应的律音也随之变化；当这行星回到它的出发点时，律音也就恢复到它的初始频

率。开普勒把如此同各个行星相联结的音调记成乐谱。这使我们想起了毕达哥拉斯的"星空音乐";但开普勒并未认为这些乐谱是可以谛听的音乐。

开普勒下了很大工夫试图根据物理学来解释他用归纳方法得到的这些绝妙的行星定律;不过,尽管他的那些猜测意义重大,开创了一个新纪元,但就它们本身而言,并没有多大价值。他设想,142 位于太阳的运动精灵发出直的力线,像轮辐一样;随着太阳绕其轴自转,这些直线力对各行星施加一种 *vis a tergo*〔推力〕,使它们绕着太阳转动(见图 95)。

值得指出的是,这个理论比实际发现太阳自转要早若干年。各行星周期的差别起因于它们的质量和它们不得不依其运行的轨道的不同,以及太阳的效力随着距离增加而衰减,开普勒倾向于认为后者是一种磁素。他在解释行星轨道的形状时,也把磁作为一个因素考虑进去。由于深受吉尔伯特研究的影响,他设想每颗行星都行同一块巨大的磁体,在行星转动过程中,这磁体的轴在空间始终保持不变的方向。两个磁极交替地对着太阳,而太阳吸引其中一个同时排斥另一个。因此,太阳交替地吸引和排斥这整个行星,这就使得矢径的长度发生变动,而这表征了椭圆轨道。

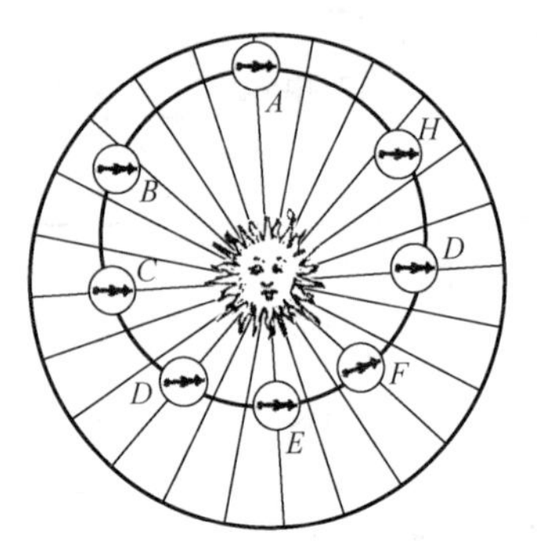

图 95—开普勒关于太阳对行星作用的观念

开普勒思考过重力的本性问题,他认为重力是"趋于结合或合并的同类物体之间的相互作用,类似于磁。因此,是地球吸引石块，而不是石块落向地球。……如果月球和地球不是在其动物力或者别的什么等效力的作用下而保持在它们的轨道上，那么地球就会向月球方向上升它们之间距离的五十四分之一，而月球则会向地球方向坠落其余的五十三份”〔《〈火星运动评论〉引言》(Introduction to the *Commentaries on the Motion of Mars*)，开普勒在文中还指出，两个邻近的石块“会在它们之间的一点会合，每个石块要走过的距离与对方的比较质量成正比。”大概他估计地球和月球的质量之比是 53∶1〕。但开普勒没有认识到重力就是使行星保持在其轨道上运行的力。

开普勒在某种程度上有权被认为是太阳黑子的发现者。他于1607年观察到水星凌日。当他估计到应当发生水星凌日时，他便在让阳光直接穿过一个黑暗房间中的狭孔而在一个屏幕上成像。他惊奇地发现在明亮的日轮上出现了一个模糊的小黑点，他认为这就是水星凌日时的景象。不过，所看到的东西是不是一个太阳黑子尚属疑问，因为水星那天并未凌日，而即使那天凌日，也不可能以上述方式观察到。太阳黑子发现后，开普勒就撤销了他根据这次观察所匆忙作出的解释。 143

开普勒的著作中还包括几篇论述1604年的那颗新星的短文，他指出这颗新星没有周日视差；以及一篇关于彗星的论著，他在文中指出这种天体是那弥漫空间的以太中的凝聚物。

霍罗克斯

在供奉着开普勒与牛顿大字牌位的庙堂里，我们应当留出一点位置来献祭一位年轻的英国天文学家，他可以被认为是连接上述两位伟人的纽带。如果不是在二十四岁就夭折，可以相信他很可能先作出一部分牛顿的那些最伟大的发现。我们所说的这位天文学家就是杰里迈亚·霍罗克斯(1617—1641)。他在世时几乎无人知晓，直到他死了三十年以后，幸存下来的他的著作才得以正式发表(*Opera Posthuma*, J. Wallis 编, London, 1672)。

霍罗克斯在孩提时代以及在剑桥大学求学时代便自修天文学。他曾与一个布商兼天文学家威廉·克雷布特里保持科学上的通信联系，霍罗克斯是由古物收藏家克里斯托弗·汤利介绍给克雷布特里的。他研究了兰斯贝格和开普勒的天文图表，并根据自己的观测结果修正了它们。他确信金星将于1639年11月24日(旧历)发生一次开普勒未预言到的凌日。他将这一发现告诉了克雷布特里。当这个从未观察到过的现象在预报时间发生时，这两个人是仅有的目击者。当时在普雷斯顿当副牧师的霍罗克斯由于忙于教堂事务而没有能看到这一景象的开始，但后来他利用一台望远镜将太阳的像投影到一块屏幕上，由此一直追踪观察这次金星凌日直到日落。

霍罗克斯极其信奉开普勒的行星理论，他曾尝试赋予月球一144 个椭圆轨道，从而将这轨道诸要素的变化归因于太阳的扰动作用。霍罗克斯的初步的月球理论后来由弗拉姆斯提德根据他自己的观测加以发展。就他关于引起行星运动的力的推测而言，霍罗克斯是万有引力理论的先驱者之一。他发现，木星和土星运动的平均速度分别大于和小于开普勒时代，这种不平均性为哈雷所证实。霍罗克斯还改进了太阳视差的估计值，他还是最早对潮汐作系统观察的人之一。前者所以值得提及，是因为这实际上是自从希帕克时代以来第一次用科学方法改进太阳视差的估计值。霍罗克斯对太阳视差的估计值（14″或15″，而现在的估计值约为9″）大大改进了托勒密（2′50″）、兰斯贝格（2′13″）和开普勒（59″）等人所采取的数值。但是霍罗克斯的方法是很成问题的，与开普勒所用的方法很相似。根据利用望远镜观测到的行星角直径的近似值，他计算出从太阳上进行观测时这些直径的值。为此，他不得不粗略估计太阳的距离。开普勒曾指出，虽然火星的视差大约是太阳视差的两倍，但仍小得难以觉察。这给霍罗克斯提供了太阳距离的下限。在为针对辐照的修正而进行了某些相当任意的调整以后，所有这些从太阳测量的直径均为约30″。他**假设**，从太阳观察的地球角直径也是这个值，从而给出视差为30″/2即15″（*Astronomia Kepleriana*：Disputatio V，Chap. 5）。

（参见J. L. E. Dreyer，*Tycho Brahe*，Edinburgh，1890；J. Kepler，*Opera Omnia*，ed. C. Frisch，Frankfurt，1858—1871；以及边码第26页上所列书目。）

第七章　牛顿的综合

整个科学史上，罕有能与自哥白尼到牛顿的天文学发展相匹的时期。在这一相当短暂的时期中，天文学的进步既连续又完整，以致它犹如一出独幕剧，展现了事件逻辑的自然发展。哥白尼把地球看做是太阳系里的一颗小行星，以这一革命性思想为发端，经过伽利略、第谷·布拉赫和开普勒等人的工作，最后导致牛顿对物理世界的伟大综合。于是，传统的地上与天上世界的分隔以及与之相关的自然与超自然的划分，我们世界与其他世界的划分都被抛弃或者动摇了。因为，已经表明，整个物理宇宙服从同一条万有引力定律和同一些运动定律，所以宇宙一个部分的所有物理客体或事件要对其余一切产生一定影响，这样就形成了各部分互相联系的宇宙体系。

共同促成牛顿综合的五位主要思想家分属五个不同国度，这是意味深长的。可见，宇宙的物理统一性的揭示乃是人类的某种精神统一性的成就。在前面的章节中，哥白尼、伽利略、第谷·布拉赫和开普勒等人担任的角色已经登台作了表演，现在剧情在牛顿的工作中达到了高潮。

牛顿的生平

伊萨克·牛顿于1642年12月25日(旧历)诞生在林肯郡格兰瑟姆附近的沃尔斯索普的一个中等农户家里,他是遗腹子。牛顿幼年时身体很弱,在十二岁那年被送进格兰瑟姆的文科中学念书。在这所学校里他终于成为佼佼者,擅长制作机械玩具和机械模型。当时他制造的一个水钟在他离开格兰瑟姆后仍为人们所应用,他制造的一个日晷至今还保存着。

图96—伊萨克·牛顿

1656年,牛顿的第二次结婚的母亲再度成为寡妇。于是牛顿被叫回家来帮助料理沃尔斯索普的农庄。然而,由于他对农活没有兴趣也没有务农的技能,就又被送回格兰瑟姆的学校。不久,又在他舅父威廉·艾斯库的推荐下,进入剑桥大学深造。

146

1661年6月牛顿进了三一学院。在大学时代他已全面攻读了那个时代的全部数学和光学,但他基本上依靠自修,并未引起什么注意。他作为一个发现者的生涯是从他1665年初获得文学士学位才开始的。其后的两年,即1665和1666年,为了躲避瘟疫,他大部分时间住在沃尔斯索普。其间他发现了二项式定理,

图 97—牛顿诞生地沃尔斯索普的庄户住宅

发明了流数法，开始进行他关于颜色的实验，并朝向建立万有引力定律迈开了头几步。1667 年他回到剑桥之后，当选为三一学院的研究员。第二年他获得文学硕士学位，1669 年他接替伊萨克·巴罗就任数学卢卡斯教授。与此同时，他又恢复了中断的光学研究；在这个时期里，他还制造了他的反射望远镜，发现了太阳光的合成性质，他最后于 1672 年初将这一发现报告了皇家学会，在那之前不久他已当选为皇家学会会员。在这期间，他还抽时间继续发展他的流数法，做了一些化学实验，这是他从中学时代起就很有兴趣的项目。

147

牛顿与他在科学界的朋友们的谈话和通信使他的注意力不时回到引力问题上来。但是，在哈雷的怂恿之下，在 1684 年他进入了对理论力学进行紧张研究的时期。这项研究以 1687 年 7 月他的《原理》一书出版而达到高潮。

那年年初，牛顿作为剑桥大学的代表之一到国会在贾奇·杰弗里斯面前就剑桥大学的特权问题与詹姆斯二世辩论。从这个事件开始，牛顿日渐增多地参与公共事务和社会生活。1689 年，牛顿代表剑桥大学当选为国会议员，后来于 1701 年他又重返威斯敏斯特当了几个月议员，1690 年国会解散后，牛顿好像又回到了剑桥，在好几年里花费了许多精力致力于《圣经》经文的研究和诠释。大约就在这个时期，由于长年积劳和自己不注意，他的健康和精神开始受损害。然而在 1695 年，他被任命为造币厂督办，他兢兢业业地操守这个新的职务。当时银币的成色大大降低，督办的职责是监督重铸成色十足的银币，因此事关重大。1699 年，在他圆满地完成了这个任务之后，被任命为造币厂厂长，他担任这个职位直到去世。1699 年他还当选为法兰西科学院国外院士。1701 年，他辞去了三一学院研究员和卢卡斯教授的职位，但他仍不时研究一些小的科学问题，以及准备《光学》(*Opticks*)的出版和《原理》的再版。1703 年，牛顿当选为皇家学会会长，并年年连选连任，直到去世。1705 年，安妮女王授封牛顿为爵士。他在晚年由于同弗拉姆斯提德和莱布尼茨论争而感到烦恼。1727 年，牛顿在主持一次皇家学会的会议时突然得病，两周以后，便于 3 月 20 日去世，享年八十五岁。牛顿被葬在威斯敏斯特教堂。总的来说，在早期的科学史上，能像牛顿这样迅速在国内外得到承认的天才寥寥无几。牛顿的幸运和伽利略相比形成了一个鲜明的对照。

万有引力的发现

148

伽利略研究引发的动力学观念的革命，使得有必要以新的方式表述给行星运动以力学解释这个问题。伽利略的实验表明,不是维持一个物体的匀速直线运动而是改变这种运动才需要一个外力。这就意味着,天文学家所要解释的问题不是行星为何不断地运动,也不是行星为什么不按严格的圆周运动,而是行星为什么总是绕太阳做封闭曲线运动而不做直线运动跑到外部空间去。牛顿对天文学的伟大贡献,正是在阐发这新的动力学的含义并将其应用于太阳系所提出的具体力学问题的过程中做出的。

牛顿最早有记载的关于万有引力的猜测可追溯到流行瘟疫的1666年,那年他从剑桥暂时隐退到沃尔斯索普。关于这最早时期的情况来自若干独立的资料来源,而它们并不完全吻合。其中包括牛顿的亲笔备忘录,以及牛顿的朋友彭伯顿和惠斯顿的著作中所作的叙述,他们声称他们的材料系根据与牛顿的谈话。

从这些材料来看,牛顿似乎在1666年就开始怀疑,在最高山峰之巅仍可观察到的重力,会不会延伸到月球并影响到这个天体——甚或使之维持在其轨道上。

按照伽利略修正过的抛射定律,牛顿似乎曾一度认为,月球和其他行星的轨道运动同抛射体的运动相似,或者是后者的一种极限情形。这似乎可从下面的引文看出:“如果考虑到抛射体的运动,我们就很容易理解,行星借助向心力的作用可以保持在一定的轨道上;因为一块被抛射出去的石头由于其自身重量而不得不偏离直线路径(若只有抛射的作用,它应当继续直线行进)在空中画出一条曲线;石块沿这弯曲路径最后落到地面。抛射的初速度越大,石块落地之前行经的路程就越远。因此,我们可以设想,这初速度如此增加,以致落到地面之前石块在空中画出1、2、5、10、

100、1000英里的弧，直到最后越出地球的界限，它就可以完全不接触地球在空中飞翔(图98)。

“设*AFB*代表地球表面，C为地心，VD、VE、VF为当从一座高山之巅以逐次增加的速度向水平方向抛射一物体时，该物体所画出的几条曲线；天空对天体运动只有极小的阻碍或者根本没有阻碍，所以天体运动条件保持不变。这样，我们就假设，地球周围没有空气，或者至少它只产生很小阻力或根本没有阻力。同样道理，当物体以较低速度抛出时，它画出较小的弧*VD*；以较高速度抛出时，它画出较长的弧线*VE*；随着增加速度，它越来越远地落到*F*和*G*；若继续增加速度，它最终就会飞离地球圆周，而返回它由之抛射出来的山峰。 149

“这物体在这运动中以连向地心的半径而画出的面积与所需时间成正比。所以，它回到山峰时的速度不会比原来低；既然维持同样的速度，所以它便依同样的规律一直画着同样的曲线。

“但是如果我们现在设想，若在5、10、100、1000英里或更高的高度上，亦即在多倍于地球半径的高度上，将物体沿与地平线平行的方向抛射出去，那么，根据它们的不同速度和在不同高度上的不同重力，它们将画出与地球同心的弧，或者各种偏心率的弧，在天空中沿这些弹道一直运动下去，恰似行星沿各自的轨道运行那样”(Andrew Motte译的牛顿的*De Systemate Mundi*，London，1803，pp.3—4)。

一个著名的故事说，牛顿在沃尔斯索普的果园中看到一个苹果从树上落下来时，由此清楚地认识到了引力的问题。这个故事的根据似乎很有权威。为了检验使苹果落地的力与维持月球在其闭合轨道上的力之间的可能联系，必须(1)弄清楚究竟根据什么定律，重力随着与地球距离的增加而减小(当时普遍这样认为)；(2)根据这一定律和所测得的在地球表面上的物体的加速度来计算，重力将使一个在月球那么远距离上的物体产生多大的加速度；(3)假设月球的轨道是一个以地球为圆心的圆，计算月球实际向心加速度是多少；(4)确定由(2)和(3)得出的加速度是否显然相等，从而可以认为两者是由于同一种力的作用所引起的。

150

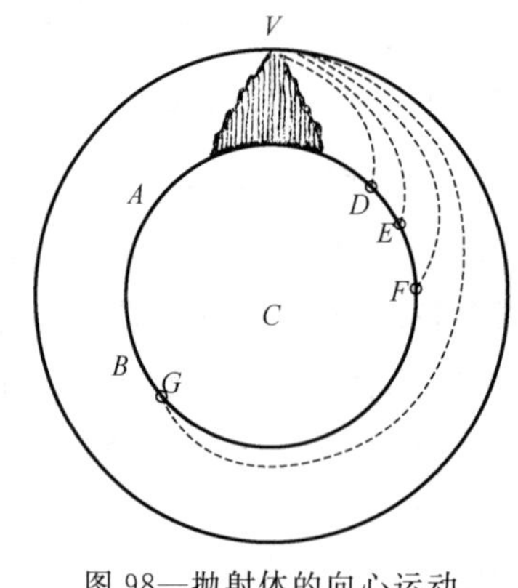

图 98—抛射体的向心运动

牛顿显然基本上按照这样的步骤进行，因为他写道："同年〔1666 年〕我开始考虑重力延伸到月球轨道的问题，找到了根据开普勒法则即行星周期与行星离其轨道中心之距离的三分之二次方成正比，计算一个天球中转动的〔一个〕星球对这天球表面的压力的方法。我用这方法推知，维持各行星在其轨道上的力必定〔是〕与行星离其转动中心之距离的平方的倒数成正比；因而我就将维持月球在其轨道上所必需的力和地球表面的重力相比较，发现它们极其接近"(*Catalogue of the Portsmouth Papers*，1888，所录引之手稿)。因之，牛顿或许以如下方式通过考虑行星在一个朝向太阳的吸引作用之下而沿圆形轨道运动，遂确定了重力定律：如果一颗行星以速度 v 在周期 T 里匀速画出半径 r 的圆，则其向心加速度 f 为 v^2/r(惠更斯公式，但牛顿在 1666 年独立发现)。我们有：

$$f = v^2/r \quad \cdots\cdots (1)$$

$$v = 2\pi r/T \quad \cdots\cdots (2)$$

又根据开普勒第三定律可知：

$$\Gamma^2/r^3 = 常数 \quad \cdots\cdots (3)$$

根据(2)和(3)，v^2 与 $1/r$ 成正比，再由(1)可知，f 与 $1/r^2$ 成正比。牛顿尝试性地设想，这条平方反比定律也支配物体在**地球**吸引作用之下的加速度，因而在 1 秒的时间内月球和地面上的一个质点各自向地心坠落的距离之比应是这质点离地心距离的平方和月球离地心距离的平方之比。这样的计算只需要关于月球距离与地球半径之比的知识，而牛顿所知道的这个比的准确度在这里已经足够了。但下一步计算即确定在一秒之中月球究竟实际向地心坠落了多少距离，则需要知道地球的半径。

151

根据彭伯顿和惠斯顿已被广为接受的关于此事的叙述，牛顿由于“缺乏必要的资料”，便采用根据地球表面一度纬度相当于 60 英里的粗略估计而得出的地球半径值(这是当时海员公认的值)。这导致根据月球周期和假设的轨道大小所确定的月球加速度，与根据从平方反比定律导出的月球距离上的重力所确定的月球加速度这两个值之间出现严重差异(约为百分之十五)。根据惠斯顿的说法，这种计算上的差异使牛顿猜测，或许有一种笛卡儿涡旋同重力一道担负着维持月球在其轨道上这个任务。进一步还认为，正是由于牛顿未能为他的猜想找到一个明确的证例，遂把自己关于引力问题的推测搁置了起来，直到 1679 年，才由胡克使他回到了这个问题上来。其间，皮卡尔改进了地球半径的估计值，并为众所周知，而据认为，牛顿将这个新的数值用到计算之中，结果得到了令人满意的一致，这样他便又恢复了这方面的研究。

然而必须记住，牛顿从未说过他最初设想的地球半径是多少；根据牛顿自己的叙述，他发现他的两项关键性计算的结果“相当接近”；既然他把月球的轨道看做匀速画出的圆，所以他无论如何不会寻求严格的一致。而且，1666 年时地球半径已有好几种相当精确的估计值（例如冈特的），牛顿很容易得知这些值，即使不是在沃尔斯索普，那至少是在回到剑桥以后。

因此，约翰·库奇·亚当斯和 J. W. L. 格莱谢尔以及更晚近的卡焦里教授都倾向于认为，牛顿之所以推迟发表他的计算，乃是因为在确定进行吸引的地球和其表面附近的一个小物体之间的有效距离上遇到了困难。这个距离究竟应是物体离地面的高度，还是离地心或者离某个别的什么点的距离呢？牛顿一定暂时是从地心来度量距离的，但是直到 1685 年，牛顿才能够证明地球吸引外部物体时，它就像一个集中在其中心的质点（见 F. 卡焦里的论文 *Newton's Twenty Years' Delay in Announcing the Law of Gravitation*，载 *Sir Isaac Newton*，1727—1927，London，1928）。

大约在 1677 年，牛顿同雷恩和多恩讨论了引力问题，显然专门提到了平方反比定律。胡克给他的一封信使他于 1679 年末又重新回到这个问题上来，胡克在信中要求他恢复他早先与皇家学会的关系，并谈到自己的一条建议：“将沿切向的顺行和朝向中心天体的吸引运动这两种行星运动合成起来”，征求牛顿对这一见解的意见。牛顿在回信中说，他多年来一直“脱离哲学而专心致志于其他研究，我已经很长时间没有把时间花在哲学研究上了，只是闲暇时偶一为之作为消遣。”不过，他提出一个证明地球绕其轴的周日转动的事例，即从某一高度坠落的一个物体应偏离垂直方向而倾向东方。胡克于1680年初写信告诉牛顿，他已成功地做了这个实验；于是他建议牛顿研究确定在一个按平方反比定律变化的引力之中心附近区域里运动的质点的运动路径的问题。牛顿看来没有回复这封信，但由于受到这封信的激励，便重新进行他早先的计算，由于应用了皮卡尔的改进了的地球半径值，他这次计算似乎得到了精确的结果。

根据牛顿自己的叙述，正是在这个时候，他也解决了胡克的问题，即表明这个所要求的在平方反比定律的力的作用之下的轨道乃是一个以吸引体为一个焦点的椭圆。这样，行星的椭圆轨道就得到了一个合理的解释；接着牛顿又进一步证明，反过来说，围绕处于一个焦点的一个力的中心的椭圆轨道必然意味着力的平方反比定律。他还表明，矢径扫过均等面积这条定律（开普勒第二定律是它的一个特例）必定适用于一切有心轨道，不管力的定律如何。

不过，在获得了这些重要结果之后，牛顿于1686年写信告诉哈雷，说他“由于忙于其他研究，把这些计算搁置了五年之久。”然而，在这个时期快终了的时候，即1684年1月，哈雷同雷恩和胡克谈及了此事。像牛顿一样，哈雷在此之前也根据开普勒第三定律推导出了平方反比定律，但是他未能走得更远。雷恩也推导出过平方反比定律；但胡克却声称他已根据这条定律对行星运动作出了完善的解释。雷恩出了一笔奖金，看他的两位朋友谁能在两个月之内提出这样的解释。哈雷没有能做到；而胡克则为他没有能在这个时候拿出他所说的解释找了一个借口，而且此后他再也没有能拿出过。

153　同年8月,哈雷在一次访问剑桥时从牛顿那里获悉,牛顿已成功地解决了这个问题。牛顿把他的论文丢失了,但他根据记忆重新做了这些计算,把它们连同他进一步研究的结果于1684年11月一起寄给了哈雷。哈雷几乎立即就再访剑桥,研读了牛顿最新研究的手稿,哈雷当时正用它们作为那年讲学的基本内容。他要求牛顿把这些研究继续下去,并让牛顿答允以后将研究成果寄给皇家学会,以便将它们登记备案,确立其优先权。皇家学会委派哈雷和佩吉特负责"提醒牛顿先生不要忘记自己的诺言";翌年2月,牛顿将自己关于运动的命题的一部分寄给了皇家学会。大约就在这个时候,牛顿在给朋友阿斯顿的信中抱怨,这一工作占用的时间"超出了我的预料,其中大量工作都是毫无意义的"。不过在1685年初,牛顿成功地证明了一条重要定理:一个所有与球心等距离的点上的密度均相等的球体在吸引一个外部质点时,行同其全部质量都集中在球心。牛顿现在感到完全有理由把太阳系中的各个天体都看做是质点;此后他就不知疲倦地致力于研究他的基本定律和命题所带来的各个结果,直到这项工作全部完成。那部未来的论著的第一篇大概完成于1685年复活节,第二篇和第三篇在一年多之后才准备了一点。根据牛顿自己的估计,他撰著这部著作花了不到18个月的时间,与此同时他还在进行化学研究。

起初皇家学会大概准备把牛顿的这些研究成果发表在《哲学学报》(*Philosophical Transactions*)上,但在研究了前面几个部分之后,便决定出资把这部著作印成书本。然而,皇家学会当时正处在长期的经济困难之中;它缺乏足够的资金出这本书。于是,哈雷便自费承担这个工作,尽管那时他自己也经济拮据。肯定也要归功于哈雷的，不仅是他鼓励牛顿继续并完成他的研究，而且他还不断帮助这部著作的准备，包括搜集必要的天文资料，校订清样，指出文中的含混之处，安排印刷和插图。此外，他还在《哲学学报》(No. 186)上发表了一篇述评，宣传这本新书的重要意义。

这本书的出版后来延迟了，这一方面是由于印刷厂的缘故，另一方面也是由于必须对待胡克的要求，胡克声称他是平方反比定律的第一个发现者，而且牛顿的一系列发现全都是由他发起的。最后达成了一个妥协，在书中插入一段声明，指出胡克也是平方反比定律的独立发现者之一。这样终于克服了一切困难，牛顿的伟大著作以《自然哲学的数学原理》(*Philosophiae Naturalis Principia Mathematica*)为名于1687年7月用拉丁文初版问世。牛顿生前，《原理》于1713和1726年两次再版(见W. W. Rouse Ball, *An Essay on Newton's Principia*, London, 1893)。 154

牛顿的《原理》

《原理》共分三篇，以及非常重要的导论性的文字。第一篇概述质点和物体受关于力的各条特定定律的支配的无阻力运动，第二篇论述了阻尼介质中的运动和一般的流体力学，第三篇则应用所获得的结果来阐明太阳系中的各个主要现象。对《原理》的主要内容作一简短的综述，就可说明它的带根本性的重要意义和广阔的范围。

这部著作一开头是力学各个基本概念的定义，例如**质量**(物体的体积与其密度的乘积，用其重量来量度)；**动量**或**运动数量**(质量与速度的乘积);和**力**(用它所产生的动量的变化率来量度)。牛顿是第一个精确地使用这些概念的人,尽管他对这些概念的定义不是没有遭到批评。“质量”的定义是同语反复,因为“密度”被定义为单位体积的质量。不加限制的“速度”和“加速度”意味着绝对空间和绝对时间,而显然牛顿因而接受了这样的概念。在这些定义后的一条附注中,他假设存在“绝对的、真实的和数学的时间”、“绝对空间”和“绝对运动”;“绝对时间”“均匀地流逝着而同任何外部事物无关”;“绝对空间”“始终保持相同和不动”;“绝对运动”是“物体从一个绝对位置向另一个绝对位置的平移”。二十世纪物理学与牛顿物理学的根本决裂就在于抛弃这些绝对的、独立的空间和时间概念。甚至连把太阳系的重力中心看做是绝对空间中的一个固定点的牛顿(我们将在下面论述这一点)自己也感到很难把这个空间与相对它做匀速运动的其他空间区别开来。“实际上,要发现特定物体的真正运动并将它与视在运动有效地区别开来是极其困难的;因为在其中进行这些运动的那不动空间的各个部分绝不是我们的感官所能觉察到的。”

155

下面我们来论述牛顿的著名公理或运动定律:

1. 每个物体都保持其静止状态或直线匀速运动的状态,除非受到外力的作用而被迫改变这状态。
2. 运动的变化(即动量的变化率)与外加的力成正比,发生变化的方向就是外加力的方向。
3. 对于每一个作用,总是有一个相等的反作用;或者说,两个物体彼此之间的相互作用总是大小相等而方向相反。

前两条定律是直接从伽利略所获得的结果推演出来的,理应归功于他；而第一定律是笛卡儿明确提出的（例如见 *Le Monde*，§7）。但第三定律（这是三条定律中唯一的**物理的**定律）所包含的原理看来在牛顿之前从未有人明确提出过，虽然沃利斯、雷恩和惠更斯在碰撞实验中曾经设想过。他在一条附注中简要地论述了几个典型实验，旨在说明而不是确证这些定律的真理性。从这些运动定律可以引出一些重要的推论，例如一个物体系统沿任何方向的动量以及它的重心（质心）的运动都不受这些物体间的相互作用的影响。

第一篇开始先初步说明了流数原理，用以确定无限小量的比，不过还没有应用牛顿特有的加点字母的记法，他是从最初于 1665 年试验这种方法时开始应用这种记法的。接着便论述了许多关于有心轨道的定理和问题以及轨道形式与引起画出这轨道的力的规律的关系。其中最重要的（有心轨道上画过均等面积，I，1；绕焦点所画出的椭圆中的力的定律，I，11）是牛顿由之出发的那些成果，这些在前面已经指出。从天文学角度来看，特别重要的是牛顿对"开普勒问题"求出的近似解和他对公转轨道的研究；所谓"开普勒问题"，就是求一个沿平方反比椭圆轨道上运动的物体通过一个拱点后，在任一给定时刻的位置。研究了在吸引作用下质点朝向不动中心的运动后，"尽管在自然界中很可能没有这样的事物存在"，156 但牛顿还是着手继续考虑质点在相互吸引作用下的运动。他表明了，两个相互吸引的物体围绕它们的共同重心和相互围绕对方画出相似的轨道（I，57）。如同地-月-日系统那样条件下的三个互相吸引的物体的运动，被作为特殊情形加以考虑；书中表明，相当于太阳的物体的摄动作用在代表月球的物体的轨道上引起的不均衡和奇异性,实际上恰如我们已在月球运动中所检测到的。这一问题被推广,后来在用于解释岁差和潮汐时取得了成果。关于一个广延物体的吸引如何取决于其形状的问题在这时出现了,并分成两部分详加讨论,分别研讨了球体和某些非球体的吸引问题。前者包括牛顿的这样一些优美的定理:在平方反比定律之下,作用于一个均匀球壳内任何地方的一个质点的力均为零(I,70),而一个外部质点则被吸引,这球壳的物质仿佛集中在其中心(I,71)。这直接导致了关于均匀实心球对一个外部质点的吸引(I,74)或对另一个这种球体的吸引(I,75)以及这样两个球体相互围绕对方沿圆锥路径旋转的各条定理。第一篇结束部分系关于一个微粒穿过两种媒质间空间,其中一种媒质吸引这微粒的情形的命题。这些命题与牛顿关于光的本性的理论直接相关,并且对光的折射和衍射现象提供了按照这理论的解释。

第二篇首先研讨在受到或不受到重力或有心力扰动的情况下,物体在一种产生与物体运动速度或速度平方成正比的阻力的媒质中的运动。接着论述了不可压缩的和气态的流体的性质,以及它们对浸在其中的固体的压力,并显然述及其对大气的应用。关于摆在阻尼媒质中的运动的一节说明了牛顿的实验测定结果:摆锤的质量随其重量而变化。牛顿还试图研讨流体动力学问题,例如求流体对在其中运动的球体或形状较复杂的物体的阻力,但只取得有限的成功。有一节专门讨论了弹性流体中的波动和按照给定弹性和密度的流体来计算的传播速度。牛顿试图应用这一结果来计算声音在空气中的速度,但他发现计算得到的与观察到的这个量的数值之间存在差异,他(错误地)把这归因于质点的大小

157

有限。第二篇最后论述了黏滞性问题，这导致了牛顿拒斥笛卡儿的理论。笛卡儿认为行星是由一种充满全部空间的流体中的涡旋运动带动而围绕太阳转动的，这个理论在牛顿青年那个时代几乎得到普遍公认。牛顿表明，一个涡旋不可能赋予一颗行星以按照开普勒诸定律的运动，而又不使它各个部分的速度同时服从几条互相矛盾的定律。

牛顿小心地指出，在第一篇和第二篇各部分提出的几个物理假设（例如关于光的微粒本性、流体阻力定律、弹性流体粒子之间的斥力等的假设）必须认为尚未对这些事物的真正物理本性的问题做定论。

在第三篇论述的天文学应用中，特别值得提到下述几个成果。

牛顿一开始便提出证据，证明太阳系中的各天体是按照哥白尼学说和开普勒定律运动，其轨道决定于相互之间的引力。他假设太阳系的中心是固定的；但他认识到，这个中心应当就是太阳系的重心，而不是太阳本身。因为在行星的吸引作用下，太阳本身必定也相对这一点运动，尽管绝不远远退离这一点。对太阳吸引最强的是质量最大的行星木星；牛顿利用这一吸引作用，就解释了当把开普勒第三定律应用于这颗行星时所产生的误差。牛顿想出了一种简便的比较方法，即利用行星及其卫星的周期和它们各自轨道半径的已知数据，来比较带有卫星的行星与太阳的质量。根据太阳对行星的拉力和行星对其卫星的拉力（如由惠更斯的公式给出），就能够比较这两个天体的吸引力（从而也就可比较它们的质量）。

里歇于 1672 年发现，重力在赤道附近要比在高纬度区域弱，因而摆钟在那里走得比较慢。五年以后哈雷也发现了这一现象，其后又有很多人也观察到。这一发现提示，地球可能不是一个完美的圆球，也许是一个两极扁平的球体——木星的显著扁平所支持的一种猜测。牛顿暂时设想，地球的形状可能对应于地球自转在引力内聚与离心倾向之间所建立的平衡。他在《原理》第三篇(III，19)中试图根据这假设计算地球椭率。他设想了两条理想通道，一条从地球的一极通向地心，另一条从地心通向赤道上一点。他求出，为了使这两个流体柱在这两种对抗压力作用下达到平衡，这两个通道的长度应成何比例。赤道柱的重量部分地为离心倾向所抵消，因而它比极柱长，这样便可根据计算得到的这两个流体柱长度之差来估算地球的椭率。这计算是很困难的，因此牛顿的计算不是很精确的。他所得出的数值结果约是正确数值的一半，原因是他忽视了赤道隆起部分的自我吸引。他假设地球由均匀物质壳构成，这显然是不对的。但他认为地球在赤道区域明显隆起这个总结论是一个可贵的成果，后来为直接测量所证实(见图 99)。

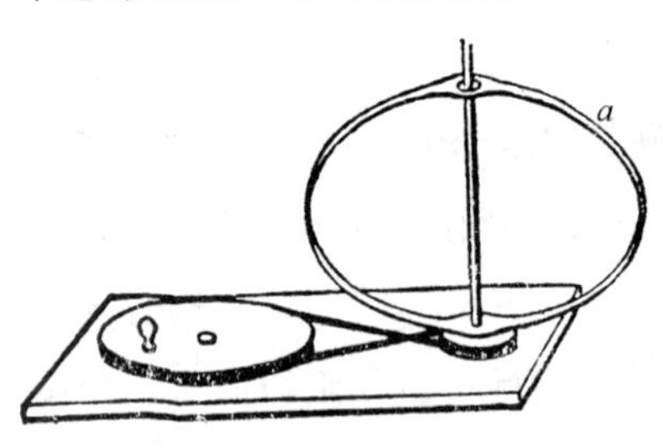

图 99—地球之椭球形的解释。当黄铜圆圈带 *a* 旋转时，看去像一个在赤道处鼓起的球

地球在两极扁平这一发现使牛顿得以解释二分点岁差的原因。希帕克(公元前 150 年)首先清楚地认识到这个现象，它可设想为地球的自转轴在空间缓慢地画出一个锥形。牛顿表明，由于地球不是严格球形的，所以月球的吸引力倾向于使地球转动以致地球赤道平面与月球轨道平面相重合。这个

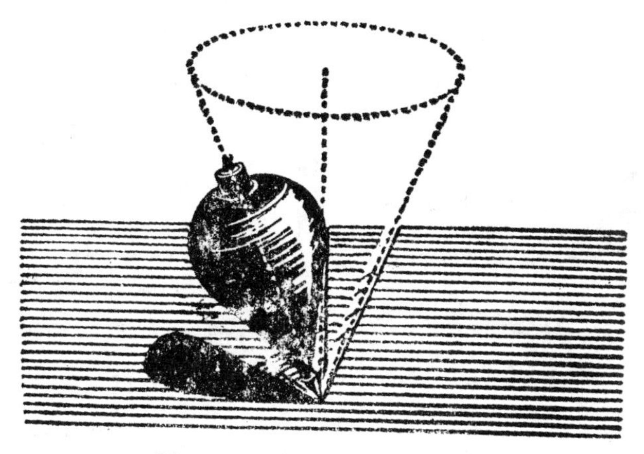

图 100—地轴圆锥运动的示意图

效应与地球的自转结合起来，便赋予地轴以恰如观测所要求的圆锥运动。太阳引起的类似效应同月球引起的这个效应相结合；牛顿预言岁差会有微小的波动，这种波动大约五十年后由布莱德雷检测到。

利用万有引力原理，牛顿还进一步解释了更为习见的潮汐现象，但恰当地处理这个问题超出了牛顿力所能及的范围。不过他认识到，月球的涨潮力要比太阳的大得多，最高的潮发生在满月和新月的时候，此时这两个天体增强彼此的吸引；最低的潮发生在方照的时候，此时日月互相对抗（见图 101）。牛顿试图通过比较在这两种不同境况下的潮汐高度，来对比月球和太阳的质量，从而再来对比月球和地球的质量。但由于这种方法带来许多困难，所以他得到的结果极不精确。

159

我们知道，月球的不均等性问题在第一篇中已经述及。第三篇根据万有引力理论又对这个问题作了比较详细的数值处理。除开天平动而外，月球总是以同一面朝着我们，这一事实被认为是因为地球对月球施加涨潮力并控制了它的自转速率的缘故。

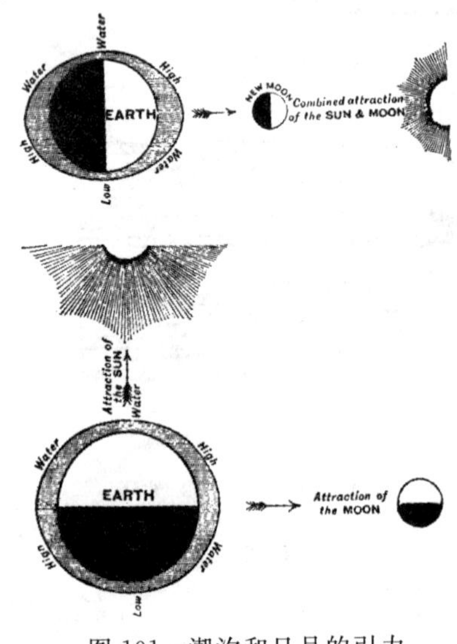

图 101—潮汐和日月的引力

鉴于后来哈雷继续加以发展，《原理》的一个重要部分是讨论彗星的那个部分。当在太阳引力作用之下而运动时，这种天体必定画出一个以太阳为一焦点的圆锥形。牛顿表明，所观察到的 1680 年彗星和一些别的彗星的运动实际上是同它们沿抛物线或扁长椭圆形的运动相一致的——要根据其中一颗彗星可能运行的轨道的有限区段来确定究竟是哪种形状轨道，是不可能的。160 这样，一个世纪以前还被认为是变幻莫测的大气现象的彗星，现在也服从万有引力定律了。

在《原理》第二版的结束部分，牛顿讨论了重力的本质，他在利用重力解释太阳系现象方面曾获得了巨大成功。他认为，这种力"必定产生于一个穿透到太阳和行星中心而无任何衰减的原因；它不是按照它所作用于其上的质点表面的量（机械原因往往这样），而是按照它们包含的固态物质的量而起作用的，并以与距离平方成正比地递减的方式将其效力向四面八方传播到无限的远161 方。……但我在这里未能从现象发现重力的这些性质的原因，而我不提出什么假说；实验哲学中是没有假说的地位的，无论是形而上学的还是物理学的假说，也无论是隐秘的量的还是力学的假说，都没有地位”。然而，他最后仍暗示，诉诸某种无所不在的媒质，就有可能解释重力、电吸引力等等。

《原理》的发表并不标志牛顿在力学天文学方面的工作告终，因为他接受哈雷的劝说而继续致力于改进他的月球理论，其间他借助于弗拉姆斯提德在格林威治做的观测。

牛顿对天文学的最大贡献在于他建立了理论力学和提出了万有引力原理。不过，他的光学研究（在本卷另一部分介绍）也至少以两种方式影响了天文学。首先，他对白光合成性质的发现，导致他发现当时的折射望远镜的真正缺陷所在即它们的色差。像上面所已指出的，这促使他制造反射望远镜。其次，他以其发现白光的合成性质而奠定了现代光谱学的基础。

牛顿的《原理》公认是科学史上最伟大的著作。在对当代和后代思想的影响上，无疑没有什么别的杰作可以同《原理》相媲美。两百多年来，它一直是全部天文学和宇宙学思想的基础。详细地阐明这万有引力原理和这些运动定律如何应用于地球物质的最小微粒和最大的天体、明显有规律的现象，以及水的潮汐运动和彗星的急疾行进等似乎没有规律的事件，委实是个了不起的成就。无怪乎牛顿力学的非凡成功甚至给诸如心理学、经济学和社会学等各个不同领域里的工作者也留下了极其深刻的印象，以致他们都试图在解决各种问题时以力学或准力学为楷模。但是，随着爱因斯坦和相对论的崛起，牛顿力学显然受到考验。科学中是没有终极的东西的。但另一方面，如果说伟大的科学成就绝不是终极的，那么它们也绝不是徒然的。按照某些最有资格作评判的人士的意见，这些新方法不是导致破坏，而是导致补充和完善牛顿所达到的伟大的物理学综合。

（参见 L. T. More，*Isaac Newton*，1934；*Sir Isaac Newton*，1727—1927，History of Science Society，1928。）

第八章　牛顿时代的天文学家和天文台

为了使牛顿时代的天文学进展的叙述更加完整，我们有必要也介绍一下他的几个主要的同时代人以及巴黎天文台和格林威治天文台的工作，这些人大都与这两个天文台中的一个有某种联系。在本章所要讨论的天文学家中，惠更斯、皮卡尔、奥祖和卡西尼都同巴黎天文台有关系；勒麦也是这样，虽然他的工作主要是在哥本哈根进行的；弗拉姆斯提德和哈雷两人与格林威治天文台密切相关；而海维留斯则在格但斯克有他自己的天文台（见边码第183页图117）。

克里斯蒂安·惠更斯

克里斯蒂安·惠更斯于1629年4月14日诞生在海牙，父亲康斯坦丁·惠更斯是个杰出的诗人和外交家。他曾在莱顿和布雷达读书，很早就开始对数学、应用力学、天文学和光学作出宝贵的贡献。他游历过许多地方，多次到过英国。他是皇家学会会员；并于1666年应邀到巴黎，成为新成立的巴黎科学院的院士，在那里一直居留到1685年[①]，其间只偶尔离开过几次。由于那一年废除了南特敕令[②]，他不得不返回荷兰，继续进行研究，直到1695年6月8日去世。惠更斯学术通信非常广泛，书信在正在编制的他的全集中占了十卷之多。牛顿对这位同时代的天才赞不绝口，称他为 *Summus Hugenius*〔德高望重的惠更斯〕，他从惠更斯的著作中曾得到不少启示。而惠更斯在读到牛顿的《原理》时，虽然年届六旬，但立即就洞悉了这本书的要旨。

我们前面已经提到过惠更斯对天文学的某些最重大的贡献，即他成功地应用摆来调节时钟，以及对望远镜作了某些改良。这些改进又使他得以作出了好几项有趣的新发现。

当惠更斯还在荷兰的时候，就曾和他的哥哥一起以前所未有的精度成功地设计和磨制出了望远镜透镜；他因此而得到的报酬是解开了一个由来已久的天文学之谜。伽利略在1610年通过他的望远镜观察到土星，发现它有两个奇怪的附属物。他发现，它们随着时间的推移而模糊地变化着，并且有时消失掉。自那以后，不少天文学家对这些附属物进行研究，但仍不得要领，只是海维尔指出，它们的变化是周期性的。当1655年把他的改良的望远镜对准这颗行星时，惠更斯立刻发现，土星的奇怪外观是因为它为一个薄薄的平面圆环所包围，圆环与其黄道相倾斜(见图102)。

同年，他发现了这颗行星的众多卫星中的第一颗。起初，他用字谜形式宣布这些发现；但没过几年在从诸多方面对这颗行星进行

① 原文为1681年，疑误。——译者

② 法王亨利四世于1598年下令取消对新教的禁令，认可信教自由与新旧两教同权。这一敕令后来于1685年被法王路易十四废除。——译者

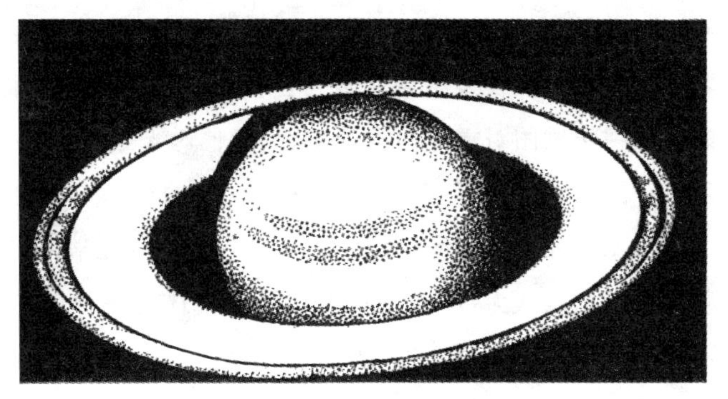

图 102—土星的光环

了研究之后，他发表了《土星系》(*Systema Saturnium*)(1659 年)，书中描述了他的发现，确定了光环的位置，并解释了它忽隐忽现这种现象。在这些观察过程中，惠更斯采用了一种**测微计**，关于这种仪器我们下面在谈到他在巴黎天文台的同事时再来介绍。他还发明了以他命名的望远镜目镜，它由两个凸透镜组成，它们的焦距和间隔距离是精心选定的，把图像的缺陷减小到最低限度。

在《摆钟论》(*Horologium Oscillatorium*)中所载的重要的天文学成果中，有大家熟知的联结单摆的振动周期与其摆长和重力加速度的公式；和它具有同等重要意义的是牛顿独立获得的一项成果，即为了使物体保持匀速圆周运动所必需的向心力的表达式。惠更斯在巴黎时测定了振动周期为一秒的单摆的摆长，并用他的单摆公式推算出重力加速度 g 的值，比直接测量这个量所能得到的值更精确。他对于 $g/2$ 得出自由落体从静止开始在一秒钟时下落的距离的近似值为 15 英尺 1 英寸(巴黎制)；他建议用秒摆的摆长作为长度单位，但没有成功。惠更斯对旋转物体的研究使他预言了地球

164

是扁平的以及重力随纬度降低而减小，这些后来都得到证实。

除了从秒摆的摆长来精确估算自由落体的重力加速度而外，惠更斯还进一步试图对重力做力学解释，像他对光做的解释那样。他关于这个问题的理论见于1690年发表的他的《论重力的原因》（*Discours de la cause de la pesanteur*），它是对他的光学论文的补充。惠更斯的观点认为，不应把重力看做是物体的一种属性或倾向，而应当像对待任何其他自然过程一样，也用运动来解释。笛卡儿曾设想重力是由于包围地球的物质涡旋的运动引起的。惠更斯承认他的假说与笛卡儿的观点密切相关。惠更斯说，重力的作用非常神秘，以致感官无从发现它的本质。他指出，以往把重力的作用说成是物体的固有性质，而这等于只是引入了一些含混的本性，而没有解释其原因。而笛卡儿认识到，对物理过程应该诉诸不超越我们理解力的概念。正如笛卡儿一样，惠更斯也认为，这种概念是关于没有属性的物质及其运动的概念。

图103—克里斯蒂安·惠更斯

惠更斯是从下述实验出发来进行这些探索的。他在一个圆柱形容器的底部盖上一层固体物质的碎块（例如封蜡）。然后他注入水，再利用一个可旋转的台使这个容器绕其轴旋转，于是封蜡都向外移动到容器边沿。当转台和容器突然停止运动时，水仍转动一些时候，但可以观察到，封蜡碎片由于同容器底部接触而受阻碍,因而沿螺旋形路径趋向中心。惠更斯设想,正像水在容器中旋转一样,必定有一种以太也在环绕地球旋转,而且必须认为它的流动性远比水大。如这个实验所示,处在这种以太之中的任何肉眼可见的物体都不会具有以太的高速运动,而是被推向这个运动的中心。因此,重力就是"围绕地心环行的以太的作用,以太力图离开地心,并迫使那些不具有它的运动的物体占据它的位置"。惠更斯甚至于大胆估算出以太这种环行的必然速度。后来给重力提供力学解释的一些尝试归根结蒂都是以惠更斯在这里所发展的概念为基础的。

165

惠更斯的光的波动理论在天文学上有许多应用,我们将在后面论述。

巴黎天文台:皮卡尔、奥祖、卡西尼

我们已经知道,巴黎天文台是科学院的一个附属机构。它于1667年奠基,建筑物在1672年落成。建筑物有着高大的窗户和平坦的屋顶;但这种设计很快地就证明不适合观测者的需要,因为他们的工作方法迅速沿着新路线发展。这座建筑不仅用于天文学研究,而且还用来做各种物理实验,从屋顶一直延伸到地下室的楼梯井为研究自由落体的行为提供了很好的条件。

最早在这里工作的天文学家有惠更斯、让·皮卡尔(1620—1682)、阿德利安·奥祖(1691年生)和乔瓦尼·多美尼科·卡西尼(1625—1712)。他们在天文学上最卓著的贡献是由于把望远镜应用于旧式精密仪器并应用了摆钟,从而改良了观察手段。

当巴黎天文台尚在兴建之中时，许多天文学家已在努力提高他们望远镜的观察能力，改进它们的质量，办法是采用长焦距的物镜。这种倾向导致制造巨型仪器，因而不得不想方设法来防止这种仪器的长长管筒发生挠曲。一种办法是根本不用管筒，如惠更斯所设计的**高空望远镜**那样（图41）。卡西尼独立发明了一种物镜和目镜分开的望远镜。然而，这些院士们还应用了几种望远镜，它们的物镜和目镜固定在一个桁端的两端，桁端用绳索和滑轮吊在天文台平台上的一根立杆上。这个立杆承受不住较大的望远镜，于是从马利运来了一座高120英尺的废旧木制水塔，这座木水塔一直使用到长焦距透镜过时。

166 167

作为精密仪器的望远镜直到皮卡尔时代为止的发展过程是很值得我们考查的。

整个精密天文学的基本工作是精确测量天球上两个给定点对观测者眼睛的角度。因而，精密天文学的基本仪器总是以标有角度刻度的圆或弧作为基本部分，上面横有一个以圆心为支枢的带瞄准器的径向指针。观测者使该圆的平面同自己的眼睛和需分离的两点所决定的那个平面相重合；然后将指针先后对准那两点，所求的角度即可从刻度上读出。这种测量所能达到的精确度最终总要受到人眼有限的分辨能力的限制。如果所要测量的角度小于约2′，则肉眼看起来就像是一个点。因此，凡肉眼所作的天体角度测量都必然存在约为这样大小的测不准度。

十七世纪初望远镜的发明，特别是“开普勒”即“天文”望远镜（1618年沙伊纳首先使用这种望远镜，它的物镜和目镜有一个共同焦点，而在同一焦平面上可以放置一些线作为一个遥远目标的

图104—巴黎天文台（正面）

图105—巴黎天文台（侧面）

像)的发明提供了放大肉眼观察遥远目标的视角,因而也减小肉眼估算这些角度时的**成比例的**测不准度的手段。但直到望远镜发明了约五十年以后,它们才在精密天文学中得到广泛的应用。在这期间,它的成功几乎仅限于描述天文学的范围,这也是必然的。

当望远镜终于**被**应用于精密工作时,它可按下述两种方式应用。

(1) 它可用作附件,作为刻度弧的径向指针。为此,望远镜必须装置得能够精确地确定空间中的方向。这通常通过在物镜焦平面上装上两根交叉成直角的发丝来实现。由于这两根叉丝这时同物镜所形成的恒星等等的像处在同一平面上,因此当目镜适当加以调节后,它们便同这些像同时地调准焦点。望远镜的准直线即连接叉丝与物镜光心的直线,在这种原始仪器里就作为瞄准线;同时,除了放大了被测角之外,还有一个附加的优点,就是眼睛在同 168 一位置上能够同时看到物像和叉丝。第谷·布拉赫及其继承者的"敞开瞄准器"就办不到这一点,那里眼睛必须轮番调焦近处的瞄准器和远处的星星。望远镜的这种应用是皮卡尔于 1668 年首创的。(参见 C. Wolf, *Histoire de l'Observatoire de Paris de sa fondation à1793, p. 136, and Le Monnier, Histoire Céleste*, Paris, 1741, pp. I,2, II, 31。)

(2) 望远镜可用于测量其视野中同时看到的两个目标的很小的角距离,而无须应用外部带刻度的圆。为此,它必须装配一个**测微计**——一种测量这种小角度用的仪器。这种仪器也是在巴黎天文台臻于完善的。

测微计

然而,望远镜的这两种用途,威廉·盖斯科因似乎约在1640年就已预言过。盖斯科因在那年和翌年给奥特雷德的书信中曾描述过这两种用途(S. P. Rigaud, *Correspondence of Scientific Men of the Seventeenth Century*, etc., Oxford, 1841, 1862, Letters 19 and 20):

"我已经发现,或者说偶然想到……一种极其可靠而又简便的方法,借此很容易给出任何只有通到透镜才能看到的最小星星间的距离,我认为可以小到一秒;从而以不可思议的精确度给出行星在距离上的缩小和扩大。……"

盖斯科因似乎是偶然发现这个原理的,"当我正尝试用两个凸透镜〔可能是一个凸物镜和一个凸目镜〕做关于太阳的实验时,我们的造物主高兴了,按照他的旨意,一个蜘蛛神奇地在一个开口的盒子上架起一根蛛丝,这给了我一个最初的启示。"

盖斯科因的信还清楚地描述了如何把这种望远镜应用于一种带刻度的象限仪。

盖斯科因于1644年在马斯顿莫尔战役中作为一个保皇党人而阵亡。他的发明也就一度被人遗忘。但是大约二十年之后,《哲学学报》(Vol. I, No. 21)上发表的奥祖给奥尔登伯格的一封信宣称,奥祖和皮卡尔所发明的测微方法(如下所述)在测量太阳、月球和行星的直径时可精确到几秒。这封信促使理查德·汤利给克朗博士写了一封信,指出甚至早在内战之前盖斯科因(他的一些文章为汤利收藏)就已设计了一种与这两位法国天文学家同样灵敏

169

的仪器,而且还使用了多年。汤利写道:“他最早制作的那台仪器现在就在我这里,另外两台更为完善的在他那里。”汤利把盖斯科因的测微计调整到正常工作状况,并用来观测“朱庇特的卫士们”(木星的卫星)。

胡克为汤利的测微计撰写了一篇附有图解的介绍文章,发表在《哲学学报》上(1667, Vol. II, No. 29)。这种仪器罩盖拿掉后的全视图示于图 106(1),图中 *aaa* 是一个长 6 英寸的长方形黄铜盒,其一端用螺杆固定着一个黄铜圆盘 *bbb*,圆盘的圆周分成 100 等分。这精制的螺杆与整个盒子同长。螺杆两端的位置装配恰当,因此当用手柄 *mm* 转动螺杆时,运动极其平稳。螺杆靠近圆盘的三分之一部分的螺纹比其余三分之二部分细两倍。螺杆这较粗的部分作用于支座 *f*,后者固定在一根长棒 *g* 上,*g* 上则固装着瞄准器 *h*。这样,只要旋转螺杆,就可使瞄准器 h 移近或远离固定瞄准器 *i*。指针 *l* 在长棒*g* 的一个标尺上的读数(每一分度代表螺杆转一圈)可使瞄准器 *h* 与 *i* 的距离读过最接近的整圈,而黄铜圆盘上的指针 *e* 则还可指示一圈之百分之几的附加读数。长板条 *ppp*(图 106,2)固定在螺杆细螺纹部分的支座 *q* 上,并用两个螺钉 *rr* 附装在望远镜上。这样,转动手柄便可使测微计相对望远镜移动,移动速度为可动瞄准器的一半,而方向与其相反。因此,可动瞄准器的动程中点便能总是处于望远镜的轴线上。图 106(3)示出装在适配的支架 *r*、*s* 上的细丝 *t*、*v*,它们可以用来代替瞄准器的边沿进行瞄准。图 106(4)示出装在望远镜上的测微计;图 106(5)示出望远镜**其余的**即可调节的支架。

惠更斯独立发明了另一种测微计,并在他的《土星系》中加以

170

描述。他通过把不同宽度的黄铜板条在焦平面上滑移，记下为遮没行星所需要的板条宽度，来测量行星的角直径。角直径最后可根据这宽度计算出来。

这一时期中还发明了其他各种类型测微计。但其原理留传到今天的只有同盖斯科因的相似的那种类型，它由奥祖和皮卡尔约在1666年独立发明出来。

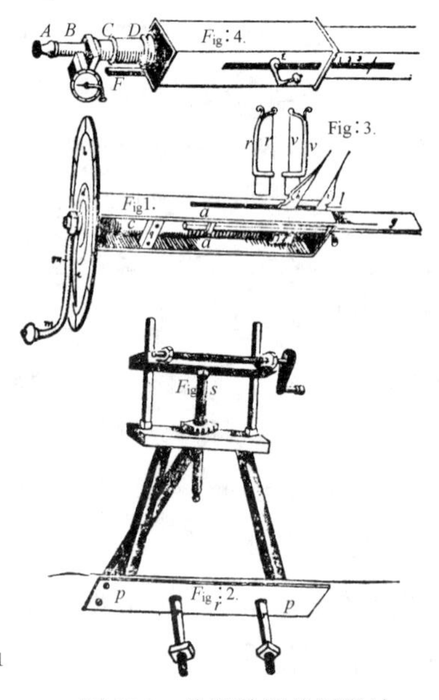

171

图106—盖斯科因的测微计

奥祖和皮卡尔的测微计主要由两个框架 *LMNO* 和 *RSTV* 构成，后者可在刻在前者之上的槽道上来回移动。这种移动通过旋转螺杆 *PQ* 进行，这螺杆上附装有一个在刻度盘 *W* 上转动的指针，刻度分为60等分。每个框架上都等距离地装置着一系列平行细丝 *YY*。被测的像夹在两个框架上的一对适当的细丝之间，其距离可以由螺杆的整圈数加上一圈的部分来度量。这种仪器经过检定以后，这些任意的单位就可转换成角度量纲。用金属条代替细丝的两个框架 *A* 和 *B* 供作替换细丝框架之用，分别置于 *TVON* 和 *RSVT* 位置。C 和 *D* 是两种简单式框架，叉丝可按需要附装，然后这两个框架再安插到物镜和目镜的共同焦点上，而 *E* 则由各种已知厚度的金属条构成。测微计从铁管或铜管 *ABCD* 的开孔 *K* 滑入望远镜的共同焦点处的位

172

置，这管子插在望远镜的镜筒之中，并用环 *EF* 防止它掉落。目镜插在 *CD* 处。（参见 A. Auzout, *Manière exacte pour prendre le Diamètre des Planètes*, etc.，载 *Histoire de l'Académie Royale des Sciences depuis 1666 jusqu'à 1699*, Paris, 1733, etc., Tom. VII, pp. 118—130。）

这测微计经过检定后，其螺杆旋转的圈数及一圈的部分可以转换成角度的量纲。检定时（如现代的细丝测微计一样），将两根细丝移开整数圈的距离，并使它们与赤道垂直，再利用时钟观察一个已知赤纬的恒星的像行经两根细丝所需的时间。

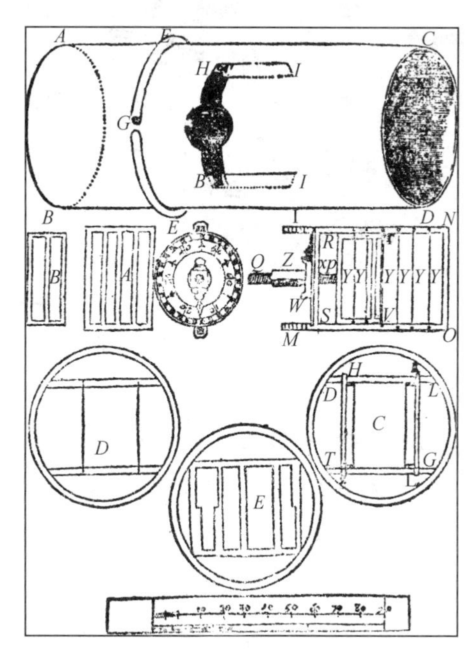

图 107—奥祖和皮卡尔的测微计

在这种检定过程中，摆钟主要用来精确测定所选恒星越过子午圈所需的时间。两颗恒星渡越的间隔时间计量了它们之间的赤经差；今天正是在皮卡尔方法的基础上，建立了测定恒星绝对赤经以及观测地点的当地恒星时间的标准方法。

奥劳斯·勒麦在一份写于1676年的备忘录中记述了他如何

图 108—奥劳斯・勒麦

于 1672 年——他与皮卡尔一起来到法国的那年——设计制造了一种测微计；他的学生霍雷鲍曾引用过这个记述(*Basis Astronomiae*, Havniae, 1735, Chap. XIII)。勒麦宣称他在发明这种仪器时，事先并不知道皮卡尔和奥祖已经做过。他的测微计很快就被认为是已有的同类仪器中的最佳者。1676 年时，皮卡尔和勒麦在巴黎天文台都使用这种测微计。据勒麦的描述(同前)，这种仪器主要由三个黄铜的矩形框架 *B*、*C* 和 *D* 构成(图 109)。框架 *B* 有两根水平的杆 *L*、*L*，上面刻有三对槽道。框架 *B* 还有三根固定的横档和一个由细螺纹螺杆 *H* 驱动的滑动掣子 *F*，螺杆 *H* 穿过三根横档，其一端是个钝头。当中一个横档附装有一个 *M* 形弹簧 *I*，它将滑动掣子 *F* 压住螺杆端头，因而当转动螺杆时 *F* 的移动相当平稳，而且螺杆磨损所造成的误差也减少到最小程度，而这正是这种仪器的主要优点之一。框架 *C* 装有线索 *Q* 和金属片 *P*，两者可交替使用，它还有一个榫舌 *E*，E 插在 *F* 处所示的长方形榫眼中，并以螺钉 *G* 固定；这样，当螺杆 *H* 转动时，C 就沿 *L*、*L* 外槽道前后滑动。嵌入 *L*、*L* 内槽道的框架 *D* 上有若干根等距离的线索，其间距等于螺杆转动 10 圈(或者其他方便的距离)，*L*、*L* 上标有刻度，以便校准螺杆。图 A 示出 *B*、*C*、*D* 三个框架装配在一起时的情形，左上角为剖面图。*KK* 是望远镜的与第三对槽道相适配的部件，望远镜即由此同测微计相连。螺杆支座外缘有一个标有 10 等分刻度的圆圈，以计量螺杆转动一圈的十分度，而更小的分度则由肉眼来判定。安装仪器时，要使仪器上的线索处于望远镜的焦平面上，而螺杆转动到可动线索与一根固定线索间的距离同一个行星的直径（或其他被测的小弧）精确地相重合。根据所测出的两根线索的距离（以一根螺杆的圈数来表示，但其相当的长度单位必须是已知的），并结合望远镜的焦距，便可计算出该行星的角直径；或者像现在的做法那样，可以通过用这种仪器测量远处两点的像之间的距离来检定它，这两点和观测者的对角是已知的。霍雷鲍后来在哥本哈根一直使用一台这样的仪器，直到 1728 年那场大火将它和勒麦的其他仪器一起焚毁。

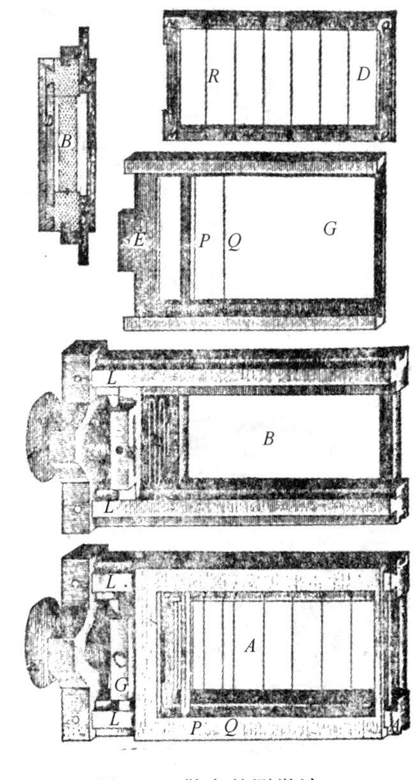

图 109—勒麦的测微计

（参见 J. A. Repsold，*Zur Gesch.d.astron.Messwerkzeuge*，1908。）

皮卡尔

皮卡尔曾获得巴黎附近地区地球表面一度纬度所对应的长度的较精确的值。为此他曾测量了(1669—1670年)从亚眠附近一点到巴黎附近一点的一条弧的长度,并用天文学方法测定了这弧两个端点处的纬度之差。为了提高测量的精确度,他将这条被测弧与一条用三角测量法精心测定的基线相连接,这种方法是荷兰数学家维勒布罗德·斯涅耳于1615—1617年首创和使用的(*Eratosthenes Batavus*, Leiden, 1617)。1671年皮卡尔测量结果的发表可能是促使牛顿着手研究万有引力的因素之一。〔皮卡尔在他的《数学文集》(*Ouvrages de Mathématique*, La Haye, 1731)中叙述过他的研究工作。〕

175

卡西尼

图110—让·D.卡西尼

皮卡尔对巴黎天文台工作的影响随着意大利人卡西尼的崛起而逐渐衰落。卡西尼于1669年到达巴黎后,很快就实际上成了巴黎天文台的台长。然而,由于他从未得到官方的任命(参见C. Wolf, *Histoire de l'Observatoire de Paris*, Paris, 1902, Chap. xiii),因此他在巴黎的工作条件最初几年远不如在格林威治。这里没有集中的权威,也没有固定的工作计划;由于天文台很不正常,因此每个观测员高兴怎么干就怎么干,而且经常待在自己家里。因此,这些巴黎人对天文学的贡献就不如格林威治那么出色,直到革命以后重新组织巴黎天文台才改变了这种局面。

卡西尼还在意大利(他在那里是一位地位颇高的土木工程师)时,就由于测量了火星和木星的自转周期,编制了确定木星卫星运动的星表,而成为著名的天文学家。他在巴黎继续进行观测工作,结果是继惠更斯之后又发现了土星的另外四颗卫星,其中两颗是用无筒的高空式望远镜发现的。他还发现土星光环被一个缝隙分成两个同心圆环,这个缝隙现在仍然称为"卡西尼环缝"(参见边码第163页图102中内外两个光环间的缝隙);他还正确地提出,光环系这个行星的小卫星集合而成。卡西尼还是最早注意到火星白色极冠的天文学家之一,他并将之与地球上冰雪覆盖的极地加以比较。

当火星于1672年发生冲时,让·里歇同一些天文学家联合测定了火星的视差或者说它的距离,卡西尼也参与了这次联合观测。把里歇在卡宴的观测结果同他的合作者在巴黎的观测结果相比较,便得到由于观察者从巴黎到卡宴的位移而造成的火星视在方向的改变。这样,解一个已知底边和两个底角的三角形即可确定这颗行星的距离。通过这次联合观测,卡西尼推导出了火星的距离,从而也推导出了太阳的距离,后者正是真正的目的所在。他估计太阳的视差约为9″.5,这个视差所对应的距离约为87000000英里。这一估算值很接近现代的值即8″.8(1901年爱神星发生

176 冲时测定),它相当于平均距离 92800000 英里。这大大改进了从亚历山大里亚时代传下来的对太阳距离的严重低估了的数字。(关于里歇—卡西尼对太阳视差的测定的报道,见卡西尼的 *Divers Ouvrages d'Astronomie*, La Haye, 1731, p. 129f.)

卡西尼参与了当时盛行的研究恒星周年视差的工作,这种视差从哥白尼假说看来是预料之中的;但是他的方法不够精当,因大气折射造成的误差太大而且变化多端,因此他的观测对此没有什么价值。

卡西尼在晚年也卷入关于地球形状的论争,问题的产生是由于里歇和哈雷发现秒摆在赤道附近周期缩短。牛顿曾正确地推测到,地球在两极扁平,而在赤道隆起,呈扁球体状,正像快速旋转的木星那样。但是,卡西尼坚持认为,地球在**赤道**是扁平的,两极的半径要比赤道半径长。这个观点显然得到由卡西尼赞助的在法国进行的对子午弧长度的几次测量的支持。这个问题直到十八世纪中叶才得到解决。当时为了测量子午弧,几支法国科学考察队被派往秘鲁和拉普兰。前后几次获得的关于子午线形状的结果都印证了牛顿的推测,而与卡西尼的观点相悖。与此类似但远为困难的问题是确定**赤道**的准确形状。大地测量学家至今仍在为此努力不懈。

卡西尼家族同巴黎天文台结下了长期的缘分,G. D. 卡西尼的儿子、孙子和曾孙世代控制着这个机构的命运,直到法国大革命时代。

上述卡西尼的木星卫星表旨在利用伽利略所提出的一种方法来精确测定经度。借助这些星表,可以预言这些卫星的一个将在

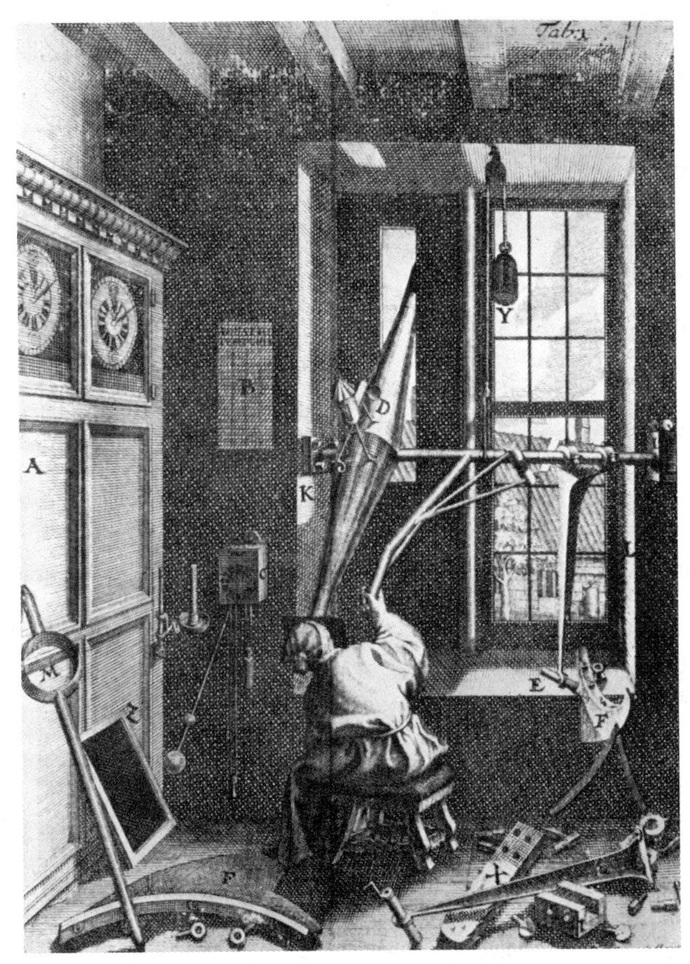

图 111—勒麦的中星仪

某一本初子午线的**标准**时间的什么时候交食；地球上某一遥远处的观测者这时记下这交食的**当地**时间，而这个现象的标准时间与当地时间之差即量度出该观察者相对这本初子午线的经度。利用这种方法部分地是为了测量世界上一些重要地点的经度，在这些地方巴黎科学院已派出了科学考察队。我们已经提到过其中两支：1671年皮卡尔到乌拉尼堡和1672年里歇到卡宴。

177

勒麦

1671年皮卡尔到乌拉尼堡进行的天文学考察间接地起到了把奥劳斯·勒麦(1644—1710)介绍给巴黎科学院的作用。勒麦在那里勾留期间，学习了皮卡尔及其同事的观测技术，他回到丹麦后便对天文学作出了一项重大贡献——发明了子午仪，而这很可能是他从皮卡尔的仪器受到了启发。

勒麦起初在哥本哈根的圆塔进行观测，这是国王克里斯蒂安四世于1637年为第谷·布拉赫的前助手隆戈蒙塔努斯建造的天文台。但后来勒麦便在自己家里观测，约在1690年他在家里安装了他的中星仪。这个仪器主要有一个可在子午面内旋转的望远镜放在正指东西方向的水平轴上。它在物镜和目镜的共同焦点处还有一个由水平和垂直线构成的网。由一个灯、一个透镜和一个反光器将一束光通过望远镜侧部的一个小孔射到这些网线进行照明。借助一个以秒为单位发出滴答声的时钟，可把恒星通过每根直立线的时刻记录下来，这样，过子午线的时刻也就可以计算出来。仪器的误差可根据适当的综合观测推算出来，像现代的天文台一样。运用这种仪器，可以容易而又精确地测定恒星的赤经差。相应的赤纬可通过一个随一根指针转动的显微镜读出，这个指针与仪器的轴垂直，并在一个刻度圈上转动(见图111)。

勒麦观测方法的优点在于避免用笨重麻烦的仪器来测量天体

角度。这种仪器很昂贵；它需要装备许多用具，很费时间，还要有几位助手协助进行操作，而如此得到的结果并不正是所需求的赤经和赤纬；只有经过烦琐的计算后方可根据这些观察结果推算出赤经和赤纬。

勒麦的仪器以及几乎他的所有观测记录都在1728年10月的大火灾中焚毁，这场大火使哥本哈根成为一片废墟。然而，勒麦的忠实弟子彼德·霍雷鲍根据记忆并参考勒麦的备忘录手稿，在他的《天文学基础》（*Basis Astronomiae*，Havniae，1735）一书中细致描述了勒麦的仪器和方法，上述细节都引自该书。

（参见 E. Philipsen，*Olaus Römer*，Christiana，1860。）

格林威治天文台：弗拉姆斯提德

178

格林威治天文台的初期历史与约翰·弗拉姆斯提德的身世有不解之缘，他是第一个在那里任有公职的天文学家。倘若没有弗拉姆斯提德的事业心，那么这个天文台能不能在那时候建立起来，或者即使建立起来了，会不会获得那么大的成就，均属疑问。

约翰·弗拉姆斯提德于1646年8月19日出生在德比附近。他因身体不好而辍学，所以他只好主要依靠自己的才智。他青年时代大部分时间是自学数学和天文学。他曾将自己编制的1670年星历表寄给皇家学会，由此他与皇家学会的秘书亨利·奥尔登伯格交上了朋友，他后来在那年，还去拜访了奥尔登伯格。在伦敦时，约翰·科林斯曾带他到伦敦塔去见乔纳斯·穆尔爵士，穆尔爵士当时是火炮监督官，后来成为皇家学会的杰出数学家。穆尔赠

图112—弗拉姆斯提德时代的格林威治天文台（外景）

图 113—弗拉姆斯提德时代的格林威治天文台(内景)

给弗拉姆斯提德一台汤利式测微计,还给了他一些透镜。其后不久,他就用这些东西造了一架望远镜,并在德比建立了一所小天文台。他在这里专心致力于测微观测,最后改进了霍罗克斯在月球理论方面的工作。弗拉姆斯提德向穆尔回赠了一对"晴雨计"(温度计和气压计),穆尔又仿造了一对进呈查理二世,穆尔常对查理二世谈起这位年轻的天文学家。不

图 114—约翰·弗拉姆斯提德

久,弗拉姆斯提德来到剑桥大学,在那里结识了牛顿和巴罗。在获得了文学硕士学位之后,他成为牧师,准备专供神职。然而,1675年穆尔邀他去伦敦掌管他打算不久将在当时属于皇家学会所有的切尔西学院建立的一所天文台。同时,穆尔举荐弗拉姆斯提德加入一个委员会,委员除穆尔自己之外,还包括布龙克尔、雷恩和胡克,其任务是考虑一位法国贯族德·圣·皮埃尔先生提出的建议:用精确测定月球在恒星中间位置的方法来确定海洋上的经度。弗拉姆斯提德指出,甚至在理论上这种方法也不是最可取的,在实践上更成问题,因为当时的月表和星表很不可靠。他的反对意见被报告给了查理二世,查理二世"热切地说,'为了他的海员们,他必须重新观察、考查和修正它们〔恒星位置和月球运动〕。'……当问到谁能够做,或者应当谁来做时,'(他说)把它们告诉你的那个人'"(Baily, p.38)。1675年3月,穆尔把这位国王颁发的特许状授予弗拉姆斯提德,任命他为"我们的天文观测家",年俸100英镑。穆尔提出了在切尔西建立一所天文台的方案;海德公园也曾被提出作为可能的台址,但最后采纳的是雷恩提出的在格林威治山建造的方案。查理二世在1675年12月22日签署了建立格林威治天文台的特许状。天文台在8月奠基,弗拉姆斯提德在翌年7月就任。

179

然而,弗拉姆斯提德在能够正式开展工作之前,还必须先给这个新天文台装备仪器。他已经有了一台小型象限仪和一台六分仪,这是他以前在伦敦塔制造的,穆尔又给了他两台时钟;但是为了配齐天文台的设备,他不得不既破费又劳神,而得不到他有权获得的报偿。他的仪器大都是那时巴黎天文台和别处在应用的那种型式,即由望远镜瞄准器和指示的刻度弧组成。为了给测量天体角度的度量器具和测微螺杆标刻度和检定,弗拉姆斯提德殚精竭虑,而助手常常只有“一个只知道领工钱,其他什么也不知道的拙劣工人”。弗拉姆斯提德最精密的仪器是一台标有140度的墙仪,这是他在朋友亚伯拉罕·夏普的帮助之下,耗资120英镑,费时一年多而于1689年制成的。

弗拉姆斯提德在格林威治多年操劳的主要成果,是编制成了一种空前精确、所包括的恒星数目空前多的星表。这张星表标志着现代精密天文学发展的一个重要阶段。弗拉姆斯提德的例行工作还包括经常观测太阳、月球和行星,并修正有关的表。他发明了许多新的观测方法,例如现在仍以他命名的测定春分点——黄道和赤道分度的原点——的方法。在编制他的星表时,弗拉姆斯提德通常总是用他的六分仪来测量一对恒星的角距离,这样便逐渐建立起了遍布可见天空的这种“相互距离”的网。然后,这样测量记录下来的恒星位置通过计算而与某些所选定的基本星的位置联结了起来。这些基本星的(因而最后所有其余恒星的)绝对坐标可借助墙仪和摆钟来测定,由此便可确定它们过中天的时间和高度。按照勒麦的做法,墙仪和时钟也常被直接用来测定恒星位置,而这两种方法可用来相互验证。这样,他便编制成一个包括将近三千个恒星位置的星表。 180

健康不佳和金钱拮据使得弗拉姆斯提德在格林威治的四十五个春秋过得郁郁寡欢。围绕他的观测结果的发表问题,他又陷入一场同牛顿和哈雷的漫长而又痛苦的论争之中。简而言之,这场争论在于,弗拉姆斯提德在他的星表达到最大可能的完善程度之前,不急于发表它。他认为,这项工作已经耗费了他自己大约 2000 英镑的钱财,而政府除了给他薪俸之外再无分文津贴,因而他有权决定发表自己观测结果的时间。牛顿则好像认为,弗拉姆斯提德是一名政府官员,他的观察结果属国家所有,因此应当为了公共利益而迅速发表。牛顿后来成为格林威治天文台的视察员。牛顿也急想在他去世之前,表明他的万有引力理论与已有的最精确的观测结果相一致,从而确证它。但是,弗拉姆斯提德对牛顿的理论研究没有多大兴趣,他谴责牛顿没有正当地承认他不断提供给牛顿月球观测资料,而牛顿利用这些资料修正了自己的月球理论。弗拉姆斯提德似乎也特别不喜欢哈雷。起初这可能是因为哈雷的神学观点显得自由化;1712 年,哈雷未经弗拉姆斯提德的同意,编辑出版了大大缩减而又残缺不全的格林威治天文台观测结果,使它们的科学价值大为降低,这使得他们的争吵进一步加剧。甚至已刊印的部分也不是弗拉姆斯提德最新的和最出色的工作,而大部分是一些仅仅作为保证而寄给牛顿的他早先的观测资料,弗拉姆斯提德保证在适当时候制成他的星表。

弗拉姆斯提德决意根据自己的主张自费重新印刷他的观测结果和星表。他设法买来 1712 年版本的四百册中的三百册。他从这三百册中挑出他自己准备付印的东西,即他早期用六分仪观测的结果,他把这些编入他的新版本,作为第一卷的主体。至于哈雷版本的其余部分,他都付之一炬。然而,他还没有来得及把他后期的观测结果和恒星位置资料付印便去世了(旧历 1719 年 12 月 31 日);这一任务后来由他的朋友克罗斯韦特和夏普完成,而《英国天文学史》(*Historia Coelestis Britannica*)一书最后于 1725 年以三卷本出版。

弗兰西斯·贝利首先整理出版了弗拉姆斯提德的包含大量自传材料的重要的备忘录和书信(*An Account of the Rev. John Flamsteed*, etc., London, 1835)。贝利根据自己的观测以及他所编集的弗拉姆斯提德的论文重新计算了弗拉姆斯提德的恒星位置数据,上述具体材料大都取自他所编纂的弗拉姆斯提德的论文。〔贝利对这些论争的论述,表现出他对牛顿和哈雷怀有一定的敌意;关于他们这个争端的简述,见惠威尔的小册子《牛顿和弗拉姆斯提德》(*Newton and Flamsteed*, Cambridge, 1836)〕。 181

(参见 E. W. Maunder, *The Royal Observatory*, *Greenwich*, 1900。)

哈雷和海维留斯

埃德蒙·哈雷 1656 年 11 月 8 日生于伦敦。他从学童时代起直到后来在牛津大学念书,一直在自学天文学,并观察天象。在十九岁时他便呈交给皇家学会一篇论文,提出一种确定行星轨道要素的方法。他的方法比当时正在应用的方法更加简捷。这篇论文显露了他惊人的几何学才能;但他的论文所以重要,主要在于它重新回到了开普勒第二定律,拒弃那种取代这条定律的假说,后者认为行星围绕其椭圆轨道的空焦点做匀速运动,在当时颇受推崇。

哈雷早期用自制的粗糙仪器进行观测,因此他发现木星和土星的真正位置与当时星表所预言的位置有偏差。像一个世纪以前的第谷·布拉赫一样,哈雷也渴望能够改造星表;但是,他同样也认识到,若没有较为正确的恒星表,这样的尝试只能是徒然浪费时间。而与诸如弗拉姆斯提德和海维留斯等固执己见的观测者进行争论也属枉然。于是,他决定编制天球南半球的星表,作为对他们工作的补充。这些恒星在格林威治或格但斯克都看不到,它们只是靠水手的粗略观察才获知的。哈雷选择大英帝国当时最南端的自治领圣赫勒拿作为他的临时观测台的台址。他的父亲答应承担这次考察所需的经费,而皇家学会会长约瑟夫·威廉森爵士和弗拉姆斯提德的赞助人乔纳斯·穆尔爵士将这个计划告诉查理二世。国王把哈雷托付给当时控制着圣赫勒拿的东印度公司,船队出航时,公司便把哈雷送到这个岛上。哈雷带着必要的仪器于1677年初到达圣赫勒拿,并在俯视全岛的居于岛屿中央的迪亚纳峰的一个北部山头上扎营。他在这里观测了将近十八个月。恶劣的气候严重妨碍了他的观测,但是他抓紧一切时机,一刻不停地工作,终于在他于1678年返回英国之前成功地测定了近350个恒星位置。他在不能进行观测工作时,就把时间用来研究物理学和气象学,另外,许多过去未见过的生物也给他留下了深刻的印象。

图115—埃德蒙·哈雷

182

哈雷编制于1679年发表的星表所采用的方法是,用他带去的一架望远镜六分仪(是一架望远镜和一个刻成60度的度弧,不是“航海六分仪”)测定每颗未知恒星同至少两颗其位置可从第谷·

布拉赫星表获知的恒星的角距离。然后，哈雷自己归算观测结果，计算出所需要的赤经和赤纬。他的星表列入了据以推算出坐标的实际数据，因此更有价值。他这样做是为了能够检验他的计算精确度，也是为了当基本星的数据经过改进的弗拉姆斯提德和海维留斯星表将来发表时，可以重新计算他的所有南方恒星位置。因此，夏普后来重新讨论过哈雷的观测结果（夏普把哈雷的星位的大部分和弗拉姆斯提德的合并在一起，发表于 *Historia Coelestis*），更晚近的还有贝利也这样做过（*Mem. R. A. S.*, Vol. XIII, 1843）。哈雷沿用了传统的星座名称，但曾引入过一个新的星群（这个名称没有留传下来），即 *Robur Caroli*〔橡树·查理〕，意在纪念他的皇家赞助人和一棵保护过他的橡树。值得指出的是，哈雷的星表是第一个根据望远镜观测编制的星表。

哈雷返回英国以后，旋即当选为皇家学会会员。从那时起他终身和皇家学会保持联系，并在 1713 年当上皇家学会秘书。他还做过几年《哲学学报》的编辑工作，六十多年里他在这个刊物上发表了大约八十篇论文。

皇家学会交付他做的第一件工作是要他与一位年长得多的天文学家联系，这就是格但斯克的约翰·海维尔（1611—1687），又名海维留斯。这位有才华而又固执的观测家擅长用望远镜观测月球、行星和彗星。记述和描绘他的观测的那些书都属于十七世纪描述天文学的杰作。但是，当他编制他那包含大约 1500 颗星的星表而需要作精确测量时，海维留斯（像前面已提到过的那样）却坚称肉眼观测比当时几乎已经普遍采用的望远镜观察更优越。由于他固执地坚持这一点，结果和极力提倡望远镜观测的胡克进行了有

183

图 116—约翰内斯·海维留斯

时相当激烈的长期争论。胡克对海维留斯的准确性提出疑问，因此海维留斯要求皇家学会派员对他的工作质量作第一手鉴定。于是，哈雷被选中执行这个任务。哈雷带着一个望远镜四分仪于1679年5月抵达格但斯克，两人观测了两个月，进行了友好的竞争。哈雷证明海维留斯观测技术精湛，并证明他的仪器都很精密(所有这些仪器都毁于两个月后的一场火灾)。但是，两个天文学家谁也没有被对方说服，而且我们还看到，海维留斯在他死后出版的最后一本书中仍然反复重申反对望远镜观测。

在1680年开始的一次赴欧洲大陆的旅行中，哈雷访问了巴黎天文台，和卡西尼一道观测了那年的大彗星。回国以后，他与牛顿保持了多年密切联系，鼓励牛顿研究力学，帮助他克服发表这些研究成果上的困难，修正了《原理》中的证明，甚至解囊资助该书的印制。在切斯特的造币厂供职短时间(1696—1698年)以后，哈雷被任命指挥一艘军舰，出航去大西洋"改善经度和罗盘变化方面的知识"，以及探索南方的未知大陆。在海上过了许多个月以后，1703年哈雷被任命为牛津大学的几何学萨维连教授，那几年他埋头学习阿拉伯文，编纂古典数学著作。也是在这个时期，他编辑了(1712年)弗拉姆斯提德的上述观测结果。弗拉姆斯提德死后，哈

图 117—海维留斯的天文台

雷旋即在 1720 年初继承他就任“皇家天文学家”，直到自己在 1742 年 1 月 14 日去世。

哈雷发现弗拉姆斯提德的遗嘱执行人把格林威治天文台的所有仪器几乎掠夺一空。他从政府得到 500 英镑拨款来购置新设备，但他直到 1721 年底才正式开始工作。那年他给格林威治天文台装备了第一架中星仪。望远镜是胡克制造的，现在仍然悬挂在中星仪室的墙上。后来他又添置了一台格雷厄姆制造的大型铁制四分仪。哈雷在格林威治天文台几乎全力以赴地进行月球观测，以修正月球表，希望这样可为测定海上的经度提供一个工具。为

184 此，他在历时约十八年的整个沙罗周①中，几乎每天都对月球进行观察，观测结果首次发表于 1749 年。但是，哈雷在格林威治天文台的日常观测从未进行过归算，也从未发表过。弗兰西斯·贝利曾考查过这些观测（*Mem. R. A. S.*, Vol. VIII, 1835），结果对哈雷任职期间格林威治天文台的境况评价相当低。

由于一颗彗星以哈雷命名，所以哈雷作为一个天文学家是很著名的。我们已经知道，牛顿在他的《原理》中已表明，所观察到的这颗彗星在 1680 年的运动可归因于它在太阳引力的作用下沿抛物线路径运动。牛顿确定彗星轨道的方法后来成功地运用于许多天体，它们的运动事先都已有完备而详细的记录。哈雷在这个工作中起了重要作用。他确定了在 1337 年到 1698 年间出现的二十四颗彗星的轨道要素。他的结果刊于 1705 年的《哲学学报》。牛顿认为，至少有一些彗星可能沿围绕太阳的扁椭圆轨道运行，而在这种情况下，它们应当周期地回到近日点。哈雷发现 1531、1607 和 1682 三年的彗星的轨道要素极其相似；他于是猜想，这可能是同一颗彗星的封闭轨道，周期约为 75 年（见图 118）。他把轨道要素和逐次出现的间隔时间上的微小偏差归因于木星对这颗彗星的摄动作用；而且他还预言 1758 年前后这颗彗星还会再次出现。结果，在那年（哈雷死后十六年）年底，这颗彗星果然如期回来，而且后来又在 1835 和 1910 年回来过。这颗彗星在哈雷所说的三次之前的出现，欣德（Hind）、考埃尔和克罗姆林曾部分地追溯到了纪

① 日月食发生的周期。一个沙罗周为 $6585\frac{1}{3}$ 日，其间平均有 71 次交食，包括日食 43 次，月食 28 次。——译者

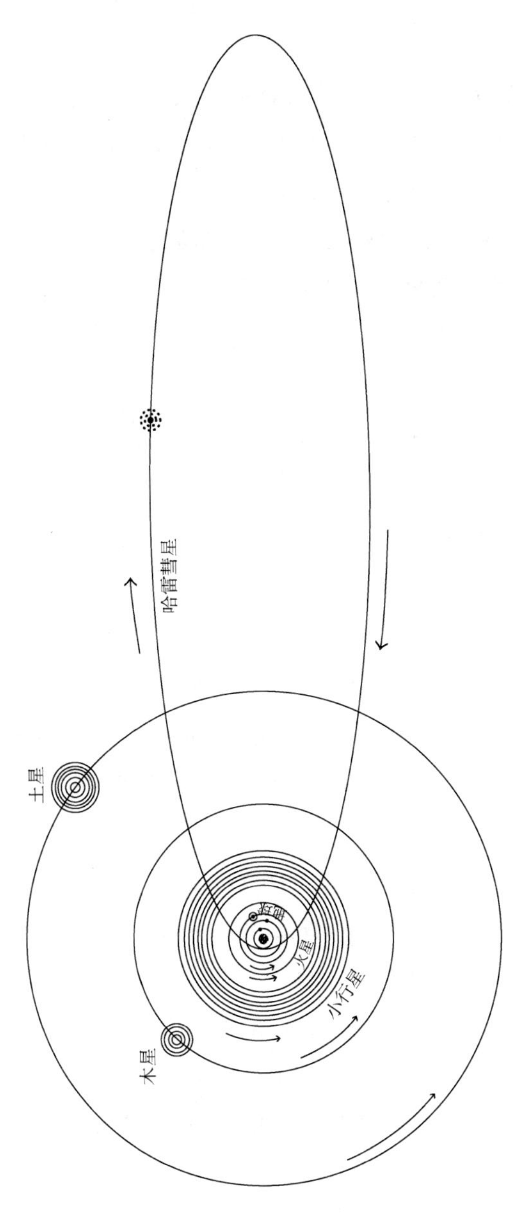

图118—哈雷彗星

元之前。

1677 年在圣赫勒拿时，哈雷就曾观察过一次水星经过日面的凌日现象。根据他尽可能仔细地测得的这次凌日的持续时间，他通过复杂的计算得到了不太精确的太阳视差的估算值。不过，他已认识到，如果对距地球较近的金星的凌日进行协调的观测，就可以得到太阳视差的较精确的值。他于 1691 年发表的关于这种现象的一个星历表表明，预计金星下次将在 1761 年 5 月发生凌日现象。虽然哈雷意识到自己不能指望活到那时候，但他仍在 1716 年仔细地拟订了一个充分利用这个现象的行动计划。他的方法是至少在两个纬度相差一个已知大小的地点来观测这次凌日的持续 186 时间。他指出，根据这个资料，再结合关于金星会合运动的速度以及金星和地球两者离太阳距离之比的知识，就可确定地球离太阳的距离，从而也就可确定太阳系的规模。按照这个方法，曾从很分散的许多地点观测了 1761 和 1769 年的两次凌日现象。由于拿不准这颗行星与太阳边缘相接触的时刻，因此，这种方法结果证明并不像哈雷原来想象的那样灵验。然而，利用这种方法测得的视差数值却和现在公认的数值很一致，只相差几分之一弧秒。鉴于哈雷的方法要求在两个观察站，凌日开始和结束时，天气都晴朗，这是很了不起的。这样的天气条件是很难得的。因此，人们不久就选取了另一种方法，这种方法只要求在凌日开始或结束时进行观测。这种方法是一位法国天文学家德利尔（1688—1768）提出的，牛顿和哈雷都极其推崇他，他曾被选为皇家学会的国外会员。

哈雷提出的测定地球离太阳距离的方法可以参考图 119 来理解。当发生一次凌日时，在地球上的观测者看来，行星 V 在日面 S

上画出了一条弦。这条弦的视在位置和长度以及凌日的持续时间要随地球上观测者的位置而变化。设 a、b 是两个纬度相差很大的观测地点，并设 gh、ef 分别为从 a、b 两地观察到的金星行经太阳的视在路径。若在这两个观测地点观测凌日的持续时间，根据行星理论计算出金星这时的会合运动（即金星相对日地连线的角运动）的速度，那么，弦 ef、gh 即可用角度来表达。由此，再根据关于太阳直径的知识，则这两条弦的距离 cd 亦可用**角度**来表示。不过，cd 也可以用**长度**来表示。因为 cd∶ab＝SV∶VT，而这后一个比根据开普勒第三定律知道约为 2.6，因此 $cd=2.6\times ab$，而距离 ab 可从测地天文学数据获得。用角度和长度单位给出的 cd 的知识便表明了太阳距地球的距离，但在实践上还必须考虑到一些附加的复杂因素。

哈雷也注意到霍罗克斯以往猜想过的木星和土星运动平均速

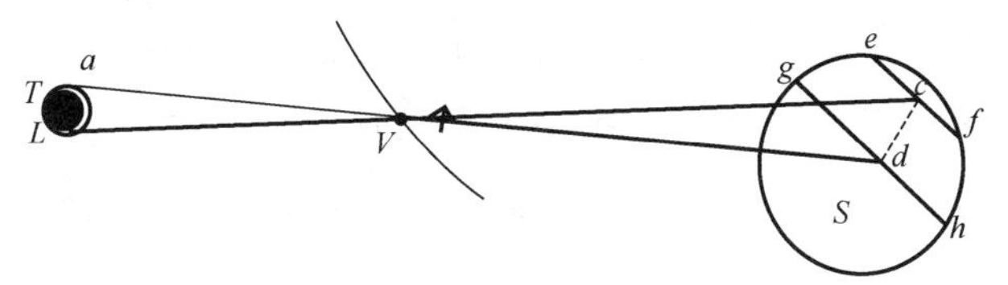

图 119—哈雷确定地球离太阳距离的方法

率的变化，这变化随着时间的推移而变得显而易见；哈雷还猜想，月球运动有微小的长期加速度，后来这一现象得到确证和解释。

哈雷曾利用 1715 年发生的一次日全食的机会，观察和描述了日冕现象，他揣测这可能是月球的大气。他似乎同时还注意到了这个色球的微光。哈雷利用一种现在众所周知的方法按照流数法则确定了，金星在多大的离太阳的距角上达到最亮。他还推进了 187

近代对流星的解释，他认为很难不论什么情形都把流星归因于大气蒸气着火。

哈雷在编制1679年的星表时发现，好几颗恒星的亮度小于托勒密，甚至十七世纪初的观察者拜尔的记载。其他恒星似乎统统都已消失。这似乎表明天体“变幻不定”，而十六和十七世纪里所发现的那一系列令人注意的“新星”更说明了这种情形。这些新星中有几颗的亮度周期地起伏，例如柯奇在十六世纪八十年代就在天鹅座中探测到一颗这样的星。哈雷在1715年证实了柯奇的这颗星亮度起伏的规则性，还编制了到当时为止所观测到的主要新星和变星的一览表。两年以后，他作出了毕宿五、天狼星和大角这三颗亮星具有**自行**这个重要发现。这些星都表现出黄纬变化，但无法归因于黄道面的缓慢变化；哈雷还猜测它们对邻星有相对运动，后来在十八世纪得到证实，并扩展到包括其他恒星。哈雷是赫舍尔研究“星云”的先驱，星云是在十七世纪开始发现的。星团（哈雷自己曾发现两个）在当时和后来很长时间里都归类于星云之中。哈雷推测这种天体由弥漫的自发光媒质组成，他还认为它们广延甚巨。

哈雷在纯粹物理学和地球物理学方面的大量研究，我们放在别处论述。

（参见 *Correspondence and Papers of E. Halley*, Oxford, 1932。）

第九章　数学

188

前驱

十二世纪，希腊—阿拉伯的数学学问开始明显渗入西方基督教世界。它的主要方式，是由基督教徒或犹太教徒学者翻译例如西班牙的摩尔人学校中流行的教科书。其中最重要的是欧几里得的《原本》，它大约在 1120 年由英国修道士巴思的阿德尔哈德从阿拉伯文译成拉丁文，不久就成了中世纪大学的标准教本。这一时期的另一重要特征，是阿拉伯数系日渐引入西欧。所谓阿拉伯数系是由九个数和零的符号所构成。这个系统开始时缓慢扎根，但到了十四世纪末，至少对科学研究来说，它已牢固地确立了起来。

在十三世纪里，几部拉丁文著作阐释了如此从阿拉伯引进的数学知识，同时还作了独创性的发展。它们为欧洲后来在代数学方面的独立发展奠定了基础。其中最早的是比萨的列奥那多的《算经》(*Liber Abaci*)(1202 年)，这个意大利人博览群书，云游四方。列奥那多在他的著作中，使用从阿拉伯权威典籍那里引入的方法(他用了大量例子说明这些方法)，解出了一次和二次方程，并且还求出了初等级数的和。他是最早提倡使用阿拉伯数系的学者之一，他的著作长期起着重要作用。和列奥那多同时代的德国多明我会修道士约尔达努斯·内莫拉里乌斯，在几何和代数两方面都写过著作。他似乎最早用任意字母代替词首或其他缩写来标示已知的和未知的代数量。这种做法在比萨的列奥那多的著作中也有些迹象,但直到几个世纪以后才普遍起来。罗吉尔·培根也属于这一时期。如果说他对数学有过专门贡献的话,那也是不多的,但是在他同辈人中,也许几乎只有他认识到,数学可能是研究自然的强有力的工具。

十四和十五世纪里,数学的进步微乎其微,但十五世纪发明了189 印刷术,并复活了许多古希腊原版数学典籍。受这些原文激励而成长起来的最早的欧洲学者之一是天文学家雷吉奥蒙达努斯,他的专著《三角论》(*De Triangulis*)是近代三角学发展史上的一个里程碑。这部著作写于十五世纪中叶,但是直到1533年才发表。三角学是数学在印度人和阿拉伯人手里得到实质性发展的不多几个分支之一。在编制对应于一个给定半径的圆周上的各个角的弦表时,他们已经用等于近代的**正弦**的倍角之半弦代替亚历山大里亚人的简单弦。他们还在原则上引进了余弦和正切。雷吉奥蒙达努斯系统地总结了希腊人和阿拉伯人在平面三角学和球面三角学方面的先驱工作。他自己作出的特殊贡献,是把从丢藩都那里引入的代数推理方法应用于解特殊三角形问题,尽管还没有采用缩写式。

意大利修道士卢卡·巴乔洛的著作举例说明了,通过对未知量和它的幂以及加、减等词使用缩写,有可能简化代数问题的求解。巴乔洛生活在十五世纪后期,他的《总论》(*Summa*)在1494年发表。但是,巴乔洛并没有达到用符号表述来取代普通记述语句这种近世代数学的阶段。此外,他的理论工作也对比萨的列奥那多的工作有所改进。

代数学的下一个进步是迈克尔·斯蒂费尔(1486—1567)作出的,这个路德教牧师复活了约尔达努斯用任意字母来标示未知量的做法。他用通用的符号表示未知量及其逐次幂:R 表示 *res* 或 *radlix*(x),Z 表示 *zensus*(x^2),C 表示 *cubus*(x^3)等等。斯蒂费尔偶尔也通过把未知量重复所需的次数来表示幂,例如写两次表示平方,写三次表示立方等等。这种做法在十七世纪初为哈里奥特所复活。

维埃特

但是,在代数学基于一种国际速记法而发展成为一种独立语言的过程中,最重要的进步是由法国数学家维埃特作出的。他使用通用符号来表示量和运算,以取代仅仅是词的缩写。弗朗索瓦·维埃特(1540—1603)(一般都知道他的拉丁文名字叫弗朗西斯库斯·维埃特)是一位律师,在法国国王亨利四世治下当过高级 190 官员,但他仍抽时间进行重要的数学研究,被认为是当时法国最有才华的数学家。他在法国和西班牙战争期间,把才能用于破译截获的敌人文件。维埃特的主要代数学论著《分析术引论》(*In Artem Analyticam Isagoge*)(图尔,1591 年),作出了一系列的改进,其中有些虽曾已为早期作者所引入,但并未扎下根来。除了用任意字母标示代数量之外(用元音字母表示未知量,辅音字母表示已知量),维埃特未再使用新的字母去表示一个量的逐次幂(平方、立方等等),而只是给这量添加上 *quadratus*〔平方〕和 *cubus*〔立方〕等等词。这样,他精简了使用符号的数量,大大减轻了读者的迷惑。

维埃特还把代数应用到三角学。三角学的术语**正切**和**正割**，大约就是这一时期引进的，三角学术语那些公认的缩写大都也在这时引用，尽管有许多种变体。维埃特表明了，怎样可以用代数方法来以各种方式变换各个三角比，以及使它们关联起来。因此，他是有时称为**测角学**的那个三角学分支的奠基人。例如，他曾提出用 $\sin\alpha$ 和 $\cos\alpha$ 来给出 $\sin na$ 和 $\cos na$ 的公式。维埃特成功地用无穷乘积来表示 π，他计算了 π 的值直到小数第十位。

维埃特在方程理论方面的工作，大部分包括在他的《论分解的重要意义》(*De Numerosa Potestatum Resolutione*)(巴黎，1660年)和他死后发表的《论方程的整理与修正》(*De Aequationum Recognitione et Emendatione*)(1615年)之中。在这一领域，他给出了对不能直接求解的方程求近似根的法则。不过，他仍认为，一个方程的解只能用其正根表示。

塔塔格里亚

十六世纪代数学的一个重要成就，是发现了含未知量立方的方程的求解方法。古人已经了解到一些与求解三次方程相似的几何问题，例如倍立方、三等分角以及用截面按给定比例分球等古典问题。丢藩都的《算术》(*Arithmetica*)中曾考察过一个三次方程，有些阿拉伯人曾给出过这种方程的近似几何解。但是，这个问题的代数处理是从十六世纪初开始的，这时找到了某些类型三次方程的求解规则。这些规则最为完整的发现，现在通常都归功于意大利人尼古拉·塔塔格里亚(1500—1557)。他也许首先作出了这一发现，也可能没有作出过，而是在一次与一个数学家的竞赛中，

191

使用了这种规则而获胜。但是，塔塔格里亚的解法是在1545年通过米兰的吉罗拉莫·卡当而为大家所知。卡当据说是由塔塔格里亚私下传授而学到这种方法的，但后来他泄露了它。

塔塔格里亚的其他著作大都论述当时商业算术中应用的方法，如计算总金额的利息的方法。这种计算甚至在古代就已经知道，印度人和中世纪的意大利商人还已经知道复利的计算方法。然而，最早发表单利和复利计算表的是斯特芬。

在塔塔格里亚的三次方程解法的基础上，卡当的学生费拉里发现了四次方程的解法。人们一直尝试用代数方法求解五次以上方程，直到十九世纪初才由阿贝耳证明这种问题一般是不可解的。

卡当对代数学的主要的独创性贡献也与方程理论有关。他研究了方程的负根和虚根。他还预见到了方程的根与其系数之间的某些关系，而它们只是后来才有了较为明确的表述；他还在概率方面做过一些先驱工作。

吉拉尔

然而，直到十七世纪人们才完全认识到，负根是实解。一个已知方程的根的个数一般地与方程的次数（方程中出现的未知量的最高次幂）相等这个规律是洛林的数学家阿尔贝·吉拉尔（1595—1632）发现的。他是从他所发现的方程的根和系数间的联系推导出它的。这些联系所根据的事实是：如果 $f(x)=0$ 是一个 n 次方程，它的根为 $\alpha_1, \alpha_2, \alpha_3, \cdots \alpha_n$，$x^n$ 的系数为1，那么

$$f(x)=(x-\alpha_1)(x-\alpha_2)(x-\alpha_3)\cdots(x-\alpha_n)$$

吉拉尔研究的这些结果发表在他的《代数中的新发明》(*In-*

vention Nouvelle en l'Algèbre)(阿姆斯特丹,1629年)。它们直接证明了到那时为止一直被忽视的虚根和负根的存在。但是吉拉尔发现,为了使根的总数达到方程的次数,以满足他提出的规律,还必须包括另外的根。吉拉尔注意到,方程的负根可以方便地用几192何方法表示为线段,其截取方向和与正根对应的线段相反。后来,这个思想被笛卡儿应用到一整系列问题上。吉拉尔还研究了球面三角形的性质,并且得出了一个以他命名的简单的公式,它给出这种三角形的面积。这个公式不久就由卡瓦利埃里给出了比较严格的证明。

托马斯·哈里奥特(1560—1621)在他身后出版的《实用分析术》(*Artis Analyticae Praxis*)(伦敦,1631年)中,将维埃特的结果加以系统化,并且沿着分析的路线进一步发展了它们。计算尺的发明者威廉·奥特雷德(1575—1660)同年发表的《数学精义》(*Clavis Mathematicae*)成为一本标准教科书,牛顿最初就是从它开始接触数学的。

数学符号

今天初等算术和代数中所使用的运算符号和其他符号大都可追溯到十六和十七世纪。最初流行的这种符号系统极为多样,而且这个时期的个别数学家还采用过许多其他符号,它们没有被沿用下来。

乔纳斯·威特曼早在1489年发表的一部算术著作中,我们发现已把加法符号(+)和减法符号(—)用作商业符号。但过了半个多世纪以后，它们才被斯特芬和其他人当作运算符号使用，至于广泛采用，则一直等到十七世纪初。等号（＝）是在1557年由罗伯特·雷科德在他的《砺智石》（*The Whetstone of Witte*）（最早包含＋和－符号的英文书籍）中建议使用的；当时人们可能已经知道它，但是在过了一个世纪以后，它才牢固确立。乘法符号（×）是在1631年由奥特雷德引入的，他的《数学精义》里符号极为丰富。莱布尼茨用点作为乘法符号。除法符号（÷）于1659年在瑞士数学家J. H. 拉恩的著作中首次印出。“大于”（＞）和“小于”（＜）符号在十七世纪初由哈里奥特引进。带数字附标标示所取何根的根号最早似乎在1484年出现在法国物理学家查克特的手稿之中，他还用过负指数的记号。但直到十六世纪初，通过鲁道夫的使用，根号才开始为大家知道。各种不同的表示代数量的幂的方法最后由笛卡儿在1637年发展成为近代的指数记号（对正整数幂）。沃利斯和牛顿把这种记法加以扩充，以表示根和幂的求逆，他们说明了怎样可以用分指数和负指数来实现这一目的。但是，十四世纪的尼古拉·奥莱斯姆（他为它们制定了一种专门的记号）和西蒙·斯特芬已在某种程度上预先应用过分数幂。

193

斯特芬还对算术作出了一个对日常生活和科学都很有价值的贡献，即他在1585年建议使用一种十进小数的记法，认为这比惯常的六十进小数好。他注意到十进记数法和计算法的价值，他还要求政府采用十进制的币制和度量衡。二百年以后，法国革命者首先使这个夙愿得遂。但是，斯特芬用以书写十进小数的方法颇为麻烦。他给每个数字添加一个指标，表明它在个位右边的位置。例如，他把十进小数0.3469写成形式

3 ① 4 ② 6 ③ 9 ④

斯特芬还提供了另一种记法，依此这个小数写成 $3'4''6'''9''''$。但是大约在十七世纪初，遵照维埃特的建议，现代大陆的以逗号为前缀的十进小数书写法出现了。点的用法出现在耐普尔 1617 年出版的一部著作中，但各种记法仍长期被沿用。

现在使用的许多几何图形符号(例如⊙、△、□等等)都是古代就有的，但在十七世纪初特别是埃里贡和奥特雷德又复活了它们，并作了相当的扩充。

圆周长和直径之比的符号 π 最早似乎是 1706 年由威廉·琼斯采用的，但是直到十八世纪后半期才被广泛采用。(参见 F. Cajori，*A History of Mathematical Notations*，Vol. I，Chicago，1928。)

对　数

十七世纪初，随着对数的发明，计算技艺取得了一个极为重要的进步。利用对数，乘法和除法化归为加法和减法，开方化归为简单的除法。大概至少有两位这个时期的数学家独立地产生以此作为辅助计算方法的想法。他们是苏格兰贵族和神学家、梅奇斯顿的男爵约翰·耐普尔和瑞士天文学家、开普勒的朋友乔斯特·比尔奇。

194

耐普尔

约翰·耐普尔(1550—1617)的发明载于他的《论述对数的奇

迹》(*Mirifici Logarithmorum Canonis Descriptio*)(1614 年),书中包括对数使用规则的表,但是没有说明构造方法。这种方法的解释最早见诸耐普尔的遗著《作出对数的奇迹》(*Mirifici Logarithmorum Canonis Constructio*)(1619 年),其实这本书的写作比《论述》早。

图 120—约翰・耐普尔

耐普尔必定没有想到借助指数记法就产生了他的对数概念,拿今天的眼光来看,这种记法是达到对数的最简捷的途径。他考察一个点 P 沿一条直线如 AB(长度为 10^7 单位)运动,其速度在每一点 P_1 上正比于剩余距离 P_1B,而另一点 Q_1 假定沿着一条无限直线 CD 匀速运动,速度等于第一个点在 A 处的速度(图 121)。假设这两个点同时从 A、C 出发,那么 P_1B 所量度的数的对数被定义为 CQ_1 所量度的对数。

在没有任何今天的对数级数的情况之下,耐普尔不得不这样来求得他所需要的每个对数的近似值:计算它必定处于其内的某些极限的值。为此,他利用两个公式和专门编制的辅助表,这样就可通过内插而得出所要求的数。

耐普尔主要想用对数来解平面和球面三角问题。因此,他所制作的表都表明 0°到 90°的角的正弦真数对每一分弧的对数。从这些表也可读出余弦对数和正切对数。耐普尔取 90°的正弦为 195 10^7,因之他的表覆盖 0 到 10^7 之间的数。然而,这些数不是自然数,而是随着正常增量所增加的角的正弦。此外,这些原始的对数和现在所谓的"耐普尔"对数或"自然"对数不同。因为在耐普尔系统中,10^7 即 sin 90°的对数是 0,而且随着数按几何级数递减到零,其对数按算术级数递增而趋于无限。

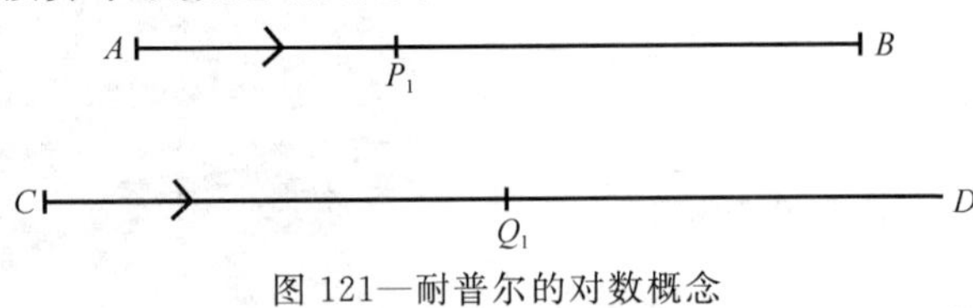

图 121—耐普尔的对数概念

对数的实用价值立即为耐普尔的朋友亨利·布里格斯(1561—1631)这位几何学格雷歇姆教授所认识,他对耐普尔发明后来的发展和迅速传播作出了很多贡献。耐普尔和布里格斯都看到了取 log 1=0 的系统的优越性,这时对数跟数一起增加。布里格斯计算出了基于这种原理的表。他的《对数算术》(*Arithmetica Logarithmica*)(1624 年)给出了 30000 个数的常用对数,直到小数 14 位。荷兰数学家艾德里安·弗拉克在 1628 年又对之作了增补,使之覆盖从 1 到 100000 的一切数。

约翰·耐普尔还对球面三角学作出过一些贡献,包括一种很有益的记忆球面直角三角形公式的方法即"圆分规则"。(参见 E. W. Hobson's *John Napier*, Cambridge, 1914。)

比尔奇

乔斯特·比尔奇(1552—1632)引入了一种粗糙的**反对数**表,

这些数的对数构成了一个自然数列。这个系统完全可能独立于耐普尔,尽管它晚六年才初次发表(1620 年),但是它确实很低劣,因此很快就黯然失色。开普勒高度赞扬耐普尔,但是他按自己的思路构造表并于 1624—25 年发表,后来又收入他的《鲁道夫数学用表》(*Rudolphine Tables*)。

及至十七世纪后期,早期这些麻烦的计算对数的方法由于应用了对数级数而被废弃。对数级数乃基于对数就是指数这一认识,它使得能够只要对收敛级数的足够多的项求和,即可得出任何所需精确度的对数。沃利斯首先一般地给出对于 $\log(1+x)$ 的重要级数,他还得出了它的一种修正形式,具有收敛较迅速这种实用上的优点。

解析几何学

196

笛卡儿

笛卡儿的著作《几何学》(*La Géométrie*),最初是作为他的《方法谈》(*Discours de la Méthode*)(1637 年)的附录而问世的。(参见 *David E. Smith* 和 *Marcia L. Latham* 英译的有注释的摹真本,Chicago 和 *London*, 1925。)它分成三个部分,第一、二部分论述解析几何,第三部分主要论述方程理论。本书故意写得有些隐晦,许多分析和蕴涵的结果均被省略,“以便给后人留下发现它们的乐趣”。

笛卡儿首先在几何学里的直尺圆规作图法和算术里的标准过程之间建立了类比;他指出了把代数思想和记法引进几何的优越

性。例如,他用字母标示直线段。他还构成了字母或者它们的组合的乘积和幂,但并不试图对它们作几何解释(如面积或体积);这样,他能够运用诸如 a^4,a^5,a^6……这样的量,它们对应于未知的几何图形,而如果没有这种规定,它们将是无法理解的。为了标示这种幂,他采用了我们今天使用的那种书写指数的系统,只是他随便地使用 aa 或 a^2。他通常使用字母 a,b,c……标示已知的或不变的线段,用 x,y,z 标示未知的或变化的线段。

为了解几何问题,笛卡儿推荐采用**分析**法(希腊人已经知道,并由巴布斯提出过),这种方法先假定问题已解出,然后写出在作图中涉及的各种直线的长度之间所必定成立的全部隐关系。每一个关系都由一个方程表示;因而该问题的解便归结为所有这些联立方程的解。对于待确定的问题来说,联系未知直线的方程的数目必定等于该问题所涉及的这些直线的数目。

笛卡儿把他的方法应用于巴布斯提出的一个古典几何学家都解过的问题,巴布斯自己只能解它的一些特殊情况。它的一般形式为:给定若干固定直线和同样数目的变直线,这些变直线每一条都和一条固定直线构成一个已知角并全都通过一个点,试求为使某几根变直线的长度相乘的积与其余变直线的乘积成一定的比,该点所必取的轨迹。笛卡儿表明,这种问题所涉及的一切变长度均可用两个变长度(他称之为 x 和 y)以及该问题的常量和已知数据等来表示。因此,两个乘积之定比可以表示成关于 x 和 y 及其乘积和幂的方程。当这两个量有一个已知时,另一个也就确定;这样的方程是所要求的轨迹的分析对应物。"如果我们逐次取直线 y 的无限多个不同的值,则我们就得到直线 x 的无限多个值,因而就得到无限多个不同的点，而利用这些点就能作出那条所要求的曲线。"

我们在这里已经看到了坐标几何学的萌芽。在这种几何里，用平面上一个点离两个固定轴的距离 x 和 y 来定义这个点的位置，而 x 和 y 之间一个给定的关系则对应于该点所必取的一个确定的几何轨迹，反之亦然。这个概念是笛卡儿对几何学的带根本性的贡献。代数学对几何学的应用并不新奇，可以追溯到许多世纪之前。然而，近代所用的那种一个点的横坐标和纵坐标从一个公共原点引出的任意坐标轴在笛卡儿的书中并没有出现。他在图形中利用任意方便的直线作为参考。在平面问题中利用两根轴这种现代方法是在十八世纪引入的，"横坐标"和"纵坐标"这两个术语也在那时开始使用。

巴布斯问题的任何特殊情形所造成的方程的次数，都不会超过方程每一边相乘直线的数目。笛卡儿表明，当问题涉及三四条直线时，所求的轨迹是二次曲线，然而随着直线数目增加，它成为甚至更高次的曲线。在书的第二部分中，他着手讨论这些曲线，以及用人工方法作出它们的可能性。

古典几何学家尽管承认圆锥曲线，但是他们一般都不考察那些需要用直尺和圆规之外的机械装置来作图的曲线。可是，笛卡儿坚持认为，任何曲线都是几何学应当研究的对象，只要它的形成方式能够清晰地构想出来，因为在几何学里，论证的确切性全在于此。如果所有"机械的"曲线都在排除之列，那么也没有理由保留直线和圆，因为它们的作图也需要一把直尺和一只圆规。因此，笛卡儿把凡是由两条运动速率彼此成一确定的已知关系的运动直线 198

相交所确定的曲线都列入他的研究范围。这些几何曲线的性质无论在哪种情况下都可由一个含两个变量的方程来规定。然而，他仍然排除了一些“几何”曲线，这些曲线是由其关系无法确切说明的独立运动形成的。这类曲线包括希腊人的许多特殊曲线（如螺线和割圆曲线）。

笛卡儿按几何曲线的方程把它们依次分类：二次的（第一类）、三次和四次的（第二类）、五次和六次的（第三类），如此等等。

笛卡儿描述了一种机械装置，它的两个直规彼此重叠地滑动，它们交点的轨迹形成一条双曲线；通过用这种双曲线或任何其他第一类曲线去代替其中一个直规，笛卡儿想由此把一条第二类曲线作为焦点的轨迹得出，并以类似方式应用这种曲线来得出一条第三类曲线，如此等等。在回到巴布斯问题上时，笛卡儿表明了所需求的轨迹类对所涉及的变直线的数目有怎样的依从关系，他还研究了在最简单的情况下，若干种类型二次曲线出现的条件。这一部分几乎详尽无遗地论述了圆锥曲线解析几何学的基本原理。

笛卡儿然后还说明了怎样确定一条已知方程的曲线上任一给定点处的法线（因而也是切线）的方向。他的方法是求一个圆，它恰好在该给定点上切触该曲线而不切割后者，于是它的方程与曲线的方程只有一对公共根。这个圆的圆心位于该所要求的法线之上，从而确定了它的方向。

笛卡儿在结束第二部分时论述了一些具有重要光学性质的曲线，它们后来被称为“笛卡儿卵形线”。这种曲线通过回转而产生反射或折射面，它们使得从一个点光源发出的光线全都通过一个实的或虚的点像。

在书的第三部分里的方程理论中,作为结果之一还有所谓的“笛卡儿符号法则”。按照笛卡儿的表述,这个法则是说,一个写成零型的方程(即所有项都在等号的一边)能有许多“真”根(即正的实根),个数多至等于相继项的符号从+到-或从-到+的变号次数,也能有许多“假”根(笛卡儿是指负的实根),个数多至等于在相继项中出现两个+号或两个-号的次数。这个结果以前已有卡当部分地预言过;在确立了虚根的概念之后,人们才知道这个法则的局限性(笛卡儿本人也属于最早指出这一点的人)。第三部分里还说明了,怎样可以通过对原方程作适当的变换,使根变号或者使根增加、减少,或者乘以或除以一已知数。这部分最后介绍了三次和双二次方程的图解法,它利用圆和抛物线之相交,还建议用更高阶曲线去解更高次的方程。 199

德扎尔格

几乎在笛卡儿发表他在解析几何学上的发现的同时,法国数学家德扎尔格引进了一些对纯粹几何学的未来发展有重大价值的概念。

吉拉尔·德扎尔格于1593年生于里昂。他早期生活大部分是在巴黎度过的。在这里,他结识了笛卡儿和许多其他后来组织法兰西科学院的学者,并且赢得了他们的尊重。德扎尔格是一位职业建筑师,曾作为一个军事工程师参与围攻拉罗歇尔的战役。他后来写过几本关于透视法和切石术的技术书籍,但是他的名作是《试论锥面截一平面所得结果的初稿》(*Brouillon project d'une atteinte aux événemens des rencontres d'un cône avec un plan*, etc.)(巴黎,1639 年)。

德扎尔格认为锥面或柱面是由一条无穷直线通过一个固定点并绕一个圆周运动而形成的。他用一个平面按各种方式截割这种锥面或柱面,结果得到了各种类型圆锥曲线;他还表明了,怎样根据形成锥面之底的圆的那些比较简单的性质推导出圆锥曲线类的性质。这部著作中其他引人注意的东西有:德扎尔格把平行直线看做是在一个无穷远点处相交的直线,把平行平面看做是在一条无穷远直线处相交的平面;他关于直线上的点集对合的理论,后来为夏斯勒所推广;点和直线与二次曲线成对偶关系的原理,它并扩充到立体几何学;以及许多其他重要结果。

和笛卡儿一样,德扎尔格的著作也不无含混,他用的术语是独创而又复杂的。他的许多结果都是不加证明或阐释而给出的。他的思想部分地必须从他的学生亚伯拉罕·博斯的著作中推断出来。除了激励这些著述的写作之外,德扎尔格还对之作出了许多公开言明的贡献。德扎尔格的方法起先受到非第一流人士的极为激烈的批评。而另一方面,这些方法又受到巴斯卡的赞赏和进一步的应用;但在 1662 年巴斯卡和德扎尔格都逝世以后,后者立刻被人遗忘了,他的书也无处可以觅得。在处理当时最受重视的物理学和天文学问题时,后来又增补了微积分的笛卡儿方法显得比德扎尔格的方法更为合适。因此,德扎尔格不得不等到十九世纪,才得到完全承认,那时他的思想成为在蓬斯莱、夏斯勒和斯坦纳等人那里迅速发展起来的射影几何学的基础。(参见 *Œuvres de Desargues... réunies et analysées par M. Poudra*, Paris, 1864。)

200

费尔玛

和笛卡儿同时代的法国最伟大的数学家之一皮埃尔·德·费尔玛(1601—1665)在微分几何学的建立上也享有一份荣誉。费尔玛把他的主要精力花在图鲁斯的公务上,而数学研究只占据他的余暇。在笛卡儿的书问世十年前,费尔玛已经尝试过把代数应用于几何学。他看来曾独立地产生用可以导出曲线的特征性质的方程来表示曲线这个重要思想。像笛卡儿一样,他也取古代的几何学作为出发点,他曾努力(尽管是徒劳的)恢复欧几里得的《衍论》(*Porisms*),后者的传本只是巴布斯作的节录。

费尔玛关于解析几何的带基本性的重要著作《平面和立体的轨迹引论》(*Ad locos planos et solidos isagoge*),比笛卡儿的著作更清晰,更完备。他说,作两条直线彼此成一个给定的角度(最适当的是成一直角),把交点作为原点,使离原点的距离分别同方程的两个变元成正比,这样就能方便地表示出方程。费尔玛把原点记为 N,并且用 A 和 E(相当于我们的 x 和 y)标示离开它们的垂直距离。用 B、D、G 表示常量。在费尔玛的著作中第一次出现了一条通过原点的直线的方程,它的形式为 $D.A=B.E$(试比较 $ax=by$)。他把抛物线方程写成 $A^2=D.E$(试比较 $x^2=ay$),圆的方程写为 $B^2-A^2=E^2$(试比较 $r^2-x^2=y^2$),如此等等。

费尔玛曾就解析几何学的发明提出对笛卡儿的优先权,我们很难对此表态。费尔玛发表的东西很少,他的大部分发现都是在书信中告诉巴黎的数学家,特别是默森的。他的著作和许多书信 201 一直到他逝世后才发表(*Opera Varia*, *Toulouse*, 1670—79;亦

见 *Tannery* 和 *Henry* 的现代版本，1891—1896）。

费尔玛是最早发现极大值和极小值问题的一般解法的数学家之一。他采用了一条原理，它在代数和解析几何学以及它们对物理学的应用中都极端重要。这类问题已知最早出现在欧几里得的《原本》（VI，27）之中。它虽然用几何术语表述，但相当于求积 $x(a-x)$ 的最大可能值。可以表明，当 $x={}^{a}/_{2}$ 时，这个积最大。古人也已知道，给定周长的一切平面图形中，具有最大面积的是圆；给定面积的一切立体图形中，具有最大体积的是球。十五和十六世纪有好些数学家曾孤立地研究过这类问题。但是，这些问题的卓有成效的研究还是从十七世纪的开普勒、卡瓦利埃里和费尔玛等人的工作开始的。

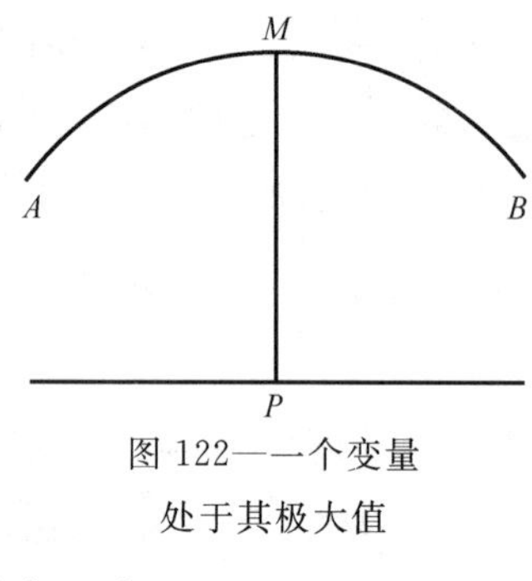

图 122——一个变量处于其极大值

开普勒偶然注意到，一个变量在它趋近极大值时，它的值只有微小的变化。例如，如果 *PM*（图 122）是曲线 *AMB* 的最大纵坐标，那么对于平行于它的无论朝哪个方向的无穷小位移，它的长度不会有可以觉察到的变化。开普勒显然掌握这条原理，尽管他不能证明它。

费尔玛自己曾在 1629 年应用过的他的方法，基本上就是今天应用于这种类型的初级问题的那种方法。在一个其值被研究的式子中，他用新的值 $(x-E)$ 或 $(x+E)$（E 是趋零的小量）代替独立变量 x。然后，他令该式子的新值与其原来的值相等，由此确定 x 的值就是使该式子取极大或极小值的值。在约化和用 E 除后，E

便等于零，而结果方程即给出所要求的值也即 x 的值。费尔玛的一个例子如用现代记法表示，将有助于说明问题。它要求求 x 的使得 $x^2(a-x)$ 取极大值的值。该解为

$$x^2(a-x)=(x+E)^2\{a-(x+E)\}.$$

它化简为

202

$$2ax-3x^2+E(a-3x-E)=0.$$

令 $E=0$，则有

$2ax-3x^2=0$，而所得 $x=\frac{2a}{3}$ 即为所要求的 x 的值

此值实际上使该式子取极大值。但是，费尔玛的方法没有提供区分极大、极小和拐点（其上的切线为水平线）的判据。区分这些点的一般方法最早是微积分提供的。

费尔玛曾大量应用这种方法去解我们称之为微分几何的那个领域中的具体问题。他还在别的场合叙述过曾把这种方法作过一个重要的物理应用，即应用于一条光线在两种不同媒质的界面上折射的问题。

费尔玛的数学天才另一方面表现在他的数论研究中，数论的现代发展实际上是从他开始的。在这领域中，他发现了大量重要定理，其中有些以他的名字命名；但是他常常省略了它们的证明，有时根本就没有提供过。例如，他的下述定理提供了他所获得的那种结果的一个例子：当 n 是大于 2 的整数时，方程

$$x^n+y^n=z^n$$

不可能为 x、y 和 z 的整数值所满足，它的一般证明至今尚未发现。

费尔玛和他的同代人巴斯卡实际上也是概率的数学理论和与

之密切相关的组合论的奠基者。

无限小，流数和微积分

从十七世纪初起，在建立处理无限小量的数学方法方面开始取得了进展。牛顿和莱布尼茨后来通过发明微积分而把这种方法发展成为科学研究最强有力的工具之一。然而，在这个领域的先驱者中，首先应该提到开普勒和伽利略的一个意大利门生卡瓦利埃里。

古代人特别是阿基米得已经认识到，许多几何问题是不可能用初等数学来解决的。这导致采用所谓“穷竭法”来测量弯曲图形。为了估算一条闭曲线的长度或者它所包围的面积，应对该曲线作一内接多边形和一外切多边形。这些直线图形的周长和面积都可以确定，因此可知位于它们之间的那曲线的周长和面积均处于某个极限之内。通过增加多边形的边数，这些不确定的界限便可相应地缩小，从而就可获得曲线周长和面积的近似值。弯曲立体的体积同样可以借助适当形状的内接和外切直线立体来度量。利用这种间接的方法，希腊数学家曾求得若干种类型弯曲图形的长度、面积和体积。

203

开普勒

但是，十七世纪天文学和物理学的进步乃维系于曲线和由曲线运动所产生的弯曲立体的一般测量方法的发展。例如对开普勒的《论火星》(*De motibus stellae Martis*)中的计算来说，攸关重要

的是把式子 $\pi(a+b)$ 看做一个其长短轴 a 和 b 仅略为不同的椭圆的周长的足够精确的近似值。开普勒的天文学著作中已经附带而隐含地包括了许多现在表示为三角函数的定积分的重要结果。然而,开普勒只是在他的《测量酒桶体积的新科学》(*Nova Stereometria doliorum vinariorum*)(林茨,1615 年)(本书的德文版见 *Ostwald's Klassiker*, Bd. 165)中,才比较系统地论述了确定旋转体体积的方法。

开普勒最初是为了改进当时应用的估算酒桶和其他容器容积的粗糙方法而制定他书中所提出的那些计算方法的。在买酒时,开普勒注意到酒商是根据通过桶口插入桶底的一根量杆来确定桶的容量的,并未考虑桶的弯曲情况。把桶的纵剖面绕它的轴旋转,可以得到一个与桶有相同容积的主体。开普勒打算把这样的旋转体分割成无数个基元,然后再把它们总加起来;他在《测量酒桶体积的新科学》中,还把这种方法运用到九十多种特殊情况。开普勒把无限小的弧看成直线,把无限窄的面看成线,把无限薄的体作为面。他的无限小量的概念是古代人一般都回避的东西,然而稍后却成了卡瓦利埃里的方法的基础。 204

我们把开普勒求圆面积的近似方法作为说明他的论证的一个例子,这种方法可以和阿基米得的方法相比较。开普勒把圆周看做由无限多个直线段所组成,每个线段都是以该圆心为顶点的一个等腰三角形的底边。如果现在把这些总长等于圆周的底边统统并排地连成一条直线,其离圆心的距离等于圆的半径,再把所有这些底边都同圆心相连,那么,将获得一个三角形,它由无限多个小三角形组成,并且面积等于该圆。用类似的方法也可计算出一个

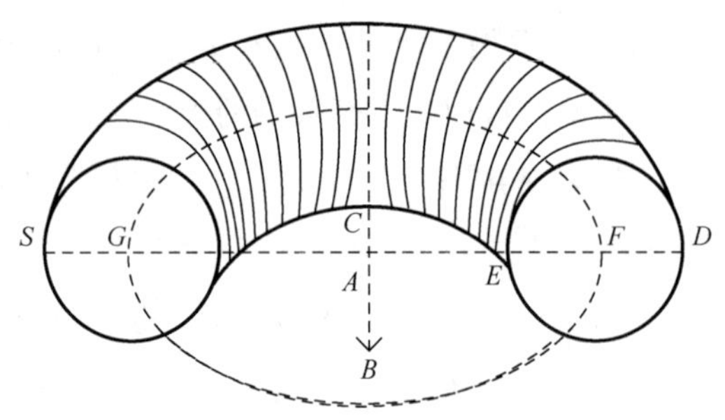

图 123—开普勒求锚环体积的方法

球的容积,只要认为球可以分割成无限多个以该球心为公共顶点的锥体即可。

开普勒方法的最有启发意义的例子之一,是他求锚环体积的方法(图 123)。首先,他用通过轴 *A* 的平面把锚环分割成无限多个圆片。这些圆片的厚度是不均匀的,而是靠近 *A* 的部分较薄。对面部分较厚。但是,这些不均匀性都相互抵消,而环的体积等于一个圆柱的体积,圆柱的底与环的截面相等,其高等于由该截面的圆心 ***F*** 绕轴 *A* 旋转所绘出的圆的周长。

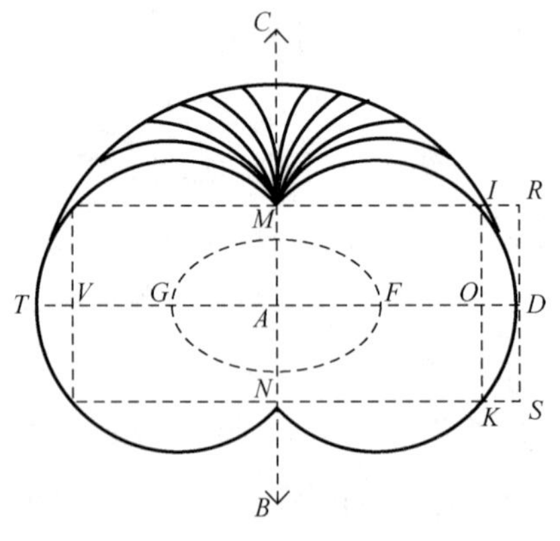

图 124—开普勒的“苹果”

开普勒起先是计算古代人所研究过的旋转体,但是,后来他考察了大量新的图形,总共有九十二种之多。其中许多图形是圆锥曲线绕直径、弦或切线或者外直线等轴旋转而产生的。开普勒用水果来命名许多如此形成的形体。图 124 所示是他的"苹果",它是由一个大于半圆的弓形绕其弦旋转而产生的。较小弓形通过类似旋转而产生的是一个"葫芦"205（*citrium*，而不是 *citreum* 即枸橼）。

开普勒的论证在严谨性方面不及欧几里得或阿基米得。因此,这些处理无限小量的方法必须进一步发展。在许多情况下,开普勒不得不满足于得到只是可能正确的结论,而有时他根本得不到什么正确的解法。

在他的《测量酒桶体积的新科学》中,开普勒也研究了这样的问题:怎样用尽可能少的材料去建造容积尽可能大的容器。这种所谓的**等周**问题,古代人早已知道,而在十八世纪又突现出来,因为它们在高等数学分析的发展上起着重要作用。作为开普勒在这个领域里的研究的一个例子,我们可以提到他的一个命题:立方体是可内接于一个球的最大平行六面体。在别的场合,例如他关于对数的著作中,开普勒还提到了判别一个变量的极大值(和极小值)的判据,即在一个极大值的紧邻中,该变量的值实际上保持不变。

开普勒对各种类型圆锥曲线的连续性的认识〔在他的《前维特利奥纪事》(*Ad Vitellionem paralipomena*)之中〕也相当重要,由此我们可以不间断地从圆经过椭圆、抛物线和双曲线而过渡到线耦。他还把轨迹这一术语引进几何学的这些分支之中。

卡瓦利埃里 206

预示着积分学各种新方法的下一发展阶段的,是博那文图拉·卡瓦利埃里(1598—1647)的工作,他是波洛尼亚的耶稣会教士、数学教授。在他的《用新的方法推进连续体的不可分量的几何学》(*Geometria indivisibilibus continuorum nova quadam ratione promota*)(1635 年;最后一版,1653 年)中,曾研究过开普勒的《测量酒桶体积的新科学》的卡瓦利埃里解释了(大约十年前他所发明的)**不可分量的方法**,但是没有阐明他的不可分量的精确含义。他的方法给人一种印象,即他把线看做由无限多个相继的点所组成,面由无限多条线组成,立体由无限多个面组成,而这种点、线和面就是所说的不可分量。这个印象导致对卡瓦利埃里的许多误解和批评。因为体、面和线经过不断重分而产生的那些元素本身都必定又分别是体、面和线。卡瓦利埃里也许完全认识到了这一点,所以他只是把他的不可分量用作为一种计算工具。在求一个所要求的面积和一个已知面积的比时,分别用无限靠近的等距平行线分割这两个面积。对每个图形都把这些线总加起来,当线的数目变得无限大时,它们的和之比即确定。这个比等价于那两个面积的比;当知道了这比和其中一个图形的面积时,另一个图形的面积也就可以求得。

例如,作一矩形,与一个已知三角形同底同高,再过这两个图形作平行于底的等距线。容易证明,在三角形中截段之和是整个矩形中的截段之和的一半。据此,卡瓦利埃里断言,这两个图形的面积之比也是 1∶2。采用类似方法可以证明,一个椭圆的面积同一个其直径等于该椭圆的一个轴的圆的面积之比,等于该椭圆另一个轴同该圆直径之比。

在用他的方法求立体的体积时,卡瓦利埃里用等距平行平面而不是直线去分割这些立体。若这些平面把两个立体分割成平面,它们的面积彼此始终成一定比,那么这两个立体的体积也将成这个比例,这是一条现在仍以卡瓦利埃里命名的定理。

开普勒为自己规定具体的问题,和他的方法相比,卡瓦利埃里的方法的优点是有更大的普遍性,处理也更为抽象。尽管他们两人都遭到反对,但是他们引进的无限小概念是迄今一直在丰富数学的最可宝贵的思想。在解析几何被发明之后,这思想第一次充分显示出它成果卓著,而解析几何和无限小概念的结合孕育了微积分学。 207

居尔迪努斯

保罗·居尔丁或居尔迪努斯(1577—1643)属于反对开普勒和卡瓦利埃里的科学家。他的多卷本著作《重心》(*Centrobaryca*)(维也纳,1635—42年)主要论述确定曲线、曲面和立体等的重心的方法,他的方法达到了前所未有的完善。他也计算了许多旋转体的体积。为此,他利用了一条从巴布斯著作中找出来的定理,这条定理是说,一个平面图形绕其平面上的一个轴旋转而产生的一个立体的**体积**,等于该图形的面积和其形心所画出的弧的乘积。这条定理和一个与之相关的、使得能够计算旋转体的**面积**的定理,现在不加区别地叫做巴布斯或居尔丁定理。

居尔丁曾试图给此条定理以一个令人满意的证明,但没有成功。不过,他根据以下事实推知这条定理是成立的:借助这条定理可以得出和用其他比较严格但比较冗长的方法时一样的结论。居尔丁举的例子大都和开普勒的相同。但是开普勒的方法(居尔丁认为它不科学而反对它)包含了高等数学的萌芽,而居尔丁方法一直未对这门科学的进一步发展产生明显影响。实际上已经发现,在许多场合,求平面图形的面积和确定它的形心,要比直接求由它所产生的旋转体的体积困难得多。因此,这些定理现在极为普遍地用于当一个平面图形的面积和它所产生的旋转体的立体的体积已知时,来确定这个平面图形的形心。

罗贝瓦尔

卡瓦利埃里的不可分量的那些被信以为真的逻辑缺陷被法国数学家吉尔·佩尔索纳·德·罗贝瓦尔(1602—1675)除去了一些,他声称自己已独立地发明了这种方法。他把线看成由线元组成,面由面元组成,而体由体元组成。他成功地用不可分量的方法求得了许多曲线特别是摆线的面积。

208 罗贝瓦尔曾尝试利用运动学的思想解几何问题。例如,他把某些类型曲线(例如抛物线)看做为一个动点的轨迹,其运动在每一瞬时均由两个简单运动合成。他试图给这种曲线在任一给定点上作切线,其方法是把该生成点的运动分解成它的分运动,然后应用速度平行四边形求得切线。

巴斯卡

布莱斯·巴斯卡(1623—1662)和费尔玛同时代,是他的朋友。巴斯卡也研究了不可分量方法,他像罗贝瓦尔一样地修改了这种方法。巴斯卡显示了早熟的数学天才,但是他在这个方向的活动受到了宗教顾忌的阻碍,并以他的夭折而告终。尽管如此,他还是使数学和物理学的若干不同分支取得显著的进展。

巴斯卡年仅十六岁时，就写了一篇关于圆锥曲线的论文，今天几乎已湮没无闻。文中他采用了德扎尔格的几何方法，提出了一条关于圆锥曲线的内接六边形的一个重要性质的定理，它现在仍被称为巴斯卡定理。他晚年在丢弃数学多年之后，为了研究摆线的性质又曾短时期地回到这条定理上。所谓摆线就是指当一个圆沿一条固定直线顺利滚动时，其圆周上一点所描绘出的曲线。摆线的面积已经由罗贝瓦尔和托里拆利各自独立地求出，而费尔玛和笛卡儿则已解决了给它作切线的问题。巴斯卡研究了一些困难的问题，它们是关于求一条摆线绕其平面上的特殊直线旋转而产生的立体体积的方法以及确定这种立体的重心的方法。据说他在一星期里就解决了这些问题，他采用的是不可分量方法，这种方法使他获得的结果相当于某些基本三角积分。

图 125—布莱斯·巴斯卡

沃利斯

图 126—约翰·沃利斯

把卡瓦利埃里的方法同解析几何和更为高级的代数分析综合起来，是约翰·沃利斯（1616—1703）在他的《无穷的算术》（*Arithmetica Infinitorum*）（牛津，1655年）中对十七世纪数学发展作出的主要贡献。作为一个数学家和牧师，沃利斯是为皇家学会奠基的那一辈最杰出的人之一。他的地位在笛卡儿和牛顿之间，是牛顿的挚友。

209 沃利斯的曲线求积方法是这样的。他用平行纵坐标把曲线分成近似于平行四边形的带，对它们求和，然后求当这些带的数目无限增加时，这个和所趋近的值。沃利斯特别把这个方法用于那些一般形式为 $y=x^m$ 的方程的曲线。已往的研究者局限于 m 为正整数的情形，而沃利斯认识到 m 的负值和分数值的重要性，因此他研究了取这些值时所得到的结果（直到他能解释它们）。这些研究导致沃利斯试图求圆的面积。他用自己的方法很容易地求得了坐标轴和曲线 $y=(1-x^2)^m$（只要 m 为正整数）所围的面积。如令 $m=1/2$，可得圆的方程：$y=\sqrt{(1-x^2)}$，或 $x^2+y^2=1$；这里所围的面积就是一个象限的面积。沃利斯发现，如果能求得此面积，也就能立即得出圆面积或者 π 的表达式。他形成了相应于 $m=0,1,2,3,\cdots\cdots$ 的数列，然后试图通过内插求得相应于 $m=1/2$ 的该表达式。他用间接方法成功地用无穷乘积表示 π，布龙克尔勋爵又将此表达式转换成无限连分数。沃利斯的尝试大约在十年以后还导致牛顿也继续研究这个问题，从而发现了二项式定理。

沃利斯最早给出了对数级数的一般表述。他还率先把笛卡儿的方法系统地应用于圆锥曲线几何。

巴罗

牛顿的直接先驱是伊萨克·巴罗(1630—1677)，他是牛顿的老师和剑桥大学卢卡斯讲座教授的前任。在他的《光学和几何学讲义》(*Lectiones opticae et geometricae*)(1669年)之中，巴罗提出了一种过曲线上任一给定点作该曲线的切线的方法，这可能对牛顿发明流数产生了影响。根据曲线的方程，巴罗计算了连接曲线上的已知点和接近该已知点的这条曲线上的第二个点的弦的斜率，他求出了当这两个点的坐标之差变为无限小量时，这个斜率所取的值。这个值就是所要求的

图 127—伊萨克·巴罗

那条切线的斜率，这也可以作出相应的图。

牛顿

牛顿对纯粹数学的大量贡献由于他发明流数而都黯然失色，210 流数是现代微积分学的两大来源之一。

像万有引力的发现一样，流数的发明似乎也发端于1665和1666年鼠疫流行期间，牛顿在暂时离开剑桥过隐退生活时所做的尝试性数学工作。牛顿这些早期尝试工作的笔记手稿现在还留传下来好几份（参见 S. P. Rigaud, *Historical Essay on the First Publication of Newton's "Principia"*, Oxford, 1838, Appendix, pp. 20—24）。时间署为1665年11月13日的一个问题的解可以作为例子，说明他的方法和这些方法是用来处理哪种类型问题。问题是这样的：

"给定一个方程，它表示两个或更多个运动物体 A，B，C 等等所同时描出的两条或更多条线 x，y，z 等等的关系，求它们的速度 p，q，r 等等的关系。"

牛顿假设，这些物体每个时刻所描绘的"无限小的线"均与它们描绘时的速度成正比。因此，若速度为 p 的物体 A"在某时刻"描绘"无限小线 O"，则以速度 q 运动的物体 B 其时将描绘线 $\frac{Oq}{p}$，如此等等。因此，A 所描绘的线 x 的长度为 $x+O$，y 的长度为 $y+\frac{Oq}{p}$，等等。这些新的量必定与 x，y 等等满足相同的给定方程，只要将它们代入方程，即可求得所需求的这些速度之间的关系。

作为例子，牛顿考察了下述包含两个变量 x 和 y 的方程：

$$rx + x^2 - y^2 = 0;$$

他的过程如用现代的指数记法大致可以表达如下：

用新的量代换 x 和 y 而给出

$$rx + rO + x^2 + 2xO + O^2 - y^2 - \frac{2qOy}{p} - \frac{q^2O^2}{p^2} = 0.$$

减去原来的方程

$$rx + x^2 - y^2 = 0,$$

余下

$$rO + 2xO + O^2 - \frac{2qOy}{p} - \frac{q^2O^2}{p^2} = 0.$$

除以 O，得

$$r + 2x + O - \frac{2qy}{p} - \frac{Oq^2}{p^2} = 0.$$

“那些含 O 的项无限地小于不含 O 的项。因此，略去它们后就得　211

$$r + 2x - \frac{2qy}{p} = 0 \quad 或 \quad pr + 2px = 2qy”$$

这就是所要求的速度 p 和 q 之间的关系。

牛顿把他的方法用于给一条曲线作切线（从而使巴罗的作图法系统化），以及确定该曲线任一点的曲率半径。

这些早期工作已经说明了牛顿关于数学量的基本概念，即他认为它们是由类似于一个点以一定速度画出一条线那样的连续运动所产生的。这个思想在牛顿后来关于这个问题的一系列著作中得到了发展，并且使用确定的术语和记号解释和应用了它。“线不是由部分并列起来而描绘出并因此而产生的，而是由点的连续运动所描绘和产生的；面由线的运动所产生；体由面的运动所产生；

角由边的旋转所产生；时间间隔由连续流产生；其他量同样如此……。因此，有鉴于此，按同样速率增加并由增加而产生的量，它们的大小取决于这些量增加或者产生的速度的大小；我找到了一种方法，用以根据量在产生时的运动速度或者增加速度来确定这些量；由于我把这些运动或增加的速度称为**流数**，所产生的量称为**流**，因此我在 1665 和 1666 两年里，逐渐地研究起流数的方法……”（*Quadratura Curvarum*，1704）。牛顿用 $\dot{x}$ 标示任意流量 $\dot{x}$ 的流数。除非流的产生速率是均匀的，否则它的流数也有其自己的一个有限的流数，牛顿用 $\ddot{x}$ 表示之，如此等等。牛顿进一步把量的瞬定义为“它们的无限小的份额，它们在无限小的时间间隔中即以这样的份额而连续地增加”。在他的记法中，他用符号 $O\dot{x}$、$O\dot{y}$ 等等标示这些量，其中 $\dot{x}$ 和 $\dot{y}$ 是 x 和 y 的流数，O 是时间或者某个别的平稳增加的流的“无限小量”。牛顿上述“在字母上加符点”的记法，他最早在 1665 年的笔记中就使用了。但是，他过了很多年以后才发表了关于他的新方法及其独特记法的正式的完备的说明。

他在 1669 年首先写信大略地把他的方法及其几何应用告诉巴罗，但这篇短文的发表却迟至 1711 年。在一封写给科林斯的信（1672 年 12 月 10 日）中，他也提到了他的方法及其对方程论的应用，这封信后来在与莱布尼茨的争执中处于极为突出的地位。他在写于 1671 年的《流数方法》（*Methodus Fluxionum*）的手稿中，更为详尽地论述了他关于流数的思想。这本书在他死后六十五年才被译成英文首次发表（*Method of Fluxions*，1736），不过这部手稿的基本内容曾以《求曲边形的面积》（*De Quadratura Curvarum*）为题作为1704年出版的《光学》的附录发表。

牛顿一开始就认识到有两类互逆的流数问题:(1)"已知流之间的关系,求它们的流数的关系,"和(2)已知流数之间的关系,求原来的流的关系。第一类问题(1)用上面举的简单例子说明,相当于微分法。第二类问题(2)产生在相当于积分法和微分方程求解的过程。1666年,牛顿已在尝试根据流数构造流以及确定已知曲线的面积(它被看做为其流数是纵坐标的量)这种逆过程。在他写作《流数方法》时,牛顿似乎已经知道类似于偏微分和部分积分的过程。

在《原理》(1687年)第一卷第一节中,牛顿解释了他的最初比和最后比理论的基本原理,这个理论系关于两个初生的或消失的量的比的极限值,它构成了微分学的逻辑基础。他写道:"所谓消失量的最后比应理解为既不是在量消失之前,也不是在它们消失之后,而是正当它们消失时的比。同样,初生量的最初比也是它们开始存在时的比。……量消失时的最后比实际上不是最后量的比,而是无限减少的这些量的比所趋近的极限。"利用这种极限概念,牛顿已在尝试摆脱使用他已很不喜欢的无限小量时所发生的那些困难,尽管没有取得完全的成功。《原理》中始终未出现过流数的记号,他所采用的是从亚历山大里亚时代沿袭下来但略作了修改的纯粹几何的证明方法。这部分地是为了遵从同时代数学家们的意见,他们很少有人热心或者相信分析的证明方法,至于流数的方法,这样的人就更少了。然而,几乎毋庸置疑的是,牛顿正是借助流数方法达到他的大多数结果,这些方法特别适合于他必须 213
研究的那种类型问题。此外,《原理》中首次公开讨论了流的性质,并第一次刊印了在专门意义上的流数这个词(*fluxiones*)。

牛顿采用"字母上加符点"记法的发明的说明最早刊于他投交沃利斯的拉丁文版《代数》(*Algebra*)(1693 年)的稿本。这是以第三人称写的;最早刊印的以牛顿自己名义的文本见诸他的《求曲边形的面积》(1704 年),这标志着已在最大限度上摆脱了使用无限小量,而他在早期的手稿中曾大量使用无限小量。现在他坚持认为:"没有必要把无限小的数引入几何学,"因为变量的流数一般都是有限的,而十八世纪的作家由于忽视这一点而在这个问题上发生严重的误解和混乱。

牛顿延搁正式发表他的流数方法所造成的不幸后果之一是后来同莱布尼茨发生争论,后者声称应当承认他是微积分的独立发明者。

牛顿发现二项式定理,大概也属于他从剑桥隐退的早期。他在 1676 年给奥尔登伯格的询问莱布尼茨情况的两封信中,宣布了这个公式,说明了它的推导方法和几何应用。他似乎是基于考虑沃利斯没有解决的下述问题而得出这条定理的:求曲线 $y=(1-x^2)^{\frac{1}{2}}$ 在 $x=0$ 和 $x=1$ 两个值之间所围的象限的面积。他研究了求方程形式为 $y=(1-x^2)^m$ 的曲边形的面积的问题,其中 m 取相继的整数值 0,1,2,3,…。他在结果的级数中发现了一些规律性,这使他得以用内插法求得当 m 为 $\frac{1}{2}$ 时该级数所取的形式,他最终得到了一个二项式的任意次幂的一般展开式。于是,他便能够把 π 表达成无穷级数的形式(这正是沃利斯所曾寻求过的),他也能够推广沃利斯的方法用于求任意曲边形的面积和周长,曲线的纵坐标由关于横坐标 x 的一个二项式的有理幂来表示，因为现在可以把它按 x 的升幂展开成一个无限项级数，而其中每一项都可应用沃利斯的方法。他在这个方向上部分完成的研究成果是在1704年发表的。

在1676年给奥尔登伯格的两封信的第一封中，牛顿说明了怎样把一个角表达成其正弦的升幂的无穷级数的形式，然后他再反 214 过来把这个级数转换成另一种无穷级数，用角给出正弦。在第二封信中，他还间接提到他的流数方法，但是最为重要的部分是以字谜形式隐蔽起来的，因此牛顿此信所要打听的莱布尼茨从中不可能获得什么东西。但是，莱布尼茨次年写的一封信表明，他已发展了他自己形式的微积分，它采用独特的记号 dx、dy 来表示曲线上的点的坐标增量。

作为卢卡斯讲座教授，牛顿每年讲授的课程主要是他自己的研究成果。他早期的光学演讲的内容，我们放在别处讨论；后来他转向讲授代数学，特别是方程理论，对这两个领域他作出了许多技术性的贡献。其中主要的是他提出了一种求数值方程的近似根的重要方法(维埃特曾部分地预言过)，以及用方程的系数表示其根的任何给定的正整数幂的和的表达式。牛顿在代数学方面的工作后来发表在他的《普遍的算术》(*Arithmetica Universalis*)(1707年)之中。作为第一版《光学》(1704年)的附录，牛顿增补了两篇数学论文:《三阶曲线的计算》(*Enumeratio Linearum Tertii Ordinis*)和《求曲边形的面积》。前者应用解析几何研究三次曲线的性质，但其中许多内容对于高次平面曲线的研究也有普遍的重要意义。后面一篇论文说明了，牛顿怎样把沃利斯的方法加以推广，用来求曲边形的面积和周长。

莱布尼茨

德国哲学家戈特弗里德·威廉·莱布尼茨(1646—1716)在数学史上的地位在于,他可能是微积分的独立发明者,并且肯定是现在几乎为数学该分支所普遍采用的记法的创始人。此外,他所提出的要求挑起了一场争论,影响了欧洲数学发展的进程达一个多世纪之久。

莱布尼茨1672年曾因政治使命访问巴黎,其间他会见了惠更斯。看来正是由于这次晤谈,莱布尼茨才开始认真从事数学研究。翌年他曾在伦敦勾留,结识了奥尔登伯格和皇家学会。这一时期,莱布尼茨在高等数学方面的研究主要是利用无穷级数来求圆和其他曲边形的面积。然而,他由此进而考察了求构成曲边形的元素之和的一般方法,并且根据他后来提出的要求,他在1674年发明了微分学和积分学。

215 1675—6年的莱布尼茨的笔记手稿里作了一些尝试,露出了对最简单的表达式采用微分和积分的方法的苗头。莱布尼茨的思想有一个缓慢的发展过程,但是他的独特的记法却几乎从一开始就产生了。

1677年,莱布尼茨在给奥尔登伯格的一封信中,诉述了他的给曲线作切线的方法以及解相当于积分的逆问题的方法。这是为了回答牛顿那两封信的第二封而发出的。在写于1676年的信中,牛顿宣布了二项式定理,提出了(在字谜的掩盖下)根据流的方程求流数的问题。牛顿后来适当地承认了莱布尼茨在这个领域的成就。在《原理》的第一版(1687 年)中,他插上了一段话,它可以复述如下:"十年前在我和最杰出的几何学家 G. W. 莱布尼茨的通信中,我表明我已知道确定极大值和极小值的方法、作切线的方法以及类似的方法,但我在交换的信件中隐瞒了这种方法……这位最卓越的人在回信中写道,他也发现了一种同样的方法。他并诉述了他的方法,它与我的方法几乎没有什么不同,除了他的措辞和符号而外。"这段话在 1713 年的《原理》第二版中还保留着,但在 1726 年的第三版中,这段提到莱布尼茨的文字被删去了。

其间莱布尼茨在投给《学术学报》(*Acta Eruditorum*)的文稿上正式详尽地发表了他的微积分。他在 1684 年发表的一篇文章中制定了微分学原理。他把微分学的主要问题表征为当一个式子的值所依赖的变量有一无限小的增量时,计算该式由此而引起的值的增量。他把这种增量称为"差分"(difference)。他通过添加字母 d 来标示它。在他的笔记中起先把它写在分母上,但是后来把它作为被微分的式子的前缀,如同现代的做法一样。莱布尼茨的差分符号 dx 或 dy,对于以前例如费尔玛用任意字母来标示一个变量的微小增量的做法,是一个改进。但是,这种差分在各种情况之下究竟应当看成是有限的还是无限的,当时并不十分清楚。莱布尼茨后来的偏微分还采用了一个专门的符号。在 1686 年发表的第二篇文章中,莱布尼茨主要论述了积分学,它是一个逆问题,由给定的一个式子的微分去确定该式的形式。他一开始就认识到,这个过程和求图形的面积和体积的过程有密切联系。在他的笔记中,莱布尼茨开始时通过加上一个前缀词 omnia(缩写成 omn)来标示一个量的相继元素之和,但是后来(1675 年)他为此 216

写下符号∫(一个长的 s—summa〔和〕的为首字母)。这个符号于1686年第一次出现在印刷物中。*calculus integralis*〔积分〕这个术语是约翰·伯努利向莱布尼茨建议的。莱布尼茨不久就掌握了求和、差、积、商以及简单量的幂和根的微分的方法(尽管偶尔有些误解),他还给出了确定极大值和极小值的法则。

自从牛顿于1687年承认莱布尼茨以后,长期以来,人们一直认为这两个人独立地发明了各自的系统。然而,在1699年,瑞士数学家法蒂奥德迪利在寄给皇家学会的一篇文章中提出,莱布尼茨的思想获自牛顿;但是皇家学会没有干预这种指控,尽管牛顿这时未参与争论。1705年,在一篇为《学术学报》写的对牛顿的《光学》及其数学附录的匿名评论中,莱布尼茨暗示牛顿的流数是对莱布尼茨的差分的改制。1708年,牛津的实验物理学讲师,后来的萨维尔天文学教授凯尔反过来激烈地指控莱布尼茨是剽窃者。莱布尼茨对这个指控提出上诉,为此皇家学会于1712年任命了一个委员会(主要由牛顿的朋友组成),审查了有关争论的文件,并且发表了一篇报告(*Commercium Epistolicum*, 1712)。但是,这个报告仅仅肯定了牛顿的优先权,反对莱布尼茨所指控的剽窃;但对莱布尼茨的独创性以及凯尔指控的真实性不置一词。并且,报告对莱布尼茨语气里含有敌意,委员会没有公正地代表他的利益。此外,委员会还根据一个假设作判断,这个假设认为莱布尼茨在1676年已看到了一个文件,它可能给了他宝贵的提示。然而,德·莫干在1852年证实莱布尼茨根本没有收到过这个文件,而只是收到过文件的一个摘要,关键部分已经删掉。当莱布尼茨向皇家学会申诉对他不公平时,学会否认对委员会的报告负有责任。

然而,后来这个问题被提到皇家学会的一次有外国大使出席的会议上审议。根据一个与会者的建议,牛顿开始同莱布尼茨进行个别磋商。但是直到莱布尼茨逝世,还没有得出任何结论,此后这场争论仍继续了很多年。

如果同莱布尼茨自己的一贯申述相反,他真是从牛顿那里汲取到微积分的思想,那么,他必定至迟于1675年而且很可能是从牛顿早期关于流数的手稿中获得的(假如他能够理解这些手稿),因为他从牛顿的字谜不可能获得什么东西,而且也没有任何理由可以认为,他在1673年访问伦敦期间获得过任何有价值的信息。莱布尼茨接触过这种原始资料的说法从未得到证实;但是这种可能性不能完全排除,所以严格来说,这场争论现在仍悬而未决,因为大多数权威认为,莱布尼茨的自我表白不无可疑之处。然而,舆论逐渐转向有利于莱布尼茨,特别是在德·莫干有力而合理地据实辩护之后。 217

莱布尼茨对微积分记法的宝贵发明从未遭到过质疑。德·莫干甚至认为,牛顿从莱布尼茨汲取了"永久使用一种有组织的数学表达模式的思想",来代替只是偶尔使用点符的做法,牛顿并因此而着手把自己的记法系统化且加以发表。莱布尼茨始终极为重视数学记法的问题。他在引入新符号时十分审慎,在采用和发表这些符号之前,总是先和同时代的数学家商讨。他把他的发现归功于他使用了改善的记法,他创造的新符号大都留传到了现在。莱布尼茨的微分记法被约翰·克雷格应用在一本书里,该书早在1685年即比牛顿记号的刊印早八年在伦敦出版。然而,一般说来,牛顿的记法在整个十八世纪里一直为英国数学家所沿用,而且现在仍被英国力学作家所广为应用。另一方面，莱布尼茨的记法主要为法国和德国数学家所使用，当然也绝不是绝对这样。这在英国和大陆数学家之间造成了一种屏障，它的存在给双方都带来损害，特别是对英国那一派。

莱布尼茨从1684年起不断向《学术学报》投稿，由此逐渐制定了初等微积分的原理和方法及其对几何和力学的应用。在微分几何方面，他建立了包络理论。他还涉猎了其他一些数学分支，在通信中预言过可以用行列式来缩简某些代数式。莱布尼茨对力学的贡献平平。

218 （参见 A. De Morgan, *Essays on the Life and Work of Newton*, edited by P. E. B. Jourdain, Chicago and London, 1914. G. A. Gibson, in the *Proceedings of the Edinburgh Mathematical Society*, Vol. XIV, 1895—6. F. Cajori, *A History of Mathematical Notations*, Chicago, 1928, 1929, Vol. II; *The Early Mathematical Manuscripts of Leibniz*, tr. by J. M. Child, 1920; F. Cajori, *A History of the Conceptions of Limits and Fluxions in Great Britain from Newton to Woodhouse*, 1919, and *A History of Mathematics*, New York, 1919; W. W. R. Ball, *A Short Account of the History of Mathematics*, 1908; D. E. Smith, *History of Mathematics*, Boston, 1923, 1925。）

第十章　力学

流 体 力 学

斯特维努斯

文艺复兴以后,第一个认真研究流体力学问题的是布鲁日的西蒙·斯特芬即斯特维努斯(1548—1620)。他是一位佛莱芒工程师和发明家,在荷兰军队中任过要职。斯特芬和伽利略差不多是同时代人,但他们的研究是各自独立进行的。然而,他们所达到的结果却令人惊讶地相互补充,一起基本上构成了近代力学的基础。斯特芬在用佛莱芒文撰写的于 1586 年问世的一本书(*De Beghinselen der Weeghconst*)中阐明了他的力学方法和发现。他的数学著作由斯涅耳编集并用拉丁文出版:《数学札记》(*Hypomnemata Mathematica*,莱顿,1605—1608 年),在他死后该书又出版了法文译本《西蒙·斯特芬数学著作》(*Les œuvres mathématiques de Simon Stevin*)(莱顿,1634 年)。

斯特芬对固体静力学和流体静力学都作出了宝贵的贡献。在他的著作中,已经能够见到虚位移或虚速度原理的萌芽,尽管他没有像伽利略那样,把它推广到液体的情形。例如,在研究单个滑轮和滑轮组的性质时,他发现,在任何这种滑轮系统中,每个所支撑的重物与它由于该系统的任意给定位移所带动而移过的距离(或者与它的速度亦可)的乘积在整个系统中处处相等时,该系统仍保持平衡。

斯特芬经过独到的思路而得出了斜面的平衡条件,最后并得出了力的平行四边形定律。他没有证明而是直觉地领悟到这些结果的真实性。他推出这些结果的过程如下。他考察一个竖立的三角形或者一个三角形截面的棱柱 ABC(图 128)。三角形的底 AC 是水平的,围绕它吊着一串闭合的由等距等重的质量 P、Q、R、D……组成的链,这些质量能够在棱柱的斜面上没有摩擦地滑动。这样的链必然是平衡的,否则它将处于一种不断运动的状态,而斯特维努斯认为这是不可能的。而且,如果去掉这链在底下面的等重而又对称部分 SL 和 VK,那也不会破坏这种平衡。但是在这种情况下,BC 上的链的较短部分和在 AB 上的较长部分必定处于平衡。但是,这些部分的重量显然和它们的长度即 BC 和 AB 相一致。由此可知:若由一根沿斜面 AB 和 BC 的绳索联结的在这两

220

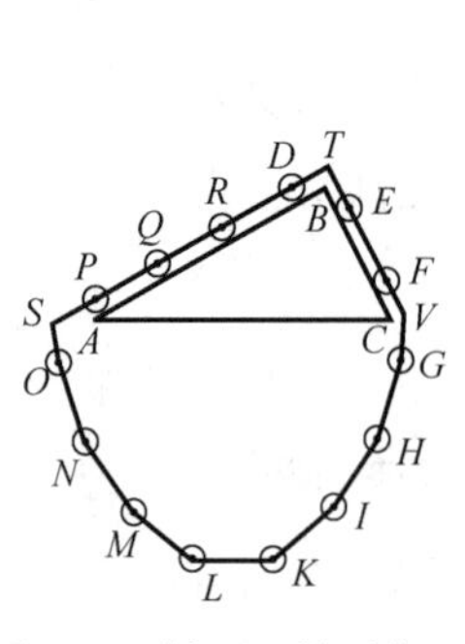

图 128—斜面上的平衡

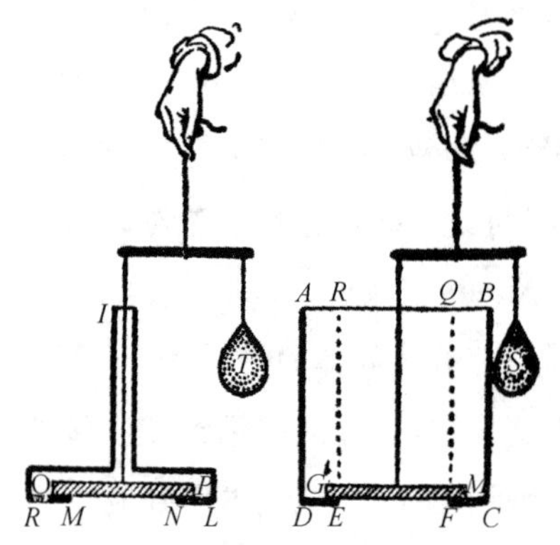

图 129—流体静力学悖论的实验演示

个斜面上的两个质量正比于这两个平面的长度，则它们将保持平衡。假如 BC 垂直于 AB，则斜面定律便变得较为简单：BC 上的质量和 BA 的质量之比必定和斜面的高度与它的水平长度之比相等。斯特芬本人对他的研究结果感到很惊讶，以致他惊叹："Wonder en is gheen Wonder"。〔一个奇迹，但不足为怪〕

通过考察斜面上一个物体，它由两根分别与该斜面平行和垂直的绳索支撑，斯特芬得出了只适用于静力学问题的力的平行四边形或者至少是力的矩形定律。

斯特芬最重大的成就之一是他发现了若干最重要的流体静力学定律。例如，他用实验演示了所谓"流体静力学悖论"，即下述定律：液体对盛放液体的容器的底所施的力只取决于承受压力的面积的大小和它上面的液柱的高度，而与容器的形状无关。斯特芬用图 129 所示的实验演示了这个性质。一个容器 $ABCD$ 注满了水，底部有一个圆形开口 EF，盖上一个木盘 GH。第二个容器 221 IRL 与第一个一样高，也注满水，底部也有一个同样大小的开口，

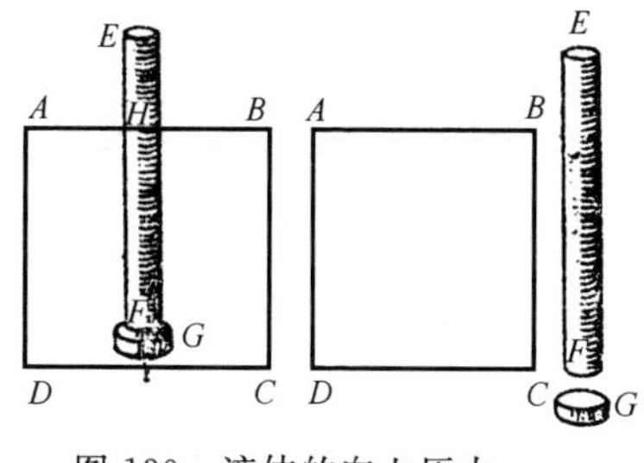

图 130—液体的向上压力

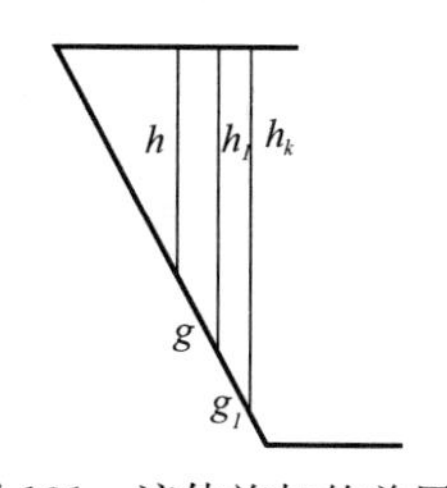

图 131—液体施加的总压力

也盖上一个与 GH 同样重的木盘 OP。实验表明，木盘 GH 和 OP 都没有浮起而保持顶住开口；还表明，实际上它们承受着相等的压力。证明的方法表明，这两个压力相均衡，以及两个圆盘刚好被重

物 S 和 T 升起，S 和 T 的重量彼此相等，且等于在圆盘 GH 上的水柱 $ERQF$ 的重量。斯特芬注意到，按这样的方式，一根细管中的一磅水能容易地对一个大容器中的一个插塞施以十万磅的压力。后来水压机就是根据这条原理发明的。

斯特芬演示了液体的向上压力，他把一块金属片 G 盖住一个两端开口的管子 EF 的一端（图 130），然后把如此堵住的管口放入盛水的容器 $ABCD$ 之中。他发现，金属片并不沉下，而由于液体向上压力的作用仍然顶住管子。上述两个实验现在仍给物理学生演示。

斯特芬隐含地假设了后来由巴斯卡所提出的那条原理：液体中任何一点处的压强各向相等。为了计算一个注满水的容器的侧壁之一部分所承受的总压力，斯特芬用水平线把这个部分分割成一系列小的平行矩形带 g、g_1 等等（图 131）。带 g 所受压力大于以 g 为底、h 为高的棱柱所产生的压力，而小于以 g 为底、h_1 为高的棱柱所产生的压力。其他带形所受压力大小也可这样确定其极限。斯特芬对这些上限求和，所得的总压力值太大，而对下限求和，则所得的总压力值又太小。随着这些带形分得越来越狭时，这两个和值便从相反方向趋近于同一个值，这个值就是所要求的总压力。

最后，斯特芬研究了浮动物体的平衡条件。他发现，这种物体的重心必定和所排开的液体的重心（浮心）在同一垂直线上。他揣测：为了稳定，该物体的重心必须低于排开液体的重心，而前者越是比后者低，稳定的程度就越高。但是，后面的说法并不十分正确，因为现在知道，决定稳定性的是该物体重心相对第三个点即定

倾中心(流体向上压力之合力所通过的点)的位置。

如我们所已看到的,斯特芬基本上限于研究静力学问题,但是他在其1586年的书中附带地描述了一个由他自己和朋友格罗修斯所做的落体实验。取两个铅球,一个的重量十倍于另一个,把它们同时从离开一块板30英尺高的地方坠落。他们看到,它们似乎同时到达这块板。这种对亚里士多德动力学思想的实验反驳,很可能是伽利略的比萨实验的先声(参见M. Steichen:*Mémoire sur la vie et les travaux de Simon Stevin*, Bruxelles, 1846, p. 25)。

斯特芬在引进十进小数上的贡献,我们放在其他地方叙述。

托里拆利

伽利略的好些门徒把他们的研究扩展到了液体和气体力学领域。他们在这个领域中的领袖是他们中的执牛耳者托里拆利。

伊范其利斯塔·托里拆利1608年生于法恩扎,出身于名门望族。他20岁时到了罗马,在卡斯特利指导下学习。卡斯特利是伽利略的密友,也是伽利略思想的传播者。由于受到伽利略1638年的《谈话》的鼓励,托里拆利自己也以证明伽利略的运动定律为题材撰写了力学著作。他的书成为促成他归附伽利略的媒介。他在伽利略的指导下工作,直到老人逝世,托里拆利自然地继承了伽利略的地位和权威,他遵照伽利略的精神继续在佛罗伦萨工作,直到他自己在1647年夭折。

托里拆利创立了液体动力学,由此补充了由伽利略所建立的固体动力学。他在流体动力学方面的基本工作见于他的《几何学著作》(*Opera Geometrica*)(佛罗伦萨,1644年)的题为《论自然坠 223

落重物的运动》(*De motu gravium naturaliter descendentium*)的部分。他在这里证明了,从一个充满水的容器的侧壁的一个孔喷出的水柱的路径呈抛物线状。他进一步还表明,射流的速度(因而还有单位时间里流出的水量)和一个物体从水面高度自由落到孔的高度时所达到的速度成正比,因而也和水柱在孔上面的高度的平方根成正比。射流速度和压头间的精确关系后来由约翰·伯努利和丹尼尔·伯努利提出。容器流空所需的时间取决于射流在每一瞬间的速度,而由上述规律可知:同样容器经过同样大小的孔流空的时间,乃和水柱在孔上面的高度的平方根成正比。如果这个孔位于容器的水平底部,则根据托里拆利的意见,可以得知,在相继的相等时间间隔里流出的水量和相继奇数成正比地减少。例如,如果容器完全流空所需的时间是6秒钟,在最后1秒钟流出的水量用1表示,那么在第5、4、3……秒钟流出的水量将由3、5、7……表示。

托里拆利还描述了喷泉怎样上升到接近它们各自水头的高度。他把水位高度上的微小差别部分地归因于空气的阻力,部分地归因于向下水柱的重量压在从喷嘴流出的水上面。

托里拆利还使固体力学取得了某些进展。他似乎已经知道这样的原理:一个静止的由相互连接的重物组成的系统,仅当运动的结果造成该系统重心下降时,才会在重力的作用之下开始运动。托里拆利专门研究了抛射体的运动。他表明了,一切从一给定点以相同速度抛出的抛射体的轨道的包络均为抛物面;进而他还指出,对于给定的初速度,相应于任何给定射角($45^\circ+a$)的射程等于对于射角($45^\circ-a$)的射程。

关于托里拆利在气体力学方面的重要研究，我们结合气压计的历史加以叙述。

巴斯卡

十七世纪力学发展的一个重要里程碑是布莱斯·巴斯卡发表《液体平衡和气体重量论文》(*Traitez de l'équilibre des liqueurs et de la pesanteur de la masse de l'air*)(巴黎，1663 年)。这本书包括两篇独立的论文，分别论述流体静力学和气体力学，以及一些总结性的见解。它于 1653 年写成，但直到巴斯卡逝世后才首次问世。它是对伽利略和斯特芬两人工作的进步，它还由于文体清晰和所述实验令人信服而博得重视。 224

巴斯卡的流体力学研究系根据流体中任何点上的压强各向相等这条原理。他还仿效伽利略把虚速度或虚位移原理应用于流体静力学，但对之作了重要的发展。他把封闭在一个容器中的流体的每一部分都看做是一部机器，其中各个力按照某些一定的关系而处于平衡，犹如杠杆和其他简单机器。例如，我们可以按照巴斯卡来考查两个截面积不同的连通的汽缸，它们都盛有流体并用活塞密封住。如果活塞负载的重量与它们的面积成比例，那么平衡便得以维持。巴斯卡把这种系统看成是一部类似于不等臂杠杆的机器。他认识到，在这两种情形里，平衡所涉及的作用力和相应于该系统任何假设的位移的运动之间的关系是相同的。他写道："在这种新机器里，令人惊奇地也发现了诸如杠杆、滑轮、蜗杆等一切旧机器中发生的那种不变的规则性也即距离〔反比地〕随力而变化(*le chemin est augmenté en mesure proportion que la force*)……

这可以看做是解释这种效应的真正理由，因为一百磅水移动一英寸显然与一磅水移动一百英寸相同。因此，当调整一磅水与一百磅水的关系，使得每当这一百磅水移动一英寸，这一磅水必定也移动一百英寸时，它们两者必定保持平衡，而一磅水具有把一百磅水移动一英寸的本领(力)，其大小就与一百磅水必使一磅水移动一百英寸相同。”这段引文预言了虚功原理，并且揭示了巴斯卡的基本假设。

巴斯卡得出了比较一般的结果：当作用于堵塞一个容器侧壁上的各开口的活塞上的力与活塞面积成正比时，这容器中的流体处于平衡之中。

巴斯卡对气体力学所作的最重要的贡献中，有些已在论述气压计的发明时作了介绍。他把这种仪器的行为归因于大气压，反对所谓恐真空性。他于 1648 年还在一篇短文中发表了他用来证实这种观点而做的实验的结果。在他篇幅较大的著作的气体力学部分里，他曾又回到这个问题，解释了许多习见的现象为何必须看做是大气压的效应。他把空吸、杯吸、抽吸、虹吸、呼吸等等都归因于这种作用，但又错误地把抛光板之间的黏附也归因于它。

225

巴斯卡所取得的最重要的进展之一，是他认识到大气压所产生的现象和液体的压力所引起的现象之间有对应关系。作为这条原理以及巴斯卡所做的那种实验演示的一个例子，我们可以描述一下他的用水的压力操纵一个虹吸管的装置。他取一个三端开口的分支管 *abc*(图 132)，分支 *b* 比分支 *a* 长；他把这两个分支插入两个处于不同高度的水银杯 *d*、*e* 之中。这个装置再浸在一个盛有

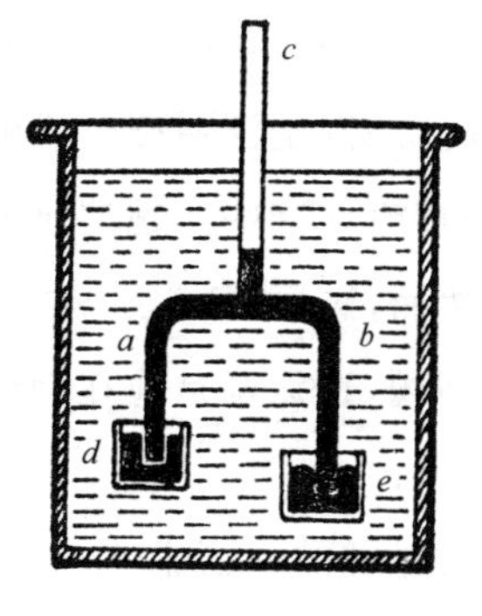

图 132—水的压力操纵的虹吸管

水的容器之中，而一当它下沉到足够的深度，水银就在两个分支中上升，直到这两个水银柱流到一起，这样，水银就从高杯 d 流到低杯 e 中。由于水对水银表面的压力作用，管子中的水银便维持在足以使水银发生流动的高度上。所以，水在这里所起的作用类似于空气在普通虹吸管中的作用。显然，这种结果不是恐真空性所引起的，因为空气可以填充到管子未被水银占据的部分。

惠更斯

惠更斯并不把他的摆动研究限于单摆情形，后者假设系在一根无重量的柔软细线一端的一个质点进行摆动。当北欧知道了伽利略的研究之后，默森很快就提出了一个问题，即任何形状的扩展物体按照什么规律振动，如果它们在重力作用下绕固定轴自由转动的话。包括笛卡儿和惠更斯(时年仅十七岁)在内的一些敏锐的数学家研究了这个问题。他们一下子不得其解，但笛卡儿引进了任意复摆的“骚动中心”的概念(类似于重心)，它到悬置点的距离决定了摆的振动周期。在首次提出这个问题过了二十七年以后，226 惠更斯在他的《摆钟论》(*Horologium Oscillatorium*)(1673 年)里给出了这个点(他称之为“回摆中心”)的明确定义以及对一个给定的摆确定其位置的一般方法。

这本书分成五部分，只有第一部分和最后一部分主要论述时钟。第二部分研讨了质点在重力作用下的自由坠落运动，以及沿光滑平面或曲面而做的约束运动；这部分的高潮是证明旋轮线的等时降落性质；第三部分建立了渐屈线的理论。这些问题的研究旨在把它们应用于制作精确的等时摆。然而，惠更斯在该书的第四部分致力于解决物理摆或者说复摆的问题，这无疑是他在理论力学上所取得的最重大的成就。

惠更斯把任何给定图形相对一给定悬置轴的回摆中心，定义为该图形轴上的一个点，这个点到悬置轴的距离等于与其周期和该图形周期相等的单摆的长度。这样，该摆动体的全部质量便可认为浓缩成位于该点的一个质点，恰如一个静止物体的全部质量可以认为集中于其重心。

求回摆中心问题的最简单的形式示于图 133。两个质点 a 和 b 刚性地沿直线 oba 悬置于 o 点，欲求跟 a 与 b 质点组具有相同周期的等效单摆的长度 ox。质点 a 阻滞质点 b，而质点 b 加速质点 a，因此，比起它们各别悬置来，b 振动得比较慢，而 a 振动比较快。因此，所要求的点 x 必定在 a 和 b 之间的某处。

这个问题的最一般形式，是合成无穷多个刚性地连接起来的质点的运动，而这些质点组成一个物理摆。例如在图 134 中给定 B、C、D……是一系列刚性地相连的质点，它们的质量为 m_1、m_2、m_3……，位于离该质点系摆动轴 A 的距离为 a_1、a_2、a_3……的地方；欲求这等效单摆的回摆中心即其长度 AO（比如说＝z）。

惠更斯根据他首先提出的一条力学原理来解这个问题，该原理已227 被证明对这个问题和后来的应用都极端重要。他对这原理的表述如下："如果一些质点在它们自身重力的作用下开始运动，则它们的公共

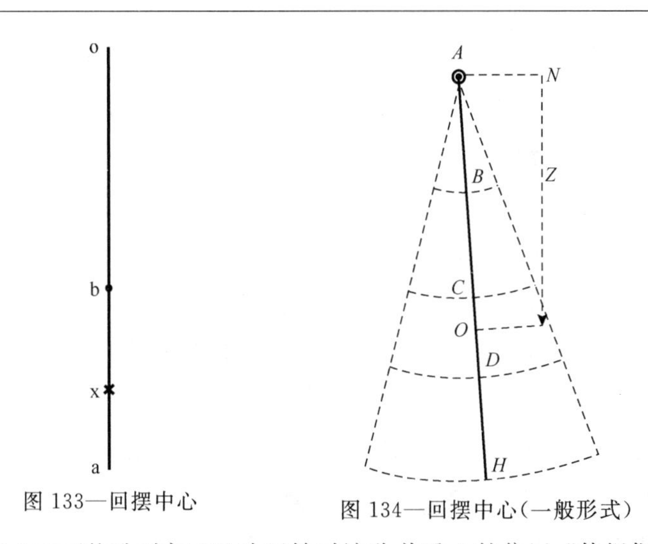

图 133—回摆中心

图 134—回摆中心(一般形式)

重心不可能升到高于运动开始时该公共重心的位置。”他根据实验证实而确定:随着一个摆交替地上升和下降,它的重心描绘出相等的弧,如果把空气引起的阻力和其他因素都忽略不计的话。惠更斯还进一步利用从自由落体规律得知的事实:摆的任何给定质点上升到其最低位置以上的高度与它下降到该最低位置时的速度的平方成正比。此外,这些质点的速度也与它们各自离悬置轴的距离成正比。借助于这些考查,惠更斯得出了他的问题的一般解:所要求的距离 $AO(=z)$,由各质点质量和它们各自离悬置轴的距离平方之乘积的总和,除以这些质量和各自简单距离之乘积的总和而给出。即有:

$$z=\frac{m_1a_1{}^2+m_2a_2{}^2+m_3a_3{}^2+\cdots}{m_1a_1+m_2a_2+m_3a_3+\cdots}$$

或者较简短地,

$$z=\frac{\sum(ma^2)}{\sum(ma\ )}.$$

当欧勒把量 $\Sigma(ma^2)$ 称为“转动惯量”时，惠更斯定律便已能228像今天这样表述：一个复摆的回摆中心离悬置轴的距离，可以由该摆绕该轴的转动惯量除以其对于同一轴的静力矩而得到。

惠更斯还进而应用这个基本结果去确定几种几何图形包括圆、矩形、抛物弓形、锥形、球形等等的回摆中心。他证明了，一个摆绕若干和重心等距离的平行轴的振动都是等时的；还证明了，当摆悬置于一个新轴，而这新轴通过这个摆的回摆中心并与老的轴平行，即老的悬置点变成新的回摆中心时，摆动周期保持不变。因此，可倒摆的基本思想应当归诸惠更斯，可倒摆在十九世纪对于比较精确地估算秒摆的长度起了极其重要的作用。

惠更斯多次应用了他的原理：当一个孤立物体系统在重力作用下运动时，其重心不可能上升到超过其初始高度。他运用该原理反证了**永恒运动**的可能性，在这种运动中将无须消耗什么就能产生力。这种从乌有中产生力，只有当质量位置升高到超过它下降前原来的初始高度时才有可能。然而，虽然惠更斯从他的原理得出结论：利用纯粹“机械的”手段是不可能维持永恒运动的，但他仍考虑借助其他物理力例如利用磁力或许能够达到永恒的运动。而默森早在1644年就已否定永恒运动有任何可能，他还把建立这种运动的尝试比作探寻哲人石。惠更斯的原理后来为约翰·伯努利确立为一条普遍的自然规律，并称之为“**活劲**守恒原理”。一个质点的活劲是指它的质量与其速度平方的乘积（mv^2）；这个术语是莱布尼茨提出的，他当时已在考虑宇宙中所存在的力的总量。

惠更斯在他的论摆钟的书的结束部分，给出了他关于所谓的“离心力”的基本命题。这也是对有关的伽利略摆动学说的扩充。

为了迫使一个起初做匀速直线运动的物体改做匀速圆周运动,必须对它施以一个朝向圆心的径向拉力,例如利用把它和圆心相连的一根线绳的张力。这物体的大小相等、方向相反的反作用力是一个从圆心向外的径向拉力。这就是离心力;惠更斯证明了,它与物体的速度平方成正比,与圆的半径成反比。 229

1669年,惠更斯已将这个结果和其他许多结果用字谜形式写信告诉奥尔登伯格,他在其《离心力论文》(*Tractatus de vi centrifuga*)中又更为详细地论述了这个问题,该书在他死后于1703年出版。(它已用德文编入奥斯特瓦尔德的 *Klassiker*, No. 138。)在此之前,牛顿已经从一种远为一般的观点论述过离心力理论。他必定已经独立地发现了惠更斯的圆周运动公式,并且把他对这种问题的研究从这种有限的情形推广到包括行星的椭圆运动。惠更斯论文中的这些命题大都已在他的《摆钟论》中不加证明地阐述过。其中最重要的有:

"如果相等物体以不相等的速度沿相等的圆(或者同一个圆)做匀速转动,那么离心力与速度的平方成正比"(命题II);

"如果相等物体以相等速度沿不相等的圆转动,那么离心力与直径成反比,因此圆越小,离心力就越大"(命题III)。

惠更斯的结果用现代的记法可以表示成下列关系式:

$$P=\frac{mv^2}{r}=mr\omega^2$$

其中 P 是离心力,m 是质量,v 是质点的线速度,ω 是角速度,r 是圆的半径。

惠更斯在他的论文中研讨了,当一个物体沿给定圆形路径运动时，它必须具有多大的速度才能使离心力克服重力。他进一步还讨论了摆的运动所产生的离心力，并且发现，例如当一个其摆锤在两边都摆足一个象限的单摆通过其最低点时，它对绳线施加的张力三倍于它静止悬挂的时候。

他最后还详细地考查了锥形摆的情形。这里，一根绳线一端的质点均匀地描绘出一个水平的圆，而它的另一端固定不动。他发现，对于两个质量相等、高度即 *AD* 相同但长度不等的这种摆(图 230 135)，线的张力与它们的长度成正比(命题 XV)。锥形摆的其他主要性质的证明也见诸该著作的这一部分(命题 VIII—XIV)。

在惠更斯所做的离心力实验中，下列几个尤其值得注意。他把一些木球放入一个盛满水的容器中，然后使该容器绕它的轴旋转。这些球立刻就朝着轴移动，从而证明旋转物体的离心力取决于其比重。今天，这个实验是把木球放在图 136 所示的装置的管子 *RR* 中进行的，这装置绕轴 *AA* 转动。如果管子内含空气，那么木球就离开轴而移动，而当旋转足够快时，它们就向上运动。但

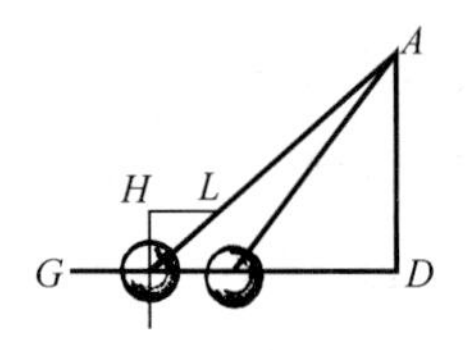

图 135—摆线的张力

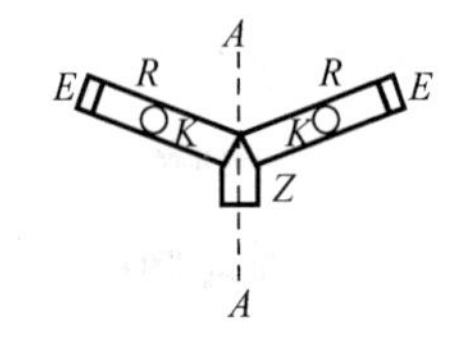

图 136—物体的离心力及其比重

是，如果管子中注满了水，那么这些特别轻的木球便朝向轴运动。木球在注满水的管子中下降这现象起先使人感到惊讶；但是，这种效应现在有一个大家熟知的技术上的应用，即用在把牛奶中的水分同其所含有的极轻的奶油分离开来的机器中。惠更斯利用一个

多少类似的实验的结果作为他的引力理论的基础。另外，他还试验了离心力对泥球的作用，为此他使泥球绕直径迅速旋转。他知道，一个旋转物体的每个不在旋转轴上的质点都承受到一个随其离轴的距离而增加的离心力的作用。他断言，如果质点不是刚性地相连时，例如如果物体是由塑性材料构成时，则应当发生形变。事实上，他发现，他的旋转着的泥球呈那种在两极处扁平的球状。根据这个实验和由此而产生的见解，惠更斯解释了他已观察到的木星的扁平化，他还认为这是最确凿的迹象，表明像地球这样的行星绕着一个轴旋转。他进一步得出结论：那种认为地球是一个球状体的概念大概是错误的，而以前一直试图根据这个概念来测量地球表面上一度的长度。因为，如果地球在旋转，并且它不是绝对刚体，那么它也必然会偏离球状。惠更斯计算出地球的椭圆率的值为 1 ： 587，而这和牛顿更为精确的计算一起促使天文学家们集中注意地球的形状问题。 231

惠更斯所以预示了几种有限制的活劲守恒定律，不仅是由于他做了上述对摆的运动的研究，而且还特别是由于他和几个同时代的物理学家对物体的碰撞问题进行了研究。

碰　撞

十七世纪上半期，尽管马尔库斯·马尔西在 1639 年已对弹性体碰撞的某些特殊情形作了正确的处理，伽利略也讨论了冲力的本质，并把它和静压力相对比，但还没有一般的碰撞理论。伽利略在他 1638 年的《谈话》中曾打算论述碰撞问题。这本书的这部分现在已残缺不全,但看来可以肯定,伽利略在这个问题上没有得出一般的结论。笛卡儿在他 1644 年的《原理》中提出过八条碰撞定律。但是,这些定律基本上都不正确,其中包含这样的陈述:如果物体 C 大于物体 B 并处于静止,那么不管 B 以什么速度撞 C,它都绝不可能使 C 运动,B 的速度越大,C 的阻力也越大。B 弹回到原来位置(II, § 49)。此外,笛卡儿也没有清楚地区分开弹性体和非弹性体。波雷里研究了碰撞问题的少数几种更为特殊的情形。

然而,刚建立起来的皇家学会在 1668 年要求一些会员研究碰撞定律以弥补力学原理在这个方面的不足。应皇家学会的邀请,沃利斯、雷恩和惠更斯三人不久就呈交了按各自方式研究碰撞问题的论文。

沃利斯

第一个把成果递交给学会的是沃利斯,他的论文于 1668 年 11 月 26 日被宣读,后来发表于《哲学学报》(Vol. III, No. 43, *A Summary Account given by Dr. John Wallis of the General Laws of Motion*)。沃利斯主要考查非弹性体沿它们重心连线运动时的碰撞,但他在文中也讨论了斜碰撞的情形,后来(1671 年)还发表了关于弹性碰撞的结果。在推导公式时,沃利斯应用了在笛卡儿著作中已经出现的动量概念。他认为推动一个给定物体所需的力(*vis*),同时与该物体的重量(*pondus*)和速度(*celeritas*)成正比。如果我们令两个碰撞体的质量为 m 和 m_1,它们碰撞前各自的速度为 v 和 v_1,碰撞后的公共速度为 u,则沃利斯所得出的方程,当

232

这两个物体开始同向运动时可写成

$$u=\frac{mv+m_1v_1}{m+m_1},$$

而当开始时它们相向运动时,则表达为

$$u=\frac{mv-m_1v_1}{m+m_1}.$$

雷恩

第二个对皇家学会提出这个问题而递交略见逊色的论著的是它的创始会员之一克里斯托弗·雷恩博士(后来是爵士),他以圣保罗大教堂和这一时期许多其他公共建筑的建筑师而著称。通过和鲁克合作做的悬置物体实验,雷恩发现了弹性体碰撞的经验定律,但是他没有能从理论上推导出它们。雷恩的结果在1668年12月17日递交给学会(见 *Phil.Trans.*, III, No. 43)。稍后(1669年1月4日),奥尔登伯格收到了惠更斯的未作理论证明的对弹性中心碰撞定律的说明(见 *Phil.Trans.*, IV, No. 46)。雷恩和惠更斯所获得的结果尽管十分相似,但却是他们各自独立地得到的。惠更斯注意到碰撞体的重心运动不受碰撞影响,他还把他的结果约在同时报告给了巴黎科学院。从他的某些通信来看,可以判断他大概至少早在1656年得出这些结果(见 Felix Hausdorff in Ostwald's ***Klassiker***, No. 138)。

马里奥特做了比雷恩更为系统的碰撞实验,他在他的《论物体的撞击或碰撞》(*Traité de la percussion ou choc des corps*)(巴黎,1677年)中描述了这些实验。

惠更斯

惠更斯在他的《论物体的碰撞运动》(*Tractatus de motu corporum ex percussione*)中很详细地论述了碰撞问题(证明了他的命题),这本书在他死后8年于1703年出版(德文版见Ostwald's *Klassiker*, No. 138, Pt. I)。

233

这部关于碰撞问题的基本著作由5个假设和13个命题组成。第一个假设是牛顿第一定律。第二个假设隐含地假定碰撞是完全弹性的,尽管惠更斯从未这样明确提出过。它有这样一句话:"如果两个具有相等速度的相等物体相向运动对撞,则每个物体都以原来的速度反冲。"接着是惠更斯自己的关于相对运动的重要公理,根据这个公理,物体的运动以及它们的速度相等与否都必须相对地看,即相对于其他看做是静止的物体,哪怕它们可能受到这整个系统共同的进一步运动的影响。惠更斯举例作了解释:一艘在行驶的船舶上一个乘客使两个相等球体沿着船舶航向以相等的速度(相对于船舶)相碰撞。在他看来,这两个球以相等速度弹回。但是,对于一个站在岸上的旁观者来说,如假设这两个球的速度与船速相等,则一个球在碰撞后必定看来不运动,而另一个球将弹回,其速度两倍于那乘客原来给予它的速度。

惠更斯论文中的所有命题都是关于对心碰撞,但是随着碰撞物体的质量和速度的比例的改变,也就考查了种种特殊情形。其中最值得注意的是:"如果一个静止的物体受到另一个和它相等的物体碰撞,那么后者在碰撞后便静止,而开始时静止的那个物体将获得该碰撞它的物体的速度。"(命题I)这个命题是下述命题的一个特殊情形:“如果两个相等物体以不等的速度碰撞,那么它们碰撞后将以互换的速度运动。”(命题 II)这个命题和更为特殊的著名的命题 XI 都表述了完全弹性体的总动能量不因碰撞而改变这条一般原理。这个第十一命题是:“在两个物体相互碰撞时,它们的质量和各自速度平方的乘积之和在碰撞前后保持相同。”正是这个物体质量和其速度平方之积仿效莱布尼茨被称为活劲。这样,在惠更斯 1669 年关于碰撞的论文里提出的这条惠更斯定律中,活劲守恒原理这条最普遍的力学原理第一次得到了局部的表述。只是当后来认识到热是运动(或者能量)的一种特定形态以后,才也认识到这原理的全部意义。莱布尼茨的著述中已经可以看到他宣称这条定律普遍有效,他写道:“宇宙是一个不和其他物体进行交换的物体的系统。所以,宇宙中始终保持同样的力”(*Mathematische Schriften*, Halle,1860, II Abt. ,Bd. II,p. 434)。莱布尼茨在另一个场合还说过:宇宙丝毫不会损失最小微粒由于碰撞而吸收的力。 234

马里奥特

法国教士埃德梅·马里奥特(1620? —1684)是惠更斯的朋友和同辈。他是法国科学院最早的院士之一(他在该院创立那年即 1666 年加入)。他对科学的各个分支包括力学、光学、热学和气象学等都作出过贡献。

马里奥特由于他的《论水和其他流体的运动》(*Traite du mouvement des eaux et des autres corps fluides*)(1686 年)而推进了流体力学。这本书论述了液体和浮体的平衡,特别是容器发出的液体射流和合摩擦，马里奥特由此解释了理论与实验之间的许多差异。在这本书中，他描述了现在仍被称为“马里奥特瓶”的这种大家熟知的装置，它使压迫液体从一个注孔流出的压力能够在一个相当长的时间内保持恒定。他给出了比较圆柱形管子的壁承受内部压力的强度的最早规则。他讨论了水在这种管子中的运动、流体的磁撞、喷水器的升高和许多其他对科学和技术同样重要的问题。马里奥特看来是由于为凡尔赛壮观的喷水装置所激励，而从事这些流体静力学和流体动力学的研究的。

马里奥特也从事固体力学的研究，他的《论物体的撞击或碰撞》（巴黎，1677 年）大部分论述他用一个专门设计的装置对碰撞定律进行的实验研究。这种装置由两个球组成，球用软黏土或象牙制成，视需要哪种碰撞类型而定；球用线悬置于一个木框架，以便处于水平接触。这两个球能够沿着带刻度的弧运动，并且可以彼此以能够根据初始偏转进行计算和控制的速度相碰撞，这样便可研究碰撞后的运动。利用这种装置，马里奥特证明了各条基本碰撞定律，其中包括“动量”（同时取决于碰撞体的重量和速度）守恒定律。马里奥特进一步描述了一种冲击摆的实验；在这个实验中，一门悬置的小炮射出一个悬置的圆筒，两者后来的速度方向相反（从它们升起的高度可以知道），且表现得与它们的重量成反比。这部著作的其他章节论述流体对固体的碰撞和“雷电”的闪击。

牛顿

牛顿在他的《原理》第一卷的导引性附注中总结了关于碰撞的早期工作。他考虑到了这样的事实：自然界里没有完全的弹性体，因此碰撞物体的相对速度会因碰撞而按一定比例减小(并改变方向),这比例取决于物体的组成物质。牛顿自己用实验确定了对于木、软木、钢和玻璃等物质的这种比例(通常叫做**恢复系数**)。

气 体 力 学

第五章中关于温度计、气压计和抽气机的那些章节已经一般地论述了对空气物理性质的研究。空气化学性质的研究将在第十五章中叙述。本节打算说明一条名称不一的定律的发现和确立,这条定律称为玻意耳定律、马里奥特定律或玻意耳—马里奥特定律。这条定律是说:在恒定的温度下,一气体的压强和其体积的乘积(pv)是一个常数。这个发现的荣誉可能应由玻意耳、胡克和汤利三人分享,但玻意耳应占头功。马里奥特只是重复做了玻意耳的几个实验,并在大陆上宣传这个发明的重要意义。

玻意耳定律

玻意耳从他的抽气机(或称“新式气体引擎”)实验中领悟到,空气具有“弹性”。他揣测,空气含有这样的成分,它们在上层大气的重量或者别种压力的作用下会弯曲或者压缩;而当上述压力去除后,这种压缩的空气又能恢复它原先的体积。他关于这个问题的思想和实验完整地记录在他的著作《主要在新式气体引擎中做的关于空气弹性及其效应的物理—力学新实验》(*New Experiments Physico-Mechanicall Touching the Spring of the Air and its Effects, Made for the most part in a New Pneumatical Engine*)　236

(牛津,1660 年)之中。他对关于空气“弹性”的思想解释如下:

“这个观念也许可以得到进一步的解释,如果把接近地面的空气想象成如同羊毛那样层层重叠起来的细小物体的堆积的话。因为羊毛(不计它们之间的其他相似之处)由许多纤细而又柔软灵巧的绒毛组成;每根绒毛实际上都像一个细小的弹簧那样,易于卷起和弯曲;但它们也像弹簧一样力图再伸直。因为,尽管我们加以类比的绒毛和空气微粒都容易屈服于外部的压力,但两者(由于它们的结构)又都具有一种自身膨胀的本领或者说本能”(上引著作,p. 23; *Works*, ed. 1772, Vol. I, p. 11)。

玻意耳知道笛卡儿曾提出过一种不同的解释,但是玻意耳觉得自己的说法比较简易,尽管他并不想给它们分个高低。此外,他的目的(据他自己说)是要去证明,而不是解释空气的“弹性”;他的实验大都是为了这个目的。

在有个实验中,玻意耳取了一只羊的膀胱,部分地充气,在颈项处牢牢扎紧,然后把它放到他的抽气机的容器中。随着容器抽空,膀胱膨胀起来,犹如它被吹胀似的;而当空气重新进入容器时,膀胱重又瘪下去。为了证明这个现象是由被密闭的空气的“弹性”所引起的,玻意耳表明了,另外两只膀胱没有显示出这种现象;其中一只把空气全部抽光且在颈项处扎紧;另一只容有空气,但只有第一只膀胱里以前有的空气的五分之一,而且也没有在颈项处扎紧。另外一些扎紧的膀胱则当容器抽空到足够程度时,便发生爆裂。这些结果表明空气具有“弹性”。

然而,玻意耳认为他的“引擎”的“主要成果”是“实验 17”。他知道,在托里拆利的实验中,倒置在水银中的一个密闭管子中的水银的高度保持在水银面以上 27 格的地方；他认为，如果水银保持在这个高度上仅仅是因为“在这个高度上，管子中的水银柱同从水银面到大气顶端的空气柱相平衡”（上引著作，p. 106；*Works*，ed. 1772，Vol. I，p. 33），那么，倘若这实验能够排除大气地重做，则管子中的水银将会下降，和该管倒置于其中的敞开容器中的水银一样高，因为这时将没有空气压力阻挡管子中水银的重量。如果 237 在他的“引擎”中能够做这样的实验，则他预期，水银的降落将同空气的抽出成比例。于是，把一个一端封闭的玻璃管充入水银，倒置于一个盛有水银的容器之中，然后再放在抽气机的接受器里。该管的上端通过该接受器的用黏结剂密封的盖子上的一个孔。一当抽气开始，水银便如预期的那样下降，抽气机每抽一次，水银下降的幅度就减小一些。然而，管内水银柱不能降到与外面的水银面齐高，而总要高出一英寸。玻意耳把这个差归因于漏入空气。这个证据使玻意耳确信，一个密闭管子中的水银柱所以处于一定高度，是由于水银压力和外部空气压力相平衡所致。这个实验曾当着一些人的面重做过，他们是“那些出色的和当之无愧的著名数学教授沃利斯博士、沃德博士和雷恩先生……，他们推测，管子中水银的顶端限制在容器中水银面上一英寸之内”（上引著作，pp. 111，112；*Works*，ed. 1772，Vol. I，p. 34）。玻意耳还发现，用抽气机把更多的空气压入接受器，水银“将上升到大大超过 27 格的惯常高度，而一当这部分空气放掉，它便又将下降到先前所处的高度”（上引著作，p. 119；*Works*，ed. 1772，Vol. I，p. 36）。

在另一个实验中，玻意耳试图称量空气的重量。他吹制了一个和“小鸡蛋差不多大”的玻璃泡，密封入“尽可能不弄稀疏的空气”。再把它放到玻意耳的“精密天平”的一个秤盘上，用一块铅与它平衡。然后，把这整个装置放入抽气机的接受器中。装有玻璃泡的秤盘就下降，且随着抽气的进行，下降更增加。一当让空气再进入，原来的平衡便又恢复。这时，在装有铅块的秤盘中加上一个$^{3}/_{4}$谷[①]的砝码，再重做实验。随着不断抽去空气，横梁最后达到水平位置；但当给铅块再加上$^{1}/_{4}$谷时，这个位置就不再能达到。玻意耳估计，泡中空气的重量“超过1谷”，从而认识到空气没有完全抽尽。他又用没有封闭的玻璃泡重做了这个实验，发现在这种情况下，当抽去空气时，玻璃泡的重量不会超过铅——“因此，借助我们的引擎，我们能够像称其他物体一样地称量自然密度或者说通常密度而丝毫没有浓缩的空气”(上引著作，p. 275；*Works*，ed. 1772，Vol. I，p. 82)。可惜的是，当把这个玻璃泡充满了水以便确定它的体积时，泡却碎掉了，而玻意耳手头又没有另外的玻璃泡。

238

玻意耳另外还做过一次称量空气的尝试。玻意耳把一个汽转球加热到尽可能高的温度，并用蜡封住它的注口，再让它冷却，随后进行称量。然后，再用一根针在蜡上钻一个孔，空气便冲入，然后重新称量这个装置。两次称得的重量之差是11谷；玻意耳认为，一定有空气残留在这加过热的装置里。汽转球内发现盛有21$^{1}/_{2}$盎司重的水，所以“同样体积的空气和水的重力之比将是1:938”(上引著作，p. 290；*Works*，ed. 1772，Vol. I，p. 86)。利乔卢斯已经估算出它为1:10000；伽利略计算出它为1:400。

---

① 谷是英美最小的重量单位，等于64.8毫克。——译者

玻意耳在他的实验17中已经注意到，管子中的水银柱随着抽气机的一次次抽气在下降，直到它与外部的水银接近齐高。因此，他希望“从管中水银在第一次抽气时的下降中就得到这种好处；即我由此应当能够对空气(根据它的各种状态即密度和稀疏程度)压力和水银重力之间的力比得出一个比迄今为止都更加精确的揣测”(上引著作，p. 115；*Works*，ed. 1772，Vol. I，p. 35)。接受器和玻璃管的容量都可以确定，但是有“一些困难，就是要求比我已有的更为高深的数学技巧”(上引著作，p. 117；*Works*，ed. 1772，Vol，I，p. 36)，玻意耳只是提示了有可能作出一个有价值的发现。但是应当看到他至少早在1659年12月即他的书付印时就已经作出这个提示。

1661年，弗朗西斯库斯·莱纳斯在他的《论物体的不可分离性》(*De corporum inseparabilitate*)中攻击玻意耳在1660年的《新实验》(*New Experiments*)中所表述的观点。莱纳斯虽然承认空气兼有“弹性”和重量，但他争辩说，空气的“弹性”尚未大到足以维持托里拆利实验中的水银柱。他建议改用一种“精索”来解释诸如此类真空实验中的现象，这种“精索”是一种极为纤细的物质，当被强迫扩张时，它极力吸引一切邻近的物体。按照莱纳斯的意见，这精索才是托里拆利管子中水银的真正支持者，当用手指堵住这种管子的顶端时，会感觉到它产生的牵拉力。

玻意耳在他的书的第二版中，批评这种理论“除了毫无用处之外，还相当地靠不住、相当地晦涩以及相当地不充分”。这个新版的书名取为《关于空气弹性的新的物理—力学实验，增补了对作者反驳弗朗西斯库斯·莱纳斯和托马斯·霍布斯的实验的解释的辩 239

护》(*New Experiments Physico-Mechanicall, Touching the Spring of the Air, Whereunto is added A Defence of the Author's Explication of the Experiments Against the Objections of Franciscus Linus and Thomas Hobbes*)(牛津,1662; *Works*, ed. 1772, Vol. I)。正是在这本《辩护》中,玻意耳首次发表了那个后来被称为“玻意耳定律”的假说。

在着手描述玻意耳对这条定律的推导之前,有必要先评述一下这个思想的历史。玻意耳自己曾指出,理查德·汤利由于读了第一版《新实验》,很可能特别是读了实验17而提出“认为压力和膨胀成反比”的假设。玻意耳还指出,当他首次把这个想法告诉某人(从这上下文和其他证据来看,肯定是胡克)时,后者曾告诉玻意耳,他在1660年已经做过稀疏化的实验,结果与这个假说一致。玻意耳还说,布龙克尔勋爵大约在同一时候也曾做过类似实验。1665年,胡克在他的《显微术》(pp. 222—227)中发表了对他实验的说明,他的结论是:他所做的或者在玻意耳告诉他汤利假说以后重复做的那些实验证明,“空气的弹力和它的膨胀成反比,或者至少非常接近于成反比”。皇家学会的记录本表明:在1661年9月11日举行的一次皇家学会会议上,玻意耳曾就他对这个假说做的实验验证做过说明。

玻意耳对他的实验描述如下:“我们然后取一根长长的玻璃管,借助一盏灯用手灵巧地把它的下端弯成钩形,它向上弯起的部分几乎和管子的其余部分平行,这个虹吸管(假如我可以这样称呼这整个仪器)的这个短肢的注口密封住,管上妥帖地粘上一条直纸条,把管子全长一英寸一格地划分(每一格再分成8个分格),然后把水银注入虹吸管的拱形部分即弯曲部分，直到一个肢中的水银面达到刻度纸的底端，恰好与另一肢中的水银处于同样高度或者说同样的水平线上。我们常常仔细地把管子倾斜，使得空气能够自由地从一肢经过水银旁边而进入另一肢（噢，我们得小心行事），并使得包含在短肢中的空气最后和附近的其余空气有同样的疏松程度。这样做好以后，我们便开始把水银灌入虹吸管的长肢，而这水银的重量压在短肢中的水银上，从而逐渐地使得其中包含的空气变得紧密起来；如此继续不断地灌入水银，直到短肢中的空气由于凝聚而缩减到只占据它原来所占有（我说的是占有，而不是充满）的空间之一半；我们集中注意玻璃管的长肢，它上面也贴着仔细分成一英寸一格和分格的纸条，我们高兴而满意地看到，管子长肢中的水银比另一肢高 29 英寸。既然这个观察与我们的假说非常一致而又证实了它，因此他将很容易认识到我们所教导的并为巴斯卡先生和我们的英国朋友的实验所证明了的事实：压在空气上的重量越重，空气的膨胀力以至它的抵抗力就越大（如同其他弹簧一样，弯曲它的重物越重，它的弹力也越大）。因为，有鉴于此，看来同这假说极为一致的是，根据这个事实，处于这种密度并具有压在上面的大气的重量使之达到的相应大小的抵抗力的空气，能够抗衡和抵抗高约 29 英寸的水银柱的压力，正如托里拆利实验所告诉我们的那样：在这里，同样的空气当其密度大约增大到原来的两倍时，也将得到两倍于原来的弹力。从压在 29 英寸水银上的空气能支持或者抵抗长肢中的 29 英寸水银柱以及大气柱重量两者可以看出，而且也可以从托里拆利实验推知，这空气和它们两者相等”（*Defence*，pp. 58，59；*Works*，ed. 1772，Vol. I，pp. 156，

240

157）。

进行这些实验的管子破碎后，玻意耳又弄来了一根形状相同但更长的管子。实际上它是如此之长，以致无法在一个房间里使用它，而必须用绳子把它挂到楼梯上。一个人站在楼梯上，在另一个站在楼梯脚下的人指导下灌入水银，后者观察空气的收缩。这样就取得了大量数据，玻意耳把他的结果列成表，如这里所附的“空气凝聚表”(取自 *Defence*，p. 60；*Works*，ed. 1772，Vol. I，p. 158)所示。可以看到(见 *D* 和 *E* 两列)，玻意耳把实验得到的结果和根据“压力与膨胀成反比这个假说”计算得到的结果作了比较；还可看出这压力的范围从 1 到 4 个大气压。在预期的实验误差的允限内，观察值和计算值非常一致。

在进一步做的一系列实验中，玻意耳对低于大气压的气压检

空气凝聚表

A	A	B	C	D	E
48	12	00	加上$29\frac{1}{8}$而得的和	$29\frac{2}{16}$	$29\frac{2}{16}$
46	$11\frac{1}{2}$	$01\frac{7}{16}$		$30\frac{9}{16}$	$33\frac{6}{16}$
44	11	$02\frac{13}{16}$		$31\frac{15}{16}$	$31\frac{12}{16}$
42	$10\frac{1}{2}$	$04\frac{6}{16}$		$33\frac{8}{16}$	$33\frac{1}{7}$
40	10	$06\frac{3}{16}$		$35\frac{6}{16}$	35
38	$9\frac{1}{2}$	$07\frac{14}{16}$		37	$36\frac{15}{19}$
36	9	$10\frac{2}{16}$		$39\frac{5}{16}$	$38\frac{7}{8}$
34	$8\frac{1}{2}$	$12\frac{8}{16}$		$41\frac{10}{16}$	$41\frac{2}{17}$

A. 短肢中的同一些空气在扩展程度不同时，所占相等分格的数目

B. 把空气压缩成这样大小时，长肢中水银柱的高度

续表

A	A	B	C	D	E	
32	8	$15\frac{1}{16}$	加上$29\frac{1}{8}$而得的和	$44\frac{3}{16}$	$43\frac{11}{16}$	C. 和大气压抗衡时，这根水银柱的高度
30	$7\frac{1}{2}$	$17\frac{15}{16}$		$47\frac{1}{16}$	$46\frac{3}{5}$	
28	7	$21\frac{3}{16}$		$50\frac{5}{16}$	50	
26	$6\frac{1}{2}$	$25\frac{3}{16}$		$54\frac{5}{16}$	$33\frac{10}{13}$	
24	6	$20\frac{11}{16}$		$58\frac{13}{16}$	$58\frac{2}{8}$	D. 表示所含空气所支持的压强的最后两列 B 和 C 的组合
23	$5\frac{3}{4}$	$32\frac{3}{16}$		$61\frac{5}{16}$	$60\frac{18}{23}$	
22	$5\frac{1}{2}$	$34\frac{15}{16}$		$64\frac{1}{16}$	$63\frac{6}{11}$	
21	$5\frac{1}{4}$	$37\frac{15}{16}$		$67\frac{1}{16}$	$66\frac{4}{7}$	
20	5	$41\frac{9}{16}$		$70\frac{11}{16}$	70	
19	$4\frac{3}{4}$	45		$74\frac{2}{16}$	$73\frac{11}{19}$	E. 根据压强和膨胀成反比的假说，压力应取的值
18	$4\frac{1}{2}$	$48\frac{12}{16}$		$77\frac{14}{16}$	$77\frac{2}{3}$	
17	$4\frac{1}{4}$	$53\frac{11}{16}$		$82\frac{12}{16}$	$82\frac{4}{17}$	
16	4	$58\frac{2}{16}$		$87\frac{14}{16}$	$87\frac{3}{8}$	
15	$3\frac{3}{4}$	$63\frac{15}{16}$		$93\frac{1}{16}$	$93\frac{1}{5}$	
14	$3\frac{1}{2}$	$71\frac{5}{16}$		$100\frac{7}{16}$	$99\frac{6}{7}$	
13	$3\frac{1}{4}$	$78\frac{11}{16}$		$107\frac{13}{16}$	$107\frac{7}{13}$	
12	3	$88\frac{7}{16}$		$117\frac{9}{16}$	$116\frac{4}{8}$	

验了这个假设。他取一根两端开口的细玻璃管,其上贴有“一张纸条,分成一英寸一格,每一格再分成八个分格”。然后,他把这根管 241 子插入水银中,直到只露出一格在外面,再用熔融的封蜡把这一格堵住。让管子冷却,再逐渐把它从水银中升起,同时记下它处于各个位置时空气柱的长度和水银柱的高度,直到空气柱膨胀到 32 英寸。一根托里拆利玻璃管表明,实验时气压高度是 29¾英寸。将这些实验值同根据那个“假说”计算得到的值作比较,发现和它们相当一致。玻意耳把他的结果列成表,如边码第 242 页上的表(取自 *Defence*, p. 64; *Works*, ed. 1772, Vol. I, p. 160)所示。

现在可以回到胡克在他的《显微术》中所描述的工作。看来胡克在 1660 年已做过类似有关空气稀疏的实验,测出了一个空气柱从 30 英寸水银柱大气压膨胀到 3 英寸时的压强。他没有用这些

空气稀疏表

A. 同一些空气在管子上方所占相等分格的数目	A	B	C	D	E
	1	$00\frac{0}{0}$	从$29\frac{3}{4}$减去而得的差	$29\frac{3}{4}$	$29\frac{3}{4}$
	$1\frac{1}{2}$	$10\frac{5}{8}$		$19\frac{1}{8}$	$19\frac{5}{6}$
	2	$15\frac{3}{8}$		$14\frac{3}{8}$	$14\frac{7}{8}$
B. 和所含空气的弹力一起抗衡大气压的水银柱的高度	3	$20\frac{2}{8}$		$9\frac{4}{8}$	$9\frac{15}{12}$
	4	$22\frac{5}{8}$		$7\frac{1}{8}$	$7\frac{7}{16}$
	5	$24\frac{1}{8}$		$5\frac{5}{8}$	$5\frac{19}{20}$
	6	$24\frac{7}{8}$		$4\frac{7}{8}$	$4\frac{27}{26}$
	7	$25\frac{4}{8}$		$4\frac{2}{8}$	$4\frac{1}{4}$

续表

	A	B	C	D	E
C. 大气压	8	$26\frac{0}{0}$		$3\frac{6}{8}$	$3\frac{23}{32}$
	9	$26\frac{3}{8}$		$3\frac{3}{8}$	$3\frac{11}{86}$
D. B对 C 的补数，表示由所含空气所支持的压强	10	$26\frac{6}{8}$		$3\frac{0}{0}$	$2\frac{39}{40}$
	12	$27\frac{1}{8}$		$2\frac{5}{8}$	$2\frac{23}{48}$
	14	$27\frac{4}{8}$		$2\frac{2}{8}$	$2\frac{1}{8}$
E. 根据那个假说，该压力应取的值	16	$27\frac{6}{8}$	从$29\frac{3}{4}$减去而得的差	$2\frac{0}{0}$	$1\frac{55}{64}$
	18	$27\frac{7}{8}$		$1\frac{7}{8}$	$1\frac{47}{72}$
	20	$28\frac{0}{0}$		$1\frac{6}{8}$	$1\frac{9}{80}$
	24	$28\frac{2}{8}$		$1\frac{4}{8}$	$1\frac{23}{96}$
	28	$28\frac{3}{8}$		$1\frac{3}{8}$	$1\frac{1}{16}$
	32	$28\frac{4}{8}$		$1\frac{2}{8}$	$0\frac{119}{128}$

结果去检验什么假说，因为他当时不知道汤利的想法。在获悉了汤利的假说之后，他遂于1661年8月2日重做了这些实验，而且 242 另外还用一个与玻意耳类似的装置做了一些高于大气压的实验，一直做到2个大气压。他的结果在实验误差的允限内和假说相一致，而且如上所述，他得出了结论："空气的弹性和它的广延成反比，或者至少近似地如此。"但是，可以公正地认为这个发现是玻意耳作出的（尽管他直到那年9月11日才向皇家学会报告他的结果），因为是他把汤利的假说告诉胡克，而胡克可能是利用玻意耳

的装置进行研究的。在当时对各种气体没有任何真正知识的情况下，玻意耳和胡克都没有认识到这个发现的重要性。然而，人们以之命名这种概括的“玻意耳定律”这个名称是名副其实的。

马里奥特竞争地要求用他的名字来命名这条定律，而无论单独用他的名字还是与玻意耳联名，都是根据不足的。有关的考虑如下所述。在他的《论空气的本质》(*Discours de la nature de l'air*)(1676年)中，他坚称空气必定有重量，他还引证了这样的事实：当把气压计浸入水中3½英尺深时，气压计中水银便升高3英寸。他论证说，像这种增加只能是由于水银的暴露的表面上的水的重量所引起一样，管子中的水银柱也必定是由大气的重量而维持在它原来的高度上。他断言，空气必定有vertu de ressort〔弹簧的效力〕(显然就是玻意耳的“弹性”和胡克的“弹丝”)，所以它能够压缩或者膨胀；他还认为，接近地面的空气被它上面的空气所压缩，而在大气最上层的空气必定可自由膨胀而不受限制(la libertè entière de se dilater)。他提出了空气的压缩和它所承受的重量成正比的定律(l'air se condense à proportion des poids dont il est chargé)。他使用和玻意耳一样的装置对低于大气压的压强做了实验。他仅仅对一些简单情形给出了数字结果，如当空气体积倍增或者增加三分之一时；他说他也试验过其他情形，但是没有给出过数字。他也使用过与玻意耳同样的装置来做高于大气压的压强的实验；他又只提到很少一些数字结果。每一条理由都说明马里奥特知道玻意耳的工作，后者早在14年前就已发表了他的详细结果。而且在他的同时代人中间，马里奥特也有利用他人著作的嫌疑。例如，当他认为值得就很少几个关于摆的实验的要旨撰写一整本著作(即 *Traité de la percussion*, etc.)时,牛顿向他表示过含糊其辞的赞同,因为这些实验雷恩已在皇家学会做过,并已发表于《哲学学报》(*Principia*, 1687, p. 20—Axiomata, Corol. VI, Schol.)。如在谈到梅奥同玻意耳与洛厄的关系时将会再次指出的那样,十七世纪时对现已受到谴责的剽窃行为持宽容态度。因此,为此而指责马里奥特并不完全公正。但是,没有充分的理由可以将玻意耳的发现归功于马里奥特,即使可能是他认识到玻意耳定律的重要性,并促进大陆认识它。如果说有别的名字应和玻意耳的名字并列命名这条定律的话,那么也该是汤利和胡克,而不是马里奥特(参见 W. S. James, 载 *Science Progress*, 1928, 23, p. 269ff.)。

(参见 E. Mach, *The Science of Mechanics*, T. J. McCormack 译, 1919。)

244

第十一章　物理学：I. 光学

近代光学史可以认为是从十七世纪初开普勒的基础研究，也就是从折射定律的精确表述开始的。然而，为了认清这门科学在近代肇始时的状况，弄明白它的某些基本概念的由来，有必要首先简要地概述一下前人在这个领域里的工作。

前驱

希腊人最早对光现象作了数学处理，欧几里得在他的《光学》(*Optics*)里总结了到他那时为止已有的关于光现象的知识或者猜测。那时已经知道，在眼睛和被观察物体之间行进的光线是直线；当光线从一个平面镜反射时，入射角和反射角相等。折射现象也已经为人所知，古典世界寥寥无几有记载的实验研究中，有一个就是托勒密做的光折射实验。他说道，对于两种给定的媒质，入射角和折射角成正比，尽管他的折射表跟这个简单关系不相一致。

按照大多数古代理论，视觉是由从眼睛发出、落在所看到的物体之上的某种东西引起的，或者是由它同它所引起的另一个发射相混合而造成的。另一方面，伊壁鸠鲁派似乎教导说，视觉是物体表面连续发出的薄膜引起的,它们进入我们的眼睛,使我们对这物体产生连续的印象。这些观念都把光看做是实物。与此相反,亚里士多德坚持认为,光是眼睛和物体之间的媒质的一种性质。这两种解释的论争一直继续到了今天。

最伟大的中世纪光学家是阿拉伯人伊本·海泰姆或者叫阿耳哈曾(十一世纪),他的书在十七世纪前一直被奉为权威典籍。他教导说,光从一个可见物体的每一点呈球形传播开去;他还用实验测定了折射率,从而发现,托勒密的粗糙的折射定律仅对小的角度有效。阿耳哈曾研究过许多特殊的反射和折射情形,注意到光线具有在倒回时顺原来路径折返的性质。他对眼睛结构和功能的解释直到十七世纪才第一次遭到否弃。从十三世纪的维特利奥和罗吉尔·培根到十六世纪的莫罗里库斯和波塔,这些中世纪欧洲光学家主要关心一些枝节问题的讨论,关于它们,我们在后面将要提到几个。整个这一时期里光学现象的知识非常有限,也没有令人满意的颜色理论,那时普遍认为颜色是光亮和黑暗按各种比例混合的结果。 245

开普勒

约翰·开普勒这位天文学家站在近代的门槛上。他对光学的主要贡献在于折射、透镜性质和视觉理论等方面。开普勒把他的光学研究成果发表在两本书里:《前维特利奥纪事》(*Ad Vitellionem Paralipomena*)(法兰克福,1604 年),它论述了整个光学;《屈光学》(*Dioptrice*)(奥格斯堡,1611 年),它主要关于折射问题。这两本书里的那些基础研究标志着对于开普勒在这个领域里的成就的一大进步。

在前一部著作里，尽管只是凭借直觉，但开普勒却第一次明确地提出了光度学基本定律，即一个点光源发出的光的强度，随着受照物体离该光源的距离的增加，与一个以该距离为半径的球的表面成反比地变化；换句话说，光强与离光源的距离之平方成反比地变化（*Paralipomena*，I，9）。在该著作中，开普勒强调指出，光能够传播到无限的空间（同上，I，3），光的传播不需要时间，因为光是非物质的，所以不抵抗动力，而按照亚里士多德力学，这动力因而使光具有无限的速度（同上，I，5）。他未能对颜色作出令人满意的解释，他假想颜色是因有色物质的透明度和密度大小不同而引起的（同上，I，15）；他赞同下述错误见解：折射发生在两种媒质的边界，因为较密媒质产生较大的阻力，并成正比地有较大的折射率（同上，I，20）。然而，这本书出版后不久，开普勒的注意力就被哈里奥特吸引到一个事实上面：油虽然不如水密，但对光的折射却比水强得多。开普勒还关注莫罗里库斯以前曾讨论过的那个问题，即怎么解释当阳光从一个小开口进入一间暗室时，为什么不管这开口是什么形状，在一个屏上形成的图像总是圆的。他通过几何构造得出了正确的解释（同上，II）。他取一本书，在书和墙之间放一个屏，屏上有一个角孔。他在书的一角系上一根线，引线穿过角孔，然后使线始终保持笔直，并拉着它沿角孔的边沿绕转，同时用系在这根线另一头的一支粉笔在墙上画出一个与角孔相似的图形。他把这根线逐次系在书的其他点上，重复这个过程，结果获得许多部分重叠的角孔轮廓，而这些轮廓全都处于一个轮廓之中，形成该书的形状。开普勒假定这本书代表一个发光体，这根线代表限制的光线,从而就解决了这个古老的问题。在解释我们怎样能够判断一个物体的距离时,开普勒指出,我们无意之中也解了一个三角形,它的底边是我们双眼的间距,两边是每个眼睛投向该物体的视线(同上,III,8)。他在其《纪事》里用单独的章节专门论述折射——尤其是天文折射,他还为之编制了一张表——和视觉理论。然而,开普勒在其《屈光学》里又再次研讨过这两个光学分支,因此我们将只考查后一种论述。

1609 年的望远镜发明激励开普勒重新从事光学研究,并为这种仪器提供几何解释。《屈光学》是他仅仅依据适量实验材料进行反省的成果。开普勒特别由于这本书而成为近代光学的奠基者,其地位一如伽利略之于力学以及吉尔伯特之于电磁科学。

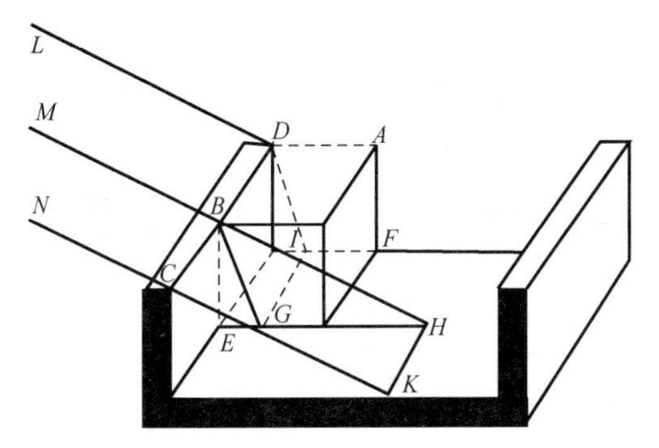

图 137—光折射角的测定

在评价开普勒关于折射的工作时必须记住,在他的时代人们公认入射角和折射角之比是常数。开普勒把下列法则作为他的基本实验定律:当从一种较疏媒质进入一种较密媒质时,光线弯向这两种媒质分界面上入射点处画的法线(*Dioptrice*, II)。他用于测量折射的装置示于图 137。

太阳光线 L、M、N 把一个竖直屏的直边 CBD 的影子投射到该装置的水平底座上。有些光线未折射，投下阴影 HK，而另一些光线则通过所研究的透明立方体，投下阴影 IG。根据屏的高度 247 BE 和这两种情形里形成的两个阴影的长度 EH 与 EG，可以容易地推算出立方体表面上的入射角和折射角之比(同上，IV)。开普勒在研究过程中发现，当光线在玻璃中行进，以超过 42 度的角度入射到玻璃和空气的分界面时，发生全内反射(同上，XIII)。开普勒对入射角和相应的折射角做了许多次的测量，但还是没能找出这两个量之间的规则关系，尽管他表明，对于两种给定的媒质，小于 30 度的入射角同相应的折射角成近似固定的比(同上，VII)，对于玻璃或水晶，这个比约为 3 比 2(同上，VIII)。但是他表明，这个比对于大的入射角不成立。开普勒试图为这个比找出一个一般的三角式，结果未获成功，虽然方法是正确的。

尽管不知道一般折射定律，也不知道一个透镜的共轭点之间的关系(最早由哈雷获得)，但开普勒还是给出了一个关于透镜和透镜系统的作用的近似理论。取折射比为 3∶2，并只考虑入射角小的光线，他描绘了这些光线通过各种透镜和透镜组合时的路径，然后根据这些图的几何性质通过推理

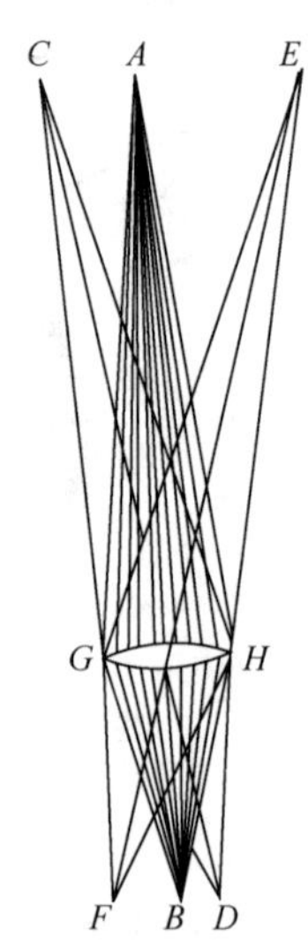

图 138—开普勒对透镜作用的说明

而获得结果。他常用的方法是考查两个光线锥,它们以透镜作为公共锥底,锥顶则分别同物体的一个点和图像的相应的点重合。三个这种光线笔示于图 138。

图像的点 F 和 D 分别相应于物体的点 E 和 C,由此立即就可以明白凸透镜给出倒像这条规律(同上,XLV)。这种利用由无数光线构成的铅笔的作图法,是开普勒的一个创新,他的前人总是描绘单根光线的路径。这种方法使他能够更正确得多地确定图像的位置和大小。例如,他于是发现,放在一个双凸透镜的轴线上、跟透镜的距离两倍于焦距的一个物体,会造成一个同样大小、位于透镜对侧相等距离上的图像(同上,XLIX)。在实际应用方面,他介绍了带有透镜和反射器的"牛眼"灯(同上,LIII)。 248

开普勒已经知道现在归类于"球面像差"的那些复杂现象,关于这些现象,罗吉尔·培根和莫罗里库斯也曾分别就凹镜反射和玻璃球折射作过介绍。然而,开普勒提出了修补这个缺陷的方法,即将透镜的圆截面改成双曲截面;他还支持当时的解剖学家,也相信眼睛透镜的反面是双曲面,从而给予我们不受球面像差影响的锐像(*Paralip*. V, I; *Diopt*. LX)。卡瓦利埃里和巴罗沿着开普勒的几何光学工作的路线取得了进步。卡瓦利埃里在 1647 年证明了任何薄透镜的焦距与其表面的曲率半径之间的正确关系(*Exercitationes Geometricae Sex*, 1647, p. 462);巴罗在 1674 年利用一种几何方法得出了一个轴向铅笔落在其上面的一个厚透镜所形成的图像(*Lectiones Opticae et Geometricae*, 1674, pp. 96—102)。这种几何研究方法很麻烦,要逐个考虑许多特殊情形。这些方法最后为笛卡儿的分析方法所取代,哈雷在 1693 年成功地应用笛卡儿的方法求出厚透镜的一般公式(*Phil.Trans*., No. 205)。

开普勒时代所接受的视觉理论基本上依据阿耳哈曾的思想,这种理论是站不住脚的。开普勒花了好几年工夫潜心研究视觉,对眼睛的功能作出了比其前人更加令人满意的解释(*Paralip*. V)。他说视网膜是眼睛接受晶柱体所形成的图像的部位(*Diopt*. LX),他认为,如果把眼睛的不透明的外膜取除,那么在视野里看到的将是任何物体的暗淡的倒像(*Paralip*. V,2)。他似乎是根据波塔用 *camera obscura*〔昏暗照相机〕做的实验而提出这个猜测的(后来为沙伊纳和其他人用实验所证实)。不过,以往已经有列奥那多·达·芬奇指出过这种照相机同眼睛相似。

249

波塔和莫罗里库斯曾猜想,视野里的一个发光体的每一点所发出的光线,都经过瞳孔而进入眼睛。波塔认为晶状体是形成图像的感官,眼睛的后壁起凹镜的作用,把光向中心反射。然而,开普勒更为准确地推测,物体各个点发出的光锥是发散的,它们的公共底是瞳孔。这些光锥被晶柱体折射而形成会聚光锥(试比较图141)。这些会聚光锥的顶位于视网膜,而后者的作用相当于 *camera obscura* 中的帘屏。开普勒关于视网膜的活性的理论,和最新的见解相当一致。他写道:"视力是对刺激视网膜的感觉。"(*Diopt*. LX)当光落到视网膜上面时,视网膜里发生物质变化,因为它含有一种极端精细的物质 *spiritus visivus*[视精],*spiritus visivus* 被晶状体所收集的光分解,直如用取火镜来改变易燃物质。开普勒还证明这样形成的图像能持续一个时间,为此他援引了闭上眼睛或者注视一个明亮物体后再移开眼睛以后所看到的余像

(同上)。后来随着发现化学上可变的"视绀",这些猜测得到了一定程度的证实。开普勒正确地注意到,视网膜上的成像本身并不构成整个视觉行为,像还必须"由一种精神流"传送到脑子司视觉官能的部位(同上)。他解释我们的双眼所以使我们只感知一个图像的原因,是由于两个视网膜受到的刺激相同(*Diopt*. LXXII)。他还探讨了为什么虽然物体在视网膜上形成的像是倒的,可是我们看到的物体却是正立的。不过,他未能给出令人满意的解答。然而,他正确地解释了近视和远视的原因。物体各点发出的光锥经过晶柱体折射以后,如果在到达视网膜之前先到达焦点,便引起近视;而如果在到达焦点之前先到达视网膜,则引起远视(同上,LXIV)。无论哪种情形里,物体各点在视网膜上都变成了圆面,因而图像就模糊了。开普勒在他的书里专门用了一个章节来论述怎样利用透镜矫正视力(同上,LXVI 及以后)。他还解释正常眼睛所以为适应物体距离变化而作**调节**是由于晶状体或者视网膜发生位移(同上,LXIV)。笛卡儿倾向于这样的观点(后来被证明是正确的):晶状体由于其所受到的压力发生变化而改变了其曲率。 250

开普勒在望远镜研制方面所作的贡献,在论述这种仪器的历史时作过介绍。

斯涅耳

莱顿的一位数学教授维勒布罗德·斯涅耳(1591—1626)把光学发展推进了一大步,他在 1621 年提出了精确的折射定律,虽然还不是今天大家都熟悉的以他命名的那种形式。在折射实验中,斯涅耳大概应用跟开普勒一样的方法而发现，从空气到水里并落在容器垂直面上的一根光线 *ECA* 的路程 *CA* 的长度(图 140)，同该光线如未偏离其原始方向而本来会通过的路程 *CB* 成一固定的比(C Huygens：*Dioptrica*，载 *Opuscula Postuma*，1703，p. 2)。根据这个结果可以容易地推出现代形式的折射定律。因为根据斯涅耳的结果，如利用通常的记法，便有

图 139—维勒布罗德·斯涅耳

$$\frac{\sin i}{\sin r}=\frac{\sin \mathrm{B\hat{C}F}}{\sin \mathrm{A\hat{C}F}}=$$

$$\frac{AF}{CB}\bigg/\frac{AF}{CA}=\frac{CA}{CB}=\text{常数}.$$

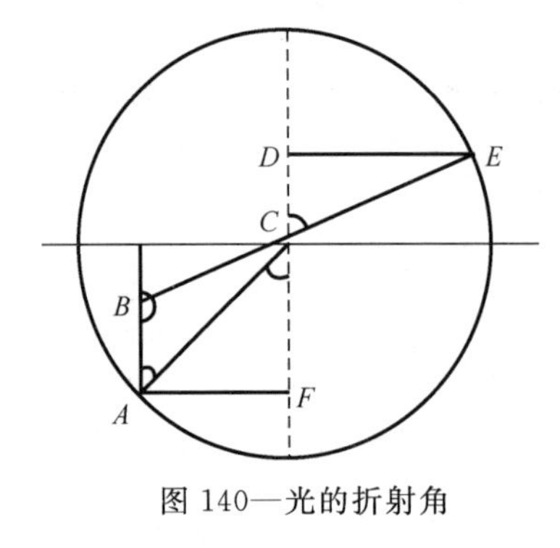

图 140—光的折射角

斯涅耳未曾发表他的结果，但惠更斯，可能还有笛卡儿在手稿中看到过它。因此，笛卡儿究竟是否独立地发现折射定律是有疑问的，虽然是他第一个发表这条定律，并尝试给它一个物理证明(载 *Discours* II of his *Dioptrique* of 1637)。

笛卡儿

在他的《屈光学》(*Dioptrique*)(*Discours* I)的卷首,笛卡儿把视觉同一个盲人借助手杖感知周围物体的过程相比较。他认为, 251 光是一种作用或压力,它从发光体经过居间媒质传到我们的眼睛,就像一个物体的运动或者抵抗通过盲人的手杖传到他的手。他把颜色归因于发光媒质的微粒的转动速率不同。这个类比使笛卡儿更坚信光是"即时"传播的。笛卡儿在另外两本书《论人》(*Le Monde*)(1664 年,但写于 1630 年前后)和《哲学原理》(*Principia Philosophiae*)(1644 年)里更为完整地阐发了这种关于光的本性的概念。在他的体系里,最重要的光源是炽烈的涡旋核心。太阳和恒星就是这样的核心,它们的外向压力除了照耀行星而外,还使它们各自的涡旋抵御邻近恒星的外向压力而保持存在。

在试图从力学上证明折射和反射定律时,笛卡儿假定,既然光的本性是一种推力或者说运动倾向,因此可以期望它跟一个实际运动物体,例如网球拍打出的一个网球一样,也遵循相同的力学定律。他表明,当这样一个球从一个坚硬而又平滑的表面反射时,其速度的那个平行于该表面的分量(即部分)实际上未受影响,而垂直于这个平面的那个分量则因这碰撞而反转方向(*Diopt*., II)。由此不难可知,入射角必定等于反射角。为了说明从较密媒质到较疏媒质的折射,笛卡儿假想这球击穿一层薄布,结果其速度的垂直分解部(即部分)按一定的比例减小,而水平分量则不变(同上)。在从较疏媒质到较密媒质的折射的情形里,假定这球在入射处又受到了一次推动,因而以更大的速度行进。这些类比包含一个假设:光在较密媒质里比在较疏媒质里行进得更“顺利”、更迅速;笛卡儿对此提供了一个力学理由。他论证说,光由媒质中的运动构成,因此碰撞在柔软的、联系松散的空气微粒上比碰撞在较为坚硬、联系较为紧密的水或玻璃微粒上,更容易使光减弱,正如一个球在地毯上不如在光的桌子上容易滚动那样。上述考虑立即导致折射定律,笛卡儿对它阐述如下:

设 *ABI* 代表进入另一种媒质时在 *B* 处被折射的一支光线(图141)。在该光线的入射平面上围绕 *B* 画一任意半径的圆,与该光线交于 *A* 和 *I*。向过 *B* 的法线画垂线 *AH* 和 *IG*。于是,对于这两种媒质,不管 *AB* 的入射角多大,比 AH∶IG 不变(同上)。

252

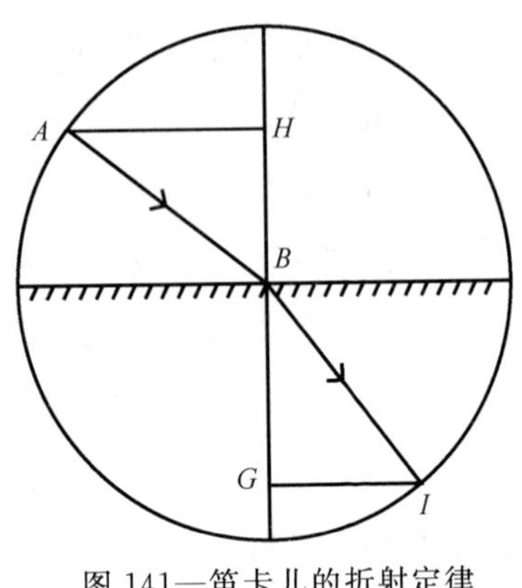

图 141—笛卡儿的折射定律

《屈光学》的其余部分是根据笛卡儿关于官能生理的一般理论研讨眼解剖学和视觉。它论述了怎样用牛眼的实验来表明视网膜像的形成,以及怎样说明眼睛通过施压力于晶状体而进行调节(*Discours* V)。在介绍用透镜来矫正视力时,笛卡儿主张把透镜制成椭圆或者双曲截面而不是圆截面(*Discours* VIII),以便消除缺陷;他还描述了研磨镜片用的机械(*Discours* X)。

笛卡儿在《气象学》(*Les Météores*)里对虹霓理论的贡献,将结合牛顿对这理论的改善来介绍。

以上概述的笛卡儿对光学定律的证明是不能令人信服的,尤其因为这些证明把即时传播的压力同一个以有限而可变的速度运动的物体相比较。他关于光在进入较密媒质时速度增加的假设，遭到同时代物理学家们的极力反对。

费尔玛

图 142—皮埃尔·费尔玛

数学家费尔玛也批评笛卡儿。他用一种迥然不同的方式证明斯涅耳定律，即用他的确定变量之极大值和极小值的一般方法来解折射问题（Huygens' *Traité de la Lumière*, Chap. III end）。这个方法所根据的原理是，一个量的值在接近极大值或极小值时，不会由于决定该值的那些量的微小变化而发生可以觉察出来的变化。

古人曾对光的直线传播做了目的论的解释，认为光线所以沿直线行进，是为了沿最短可能路径即以最少可能时间达到一个物体。亚历山大里亚的希罗在他的《反射光学》(*Catoptrica*)中进一步证明，反射定律也是这条原理的一个证例。他指出，一条从给定的点 A 出发，中间在一给定表面的任意一点 C 上反射，再到达给定的点B的光线，当$A\hat{C}D = B\hat{C}D$时（CD为该表面的法线）所走过的距

253

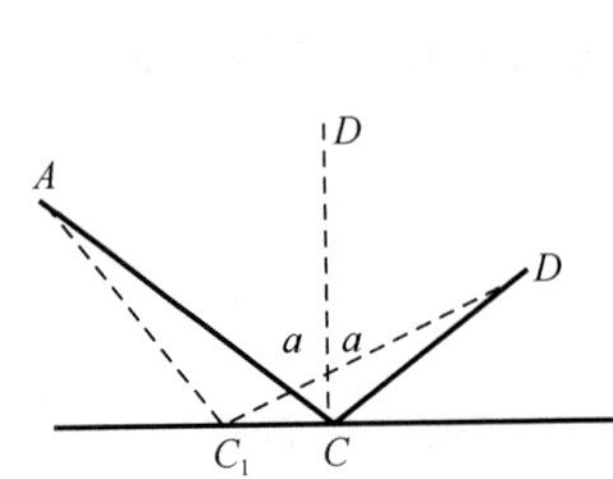

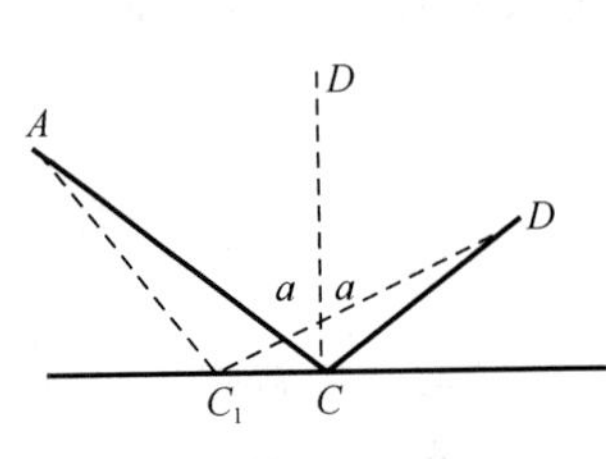

图 143—光线取最短路径

图 144—光折射和最短时间原理

离最短(图 143)。不难证明,任何别的路径(例如 AC_1B)都比这长。

费尔玛尝试性地假定,一条在两个给定点 A 和 B 之间通过两种不同的媒质(图 144)并在某点 C 上被折射的光线的路径,相当于某种极小值。**距离** $AC+CB$ 显然不是一个极小值,但只需假定经过 ACB 时所遇到的总阻力或所需要的**时间**是极小,假定第一种和第二种媒质里的速度 v_1 和 v_2 恒定但两者不同,费尔玛便用他的方法推出了斯涅耳定律,并获得了一个进一步的结果:$\sin\alpha:\sin\beta=v_1:v_2$。这里较大的速度同较疏的媒质相联系;这同笛卡儿的研究结果,以及一般地同种种微粒说,都是相抵触的,但同后来佛科在十九世纪所做的决定性实验的结果却是一致的。

被作为实验结果看待的斯涅耳定律转过来倾向于证明费尔玛的信念是正确的,后者相信“最小作用”原理是一条表征自然界各种过程的普遍原理。后来莱布尼茨和莫泊丢又进一步尝试用这种方法解释各条光学基本定律,他们假定光行进得使某个量取极小值。

这些是斯涅耳定律的纯**数学**推导。现在我们来考查十七世纪作的更为重要的尝试,即用关于光的本性的各种假说来给出这条定律的**物理**解释。这些假说必须解释十七世纪里发现的与日俱增的光现象，因而变得渐趋复杂。按照把光看做是在一种弥漫媒质 254 里的波动（根据同水波的类比）还是认为光由发光体发出的微粒所组成（根据同射弹的类比），形成了两大类假说。这两种类型理论在十七世纪下半期里同时并进地发展。它们相互影响，并使物理学家们意见分歧，一直延续至今。

值得指出的是，今天人们在列奥那多·达·芬奇的著作中和伽利略的书信中发现了一种光的波动说的迹象。十七世纪波动说的支持者们，没有一个人声称这种思想是他自己独创的。

格里马耳迪

图 145—弗兰西斯科·马利亚·格里马耳迪

波洛尼亚的耶稣会教士、数学教授弗兰西斯科·马利亚·格里马耳迪（1618—63）是最早认真提出光的本性像波即光具有周期性的人之一。格里马耳迪学识精深，擅长观察；他选择光学作为他的主要研究领域，并进行了比前人更为深入的研究。他把他的光学观察和思辨汇集成一本书，在他死后不久以《发光、颜色和彩虹的物理—数学》（*Physico-Mathesis de lumine, co-*

loribus, et iride)为题出版(波洛尼亚,1665 年)。这部著作的主要意义在于它包含对奇异的**衍射**(*diffractio*)现象的解释,而这种现象显得同光直线传播定律相悖(I,1)。

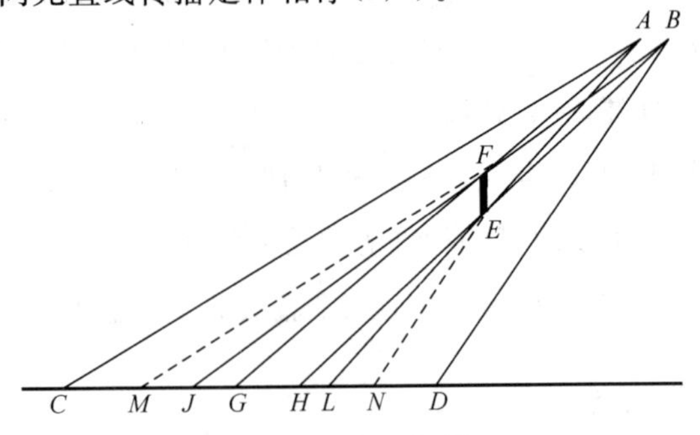

图 146—光的衍射

格里马耳迪让一束日光通过一个光闸上的小孔 *AB* 而进入一间暗室(图 146);他再在光束中离开小孔一些距离处放置一个不透明的小物体 *EF*。他仔细地研究投在一个屏 *CD* 上的阴影。他发现,这个阴影的宽度 *MN* 比原来按照光沿直线越过障碍物这个假设而根据这装置的尺寸所预计的要宽,而且,这个阴影边界外侧圈有与其边缘平行的色带。如果有足够明亮的照明,则在此阴影的内部也显现类似的色带。格里马耳迪精确地描述和说明了这些效应;当障碍物边缘有尖锐的棱角

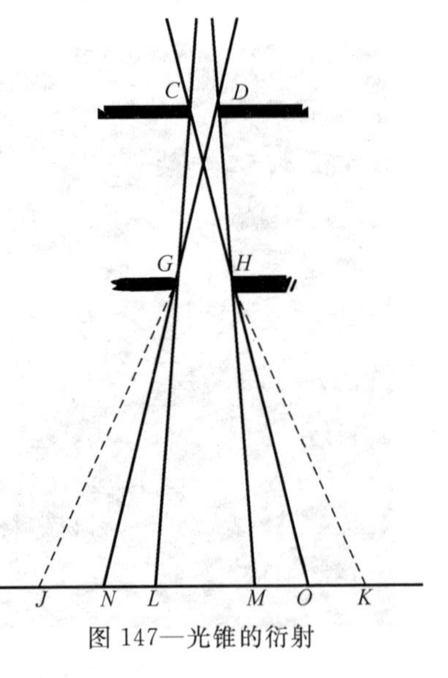

图 147—光锥的衍射

时，它们就变得更为复杂。

图 147 示出格里马耳迪的另一个实验，它让一个光锥通过两个圆孔 *CD* 和 *GH*，这时投在一个屏上的光盘的直径 *JK* 比假定光沿直线传播而用几何作图法求得的直径 *NO* 要大。

这些现象，尤其是阴影呈有色边界的现象显然跟折射色散（格里马耳迪在别处曾明确地描述过）不一样；因此，他便倾向于认为光是一种能够作波状运动的流体（I，2）。他把不透明物体的阴影周围出现的这些色带，同把一块石子抛入水中时所形成的圆波相比较。格里马耳迪在解释时常常流露出认为光是一种呈波动状态的精细流体的思想，他猜测这种流体以无比大但有限的速度漫射而通过透明媒质。

255

256

格里马耳迪做过一个实验，显示两个光点的部分重叠导致照明减弱。人们有时认为这实验预示了光的干涉原理，但马赫认为这个结果是生理学的原因所造成。然而，格里马耳迪表明，让日光从一块有精细划痕的金属板反射到一个屏上能够产生色带（I，29），从而在一定程度上预示了反射光栅的发明。但是，他从未试图用彩色光来合成白光。根据他的带划痕的金属板对光的作用，格里马耳迪在一定程度上解释了动物世界里常常出现的闪光颜色，例如鸟的羽毛、昆虫的翼，等等。

格里马耳迪一再指出，颜色无非就是光，它以某种方式甚至在没有光时也存在于有色物体之中（I，45）。颜色是反射光的物体的精细结构所引起的光的变态，这种变态也许就在于光的运动类型和速度的变化。不同的音符乃由不同种类的空气振动所造成，同样，当眼睛受速度不同的光振动刺激时，就产生了不同的颜色。所有这些见解对于后来的光学发展具有带根本性的重要意义。

胡克

在格里马耳迪的书出版的那一年即1665年，罗伯特·胡克的《显微术》(*Micrographia*)问世。在大量其他论题中，他在这部著作里还研讨了各种透明薄膜的闪光颜色，例如云母薄片、肥皂泡、吹起的玻璃、珍珠母、水上的油，等等。(Observation IX: *Of the Colours observable in Muscovy Glass and other thin Bodies*)。

在研究云母的性质时，胡克注意到，在一定的厚度范围内，这种物质的薄片里会出现虹霓的色彩。他认识到，薄片每个部位的颜色取决于该部位的厚度，厚度的分等造成相应的颜色分等，而这按规则的次序重现，就像在霓里那样。他在把两块玻璃板放在一起，中间留一层空气膜时，也获得了类似的颜色效应(*Micrographia*, Observation IX, p.50)胡克未能确立薄膜厚度和所产生的颜色效应之间的一定关系，但他为牛顿在这方面的更为精密的研究开了先河。

257

胡克对这些颜色现象的解释同他的光理论密切相关。他认为光是发光体微粒的小振幅的快速振动，它沿直线向四面八方传播，通过弥漫的均匀媒质，通过透明物体，其速度无比大但不一定无限大(“以可以想象的最短时间到达可以想象的最远距离；不过我没有理由断言，这必定是瞬息间完成的”)。这些振动呈一系列球脉冲播散，每个球通常成直角地截断光线。当这“圆球形脉冲”即波面向光的方向倾斜(例如由于折射)时，光就变成彩色的。在这些情形里，构成光束的每个脉冲的一边超前另一边地运动。蓝色和

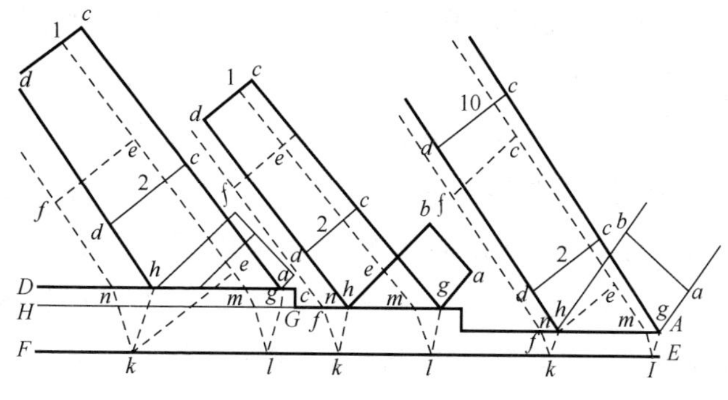

图 148—薄膜的颜色

红色是原色;“一切中间颜色……都是由于这两种颜色合成和冲淡而产生的。”蓝色在脉冲前部和光束边缘相接处(由于接触暗媒质而变弱)观察到,红色则在脉冲后部和光束边缘相接处观察到。于是他认为,“蓝色是一个最弱部在前面、最强部在后面的弄混乱了的斜向光脉冲在视网膜上的印象;而红色则是一个最强部在前面、最弱部在后面的弄混乱了的斜向光脉冲在视网膜上的印象。”当光落在一个透明薄膜上时,每个脉冲都一部分从前表面反射,一部分从后表面反射(图 148),从而产生两个彼此平行但隔开一个间距的反射脉冲。胡克推测总的色觉取决于上表面的反射脉冲究竟是密接地处在下表面较弱反射脉冲的前面,还是紧跟在它们的后面(*Micrographia*, Observation IX)。

258

他的解释根本无视这些脉冲间存在那种现在用来解释这些颜色的干涉;但它至少有一个优点(这是牛顿的解释所没有的),就是使**两个**反射面**都**在产生这些现象时起作用。

胡克发明了一种折射光线的作图法,它是惠更斯作图法的一个十分粗糙的先例,但它包含了笛卡儿的假设,即媒质越密,光行进越快。不过,胡克区分开了"对于重力的密度"和"对于光线透射的密度"这两种密度。

胡克后来用格里马耳迪的方法做了一些衍射实验;并且在1680—82年间做的许多演讲中,他进一步论述了光的性质,尽管非常一般。他给光下了定义,说它"无非就是'发光体'的组分的一种特殊的'运动',这'运动'不影响包围'发光体'的流动'物体',后者完全流动而又极端致密,因此不允许再有丝毫的'凝聚';不过由于'发光体'毗邻的'组分'被驱动,因而这流体的整个'广袤'也被驱动"(*Posthumous Works*, published by R. Waller, 1705, p. 113)。

胡克认为光速太大,无法用实验来测定。一直到十七世纪人们通常还都认为光速无限大,而开普勒,也许还有笛卡儿似乎也持这个观点。我们已经看到,笛卡儿相信光不是一种运动物质,也根本不是运动,而是一种运动的倾向,或者是发光体所产生的一种推力;这种推力是无形体的,传播不需要时间。然而,他第一个试图援引天文学证据来解决这个问题。他指出,如果光从地球行进到月球需要相当的时间,那么在全食时我们便不会看到月球和太阳正好相对,它应当偏离这个位置。但是我们并没有观察到这种位移。然而惠更斯指出,如果光速相当大,则这位移将消失在观察误差之中;因此,笛卡儿的论证虽然证明了光速大,但未证明光速无限大。伽利略和他之后的佛罗伦萨院士们曾试图用地球上的往复的光信号来测定光速,但都没有成功。然而,对折射定律的各种解释都把折射归因于在不同媒质中光速**不同**,而这就意味着这些速度必定是有限的。这条原理首先得到确立,而且皮卡尔在巴黎天文台的丹麦同事奥劳斯·勒麦经过努力还相当精确地得出了光速的估计值。

勒麦

勒麦于1672—1676年间在巴黎观察了木星最近卫星的多次交食。这个木卫约花42小时30分绕木星转一圈，每转一圈在其影锥中被交食一次（*Histoire de l'Académie Royale des Sciences*，1666—1699，Paris，1733，anno 1676）。设 *A* 是太阳（图149），BCDE是地球轨道，F是木星，GN是这个木卫的轨道。勒麦注意到，当地球在轨道的 *BC* 段退离木星时，与它沿 *DE* 段趋近木星时相比，木卫的周期似乎变长了，各次交食的交替变慢了。他假定光速是有限的，因此解释了这个效应。他根据自己的数据推算出，光越过地球轨道半径需要时间约十一分钟，而光速必定约为每秒48000里格（约为193120公里或120000英里）。光以有限速度行进这个见解遭到勒麦的许多同时代人的拒斥，尤其是笛卡儿主义者，他们仍然相信光速无限。勒麦的假说最后为布莱德雷发现光行差所证实（1726年）。

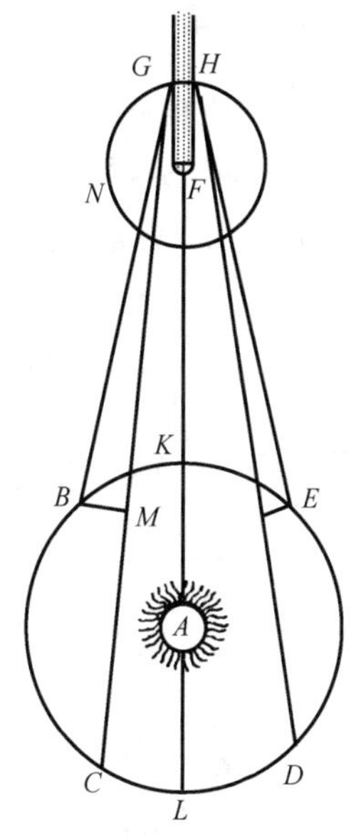

图149—勒麦对光速的测定

勒麦的几个同时代人修正了他所估计的光越过地球轨道半径

所需的时间为 11 分钟，现在估计这个时间约为 8 分 20 秒。由于观察方法不完善以及地球轨道的实际大小拿不准，因而相应的以地球单位计的光速值也长期确定不下来。现在通常估计这个值为：在空气中约每秒 299778 公里，在真空中约每秒 299796 公里。

260

惠更斯

勒麦的发现证实，光的传播是一个以有限速率进行的过程。寻常折射和双折射现象都表明，这个过程的速率随条件而变化。衍射和虹彩现象表明，这个过程是一种波动。惠更斯汲取了所有这些思想，并进而提出一个理论。这个理论虽然仅以为数不多的基本假设作为基础，但成功地解释了当时已知的大多数光学现象，并把它们相互关联起来。惠更斯的理论是在他居留法国的那几年里制定的；他于 1678 年把它写信告诉了巴黎科学院，并在经过增补以后于 1690 年以《光论》(*Traité de la Lumière*)为题发表。

惠更斯(*Traité*, Chapter 1)认为，构成一个发光体的微粒把脉冲传送给邻近的一种弥漫媒质的微粒。这些脉冲(与声的脉冲不同)来自发光体的每个微粒，并以不规则的间隔发生。其次，光通过的这种媒质不是空气(因为光能够通过真空)；它是一种以太，由坚硬的弹性微粒组成，每个微粒都把它所接受到的脉冲传送给所有跟它相接触的微粒，但它本身并不经受任何永久的位移。这样，每个受激微粒都变成一

图 150—光的传播

个球形子波的中心。惠更斯从他对弹性球碰撞的研究获知,这样一群微粒虽然本身并不运动,但能够同时传播向四面八方行进的脉冲,因而光束能够彼此交叉而不发生任何交互干涉。由这些考虑可知,一个发光体,例如一支烛光的微粒 A、B、C(图 150)每一个都发出它自己的一组同心球形子波。

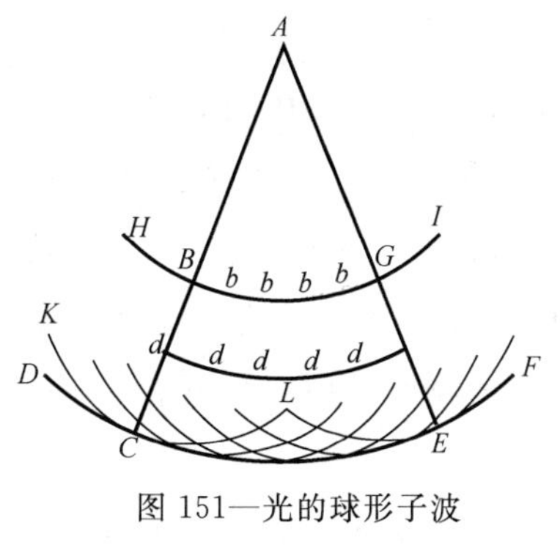

图 151—光的球形子波

如果现在从一个点光源 A(图 151)发出的一个波在任意给定时刻到达位置 BG,那么在这个波阵面中的微粒 bbbb 每一个都立即发出一个球形子波。除了在这些子波彼此加强的区域即面 CE 处外,这些子波由于太弱而不会产生任何明显的效应。当越过 BC 所需的时间过去后,所有子波都触及面 CE。因此,CE 是新的波阵面。如果 BG 是屏上的一个孔,那么在光锥 ACE 外面的点上,从 BG 发生的子波不会统统走到一起产生明显的共同效应,而是一一离散,错开不同的距离,结果不会产生察觉得出的效应。这样,阴影和光的直线传播便得到了解释;但是根据这种观点,应当有波返回而向光源传

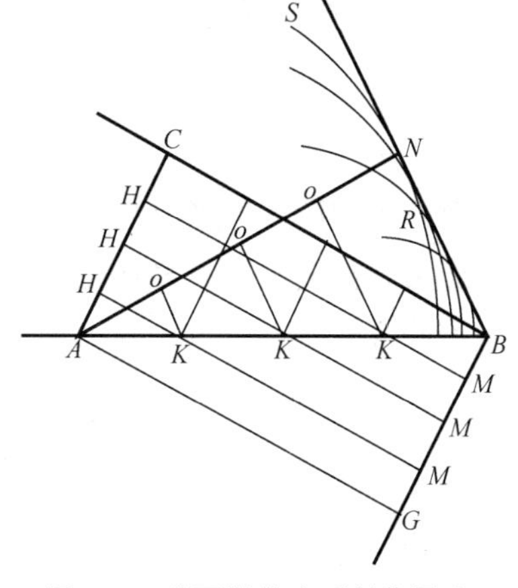

图 152—惠更斯的光反射作图法

261

播，并且由于脉冲的旁向耗散，光线还应当经受严重的衰减，可是惠更斯忽视了这两点。

根据一个波阵面上的每一点都是一个基元子波的中心这条惠更斯原理，惠更斯立刻得出了光束反射（图 152）和寻常折射（*Traité*, Chapters II 和 III）的作图法，他假定光在透明媒质中比在真空中行进得慢。惠更斯解释了光通过透明固体的事实，假想以太充满了固体微粒间的微孔。光波通过这种以太传播，但速度比在自由空间中慢得多，因为必须绕过固体微粒。然而，在双折射时，非常波既通过以太微粒也通过物质微粒传播。至于不透明的物质，它们包含阻尼以太振动的软微粒。

1670 年，惠更斯在巴黎期间，一个丹麦科学家伊拉斯姆斯·巴塞林那斯宣布在冰洲石即方解石中发现**双折射**（*Experimenta crystalli Islandici*, Hafniae, 1670）。通过这种物质的晶体所观察到的小物体显得是双重的，因为形成了两条折射光线，一条是寻常光线，服从斯涅耳定律，另一条是非常光线，不服从这条定律。

262

惠更斯用他《光论》篇幅最长也是最重要的一章（第五章）来讨论这个奇特的现象，这个现象似乎动摇了他对寻常折射的解释。他对这个问题的处理，成了把实验研究和透彻分析相结合的一个后无来者的典范。结果他发现根据同一个一般假说，能够解释双折射和寻常折射的大多数独特之点。

惠更斯更精确地重复了巴塞林那斯对方解石的观察，亲自在水晶中发现了不太显著的双折射。他经过仔细观察后发现，方解石中的寻常光线可以归因于球波通过晶体传播，但为了解释非常光线的行为，就必须设想光展开而使波阵面呈回转椭球形状。这

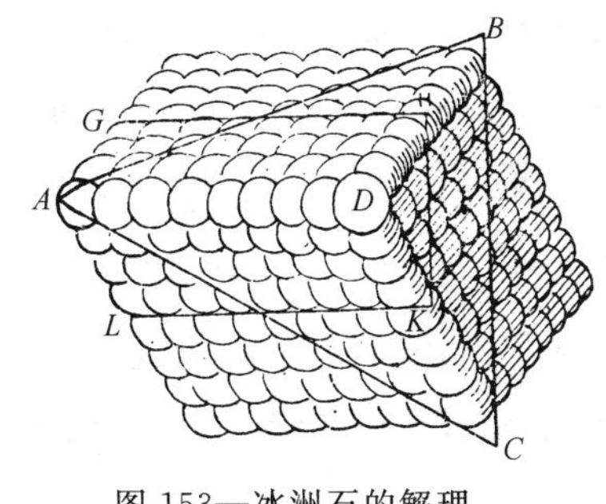

图 153—冰洲石的解理

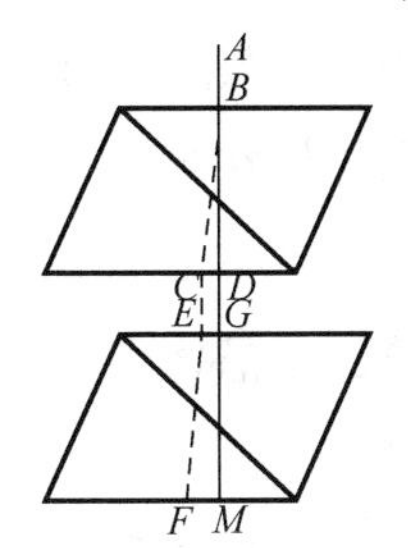

图 154——一条光线通过两个对应边平行的晶体

个椭球的短轴(即回转轴)发现同晶体的光轴平行,而两种光线沿这个轴的速度相等。这就是说,如果假定光从方解石晶体内的任何一点向四面八方传播开去,则其波阵面便呈双表面,一个是球面,一个是椭球面。这两个面在椭球面的短轴端点处相接,球的半径同椭球长轴成 8:9。惠更斯说明了如何作非常光线方向的图,他用的方法类似于已应用于寻常折射的那种方法,但更为复杂。 263

惠更斯试图把非常光波的球体状同晶体的精细结构联系起来。他揣测,晶体的规则的几何形状必定依赖于组成晶体的最小微粒的形状和排列。于是,惠更斯试图解释冰洲石的解理以及椭球波在其中的传播,他假定这个晶体由椭球状微粒规则地组成,这些微粒相对晶体的光轴有一定的取向(图 153)。

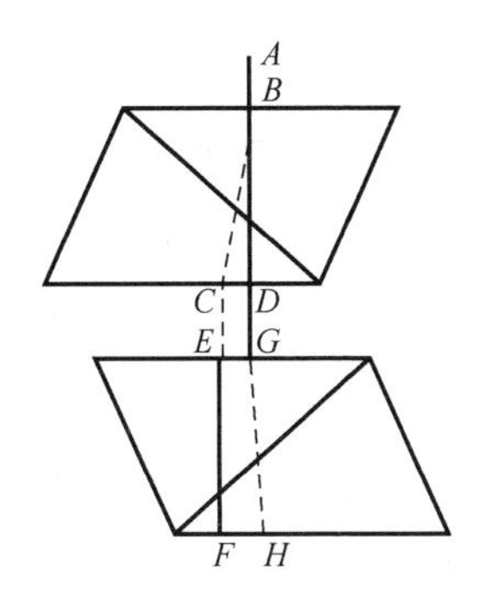

图 155——一条光线通过两个主截面成直角地放置的晶体

然而,惠更斯的双折射理论未能解释他在一条光线相继通过两个晶体时所发现的某些进一步的现象。他发现，当两个晶体对应边平行地放置时(图 154)，一条光线通过第一个晶体后，所产生的两条光线在第二个晶体里不再进一步加倍，但第一个晶体中的寻常光线在第二个晶体中经受寻常折射，第一个晶体中的非常光线在第二个晶体中经受非常折射。起先惠更斯认为，每条光线在通过第一个晶体后已丧失在第二个晶体中再传播另一种波荡的能力。但是他发现，当这两个晶体主截面成直角地放置时(图 155)，264 第一个晶体中的寻常光线在第二个晶体中变成非常光线，而第一个晶体中的非常光线在第二个晶体中变成正常光线。而且，对于这两个晶体的其他相对取向，从第一个晶体出来的每条光线都被第二个晶体加倍，结果总共产生四条光线。四条光线的相对强度规则地取决于两个主截面的相对取向，但它们的共同强度不超过入射光线的强度。

惠更斯不得不让这个谜悬而未决。他写道："Pour dire comment cela se fait, je n'ai rien trouvé jusqu'ici qui me satisfasse."〔为了说明这究竟是怎么回事，我至今尚未找到什么令人满意的解释。〕一直到十九世纪，由于抛弃了纵光波而接受横光波，才揭开了这个奥秘。惠更斯在这个问题上的失败以及他没有考虑颜色和我们现在所称的干涉现象，结果不利于他的理论，而有利于相竞争的牛顿观点。

惠更斯有些关于光的思想，甚至他的反射和折射光线作图法最初可能也是受耶稣会教士帕迪斯手稿的启发，惠更斯承认看过这份手稿。帕迪斯的光学著作没有发表过，但他的有些思想似乎曾经被另一个耶稣会教士安戈收进他自己于 1682 年发表的《光学》(*Optique*)之中。

牛顿

牛顿还在当大学生时就开始对光学问题发生兴趣，当时他试图制造望远镜，消除望远镜的缺陷。折射望远镜由于色差而在所形成的像的周围产生有颜色的边缘。为了找出克服色差的方法，他决意研究颜色现象。为此他在1666年买了一个棱镜，但他的实验由于瘟疫而中断了两年；直到1672年他才在《哲学学报》(*Philosophical Transactions*)上发表了一篇说明这些实验的报道，这是他的第一篇科学论文。

这篇报道是给奥尔登伯格的一封信，牛顿在信中叙述了如何"把我的房间弄暗，在窗板上钻一个小孔，让适当量的日光进来。我再把棱镜放在日光入口处，于是日光被折射到对面墙上。当看到由此而产生的鲜艳而又强烈的色彩时，我起先真感到是一件赏心悦目的乐事；可是当我过一会儿再更仔细地观察时，我感到吃惊，它们竟呈长椭圆的形状；按照公认的折射定律，我曾预期它们是圆形的"(*Phil.Trans.*, No.80)。见图156。

265

当棱镜以最小的偏向放置时，牛顿发现，光谱的长度约是光束未被折射时投出的光点的长度的5倍。他思考了各种解释，比如光也许由于玻璃不规则而被散射了；但是第二个倒置的棱镜却完全中和了第一个棱镜的效应。他认为，光线可能在折射后走曲线路径，但结果发现并非如此。牛顿最后把若干种颜色逐一隔离起来；这样，当用第二个棱镜折射每束光线时(图157)，他发现这几种颜色表现出不同的折射量。牛顿套用培根的说法，把这个实验

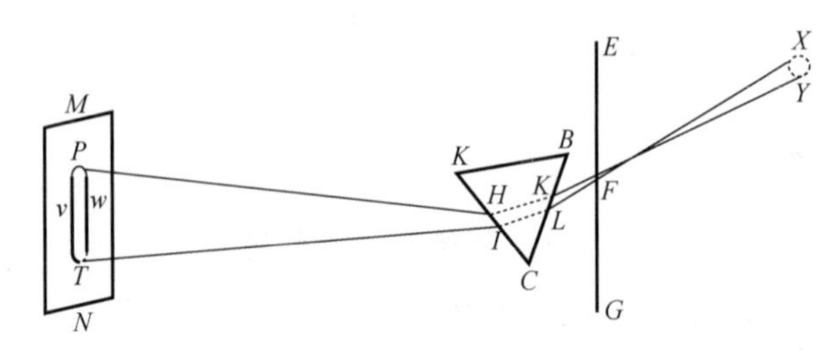

图 156—光谱

称为他的 *experimentum crucis*（判决实验）。后来他又对之做了一个补充实验，让光经过一个棱镜折射后在墙上形成一条竖直的色带，然后再让光通过第二个棱镜，后者的轴垂直于第一个棱镜的轴。第二次折射并未使总的色带增宽，但光谱变得倾斜了，在第一个棱镜折射较大的颜色，在第二个棱镜也折射较大。他得出结论：

266

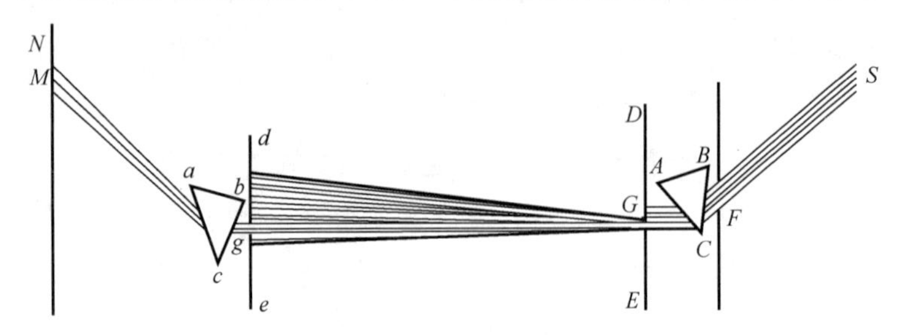

图 157—几种颜色的不同折射

日光以及一般的白光都是由每种颜色的光线组成的，这些颜色是这光的“原始的、偕与俱来的性质”，而不是棱镜造成的。“什么样的颜色永远属于什么样的可折射度，而什么样的可折射度也永远属于什么样的颜色。”牛顿从来不宣扬自己的发现，但在给奥尔登伯格的另一封信里，曾说这个发现是“迄今为止大自然的作用中最为奇妙的发现，如果不是最重要的话”。

牛顿的论文挑起了他同胡克、帕迪斯、莱纳斯、卢卡斯和其他同时代的物理学家们发生激烈的论争。他们的诘难和牛顿的回答见于1672年以后好几年里的《哲学学报》。通过这些讨论,牛顿关于光的**本性**的思想逐渐趋于具体化,并同他的主要批评者胡克的思想发生一定的关系。牛顿和胡克的主要分歧是这样的。牛顿认为颜色是白光的组分,而胡克则认为,像他推测的那样,颜色是当光脉冲在折射中倾向光线时,白光经受了变化而产生的。1672年在回答胡克的某些非议时(*Phil. Trans.*, No. 88),牛顿认为,根据胡克的光理论,并假定以太振动是周期性的,那么,这些振动可能具有不同的大小,而且"如果用无论什么方法把这些大小不等的振动彼此隔离开来,那么最大的振动便引起红色的感觉,最小或最短的引起深紫色的感觉,而中间的各个振动则引起各个中间颜色的感觉。"他把以太振动的大小和所产生的颜色之间的关系,比做空气振动的大小和所产生的音调之间的关系。

牛顿最初倾向于把微粒说和波动说结合起来解释光。1672年在答复胡克时,他写道:"如果假定光线是发光物质向四面八方发出的微小物体,那么当这些微小物体碰撞任何折射或反射表面时,一定像石子抛入水中的情形一样,也必然在以太中激发振动。"(*Phil.Trans.*, No. 88)

1675年,牛顿进一步发展了他关于弹性以太的思想,他推测这些振动发生在弹性以太之中(在他告诉皇家学会的他的"假说"中:Brewster's *Memoirs*, etc., Vol. I, App. II)。不过,他拒斥纯粹的光的波动理论,因为他无法使之同光的直线传播相调和。他的以太主要是为了提供对引力吸引的解释。然而,E. T. 惠特克教授指出(在他编的那一版牛顿《光学》(*Opticks*)的《序言》中),当 267

这种解释很快为描述性的万有引力平方反比定律所取代时，牛顿对以太理论的兴趣大为减退，尤其是因为很难使以太媒质的存在同行星显然未受阻碍的运动并行不悖。另外，偏振的发现又似乎只有将光比做某种微粒才能得到解释。因此，牛顿越来越倾向于微粒假说，他把有关以太的讨论归入《原理》的比较思辨的部分和《光学》的《疑问》(*Queries*)之中。

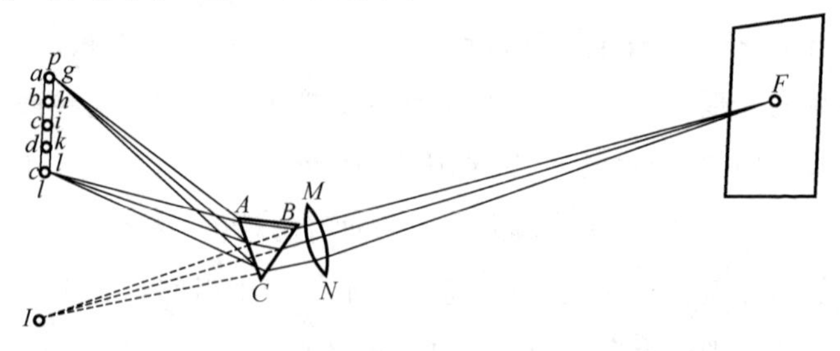

图 158—正弦折射定律对每种颜色都成立

在剑桥做的一些演讲中，牛顿解释了他的比较重要的光学成果以及一些非常基本的问题，这些演讲于 1728 年出版。他的《光学》的 1704 年版(增订版，1717 年，补充版，1718 年；1931 年 E. T. 惠特克编，F. R. S.)里，有一篇易读的文章全面介绍了他的这部著作。牛顿在这篇论文的开头这样写道："**本书的意图**不是用**假说**来解释**光的性质**，而是提出并用**理性**与**实验**证明这些性质。"然而，实际上他常常隐含地倚重微粒假说，借助它进行解释。

《光学·第一篇》里包含牛顿有关光谱的一些基本实验：光谱的形成、光谱长度的测量以及颜色和可折射度之间的联系。后一结果进一步为许多辅助实验所证实。牛顿接着说明他怎样通过在棱镜前放置透镜而获得纯光谱，以及他怎样一一证明正弦折射定律对每种颜色都成立(图 158)。

牛顿希望获得一个光谱，其中由棱镜在屏上形成的窗板小孔 268 的各个毗连的彩色图像彼此应当尽可能少地重叠。这样看起来每种颜色就没有同相邻的颜色混合。为了产生这种“纯”光谱，他用透镜 *MN*(图 158)使光背离小孔 *F* 而到达屏上在 *I* 处的一个焦点，然后把棱镜放置在透镜后面的会聚光束中。于是在 *pt* 处形成了小孔的锐像，每种颜色都有一个像。只要减小这个孔的大小，纯度就会提高，但频谱的宽度大大缩狭。然而，如果用一个平行于棱镜折射边的缝隙来取代圆孔，就会获得既纯又宽的光谱。牛顿还用三角形缝隙进行实验，结果获得一个光谱，它一边明亮但不纯，而另一边纯但暗淡。

牛顿于是能够解释望远镜中的色差。引起色差的原因是由于物镜在其轴的不同点上聚焦一支入射光束的不同颜色的组分。目镜一次只能聚焦于一种颜色组分，因此其他光线便造成色带。牛顿假定，一个棱镜或透镜的**色散**与它产生的**偏移**成正比。因此，他得出结论:色散不可能纠正，也就是说，透镜不可能消色差，除非它不再是透镜。由于对消除色差完全丧失信心，牛顿干脆放弃折射望远镜，而主张反射望远镜，他也许是第一个制造反射望远镜的人。那些喜欢折射望远镜的人想方设法消弭它的缺陷，于是制造了长焦距物镜。所以，望远镜的尺寸日渐增大。为了克服制造足够坚固的长焦距镜筒方面的困难(像已经解释过的那样)，有时索性不要镜筒，就像惠更斯的“高空望远镜”那样。

牛顿后来又进一步设计了许多实验。证明光谱颜色复合而形成白光。其中一个实验示于图 159。棱镜 *ABC* 将光谱 pqrst 投在透镜 *MN* 上，后者把这些彩色光线聚焦于点 *X*，这里与第一个棱镜平行的第二个棱镜 *DEG* 中和掉第一个棱镜和透镜的效应，并向 *Y* 发出一束平行的白光。这光束的行为如同普通日光，能为第三个棱镜 *IHK* 所折射而形成光谱 *PQRST*。当 *p*，*q*，*r*，*s*，*t* 中任何一种颜色在透镜处被遮断时，相应的颜色就从光谱 *PQRST* 中消失。这证明组成光线 *XY* 的彩色组分与分辨该光线而得到的那些彩色组分相同。这就证明了，这些颜色的产生不仅是由于折射使光发生变化，还因为每条具有某种颜色的光线分离和复合。

269

牛顿还用这种装置考察了物体颜色的成因。他把各种物体放在光束 *XY* 中，发现它们看上去的颜色跟在日光里时一样，不过这些颜色是由光束中相应的彩色组分引起的。例如，放在光束中的朱砂看上去是红色的，像在日光里一样；当在透镜处阻断蓝色和绿色光线时，这红色就更形鲜明，但当阻断红色光线时，朱砂就不再呈红色，而呈暗黄或暗绿色，视容许哪种光线落到它上面而定。牛顿根据这些实验得出结论：物体的颜色是由于入射到它们上面的各种光线被不同物体的表面按不同的比例反射而造成的，这个比例取决于他认为是组成物体表面的那些薄膜的厚度。牛顿的颜色理论标志着对亚里士多德学说的一大进步。亚里士多德学说认

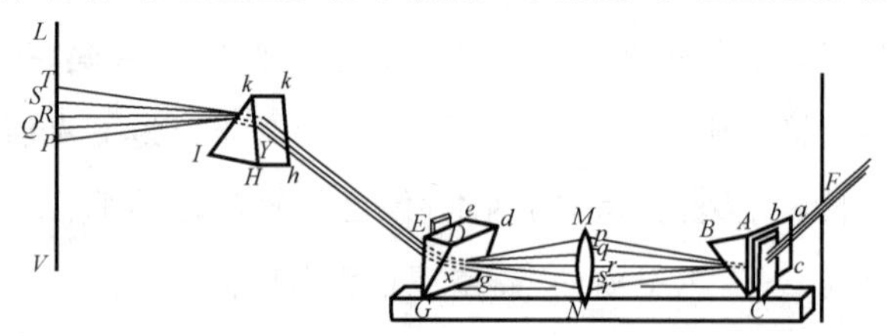

图 159—光谱颜色重组而形成白光

为颜色是由于光亮和黑暗按不同比例混合而产生的，这种学说甚至在十七世纪依然被人们接受，而且牛顿的老师伊萨克·巴罗还

刚刚用他不成熟的见解改进了它。

牛顿对颜色现象的研究的一个令人感兴趣的副产品是他对虹霓的解释。早在十四世纪初,萨克森的德奥多里克就已认识到,无论虹还是霓都是因日光被雨滴多次折射和反射而造成的。由于安多尼奥·德·多米尼斯,这种解释在三个世纪以后为更广泛的人所知道。笛卡儿为一条光线通过一个水滴时的偏移与光线入射到水滴表面的角度两者的对应关系编制了表,他用这种表证明,对于某个入射角,这偏移达到最小。因此,约莫以这个角度入射到水滴 270

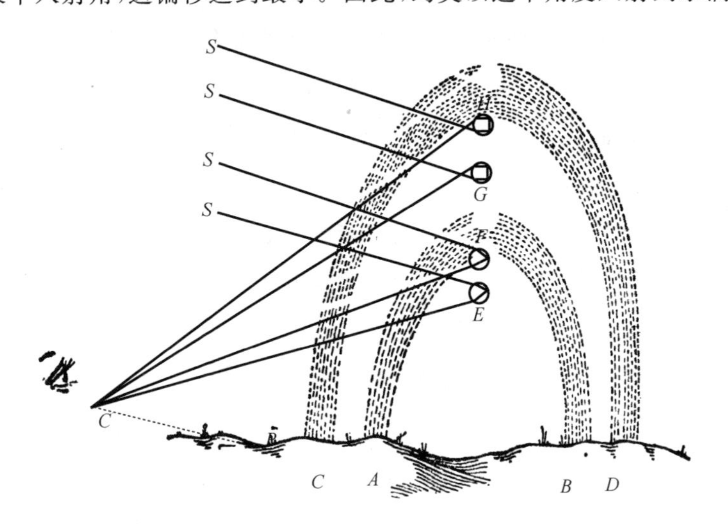

图 160—虹霓的形成

的那些日光束便形成大致平行的光束,它们对眼睛产生明显的效应。根据这条原理,笛卡儿解释了虹霓的圆形及其固定的角半径,以及虹霓为什么总是正好对着太阳,尽管他对颜色的解释是不可取的。然而,牛顿从这一方面弥补了笛卡儿的工作,他表明每种颜色都产生它自己的彩弓，同相邻的彩弓部分地重叠(见图 160)。

《光学》的第二篇研讨薄膜的颜色。中心论题是著名的称为“牛顿圈”的现象，他最初是通过把一个平凸透镜的平面同一个长焦距双凸透镜接触而产生这种现象的。他发现相应于暗圈的空气薄层的厚度为 0、2、4、6……而相应于亮圈最明亮部分的空气薄层的厚度为 1、3、5、7……他用微粒假说解释这个现象，同时还为此专门用了一个假说，即易透射和易反射的“猝发”：“……**光线**通过碰撞任何折射或反射**表面**而在这……**媒质**中激发振动……这样激发的振动被传播……而且运动得比这些**光线**更快，以致赶上它们；……当**光线**处于这振动的促进其**运动**的部分时，光线就容易穿过反射**表面**，而当光线处于这振动的阻碍其**运动**的相反部分时，它就容易被反射……”这样牛顿就解释了光圈性质所包含的明显的周期性。然而，由于他假定从上表面反射的任何光线都同这现象毫无关系，因此他的解释实际上不如胡克的解释。为了解释为什么入射到一个透明物体的光部分反射，部分折射，牛顿也以类似方式援用了“猝发”。此外，他还试图把透明薄膜的颜色和物体的永久颜色相类比，他假定物体的最小微粒是具有一定厚度的透明薄片。

第三篇和最后一篇研讨格里马耳迪的衍射现象。牛顿亲自在许多不同条件下产生这种现象，他把它归因于光线在衍射边缘附近通过时发生“拐折”。这一篇的最后部分(在后面各版里)是三十一个“**疑问**”，它们提出了各种解释光现象和引力的假说，并指出了进一步探索的路线。

在他的各个“疑问”中，牛顿对双折射提出了一些猜测。他朝向解释惠更斯在一条光线通过两个主截面彼此成不同倾角的方解石时所观察到的那些令人费解的现象，迈出了第一步。牛顿提出，“每条**光线**都有……原初就赋予和非常折射有关的一种**性质**的两个相对**侧面**，而另有两个相对**侧面**则未赋予这种**性质**”（疑问 26）。他猜想，晶体的微粒必定也有类似的两重性，他并把光线和微粒中的这两种情况比做磁的极性。这种类比导致了光的“极化”[①]这个概念。然而，这同波动说相悖，因为它认为只有纵波才是可以接受的，而纵波不可能在垂直于传播路线的不同方向上具有不同性质。

马里奥特

马里奥特的物理学论文里有一篇即《论颜色的本性》（*Traité de la nature des couleurs*）（1686 年）是专门关于光现象的，他在文中描述了用棱镜做的实验，批评了牛顿的颜色理论和笛卡儿对光作的力学解释。他对大气光学作出了卓越的贡献，解释了偶尔可以在太阳和月亮周围看到的晕以及幻日和幻月。马里奥特从笛卡 272 儿的一些见解得到启发而提出他关于角半径二十三度的晕之产生的理论，这理论本身基本上就是今天所公认的理论。作为解释晕这个现象的根据，他假设在大气的上部区域里，有时会形成微小的棱柱状冰晶，悬浮在空中。落在这些冰晶上面的光线经受双折射，那些以最小偏移通过冰晶的光线就是形成晕的光。这种证明方法多少有点像笛卡儿解释虹霓时所用的方法。这些冰针晶有一切可能的取向，但必定总是有数目足够多的冰针晶，它们的轴垂直于联结观察者眼睛和太阳或月亮的连线。根据这个位置计算出所产生

---

① 光的极化（polarization）今称偏振。——译者

的晕的观察角半径为23°。

在光学方面，1666年他向巴黎科学院报告了眼睛有"盲点"这一卓越发现。他介绍了他怎样在解剖人和动物的眼睛时，常常观察到视神经不是正对着瞳孔地进入眼球，而是于人眼里在高很多的地方进入，并且更朝向鼻子。为了观察当光正好落在视神经上时发生的情形，马里奥特把一个小的白纸盘放在一个黑屏上，位置约与他的眼睛齐高。然后他又把一个直径约四英寸的第二个纸盘放在第一个右边约二英尺的地方，但略低一些。他用右眼盯住第一个纸盘，闭上左眼。当逐渐离开屏向后退时，他发现，在大约九英尺的距离处，第二个纸盘从视野中消失了，虽然它周围的东西仍旧全都可以看见：而如果稍微移动一下右眼，便又看见这个纸盘。当他改变他同屏的距离以及两个纸盘的间距，但保持同样的比例时，他获得相同的效应。而且，当他用白底上的黑纸盘时，以及用左眼做相应的实验时，情形还都是这样。因此他相信，这种现象是视神经的一个缺点所造成的，视神经对在它进入视网膜的地方的光不灵敏。马里奥特的实验引起很大轰动，1668年皇家学会在国王面前重做了这个实验。然而，这个发现导致马里奥特得出错误的结论：视觉部不是视网膜，而是在下面的脉络膜。

特席尔恩豪斯

德国贵族、莱布尼茨和斯宾诺莎的朋友、法国巴黎科学院的外国院士埃伦弗里德·瓦尔特·冯·特席尔恩豪斯(1651—1708)，跟海维留斯和冯·盖里克一样，同属于富有的业余科学家阶层。他把自己的钱财大部分用于制造物理仪器，尤其是光学仪器。他

273

的凹铜镜有些直径约达三码，焦距约达两码，其中最大的一个现在仍被奉为珍宝保存着。这些铜镜能在五分钟里熔化一枚一元的硬币，但当它们用来聚焦月光时并未产生明显的热效应。特席尔恩豪斯的透镜，直径最大者达到 80 厘米。有一个透镜传到了佛罗伦萨，在 1695 年被用于试验金刚石的可燃性。它使放在其焦点上的陶瓷和浮石熔化，并在半小时里使一块重 140 谷的金刚石燃烧。通过起燃镜的实验，特席尔恩豪斯开始进行光学的理论研究。他是研究因光在这种镜面反射而产生的焦散线的先驱者之一。

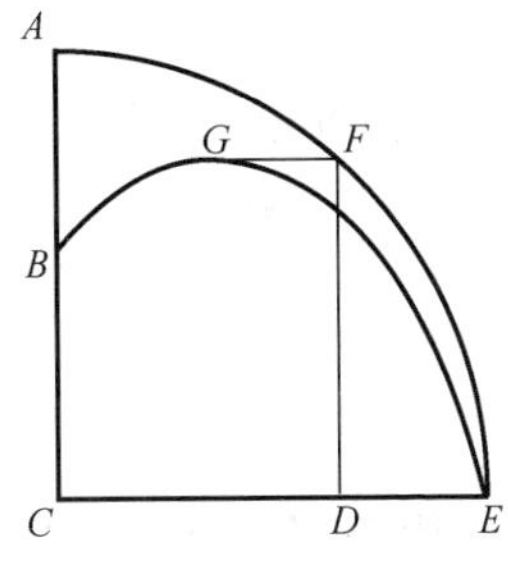

图 161—反射光线相交的焦散曲线

罗吉尔·培根已经知道，从一个点状物体发出的光线在被一个凹镜反射以后不会全都通过一个点。莫罗里库斯指出过光通过一个透镜折射时也发生相应的现象，巴罗则研究了这个现象。被一个凹镜反射的光线实际上都同一个包络面相切。特席尔恩豪斯和他同时代的人研究了用通过这种包络面的对称轴之平面切截它们而获得的曲线的几何性质。图 161 示出一束平行光经镜 *AFE* 反射而产生的一条这种曲线的一个分支。

这束光中的光线 *DF* 沿 *FG* 方向反射。另一条与 *DF* 毗邻的光线所产生的一条反射光线略微倾向 *FG*，和它相交于 *G*。各相邻反射光线的这种交点的轨迹便是焦散曲线。

惠更斯也许最早正确地弄清楚了一束平行光落在一个凹镜上而形成的这种焦散曲线的性质（*Traité de la Lumière*，Chapter

VI)。不过,在这本书出版之前,特席尔恩豪斯已发表了一篇论文(*Acta Erudit.*, 1682),给出了这种焦散曲线的作图法,虽然后来274 在德·拉伊尔给他指出一个计算误差后,他又修改了他的著作。特席尔恩豪斯获得的结果中包括下列关系式:

$$\text{弧长 } EG = DF + FG.$$

对**反射焦散线**(反射形成的)和**折射焦散线**(折射形成的)的理论,十七世纪末又有约翰·伯努利和雅各布·伯努利(他们引入了这两个术语)和马尔基·德·洛皮塔尔等人作出了更为重要的贡献。

(参见 E. Mach, *The Principles of Physical Optics*, tr. by J. S. Anderson and A. F. A. Young, 1926; E. T. Whittaker, *A History of the Theories of Aether and Electricity*, 1910。)

(关于一般的物理学,参见 F. Cajori, *History of Physics*, 2nd ed., New York, 1929; E. Gerland, *Geschichte der Physik*, Munich, 1913; J. C. Poggendorff, *Geschichte der Physik*, Leipzig, 1879; F. Rosenberger, *Geschichte der Physik*, Braunschweig, 1882—1890。)

第十二章　物理学：II. 热学　III. 声学

II. 热学

燃烧、蒸发、熔化、凝固等等比较明显的热现象，当然自古以来就为人们所熟知。关于普罗米修斯的传说证明古代人已经认识到火的极端重要性。甚至一些有关热的本性的主要概念也很古老。所谓的亚里士多德的火概念，实际上是前柏拉图的火概念，它认为火是四种物质元素之一，而柏拉图的观点认为热是一种运动。多少世纪里——事实上是直至罗伯特·胡克的时代——一直很少或者根本不区别开热、火和火焰。甚至罗伯特·玻意耳也没有分清它们。因此，关于热现象的研究，一部分将放在有关近代化学早期史的那一章里论述(第十五章)。

火原子和分子运动

在近代之初，我们看到皮埃尔·伽桑狄持的观点认为热由特殊种类的原子所组成，而弗兰西斯·培根主张的观点认为热是一种运动。培根系利用他的《新工具》(*Novum Organum*)(1620 年)里说明的归纳方法并根据经验证据提出他的观点。从下列一段引文里可以看到,他的有些措辞带有现代口气,但他关于热的观点并不是很明确的。

"当着我说运动如果是个属,热便是它的一个种时,我的意思不是说热产生运动或者运动产生热(虽然在有些场合这两者都是真的),我是说,热本身、它的本质和实质[性质]是运动,而不是别的什么……热是物体的一种扩张运动,但不是整个物体一起均匀地扩张,而是它的各个较小部分扩张,并且它们同时还被阻止、推斥、击退;结果这物体获得了一种选择的运动,它反复不断地颤动、反抗和被反冲刺激,从而引起火和热的勃发"(*Novum Organum*, Book II, § xxi)。

热的实验研究是由玻意耳开始进行的。值得注意的是鉴于朗福尔德伯爵后来的研究,为了支持热是一个物体各部分的快速骚动这种观点,玻意耳所引用的实验证据是对枪筒镗孔所产生的热。从下面一段引自玻意耳的文字中,可以看清楚这个观点:"为了方便起见,我们一开始先介绍一二个产生热的例子,其中没有任何东西介入作为动因或者接受者,而只有局部的运动,以及这运动的自然效应。至于这种实验,只要稍微留意思考一下,就会发现某些习见的现象正适合于我们现在的目的。例如,当一个铁匠快速地锤击一枚钉子或者类似的铁块时,这被锤击的金属变得滚烫;然而,并没有看到什么东西使它变得这样,只有锤子的剧烈运动使铁的各个微小部分发生强烈的、各种强度的骚动;一个原来冷的物体,由于其微小部分迸发动乱,现在从多种意义上来说变得热了;首先就这个词的比较随便的词义而言,对于原先它跟它们相比是冷物体的某些物体来说,它变热了;其次是感觉到热了,因为这种新产生的骚动超过了我们手指各部分的骚动。在这个例子中不应当忽视，无论所用的锤子还是一块冷铁放在上面锻打的那个铁砧（任何铁都不需要在锤打前先烧热），都不会在锻打好以后仍旧是冷的；这表明，铁块被锻打时所获得的热并不是锤子和铁砧传给它的，而是由运动在它里面产生的，这热足以使铁块那样的小物体的各个部分发生强烈骚动，但还不能使锤子和铁砧那样大得多的金属块也这样；不过，如果敲打频繁而又快速，同时锤子又小，那么它也可能这样发热（虽然不像铁块热得那么快，那么厉害）；由此还可以注意到，一个物体要生热，不一定本身非是热的不可。我在谈论用锤子敲铁，因此我注意观察到的一个情况，它似乎同我们的理论相矛盾，而根本不相一致；这就是：如果用一把铁锤将一枚略微大的钉子打进一块木板或一根木头，那么它在头上被敲了好几下以后才开始热起来；但当钉子已敲到头，再也敲不进去时，只要稍微敲几下，它就变得非常热；因为锤子每打一下，钉子就向木头里面进一点，因此所产生的运动基本上是进行式的，整个钉子都往里进去；而当这种运动停止时，打击所产生的冲击既不能使钉子再往里进，277 也不能破坏其整体，因而必定耗用于使其各部分发生各种激烈的内在骚动，而我们前面已注意到热的本性正在于此”（*Of the Mechanical Origin of Heat and Cold*，1675，Section II，Experiment VI，pp. 59—62；*Works*，ed. Birch，1772，Vol. IV，pp. 249—250）。

然而，除了反复申述“热看来基本上是物质的称为运动的机械性质”这个观点而外，玻意耳同时还屡屡谈论“火原子”，把金属焙烧时之变重归因于金属在焙烧过程中吸收这种原子。他实际上并不倾向于认为冷也是实在的东西,由大概类似于热原子的"特殊的致冷因子"组成。当使一定量的称量过的水结冻时,他未观察到结成的冰有重量变化。因此,他得出结论:探寻致冷粒子是徒劳的。

由于没有区分开燃烧和热的其他形态,所以有些人自然而然地把他们认为适合于燃烧的东西推广到热的一切形态。玻意耳用实验考察了热的产生必需空气这个观点,得出了一个相反的结论。他说道:"鉴于有人认为相邻空气的摩擦对于产生明显的热是不可或缺的,除了其他以外,我还考虑了下述实验,用它来检验这种见解。我们取一些坚硬的黑色沥青,把它放在一个浅盆或者类似的容器里,容器放在水下适当深度的地方,再用一个上好的取火镜使日光束尽管在通过水时发生折射,但仍聚焦在沥青上面;于是间或产生气泡,间或产生烟雾,不一会儿就产生相当多的热,能够使沥青熔化,如果没有沸腾的话。"(*Of the Mechanical Origin of Heat and Cold*, 1675, Section II, Experiment IX, pp. 66—67; *Works*, ed. Birch, 1772, Vol. IV, p. 251)

他还表明,一块放在容器里的红热的铁,当里面的空气被抽空时,并未发生明显的变化,容器的壁甚至这时也是热的(*New Experiments Physico-Mechanical*, 1660, pp. 80—82; *Works*, Vol. I, p. 28);当把两个密切配合的黄铜件(一个凹,一个凸)放在一个没有空气的容器里,用一个固定在容器外面的适当的转动装置使它们相互摩擦时,它们就变得非常热;石灰无论在真空里还是在空气里熟化,产生的热都一样(*A Continuation of New Experiments Physico-Mechanical*, 1669, pp. 154—158; *Works*, ed. 1772, Vol. III, pp. 265—267)。

278

有些热学问题是在下一阶段由罗伯特·胡克解决的。他做了类似于玻意耳的实验,用显微镜考查了火花,但得出的结论比玻意耳连贯。按照胡克的观点,热是“物体的一种性质,起因于它各部分的运动或骚动”。他只是把热同火和火焰区别了开来,他认为火和火焰是空气作用于加热物体而产生的效应。他很风趣地嘲讽那种认为火原子穿过热物体的微孔运动的观点。“我们不必自找麻烦地去探寻燧石和钢铁里哪种微孔包含火原子,以及这些原子怎么会被阻留,而当冲突迫使它们通过热物体的微孔时没有全部跑出去;我们也不必自找麻烦地去探讨普罗米修斯怎样从天上取来火元素,把它放在什么匣子里,爱庇米修斯又怎样将它放出来;也不必去考虑是什么原因致使火原子汇成一股那么大的洪流,据说它们飞向一个燃烧着的物体,就像鹫或鹰飞向一具腐烂着的尸体,弄得喧闹连天”(*Micrographia*, Observation VIII, p. 46)。所以,热“无非是一个物体各部分的非常活跃而又剧烈的骚动”,而且在胡克看来,“因为一切物体的各部分虽然绝不是那么紧密,但还是在振动”,所以“一切物体都包含一定的热”,“完全冷”的物体是没有的。这样,胡克就拒斥了认为冷是实在的东西这种概念,因而既否定了火原子的存在,也否定了致冷粒子的存在。

热容量

“热容量”(在比热意义上)的概念似乎是西芒托学院最早提出的。该学院的一些成员对热的传导与有关现象以及热容量进行了各种各样的实验。他们制作了一个同当时的普通酒精温度计一样大小的水银温度计和水温度计。当把这两个温度计放进各种温度的液体时，他们注意到，水银温度计柱面变化比水温度计快，虽然水银柱的实际变化程度当然远小于水柱的变化。（试比较第五章所述的哈雷的类似实验。）他们另外还做了一些实验，把加热到同样温度的等量的不同液体浇到冰上。他们发现，尽管事实是这些液体温度都相等，但每种液体所融化的冰的数量不等。不过，西芒托学院这样尝试研究的比热问题，要到约瑟夫·布拉克才得到解决。

279

热和冷的辐射

虽然许多世纪以来，人们已经知道用取火镜和透镜使日光线聚焦在易燃物上可点燃它们，但是弗兰西斯·培根（*Novum Organum*, Book II, § xii）第一个提出用取火镜来聚焦不可见的热线："让我们用一个取火镜来试试不发射射线或者说光的热，例如已被加热但未点燃的铁或石头的热，或者沸水的热，如此等等；看看结果如何，会不会像在日光线的情形里那样，也发生热的增加。"在他的《科学的完善和发展》（*De Dignitate et Augmentis Scientiarum*）（1623, *Lib*. V, *Cap*. II）中，他表示疑惑，想知道冷是否也可以像热那样用一面镜子来聚集。不过，巴帕提斯塔·波塔（*Magia Naturalis*, 1589, p. 264）已经指出过，凹玻璃（镜）反射热、光、冷和声。他注意到，当一面镜子前有一支蜡烛，而眼睛位于共轭焦点时，眼睛能感觉得到蜡烛发出的热和光，"但是更令人惊讶的是，像热一样，冷也会被反射：如果你把雪放在那个位置，如果冷达到眼睛……也会立刻感觉到冷。"

西芒托学院最早清楚地演示了冷的反射（*EssaysofNatural*

Experiments, etc., trans. R. Waller, 1684, p. 103)：在一个凹镜前放置500磅冰，在焦点处放上一个灵敏的400°温度计。温度计里的液体立即下降；但当把冰靠近温度计，试验"直接或反射的冷线是否更有效验"时，他们把凹镜遮盖起来，结果发现温度计液体上升。这看来是确凿的证据，但他们写道："尽管这样，我们还是不敢肯定；不过，除了没有镜子的反射而外，其中可能还有别的原因；因为我们尚不能进行为弄清楚这个实验所必需的全部试验。"

马里奥特约在这个时候(1679年)又发现了一件奇怪的事实，也是关于火发出的射线中辐射热和光两者的区别(*Histoire de l'Académie Royale des Sciences depuis son Etablissement en 1666 jusqu'à 1686*, *Paris*, 1773, Vol. I, pp. 303, 344)。他表明，太阳发出的热在通过透明物体时未同光分离，但在火发出的射线的情形里，这种对立却是确实存在的。他把一个金属凹镜放在火的前面。手放在焦点上对这热忍受不了多久；但是当把一块玻璃板放在这面凹镜的上方时，虽然焦点处的光没有或者几乎没有减弱，可是却不再感到热了。这是他在1682年告诉巴黎科学院的。但在1686年写到这个问题时(*Traité de la nature des couleurs*—*Œuvres*, ed. 1740, Vol. I, p. 288)，他似乎已认识到，手作为检测这种热的工具很不灵敏，并指出，在火的射线通过玻璃透射时，热根本没有通过去，或者只通过很少一点。这最早证明了火的辐射热能够同光分离。在这个工作中，马里奥特还表明，当用玻璃遮盖金属凹镜时，太阳射线在焦点处的热效应下降到原来的五分之四，这个损失和光两次通过玻璃时经玻璃表面反射而受到的损失一样大。

280

胡克在1682年证实了这一点(Birch, *History of the Royal Society of London*, 1757, IV, p. 137)。他向皇家学会证明,火的热通过玻璃传播的方式和太阳的热不一样。他用一个金属凹镜来聚焦火的热,并在火和镜之间放一块玻璃板;光几乎毫无减弱地通过去,但在凹镜焦点处实际上却没有热。(也许和马里奥特一样,胡克也是用手来检测热。)

马里奥特还做过一个著名实验,即用一个冰做的透镜来引炸火药。他把纯水煮沸半小时以把空气驱除干净,然后让它凝固成几英寸厚的板,没有气泡而且透明。他从这样获得的洁净冰板上取下一块放在一个球状凹陷的小容器里,而把容器放在火的近旁。他让冰融化,同时不断翻动它,直到它的两面都呈这个容器的球形。然后他用戴上手套的手握住这冰块的边沿把它取出,放在日光下面,并立即用它引爆放在其焦点上的火药(*Traité de la nature des couleurs*—*Œuvres*, ed. 1740, Vol. II, p. 607f.)。

受这种或类似观察的影响,牛顿倾向于一种理论,认为热通过一种远比空气精微的媒质的振动而辐射,这种媒质甚至在没有空气的地方也存在,且由于它有很大的弹力而能完全弥漫星空的广袤。牛顿并没有明确地抱有这种观点;他只是把它隐含在其《光学》第二版(1717年)的那些疑问里。令人纳罕的是,牛顿自己在1702年曾否弃无重以太,这使人们无法适当地考查他有关热辐射方式的见解。结果是,在长时期里居统治地位的倾向是把热看做是一种物质实体。这是很自然的。在一个燃素说盛行的时代里,各种热质说或多或少是不可避免的。但是,这一切的全部历史必须留诸下一篇章。

281

(参见 E. Mach, *Prinzipien der Wärmelehre*, Leipzig, 1923。)

III. 声学

声学现象自古以来引起了许多人的注意。他们的兴趣主要着眼于音乐,虽然毕达哥拉斯、亚里士多德、维特鲁维乌斯,或许还有古代和中世纪的其他人也曾对这些现象的物理作过纯科学的研究。近代对这个物理学分支的研究始自伽利略及其同时代人。这段历史比较芜杂零乱。为了简单明了起见,这里将就各个主要的声学问题分别论述,即影响音调的诸条件的确定、声速、传播声的媒质以及影响声强的条件等问题。因为这些问题并非完全无关,所以叙述中难免有少许的重复。

音调

伽利略有关摆的振荡的定律的发现,导致他注意弦的振动,尤其是所谓的和应振动现象,这个现象当时一般都解释为起因于其他弦对振动弦的和应。伽利略首先证明音调依赖于振动速率即给定时间里的振动次数。他证明时利用下述实验。他用一片锋利的铁在一块黄铜板上来回运动。每当发出一个清晰的律音,他就记下黄铜板上那些等间距细线(刮痕)的数目。当他用快速运动产生一个高音时,这些线彼此靠近;当音较低时,线彼此离得较开。这些线的靠近程度和数目显然对应于铁件振动次数的多寡,因为握住铁件的手能够清楚地感觉到它的振动。伽利略然后利用每当产生某个律音时单位时间里所出现的细线数目这个量来定量地研究声学现象。例如，他通过一次快一次慢地划黄铜板而产生两个律音；当他获得两个和音（现在音乐里称它们构成"五度音"）时，他计算黄铜板上细线的数目，测量它们的间距，发现高音有 45 条线（因而有 45 次振动），低音有 30 条线（因而有 30 次振动）。当然，关于律音和产生律音的弦之间的关系这种实验是非常古老的。毕达哥拉斯（公元前六世纪）已经做过这种实验。但是，以往所研究的关系仅仅是一个律音的音调和弦的**长度**的关系。伽利略第一个注意到，**振动**的速率（即频率）才是真正决定发声体所产生的律音的频率的重要因素。通过上面那样的简单实验，伽利略发现，基音、高四度音、高五度音和高八度音四者的振动速率成 1:4/3:3/2:2 之比，即 6:8:9:12。另一个有趣的音调实验是演示水的驻波，它们的高度和数目随盛水玻璃容器上产生的律音而变化。伽利略让一个玻璃容器部分地注进水，再适当地刻画玻璃产生律音。于是，水面上出现水波，只要同样的律音持续着，水波就保持驻定。当律音突然升高八度时，每个水波就一分为二。（参见第三章）

282

默森主要由于受伽利略的影响而从事声学研究，我们正是通过默森才了解到伽利略在声学方面的工作。为了确定一个律音的音调和产生该音的给定材料的一根弦的长度、粗细与张力间的关系，默森做了大量实验。默森用 n 和 n' 表示两个不同律音的音调（即振动速率），l 和 l' 表示同一种弦的不同长度，d 和 d' 表示弦的不同直径，p 和 p' 表示为伸张弦所施的不同重量，以及 q 和 q' 表示弦本身的不同重量，从而提出下列几个等式：

（1）当弦的长度和直径相等，但由不等的重量伸张时，

$$n/n'=\sqrt{p}/\sqrt{p'}.$$

（2）当弦的长度和伸张相等，但重量不等时，

$$n/n'=\sqrt{q'}/\sqrt{q}.$$

（3）当弦的直径和张力相等，但长度不等时，$n/n'=l'/l$.

（4）当同样材料的弦的长度和张力相同，但直径不同时，

283

$$n/n'=d'd.$$

默森还用各种不同金属——金、银、铜、黄铜和铁——制成的弦进行实验，发现当弦的长度、粗细和张力相等时，音调和金属的比重成反比（*Harmonie Universelle*，1636）。

一位英国数学家布鲁克·泰勒（1685—1731）把默森这些似乎互不相关的公式集总成一个综合的方程。泰勒和默森的关系在一定程度上可同牛顿和开普勒的关系相比。用 L 表示弦的长度，N 表示弦的重量（*pondus*），P 表示伸张弦的重量，D 表示秒摆的长度，布鲁克·泰勒的公式给出了该弦的振动频率为 $\frac{c}{d}\sqrt{\frac{PD}{NL}}$，其中 $\frac{c}{d}$ = 一个圆的圆周被其直径所除 $=\pi$。这相当于现代的公式 $n=\frac{1}{2l}\sqrt{\frac{T}{m}}$（*Phil. Trans.*，1713，Vol. XXVIII，pp. 26—32）。这个方程附带地提供了一个非常好的方法，可用以完全确定一个已知长度、重量和张力的弦所产生的律音的音调。不过，泰勒未想到这个用途，但欧勒后来这样做了（1739 年）。然而，在这以前很久，约

翰·肖尔已经发明了音叉,它能给出一个固定音调的纯的单乐音(1711 年)。

和应振动,泛音及其他

激起伽利略对声的物理发生兴趣的和应振动的研究,在十七世纪里取得了一定的进展,而在十八世纪里完成。与此密切相关的是,发现或者更确切地说解释了泛音即谐音,以及发现了与横振动迥异的固体中的纵振动,而早期研究者只知道横振动。

默森发现,一根振动着的弦除了基音而外还产生泛音。当然,当一根弦自由振动时,基音是明显的,但当这音一会儿变弱时,就很容易觉察出某些其他音比基音持续更长一点时间。这样,墨森听到了比基音高的十二度音和十七度音。当墨森把这一发现写信告诉笛卡儿时,后者提出谐音或者说泛音可能是一根振动弦的每一部分各自的振动所引起的。牛津大学默顿学院的威廉·诺布尔和牛津大学沃德姆学院的托马斯·皮戈特约在 1673 年将这一想法付诸实验检验。显然,他们和笛卡儿完全无关,并且两人彼此也是独立的。约翰·沃利斯于 1677 年 4 月在《哲学学报》上首次报道了这些实验(Vol. XII, pp. 839—842)。沃利斯一开始先提到当时已是众所周知的事实:如果弹拨或用弓拉提琴或者诗琴的一根张紧的弦,那末,若同一个乐器的或者近在手边的另一根弦同第一根弦同度或者成某种简单的和谐关系,则这另一根弦便自动地振动起来。(沃利斯在跋中补充说,一根弦将不仅以此方式响应另一根弦,而且还响应像管风琴那样的管乐器所发出的和音。)诺布尔

284

和皮戈特的这个新发现是,“这另一根弦是整个地这样颤动,还是其各个部分各自分别颤动,视它们跟这样弹拨的那根弦的整个还是其各个部分同度而定。”诺布尔和皮戈特的方法可以很容易地用图 162 来解释。设 *AC* 和 *ag*〔图 162〕代表两根相邻的弦,并使 *AC* 振动所产生的基音相对 *ag* 的基音是高八度音,因此 *AC* 和 *ag* 的每一半同度。现在如果 *ag* 未用手指按动,而 *AC* 被弹拨,那么 *ag* 的两半即 *ab* 和 *bg* 都将颤动,但中点 *b* 不动。这可以很容易地观察到,只要把一个小纸片(称为“游码”)轻轻地缠在弦 *ag* 上面,然后将它从这弦的一端渐渐移向另一端。可以看到这纸片在 *b* 上是不动的。同样,如果弹拨弦 *AD*,而它发出的音相对弦 ad 的音是高十二度音,那么 *ad* 将按三等分即 *ab*、*bg* 和 *gd* 进行振动,而点 *b* 和 *g* 保持不动。再者,如果 *AE* 相对 *ae* 是双高八度音,那么后者将按四等分即 *ab*、*bg*、*gd* 和 *de* 进行振动,而点 *b*、*g* 和 *d* 保持不动。如此等等。然而,如果 *AG* 相对 *at* 是高五度音,以致 *AG* 的每一半和 *at* 的每三分之一同度,那么当弹拨 *AG* 时,*at* 的每一部分 *ag*、*ge* 和 *et* 均将各自振动;而当弹拨 *at* 时,*AG* 的每一部分即 *AD*、*DG* 也将振动。随着划分次数增加,情形亦复如此,不过和谐程度有所减低,因此几乎觉察不出来。

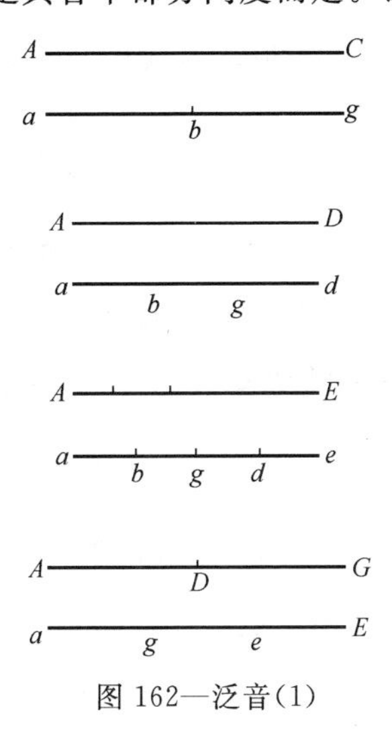

图 162—泛音(1)

285

沃利斯自己验证了这些结果,注意到当在一根弦划分成简单比(二分之一、三分之一,等等)的那些点上弹拨它时,不会像在别处弹奏时那样,产生一个清晰的音。他认为,当在别处弹拨时,声音所以清晰,必定是若干同度部分同时振动所使然;而在划分点上弹拨时,声音之不调和则必定是由于这些本来应当静止的点遭到扰动的缘故。

约瑟夫·索维尔(1653—1716)后来也独立地作出了诺布尔和皮戈特的发现,并进一步加以发展(1700 年)。他的实验部分地和他的两位前人相同,但他利用一个一弦琴,轻轻地在几个静止点(图 162 中的 *b*、*g* 和 *d*)即他所称的**波节**上触动琴弦,从而产生很容易听出来的泛音。

索维尔证明,一根弦能够沿其全部长度振动,像 *AA*〔图 163(I)〕所示;也可能如 *BB*〔图 163(II)〕所示,在该弦的各部分上沿相反方向振动,这些振动由波节 a、a_1 即该弦处于静止的各点隔开。在第一种情形(AA)里,弦产生其基音,在第二种情形(BB)里则产生泛音即谐音。最后,这两种振动也能够同时发生,像 *CC*〔图 163(III)〕所示。事实上,这正是常见的情形,一般都不采取什么特殊的步骤去阻碍这两种类型横向振荡或者说振动的哪一种(*Mém.de l'Acad.des Sciences*, Paris, 1701, p. 347f.)。

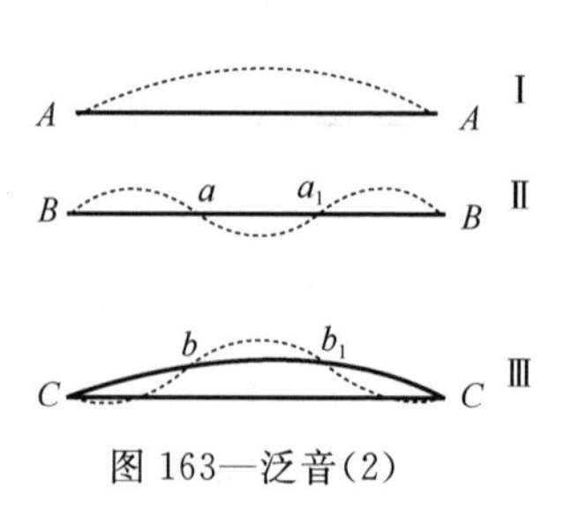

图 163—泛音(2)

声音的速度

在十七世纪,各种与声学有关的问题中,最引起注意的是声速问题。这方面最早的实验似乎是皮埃尔·伽桑狄(1592—1655)做的。他是由于研究音调而引向搞这个问题的。按照亚里士多德的观点,高音通过空气的速度比低音快。伽桑狄的实验证明这个观点是错误的。一门大炮和一支步枪向远方某处射击,一些观察者处于适当的位置进行观察;伽桑狄测量了从他们看到闪光到听到声音所过去的时间。他把大炮(或步枪)与观察者的距离除以看到闪光和听到爆炸的时间间隔,便得出了声速。速度在两种情形里显得相等,都等于每秒 1473 巴黎尺。这个结果大大偏高。默森反复做了这个实验,最后获得稍好一点的结果即每秒 1380 英尺。约莫二十年以后即 1656 年,波雷里和维维安尼也做了类似的实验,获得了更低的声速即每秒 1077 英尺。十七世纪和十八世纪初获得的其他值为:罗伯特·玻意耳:1126 巴黎尺;卡西尼、惠更斯、皮卡尔和勒麦:1097;弗拉姆斯提德和哈雷:1071。牛顿继续研究了这个问题,但他不是做实验,而是从力学或者说数理物理学观点出发,得出了一个把空气中的声速(v)和空气的弹性(e)与密度(d)联结起来的方程:$v=\sqrt{e/d}$(*Principia*, Book II, § 8)。按照这个公式,对于适中的温度,声速应为每秒 906 巴黎尺,而这太低了。像拉格朗日后来所指出的那样,这个公式假定空气弹性完全同空气压力成正比,而没有考虑到因声音传过空气时引起的热变化所造成的弹性变化。后来拉普拉斯作了修正,由此修改了这个方程(*Ann. de Chimie*, 1816, and *Mécanique Céleste*, Book XII)。1738 年,巴黎科学院任命的一个测定空气声速的委员会,测得声速的值为每秒 1038 巴黎尺(*Mém. de l'Acad. des Sciences*, 1738)。这些有关声速的实验大都没有或者很少注意诸如温度变化和风向

286

等因素的影响。然而,其他一些实验特别研究了这些因素,尽管并未取得很大成功。

287 伽桑狄的观察引导他得出否定的结果:风向不影响声速,不管风吹的方向和声音行进的方向相同还是相反,声速都一样。他错了。波雷里和维维安尼也错了,他们也得出这种否定的结果。然而,威廉·德勒姆(1657—1735)在1705年纠正了这个错误,他发现,风向对声速有影响(*Phil.Trans.*, 1708, Vol. XXVI, pp. 1—35)。

温度变化对声速的影响,显然一直没有人仔细研究过。直到1740年,才有毕安可尼在波洛尼那做了一些这方面的实验。当大炮在波洛尼那射击时,毕安可尼在三十英里远的圣乌尔比诺观察,他用一个摆测量看到闪光和听到轰鸣之间的时间间隔。他发现,夏天温度为28°R时,摆在这个时间里摆动76次;而冬天温度为−1.2°R时,它摆动79次。他得出结论:温度升高使声速提高(*Della diversa velocità del suono*, 1746)。拉孔达明同年在基多也研究了声速,得出声速为每秒339米。1744年,他在气温远比基多高的卡宴做了同样的实验,得出声速为每秒357米,从而证实了毕安可尼的一般结论。

德勒姆提出过把有关声速的知识付诸实用的至少一种方法。他指出,一当我们知道了声速,我们就可以估计一个暴风雨区的距离,只要记下我们看到闪电和听到雷鸣的时间间隔即可(*Phil. Trans.*, 1708, Vol. XXVI, No. 313)。

德勒姆还曾试图确定温度变化、风向和大气湿度对声强的影响。不过,他得出的结果比较含糊。他笼统地发现,声音在夏天比冬天弱;声音在刮东风和北风时比刮西风时更强、更尖厉;火器的声响在潮湿天并不减弱,而晴朗干燥的天气里有时只能勉强听到(同上)。

声音的媒质

自从亚里士多德时代起,或许还要早,人们已经相信空气是传播声音的通常媒质。这个信念在近代之初仍然为人们所普遍接受,虽然有些思想家认为作为这种媒质的仅仅是空气的某些部分,而不是其全部。例如,伽桑狄把这种功能划归特殊的原子,而德勒姆则认为究竟是空气本身,还是某种以太微粒甚或物质微粒传播声音,仍是个悬而未决的问题。梅朗(1719 年)甚至提出,不同音调的声音是由相应弹性的空气微粒分别传播的,否则他无法理解,为什么同一团空气能够同时传递这么多不同音调的声音(*Mém. de l'Acad.des Sciences*, 1737)。不管怎样,在抽气机发明之前,关于空气传播声音的功能这整个问题只能停留在猜测上面。随着这种仪器问世,才可能进行,并已经进行了实验。 288

抽气机发明人盖里克自然第一个进行了有关空气和我们对声音的感知这两者之间关系的实验。盖里克在他抽气机的容器里用一根线悬挂一只铃,由一个时钟机构使它敲响。他发现,随着容器中空气被抽去,铃声变得越来越轻。玻意耳在他以后又有帕潘也都做过类似实验。开始时把容器里空气抽空,这时听不到里面的铃或者哨子发出声音;然后用管子或者通过哨子的孔让空气徐徐进入容器,于是声音就越来越听得清楚了(图 164)。

1705年，豪克斯贝重做了这些实验，并作了有独创性的改进。他把一个里面有空气和一只铃的小球放在另一个大球里面。内球与外部的空气用一根开口的管子连通。两个球之间空间里的空气用抽气机抽空。当把连通管口封住时，铃声几乎听不见；但当管口打开时，铃声就可以清楚地听到。在另一个实验里，他把一个铃放在玻璃瓶里，里面的空气处于大气压。这时在三十码以外也能清晰地听到铃声。当瓶中的空气压缩到两个大气压时，在六十码以外也能清晰地听到铃声。而当瓶中空气压缩到三个大气压时，就是在九十码外也能清晰地听到铃声（*Phil.Trans.*, Vol. XXIV, No. 297）。普利斯特列和佩罗尔后来证明空气以外的其他气体也能作为传播声音的媒质。

289

最先用实验证明声音通过空气传播的盖里克，还发现声音同样也通过水甚或固体传播。他提出的水是声音媒质的证据并不确凿。他的根据是，能够教会鱼按铃声来进食。这种鱼究竟是为声音还是情景所吸引的问题，至今仍在争论之中。豪克斯贝为声音通过水的传播提供了较好的证据。他用一根绳子把一个内有空气和铃的玻璃瓶放到水下。当铃发声时，可以非常清晰地听到，虽然这声音听起来比平时粗糙刺耳。1748年，阿德隆提供了更好的证据。他得到潜水员的帮助而断定，各种声音在水下都能听到。直到那时为止，看来还没有人试图确定声音通过水的速度。固体媒质的研究也差不多。

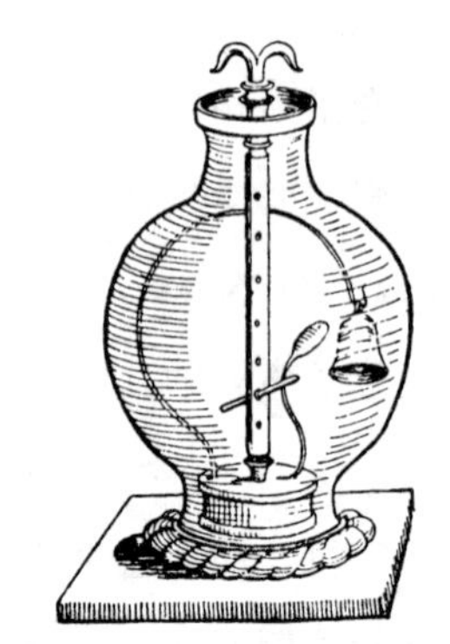

图164—空气是声音的媒质

诚然,胡克用绷紧的长绳做过一些实验;但他得出了错误的结论:声音通过固体的传播是瞬时的。

(参见边码第274页上有关物理学的书。)

第十三章　物理学：IV. 磁学和电学

前驱

世界各地到处都有天然的磁性氧化物，在希腊语和拉丁语文献里屡屡可以见到有关天然磁石性质的描述。由这些记载显然可见，古代人已经知道磁石具有吸引和排斥铁的东西并把和自己相似的性质传给它们的本领。据说中国人很早就已知道磁石在自由悬置时能指示南北方向这个性质；而直到十二世纪欧洲文献里才开始提到航海罗盘这种新的导航仪器，以前西方显然不知道这个重要的应用。现在还不明白，这种仪器到底是阿拉伯人或欧洲水手从东方引进的，还是独立发现的。十三世纪和以后几世纪的作家们对罗盘针的性质相当感兴趣，他们纷纷猜测它指向大熊星座、北极星、某座神秘的山，如此等等，不一而足。这种仪器早期主要是水罗盘：一个磁化铁体浮在一个盛水容器里的木头上，人们注视铁体所指的方向。有时采用一个磁化的铁浮子。后来出现了有支枢的罗盘针和

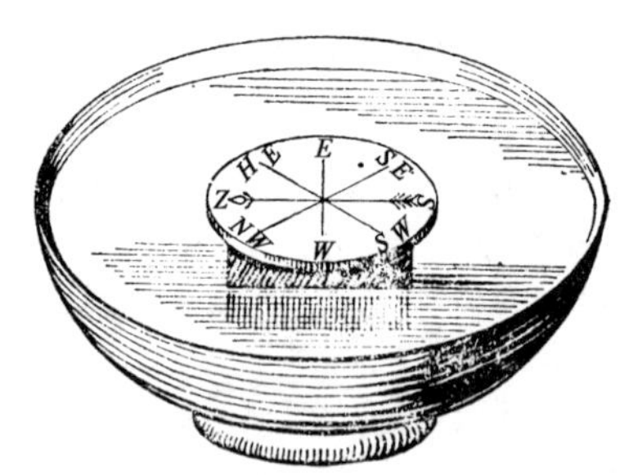

图 165——一种罗盘标度盘

标度盘，后者是一个轻质的圆盘，装在针的上面，分成三十二个等间隔的“点”，正北方用一个鸢尾标示。这种仪器封闭在有玻璃盖的木碗里，并适当地安装在船上，使之基本上不受船只运动的影响。

关于天然磁石性质的仔细的实验研究，已知最早的记述见于皮卡德·皮特勒斯·帕雷格伦纳斯 1269 年写的《关于磁石的书信》(*Epistola de magnete*)的手稿(英文译本：*Epistle Concerning the Magnet*, by Silvanus P. Thompson, London, 1902)。帕雷格伦纳斯用一个球形天然磁石进行实验；他确定了两个磁极的位置，它们的磁效能显得特别强，并发现它们明显地表现出朝向北方和南方的倾向。他证明，同极相斥，异极相吸；只要强使两个相同的极合在一起，就可使一块磁石的极性反转；将一块天然磁石打碎，结果就变成两块磁体。他曾把球形磁石对其附近的探针的影响和所认为的天球对罗盘针的影响相类比，这是朝向吉尔伯特的更有价值的类比前进了一步。 291

十五世纪时已经发现(是什么时候由谁发现的，现在都还不知道)，罗盘针一般不指向正北方，而是略向天文子午线倾斜一个角度，这个角度因地而异，间或消失(像哥伦布在他 1492 年航行时所发现的)。十六世纪时，水手们曾在世界各地测量这种磁**偏角**即**罗盘的变化**。这些早期的测定大都想必非常粗糙，往往只是沿着罗盘针朝北极星看去，记下偏移而得出结果。吉尔伯特在他的《磁石论》(*De magnete*)(IV,12)中叙述了当时几种比较精细的测定这种变化的方法。一种方法所应用的仪器有一根罗盘针给出磁子午线，仪器采取直立样式以投下一道阴影，使得能够根据阴影的长度和方向来确定太阳对于**磁**子午线的高度和方位角。在太阳于中午前后处于两个同样高度，因而和**大地**子午线距离相等时，测得两个这样的方位角。于是，这两种情形里的两个方位角之差的一半便给出了罗盘的变化。在另一个更适用于海上的仪器里，测量太阳或者一个已知恒星对磁北的角距离，再将之与根据正北计算出来的距离相比较，这样马上就可以推算出罗盘变化。

这些测量都直接出于实用的动机，因为航海者显然希望知道每个他可能去的地方的这种变化，从而可以考虑到这种变化。不过，他们还希望能够解决测定海上经度的问题。一直到十八世纪，这个问题始终使航海者感到为难。观察者在地球上的位置通常根292据经圈和纬圈来确定；然而，任何其他两个相交的曲线系也都可以用于这个目的。当时以为，磁偏角在地球表面这样地变化，以致通过偏角值相等的点所画的线（等磁偏线）在地图上形成一族与纬圈相交的闭曲线。于是，一般说来，只要测定磁偏角和纬度，一个观察者就能够确定他的位置即两条轨迹（即一条等磁偏线和一条纬圈）的交点，从而也能间接地确定他的经度。起先人们曾希望：等磁偏线将形成一个规则的图形，而少数几次零星的测量是描绘不出它的；并且由这些线可以作出好几个图。但是，十六世纪的地磁勘测表明这种分布是不规则的，吉尔伯特还指出了其原因所在。约在1620年，一位米兰的耶稣会教士博里试图把所有已经用一系列曲线给出其变化的那些地点都连起来，从而根据观察画出大西洋和印度洋的等磁偏线（见 A. Kircher，*Magnes*，1641，p.503）。但是此后不久就发现，甚至这种曲线也不可能永久有用，因为随着时间的流逝，这种变化到处都在缓慢地改变。

像我们将会看到的那样，后来在十七世纪，人们试图用另一个可变的地磁要素来确定经度，这个要素就是磁倾角，即一根自由地悬置于其重心之上的磁化针对水平面的倾角。这个现象似乎是一位德国牧师格奥尔格·哈特曼在1544年发现的，不过他的观察不精确，他对这个现象的解释也在长时间里一直无人能理解（见Hellmann的*Neudrucke*，No. 10）。因此，只是由于一个杰出的罗盘制造家罗伯特·诺曼的独立发现，这个现象才开始广为人们所知。1576年，诺曼在伦敦用他自己制造的一种磁倾针测量了磁倾角，得出其值为71°50′。诺曼的书《新的吸引》（*The newe Attractive*）（1581年）是最早出版的地磁学专著。这本书里有一个见解，即磁倾针所朝向的"它那个点"是在地球里面，可以通过在不同地点观察针的方向来发现它；这些方向将在这个所要找的点上全部相交。关于吸引磁倾针的中心位于地球，而不是天空上或者某座传说中的山上这个重要思想，似乎也是格哈德·麦卡托告诉人们的，这是走向吉尔伯特的综合的重要一步。

科尔切斯特的吉尔伯特

293

近代磁学和电学科学的发展在很大程度上要归功于当时最伟大的英国实验家威廉·吉尔伯特。吉尔伯特生于1540年（按照某些典籍的说法，是1544年），从1573年起卜居伦敦行医。他当了伊丽莎白女王的御医，在她死的那年（1603年）死去。

吉尔伯特把他十七年研究的成果写入他的伟大著作《论磁石、磁体和地球这个大磁石；一种新生理学》（*De magnete*，*magneti-*

cisque corporibus, *et de magno magnete tellure*；*Physiologia Nova*)(伦敦，1600 年)(英文译本：*On the Magnet*, *Magnetic Bodies Also*, *and on the Great Magnet the Earth*, *a new Physiology*, by Silvanus P. Thompson, London, 1900)。这部著作主要研究磁学，只有一章论述电学。几乎贯穿全书的特点是，他按照弗兰西斯·培根的教导始终依靠实验结果，这同波塔和其他早期有关这个论题的著作家的习惯做法恰成对照。

图 166—威廉·吉尔伯特

图 167—伊丽莎白女王观看吉尔伯特的实验

在他的著作中,吉尔伯特开始先回顾了前人在这方面的工作,驳斥了一些荒诞传说,它们说什么天然磁石具有一些所谓的神奇莫测的性质和医疗效果(例如,一块天然磁石玷污了大蒜就会失去效能,而当浸入山羊血液里时便又恢复效能,等等)。然后他描述了各种天然磁石的存像和外观。他说明了确定磁石磁极的方法,为此用一块大小适中的强力球形磁石和一根短铁丝即一个由放在一支枢上的一根细小罗盘针构成的指向针。这根铁丝即指向针放在球形磁石的表面上,它所指示的方向用粉笔画在磁石上面,这样就画出了一个大圆圈。铁丝然后放在另一个点上,于是又得到一个大圆圈,如此等等。所有这些圆圈可发现都近似地通过磁石上两个正好相对的点:它们就是两个磁极(图168中的 A 和 B),而《磁石论》第一篇的主题便是关于它们的性质。虽然书中讨论的许多问题,吉尔伯特的前人都已经知道,但这些问题以前从未用这样清晰的科学语言论述过。

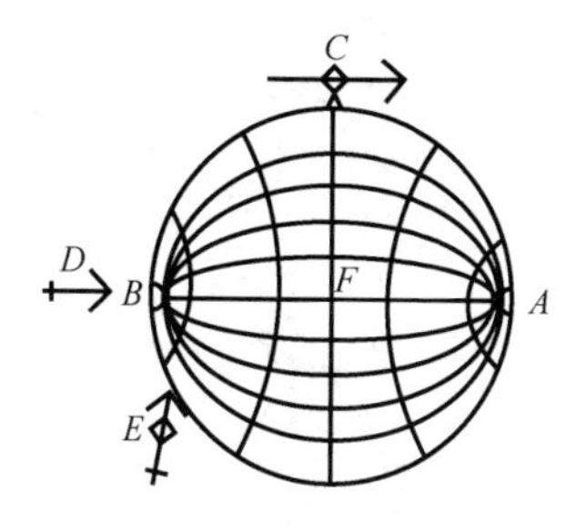

图 168——一块带指向针的球形天然磁石(或微地球)

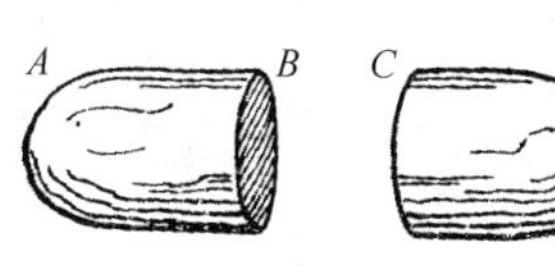

图 169——一块细长天然磁石分成两半

为了研究分割一块磁体的结果,吉尔伯特取了一块细长的天然磁石 AD(图 169),北极在 A,南极在 D,把它切成两等分。当让这两个部分在木容器里悬浮在水上时,他发现虽然 A 和 D 仍保

294

持它们原来的极性，但一个新南极出现在 B，一个新北极出现在 C，因此现在有了两块磁石。在论述这种悬浮磁石的行为时，吉尔伯特指出，地球使磁石定向，但未使它整个地移动（像诺曼已认识到的那样）。为了提高磁石的效力，吉尔伯特用钢帽“武装”它们（图 170）。他发现，一块给定磁石所能负载的最重的铁，这样便从 4 盎司增加到 12 盎司，然而也可以把天然磁石组成链，如图 170 所示。

图 170—“武装的”天然磁石

当位于和球形天然磁石两极等距离的一个大圆圈（**磁赤道**）上的任何一点时，指向针的针与磁石表面平行，而当位于两极时，它与表面垂直。而且，当相对磁石移动这个针时，吉尔伯特发现它对表面的倾角随其离两极的距离而变化，使人想起磁倾针处于地球不同纬度时的行为（见图 171）。这导致他把地球想象为一个巨大的球形磁石，而他的实验中的球形磁石便是它的缩样（因此称为 *terrella*〔微地球〕即微型地球）。根据针在 *terrella* 的极附近的行为，吉尔伯特得出结论：地球北端的磁倾角比伦敦

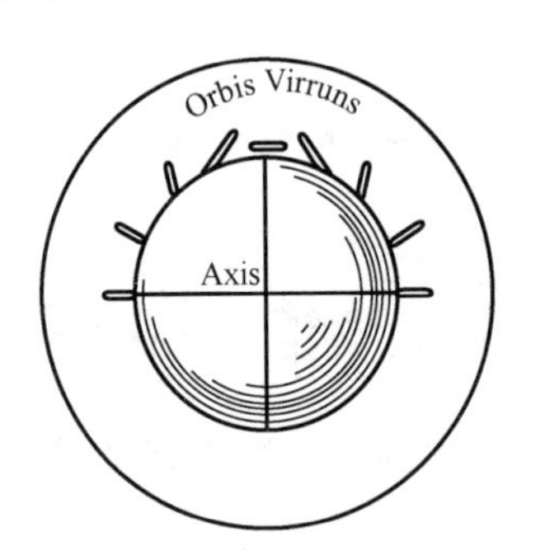

图 171—小磁石对微地球的反应

大。后来赫德森在美洲北极地区探险航行时证实了这个猜测。事实上，赫德森在1608年发现，甚至在北纬75°，磁倾针也已经几乎取垂直位置。这个结果同吉尔伯特的思想不完全一致，295 他认为磁极和地极是重合的，但后来的地磁勘查证实了这个结果。

地球和微地球的类比导致吉尔伯特(在第四篇里)对磁偏现象即罗盘的变化作了错误的解释。当使用一个形状不均匀的 *terrella* 时，他发现指向针的方向会受其表面凹凸的影响。因此他猜测，虽然地球的磁极和地极相重合，但罗盘由于所在处的地球表面不规则而发生变化，它的针偏向陆块而偏离海盆，因为水是没有磁性的。他还认为，地球不同地区组成的差异(例如蕴藏磁性铁矿)也对针发生干扰作用。这种解释导致吉尔伯特猜想，在地球上任何一个地方，这种变化都始终保持不变，除非发生重大的地理变化；他根据水手、主要是葡萄牙水手的记录，粗略地勘查了当时已知的世界各地的罗盘变化。这些不充足的数据倾向于证实他的假设，然而当后来获得了更充分的资料时，这个假设就被推翻了。同时，他的工作破除了那种认为罗盘变化仅仅同经度有关的观念。

接着在关于磁倾现象的第五篇里，吉尔伯特详细地研究了磁倾角这个量怎样随 *terrella* 的磁纬变化，给出了根据对磁倾角的观察来确定纬度的法则，介绍了经过改进的磁倾针。

吉尔伯特猜想，正像一块磁石的磁力能通过包围它的一种气氛而扩散一样，可以认为地球的磁效能也扩展到周围空间。“磁的效能从一个磁体出发向四面八方涌进周围”(II,7)。他自然地产生了这样的想法：像地球一样，天体(尤其是太阳和月球)也有磁 296

性。后来开普勒接受了这个观念,并按照对行星运动的解释加以发展。在最后一篇(第六篇)里,吉尔伯特作了支持哥白尼太阳系假设的论证。他根据目的论的理由证明地球运动是合理的,并相当含糊地将之归因于地磁的效能。“为了不致以各种方式消灭,不陷于混乱状态,地球凭借地磁的原动力而转动”(VI,4)。第六篇这个部分的格调基本上属于烦琐哲学。

把吉尔伯特关于磁的本性的理论同他关于电吸引的起因的见解相对比地进行考查,也许最合适不过了。

迄止吉尔伯特的时代,关于电现象(它的实用性不如磁现象直接)的知识几乎一直停留在古典作家所描述的不多几个事实上;磁效应和电效应一直严重混淆不清。已经知道的是,琥珀、也许还有一二种其他物质经过摩擦便获得了吸引轻物体的能力。博物学家已经知道亚里士多德所描述的电鯆,电鯆用它施放的电冲击把捕食的动物击昏。水手已经知道“圣埃尔莫火”[①],当然闪电也是人们所熟悉的,而且是迷信崇拜的对象。这几种电的表现,直到十八世纪人们才明确地认识到属于同类现象。然而,吉尔伯特已经开始表明,琥珀的性质是许多其他物质所共有的,并着手建立关于摩擦电的科学。

他的书的有一章(II,2)里,吉尔伯特叙述了他有关电吸引的实验。他自己做了个指向针或者说验电器,是一根三四个手指长的指针,中心由一个尖顶的支枢支承,能自由转动。他一一取过待

① 暴风雨中有时可以在船的桅杆上看到的火球。圣埃尔莫是四世纪时的一个叙利亚主教,被尊为海员的守护神。海员们以为这火球是奉献给他的,故名。——译者

研究的物质，摩擦以后放到指向针旁边，注意后者的近端是否被吸引向该物质。他发现，除琥珀以外的许多其他物质也都使指针偏转，而且在大多数情形里也吸引各种其他物体。这些吸引物质或者说“带电体”包括宝石（例如钻石和蓝宝石）、玻璃、硫黄、晶石、水晶、树脂等等以及某些液体。金属是引人注目的例外，被吉尔伯特列为“非带电体”表中的主要项目。吉尔伯特注意到，他的实验在天气干燥时最为成功。他认为，物质有无吸引力，视其成分以水性的还是泥土性的为主而定；但是我们现在知道，当用吉尔伯特的方法来考察时，例如金属那样的导电物质必定给出否定的结果，因为当把金属握在手里加以摩擦时，它们必定很快失去电荷，就像激励一样迅速。吉尔伯特的指向针绝不会被绝缘，也不会被充电，因此他没能发现电排斥现象。

297

吉尔伯特第一次明确地区分开了电的吸引和磁的吸引；他从分别起作用的动因上加以区别，虽然这种区别显得有点含糊和玄虚。“电的运动由于质料而变强，而磁的运动主要来源于形式……电的运动是质料聚集的运动；磁的运动是倾向和谐和的运动。地球这个球体由于电而聚集成浑然一体。地球这个球体由于磁而沿一定方向转动”（II，2）。因此，电把一个物体的微粒集结在一起，而磁使物体有确定的形状，倾向于围绕一个有一定取向的轴旋转。

吉尔伯特是按照传统方式来构想他对电和磁的吸引的解释的。他假想，琥珀和其他带电体在被激励时都发散出精致的 *effluvia*〔磁素〕，后者把邻近的任何轻物体同该被激励的物质联结起来，构成一个由两者组成的物体，结果这两个物体便作为一个整体的两部分而相向运动。“一切电吸引都借一种居间液体进行”(或者流体)。按照吉尔伯特的意见,在决定重物向地心降落中,空气也起类似的作用。十八世纪的物理学家们保留了这种认为 *effluvia* 是电效应载体的观念,并将之发展成一种科学理论。这些物理学家尤其着意研究摩擦电的问题。另一方面,吉尔伯特并不试图对磁现象作物理解释,而把磁比做一种灵魂。他认为,天然磁石连同作为一个整体的地球和天体,被赋予了生命(V,12)。磁石不发射 *effluvia*,也不彼此侵犯,但自然地相向运动。

这种解释使吉尔伯特在某种程度上能够克服已经摆在他面前的那个困难,即怎么解释彼此被空虚空间隔开的那些物体间的相互作用。在这个问题上,开普勒后来又步吉尔伯特的后尘。然而,缺乏明晰的理论概念这一点并未损害实验结果的价值。通过这些实验结果,我们从吉尔伯特获益匪浅。

298

巴洛

威廉·巴洛(卒于 1625 年)和吉尔伯特同时代,但比较年轻,是索尔兹伯里的副主教。巴洛花了很大精力研究磁学,著有《磁的广告》(*Magneticall Advertisements*)(伦敦,1613,1616,1618 年)一书。他改进了励磁方法和悬置罗盘指针的方法,还区分开了铁的磁性质和钢的磁性质。巴洛和吉尔伯特有书信往还,但就他们的发现而言,两人的关系不太明显。

从 1600 年到十九世纪初年,磁和电的科学沿各自的路线发展;我们将首先考察有关磁学的知识和理论的增长。

十七世纪的磁学

基歇尔和卡贝奥

博学的德国耶稣会教士阿撒那修斯·基歇尔(1601—80)写过题为《磁石，或者论励磁的方法》(*Magnes, sive de arte magnetica*)(罗马，1641年)的多卷本著作，但它不如吉尔伯特的书有价值。他是维尔茨堡大学教授，与波塔、施文特尔和其他甚至更少近代探索精神的人齐名。他不是像吉尔伯特和伽利略那样的物理学家，而专事详尽无遗地描述科学奇迹以及供大众消遣的奇闻轶事，其中包括一种借助磁针的通报术。然而值得指出，他曾探索用天平来衡量一块磁石的力量。磁石悬挂在天平的一个秤盘上，另一个盘里放上砝码与之平衡。然后使一块铁与磁石相接触，记下为破除这种接触所必需的附加砝码。基歇尔的书的大部分内容论述他用磁来治疗疾病和创伤的方案。这种中世纪式的治疗术也是范·赫耳蒙特1621年的《磁学论》(*De Magnetica*)一书的主题。基歇尔把动物界的许多现象，例如鸟类的飞行，归因于磁的作用，他在书中还用单独一个篇章专门论述爱的“磁学”。这部著作最后以这样的见解作为结论：上帝是大自然的磁石(*totius naturae magnes*)。

这个时期的另一个耶稣会教士尼科洛·卡贝奥或卡贝乌斯也写了一本磁学著作，题为《磁学哲学》(*Philosophia Magnetica*)(弗拉拉，1629年)。他很注意铁的磁化。我们今天把这种现象归因于大地磁场的感应作用。

299

笛卡儿

关于磁流**本性**的种种理论在十七世纪上半期都是含混不清而又带有神秘主义的色彩，而且通常还认为智能是磁石的属性。第一个科学的磁学理论是笛卡儿在他的《哲学原理》(*Principia Philosophiae*)(1644 年)一书中提出的。这个理论成为他在别处论述的他的总的漩涡体系的一部分。

笛卡儿解释从宇宙漩涡的每一极怎样必定有大量粒子流向中心，其形状有如螺杆，它们的螺纹有两个相反的方向，视粒子来自漩涡的一极还是另一极而定。从一个极来的粒子进入漩涡中央的恒星，并经由微孔而穿过这颗恒星；这些微孔形状有如螺母，它们的转动方向务使这些粒子在随着漩涡转动时能自由向前通过。这股粒子流到达恒星的对面时，与来自相反极的另一股粒子流交会，然后这些粒子流在外面环绕这颗恒星运行。它们尽量地重新进入这颗恒星，重复以前的环行，而残余部分则散落在外面。来自另一极的粒子的行为与此相似，因此这恒星成了两股相向运行的粒子环流的中心。甚至当这颗恒星退化成行星(例如地球)时，这种状况仍在某种程度上持续着。然而，只有在这颗行星的块状内层那部分里，微孔才保持开放，该部分基本上由天然磁石或者铁组成。这样，天然磁石容许这些粒子通过去，同任何物质只发生最低限度的干涉；为此，这些粒子被粒子流的动量定向在最有利的位置上。而且，每块磁石都成为一股微小粒子环流的中心，其行程可借助铁屑来描绘。这些粒子也倾向进入相邻的天然磁石；于是，通过驱除两块磁石之间的空气，它们使这两块磁石一起运动。同天然磁石中的微孔不一样,铁里的这两种微孔很容易互换它们的性质,因此一块磁铁的极性很容易反转。

笛卡儿利用这些方法成功地解释了几乎所有当时已知的磁现象。他的理论虽然充斥任意的假设,但在力学上是可以理解的,而且在某种意义上还预示了现代的磁感应概念。

笛卡儿的思想为他的门徒雅克·罗奥所继承,并加以阐释(1671年)。这些思想被推广到电现象,并在整个十七世纪和十八世纪的大部分时间里一直主宰这个领域,只是作了某些修改。事实上,在这个科学分支(牛顿大大忽视了它)里,笛卡儿的权威保持时间最长。 300

牛顿

十七世纪里没有人认真尝试过确立磁力的定量规律,这只是到了十八世纪末才弄清楚。不过,牛顿在他的《原理》(III,6)里提到过一些粗糙的观察,它们导致他得出结论:一块磁石的力近似地与距离立方成反比地变化。

地磁学

我们接下来论述十七世纪地磁学的发展。

罗盘变化

从吉尔伯特的工作所取得的第一个重大进展是,发现罗盘的变化在任何一个地方通常总是随着时间的推移而发生变动。甚至在十六世纪，佛兰芒罗盘制造者已经认识到必须顾及这种变动。因为有证据表明，他们在制造罗盘时，在十五世纪末允许有东 $11^1/_4$°的变动，在十六世纪末允许有东 6°的变动（见 N. H. de V. Heathcote's article in *Science Progress*, No. 105, July 1932）。然而，只是由于对罗盘在伦敦的变化作了一系列的测量，才首先明确承认有这种变动存在。威廉·.巴勒于 1580 年在利梅豪斯测量了这个量。冈特于 1622 年在同一地点作了观察，得到的结果比巴勒小 5°，但似乎并未引出什么结论。在怀特霍尔也发现了类似的减小，这导致亨利·盖里布兰德（1597—1637）和几个朋友于 1634 年用冈特原来的罗盘针重做了他的观察。结果发现有进一步的减小，于是盖里布兰德得出结论："罗盘的变化伴随有一种变动。"（见 H. Gellibrand, *A Discourse Mathematical on the Variation of the Magneticall Needle, together with Its admirable Diminution lately discovered*, London, 1635; edited by G. Hellmann in his *Neudrucke*, No. 9）然而，盖里布兰德墨守吉尔伯特的解释，把这变动归因于地球表面的不规则。在笛卡儿教导的影响下，这个观点很快就被抛弃了。笛卡儿解释了罗盘变化，指出这是指针附近301磁铁矿的干扰作用所造成的。他把这种变化的变动归因于铁从一地运到另一地，旧铁矿败坏和新铁矿生成。

十八世纪又发现了罗盘变化的周日和季节浮动。

进一步的观察引起人们对吉尔伯特认为地球磁极与其地极重合这个假设产生怀疑，因为已经发现等磁倾线（通过磁倾角相等处的连线）与纬线相交。于是产生了问题：**等磁倾线**究竟多少规则和固定，能否用于根据已就**等磁偏线**予以说明的那条原理来确定经度。

一位伦敦的"导航大师"亨利·邦德在他的《经度的发现》(*The Longitude Found*)(1676年)一书里沿着这条思路提出了一种方法。他便利地假设,有两个磁极存在,它们与地极不同,位于一个紧密包围地球的磁球的对立两点上。任何地点的磁倾角都仅仅取决于离这两个磁极的距离,因此等磁倾线是该磁球上的一些小圈,它们对纬线的倾角相等。为了解释地磁诸要素的长期变动,邦德简单地假设,磁极的周日运动略微落后于地球,因此它缓慢地在地极周围画圆圈。邦德认为他的体系是天赐神授,而把任何批评都斥为亵渎神明。但是有个名叫彼得·布莱克博罗的人激烈反对这个体系,写了本针锋相对的书《经度没有发现》(*The Longitude not Found*)(1678年),书中攻击邦德的假设是随心所欲,凭空捏造。邦德根据他的理论绘制了一个表,预言了伦敦在半个世纪里的罗盘变化的值,但这已证明没有多大价值。然而,他的工作是令人感兴趣的,因为它影响了哈雷关于地磁的猜测。

哈雷

哈雷对磁的本性问题兴趣不大,他志在建立一个假说模型,既解释所观察到的罗盘变化值又解释这个变化的缓慢变动。

关于这个问题,他写过两篇重要论文。在第一篇(*Phil. Trans.*, 1683)里,哈雷扼述了最近进行的对世界各地罗盘变化的那些可靠的测定,给出了每次测定的日期。这些数据使他得以证明邦德理论是不充分的。他进一步指出,我们详细考察地球表面而发现,罗盘变化总地说来在缓慢而又连续地变动,指南针的偏转 302

在一大片陆地或海洋范围里都一样。这与笛卡儿的理论相悖，后者认为罗盘变化是由于观察者紧邻处有大量磁性物质而造成的；不过哈雷也承认，罗盘的当地扰动可能是这样引起的。但是，这些数据同样也与吉尔伯特的理论相悖，因为在巴西海岸，指南针偏向东方，背离大陆而朝向海洋。因此，哈雷的论文在最后提出一个新的假说：地球是个四极磁石，每半球各有两个极，它们作缓慢的相对运动，就像解释地磁要素的缓慢变化所要求的那样。

根据这种观点，已不能再把地球看做一块普通的磁石。哈雷在后一篇论文（*Phil. Trans.*, 1692）里提出假说，声称地球由一个有两个磁极的外层磁壳和一个内磁核构成，后者和磁壳同心，自己也有两个极。他认为，两个磁轴彼此倾斜，并又对地球的转轴倾斜，磁壳和磁核间的空间填充有一种流体媒质；他认为这种媒质可能是发光的，因此地球内部也允许有生命。极的相对运动很容易解释，只要假设磁壳和磁核的周日转动周期略有差别。如果这个简单图式还不够充分，那么可以方便地认为地球是一组同心磁壳，各自有独立的轴和不同的转动周期——这个体系令人回想起欧多克索的行星球，并预示了现代的傅立叶级数。

为了能够制订出一个完备的理论，哈雷吁请水手和其他人尽可能多地把世界各地的罗盘变化观察记录下来寄送给他。他自己也花了大部分时间来满足这种需要，他在后来的大西洋探险航行（1698—1700）中收集了大量地磁资料。他把这些资料收录在一种地图里，或者根据 L. A. 鲍尔的研究，是 1701 和 1705 年间出版的两种不同的地图（*Terrestrial Magnetism*, Vols. I and XVIII）里。这些地图系根据当时还相当新颖的麦卡托投影法制成，图上表明了 1700 年时大西洋上罗盘变化等值线的分布。十八世纪里曾多次修订出版了哈雷的世界地图和独立研究者们绘制的其他地图。

哈雷第一个认识到北极光和地磁之间有联系。他仿效笛卡儿,认为地球必定是从一个极进入地球,从另一个极离开地球而环行的那些 *effluvia* 的中心。他猜想,就像带电体有时在黑暗中会发光那样,这些 *effluvia* 在某些还不知道的条件下也可能变为发光的。他倾向于认为这些发光 *effluvia* 就是封闭在地球的磁壳和磁核之间的流体媒质,他还认为它们能流过地壳中的微孔。因此他认为,极光所以出现在北极,可能是因为这些地区的地壳由于地球扁球状的缘故而比较薄。 303

十七世纪的电学

西芒托学院

电学在十八世纪发展很快。相比之下,在十七世纪里,吉尔伯特的工作没有使这门学科取得什么重要进展。吉尔伯特的实验不时重复进行,而他的电物质名单也就不断增添成员;他还考察和描述了不多几种孤立的电现象。

西芒托学院按照电物质被摩擦后的吸引力之大小的次序排列它们,琥珀在表中列居首位。而且他们注意到,起电的琥珀放在火焰附近时便失去电荷;他们还作出了许多其他次要的发现。牛顿约在 1675 年用一块玻璃做了个实验,他把玻璃架在位于台面正上方的一个黄铜环上。在台子和玻璃间空间大约八分之一英寸处放置一些碎纸片。当使劲摩擦玻璃时，牛顿注意到，纸片被弄得作紊乱运动，往往被吸引到玻璃与被摩擦表面**相对**的那个表面上，也常常被排斥。皇家学会的一些会员在牛顿的指导下重做了这个实验。也是在1675年，法国天文学家让·皮卡尔在把一台气压计从巴黎天文台运走时，观察到气压计真空里有发光现象。这个现象后来成为豪克斯贝进行电研究的出发点。

这个世纪里继吉尔伯特之后的最重要发现也许莫过于电推斥的发现。这个效应最初似乎是卡贝乌斯偶然发现的，他在其《磁学哲学》(1629年)里描述了被起电的琥珀所吸引的铁屑有时怎样在接触后被反冲到几英寸距离之外(上引著作，II，21)。然而，最早清楚地认识到和说明这个现象的人是抽气机发明者奥托·冯·盖里克，他还制造了最早的产生电荷的机械装置。

304

盖里克

盖里克在他的《关于空虚空间的新的马德堡实验》〔*Experimenta Nova(ut vocantur)Magdeburgica de Vacuo Spatio*〕(1672年)一书第四篇里论述了他的摩擦起电机和其他实验。图172即取自该书。盖里克在一个跟儿童脑袋一样大的玻璃球里注入熔化的硫。当这硫冷却后，他就打碎玻璃，把这样得到的硫球装在一个铁的轴干上，后者由两个支架支承，以便硫球能够转动。然后用干手去摩擦硫球，所起作用像橡皮一样，不过这时没有导体。起电的硫球吸引纸、羽毛和其他轻物体，并把它们吸引到硫球附近。盖里克把这个过程同地球对它表面上的物体的类似作用相比拟。在这硫球附近的水滴被扰动，而当用手指靠近它时，便会看到发光，听到爆裂声。

正是在用这种机器进行工作时,盖里克发现带同样电的物体

图 172—盖里克的起电机

相斥。他观察到,一个先被硫球吸引、后被排斥的物体被其他物体所吸引,而在它同指头或者地接触以后,或者在靠近火焰之后,它又被吸引到硫球。这样,一根放在带电球和地板之间的羽毛便在这两者之间上下跳动。盖里克还表明,一个电荷能够行进到一根亚麻线的末端;他进一步还发现,甚至只要靠近经过摩擦的硫球,物体就会带电。因此,他是电传导和电感应现象发现方面的先驱。可惜,不像他的气体实验,盖里克在这个领域的工作没有引起广泛的注意,甚至那些应当重视他的发现的人也把这些发现遗忘了。 305

然而,盖里克的书激励罗伯特·玻意耳做了许多电学和磁学实验,虽然玻意耳并没有取得什么重大的成果。玻意耳对电的本性作了种种猜测。十七世纪流行的这方面的理论一般都把电效应归因于 *effluvia* 或者笛卡儿的漩涡之作用。例如,玻意耳假想一

种黏质的 *effluvia*，它从带电物体发出，并带着轻物体一起返回那里。

（参见 P. F. Mottelay，*Bibliographical History of Electricity and Magnetism*，1922；E. Hoppe，*Geschichte der Elektrizität*，Leipzig，1884；以及边码第 274 页上开列的书。）

第十四章　气象学

物理学和力学在十七世纪的发展导致气象学发生根本变革。研究自然现象的归纳方法的兴起和温度计、气压计与其他气象仪器的发明开辟了通往精密研究大气的道路。中世纪奉为天气预报之基础的占星术预卜和单凭经验的气候知识都被它们取而代之。一直列为大学标准教科书的亚里士多德的《气象学》(*Meteorologica*)让位于笛卡儿的《气象学》(*Météores*)(1637 年)一类著作。笛卡儿的书虽然也几乎同样地以臆造的宇宙图式为根据,但它花了很大努力把气象学确立为物理学的一个分支。

气象仪器

像科学的其他分支一样,气象学的进步在很大程度上也有赖于发明用来测量和记录它所研究的种种现象的合适仪器。最重要的气象仪器无疑是温度计和气压计。然而,这两种仪器在物理科学中具有广泛的重要性,因此我们已把它们放在关于科学仪器的那一章(第五章)里论述过。这里我们将限于介绍其他仪器,它们在很大程度上是专为研究气候状况而发明的。这些仪器包括验湿器、风速计、雨量计和气候钟。

验湿器

十七世纪里发明了许多种验湿器，凡是能够用来制造这种仪器的原理大都已利用过。最早的验湿器似乎是西芒托学院制造的；像我们已知道的那样，西芒托学院还曾忙于改进温度计，这种验湿器是一个空心软木锥，带有锡质外套。软木锥底部装有一个玻璃锥（图 173）。当这仪器里充入冰时，空气中的湿气便淀积在307 玻璃锥上，再滴入量器。只要比较在一定时间里凝结的水的数量，即可确定不同地点或者同一地点在不同时间的相对湿度。阿蒙顿于 1688 年介绍了另一种验湿器，后来由德鲁克使之完善。在这种仪器里，因空气湿度变化而引起的一个木质或皮质小球的收缩和膨胀，引起从一根管子流出的液体在管中上升或者下降。莫利纽克斯制造了一种简单的验湿器，把一个金属球悬挂在一根鞭绳上，金属球带有一根水平指针；随着鞭绳因湿度发生变化而卷曲和放松，指针在一个带刻度的标尺上移动。可见，它的工作原理同今天流行的“气候观测房”即“约克和詹尼”相似。

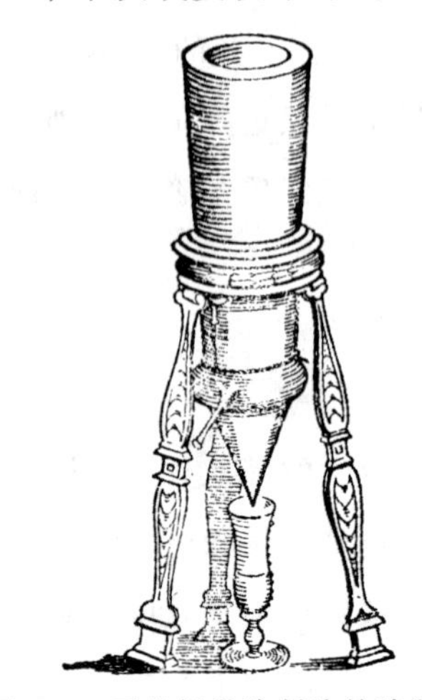

图 173—西芒托学院制造的验湿器

胡克用野燕麦的芒制造了一种验湿器（*Micrographia*，Observation XXVII，p. 147，and Sprat's *History of the Royal Socie*-

ty, p. 173)。这"芒"是从野燕麦谷粒外壳里长出来的短而硬的毛。人们发现,当这谷粒成熟时,其芒的一端发生弯曲,接近直角,而且如果它然后受潮,则这弯曲的一端又会逐渐改变其相对芒其余部分的位置。胡克在他的《天气过程记载方法》(*Method for making a History of the Weather*)(Sprat,上引著作,p. 173)中,把应用这种性质来制造测量空气湿度的验湿器这一发明归功于伊曼纽尔·马格南。胡克建议,把这仪器制成盒子形式,上面有一个象牙盖,四边是编织物;或者单单用一块象牙板,由几根柱子支承,这就更好。这样,空气就可以自由通达麦芒。麦芒一端在 *C* 处(图174)固定于仪器底座,而另一端向上通过象牙板,在 *e* 处装上一根轻的指针 *fg*,后者在一个刻度盘上转动。为了提高这仪器的灵敏度,可以用许多麦芒首尾相接起来。随着麦芒的弯曲端改变位置,指针便在标度上逐渐运动,这样便指示了空气湿度的变化。为了能够考虑到指针转满圈,胡克建议在指针下面装一根钉,再在上面的板上装一个轻的齿轮,使得每当指针经过这个钉子时,齿轮就前进或者后退一个齿。胡克发现这种仪器非常灵敏。对麦芒呼一口气,指针就转一整圈;指针对火或太阳的热也很敏感。胡克发现肠线不大令人满意,麝香志鹳草的芒则证明甚至比野燕麦更好,后来他代之以"野豌豆的荚"(Gunther, *Early Science in Oxford*, VI, p. 269)。

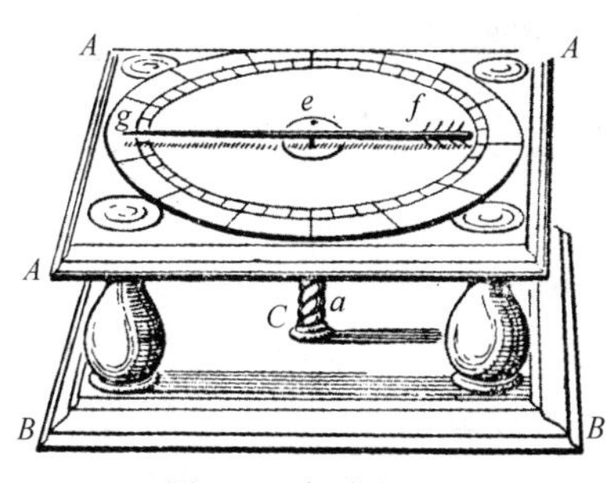

图 174—胡克的验湿器

308

一位都柏林记者在给奥尔登伯格的一封信中曾介绍了一种精巧的验湿器(1676，*Phil.Trans.*，Vol. XI，No. 127)。它由两块松木或杨木板 *A*、*B* 组成(图 175)，约两英尺长、一英尺宽，并排放置，中间留稍许间隔，四角 *a*、*a*、*a*、*a* 固定在两条栎木突出架 *C*、*C* 上，后者两英寸宽，长度则超出 *A*、*B* 的两边。如假定两块板即使在最干燥天气也至多收缩四分之一英寸，则用一个二三英寸长、四分之一英寸宽的黄铜舌簧 *D* 固定在板 *A* 上。黄铜 *D* 在靠近其重叠在板 *B* 之上的那个自由端处有四个等间距的齿 *dd*，板 *B* 上用配

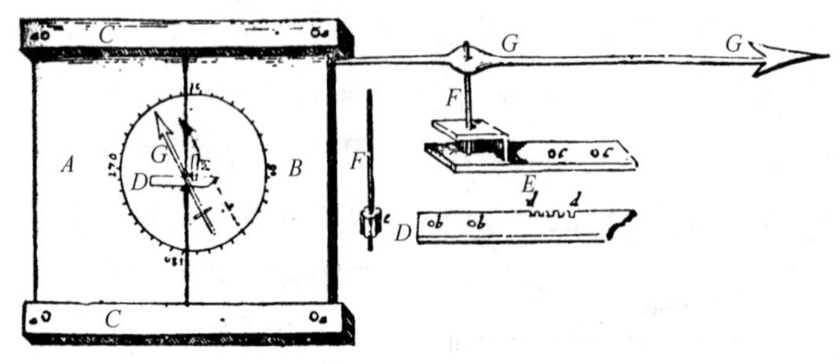

图 175—都柏林验湿器

件 *E* 装上一个小齿轮，使得它和黄铜舌簧上的齿啮合。当这两块木板因大气湿度变化而膨胀或收缩时，齿 *dd* 便转动小齿轮，而后者的轴 *F* 装有一个指针 *GG*，它在任意刻度的圆标尺上转动，从而记录“空气的干度或湿度”。对于约五分之一英寸的可能收缩，指针将在一两小时里转动十到二十度。发明者声称，这种验湿器迅速地记录大气中的湿度变化，它比用燕麦芒制造的验湿器优越。

309 都柏林的验湿器和别的几种验湿器都是利用物体在潮湿空气中所发生的形状变化，以此作为湿度变化的指标。但是，也有其他人发明的验湿器乃基于各种物质吸收空气中潮气后发生的重量变

化。例如，古尔德在 1683 年提出，硫酸露置大气时发生的重量增加可用来测量大气的湿气含量。

风速计

胡克制造了一种用来测量风的强度和方向的仪器。在这种仪器里（见图 176），一块板由一个臂自由摆动，随着板被风吹向一边，这臂便在一个刻度标尺上移动。风越强，板就沿着标尺吹得越高，这样就记录下风强。这种风速计的原理和现代飞机场的锥形风标基本上相同。

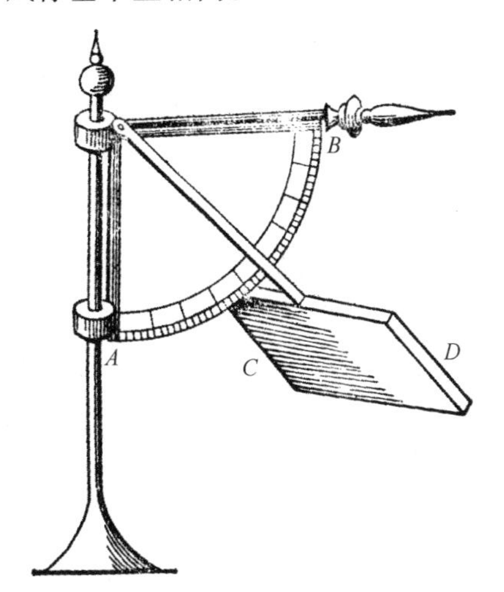

图 176—胡克的风速计

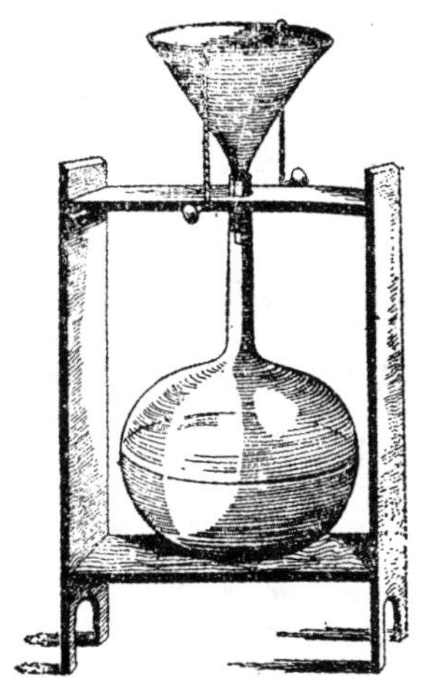
图 177—胡克的雨量计

雨量计

310

朝鲜似乎早在十五世纪就已使用雨量计。英国最早的测量降雨量的仪器是克里斯托弗·雷恩爵士于 1662 年设计的。理查德·汤利于 1677 年发明了另一种雨量计,它是一直径 12 英寸的漏斗,焊在一个管子上,后者把雨水送入一个可以进行称量的容器里,胡克约于 1695 年设计了另一种这类仪器,它于同年在格雷歇姆学院实际使用。它是一直径约为 11.4 英寸的玻璃漏斗(见图 177),安装在一个木架上,下端伸入一个较大的容器,后者有一个 20 英寸长、直径为五分之一英寸的细颈,以将蒸发减少到最低限度。这个玻璃瓶或者说"长颈烧瓶"能盛两加仑多水。两根支索即双股绳用销钉拉紧,它们把漏斗稳住,抵挡风的吹动。收集的雨水加以称量(*Phil.Trans.*, 1697, Vol. XIX, p. 357)。与现有的雨量计相像的最早的雨量计是霍斯利于 1722 年制造的,他用一 30 英寸宽的漏斗把雨水收集在一个深 10 英寸、直径 3 英寸的玻璃量筒里面。

气候钟

从 1664 年起,皇家学会的案卷不断记载着下达给胡克的指示,要求他制造一种气候钟。这些记载可理解为胡克已经作出这种设计。这是早先雷恩企图制造这种仪器的那种尝试的一个发展(Gunther, *Early Science in Oxford*, VI, p. 162)。然而,胡克直到 1678 年 12 月 5 日才部分地制造出这种仪器,他打算用它来测量和记录风向、风强、大气的温度、压力和湿度以及降雨量。翌年 1 月,皇家学会会长和许多会员审查批准了他的这项工作;将近一年以后(1679 年 12 月),胡克简要地说明了如图 178 所示的这种仪器(见 W. Derham, *Philosophical Experiments and Observations of Hooke*, 1726, p. 41; and Gunther, 上引著作, VII, p. 519f.)。它

311

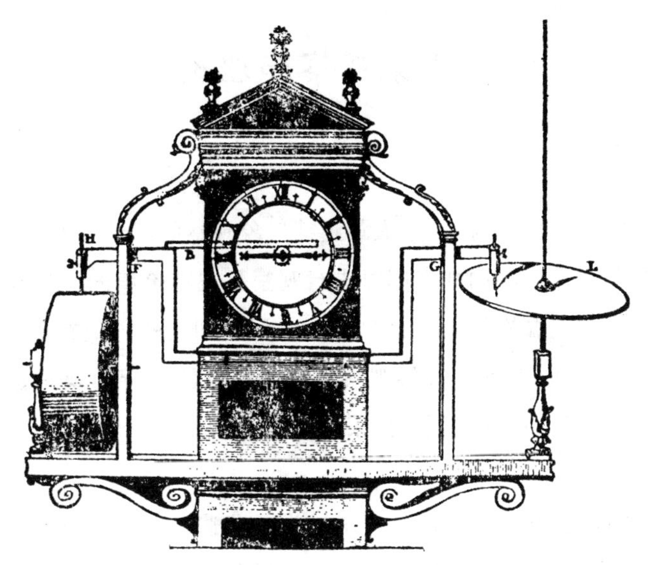

图 178—胡克的气候钟

由两部分组成:(1)一台强固的摆钟,它除了指示时间外,还转动一个上面卷有纸的圆筒,并操纵一个机构每一刻钟在圆筒上打一次孔;(2)测量以上列举的各种现象用的仪器。这些仪器(气压计、温度计、验湿器、雨量斗、风向标和转数可以计算的风车)操纵打孔器,使其周期地在由圆筒缓慢放出的纸带上打下标记。这台仪器 312 的机构相当复杂,似乎一直没有详细说明过。因此并不令人感到奇怪的是,这仪器不久即宣告需要修理。

胡克还绘制了一种系统记载气候现象的“一览表”。边码第313页上的表系作为示范性的气候报告(*Phil.Trans.*, 1667, No. 24, p. 445; 和 Sprat's *History of the Royal Society*, 1667, p. 179)。

气象观察和理论

记录

从十七世纪流传下来大量连续气象观察的记录。人们很快就认识到，在几个不同地点同时进行观察是很有价值的。早在1637年，黑森的兰德格拉夫·赫尔曼就已记述和比较了他在黑森和波美拉尼亚同时进行的气候观察。最早用仪器进行的观察是1649和1651年间同时在巴黎、克莱蒙费朗和斯德哥尔摩做的，观察的记录今天还保存着。

西芒托学院赞助人、托斯卡纳大公斐迪南二世最早试图建立一个大规模的国际气象组织。他指示制造了一些仪器(主要是温度计和验湿器)，送给国外居住在巴黎、华沙、因斯布鲁克和其他地方的选定的观察者(其中许多人都是耶稣会教士)。他们的测量(包括气压、温度、湿度和风向)填入表格，再呈报上去同在佛罗伦萨、比萨、波洛尼亚等地做的观察进行比较。然而，随着西芒托学院于1667年结束，这种活动也就停止了。后来德国也计划建立这种组织，结果于1780年成立了皇家气象学会(Societas Meteorologica Palatina)。

同时，在莱布尼茨的鼓动下，1678年在汉诺威，1679到1714年在基尔进行了大气压和天气状况的观察。这些观察旨在检验气压计预报天气的能力，部分地也是由于马里奥特的缘故，他希望把在整个法国做的观察同在德国同时进行的观察进行比较。德国观察者使用胡克式气压计(轮式气压计)，气压计的标度上刻有天气

313

The Form of a *Scheme*.

Which at one view repreſents to the Eye Obſervations of the Weather, for a whole Month, may be ſuch, as follows.

Days of the Moneth, and Place of the Sun	*Remarkable hours.*	*Age and Sign of the Moon at Noon.*	*The Quarters of the Wind, and its ſtrength.*	*The Faces or viſible appearances of the Sky.*	*The Notableſt Effects*	*General Deductions.* These are to be made after the ſide is filled with Obſervations, as
June 14 ♊ 12.46′	4	27	W----2	Clearblue, but yellowiſh in the *N E.*	A great Dew	From the laſt Quarter of the Moon to the Change, the weather was very temperate, but for the Seaſon, cold; the Wind pretty conſtant between *N.* and *W.* &c.
	8		--------3	Clouded toward the *South.*		
	12	♉ 9. 46	--------3½		Thunder far to the S.	
	4	*Perigeum*	----------	Checkered blue.	A very great Tyde.	
	8		WSW 1			
	12		----------			
15 ♊ 13.40′	8	28	N W 3	A clear sky all day, but a little checker'd about 4 *P. M.* At Sun-ſet red and hazy.	Not by much ſo big a Tyde as yeſterday. A great Thunder-Showre from the *N.*	
	4		4			
	6	♉ 24.51	N 2			
	12		1			
16 ♊ 14.57 &c.	10	*New Moon at* 7. 25. *A. M.* ♊ 10.8 &c.	S 1 &c.	Overcaſt and very lowring, &c.	No dew upon the ground, but very much upon Marble-ſtones, &c.	

图 179—胡克的天气报告表

314 标志。马里奥特本人对气象学的特殊贡献主要在于对降雨及其同河流流泻的比较作了定量研究。

布雷斯劳的约翰·卡诺尔德收集了1717和1726年间全德国和包括伦敦在内的其他地方的定期观察，并把它们发表在一份季刊(*Breslauer Sammlung*)上。然而，由于所用仪器都不标准，因此这些观察的价值有所减损。

皇家学会秘书詹姆斯·朱林在1723年的《哲学学报》(Vol. XXXII, No. 379)里夹进一份征求书，要求每年寄一份气象观察报告给该学会。说明中还载明观察应当采取的方式，后来有越来越多的通讯会员呈报了遵照要求做的观测报告。(参见G. Hellmann, *Beiträge zur Geschichte der Meteorologie*, Berlin, 1914, etc.)

大气的高度

玻意耳提出的联系一定量气体之体积和压强的定律引起了许多尝试，企图确定大气在地表上空延伸到多大高度，大气压强如何随此高度而变化。

在玻意耳定律的实验验证方面做过很多工作的胡克，在他的《显微术》(1665年)里讨论过这个问题。他考查了垂直的大气柱，把它分成1000层，每层的空气量相等。他根据地面的空气密度计算出，为使气压计保持正常高度，每一层空气所产生的压强必须相当于一层35英尺厚地面空气密度的空气。他根据玻意耳定律计算出从地球向上直到第999层的每层厚度。然而，他并不试图把这些厚度总加起来，他认识到第1000层必定无限厚。“因为我们还无法找到**空气**的扩张不会超出之的那个 *plus ultra*〔超限〕，所以我们无法确定**空气**的高度”（同上，p. 228）。胡克指出，他发现圣保罗教堂尖顶端部的气压明显地比墙脚处低。

马里奥特在他的《空气本性论》（*Discours de la nature de l'air*）中把大气高度分成 4,032 份，相当于许多重量相等的空气层，每一层用 28 英寸标准气压高度的一个分度的十二分之一表示。他根据自己的实验得出结论：最低一层的厚度为 5 英尺。他由此证明，地球上空第 2016 层（气压不到地面气压的一半）的厚度为 10 英尺。马里奥特知道中间层次按几何级数递增，但他为了简单起见，假定它们的平均厚度是 5 和 10 英尺的算术中项即 $7^1/_2$ 英 315 尺，从而给出大气下面一半的高度为 $7^1/_2 \times 2016$ 即 15120 英尺。他用同样方法计算了大气上面一半之一半的厚度，又得 15120 英尺。当然，这个过程可以无限地进行下去。连续应用十二次后，他得出高度约为 35 英里。马里奥特以此作为大气高度的下限，因为他没有找到证据表明，超出空气在这个高度所具有的稀疏度，空气还能膨胀。

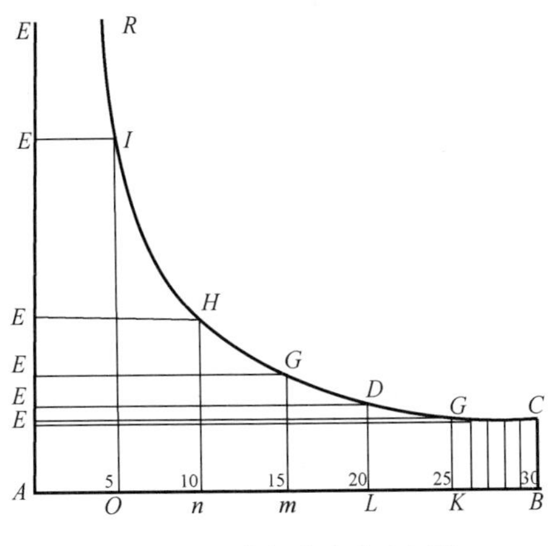

图 180—大气的高度和压强

哈雷在其 1686 年向《哲学学报》（Vol. XVI，No. 181）提供的一篇论文中更为成功地研讨了这个问题。他的方法是根据连接一定量气体之压强与"膨胀"即体积的玻意耳定律和连接一条双曲线上的一点的以其渐近线为参考的各坐标的那条定律两者间的相似。在这条气体定律中，体积与压强成反比；在直角双曲线 *RHDC*（图 180）中，纵坐标与横坐标成反比，即 $AO : AN : NH : OI$。因此，如果 *AO*、*AN*、*AM* 代表给定量气体以某个标尺计的压强，则 *OI*、*NH* 和 *MF* 将代表该标尺计的相应的体积。哈雷根据这种曲线的性质表明，压强 *AM* 和 *AL* 所分别对应的两个高度之差同压强轴、双曲线和通过 *M* 与 *L* 的纵坐标所围的面积 *MFDL* 成正比。他进一步证明：

316

$$(\text{面积 } MFDL) : (\text{面积 } NHFM) = \log \frac{AL}{AM} : \log \frac{AM}{AN}.$$

因为曲线下所包括的面积既同高度差又同这些不同高度上的压强之比的自然对数成正比，所以哈雷推导出下列形式的关系：

$$H = A \log_{10}\left(\frac{B}{b}\right),$$

它把高度 *H* 上的压强 *b* 同地面的压强 *B* 连接起来，但未考虑温度。*A* 是一个常数，根据地面空气的正常密度计算出来，并包含把自然对数转换为常用对数的模。根据这个公式并借助常用对数表，哈雷列出了高度对压强的表和压强对高度的表，这样便得出了地球大气广延的粗略估计。他推算出它不超过 45 英里，进而假定空气的稀疏程度至多三千倍于地面空气。这同根据曙暮光持续时间所做的估计相当一致。

风

在认识到了大气压强是许多物理现象的成因之后，很快人们通常就把大气的运动归因于支配这个压强的平衡受到扰动。托里拆利看来最早试图根据这条物理原理来解释气流。他在其《学院课程》(*Lezioni Accademiche*)(佛罗伦萨,1715 年)的有一课里假定,空气比较稀疏的区域和其他空气较密区域之间的均衡是借助我们看做为风的那种气流实现的。他就这种均衡举了一个例子:在暖和的春日,从大教堂的门口吹出冷风——一种在意大利特别常见的现象。他这样解释道:"这时大建筑物里的空气明显地比附近的空气冷和浓重。因此,空气就从门口吹出来,有如一幢建筑物里的水当其壁上突然开了一个口时便从里面流出来。"(托里拆利,上引著作,第 50 页)

317 在马里奥特的鼓动下,在巴黎、第戎、洛什和法国其他地方同时进行了气压观察;马里奥特还试图从德国获得类似的资料以便进行比较。在他的《空气本性论》中,他试图把气压计的指示同天气和风向关联起来,并试图应用当时惯用的相当粗糙的**机械**假说来解释这种关联。

哈雷对当时企图确立山的高度和山巅与山脚间的气压差之间的联系这种尝试很感兴趣。1697 年他访问斯诺登山,在那里亲自进行气压观测。大约十年以后,约翰·雅各布·朔伊希策尔用一台气压计测定阿尔卑斯山脉有些山峰的未知高度,他并把结果按照哈雷公式修低(参见 F. Cajori, *History of Determinations of the Heights of Mountains*, in *Isis*, Vol. XII)。

哈雷在他的论文结束部分也对风、天气和大气压强间的联系作了与马里奥特相似的推测。这个时期就这一问题所作的推测价值大都不大,曲解了风同气压分布的关系。例如,哈雷猜测高气压是由两股相反方向的风汇合而造成的空气累积所引起的，而低气压则是两股气流辐射造成的部分排气所引起的；晴天从北方或东方刮来又冷又浓密的风。这是因为根据阿基米得原理，一旦大气下层的密度不足以支持水汽，水汽就会像雨一样降落下来。

既然在确定天气状况时已赋予风以如此重要的作用，所以哈雷自然接着便进一步探索风的分布和成因。因此，哈雷接着投寄给《哲学学报》一篇关于“信风和季风”的论文（Vol. XVI，No. 183）。这篇文章综述了三大洋盛行的风，并附以一张风图。这篇综述标志着对瓦雷尼乌斯的一个进步，后者的综述（*Geographia Generalis*，Amstelodami，1650）当时被奉为最高成就；而这张图实际上是最早绘制的气象图。文中正确地描述和刻画了热带风带的基本特征——赤道无风和东北与东南信风；还指出了太阳偏角周期变动所引起的季节性变动。哈雷根据亲身回忆对大西洋的状况作了详尽而又丰富的论述。对印度洋他自然知道得很少；至于太平洋，他主要依据西班牙海员的含混的报道。

318

哈雷的信风理论从以前关于这个问题的十七世纪作家那里汲取了一些东西，同时又为乔治·哈德利在十八世纪提供的公认解释指明了道路。哈雷把这些现象归因于“太阳光线对空气和水的作用，因为他在大洋上每天都既在考虑灵魂的本性，也在考虑邻近大陆的情势：因此我第一要说，按照静力学的定律，受热后变稀或膨胀较弱、因而较重的空气，必定向空气变稀较厉害、较轻的部分运动，从而使空气趋于不平衡；其次，随着太阳不断地向西移动，空气由于受太阳极强的经圈热的稀疏作用而趋向之的那个部分也随太阳一起向西移动。因此，整个下层空气都是这个趋势。这样也就形成了总的来说从东方来的风，它影响到一个浩瀚大洋上空的全部空气，使各个部分相互推动，从而一直保持运动，直到太阳重又恢复下一返程（已失去的运动借此恢复），如此东风永不停息。”这就是说，信风是下述两个因素的结果：

(1) 地面空气**向**热赤道的对流位移；和

(2) 空气沿着**沿**热赤道的日下点向西流动。

这解释了为什么信风一般都既倾向于经圈，也倾向于纬圈；而信风分布的不规则性则归因于地形的干涉。

在把信风同太阳的热相联系时，哈雷汲取了弗兰西斯·培根的思想，培根曾尝试把热带的拔立柴风[①]归因于太阳热引起的空气膨胀（*Historia Naturalis et Experimentalis de Ventis*，1638）；他还更多地汲取了瓦雷尼乌斯的思想，后者认为，太阳使热带的空气稀疏化，从而在自身从东向西运动时同时把空气沿这个方向推进（瓦雷尼乌斯，上引著作，Cap. XXI）。然而，哈雷的解释标志着对伽利略的一个进步，伽利略相信地球表面的不规则带着下层大气在其自转时一起转动；但热带海洋区域除外，在那里没有这种不规则性，地球的向东运动最快，因而永远刮东风（*Two Chief Systems*，Dialogue IV）。但是当马里奥特把不定风之**从西方来**的方向归因于下述事实时，他比哈雷更接近现代解释：地球表面的向东运动在赤道处比在高纬度处更迅速，因此从热带向北刮的风被折向朝东（*Traité du Mouvement des Eaux*）。 319

哈雷认识到，每一股气流只是一个完全环流的一部分，因此

① 见于南美洲及菲律宾的一种风。——译者

"在下面的东北信风将伴有在上面的西南风,而东南风伴有在上面的西北风"。这条原理直接导致他解释季风。"印度洋北面,在纬度 30°这个〔信风的〕通常界限之内,每一块陆地即阿拉伯半岛、波斯、印度……当太阳接近垂直地向北通过时,都要遭受难忍的炎热;可是当太阳向另一个热带移动时,它们还是相当温和的;因为这些陆地上一定距离内的山脊据说冬季常常覆盖着冰雪,而当空气经过其上空时必定大大变冷。因此就发生了下述情形:按照这个一般规律从印度洋东北方来的空气,有时比这个环流从西南方带回的空气热,有时比它冷;所以,底流或者说底风有时从东北方来,有时从西南方来。"因此,哈雷认为季风是地方性信风的变态,而不是这些陆地的独立的对流效应。不过,他的解释标志着对当时盛行的各种见解的一个进步。

胡克也揣测了信风的成因(*Posthumous Works*, 1705)。他认为,由于地球的转动,大气在赤道处的压强比在高纬度处小,因而有点退向太空。因此,空气从高气压区域向低气压区域运动这个自然趋势将引起风从地面向赤道刮去,而通过赤道风又从较高的上空返回极地,从而维持一种恒定的空气环流。

冒险家威廉·丹皮尔的著作扩充了风分布的知识,但没有提出理论。

乔治·哈德利在他 1735 年关于信风的经典论文(*Phil. Trans.*, Vol. XXXIX, No. 437)中赞同这样的见解:太阳通过使赤道处的空气变稀疏而成为信风的最初原因,但他认为,"空气之永恒地向西运动不可能仅仅起因于太阳对它的作用。"他的解释是,"当空气从热带向赤道运动时,由于速度比它所到达的地

320

球的那些部分的速度慢，因此它将相对地球在这些部分的周日运动有一个相对运动；而这同向赤道的运动相结合，便在赤道的这一侧产生东北风，在另一侧产生东南风”；“由于来自南北的两股气流相汇合”，所以风在赤道处是正东向的。哈德利根据这条原理解释了温带的西风。这方面研究后来的发展同博伊-巴洛的名字相联系。

蒸发

1687年，哈雷发表了几篇最早定量研究海洋和湖泊表面的蒸发的论文。这些论文开始先叙述一个实验，它用来测定夏季暑热下水的蒸发率，然后将数字结果应用于地中海（包括黑海）的收支（*Phil.Trans.*, Vol. XVI, No. 189）。

哈雷写道：“我们弄来一秤盘〔盐〕水，大约深4英寸、直径7⁹⁄₁₀英寸，里面放一个温度计；我们再用一盆木炭使这水达到我们在最炎热的夏天所观察到的空气之温度；温度计令人满意地进行指示。这样做以后，我们再把这一秤盘水连同其中的温度计一起放在天平横梁的一端，在另一只秤盘里则放上砝码与之精确地平衡；通过加上和撤去木炭盆，我们发现很容易把这水精确地维持在同样的温度上。”

根据容器的尺寸和所观察到的水的重量损失，哈雷计算出，水面由于蒸发而下降的速率为12小时下降十分之一英尺。因此，哈雷假定地中海在炎热夏日里一天受日照12小时，这样每天就产生十分之一英寸水汽，他由此计算出地中海每天损失的水为5280000000吨。

这个损失怎样弥补呢？这部分地是由来自支流的入流补充；哈雷粗略地估计了支流的贡献：他假定地中海系统的九大支流每一条供给的水量10倍于泰晤士河。在金斯敦对泰晤士河的宽度，深度和流速的观测表明，泰晤士河每天的流出量为20300000吨，而这个量的九倍也只及地中海每日损失的三分之一左右。哈雷得出结论说：余下三分之二的一部分必定由夜间的露水补充，而差额则由直布罗陀海峡流入的强大洋流供给。

321

哈雷的上述研究可能是从佩罗和马里奥特对塞纳河的流出量同其流域的降雨量所做的数字比较得到启示的。（关于佩罗，见第十六章边码第316和317页。）在他的《论水的运动》（*Traité du Mouvement des Eaux*）中，马里奥特坚持认为，降雨足以维持河川流动；为了证明他的论点，他还进行了计算，这计算尽管今天看来不能认为是精确的，但却不无意义。用放在屋顶上的雨量计在第戎作的观测表明，一年的降雨量不少于15英寸。马里奥特计算出，这将给塞纳河流域带来714150000000立方英尺水的降雨量。他然后估计了塞纳河在罗亚尔桥处的截面积，也估计了它的流速；他注意一根浮在水面上的棒头的速度，并考虑到下层水流速度较慢，由此而得出了塞纳河的流速。他得出塞纳河一年的外流水量为105120000000立方英尺，即不到雨水所供给的水的六分之一。因此他论证说，即使雨水降下后马上有三分之一蒸发掉，有一半留在地上，塞纳河也仍然可得到充分的水的供应。

在他的第二篇论文（*Phil.Trans.*, Vol. XVII, No. 192）中，哈雷继续考查了从海洋跑出去的水汽怎样又回到海洋的问题；他的泉水来源理论再次复活了马里奥特的思想。不过，这位法国物理学家相信泉水仅由间断的雨水维持,但哈雷却把泉水归因于高高山脊上不断降下的水汽,而山脊上的寒冷空气无法容纳这么多水汽。这个假说是使他在圣赫勒拿岛时感到不适的那浓重结露所提示的。在降水时,水汽"从岩石裂缝中滴落;这水汽有一部分进入山峰的洞穴里,水在那里像在一个蒸馏器里似地聚集起来而流入它所遇到的岩石缝隙里,缝隙里一旦注入了水,所有来到那里的多余的水便都跑到最低的地方,而从山坡上跑出来的水就形成了一股股泉水。"这些泉水汇合成河流,把水再带回海洋。

在哈雷的指导下,亨特在格雷歇姆学院对蒸发进行了进一步研究,有关的介绍见 1694 年的《哲学学报》(Vol. XVIII, No. 212)。其目标是证明太阳和风对于水在它们作用下的蒸发必定起着重要的作用。结果发现一片有遮掩的水面在室温下的蒸发速率 322 仅仅是上述 1687 年测量中所观察到的速率的几分之一,哈雷认为这根本不足以说明所测得的降雨量。因此,他把为抵消降雨量所需要的剩余蒸发归因于一些被排斥的因素,即太阳"搅动"水粒子的作用和当水汽从水面升起时风驱除它的作用。

最后一篇关于蒸发的研究论文很晚到 1715 年才发表,它具有重大的科学意义(*Phil. Trans.*, Vol. XXIX, No. 344)。这篇论文主要研究没有出口的海洋和湖泊(例如里海、死海、的的喀喀湖,等等),表明它们的水必定不断上涨,直到表面蒸发造成的损失刚好抵消流入的水。鉴于这种湖泊总是咸的.而海洋在某种意义上也是没有出口的湖泊,哈雷提出了他的著名设想,即根据海洋的盐度来推算地球的年龄。

他的方法出于这样的考虑:河流每天每日都把溶解的盐带给

海洋,但海洋发散出的蒸汽却完全是淡水。因此,海洋的盐度必然不断增大(这些思想同公认的瓦雷尼乌斯的观点形成鲜明的对照,按照后者,海洋的盐分来自沉没的盐岩,河流的入流仅仅倾向使海水**变淡**。——*Geographia Generalis*, 1650, Cap. XV)。于是,如果能够确定海洋在两个相隔好多世纪的时代的盐度,并记录下这期间里盐度的增加量,那么,一个相对和数便会给出其间河流必定贡献盐分给海洋的那段时间的长短。然而,这里存在不确定性(哈雷认识到这一点):海洋可能在当初形成时原来就有一种盐源。我们今天还得承认一种甚至更为严峻的反对意见:河流供应盐分的速率在整个以往年代里可能不是恒定不变的。

而且,哈雷也知道他不能指望亲自将这个建议付诸实施,因为海洋盐度的增加必定是非常缓慢的,同时又没有古代的盐度值记载可资同现代的测量进行比较。带着他那惯有的对未来几代人寄予的期望,哈雷写道:"因此,我建议学会提供实验机会,测量海洋目前的含盐量,并且也尽可能多地测量湖泊,这样就可以把这些数据记录下来,造福于后世。"

323 虽然当时没有资料可供作数字估计,但十分明白,这种方法的应用将赋予地球以相当古老的年龄。因此,宗教见解已受到怀疑的哈雷不得不提防教士的非难。于是,借助于证明地球年龄必定有限,他声称自己起劲地反对卢克莱修的学说(当时正得到一定的支持),后者认为地球**从来**就存在着。哈雷进一步论证说,**人类**之在六七千年前形成同**地球**的可能年龄无关。因为,人是最后在第六日创造的;鉴于太阳是在第四"日"才创造的,这里的"日"可能不是自然的日。[①]

太阳辐射的分布

在研究太阳昼间的温暖在维持水汽环流中所起的作用时，哈雷于1693年提出了计算每个季节里这温暖在地球各个纬度上的分配比例的方法（*Phil.Trans.*，Vol. XVII，No. 203）。他知道，除了大气干涉而外，任何受到日照的地方的接受热量的速率都与太阳在观察时的高度的正弦成正比。然而，总地说来太阳高度在一天里面不断地变化着；哈雷把太阳变化的热效应总加起来这种方法，相当于求太阳高度的正弦从日出到日没的时间积分："取日照的持续时间为基底，太阳高度的正弦为直立于其上的垂线，过这些垂线的端点画一条曲线，则所包围的面积将正比于在该段时间内所收集到的全部太阳光线的热量。"

要对任何给定的纬度和太阳偏角的值来作这样的曲线和测量其面积，是一个困难的问题。哈雷利用一种有关的几何方法成功地证明，所要求的这个面积相似于在一个直立圆柱 *ABCD*（图181）的正截影（NPOQ）和斜截影（DPBQ）之间截取的那个曲面（QBPO）的面积。利用阿基米得的某些定理，即可计算这个面积（用 *PQ*、*BC*、*BO* 和弧 *QOP*）；当对于给定的纬度和偏角值，令 *BO* 等于太阳子午高度的正弦，弧 *QOP* 等于太阳在地平线上的周日弧时，这个面积便给出了太阳热效应的量度。 324

① 这种说法来自基督教《圣经・创世记》中关于上帝创造世界和人类始祖的神话。——译者

这样,哈雷便列出了一个表,载明在二分点和二至点时,每十度纬度所收到的周日热量。例如,如果取赤道处二分点时收到的热量为 20000,则北纬 50°处二分点时的热量为 12855;在夏至为 22991;在冬至为 3798。我们还得到了一个有点出乎意外的结果:(若略去大气因素)北极夏至收到的热量明显地超过赤道二分点时的热量——25055对 20000。关于极地实际上比赤道地区冷得多这一点,哈雷主要将之归因于极地漫长的夜间:"在二分点时有十二个小时没有太阳,但热量所由产生的太阳光线之以前作用所引起的运动,在太阳重新升起之前仍然还有很少一点。但在极地,在长达六个月之久的没有太阳的严寒期间,空气是那样寒冷,以致可以说已经冻结;在太阳非常接近这里之前,怎么也不会感觉到太阳的存在……"哈雷忽视了重要的一点:极地的阳光由于穿过了地球大气厚厚的吸收层而变得暗淡了。

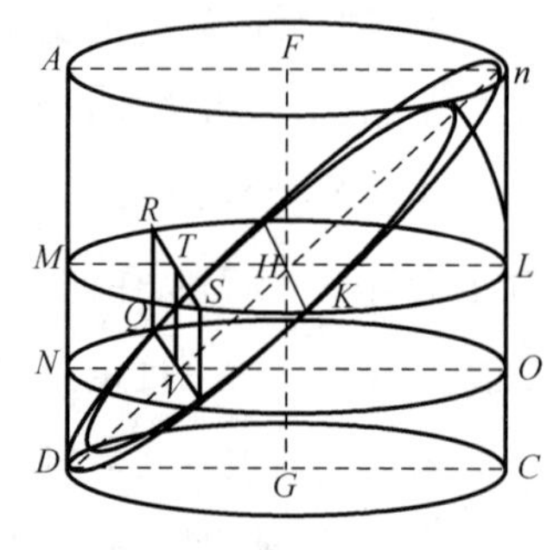

图 181—太阳辐射的分布

(参见 G. Hellmann, *Beiträge zur Geschichte der Meteorologie*, Berlin, 1914, etc.。)

第十五章　化学

在近代之初，化学研究沿着三个主要趋势发展。首先，探求哲人石或某种别的把贱金属嬗变成黄金之手段的炼金术研究仍然盛行。其次一个趋势是把化学知识转用于医药。这个称为医药化学的运动还没有完全脱离炼金术那种探求长生不老药和万应灵药的研究，这两种药物是想无限期地延长人的寿命和医治人身的一切疾病。古代人在这方面已经做过种种尝试。不过，医药化学的主要推进者是帕腊塞尔苏斯(1493—1541)，新时代肇始时的一些最有才华的化学家都师承帕腊塞尔苏斯。第三个趋势同矿业密切有关。这种重要的工业既有着实际的需要，又提供了进行仔细观察和实验的大量机会。这一切导致从很早起就积累了相当可观的有关金属及其处理方法的知识。然而，从事这种工作的人都没有把自己的见解写成书本，尤其是没有写成当时学者所崇尚的思辨论著。不过，随着印刷术的应用，情况开始变化，逐渐出版了不少书籍，比较详细地介绍了矿工的实用知识。正像约翰·巴普蒂斯塔·范·赫耳蒙特(1577—1644)的著作最完备地记述了医药化学运动一样，格奥尔吉乌斯·阿格里科拉(也叫鲍尔)(1494—1555)的著作最系统地记述了这第三个运动。上述三种趋势彼此有一定程度的抗争，相互批评时也不乏过激的言辞。不过，这些运动的追随者们大都或多或少沾染有炼金士所提出的那些思想。

十七世纪的医药化学

利巴维乌斯

这一时期的医药化学家中间，安德烈斯·利巴维乌斯(也叫利鲍)(1540? —1616)也许是最值得注意的一位。他生于哈雷，在德国学习医学以及历史和哲学，最后当了科堡中学校长。他主要以第一部真正化学教科书的作者而闻名。这本书以《炼金术》为题出版于1597年，书中详尽地介绍了当时的化学设备。在论述各种现有理论时，利巴维乌斯表现出相当的独立性和明智的判断力；对于新的观点，他既不仅仅因为它们新而接受，也不仅仅因为它们不悠久而拒斥。事实上，他似乎并不笃信化学理论，而只是记述了亚里士多德的(或者更确切地说是前亚里士多德的)四元素学说(土、水、气、火)的观点、吉比尔关于金属组成的硫-汞学说和帕腊塞耳苏斯的三要素或者说三元素即硫、汞与盐的观点。不过，利巴维乌斯不只是一个编纂者或者评论家。他对化学知识作出过大量开创性的贡献。他发现氯化锡($SnCl_4$)，因此它长期来一直被称为*spiritus fumans Libavii*〔利巴维发烟精〕。他介绍过一种酒石和氧化锑的化合物，现在称为酒石酸氧锑钾。他把燃烧着的硫黄的蒸气导入水中而制备了一种溶液，他称之为"硫的酸液"，并认为它就是通过蒸馏绿矾或者用*aqua fortis*〔硝酸〕加热硫黄所获得的那种酸。他还制备了冰糖(水合糖晶)。他介绍过怎样用发酵和蒸馏的方法从谷粒、水果等等制取酒精。他给出了一种分析矿质水的方法，即让矿质水蒸发，再比较含盐残渣的重量和蒸发掉的水的重量。他指示过一种确定矿质水的简洁方法，即确定水中是否含有金属盐、碱式盐和土盐。把一块称量过的白布浸泡在待检验的水中，再放在太阳下晒干，然后再称量一下。如果白布重量增加，出现斑点，那么这水必定含有固定的矿物质。利巴维乌斯还用含金属氧化物的彩色玻璃制造了人造宝石，从而表明萤石是金属及其氧化物的助熔剂。他还最早制备硫酸铵，记载铜在氨中产生蓝色的情形。

范·赫耳蒙特

图 182—约翰·巴普蒂斯塔·范·赫耳蒙特

约翰·巴普蒂斯塔·范·赫耳蒙特 1577 年生于布鲁塞尔。他出身富有的贵族，但他宁肯在化学实验室里从事艰苦的工作，而不愿过豪华的宫廷生活。他曾在卢万大学学习古典著作，于 1604—1605 年访问过伦敦，然后投身为穷人服务的医疗工作。这样，他受到了帕腊塞耳苏斯的医药化学的影响，但他大大超过了后者。范·赫耳蒙特对化学的最大贡献在于他率先科学地揭示

327

气体及其变化的物质性。他因此而成为十八世纪气体化学家的先驱。“气体”(gas)这个术语实际上是他引入的。(他是从帕腊塞耳苏斯用来表达空气的希腊词 chaos〔混沌〕引申出这个术语的。)但是,直到拉瓦锡的时代这个术语才真正流行起来,在这之前化学家们大都满足于使用“空气”(air)这个词。

范·赫耳蒙特已认识到存在许多种不同的气体。以前人们倾向于认为空气是唯一的这种物质,因此这无疑是个进步。但是,由于当时无法搜集气体进行适当的实验研究,所以他只能主要依据气体各个比较明显的物理性质来对它们进行粗略的分类。例如他列举了下述几种气体:野气或者说无约束的气体、风气(空气)、肥气、干气或者说升华的气、烟气或者说地方性气,等等。他还注意到,肥气(从大肠和通过动物排泄物发酵而得到的)是可燃的,而野气则使火焰熄灭。而且,他还指出,下述几种情形都产生一样的气体:木炭燃烧;蔬菜汁液发酵;蒸馏醋对某种水生动物贝壳的作用(现在叫做醋酸对碳酸盐的作用);肠的腐化作用(如在食物消化时);矿井里;某些大洞穴(例如那不勒斯附近的狗洞)里。他称这种气体为野气或无约束气(*spiritus silvester*),其主要成分就是今天所称的二氧化碳。但是,他不能算做二氧化碳的发现者,因为他没能鉴别它,他实际上把银溶解于 *aqua fortis* 所得到的气体(这实际上生成氧化一氮)和硫黄燃烧所得到的气体(这生成二氧化硫)等等都归于野气。凡是他所说的野气,都是“既不能用容器来约束,也不能还原为可见物体”的气体。范·赫耳蒙特在实验过程中发现,当气体从容器溢出时,容器常常破碎,甚至在寒冷中也这样。他不仅猜想这种气体是引起破碎的原因,甚至还认为火药的破坏作用也是它所产生的气体造成的。（见 *Oriatrike*，p. 106。）

范·赫耳蒙特通过他所做的有些实验而产生了一种见解，认为“事实上，一切盐、黏土、实际上一切有形物体实质上都只是水的产物，而且都可以再由自然界或者人工还原为水。”有一个实验是蒸馏栎木，结果得到一种像水的无色液体。他由此得出结论：甚至木炭燃烧所得到的气体最终实际上也是由水组成的。为了证实这个假说，他试图做相反的实验，表明水怎样转变为木。为此他做了一个历史上著名的实验。这个实验在十五世纪已由库萨的尼克拉提到过，如果他没有实际做过的话。范·赫耳蒙特这样记述这个实验：“我拿一个陶盆，里面放进已在炉中干燥过的土 200 磅。我用水浇湿这土，再在里面栽上 5 磅重柳树干。五年以后长成了树，重 169 磅 3 盎司余。这期间每当需要时我都给这陶盆浇雨水或蒸馏水……我还用一块镀锡的铁板把盆口盖起来，免得飞扬的尘土和〔这陶盆里的〕土混合起来……我没有计算四个冬天里凋落的树叶的重量。最后，我又把盆里的土弄干，结果发现仍旧重 200 磅，只少了约 2 盎司。因此，164 磅树木、树皮和树根都是由水单独产生的。”作为支持他的见解的进一步证据，范·赫耳蒙特提到在历来是陆地的地方发现了贝壳的化石。在水生贝壳动物生活在这些地区的当时，那里一定是有水的，但后来变成了陆地。然而，范·赫耳蒙特不持这样的见解（它通常同泰勒斯相联系）：水是**一切**事物的本原。他认为空气在性质上根本不同于水，空气既不能从水得来，也不能转变为水。他承认水当然能够转变成蒸气；但这仅仅是蒸气，即原子变稀薄了的水，它在冷的作用下立刻就会凝结而恢复原先的状态。（见 *Oriatrike*，pp. 52，109。）

328

像已经指出过的那样，如果范·赫耳蒙特拥有必要的收集和研究气体的设备，那么他的有些结论本来会是另一个样子。不过，他的有个实验已接近搞成所需要的实验设备。而且，实际上可能是这个实验启发人们后来发明集气槽及其附件。他对这个实验的叙述如下。把一支点燃的蜡烛放在一个水盆的底部；水盆里灌入二三英寸深的水；用一个玻璃容器倒过来盖住这支一端露出水面的蜡烛。现在你将会看到，似乎是由于空吸作用，水上升到玻璃容器，取代减少了的空气，而火焰则熄灭掉。他从这个实验得出的唯一结论是，可能建立起了一种真空，但它立即为一种物质所填充。就像他看不到树木（在上述的实验中）可能已从它在其中生长的空气中获得某种东西一样，范·赫耳蒙特也看不到在这个实验中可能已从空气中取得某种东西。或许值得指出的是，拜占庭的斐罗（一世纪?）、阿威罗伊（十二世纪）和其他人似乎也已用一支在一个倒覆在水上的玻璃瓶里燃烧的蜡烛做过类似的实验。（见 *Oriatrike*, pp. 63, 82。）

329

范·赫耳蒙特的主要著作有 1644 年初版的《医学简论》（*Opuscula Medica*）、1648 年初版的《医学精要》（*Ortus Medicinae*）（由他儿子编辑）。（J. Chandler 英译：*Oriatrike, or Physick Refined*, 1662。）

格劳贝尔

约翰·鲁道夫·格劳贝尔（1604—1668）是最后一位比较重要的医药化学家。他是德国卡尔施塔特人，但一生大部分时间在维也纳、萨尔茨堡、法兰克福、科隆以及阿姆斯特丹度过，最后死在阿姆斯特丹。他最重要的著作或许是《蒸馏术解说》(*A Description of the Art of Distillation*)。它于1648年用德文初次出版。1651年又出了题为《新的哲学(即科学)炉》(*New Philosophical Furnaces*)的拉丁文版。他的文集《化学著作》(*Chemical Works*)于1658年用拉丁文出版,1689年用英文出版(克里斯托弗·帕克译)。格劳贝尔是一个冶金和化验专家。他详细描述过各种蒸馏方法、各种不同的蒸馏炉以及蒸馏产物的各种可能用途。在理论思辨上,他是帕腊塞耳苏斯和范·赫耳蒙特的折中;他接受三要素或者说三元素,但他用水代替帕腊塞耳苏斯表中的汞。他写道:"植物的要素是水、盐和硫,而金属也是由这些要素生成的。"不过,他基本上是个实际的实验家,更关心的是化学发现的实利,而不是思辨的理论。他的驰名是同所谓的"格劳贝尔盐"相联系的,他自

图183—格劳贝尔的蒸馏炉(1)

*A*是一个炉子,内有一个铁蒸馏器,后者同一个外部容器*B*相连。*C*示出蒸馏器的外形,而*D*示出其内部的样子。

己称这种盐为“怪盐”。他约莫21岁时有一次在诺伊施塔特发高烧。他被劝告服用诺伊施塔特的一个井里的水。他服用了，发烧也退了。后来他分析了一份这种水的样品，发现其晶体的组成，同他用矾和普通盐制备所谓的“盐精”(也叫“粗盐酸”即盐酸)后，在甑中留存的那些残渣经过溶解和结晶的产物很相似。格劳贝尔对“盐精”制备的说明是值得引述的，如果只从他对所用设备的描述着眼的话。“你取普通的食盐，在里面混合一些矾或者明矾。把这种混合物放在燃旺的煤上。所产生的盐精凝聚在一个容器里(见图183)。如果有人说，这种盐精是不纯净的，因为它已混合有矾精或明矾精，那么我要回答说，事情并非如此。因为我常常单独把矾或者明矾放进炉子，但没有它们的精产生，由于矾精或明矾精没有浮现出来，而是燃烧掉了。”(*Works*，帕克的译本，p.4。)

关于上述图示的方法，指出这样一点是令人感兴趣的：格劳贝尔后来改进了这种工艺，在一个玻璃容器中加热这混合物，从而第一次制备了高纯度的“盐精”。

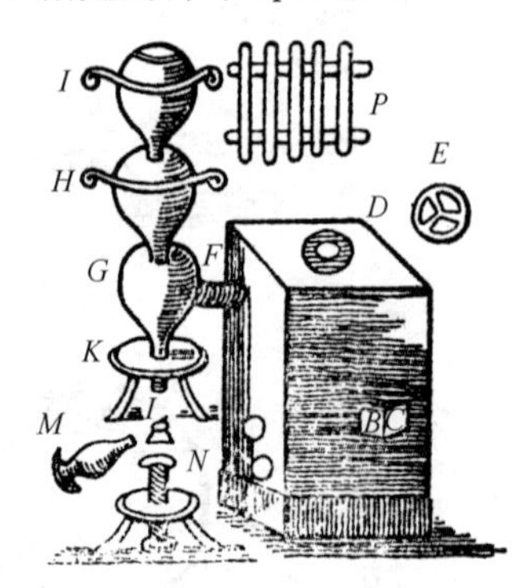

图184—格劳贝尔的蒸馏炉(2)
D是一个炉子，附装有由凳子*K*支承的若干容器以及各种用于加速凝聚的装置。*P*是炉栅的铁条

格劳贝尔推荐把他的怪盐用作“一种灵验的内服药和外用药”。他还建议家庭用盐精代替醋，并说它将使肉软化，大大改善肉和家禽的味道。他还发现，用同样方法蒸馏盐与硝石和矾油的混合物所获得的液体也可以像*aqua regia*〔王水〕一样用来溶解黄金。后来他

又发现，把一只盛有硝石和矾油的玻璃甑放在沙浴里，沙浴器放在一只炉子上用文火加热，可以获得一种特别纯净的 *aqua fortis*。因此，格劳贝尔也许是最早知道三种无机酸和 *aqua regia* 的化学家，它们构成无机化学的四大试剂。

格劳贝尔在一定程度上还突出了化学亲和性的思想，而且还远为引人注目地突出了今天所谓的易位作用或者说复分解作用。例如，在说明把腐蚀性升华物（"升汞"）同锑的硫化物一起加热而发生的反应时，他指出，"腐蚀精"（在这里是盐精）抛弃升汞而同锑相结合，从而形成锑奶油，而锑的硫化物则同水银相结合，生成一硫化汞（见 Glauber's *Works*，C. 帕克的译本，1689，p. 7f.）。

格劳贝尔靠出售秘密药剂谋生。他最受欢迎的药方包括把锑灰同酒石一起加热而制得的万用药或者说万应灵药；用矾油和氨水制备的一种神秘的氯化铵（实际上是硫酸铵，而不是氯化物）；以及金、铁、汞或者锑溶于氯酸或者 *aqua regia* 的溶液。

在他的题为《德国的繁荣昌盛》的书中，格劳贝尔表现出对政治经济问题很感兴趣，尤其是化学之工业和商业价值。他注意到德国丰富的矿物资源，但他反对把它们作为原材料出口，让别的国家用它们制成货品再倒卖给德国。除了上面已提到过的各种药物而外，格劳贝尔对他祖国的化学工业所作的贡献，还包括发现一种用金、铜、锰和其他金属给人造宝石着色的新工艺；发现有机物可以用银在 *aqua fortis* 中的溶液（硝酸银）来染黑，以及许多其他发现。 332

莱伊

让·莱伊是《医学博士让·莱伊关于焙烧时锡和铅重量增加原因的研究论文》(*Essays de Jean Rey, docteur en medecine, sur la Recherche de la cause pour laquelle l'Estain et le Plomb augmentent de poids quand on les calcine*)(Bazas, 1630; reprint, Paris, 1777; Alembic Club Reprints, No. 11)的作者,他最早注意空气在焙烧金属中的作用。关于莱伊,除了他生活在1630年前后而外,我们几乎一无所知;但是,他在其《论文》中所表达的一个思想很久以后经由拉瓦锡使化学的整个面目为之改观。莱伊说,贝日拉克的布伦先生和阿波泰卡里少爷要他解释锡铅在焙烧时重量增加这一事实。因此,莱伊"花了几个小时考虑这一问题",结果《论文》就"脱稿了"。为了回答阿波泰卡里少爷的质疑,莱伊"为在这样艰难的一个问题中探求真理而努力",结果写成了一篇序、二十八篇论文和一篇结语。

首先莱伊发现他不得不抛弃公认的观点,承认自然界一切东西都是重的。这同当时盛行的理论相悖,后者认为土和水是重的,并因为重而占据世界的下部区域,而空气和火是轻的,向上升腾。在莱伊看来,一切物质都是重的,自然界里没有任何轻的东西;四种元素各按其重量而各得其所;空气和火所以向上运动是由于它们被土和水这两种重元素排出的缘故。一切都自然地向下运动,最重者到达最低处,最轻者则由于其他东西都向下运动而不得不居于最高处。他论证说,在这种情况下,天平造成了假象,重量必须"用理性"来考查。他写道:"我……可以肯定,用天平来考查重量和从理性来考查重量是大不相同的。只有有识之士才采取后一种;道地的乡下佬可能采取前一种。后者总是精确的;前者很少不带假象。后者到处都适用;前者通常只适用于空气,偶尔也适用于水,但比较困难。由此可知,我所反对的这种谬见(空气没有重量)会成为一种理由,可能使那些有点眼力但不精明的人感到迷惑。因为,他们在空气自身中用天平称它时,发现空气无重量,于是便相信空气没有重量。于是,当在水自身中称量水(他们相信它是重的)时,他们也不会发现水有重量。这个事实说明,当放在自身中称量时,任何元素都不会表现出重量"(*Essays*, pp. 17, 18, A-lembiced.)。 333

因此,在莱伊看来,空气是有重量的;不过,因为他的构想是要表明锡和铅在焙烧时所以重量增加是由于空气被混合所造成的,还因为这两种金属的灰末均由天平检验,**在空气中**称量,所以他是企图表明,这种混合的空气比普通的空气重——如果不是更重,它就不会在空气中显出重量。他因而还表明,空气可用种种方法使之变重:加入较重的外来物质、压缩以及将其较轻的部分分离掉。关于这最后一种方法,他论证说,火通过分离掉水的较轻部分而使之稠密;因此,火对空气也会产生同样的作用。如果加热空气,它的较轻部分将被逐出,而其较重部分将保留下来;因此空气在加热时便变得稠密,并当在普通空气中由天平来称量时显示出这种密度的增加。

这时,莱伊几乎已准备好,但并未完全准备好作出他的回答。他说道:"我已经明白,要规避这么多理由和实验的压力"(他肯定没有做过实验),"人们将对我说,我所提出的这些例子实际上只能在我们世俗的不纯净的空气中验证，而当用纯净的空气时，情形就将是另一个样子，如果自然界有这种空气的话。但我无疑志在稳操胜券。因为，难道会有人相信，我真以为布伦先生和其他已作过这种论证的人已从自然界以外通过交换信件而获得了较纯的空气吗？”(同上，p. 34)

在一篇说明怎样可以用适当的方法使空气变轻的短文后面，莱伊给出了他“对锡和铅焙烧时为什么重量增加这个问题的正式回答。”他说道：“现在我已为回答布伦先生的问题作好了准备，不，我已为之奠定了基础。布伦先生把2磅6盎司英国精锡放在一铁容器里，再放在开口炉上强烈加热6小时，其间不停地搅拌，但不添加任何东西，结果他回收到2磅13盎司白色粉末；这起先使他大为惊讶，很想知道这多余的7盎司是怎么来的……于是，我根据业已奠定的基础，回答了这个问题并感到自豪：‘这个重量增加起因于空气。由于激烈而长时间的加热，容器里的空气变得更稠密、更重，且还具有一定的附着力；空气同粉末混合(频繁的搅拌促进了混合)，同粉末最微细的颗粒黏合在一起。这情形恰如你把砂抛入水中搅拌，使水把砂粒弄湿润，同最细小的砂粒相黏合，结果使水变重。’我认为如果一开始就给出这个回答，那么许多人可能一听到它就感到惶惑，而现在由于前面几篇论文确凿无疑，所以这些人似乎变得肯听话了，愿意接受这个回答”(同上，pp. 36,37)。莱伊还审慎地指出，这个重量增加还弥补了蒸气和发散物以及锡焙烧时体积增加等因素所造成的损失。

334

在驳斥了各种异议，说明了他怎样在他儿子的铁工厂里做了一个实验(也许是他就这个问题做的唯一实验)，用一条炽热的铁锭焙烧锡，发现锡的重量增加之后，莱伊指出："只要用一个实验，一切反对我的意见就统统被粉碎了"（同上，p.49）。他做这个实验系仿照哈默鲁斯·波皮乌斯。后者在他的《锑之宫》（*Basilica Antimonii*）（1618年）中描述了他怎样取一定量称过的锑，放在一块大理石板上，借助取火镜用日光加以焙烧，结果发现重量增加。莱伊说，这里不存在下述种种问题：天体热量损失；金属充气微粒消耗；烟灰或者容器成分增加；同蒸气或者木炭的挥发盐或者湿气混合。他补充说："现在让全世界一切聪明绝顶的人变成一个人，让这个伟人不遗余力地探索；让他孜孜不倦地探求地上和天上，不放过自然界的每一个角落；他将只会从下述一点中找到这种空气增加的原因所在：日光加热空气，使之变得稠密和沉重起来，结果它就同锑因焙烧而碎成的粉末相混合，同锑粉最微细的粒子相黏合。这完全证实了我对铅和锡之增加所抱的信念的真理性：除了凝聚空气混合之外，不可能再有别的原因；因此，这两种金属的重量增加和锑的重量增加之间没有什么区别，只是在后一种情形里，空气被日光所凝聚，而在前一种情形里被普通火的热所凝聚"（同上，p.51）。

莱伊最后说，粉末重量不会无限地增加，因为像固体和液体相混合之类其他现象一样，"自然界以其不可思议的智慧在这里设置了它所决计无法逾越的界限。"这粉末同凝聚空气的混合已达到饱和，因此再不能吸取更多的这种空气。至于重量未增加的粉末，它们是由包含极易发散的质料的那些物质产生的，或者它们的体积有很大增加；在这两种情形里，凝聚空气的增加都不会引起很大的重量损失。这使莱伊在铅上遇到问题。布伦先生观察到，在铅的 335

情形里重量损失为“每磅一盎司”。莱伊说,可是其他人(卡当、斯卡利奇和舍萨平尼)却观察到重量有增加。莱伊认为,所获得的这些结果的不同,解释起来非常简单。“有种铅比别种铅纯净,或者因为它从矿里开采出来时就是这样,或者因为它先前已经熔融过。上述三人使这种纯铅重量增加;布伦先生则使别种铅重量减小”(同上,p. 54)。

莱伊的工作没有引起人们注意。只是当巴扬在 1775 年因同拉瓦锡争论优先权问题而又注意到这项工作时,它才为人们所知。

(参见 J. M. Stillman, *The Story of Early Chemistry*, 1924。)

化学科学的开端

炼金士、冶金学家以及医药化学家的活动无疑带来各种可以做科学解释的结果。但是,这些研究者的目标均属实用性质,而不属于科学;他们的实验相应地就是弗兰西斯·培根所称的“结果实的”实验,而不是“启示性的”实验,就是说,这种实验旨在产生实利(实在的或者虚幻的),而不是促进对化学现象的科学理解。作为观察和实验,它们对于科学来说是重要的,但仅仅这样还不够。科学还需要启示人的思想来指导观察和理解观察事实。如果说新时代断言,而且是正确地断言,没有充分的实验资料,思想就是空想,那么同样必须认识到,没有充分思想的实验乃是盲目的实验。事实上,实际的情形比这更糟。经验主义者不会满足于完全不要思想;经验主义者没有明晰的概念,也没有充分掌握科学方法,他们一味异想天开，最终沦于故弄玄虚。当伽利略的研究在力学中树立起了科学研究的榜样之后，人们开始对当时化学家中流行的那些概念和偏见进行详尽的批判研究。这项复杂的任务主要由玻意耳和胡克承担，他们两人可以视为化学科学的奠基人。

广义地说，当时化学所采纳的思辨观念可以扼述如下。所谓的亚里士多德学派、逍遥学派或者炼金术哲学家都坚持认为，一切物体皆由土、水、空气和火四种元素组成。而帕腊塞耳苏斯的信徒、所谓的炼金士—医药化学家或者简称的“化学师”则都认为，盐、硫和汞是构成一切事物的三位一体的要素即成分。人们也采纳这两张元素表之间的各种折中方案。对这两张表全盘兼收并蓄的人有之；接受帕腊塞耳苏斯的三“要素”再结合另外四种元素中的两种(例如水和土)的人有之；从每张表只选出一两种元素的人也有之。人们试图利用这些寥寥几种实体，结果却造成各种各样含糊的方案，尤其是给予非常之多的各种事物以同样的名称。这里根本的缺陷是在“元素”或“要素”的真正含义究竟是什么这个问题上发生混淆。同这种混淆密切相关的是，人们几乎普遍相信火是无往不克的分析工具，能够把一切混合物和化合物离解为构成它们的基元物质。为了使这多种多样的混淆概念能够圆通，人们不仅用隐秘不见的质，而且也用实在的形式进行解释。像斯多葛派对亚里士多德观点的歪曲一样，这里事物的“形式”也在一定程度上被理解为灵魂或精神。斯多葛派曾把亚里士多德对质料和形式的区别比作肉体和灵魂的区别。这种准泛灵论的解释仅仅倾向于证实化学的总概念是一种巫术。简单说来，玻意耳所试图纠正的有些观念就在此列。

336

玻意耳

尊敬的罗伯特·玻意耳(1627—1691)是科克伯爵的第七个儿子。他出生在爱尔兰,在伊顿就学,然后去大陆旅行。伽利略去世和牛顿出生那年(1642年),他在意大利。他于1644年返回英国,适逢哲学学院即"无形"学院开张之时;当这个学院于1662年变成皇家学会时,他就成了这个学会第一批最有影响的会员之一。他受到弗兰西斯·培根的科学思想和机械论的(或者说反泛灵论的)哲学的影响(这种哲学通过伽利略和笛卡儿两人的著作而对大陆产生了相当大的影响)。他致力于实验工作,但也重视思想的作用,只要这些思想至少不同他的宗教偏见相抵触;他有时嘲讽纯粹实验家,戏称他们是"被煤烟弄脏的经验主义者"。对玻意耳和化学来说都很幸运的是,他的实验研究同基督教神学没有多大关系,所以他能够真正以科学精神进行这些实验。这种精神大大扫除了尘封当时化学的污垢。他有大量著作,其中最重要的一部是1661年初版的《怀疑的化学家》(*Sceptical Chymist*),但这书还是在几年之前写的,并且私下流传着。

图185—罗伯特·玻意耳

337

玻意耳一开始就坚持主张应当不是把化学看做一种制造贵重金属或者有用药物的经验技艺，而应当看做为一门科学、自然哲学的一个分支。“鉴于从事化学的人普遍认为化学几乎只是为了制备药物或者改善金属，我倒很愿意把从事这门技艺的人不是看做医士或者炼金士，而是看做一个哲学家”(Preliminary Discourse to Boyle's *Works*, ed. 1725, by P. Shaw, Vol. I, p. xxvii)。作为哲学或科学的一个分支，化学主要从事对现象作理论解释，而不是去实际利用它们。这种解释严重地受到晦涩的行话的阻碍。当时的化学著作家都用这种方法来掩饰他们的见解和假想，似乎是为了使它们不致被人识破和遭到攻击。这种烟幕必须驱散，以便认清一切敌视科学的人，并打击他们。因此，玻意耳对上述各种站不住脚的假想进行批判，他在批判时总是援引实际的实验。

首先，他抨击了当时流行的认为万物皆由三四种或者不多几种元素组成这种假想。他觉得这种假想是站不住脚的，就像有一个人“在读一本用密码写的大部头书，而这密码他只识三个字，但他却想破译这整本书”，所依凭的就是这几个字。“自然之书”可能需要远多于三四种的元素来破译它。玻意耳揭露当时在“元素”一词(或者“要素”，等等)使用上的混乱状况，他提出了他自己的元素概念：“我……必须不把任何物体看做一种真正的要素或元素，而看做是业已化合的；物体不是完全均匀的，而是可以进一步分解为种数任意的独特物质，不管种数是多么少……我现在说的元素是指……某些原初的和单纯的即丝毫没混合过的物体，这些物体不是由任何其他物体组成，也不是相互组成，而是作为配料，一切所谓的完全混合物体都直接由它们化合而成，最终也分解成它们。”

这个概念的提出本身就是对化学科学的一个宝贵贡献，不过直到拉瓦锡根据这个概念制定他的化学元素表时，它才获得最充分的应用。然而，在澄清了元素概念之后，玻意耳提醒读者不要一味沉溺于空想和含糊的可能性。科学化学家的任务“不是考虑大自然用多少种元素能够化合混合物，而是考虑（至少就化学家的普通实验所提供给我们的情况而言）大自然怎样组成它们”。玻意耳毫不困难地证明了，并非一切物质都能由四种元素或三种要素化合而成或分解成它们。他出资做了一个把金分解成盐、硫和汞的实验。另外，从有些物体可以获得多于三四种的独特的物质。例如，血产生黏液、精、油、盐和土。逍遥学派的四元素和炼金士—医药化学家的三要素实在太少了，甚至无法解释已知现象的十分之一。这种不充分的状况，由于把同样的名称应用于许多种不同的物质而被掩盖了起来。例如，固定的植物盐、挥发的动物盐等等之类各不相同的东西都用“盐”这个名字冠称，尽管（如玻意耳敏锐地指出的那样）它们在（晶体）形状上明显不同。同样，硫这个词也用于不同的物质，有的浮在水上，另一些沉在水中。如此等等。（*Scep. Chym.*, pp. 236, 350。）

玻意耳然后抨击造成上述种种错误的根本错误，即当时对火在化学实验中的作用的误解。当时人们普遍认为，火是万灵的分析工具，它仅仅把被加热物质中所有预先存在的元素分离开来。玻意耳坚决认为，这种三重的设想是站不住脚的，他还用实验证据来支持他的论点。首先，火（或者热）并不能分析一切混合物。例如，玻璃不可能用火来分析，尽管已知它是由盐和残留在植物灰烬中的土所组成。即使火把一个混合体分离成各种部分，这些部分也不一定是元素。因为当同一种物质被火处理时,所获得的结果也是不同的,视火作用的形式为燃烧还是蒸馏而定。例如,木头燃烧时产生烟炱和灰烬,但当蒸馏时给出油、精、醋、水和木炭。火的效果在不同环境里也是根本不同的。例如,煤在露天燃烧时被焙烧为灰,但当在一个密闭的容器内加热时,根本不焙烧,即使在炽烈的火焰中保持红热也如此。同样,硫如果在露天燃烧便给出烟,后者产生一种酸液,但当在一个密闭的容器中加热时则升华为硫华,后者能够熔化为原始的硫。事实上,火能够按一种新的方式化合各个部分,甚或能够结合进新的配料(而不是分离原有的配料), 339 这样便产生了原来混合物里以前所没有的东西。例如在植物的实验,如上述范・赫耳蒙特的一棵树的实验里,就像不能说加热植物的灰烬所产生的玻璃原来就预先存在于该植物之中一样,蒸馏树木所获得的各种东西即盐、精、土和油也可以从它们不可能预先就存在于其中的水里产生出来。

在进行上述批判时,玻意耳还不得不澄清了另一个重要的化学概念即"化合"的概念。在单纯的"混合物"中,每个组分均保持其性质,能够同其余部分分离开来;在一个"化合物质"中,每个组分均失去其特性,很难把它同其余部分分离开来。例如,铅糖由铅黄和醋化合而成,但它跟其两个组分都不同而有甜味。

在抨击那种认为火是万灵分析工具的观点的过程中,玻意耳一再指出,无法用热分离的各种混合物,可以用其他东西,例如 *aqua fortis*(一种酒石的盐溶液)很容易地加以分解。

在研究颜色时,玻意耳作了一次具有重要化学意义的观察。他在观察时发现,紫罗兰的果汁当加入酸时会从蓝色变成红色,而当加入碱时会变成绿色。他提出,可以用这些变化来确定“化学制备的”物体的性质以及这些物体中由“大自然和时间引起的”变化。

玻意耳对火的本质和作用的兴趣导致他接近发现氧。他观察到,如把诸如烛、煤、硫等各种正在燃烧的物体放在他的抽气机的容器里,则当容器抽空时,它们便熄灭了。他还注意到,一盏灯尽管加入油,但在一个未抽空的容器里灯火仍然熄灭掉,而且灯火熄灭后容器里还留下很少一点空气。因此,似乎只有某一**部分**空气才是燃烧所必需的。于是,他得出结论:在大气的其余部分可能散布有某种来自太阳的、恒星的或其他球外世界的奇特物质,空气正是由于它们才成为维持燃烧所必不可少的东西。然而,由于这些燃烧实验是在一个未抽空的容器里做的,因此玻意耳错误地低估了这种“奇特物质”在空气中所占的比重。因为他注意到,这个未抽空容器中的空气的“活力”在燃烧后仍未减退。因此,在玻意耳看来,空气实际上没有变化。他所用的实验方法使他不能揭露“活力”的不减退的真正原因即燃烧的气体产物使原来气体的量保持不变这一事实。他关于金属焙烧的实验并未帮助他看清这个问题,因为他把金属重量的增加归因于金属吸收炉子所发出的热或者火的微粒(*Fire and Flame weighed in the Balance*, 1673)。不过,玻意耳终究得出了空气的某个部分是燃烧所必需的这个结论。他在其《关于空气弹性的新的物理-力学实验及其结果》(*New Experiments Physico-mechanical, touching the spring of the Air, and its Effects*)(1660年出版)和《空气的隐性质》(*Hidden Qualities of the Air*)(1674年)两本书中叙述了这个结论及其所根据的实验。

在前一部著作中，玻意耳还讨论了呼吸问题。他的实验倾向于表明，像灯火一样，一个动物的生命也依靠空气的某个部分来维持。他引用了帕腊塞耳苏斯的见解，后者把空气同肺的关系跟食物同胃的关系相比；肺消化和耗费一部分空气，而将其余部分作为一种排泄物呼出。“我们可以认为”（玻意耳继续说），“**空气**中有少量维生**精华**……它用以恢复我们生命的**精神**，而**空气**的那个无可比拟地大的比较粗的部分对此是没有用的；看来不必感到奇怪：一个动物需要几乎一刻不停地吸入新鲜**空气**。”他对帕腊塞耳苏斯的这个观点的唯一批评是，它应当用实验加以验证，这是玻意耳试图补救的一个缺陷。他证明，把动物放在一个容器里，然后抽去空气，它们迅即死去。一条鳗鲡放入这样一个抽空的容器之中便腹部朝天，但当重新充入空气后，它就重又复活过来。甚至在一个未抽空的容器里，如果空气得不到更新，动物也活不太久。鱼鳃的功能如同肺；鱼在冻结的池塘里迅即死去，因为新的空气来源断绝。玻意耳还考虑了胎儿的情形，胎儿没有直接呼吸。胎儿所以能够无直接呼吸，是因为母体供应动脉血，而后者提供母体肺从空气吸取到的丰富的“维生精华”。可见，玻意耳的这个思想：空气中包含维生物质即精华，它帮助动物通过呼吸维持生命并且同动物的血相混合，使他又一次差点发现氧。但是，玻意耳看来过分谨慎，不敢相信燃烧所耗用的那部分空气就是呼吸所耗用的空气，甚或不敢去思考它们的化学性质。把燃烧和呼吸问题推进到更接近于解 341 决阶段的人是和玻意耳同时代的、他在皇家学会的同事罗伯特·胡克和理查德·洛厄。

胡克

罗伯特·胡克于1635年出生于赖特岛上某地。约从1655年起,他被罗伯特·玻意耳雇为研究助手,帮助他制造抽气机,做大量实验。1662年,他被任命为皇家学会的实验管理员,翌年当选为会员。从1662年直到他于1703年去世,胡克在皇家学会做了不计其数的实验。他既是技艺精湛的实验家,又是学识极为渊博的思想家,但他明显地缺乏坚忍不拔的精神,未能把他机灵头脑中所萌生的许多思想贯彻到底。他在皇家学会所任职位的性质以及学会会议上交流思想的自由和轻松,不可避免地带来了困难,使人往往无法确定谁是最初在会上所宣布的各种建议的真正首倡者。在许多科学发现或发明上,胡克很可能并不总是应当享有一定的荣誉。事实上,他之参与研究燃烧和呼吸的本质,是确凿无疑的。他大概参与了玻意耳做的有些实验和玻意耳在其1660年的《新的物理-力学实验》中所叙述的有些实验,后者以上已作过一些说明。然而,胡克超过了玻意耳,他看出燃烧所耗用的那部分空气就是呼吸所耗用的空气,他指出这部分空气具有亚硝的性质。胡克对燃烧和呼吸研究所作贡献的主要事实记载于伯奇的《皇家学会史》(*History of the Royal Society*)和胡克的《显微术》(*Micrographia*)(1665年),尤其是他的《演讲集》(*Lectures*)(1681—1682年)等著作之中。这些可以综述如下。

1664年,胡克做实验表明,当封闭在一个盛有压缩空气的容器里时,一盏灯继续燃亮和一只鸟或鼠继续存活的时间,大大超过容器中空气处于普通压力时。1663年,克里斯托弗·雷恩似乎已提出了这样的见解:空气包含能维持动物生命的“亚硝气”;他还实际尝试发明一种方法以用亚硝气烟熏病房。这个思想似乎迅即为胡克所汲取,胡克还把它推广应用于解释燃烧。胡克于 1664 年(西方旧历)底做了一个实验,旨在表明火焰或火乃是由一种“空气所固有的和混合的亚硝物质”所引起的易燃物体的融化。《显微术》里说这种“亚硝物质同硝石中所固着的物质相似,如果不说完全一样的话”(ed. 1665, p. 103; Alembic Club Reprint, No. 5, p. 44)。在后来的一本书里,胡克把呼吸比作燃烧:动物“只有不断获得新鲜空气进行呼吸才能生存,呼吸可说是在吹起生命之火;因为一旦这种供给告缺,这火就会熄灭,而动物也就死去”(*Of Light*, May 1681, in R. Waller's ed. of the *Posthumous Works* of R. Hooke, 1705, p. 111)。另一方面他还表明,即使肺没有做通常的呼吸运动,但只要用吼叫来吹动肺,动物也能存活。像已经指出的那样,在胡克看来,燃烧和呼吸的关键在于空气中所包含的挥发性亚硝物质。关于空气这个部分属于亚硝物质这一点,胡克似乎是从下述事实看出来的:包含硝石的混合物没有空气也能燃烧。(他说,)“这从由硝石盐和其他易燃物质所组成的化合物,例如火药之类的东西中可以看出,它们实际上在水下没有空气帮助也会燃烧……;而且,在一个抽空的容器中……尽管这亚硝成分在里面不一定燃烧,但仍将产生燃烧,哪怕热量不是那么大”(同上,*Discourse of the Nature of Comets*, 1682, p. 169)。

342

1665 年,胡克用实验证明植物的生长需要空气。他把莴苣种子播种在露天的土壤中;同时也播种在放在一个玻璃容器中的别的土壤中,然后把容器抽空;暴露于空气的种子八天里长到一英寸半高;但在抽空的容器中的种子一点也没有长(T. Birch: *History of the Royal Society*, 1756—1757, Vol. II, pp. 54, 56)。

1667 和 1668 年,胡克对空气进入动物血以及由此产生的结果进行了实验研究。他曾当着理查德·洛厄进行实验,确定子宫里的胎儿究竟是通过其自身还是其母体的呼吸来生存的。这些实验似乎表明,胎儿的血是借助母体来通气的,"母体的血和胎儿的血之间有一种连续而又必然的沟通"(T. Birch: *History of the Royal Society*, 1756—1757, Vol. II, p. 233)。其他实验表明,"即使是暗黑色的血在暴露于空气时也立即变成殷红色,而如果把红润的表面血液去掉,并再让相邻的部分暴露于空气,那么它又将变得红润;因此,也许值得用实验来观察一下,在血从肺里出来,从右心室进入左心室,再流进主动脉之前,血的颜色是否红润;如果是红润的,那么便是一个证据,证明可能是在肺里混入血中的空气造成这红润色"(同上,p. 274)。上面提到的理查德·洛厄比较彻底地研究过这些问题及有关问题。不过,洛厄利用了胡克的产生人工呼吸的方法。

343

洛厄

理查德·洛厄(1631—1691)出生于伦敦,曾在牛津大学攻读医学,当选为皇家学会会员(1667 年),最后成为一代最著名的伦敦医生。他最早成功地施行了将血从一个动物输给另一个动物的手术;因此产生了这样的梦想:也许可以成功地"交换老的和幼的、患病的和健康的、热血的和冷血的、凶猛的和胆小的、驯服的和野生的动物的血"。然而,这里我们的主要兴趣在于他的那些解释呼吸

图 186—理查德·洛厄

在动物身上的重要意义的珍贵著作。在此之前，玻意耳指出了空气是动物为维持生命所必不可少的；胡克指出动物即使肺不做呼吸运动也能生存，如果通过吼叫把空气吹入肺的话。胡克还提出，动物血的红润颜色可能是由于“血中混合了空气”而产生的。正是在这个问题上，洛厄进行了实验，使之更接近于解决。他的实验和结论记述在他于 1669 年出版的《热论》(*Treatise on the Heat*)之中。甚至古代人也已知道(红的)动脉血和(黑的)静脉血之间有颜色上的差别。有人认为动脉血是和静脉血种类不同的血；有人认为血在流经心脏时由于某种原因而改变了颜色。洛厄表明，动脉血和静脉血是相同的，血色所以由黑变红，乃是由于空气在肺中的作用所致。他首先用实验表明，右心室和左心室中血的颜色差别与心脏毫无关系。一条闷死的狗的右心室中的血同左心室中的血一样黑；而如果肺穿孔而充气，以致空气直达左心室，那么，左心室里的血也是红润的，就像右心室正常时一样。这表明，“鲜红色的产生必定完全起源于肺”，或者更确切地说，“起因于潜入血液的空气微粒”(*Tractatus de Corde*, 1669, p. 166)。这为下述已是众所周知的事实所证实：血液在被空气吹动时变为鲜红色。同时，洛厄还采纳了帕腊塞耳苏 344

斯关于空气的合成性质的思想、胡克(或者可能是他自己)认为燃烧和呼吸相同的见解以及雷恩和胡克认为燃烧和呼吸主要都涉及空气的“亚硝”部分的观点。因此,洛厄认为呼吸是一个过程,空气的“亚硝精”(同雷恩的“亚硝气”相似的一个术语)借此而进入肺,渗入血液,因而赋予血液以红润的颜色。但“在空气又大部分散溢到人体组织中去……并通过人体的毛孔排出之后……失去空气的静脉血立即变得又黑又暗”(同上,p. 170)。洛厄是否已认清空气的“亚硝精”的本质,看来是很可怀疑的。因为,就在他谈到这种硝气精的同一段落里,他也谈到了“雪的亚硝精”,它经过精美食物,使夏酒冷却。显然,他的“亚硝精”相机而变,捉摸不定。

梅奥

约翰·梅奥(1643—1679)出生于伦敦,在牛津大学攻读法律和医学,最后当选皇家学会会员。他于1668或1669年发表了《论呼吸》(*On Respiration*)和《论佝偻病》(*On Rickets*)两篇短文。1674年,他发表了《医学—物理学论文五篇》(*Five Medico-Physical Treatises*),包括《论佝偻病》、经过修订的《论呼吸》和三篇新论文

图187—约翰·梅奥

《论天然苏打和硝气精》(*On Sal Nitrum and Nitro-aerial*)、《论胎

儿的呼吸》(*On the Respiration of the Foetus*)和《论肌肉运动》(*On Muscular Motion*)(Alembic Club 于 1907 年出版英文全译本)。

梅奥同洛厄有私交,了解玻意耳、胡克和洛厄等人的实验工作。他在解释硝气精和呼吸时,把上述所有作为玻意耳、胡克和洛厄的研究结果而产生的有关燃烧、发酵和呼吸的思想熔于一炉。梅奥可能曾根据自己的解释做过一些实验,他相当聪明,有自己的见解,尽管像有些比他年长也更能干的同时代人一样,他也有些捉摸不定或者说含混不清的通病。他的《论文》未博得同时代人的青睐甚或赞同。奥尔登伯格曾告诉玻意耳,"一些很有学问的有识之士对约翰·梅奥的《五篇论文》大不以为然。"无疑这主要是因为这些论文总的来说无非只是记述了当时更有名望的长者所已取得的成果而已。但过了一个世纪,在普利斯特列和拉瓦锡发现氧之后,事情就根本改观了。梅奥被"发现"是领先普利斯特列和拉瓦锡一百年的人。至少有一个作家把他同弗兰西斯·培根和牛顿相提并论;另一些人曾把他同哥白尼的被人漠视的先驱阿利斯塔克相比,等等。这种为梅奥行宣福礼的做法曾经成为一种既定的传统。然而,在 1931 年,T. S. 帕特森的研究(发表于 *Isis*, Vol. XV)揭露对梅奥的传统评价是错误的。不过,今天梅奥的贡献可能有被低估的危险。

345

梅奥关于燃烧、发酵和呼吸的三篇论文的功绩,在于他把许多各别个人的分散的研究成果简洁紧凑地汇总整理了起来。不过他自己并不总是毫不含糊的。例如,他常常说到硝气"精",但似乎又认为它由悬浮在空气中的固体微粒组成,而不是空气的气体成分。

但是,当时玻意耳、胡克和洛厄等人也并不总是清楚而又明确的,他们无疑比梅奥更加冗长乏味。梅奥的论述至少是一个有用的总结,其中还夹杂一些有创见的见解或评论,对所述实验还配以帮助理解的插图。事实上,梅奥的总结性论述是为了简要地综述在所考察的那个时期里燃烧和呼吸化学所取得的成果。

空气充满一种硝基盐性质的盐,即一种有活力的、火生成的和高度发酵的精。硝石本身由一种极端酸性的盐和一种碱组成;或者由纯属盐类的挥发盐取代碱而组成。硝石的挥发组分来自空气,而其固定部分则源于大地。燃烧实验已经表明,这种"硝气微粒"对于火的生成来说是不可或缺的,而且它们只是空气的一部分。硝石本身包含这种微粒,因为当与硫混合时(例如在火药里),它在抽空的容器里也会燃烧,而其他火在其中立刻就熄灭。另外,当比较用取火镜焙烧锑和用硝石精处理锑(先浇在锑上,然后再让它流掉)这两种情形时,发现结果相同,这里都是由于硝气微粒的作用。而且,日光焙烧所引起的锑的重量增加一定是由于焙烧时硝气微粒附着在锑上而造成的,因为再也想不出别的致使重量增加的原因。(诚然,琼·莱伊在1630年已经提出过,焙烧金属的重量增加是空气引起的;但他不认为空气是焙烧的一个因素,而认为是金属在焙烧**以后**吸收了空气。)发酵和呼吸也是由于硝气微粒的作用。在呼吸时,这些微粒被肺从空气中吸入而进入血液之中。正是由于这个缘故,肺呼出的空气比前此吸入的空气重量轻而体积又小。这些微粒在动植物的生命和运动中起着主导作用。在胎儿的情形里,由于母体供应含有丰富硝气微粒的动脉血,所以没有呼吸也行。动物热也是硝气微粒和易燃微粒在血液中结合的结

346

果；激烈运动引起的热量增加是由于因呼吸增强而多吸入了硝气微粒之故。动脉血的鲜红色也是这些硝气微粒的作用所造成的。呼吸的关键要素不是胸部或者肺部的运动，而是空气供给硝气微粒。

还可以再提几件有关梅奥作为化学家的事情。他用粗略定量的实验表明，我们所称的氢和氧化氮近似地遵循压力和体积的反比关系律（玻意耳定律）。下述实验也要归功于他：当氧化氮和空气混合时，混合物的体积收缩四分之一。另外，梅奥也深知盐和酸两者交换的本质。这里可以从他所举的许多化学交换例子中引证一两个。例如在描述用酒石盐蒸馏氯化铵时，他解释说，氯化铵的酸分和酒石的固定盐相凝结，“但也是酒石盐之组分的挥发盐，却仍像以前一样由于挥发性而升腾。而所以如此的原因在于盐的酸精能够同固定盐形成比同挥发盐更为紧密的结合，因此它马上就脱离挥发盐，而能同固定盐形成比较紧密的化合。但如果矾油同酒石盐相结合，则它们彼此几乎无法分开。然而，这不是因为这两种盐相互破坏，而是因为自然界没有任何东西能同它们中哪一种形成比它们相互间所形成的更为牢固的结合”（*Alembic Club Reprints*, No. 17, p.161）。

我们现在引用梅奥的两个配有附图的实验来结束对他的论述。这里介绍的第二个实验特别有价值，因为就是这种实验一个世纪以后导致发明现在称为气体燃化计的仪器，它用于测量空气的“优度”即氧气含量。 347

(1)“把一个弄湿的囊状物覆在一个容器的圆形开口上，并像鼓膜一样地缚在容器上；然后把一个里面放有一个小动物（如鼠）

图 188—用老鼠做的实验

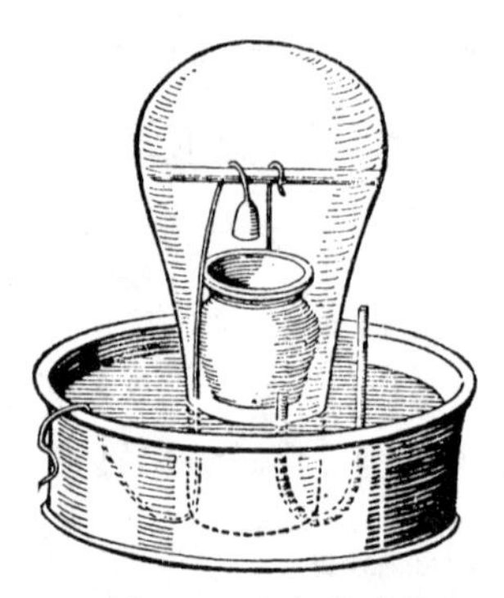

图 189—空气的弹性

的小钟罩精确地合在这囊状物上，钟罩上面再放一个重物，以免里面的小动物弄倒钟罩。〔见图 188〕……一会儿就会看到，钟罩牢牢地固定在囊状物上；而在钟罩下面的囊状物被强迫向上伸入钟罩的腔内，仿佛钟罩里面有火焰在作用似的……如果用手握住钟罩，把它提起，那么囊状物连同容器都仍旧牢牢固着在钟罩上，除非容器非常重……由此可知，封闭在上述钟罩里的空气由于动物的呼吸而丧失了弹性力，以致它不再能抵挡周围空气的压力……我根据用各种动物做的这种实验断定，由于动物的呼吸，空气体积大约减小了十四分之一”(*On Sal Nitrum*, Alembic Club Edition, p. 72f.)。

(2)“用一根棒头，其长度等于一个玻璃钟罩最宽部分的直径，把这棒头横放在钟罩里，让它下倾直到其两端被钟罩的侧壁支承住〔如图 189 所示〕。然后把一个里面上釉的陶罐挂在一个装在横棒上的铁钩上，陶罐容量约 4 液盎司。再在陶罐里盛上半罐左右硝石精。另外，把几小块铁缚成一捆，用一根绳索悬挂在横棒上，并正好悬在陶罐上面(这绳索应如附图所示，其长度使其另一端能

348

达到钟罩口,并悬挂在外面)。整个实验装置调整得使倒置的钟罩的口沉在水下约五指宽深的地方,并使钟罩里面的水位和外面的水位一样高,如利用虹吸管所能做到的那样。……然后把外面的水排掉直到外面的水位比里面大约低三指宽。……用贴在钟罩外表面各处的纸记下里面的水的高度。……现在用其一端悬在外面的绳索把上述小铁块降下来,沉入盛有硝石精的陶罐里。……于是立刻就激发一种很强的作用,里面的水迅即被由此产生的蒸气压低。……当所产生的蒸气把里面的水压低约三指宽时,用那绳索再把铁块升出陶罐。这样做了以后,过一会儿你就看到里面的水逐渐上升,在一两小时里,你将看到水远远超过最初所标的高度。被上述蒸气迅速压低到最初标定的位置**以下**约三指宽的水,现在上升到它**以上**约三指宽的地方;因此,以前由空气占据的钟罩中的空间现在约有四分之一为里面升起的水所占据,而且钟罩里面以如此方式升起的水甚至过了很长时间以后,实际上也不再降到原来所标的位置。所以,显然我们应当得出这样的结论:在硝石精遭遇铁而产生的上述作用之下,这钟罩中的空气的弹力减小了约四分之一"(同上,pp. 94—96)。

磷的发现

在结束本章之前,还必须谈一下磷的发现。约在 1670 年(日期在 1667 至 1674 年之间),一位汉堡的炼金士和庸医布兰德似乎已从尿中制备了一种磷,它和其他已知的磷光体不同,因为它无须预先暴露于光照而在黑暗中也会发光。德累斯顿的一位化学家克拉夫特用某种方法获取了布兰德制备磷的秘密,遂渡海到英国,于

1677 年向查理二世呈示这种制品。看到这种物质的人中间有玻意耳；按照当时的风尚，克拉夫特在交换秘密时暗示，制备这种令349 人惊异的新制品和科学珍品的关键物质"是某种属于人体的东西"(Boyle：*The Aerial Noctiluca*，1680，p. 12；*Works*，ed. 1772，IV，p. 382)。玻意耳约在 1680 年发现了怎样制备这种磷，并把他的研究发表在《夜光气》(*The Aerial Noctiluca*)(1680 年)和《夜光冰》(*The Icy Noctiluca*)(1681—1682 年)之中。在这两篇著作中，他描述了他所发现的关于磷发光现象的各种事实：同空气接触对于产生发光来说是必不可少的；发光发生在磷的某些油溶液里而不是别的油的溶液里面；同磷及其烟接触过的水在蒸发时产生一种液体〔磷酸〕，后者在加热时会发生闪光和小的爆炸；在长时期露置于空气之后，磷发出一种强烈的气味〔由于产生臭氧〕，不同于同时发出的"烟"的气味；一份重量磷的酒精溶液里加进 600000 份重量的水以后，这一份磷仍会发出辉光。可见，玻意耳在当时已经发现了今天所知道的有关磷发光的全部重要事实。他的制备方法如下所述：把大量人尿蒸发，使之成为稠厚的浆汁，再混合进重量约为其三倍的砂，放在一个曲颈甑里强烈加热，所产生的磷收集在一个同曲颈甑密封相连的容器里的水下面(*The Aerial Noctiluca*，1680，p. 105f.)。这种制备所必需的碳由分解尿中的有机物质来提供。

布兰德、克拉夫特和孔刻尔(约 1678 年)大概用同样的方法制备磷；但是玻意耳在磷的研究史上占据首要地位，因为他发现了有关磷发光的所有重要事实，并率先介绍了磷的制备方法，尽管磷不是他发现的。然而，用这种方法所制得的磷的数量微乎其微，磷要价一盎司6畿尼(Boyle's *Works*, ed. P. Shaw, 1725, III, p. 210脚注)。实际上,在舍勒于1777年发明用骨灰制备磷的方法(*Collected Papers*, trans. L. Dobbin, 1931, pp. 312—313)之前,磷一直是昂贵的。但是,尽管如此,买得起的人还是广泛对它进行研究。鉴于磷的来源,人们认为磷的发光同"生命之火"有某种关系,磷的发现更提高了各种尿制品的重要意义;例如分解尿所获得的晶态物质四水合磷酸氢铵钠,因而历来被称为小天地盐。

350

第十六章　地质学

"地质学"和"地质学家"这两个术语随着逐步取代用法相当不严格的"矿物学"和"矿物学家"这两个比较老的术语，到十八世纪末终于通用起来。在十六、十七和十八世纪里，许多今天流行的术语不是还没有采用，就是有种种不同的用法。例如，"化石"这个术语被阿格里科拉和十六、十七世纪的几乎所有其他地质学家用来称呼任何从地里发掘出来的东西，只是后来它才限于可辨认的有机体遗骸。另外，这个研究领域的各个分支一般并未用个别的名称加以区分；事实上，当时甚至各门主要科学之间的界限也是游移不定的。然而，为了方便起见，明智的做法是从现代意义来使用各个地质学术语，同时为了避免可能发生的混淆，也按照惯常的标题来安排主题。

近代科学先驱感兴趣的地质学问题主要有：(1)地球成因学，即作为太阳系行星之一的地球的起源；(2)物理地质学，即地壳不同部分的性质及其形成和转变方式；(3)古生物学，即化石的性质和(4)结晶学，即晶体的结构、形状和性质。早期对解决第一类问题所作的贡献充其量是高度思辨性的，而且当试图严格限制在**成因**的范围里时，又倾向于比较朴素，并把地球的历史限制于据说是**创世**以来所过去的六千年。早期地质学家最富有成果的著作是关于上面列举的其他几类问题，尽管刚才提到的神学前提也给他们对这些问题的研究制造了不少障碍。

地球成因学

笛卡儿

近代早期的地球成因学中最有意义的是勒内·笛卡儿(1596—1650)的理论，他把地球起源问题作为宇宙论或者说世界起源问题的一部分来研究。他的《哲学原理》(1644 年)的第四章几乎完全论述地球。按照笛卡儿的意见，和其他行星一样，地球原来也是个发光体，像太阳那样。在地球中心，现在仍然有一个由这种发光物质组成的核。但是一些像太阳黑子似的斑点聚集在地球表面上；随着地球逐渐冷却，它们转变成了坚实的地壳。当地球趋近太阳时，地壳分化成各种部分，它们按照相对密度而形成一系列层次。于是，空气在最上面，下面是水，水下面是诸如黏土、砂子和岩石等固体，而最里层则由金属之类最致密的物质组成。按照笛卡儿的说法，地球外部壳层和其中心的火或者说发光物质之间有一个中间区，它起先充满一种液体，后来这液体变成不透明的固体。然而，太阳的热和光最初就能够渗透到地球最里面的部分，从而致使地壳发生破裂，有些部分因此便升出水面，形成陆地。地球的发光物质和其他物质引起喷气，后者有时变成油，有时变成浓烟，也可能突发而变成火焰，从而引起地震或火山喷发。

351

基歇尔

1665年，阿撒那修斯·基歇尔（1602—1680）发表了一部名为《地下世界》（*Subterranean World*）的鸿篇巨制。他在书中坚持认为，地球有不计其数的大火中心和水腔，前者同火山相连，后者向温泉供水，本身又由海洋供水。基歇尔第一个从一个德国矿井官员那里探明："在干矿井里，温度与井面以下的深度成正比地不断增加。"这自然被看做一个证据，证实了笛卡儿认为地球中心有炽热物质存在的观点。但是，也有人把地球深处温度的增加同地狱之火联系起来。

伯内特

托马斯·伯内特在他的《神圣的地球理论》（*Sacred Theory of the Earth*）（1681年）中，试图谋取科学而又正统的地位。按照伯内特的意见，最初地球仅仅是空气、水、油和土等所组成的混沌的混合物。这些不同的成分逐渐地按照重量的不同而分离开来。最重者集结在中心。水紧接着积聚在它们上面。油浮在水面之上。空气包容油面。整个地球呈椭球状。随着时间的推移，有些悬浮在

图190—托马斯·伯内特

352

空气中的精细物质落定在油上面，从而形成了一个上层，足可滋养最早的植物和动物。最初椭球状的地球是光滑的，没有山岭，也没有海洋。除了极地而外，也没有雨。但是这雨水渗入地球，当地球被太阳热晒得龟裂时，水便变成水汽，通过地壳而突发，再与空气相混合而引起狂风暴雨，同时地壳碎裂的结果则形成山岭和岛屿。所有这一切全都发生在"大洪水"时代[①]，那时几乎一切生物都被淹死。在"大洪水"之后，地球便变成现在这个样子。

莱布尼茨

在 G. W. 莱布尼茨(1646—1716)那里，我们见到了笛卡儿的一个比较有价值的后继学说。1693 年，他在一篇载于《学术学报》(*Acta Eruditorum*)(莱比锡)的论文中发表了他关于地球起源的见解。这些见解在他的《原始地神》(*Protogaea*)(死后于 1749 年发表)中进一步得到详尽阐发。按照莱布尼茨的看法，地球原来是个炽热的球体，后来逐渐冷却和收缩。当外表层冷却到一定程度以后，那里就形成一种波质壳层。他认为，例如片麻岩和花岗岩那样的结晶岩石可能是这种波质壳层的残余。当地球冷却时，周围的水汽便冷凝成汪洋大海，而由于溶解了地壳表面的盐，因此这水变成咸的。引起这些地质大变化的原因，或者是地球内部的气体爆发使地壳爆裂，或者是地球表面洪水泛滥所起的作用。第一种原因的作用结果形成火成岩，第二种原因则产生沉积岩层。

---

① 基督教《圣经·创世记》的神话称，上帝因世人行恶，遂降洪水灭世。——译者

伍德沃德

莱布尼茨上述观点发表两年以后，笛卡儿《哲学原理》发表四十多年以后，格雷歇姆学院物理学教授约翰·伍德沃德发表了他的《地球自然史论文》(*Essay towards a Natural History of the Earth*)(1695年)，这是他那个时代的正统观点的典型代表。按照伍德沃德的意见，地球原先充满了水。在“大洪水”时代，也就是诺亚[①]时代，

图191—约翰·伍德沃德

集储的大洪水暴发，把整个地球淹没，使万物相混。最后各种物质都被洪水冲走，并同水相混合，沉落下来而成为沉积物。沉积物以它们的重量为序——最重的物体(包括重的化石)形成最底层，较轻的物体形成上层。

353

牛顿

十七世纪英国对地球成因学问题的贡献没有超过伯内特和伍德沃德的这种低下水平。约翰·雷的《物理学—神学三论》(*Three Physico-Theological Discourses*)(1693年)和威廉·惠斯

① 犹太教、基督教《圣经》神话中洪水灭世后人类的新始祖。——译者

顿的《地球理论》(*Theory of the Earth*)(1696 年)也不例外,尽管惠斯顿很有见地地对**创世**的“六天”作了一个开明的解释,提出这样短的时间是否足以发生地质变化。最有价值的地球成因见解是牛顿提出的,他在 1692 年给当时剑桥大学三一学院院长本特利的一封信中,说明了怎样用引力原理来解释地球和一切天体的形成。牛顿写道:“在我看来,如果我们太阳和行星的物质和宇宙的全部物质都均匀地散布在整个广宇之中,每个粒子都有一种趋向所有其余粒子的固有重力,而且这种物质所散布的整个空间是有限的,那么,这空间以外的物质由于其重力而趋向所有在空间内部的物质,因而落进这整个空间的中央,在那里形成一个巨大的球状体。但是如果这物质均匀散布在一个无限的空间之中,那么这物质绝不会集总成一个物体;它有一些集总成一个物体,有一些集总成另一个物体,于是构成了无限多个大物体,散布在这整个无限的空间之中,彼此相隔很远的距离。这样就可能形成太阳和恒星,假如这物质清澈明亮。”

物理地质学

十六和十七世纪,阿格里科拉和斯特诺两人的工作大大推进和部分地开创了地质学的那些比较科学的分支。

阿格里科拉

格奥尔吉乌斯·阿格里科拉(与德国名字鲍尔对应的拉丁化名字)于 1494 年生于萨克森的格劳豪,曾在莱比锡、波洛尼亚和威尼斯等大学就学。1527年,他开始在当时中欧最大的矿区波希米亚的约阿希姆施塔尔行医。他当医生的职业看来未占有他的生354活,因为他花了大量时间和精力对采矿和类似的问题进行了第一手的研究。他最后迁居克姆尼茨,1546年当选为该市市长。他还受到当时的杰出学者伊拉斯谟、法布里修斯和梅兰克森等人的盛赞;他还曾被君主委以各种政治使命,出使查理皇帝、奥地利斐迪南国王和其他君王。他死于1555年,一年以后第一部近代技术典籍、他的最伟大的著作《金属论》(*De Re Metallica*)出版。后面一章我们还要谈到这部著作。这里我们仅限于论述他对地质学和矿物学的贡献。他的《论地下矿藏的源地和成因》(*De Ortu et Causis Subterraneorum*)(巴塞尔,1546年)是第一部关于物理地质学的著作;他的《论化石的性质》(*De Natura Fossilium*)(巴塞尔,1546年)是第一部关于矿物学的系统的论著;甚至在他的并非关于地质学的《金属论》(巴塞尔,1556年)里,他也设法开创地层学的研究。

阿格里科拉第一个清楚地阐明了水和风在景观刻蚀中所起的作用。他写道:"丘陵和山脉是由两种力量造成的,一种是水力,另一种是风力。……我们可以清楚地看出,大量的水会造成山脉,因为洪流首先冲掉软土,接着带走较硬的土,然后卷走岩石,这样不用几年就把平地或斜坡开掘到相当的深度;甚至常人在山地也能观察到这种情况。经过许多年代以后,这种开掘达到很大的深度,而每一边就崛起一个巨大的高地。当一个高地这样升起时,由于常年雨水的松散作用和霜的裂解作用,泥土滚落下来,而且岩石除了特别坚硬的而外也都滚到这些开掘出来的深处,因为它们的缝隙也被潮气弄得软化了。这种过程一直进行到陡峭的高地变为山坡为止。这开掘出的深处的每一边就是一座山，正如底部称为山谷一样。而且，小川和大河在更大得多的程度上也通过冲刷作用而产生同样的结果；由于这个缘故，常常可以看到河川不是在它们所造成的崇山峻岭之间流过，就是沿它们的滨岸流过。……今天盛着海洋的凹地以前全都不存在，阻止和打断它们扩展的山脉以前也没有，许多地方倒曾经是一片平地，直到风力把咆哮的海洋和汹涌的潮水泼到它上面。水的冲击也通过类似的过程把丘陵和山脉完全推倒，夷为平地。……风以两种方式产生丘陵和山脉：当被释放而挣脱束缚时，它强力地吹动和搅动砂子；或者在被寒冷驱入地球的隐蔽的深凹处，犹如进入一个囚笼之后，它奋力搏击而突围。因为不管丘陵和山脉坐落在海岸还是远离海洋，它们都是由风力在暖热地区造成的；风不再受山谷阻隔，而是把四面八方汇集拢来的砂粒和尘土吹起，堆积在一个点上，于是一个集总物体产生并越来越密集。如果时间和空间容许，这物体就进一步变得密集和坚硬，而如果不容许（实际上更常见的是这种情形），则这力又使砂粒重新散开。……另一方面一次地震会撕裂一座山，或者把这整座山吞没在可怕的陷窟之中。据记载基博土斯就是这样被毁灭，据信人们记得丹麦统治下的一个岛屿也是这样消失的。历史学家告诉我们，泰格土斯曾蒙受过一次这种损失，塞拉西亚也是和图恩岛一起被吞没的。由此可见，水和强力的风既造成山岭，又破坏和毁坏它们。火仅仅耗损山岭，但根本不会造成山岭，因为山的一部分——通常是内部——在燃烧”（*De Ortu et Causis*, Lib. II, trans. by the Hoovers in their edition of *De Re Metallica*. 1912,

355

p. 595f.)。

阿格里科拉把地震和火山喷发解释为地下空气、水汽和喷气的爆发效应。他写道:“当地球的内热或者某种隐藏的火燃烧被水汽弄潮的地球时,水汽就升起。当热或者地下火同已被冷缩并被寒冷团团围住的水汽之巨大力量遭遇时,这水汽由于找不到出口,便试图从最近的地方突破,以便让位给进逼的严寒。热和冷不可能共处一个地方,而是彼此轮番排斥和驱逐”(同上,p. 595)。

《金属论》里似乎包含对地层学的最早贡献。这部分内容见于该书第五卷。阿格里科拉没有试图进行概括;他只是描述了他在哈尔茨山脉矿井里所观察到的地层顺序,他提到十七层不同的地层。这段论述值得录引,因为这是区别地层的最早尝试。其文如下:

“在哈尔茨山麓的地区里,有许多不同的有色地层,覆盖着一个铜的 *vena dilatata*〔层状矿床〕。当泥土剥露时,首先露出一个红色地层,但色调暗淡,厚20、30或35呏。接着又是一层,也是红色的,但色调明亮,一般厚约2呏。这一层的下面是一层接近1呏厚的灰色黏土,它虽然不是金属矿脉,但据估计也是一个矿脉。接下去是第三层,灰色,约3呏厚。这一层下面是一个灰脉,厚5呏,这灰混合有同样色泽的岩石。与这灰脉相连,在它下面的是第四层,颜色暗淡,厚1英尺。再下面是第五层,灰白色或淡黄色,2英尺厚;接下来是第六层,也是暗色的,但很粗糙,3英尺厚。接着是第七层,也是暗色调,但比上一层更暗,2英尺厚。这下面是第八层,灰色,粗糙,1英尺厚。像其他层次一样,这一层有时也根据容易被次层火熔化的岩石〔方解石?〕的脉道〔细脉或节理〕来区别。

这一层下面又是灰色岩石，重量轻，5英尺厚。接下来是一层更轻的灰色岩石，1英尺厚；这下面是第十一层，暗色，酷似第七层，2英尺厚。再下面是第十二层，苍白色，质软，也是2英尺厚；这一层的重量压在1英尺厚的灰色的第十三层上，后者的重量又由半英尺厚的黑色的第十四层支承。下面一层又是黑色的，也是半英尺厚，而它下面的第十六层颜色更黑，但厚度仍一样。这下面是最后一层，含铜，黑色，片状，其中不时有小的发光物从金色黄铁矿的极薄的席上剥落；像我在别处曾说过的那样，这些黄铁矿往往呈各种生物的形状”(Hoovers 的译本，p. 126f.)。

阿格里科拉花了很大的篇幅来论述矿床的成因。他坚持认为，包含矿石的孔道与矿石所在的岩石不是同年龄的，而是比岩石晚，由地下水的侵蚀而形成，地下水则是地面水渗漏或者地下热(由沥青和煤燃烧所产生)凝结地下水汽所生成。按照阿格里科拉的见解，这些孔道中所包含的矿石由通过它们环流的“液汁”〔溶液〕沉积在其中而形成。“水力冲刷脆性的岩石，使之碎裂；当岩石破裂后，水力就把它们裂开，时而沿向下方向带它们走，从而形成小的和大的 *venae profundae*〔裂缝脉〕，时而带向横向方向，从而形成 *venae dilatatae*〔层状矿床〕。……水侵蚀掉地球内部的物质，一如它侵蚀地面的物质那样，它一点也不避开物质”(*De Ortu*, p. 35; Hoovers' translation of *De Re Metallica*, p. 47 f.)。“地下的水有的来自雨水，有的来自水汽，有的来自河水，有的来自海水；而我们知道，地球中所产生的水汽也部分来自雨水，部分来自河水，部分来自海水”(*De Ortu*, p. 7; Hoover, p. 48)。“汁液是……水，它……吸收‘泥土’或者腐蚀或损害金属，不知怎么结果

357

却被加热了”(同上,p.48; p.52)。“金属正是由一种汁液形成的”(同上,p.71; p.51)。阿格里科拉认为成矿通路乃由腐蚀而形成这个观点虽不尽正确,但无疑已超越时代,因此得等待很长时间以后才获得应有的评价。

最后我们要说,阿格里科拉现在享有世界上最早详尽研究地壳成分的声誉。像业已指出过的那样,凡是从地球发掘出来的东西,他通统称之为“化石”。因此,他的《论化石的性质》一书涉猎了整个矿物学领域。他关于构成地壳的各种物质的概念和对它们的大类划分可简洁地用下表来说明:

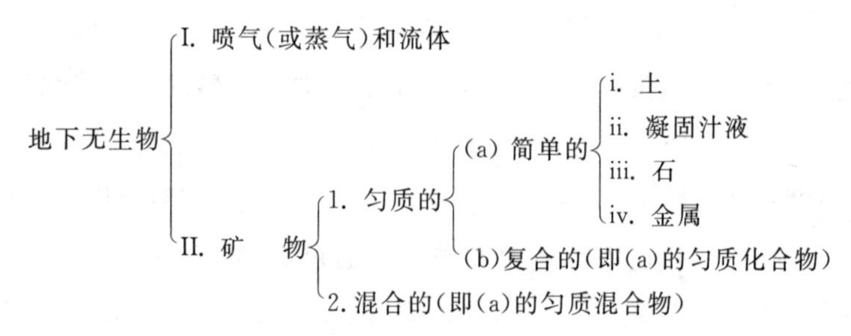

他写道:“地下无生物分为两大类,一类因为是流体或喷气,故也就这样称呼,另一类则称为矿物。矿物体或者由同种物质例如纯金的粒子凝固而成,其中每个粒子都是金;或者由不同物质组成,例如土、石和金属组成的块体;后者可以离解成土、石和金属。因此,前者不是混合物,而后者称为混合物。前者又分成简单矿物和复合矿物。简单矿物有四类,即土、凝固汁液、石和金属,而复合矿物有许多种”(*De Nat. Foss.*, p.180; Hoover, p.1f.)。阿格里科拉把黏土、白垩、赭石以及一切在弄得很潮湿时会变成紧密黏土的物质都归入“土”。他把盐、硝石、明矾、雌黄、硫和一切被水弄潮后

358

会液化(而不是仅仅软化)的物质都划归"凝固汁液"。他所划分的"石"是宝石和次等宝石,但不包括岩石——"这样正确地称呼的石"通常见于矿脉和细脉之中,而岩石则见于采石场。他归诸金属的有锑、铋以及金、银、汞、铜、铅、锡、铁和它们的合金。金属的特征是在熔融后又会凝固,重新恢复平素的形态和性质。他归于"复合矿物"的有方铅矿、黄铁矿以及一切由两三种简单矿物组成,"但已完全混合和熔合以致其最小组分也不缺少整体中所包含的任何物质"的矿物。至于"混合矿物",其中作为组分的简单矿物"每一种都保留其自己的形态,以致不仅能够用火,而且有时还可用水、有时可用手来把它们彼此分离"(同上)。阿格里科拉总共详细描述了大约八十种不同的矿物,其中至少有二十种是以前从未描述过的。他的描述和分类都是依据外在的性质,例如形状、溶度、熔度、颜色、光泽、味道,等等。但是,在没有充分化学知识的时代里,也只能做到这个地步。而且,他所列举的各种矿物的特征今天基本上仍可用于初步分类的目的。

斯特诺

尼古拉·斯特诺(丹麦名字为尼尔斯·斯坦森或斯蒂森)于1638年生于哥本哈根。他先后在哥本哈根、莱顿和巴黎学医。1666年他定居佛罗伦萨,被托斯卡纳大公斐迪南二世任命为宫廷医生。1667年他抛弃路德教改宗罗马天主教,甚至试图劝诫斯宾诺莎(他在1660—64年间在莱顿期间与后者结为朋友)也皈依这种信仰。正是在居留佛罗伦萨期间,斯特纳研究了托斯卡纳的地质,以及与此有关的矿物学和古生物学问题。他把成果发表在一本题为《论固体中自然含有的固体》(*De solido intra solidum naturaliter contento*)(佛罗伦萨,1669年)的著作之中。这个古怪书名的提出无疑是出于希望找出一种总括万殊的描述这种愿望,它将包括诸如地层、化石和晶体等这些各不相同的现象。这本专著原来预定作为一部有关这个问题的篇幅更大的著作的先声,但这部著作没有写过。这本小书的重要意义很快为人们所认识到,亨利·奥尔登伯格给它出了英文译本(*The Prodromus to a Dissertation concerning Solids Naturally Contained within Solids*。...Nicolaus Steno著。H. O. 英译,London, 1671。还有J. G. Winter的译本,New York, 1916)。同时,斯特纳还由于他关于人体的腺体系统和肌肉系统以及鲨鱼的卵巢的著作而以一个解剖学家闻名。他的名字还同 *ductus stenonianus*〔斯特诺管〕连结在一起,因为他发现了腮腺的出口。由于他的名望,国王于1672年硬邀他任哥本哈根大学解剖学教授。斯特诺遵命履任,但他在那里只逗留了很短时间。他因改变信仰而引起不和,遂于1674年返回佛罗伦萨,在那里他越来越潜心宗教。1676年,教皇英诺森十一世封他为蒂托波利斯的主教和北欧的名誉主教。他一度住在汉诺威,然后到什未林,于1686年

359

图192—尼古拉·斯特诺

死在那里。他葬在佛罗伦萨的圣洛伦索教堂,那里现在有一座他的纪念碑。

斯特诺最早提出有关地壳形成的明确的原理。这些原理中有几条可以列述如下:(1)地层由因水的沉淀作用而产生的物质形成,这种物质因自身的重量而降落到底部,从而形成沉积物。(2)一个地层只有当它下面有另一个物体阻止它的物质进一步下降时,它才能形成。因此,当地球的最低层形成时,在它的下面必定有另一种固体或者流体,它们重于在这最低层上面的流体之固体沉积物;只有在下层业已达到固体的稠度时,上层才能形成。(3)每一层最初形成时都必定或者覆盖整个地球,或者四面以别的固体为界。(4)每个地层的上表面都必定与地平近似平行。当地层同地平垂直或者倾斜时,它们必定为水和火的作用所断错,包括地下沸腾和喷气所造成的巨大隆起。地表面的山岭、峡谷和其他凹凸不平必定都是这样产生的。(5)如果一个地层包含另一种地层的片断或者动植物的残骸,那么,就不能认为这个地层属于那些"'创世'时从最早的流体沉降下来"的地层。(6)如果一个地层包含海盐或者海洋里常见的任何别的东西,那么,海洋必定曾一度

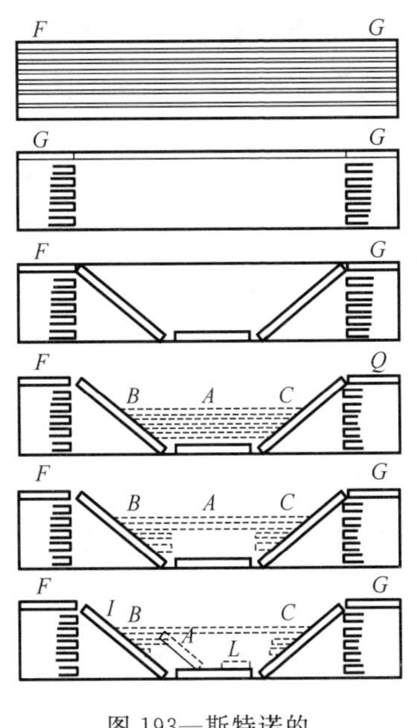

图 193—斯特诺的六种地壳结构类型

360 处在那个地方。(7)如果一个地层包含煤、灰、浮岩、沥青和煅烧过的物体,那么,它附近必定曾经发生过一次火的喷发(一次火山喷发)。

斯特诺通过对托斯卡纳地质的周密研究后发现有六种依次相继的层理类型。他根据所获得的在别处进行的类似研究的结果的资料,得出一种见解,认为这六种形式代表地球全部地壳的典型结构。他用上面的六个图(图 193)来代表六种地壳类型,其中虚线代表砂层,实线代表岩层。第一图表明未断裂的、与地平平行的岩层。第二图表明火力和水侵蚀而成的巨大洞穴,而上层仍未断裂。第三图表明山岭和峡谷怎样通过上层的内陷而形成。第四图说明 361 由于海洋溢流到上述峡谷而形成新的地层。第五图说明新地层的下层消失,而上层留存了下来。最后一个图表明由于后来上面的砂层内陷而形成小丘和峡谷。

佩罗

皮埃尔·佩罗(1608—1680)是一个法国律师,对气象学和地质学有兴趣。1674 年他在巴黎匿名发表了一本关于泉和河流起源的书。这本书引起了很大兴趣,1675 年《哲学学报》(Vol. X, pp. 447—450)发表了它的摘要;这个摘要又于 1731 和 1809 年先后两次重印,人们曾误认为法文原书的作者是帕潘。佩罗钻研的是个老问题。柏拉图、亚里士多德和各种后来的作家都早已讨论过这个问题。作家们虽然提出不同的观点,但他们都同意一点,就是雨水不能说明泉和河流的成因,必须假定地球本身内部存在某种水库。这个观念当时为人们所广泛接受,因为据说基督教《圣经》里已证实了这一点，其中提到“大洪水”时“大深渊里的泉水”曾经爆发（《创世记》vii. II）。现在佩罗无视这些传统见解，提出了一个十分可信的事例，证明雨和雪足以说明泉和河流的成因。1675年《哲学学报》所载那篇摘要的主要论点现复述如下，这里仅纠正了翻译法文原本时产生的一个错误。

佩罗的书的摘要用了这样的题目：“一位法国匿名作者在他于1674年在巴黎印行的关于泉水起源的书中提供了一个具体的说明；证明雨水和雪水足以使泉水和河水永流不息”。方法是把塞纳河河源附近流域里估计的雨量和排水量进行比较，所取这段流域从发源地到埃内勒迪克——距离约为3里格[1]，这流域的宽度则计为2里格。如果取岸上一个2英尺立方体的含水量为1米德（*muid*）（＝280法国品脱），则水力数据表明，流过单位横截面（1平方英寸）的水的流速为一天83米德，若压头引起的变化忽略不计的话。观察表明，这个地区的平均降雨量为19英寸$2\frac{1}{3}$线[2]。与所考虑的流域一样广阔的一个水库具有面积6平方里格。因此，在上述降雨量之下，这水库一年里所收到的水约达224899942米德。这位作家估计，在所考虑的地方，塞纳河里“可能始终有不多于1000或1200〔平方〕英寸的水在流动”，这样一天便排出约99600米德的水，即一年排出约36453600米德的水，它仅占所得到的224000000米德的水之一部分。同样还可证明雨水和雪水也足以维持其他河流。在没有雨水或者雨水稀少的地方，河流通常

362

① 里格为长度单位，约为3海里或3英里。——译者

② 1线＝十二分之一英寸。——译者

由有雨水的地方涌出的泉水，或者山上周期溶融的雪水来维持。佩罗的同时代人马里奥特和哈雷也抱有这种关于泉和河流起源的观点，后来十八世纪初安东尼奥·瓦利斯尼里的工作又充分证实了这种观点。

利斯特

马丁·利斯特(1638—1712)在早期地质学历史上占有重要地位，因为他第一个提出制作地质图。他先后在约克和伦敦行医。但是他兴趣广泛，曾给皇家学会的《哲学学报》撰写了大量论文，论题涉及各种古文物、生物学、地质学和气象学方面的问题。他于1671年成为皇家学会会员，因写作《英国动物史》(*Historia Animalium Angliae*)(1678年)、《小贻贝的历史或方法概要》(*Historia sive Synopsis Methodica Conchyliorum*)(1685—1692)和《巴黎纪程》(*A Journey to Paris*)(1698年)等书而享有盛誉。他对甲壳化石的看法是保守的。他把它们仅仅看做是形状怪异的岩石，它们“没有什么和它们从那里得来的岩石或者石矿结构不同的部分”，也“绝不是一个动物的一部分”(*Phil. Trans.*, 1671, Vol. V, p. 2282)。然而，他对“这些鸟蛤状岩石”甚感兴趣，极其仔细地描述和用图画表示它们，把活的小贻贝的照片放在它们旁边进行比较。由于活的小贻贝和化石小贻贝明显相似，因此他的许多读者都拒绝他关于化石起源的理论。甚至更为重要的是，利斯特看出了各种岩石和它们所包含的化石的相互关系。他观察到，“不同岩石的石矿提供给我们各种截然不同的甲壳”。例如，“约克郡阿德顿的泥铁矿石矿的鸟蛤状岩石和邻近山脉的铅矿中所发现的不同，这两种岩石都不同于北安普敦的旺斯福德桥的鸟蛤石矿；而所有这三种又不同于冈瑟罗普和波沃堡等地附近石矿里的岩石”（在上述引文中）。面对这些事实和类似事实，利斯特经过思索后终于拿出一个主意，即制作“土壤或矿物”图，也就是地质图。制作这种图的念头看来他是在1673年产生的。363 但直到1683年他才把这建议呈交皇家学会；他关于这个问题的论文发表于1684年的《哲学学报》（Vol. XIV, No. 164, pp. 739—746）。

这篇论文长长的题目为：“一项独创的建议：制作一种新的区域地图，连带砂和泥土的表，主要是英国北部地区，绘制了十年左右，于1683年3月12日由博学的医学博士马丁·利斯特呈交皇家学会。”利斯特主张“尽人类技艺所能地从外表开始再向深处”对地球的构造进行考查，他建议首先制作一张英国的“土壤或矿物图”。图的基底表明区域、河流和重镇，而“土壤可以用各种线条或者刻蚀来着色〔或者用别种方法相区别〕；但务必注意要极其精确地在图上标明这种那种土壤〔包括亚层土和岩石〕的边界在哪里。举例说来就像约克郡那样，(1)**伍尔兹**：白垩、燧石和黄铁矿，等等；(2)**布莱克莫尔**：高沼、砂岩，等等；(3)**霍尔德内斯**：多沼泽、泥煤、黏土、砂，等等；(4)**西山**：高沼、砂岩、煤、泥铁矿、铅矿、砂、黏土，等等。**诺丁汉郡**：基本上是卵石、黏土、砂岩、石膏，等等。这样，如果在一张图上标明了这些土壤延伸多远及其范围，则从整个图、从每一部分都可获知超过我们预想的东西，这使我们非常值得为此含辛茹苦。因为我认为如果这样的上层土壤是自然的、正常的，那么，它们便会产生这样的下层矿物，而且基本上都是按这样的顺序。”

利斯特相信，砂曾经是“整个地球的最外层，完全覆盖于整个地球的表面，因为砂现在仍覆盖在北方的山岭上面，河流长年累月地把砂带进海洋，所以河岸、河口和海滨今天都覆盖着砂。山砂由于坚强而又牢固，因此最适合于覆盖地球表面。像大多数所谓的砂一样，这种砂也不是岩石粒子彼此摩擦而造成的，而是具有固定而又耐久的形状。”诚然，现在高原顶上覆盖着的是松软的白垩层，而不是砂，但这是因为高原上的砂都是很小的颗粒，容易被雨水冲走，甚至被风刮走。我们的白垩高原与法国的相连，虽然海洋间或把它们分割开；而法国、佛兰德[①]和荷兰海岸的砂大都是西风把它364 们从约克郡、林肯郡、萨福克、埃塞克斯和肯特等地的高原刮来的。

利斯特在论文的最后部分列表对各种不同的砂和黏土作了详细的分类，并指明它们的主要所在地。

最后，这里还必须提到利斯特关于火山喷发问题的观点。那种认为火山喷发乃是由于易燃物质在地下燃烧而引起的见解是陈旧的；但是，关于这种燃烧的原因一直没有提出过十分令人信服的意见。利斯特提出，这种燃烧是由于黄铁矿中所包含的硫发热然后爆发所致。无论怎样，这总还是个可付诸检验的明确的假说。十七世纪的最后一年，利斯特的假说曾得到一次实验检验。莱默里把铁锉屑、硫和水的混合物埋在地下。这混合物变热而燃烧起来，

① 欧洲中世纪伯爵的领地，包括今比利时的东西佛兰德两省以及法国北部部分地区。——译者

结果把覆盖在上面的地层爆裂。(见 Lemery's *Course of Chymistry*, W. Harris 英译, 1686, p. 140。)

伍德沃德

约翰·伍德沃德(1665—1728)关于地球成因学所抱的正统观点,上面已经提到过。他表现出对各种促进物理地质学的方法有真知灼见。他说,每当他听到哪里有岩洞,或者哪里为了打井或探矿而在挖掘时,他就马上赶往现场,"考察所观察到的从地面直到坑底的土、岩石、金属或者其他物质的情况,并一一记入日记。"他还提出把**征询表**的方法用于地质学。他绘制了一张"征询单",分发到世界各地。他所收到的答复使他确信,"遥远地区有关各项的情况和我们这里大致相同;法国、佛兰德、荷兰、西班牙、意大利、德国、丹麦、挪威和瑞典等地的岩石和其他地物也像英国一样,都分成层次;这些地层由平行的裂缝分割开来;岩石和所有其他各种较为致密的地物中,都包含有大量贝壳和其他海产;而且情形也同本岛一样。"对他的"征询单"的其他回答表明,"下述各地情形也相似:巴巴里、埃及、几内亚和非洲其他各地;阿拉伯半岛、叙利亚、波斯、马拉巴尔、中国和亚洲其他地方;牙买加、巴巴多斯、弗吉尼亚、新英格兰、巴西、秘鲁和美洲其他各地"(*An Essay toward a Natural History of the Earth*, 1695, pp. 4—6)。这种资料对于认识地球表面构造处处都有规则这一点是一个宝贵的贡献;但是伍德沃德看来并未打算确定这种构造的精确的地层次序。

365

古生物学

前驱

古希腊的思想家们已经非常了解化石，认为它们是动植物的残骸。然而在中世纪里，由于深受提奥弗拉斯特、阿拉伯哲学家阿维森那(980—1037)和经院哲学家阿尔伯特·马格努斯(1193—1280)等人的影响，流行的观点认为化石原来不是有机物，而是由大自然的模造能力所造成的，大自然似乎是开玩笑地把无机玩物塑造成与生物相像的东西。尽管列奥那多·达·芬奇(1452—1519)、亚历山大·阿布·亚历山德罗(1461—1523)和哲罗姆·法拉卡斯托罗(1483—1553)等这些思想家都提出反对，但这种观点还是风行了好多世纪。当伯尔纳·帕利西于1580年表达了类似列奥那多·达·芬奇的观点时，他被斥为异端。

斯特诺

甚至斯特诺最初也无法凭借其全部解剖学知识来弄清楚，岩石中发现的所谓的 *glossopetrae*(鲨鱼的牙齿)究竟真是角鲨(他在1667年出版的一本书里描述过它的解剖)的牙齿，还仅仅是畸形的矿石。然而，他在1669年明确地表达了他的信念：化石是以往生物的遗骸，它们能够为地壳形成的历史提供线索。在考虑化石是一类特殊的“固体里天生包含的固体”时，斯特诺指出：化石化的乌蛤壳和普通的乌蛤非常相像，因此无疑它们可能曾经是生活在一种流体里的动物的组成部分，“尽管还从未看到过带介壳的海洋生物。”他区别了鸟蛤壳瓦解的各个不同阶段，并指出，“那种称为内非里(Nephiri)的非常美丽的大理石无非是一种充满各种贝壳的海洋沉积物，其中贝壳的物质被冲掉，取代其地位的是一种岩石状物质。”斯特诺坚持其他化石原来也是有机物的观点。“我们就贝壳所说的，同样也适合于其他动物的组成部分和埋在地下的动物，其中有星鲨的牙齿、*aquila*〔鹰〕鱼的牙齿、鱼的脊骨、各种完整的鱼、头骨、角、牙齿、股骨和陆生动物的其他骨头。”化石植物的情况也一样。“对动物及其组成部分所说的，也适合于植物，无论是地层中掘出来的还是岩石物质中所包含的。”在解释化石所需要的时间方面，斯特诺看来并没遇到太大的困难。事实上，他更关心的是解释它们为什么在几个世纪里一起绝迹的原因，而不是解释自从“创世”以来的几千年里所有这些变化是怎么发生的。他满足于把在阿雷丁战场发现的史前化石看做是汉尼拔[①]的战象的遗骸；斯特诺用诺亚洪水来解释任何地方的各种海洋化石，这样也就扫除了他所遇到的一切比较严重的古生物学困难。然而，把“洪水”同化石遗骸联系起来，有助于斯特诺、伍德沃德等正统思想家从化石中认出“以往生活过的动物的真正遗迹”(伍德沃德)。 366

法拉卡斯托罗和布鲁诺

贝壳在陆地上出现可以用诺亚洪水来解释这种观点，在长时间里广为人们所坚持。但是，法拉卡斯托罗(1483—1553)提出反对，认为“大洪水”这种暂时的海侵实际上不能用来解释在形成山

① 古迦太基的著名将领。——译者

岭的那些地层深处所存在的贝壳,"大洪水"仅仅使贝壳散布在地面上。乔丹诺·布鲁诺(1548—1600)实际上根本否认曾经发生过全球性的"大洪水",坚持认为陆地和海洋分布的变化是日常的自然现象。但是所有这些都未对大洪水论者产生影响。

胡克

法拉卡斯托罗的观点也就是胡克的观点,胡克论证说,"大洪水"持续时间之长还不足以"产生和育成这样多、这样大发育完全的贝壳","贝壳,多次发现和砂层混合在一起,而砂层的数量和厚度证明,海洋存留在它上面的时间必须远比所能提供的这么短时间为长"(*Posthumous Works*, p. 341)。还可以再补充一点:胡克 367 非常强调化石的重要意义,称它们为"遗迹和象形文字",它们记载着"地球本体发生的情况,作为物证,它们比任何可用钱币或奖章或者用任何其他已知方式所获取的古物不知要确凿多少,因为这些古物大都可以假冒……而那些象形文字〔化石〕却是世界上一切工艺所无法假冒的。但……很难……从它们理出年代顺序,也很难说明发生这种那种灾变和突变的时间间隔;不过这也不是不可能,而即便这点资料也已经可以做这么多了"(*Posthumous Works*, p. 411)。

卢伊德

十七世纪末年,有人提出了一个新假说,它调和了那种认为一切"图案化的岩石"都是大自然令人惊叹的造化的观点和那种认为它们包含活有机体的真正遗骸的观点。这个假说是牛津大学阿什莫尔学院管理人爱德华·卢伊德(1660—1709)提出来的。他是在作为他的《英国岩石系》(*Lithophylacium Britannicum*)一书的附录的一封信中或者一篇于1698年发表的关于英国图案化岩石的论文中提出的。这封信是写给约翰·雷的,雷把这封信的英文本(由卢伊德自己译)收入他的《物理—神学讲演》(*Physico-Theological Discourses*)(在讲演II《论"大洪水"》里)。下面关于这个假说的陈述即取自该书。"简而言之,我想象它们可能部分地起因于鱼卵在'大洪水'时落入土地的缝隙和其他孔道之中;因此,我们从陆棚或者岩层、土地等处……取得了它们;我还认为我们值得探究一下:究竟从海洋升起、以雨和雾等等形式降下来渗入土地里面而达到这里所要求之深度的那些喷气可能并非来自 *seminium*〔精液〕,还是海洋动物的卵子如此充满…… *animalcula*〔微生物〕(以及它们的单独的和独特的部分),以致产生这些海洋动物体。……鉴于我们发现矿物树叶和树枝大都是蕨类和类似植物的叶子……它们的种子很容易被雨水冲到这里所需要的深度,因此我还想象,这些矿物树叶和树枝可能也产生于上述起源"(第四版,1732年,p.190f.)。这种用生殖水汽来解释山岭中所存在的海洋化石等等的思想,甚至在十八世纪仍得到支持。

结晶学

368

胡克和巴塞林那斯

胡克的《显微术》(1665年)中有对晶体的最早说明。他观察到微小石英晶体沿燧石空穴排列的规则性。按照胡克的意见,这些晶体由球状体构成。不久以后，伊拉斯姆斯·巴塞林那斯(1625—1698)发表了他研究晶体的成果(*Experimenta crystalli Islandici disdiaclastici*, Copenhagen, 1669)，注意到冰洲石即方解石晶体的双折射和长菱形解理。他测定了冰洲石小面所形成的角度，估计它们为101°和79°。他观察到，在透过冰洲石看到的两个像中，有一个像当冰洲石转动时位置发生变化，而另一个像保持不动；而且当沿某个方向透过冰洲石观察时，只有一个像可以看到。他还表明，双像不是反射的结果，其中一个像是寻常折射形成的，另一个像则是一种他无法解释的特殊折射引起的。(后来惠更斯把这种现象归因于构成晶体的微粒之球体形状。见第六章。)巴塞林那斯还研究了冰洲石的各种其他物理和化学性质。他发现，当用布摩擦时，它吸引轻的稻草屑等物，一如琥珀那样；当浸在水里时，它逐渐失去其光滑性；当硝酸作用于它时，它产生气泡；在强热的作用下，它变成石灰。

斯特诺

就在巴塞林那斯的书问世的那一年，一个更为重要的晶体研究成果出现在斯特诺的《论固体中的固体》(*De solido intra solidum*)之中，这部著作前面已经引证过。当然，在斯特诺看来，晶体不过是普通的“固体中天然包含的固体”。他特别注意石英、黄铁矿和金刚石。他坚持认为，它们不是“大洪水”时代以来原来就有的物质，而是后来的产物。而且与植物不同，它们不是借助滋养物通过内在的积聚而成长，而是通过从外部吸积而成长。它们是在因构成地壳的地层崩坍而形成的缝隙里发现的。它们也是由各种

液体形成的，就像盐、矾和明矾的晶体系在适当的溶液里凝聚而成

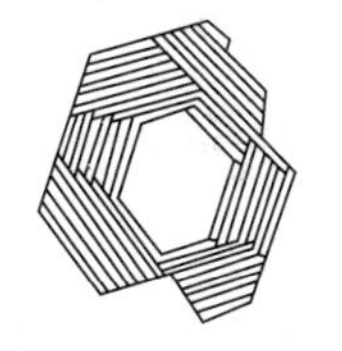

图 194—吸积形成晶体

一样；它们还能重新溶解在溶液里。斯特诺是利用他在居留佛罗伦萨期间所做的那些实验发现这一点的。369 (1695 年，列文霍克用他的显微镜观察到，不同的盐溶液产生不同种类的晶体。)斯特诺还仔细研究了晶体的几何形状。他发现，岩石晶体有一个晶核，呈六面棱柱形状，每端各有一个六面棱锥，通过把物质层吸积在晶核侧面上而产生。斯特诺对晶体由流体生长而成的确切方式尚无清楚的观念。他只能提出某种磁力来解释结晶。但不管怎样他反正已经知道，由于吸积形成是均匀的，所以一个晶体的各个面总是同它的晶核的各个面平行；而且，尽管晶体的大小和

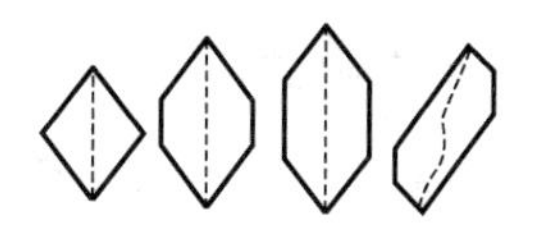

图 195—几种其轴位于一个平面的晶体类型

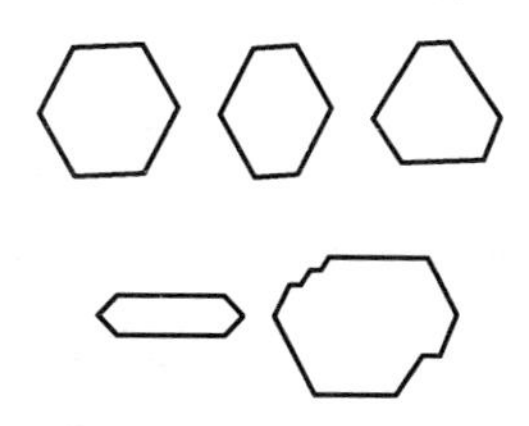

图 196—晶体截面的类型

形状可能变化，但它的各个面之间的角始终保持不变。图 194 表明，一个晶体怎样通过吸积而形成，它的角度保持不变，尽管面的数目和长度可能变化。图 195 示出几种其轴位于一个平面的晶体。前面三个图中，晶体各组分的轴都成一条直线，但第一个没有中间棱柱，第二个中间棱柱较短，第三个的较长；第四图中，晶体各组分的轴不构成一条直线 。图196示出几种同晶体基底平行的截面。前面四个图都有六

370 边，第一个六边都相等，而第二和第四个只有对边相等，第三个对

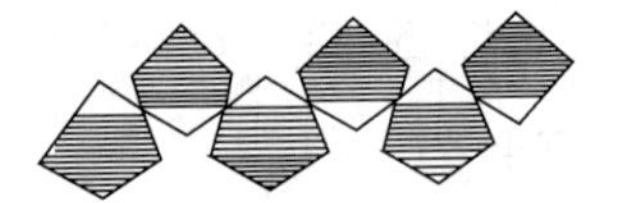

图 197—十二个平面封包的黄铁矿

边也不等；第五个图的截面有十二边而不是六边。图 197 是由十二个面封包的黄铁矿角状体。第一图示出展开在一个平面上的这十二个面，六个是三角形的、光耀的，六个是五角形的、有擦痕；第二个图示出截面，而最后一个图则示出轴平面。斯特诺还作图说明了有三十个平面为界的黄铁矿角状体，其中六个平面是五角形的、光耀的，十二个平面是三角形的、光耀的，六个平面是三角形的、有擦痕的，六个平面是长四边形的、光耀的。他所描绘的也许实际上是一个畸变了的晶体，它呈立方体、五角形的十二面体和一半面数的扁方二十四面体。

玻意耳

在他所译的斯特诺的书的译本的前言中，奥尔登伯格指出，他认为在斯特诺的研究发表之前几年，玻意耳和胡克两人都已进行过类似的研究。奥尔登伯格还附了一份关于玻意耳向他表达的那些见解的简明摘要："首先，由于好些原因，他认为透明的宝石一般都曾经是液体，而且它们虽然大都不是流体就至少是软的，但都浸染了和它们一起凝聚的矿物颜料；由此他认为，也许能够得到若干种品质真纯的宝石（因为他怀疑已划归于它们的大都不是真的）。至于不透明的宝石以及其他药石，例如鸡血石、碧玉、磁石、刚玉砂

等等，他估计它们原来主要是含有大量金属或其他矿物的精细屑末或微粒的土（在有些情形里可能非常稀薄和松软）；后来它们全都在那些原来就在它们里面的石化液体或者石化精（他假想它们有时可能以蒸汽的形态升腾）的附加作用（即凝炼作用）下，变成岩石的形态；由此也许不仅可以推知这些药石的疗效，而且还可推知它们的其他性质，如颜色、重量等等，同时还能解释他……所观察到的别种岩石或者白铁矿甚或包含在固体岩石之中的动植物可能是怎么产生的。因为很容易想到这些物质原来都在土壤之中，但还只是矿物土或者矿物泥浆，而后来可以说被渗透在里面的附加的石化剂包了起来。”玻意耳于 1672 年发表了他的《论宝石的起源和功效》（*An Essay about the Origin and Virtues of Gems*）一书。 371

（参见 A. Geikie，*Founders of Geology*，2nd ed.，1905；K. A. von Zittel，*History of Geology and Palaeontology*，1901；F. D. Adams，“The Origin of Springs and Rivers—An Historical Review”，*Fennia*，Vol. 50，No. 1，Helsingfors，1928，and “Rainfall and Run-off”，*Science*，Vol. LXVII，No. 1742，New York，1928。）

第十七章　地理学：
一、探险　二、制图学　三、论著

由于自然的、实际上也是必然的分工的结果，从近代肇始起，各门主要科学便走上了专门化和分离的道路。然而，地理学却抵挡住了而且今天仍然在抵挡这种倾向，它宁肯保持一种比较具体的和复合的性质。它是一门综合的或者说复合的科学，大量汲取天文学、气象学、地质学甚至还有人类学和各门社会科学所已取得的成果。十六和十七世纪的地理学无疑呈现一派五彩缤纷的情景。本书对十六和十七世纪里培育过的一切科学都给予应有的注意，因此这里不必详细介绍地理学从其他各门科学假借的他山之石。这里只要论述这两个世纪里那些比较具体的地理学问题和成就，也就够了。因此，本章限于论述三个问题，即地理发现或者说探险、制图学即地图绘制方法的进展以及这一时期问世的地理学教科书和论著。

一、探险

十六和十七世纪的地理探险的主要目标是发展前一时期伟大探险先行者们已作出的发现。十五世纪里，葡萄牙航海家们日益向非洲西海岸迈进，最后于1497—99年间发现了从伽马到达印度的海路。这个世纪里还有哥伦布发现美洲，而他原来是打算向西渡越大西洋(1492—1504年)去到亚洲或者发现某个传说中的岛屿。十六世纪初期，就在葡萄牙商人加紧开辟远达中国和日本的远东海路的同时，欧洲发现者和征服者都纷纷到美洲探险。

首先，佛罗伦萨的舵手亚美利哥·维斯普奇在公认确有其事的两次航行(1499年和1501年)中，似乎已到达巴西，从而先于凯布拉尔发现这个国家；他还探索了南美洲东岸从约南纬5°到约50°的区域。与此同时，布里斯托尔的约翰·卡波也进行了探险航行，其动机和哥伦布相似，但在纬度更高的区域进行。在他1496年的航行中，卡波发现了或许在今纽芬兰附近的陆地，这个地区不久便为许多国家的渔民探索到。根据维斯普奇和卡波这些人的发现，人们在十六世纪初期就已知道，一个新大陆至少部分地阻碍着通往印度的大西洋海路。为了在这个屏障上找到一个通道，曾进行了不少尝试，但都归于失败。这期间，西班牙人多次探索了墨西哥湾沿岸，在1526年还围绕佛罗里达，把探索从尤卡坦扩展到切萨皮克湾。也是西班牙冒险家们出于掠夺新大陆上传说的黄金城市的贪心，首先开发了这个大陆的内地。当埃尔南多·科塔斯于1521年夺下墨西哥城，并占领周围地区时，西班牙人在向这城市的北方和南方进发。科罗纳多1540年所率领的一次北伐沿太平洋海岸远抵加利福尼亚湾北端，发现科罗拉多河的大峡谷，并向东南方越过格朗德河和佩科斯河；当到达印第安部落时曾看到他们所食用的骢犎群，但没有发现这征战所要寻找的黄金和银子。德·索托率领的另一部于1539年在佛罗里达登陆，探索了

373

现在的美国南方；在为搜寻黄金进行了多次探险之后，又沿着密西西比河返回。向墨西哥南方进发的西班牙人横越中美洲，远抵巴拿马，并以此作为他们征服南美洲的出发点。弗朗西斯科·皮萨罗于1531年从巴拿马出发，在经过初步的侦察之后，沿着南美洲西海岸进发，沿途进行探险和掠夺，并以西班牙的名义征服了这一地区。他于1533年攻占了印加帝国首都秘鲁的库斯科。在后来从秘鲁出发进行的征战中，阿尔马格罗部越过冰雪覆盖的群山而进入智利，向南深入到南纬37°附近，而皮萨罗的兄弟冈萨洛所率领的另一部于1540年越过科迪耶拉山脉而到达亚马孙河的发源地；在历尽热带森林的艰辛困苦之后，一部分人沿着亚马孙河逃窜到海里，而残部返回基多。在瓦耳迪维亚和曼多萨的率领下，在智利的探险向南远抵麦哲伦海峡，这些西班牙人还越过安第斯山脉进入现在的阿根廷。1560年有一次远征是徒劳地从利马到亚马孙河流域去寻找当时据信在亚马孙河和奥里诺科河之间的一个叫做埃尔多拉多的“黄金之地”。这次征战发生哗变，残部最后沿奥里诺科河逃窜到海里。沿北部海岸定居的西班牙人以及海外来的冒险家（包括雷利）探索了南美洲北方的大部分地区，后一部分人还继续寻找埃尔多拉多，直到十六世纪末。1515年普拉特河口湾的发现标志着西班牙人开始向南美洲东南部扩张，这为布埃诺斯·阿伊雷斯于1535年和阿宋西翁于1537年的征战奠定了基础。及至十六世纪中叶，普拉特河口湾和秘鲁之间已经建立了交通往来。

第一个通过新大陆的屏障，向西作环球航行而抵达远东地区的人是葡萄牙贵族斐迪南·麦哲伦。他生年约是1480年，曾在东印度群岛作战过，但后来转而效忠于查理五世皇帝，后者也是西班牙国王。遵照皇帝的旨意，麦哲伦于 1519 年 9 月 20 日带领有五艘旧船的船队出发作探险航行。在到达南美洲海岸后，这些探险家便沿着海岸南下直到圣朱利安港，在那里待了 5 个月，与巴塔戈尼亚土著发生冲突。麦哲伦在这里失去了一条船，还同船员发生纠纷。继续向南航行，他到达了一个海峡；它现在以他的名字命名，虽然很可能以前已经有人知道或者猜测过这个阻碍向西航行的屏障上有这样一个缺口存在。他们花了 38 天才通过这条长 320 英里的海峡到达太平洋，这期间又丢弃了一条船。麦哲伦沿南美洲西岸向北航行一段距离后再朝西北方向穿越太平洋。在历时将近四个月的航行中，由于缺乏食品和水，船员减少到所剩无几，这次航行最后似乎把他们带到波莫土群岛中的某个岛屿。他们从那里航行到拉德罗纳斯群岛，再到菲律宾群岛，然而在帮助那里的一个土王作战时，麦哲伦被杀身亡(1521 年 4 月 27 日)。船队最后到达目的地摩鹿加群岛，船员们在那里同土著做了获利的买卖。只有一条船终于返航，它在绕过好望角后于 1522 年 9 月 6 日驶抵圣卢卡尔。在以后的一百年里，对太平洋进行了许多次探险，1526 年发现了新几内亚。西班牙航海家昂德雷斯·德·乌尔达内塔于 1565 年向东渡越太平洋，他因沿着高纬度航行而逃脱了信风，这样便在西班牙的亚洲殖民地及其美洲帝国之间建立起了直接联系。另一支由阿耳瓦罗·德·曼达纳率领的远征队于 1567 年从利马起航，去寻找谣传存在于南洋的一个大陆。他们没有找到大陆，但到达了邻近澳大利亚的区域，发现了埃利斯群岛和所罗门群岛。他们继续向北，然后向东航抵加利福尼亚，再沿岸航 375

行回到利马。1578年,弗朗西斯·德雷克显然是为了在太平洋中搜寻**澳大利亚大陆**而环航世界,他相信这块大陆占据地球的整个南极区域,同南美洲仅以麦哲伦海峡相隔。德雷克看来已向南航行越过了合恩角,探索到了形成这个角的那些岛屿。他还到达了北纬43°处的美洲西北海岸,这已超过了西班牙人的探险范围。随着荷兰崛起而成为称霸海洋的殖民强国,受到德雷克挑战的西班牙在太平洋上的垄断地位便江河日下。

十六世纪里,航海家开始寻找一条通道,能够通过它而不必经由麦哲伦海峡就从欧洲到达东印度群岛。作为两种替代方案,他们还寻找一条"东南通道",航船可以从它沿着亚洲北海岸向东航行到中国;以及寻找一条"西北通道",航船通过它可以绕过美洲北海岸而航行到东印度群岛。虽然这三个计划最后全部放弃,但它们却导致进行了一系列获得重大地理发现的探险航行。

十六世纪里,所有主要近海国家的船只都探索过美洲的北大西洋海岸。然而,最值得提及的是法国人雅克·卡蒂埃在他1534—1541年间进行的三次航行中所作出的那些发现。第一次航行中,卡蒂埃航行到纽芬兰,穿过了贝尔岛海峡,沿途仔细考察了纽芬兰和拉布拉多,并沿着圣劳伦斯湾沿岸绕行而过。他曾在查勒尔湾寻找一条通道,但未进入圣劳伦斯河。然而,在1535年的第二次航行中,他顺着这条河上行到了今蒙特利尔所在地;但在第三次航行中,他没有到达更远的地方,也没有发现到太平洋的通路。

在为发现东北或西北通道而作的努力中,英国和荷兰的航海家起了带头作用。在新成立的马斯科夫商业冒险公司的赞助下,由约翰·卡波的儿子塞巴斯提昂规划、休·威洛比爵士和理查德·钱塞勒率领的一支有三条船的探险队，于1553年开始沿亚洲北海岸航行，试图到达中国。威洛比中途丧生，还损失了两条船；但钱塞勒一直沿着挪威海岸航行，“他最后到了一个地方，发现那里没有黑夜，太阳的光辉始终照耀着浩瀚无际的海洋”(Hakluyt: *Principal Navigations*, Vol. II, p. 248)。他在白海海岸登陆，取道莫斯科回国。三年以后，钱塞勒上次探险时所乘船只的船长斯蒂芬·巴勒进一步向东航行，到达佩丘拉河和新地岛。这些探险家所遇到的风暴和冰雪使他们感到北极航行真有想象不到的困难，这使得后来皮特和杰克曼率领的探险(1580年)未航行到新地岛以远，但是没有几年以后还是到达了鄂毕河口。荷兰航海家威廉·巴雷茨作的几次寻找东北通道的航行都是值得一提的。在他第一次北极探险(1594年)中，巴雷茨到达新地岛的北角。在翌年的第二次探险中，他到达瓦加奇岛以远并进入喀拉海。在第三次也是最后一次探险(1596年)中，巴雷茨发现了熊岛和斯匹次卑尔根群岛，并试图环航新地岛，但碍于那儿的严冬而未成行，结果在次年死于返航归途之中。亨利·赫德森在十七世纪初期越过北极地区航行到远东。在1607年春的航行中，赫德森到达了格陵兰和斯匹次卑尔根，越过了北纬80°，但被冰层挡回。翌年他试图向东通过斯匹次卑尔根和新地岛之间航行，但遭到同样的命运。赫德森后来的几次航行都旨在寻找一条西北通道；在继续作了几次尝试之后，他实际上放弃了试图打开从挪威向东的海路或者向北越过极地区域的海路的打算。

376

汉弗莱·吉尔伯特爵士那篇“证明有一条经西北方而到卡塞

和东印度群岛的通道”的论文(1576 年)总结了证明有一条西北通道存在的论据(因为这些论据是有价值的)。吉尔伯特从古代哲学家和最近地理学家的著作中汲取材料。他指出,如果美洲和中国毗邻,则它将遭受中国人或鞑靼人入侵;他还认为,这种(据说的)洋流分布表明大西洋和太平洋之间在北方有一条通道。马丁·弗罗比歇在 1576—1578 年间进行了三次航行,探索这条通道。在第一次航行中,经过格陵兰之后,弗罗比歇到达今巴芬兰,并继续航行到无足挂齿的“弗罗比歇湾”,他误以为这就是他要寻找的那个海峡。他带了黄金矿石的标本回国,而他 1577 年的第二次航海主要就是为了去采集二百吨这种矿物。第三次航行的目的是建立一个殖民地来开采这种矿石。船队遇上了暴风雨,因此没有达到这个主要目的,但弗罗比歇似乎偶然发现了今赫德森海峡。约翰·戴维斯在 1585—1587 年间继续探寻西北通道。在第一次航行中,戴维斯沿南格陵兰海岸绕行,航抵今巴芬兰的坎伯兰半岛。他感到相信,坎伯兰海峡正是他在寻找的那条通道。在第二次航行(1586 年)中,戴维斯又到了格陵兰,探索了它的西南海岸,深入到了内地;在回国之前他还航行到坎伯兰海峡和拉布拉多海岸。戴维斯的第三次航行(1587 年)远抵北纬 72°12′处的格陵兰海岸,并南下沿拉布拉多海岸从头航行到底。1609 年,赫德森在探寻东北通道的途中遇上了暴风,不能继续航行,于是他转而注意探索北美洲。他到达新斯科舍,向南远抵南卡罗来纳,并向北到达赫德森河。赫德森最后一次航行开始于 1610 年。在访问了格陵兰之后,他驶进了现在以他命名的那条通道即赫德森海峡,并沿着赫德森湾东岸南下。然而,当他在那里过冬时,船员发生哗变,把他和几个同伴放逐到一条小船上随波飘泊；他的命运从此无人知晓。由于相信已经发现一条通道，于是在 1612 年建立了一家特许公司来开发它。这家公司派遣探索过赫德森湾西岸的托马斯·巴顿，但他未能找到通道。在拜洛特的率领下，以巴芬当舵手，又于 1615 和 1616 年两次去赫德森湾探险。在第一次航行中，他们找到索斯安普敦岛北面的一条通道；在第二次航行中，他们航行到今巴芬湾的北部，探索它的两岸。巴芬得出结论：不会找到什么西北通道，但是这次航行发现的兰开斯特海峡实际上提供了一条通往西北的最近途径。福克斯和詹姆斯于 1631 年率领的一次探险探索了赫德森湾的西岸和南岸，并且深入到福克斯海峡。这些探险的结果是人们开始认清北美洲的海岸线，而对一条可通行的西北通道所抱的希望因之也就淡薄了。

十七世纪里，主要是荷兰航海家对太平洋进行了更加全面的探索，发现了许多新岛屿。这些探险航行大都是为了发现自古以来就传说的南大陆即澳大利亚大陆。澳大利亚广大的海岸已经找到，但这个大陆和已知大陆以及和假想的南大陆的关系却长久以来一直没有搞清楚。在十七世纪第一流南太平洋探险家中间，必须提到西班牙人基罗斯和托雷斯，他们发现了新赫布里底群岛（1606 年）；基罗斯认为这就是南大陆，并声称属于西班牙，但托雷斯继续探索新几内亚的西南岸；又是两个荷兰航海家舒滕和勒梅尔绕过了合恩角，以此作为到麦哲伦海峡的另一条海路（1616 年）；威廉·扬斯聪似乎最早从卡彭塔里亚湾到达澳大利亚；哈托格斯聪、豪特曼和他们的后继者探索了澳大利亚西岸和西南岸的部分地区（1616—1630 年）；塔斯曼曾围绕澳大利亚航行，却没有

378

发现它,但发现了今天的塔斯马尼亚和新西兰(1642—1643 年);英国冒险家威廉·丹皮尔也在探险途中在澳大利亚登陆,探索新几内亚以东的岛屿。至于太平洋北部,克瓦斯特和塔斯曼于 1639 年航行到菲律宾群岛和日本以东的洋面,而弗里斯和舍普进行的一次探险航抵萨哈林和千岛群岛。从十七世纪末前后起,俄国探险家开始参与开发这个区域;十八世纪下半期,太平洋成为詹姆斯·库克船长进行历史性航行的舞台,他证明像传统地图上所描绘的那么广大的南大陆不可能存在。

葡萄牙航海家、后来还有荷兰航海家在探索印度洋沿岸和岛屿方面一直居于领先地位,而南亚的内陆地区主要是商人和旅行家在开辟,他们在十六和十七世纪里人数与日俱增地访问这些地区。近代最早的旅行家中有卢多维科·第·瓦尔提马,他于 1502 年从欧洲出发,沿途主要经过开罗、阿勒颇、大马士革、麦地那和麦加(他是到那里访问的第一个欧洲人),再由海路到亚丁和霍尔木兹、印度、锡兰和东印度群岛,还游览了波斯,最后绕过好望角返回。葡萄牙人杜阿尔塔·巴博萨在 1516 年也记叙了一次行程有379 点与此相似的旅行,而几年以后曼德斯·平托宣称,他已经旅行到暹罗、中国和日本。后来有许多人都踏着这些先驱的影踪继续探险,尤其是贸易的利益和天主教传教活动把越来越多的欧洲人引向东方,他们的回忆录大都留传到了今天。以下几个人的旅行尤其值得一提:安东尼·詹金森,他沿伏尔加河从莫斯科航行到里海,再到布哈拉,然后又到了波斯(1557—1562 年);班托·德·果埃斯,他从拉哈尔出发,中经白沙瓦、喀布尔和帕米尔高原,到达肃州,在那里他同在华的传教士建立了联系;安多尼奥·德·安德腊，他是第一个越过喜马拉雅山进入西藏的欧洲人；格吕贝尔和多尔维尔，他们穿越一片无名地区从中国径达拉萨，也许是最早访问拉萨的欧洲人。暹罗、缅甸和印度支那主要是荷兰商人在十七世纪开辟的，但关于这两个国家和中国的资料主要是通过耶稣会传教士的活动提供的。俄国商人和军事远征在十七世纪上半期把西伯利亚的殖民化逐步扩展到太平洋沿岸。1676 年，尼古拉·斯帕法里克从俄国越过满洲里到达北京；1698 年，法国耶稣会教士热尔比隆从北京到达伊尔库茨克。

对非洲的探险一直继续到十八世纪末，但局限于靠近海岸的某些特殊地区。向这个大陆腹地的进发长期来一直受阻于沙漠、危险的海岸地区和敌对的种族。河道分布也不利于探险者，因此那里对冒险家和商人没有什么吸引力。但是，威尼斯和葡萄牙商人在十五世纪知道了阿比西尼亚，在十六和十七世纪许多传教的探险家开辟了它同近邻的联系。这些人中有佩德罗·帕埃兹，他于 1613 年到达青尼罗河的发源地，解开了尼罗河洪水的奥秘；另外一些人探索了从北方和南方由陆路到达阿比西尼亚的途径。后来在 1699 年，庞切特沿尼罗河从开罗旅行到阿比西尼亚。在十五世纪里，欧洲商人深入到非洲的西北海岸地区，到达了廷巴克图；摩尔人莱奥·阿非利加努斯探索过这个地区，他在他的《非洲记述》(*Descirption of Africa*)中描述了这个地区，这本书的拉丁文本在十六世纪中叶问世。在随后的百多年里，几个英国探险家顺着冈比亚河向北航行，而法国探险家则沿着塞内加尔河进行类似的探险。刚果河晚在十五世纪才为葡萄牙人所发现，他们把河口周围地区占为殖民地，并向南推进到安哥拉。方济各会传教士在 380

十七世纪里探索和描述了刚果地区。同样在东非,葡萄牙人在十六世纪早期占领了莫三鼻给和蒙巴萨之间的海岸,后来又沿着赞比西河上溯去探寻黄金。欧洲人最早在好望角的定居地是荷兰人在1652年建立的;及至十七世纪末,还只探索了这个殖民之角的紧邻地区。

法国、英国和西班牙的探险家全都参与了十七世纪对北美的开发。继卡蒂埃前此在圣劳伦斯河的发现之后,一个经验丰富的法国探险家萨米埃尔·德·香普兰在预先经过一番调查之后,于1608—1616年间进行了三次探险。在第一次航行中,他发现了现在以他命名的那个湖,在今蒙特利尔的南面。在第二次旅行中,他沿着渥太华河上行到阿卢梅特岛,寻找一个假想中的北海。在他最后一次大探险(1615—1616)中,香普兰沿着渥太华河往上航行,向西经过尼比辛湖到休伦湖的佐治亚湾,再通过安大略到安大略湖;他绕过这个湖,在游览了奥内达湖之后,拖着疲惫不堪的身子返回。1634年,尼科尔特越过休伦湖进入密执安湖,再顺着福克斯河上行到密西西比河流域的边沿。乔阿尔特和拉迪森于1659年到达密西西比河,探索了苏必利尔湖;三年以后他们似乎还曾越过安大略到达赫德森湾。在十七世纪下半期,法国耶稣会传教士在弄清楚北美地理方面起了带头作用。1672年,若利埃和马尔凯特神父沿密西西比河向下航行到阿肯色河流入密西西比河的地方;没过几年,已经顺着伊利诺斯河向下航行到过密西西比河的埃纳潘神父又沿着密西西比河上行到今明尼阿波利斯的地方,而拉萨尔于1681年沿着密西西比河向下一直航行到河口,后来法国人就在这河口周围建立了殖民地。同时,沿萨格内河和渥太华河到赫德森湾的水路也已开辟，这样后者就通过一系列的地理发现而同墨西哥湾连接了起来。十七世纪北美东部海岸的探险主要是沿佛罗里达和新不伦瑞克之间海岸定居的那些英国殖民者和商人进行的。起先，他们向西的扩张被坐落在海岸后面的群山阻挡住了。越过这些山岭所形成的分水岭的那些人中间，可以提到以下几个：布兰德和伍德，他们深入到了弗吉尼亚的罗阿诺克河（1650 年）；381 莱德勒，没有几年之后，他探索了兰岭；巴茨和法拉姆，他们越过了兰岭；尼达姆和阿瑟，他们到达了田纳西河。赫德森湾公司于 1670 年经特许成立，旨在到世界的这一地区进行贸易和发现。在这家公司的赞助下，海湾沿岸建立了一些商埠，十八世纪里还进行了多次向西深入腹地的探险。关于法国人和英国人在北美进行探险和商业活动的那些报道，激励了西班牙人，他们于是重新向北深入加利福尼亚和新墨西哥，向东深入得克萨斯。在南美，西班牙传教士和商人在十七世纪里继续从普拉特河口湾、从巴西海岸以及向西从秘鲁深入这一地区。在亚马孙河口地区，还有葡萄牙人、荷兰人和法国人定居。葡萄牙人在佩德罗·泰塞腊的率领下进行过一次非凡的探险。他们于 1637 年从亚马孙河口出发，在十个月里就到达基多，沿途对亚马孙河和纳波河进行了周密的考察。在从西面进入亚马孙河流域的传教士中间，最出名的也许数塞缪尔·弗里茨，他在那里的印第安人中间工作了三十七年，他的地理发现记叙在一幅精确得惊人的地图上，地图于 1691 年出版。

（参见 J. N. L. Baker：*A History of Geographical Discovery and Exploration*，London，1931。）

二、制图学

阿皮安

制图学在十六世纪的发展在一定程度上要归功于彼得·阿皮安和他的儿子菲力普的工作。他们所取的阿皮安这个名字是他们的姓比内维茨或贝内维茨的拉丁译名。彼得·阿皮安(1495—1552)生于萨克森的莱斯尼,在莱比锡大学和维也纳大学就学,后于1527年任因戈尔施塔特大学的数学教授,此后一直在那里终其一生。他和查理五世皇帝私交甚笃,皇帝封他为贵族,几次委以外交使命。阿皮安的著述广泛涉及各种学术和科学问题。他设计过许多种用于测量天体角的精巧的天文仪器——大都是把有刻度的标尺和在当时常见的轨道上行进的观测器相组合。他还系统研究了对彗星的观测,他注意到这样的事实:这些天体的尾巴总是沿背离太阳的方向延伸出去。阿皮安对地理学的第一个重要贡献是在1520年发表了一张世界地图,它包括了新发现的西方大陆(而且它似乎是第一张用“阿美利加”这个名字来称呼它们的印制地图),但仍然把这个新大陆的南北两部分绘成两个中间有条海峡的岛屿。阿皮安接着在1524年问世的《绪论》(*Isagoge*)中写入了许多有关世界地图的绘制和使用的基本知识,尽管并没有叙述所应用的投影制图法的精确细节。然而,彼得·阿皮安的杰作是他的《宇宙结构学图册》(*Cosmographicus Liber*)(1524年;Gemma Frisius的补充订正版,1533年)。这本书简单明了,配有大量精美插图。其中有些图(说明怎样用力学方法来解决天文学问题)在书页

382

上还用线系上活动零件。这本书一开头就把地理学既同**宇宙结构学**，又同**地图绘制术**区别开来。宇宙结构学研究整个宇宙，按照天文圈划分地球；地理学可以说是替分成山岭、海洋和河流的作为一个整体的地球画肖像；而地图绘制术或者地形测量学则研究各个特定地方，相当于一幅肖像的各个细部。然后，书中根据地球各主要的圈和区来描述宇宙。其中说明了下述几种方法：根据地极高度或者太阳的子午高度确定纬度；根据在两个需要确定其经度差的地点的两个观测站所测得的一次月食的一个给定月相的两个出现时刻之差，或者根据对月球离若干适当恒星的角距离的测量，来确定该经度差。该书第二部分综述已知的世界，还有一个地名索引，给出重要地方的经度和纬度，不过经度当然价值很小。在正文所载的世界地图中，赤道和纬度呈直线状，子午线呈圈的局部状，曲率逐渐增加，将底面划分成36条带，它们在赤道处宽度相等。这种投影制图方法沿用了大约二百年。

菲力普·阿皮安（1531—1589）在他父亲死后，继任了后者的教授职位，但过了几年后他转往图宾根大学；由于当时的宗教斗争的影响，他的生涯颇多坎坷。他也撰写了各种各样科学问题的论著，但他的主要成就是对巴伐利亚的考察。这项工作开始于1554 383 年前后，历时7年左右，其成果以《巴伐利亚地图二十三种》（*Baierische Land-Tafeln XXIII*）（慕尼黑，1566年，和因戈尔施塔特，1568年）一书传世。这些地图不久就被公认标志着开创了精确地形图绘制术上的一个新时代。（参见 *Abhandlungen der königl. Böhm. Gesellschaft der Wissenschaften*, Folge VI, Bd. 11; S. Günther: *Peter und Philipp Apian*, Prag, 1882。）

麦卡托

由于十五和十六世纪广泛探险的结果，地理知识得到重大扩充，这使得传统的世界地图显得大为陈旧过时，这种地图一直以亚历山大里亚的托勒密的思想为基础。十六世纪对制图术的改革基本上归功于麦卡托和奥坦留斯的成就。

热拉尔·德·克雷默(他的姓氏按拉丁化为麦卡托)于1512年生于佛兰德的鲁珀尔蒙德，是一个鞋匠的儿子。他受一个伯父的资助而就学，伯父送他到卢万大学；他毕业于该校。麦卡托一度从事自然哲学的研究，但为了生计，他不得不开设了一爿工场，制作科学仪器和镌制地图印版。在从业的同时，他跟卢万大学教授格马·弗里修斯学习数学，不久他自己也获准给大学生教授数学。1544年，他因显然无理地被控持路德教观点而被捕。后来他被宣判无罪；但他于1552年离比利时去莱茵河畔的杜伊斯堡，在那里工作，教书，参与当地的公众生活，直至病倒，这一场病导致他于1594年死去。

麦卡托作为仪器制造家成绩卓著，他博得了查理五世皇帝的资助，但他的制品似乎一件也没有留传下来。不过，他在其始终非常爱好的地理学上显露了甚至更为卓越的才智，他所绘制和镌版的地图很快被公认为当时最精致的地图，虽然这些地图的原版现在几乎已经荡然无存。他最先于1537年出版了巴勒斯坦地图，接着根据艰辛考察的结果于1540年出版了佛兰德的地图，这项考察花去了他三年时间；后来他又同样仔细地绘制了洛林地图。以后他绘制了更加广大的欧洲地图和世界地图，但他已不可能为此亲自进行考察,而是依靠对所有能够获得的由探险家提供的资料进行批判核对,同时抛弃了对传统的托勒密的权威的信赖。麦卡托 384 所绘制的地图中,杰作无疑当推他的《根据航海资料修正描绘的新的和不断扩展的世界》(*Nova et aucta orbis terrae descriptio ad usum navigantium emendate accommodata*)(1569 年)。这幅世界地图从北纬 80°到南纬 66°30′,尺寸为 2 米乘 1.32 米。它是用以麦卡托命名的投影法绘制的,这种方法也许是他对地理学的最大贡献。在这种投影图中,赤道呈一条直线;相继的子午线为与赤道垂直的等距平行直线;纬线为垂直于子午线的直线。在地图上两极区域附近,各条相继的纬线隔得较开,因此在任何区域里,纬度都按同经度一样的比例夸大。这种地图具有一种可为导航所利用的性质:若一条船始终朝着相同的罗盘指向航行,其航线则呈一条与地图上的子午线相截切的直线,而截切的角度同船的航线与地球子午线所成的角度相等。然而,麦卡托的地图直到十七世纪很晚的时候才被永久性地接受。其间,爱德华·赖特在他的《导航的误差》(*Certaine Errors in Navigation*)(1599 年)一书中精心搞出了投影法的解析理论。除了发明这种重要的投影法而外,麦卡托还改进了旧地图中所应用的锥顶投影法。在这种投影图中,地球上一个区域里的点被转移到一个锥的面上,这个锥沿通过该区域中心的纬线和地球相切触。这个锥然后被展开,于是纬线投影成以锥顶为公共圆心的圆圈,而子午线变成这些圆圈的半径。然而,这幅地图是歪曲的,因为其上所绘的这个区域的南北界附近的纬线的长度被夸大了。麦卡托改进了这种投影法,方法是使锥不仅切触,而且沿两条适当选取的纬线截切地球。麦卡托的《欧洲记述》(*Europae Descriptio*)(1554 年)中的总地图就是用这种投影法绘制的;这幅地图所以值得提到,还因为它纠正了托勒密对欧洲在经度上的东西跨度的夸大估计。麦卡托计划撰写卷帙浩繁的宇宙结构学著作,然而没有完成。问世的几卷是一部广博的《年表》(*Chronologia*)(1569 年),它参照天文年代,从"创世"一直记叙到1568 年;他修订了阿加索达埃蒙的地图,它们是托勒密的《地理学》(*Geography*)的插图;最后提到的这部典籍的拉丁文版于 1584 年问世。麦卡托对制图术的贡献以其《地图册》(*Atlas*)——这个名词由于他而为人们所熟悉——为最,他把它分三册出版(1585、1590 和 1595 年),共有 103 幅地图,由洪迪乌斯在 1606 年完成和编纂。

385

(参见 J. van Raemdonck:*Gérard Mercator, sa vie et ses œuvres*, St. Nicolas, 1869。)

奥坦尔

大约从十六世纪中叶起人们就开始制作地图集,它们是现代合订地图册的先声。这方面的先驱者之一是通常以奥坦留斯知名的亚伯拉罕·奥坦尔(也叫沃坦尔斯,等等)(1527—98),他的地位仅次于麦卡托,但在出版方面还超过后者。他生于安特卫普,是一个商人的儿子,其生涯从镌刻地图印版开始。他交游广泛,同麦卡托是朋友,后者无疑使他进一步坚定了对制图术的爱好。奥坦留斯最后成了西班牙国王的地理学家。奥坦留斯对地理学的主要贡献是他的《世界全域》(*Theatrum Orbis Terrarum*)(安特卫普,1570 年),这是一本有 70 幅地图的地图集。1573 年又出版了有

17 幅地图的《补篇》(*Additamentum*)，后来又多次出了修订版和增订版。凡不是奥坦留斯所独创的地图，都是从以前地理学家的作品中批判选择出来的(往往还加以修改)，同时也说明它们的出处。奥坦留斯在 1564 年还制作了一幅地理学历史上常常提到的世界地图。

(参见 *A. Ortelii Catalogus Cartographorum*，Bearbeitet von Leo Bagrow，Gotha，1928，in *Petermanns Mitteilungen*：Ergänzungsheft 199。)

克鲁弗尔

菲力普·克鲁弗尔(1580—1622)出身于一个古老的德意志家族的但泽那一支。他早年在波兰宫廷和布拉格的帝国宫廷度过。他曾被送到莱顿大学学习法律，但他的主要兴趣在地理学，他在莱顿因受约瑟夫·斯卡利格的影响而进一步坚定了这种爱好。他由于放弃了法律而被他父亲抛弃。此后他在欧洲流浪了几年，一度帮助反对土耳其人，还因参与政治阴谋而遭囚禁，但他其间仍不断搜集有关从挪威到意大利这个区域地形的第一手资料。他在 1616 年出版的《古代德意志》(*Germania antiqua*)使他在莱顿大学谋得一个领薪水的地理学家职位，但他不久就回到意大利，通过亲身巡游来为他计划搞的关于这个地区的古地理学和考古学的一项工作收集必需的材料。这次探索的过度操劳和艰辛，是他于 1622 年夭折的主要原因；虽然他自己出版了有关西西里的材料 386 (*Sicilia antiqua*，Lugd. Batav.，1619)，但他关于古代意大利地理的巨著是在他死后才首次出版的(*Italia antiqua*，Lugd. Batav.，1624)。克鲁弗尔很早就认识到，古代历史必须建立在可靠的古地理知识的基础上，而这种知识仅仅通过研究权威文献是得不到的，而需要对古代文明的遗址做第一手的考察。凡是可能的地方他都做了这种考察，他的结论使他每每同公认的权威考古学典籍发生冲突。在继续比较全面地研究古代德意志的气候和土壤、古地貌以及古日耳曼人的人种史、生活和信仰之前，他的《古代德意志》乃以塔西佗的著作做楷模，实际上就是完全照搬。在研究古代意大利时，克鲁弗尔也从以往学术著作中获益匪浅；但他揭露意大利古代文献有许多错误，摒弃早期罗马史中许多属于传说的成分；他进一步还做了校勘工作，校勘了许多与他研究的问题有关的古典文献。他关于自然地理的论述充满了对他游历过和重游过的各个地方的亲身回忆。然而，克鲁弗尔关于德意志和意大利考古学的那些先驱著作在发表时所产生的影响很小，他是以他的简明的《古今地理学引论》(*Introductio in universam Geographiam, tam veterem quam novam*)(阿姆斯特丹，1624 年)而在后代地理学家中享有盛名，这部书也许是根据他就这个问题作的私人讲演写成的。这部书也是在他死后才出版的，出过许多种版本和译本，在一个多世纪里一直被奉为权威。这部著作是一个证例，说明长期来一直倾向把欧洲的地理学看做是古典学术的一支，而不是一门科学。这部著作共分六册，第 1 册论述全球的数理地理学，其余各册论述各地区的地理：西欧(第 2 册)、德国、北欧和意大利(第 3 册)、东欧、包括希腊和斯基提亚(第 4 册)、亚洲(第 5 册)以及非洲和美洲(第 6 册)。第 1 册是从托勒密的观点写的，无视哥白尼体系的主张。各个地区的区域考察主要关心该地的范围、性质和物产及其地貌，尤其注意河流系统、人种史、古代和现代的政治区划。

（参见 *Geographische Abhandlungen*，herausgegeben von Dr. A. Penck，Wien，Bd. V，Heft 2；J. Partsch，*Philipp Clüver，der Begründer der historischen Länderkunde*，1891。）

三、论著

387

十六和十七世纪撰写的最重要的地理学论著是明斯特尔、卡彭特和瓦雷尼乌斯三人的著作。

明斯特尔

塞巴斯蒂安·明斯特尔（1489—1552）生于美因茨和宾根之间莱茵河畔的尼德英格尔海姆。他在海德堡大学就学，后来作为一名年轻的方济各派僧侣，随康拉德·佩利坎和约翰·施特夫勒学习数学和宇宙结构学。后来，他成了新教徒，并获得了巴塞尔大学希伯来语教授的职称。1528年，他为计划撰写的关于宇宙结构学的著作拟定了大纲，并邀集一些学者合作。他写了许多关于地理学的书，包括《德意志记述》（*Germaniae descriptio*）（1530年）、《欧洲地图》（*Mappa Europae*）（1536年）和《腊埃提亚》（*Rhaetia*）（1538年），还与人合著了《新世界》（*Novus Orbis*）（1532年），其中记述了哥伦布、维斯普奇和其他航海家最新的探险活动。他还编纂了索里努斯、梅拉和托勒密等人的地理学著作（1538—1540）。但明斯特尔的名著是他的《宇宙结构学：概论》（*Cosmographia：Beschreibung aller Lender*）（巴塞尔，1544年），这是第一部用德语给广大读者介绍世界的鸿篇巨制。《宇宙结构学》的原版共有六册,卷首有 24 幅双页大的地图,正文中也有两幅较小的地图。这些地图包括根据托勒密的传统世界地图、另一种与之作比较用的、表明最新发现和假定存在的西北通道的世界地图。还有几个欧洲国家的形象化的地图(德国占了多幅)以及印度和东方、美洲和太平洋、非洲等区域的地图。第 1 册包含对托勒密的数理地理学的综述,其中为了反映最新成就,还论述了应用罗盘作为辅助的勘测仪器。这一册里还追溯了古典世界各个主要种族自诺亚定居以来的假想历史。其余各册系统地论述了世界各个地区——它们的地理、自然物产和动物群;居民的血统、历史、法律和风俗;主要的产业,等等。第 2 册论述西欧国家;第 3 册论述德国,远比其他地区详细;第 4 册论述波罗的海国家,以及希腊和土耳其;第 5 册论述亚洲和"新大陆"(美洲);第 6 册是非洲。最后两册自然远没有前388 几册可靠。全书配有大量木刻插图,描绘了人物风土、似画的幕和自然奇迹。取材范围实际上包括从《圣经》开始的一切可以得到的有关文献,而且明斯特尔看来还得到过一百二十多位各种合作者的帮助。这部书文体优美,但也有不少缺陷,往往不加鉴别而且学究气较浓,不过仍不失为一个巨大的成功。它出了四十种德文版,译成七种欧洲语言,1552 年还出了英文的简写本。后来的版本里增添了大量补充材料和新的插图,但关于美洲的资料一直不如其他部分。

1540 年以前德国只出了为数相当少的地图。明斯特尔大力推广地图的应用,还亲自制作了不下一百四十二幅。这些地图之精致由于当时印刷粗糙而见减损。像彼得·阿皮安的《宇宙结构学》一样，明斯特尔的世界地图近似椭圆形，赤道用椭圆的长轴表示，纬线用与这轴平行的等距直线表示。中央子午线呈一条直线状，其他子午线呈曲率渐增的圆圈。地球的北部和南部受到很大歪曲。在复制托勒密的地图时，明斯特尔利用老的锥顶投影法，但对于较小的区域，他略去了地球的曲率。明斯特尔的各个地图并不总是彼此非常一致的，而且除了德国及其四邻区域的地图而外，也都根本不精确。当然，这主要是因为缺乏可靠的数据，但部分地也是由于作为那一代人的特征的那种不加鉴别的工作方法，这种方法只是在热拉尔·麦卡托的影响下才开始得到改进。

（参见 *Abhandlungen*〔*der philologisch-historischen Classe*〕*der königlich Sächsischen Gesellschaft der Wissenschaften*, Leipzig, Bd. 18, 1899, No. 3; Viktor Hantzsch, *Sebastian Münster, Leben, Werk, wissenschaftliche Bedeutung*. C. R. Beazley 在 *The Geographical Journal*, April 1901 中也有对该书的述评。）

卡彭特

仔细研读一下纳撒纳尔·卡彭特的《分两册论述的地理学，包括全球和局部区域》(*Geographie delineated forth in two Bookes, containing the Sphericall and Topicall parts thereof*)（牛津第一版，1625 年；订正第二版，1635 年），就可以对十七世纪上半期的正规的地理学研究状况有一定的了解。纳撒纳尔·卡彭特(1589—1628?)是牛津大学埃克塞特学院的研究员，厄谢尔大主教的朋友。他以神学、哲学和地理学作家而著名。

389　卡彭特对地理学进行正规的、学术性的研究，他的书处处引证古代科学著作家。这门学科的供讨论而提出的每一部分或者说每一类事实都直接逐次二分成一般的和特殊的、主要的和次要的、自然的和人工的、实际的和想象的，如此等等。各个地理学术语都严格加以定义；例如，一个地方被定义为“地球上适合居住的一个表面场地”(第二版，第 2 页)；一条河流是“地球上发自某个源头的永不停息的水流或者从高处向低处流动的泉水”(第 141 页)，等等。然而，这本书也反映出近代观念和发现所产生的影响。卡彭特有保留地承认地球的周日旋转运动，他仿照吉尔伯特把它归因于磁的作用；但他否认地球有环绕太阳的周年运动，他重复传统的托勒密的论点即地球居留在宇宙中心不动。

卡彭特把地理学定义为“一门教导怎样描述整个地球的科学”(第 1 页)，他还把它分成“全球的”和“区域的”两部分，因为地球的研究应当“首先从想象地球乃由它们组成的那些**数学**特征和圆圈着手；我们由此推断地球及其各部分的地貌、数量、场所和应有的比例；其次是研究由于一定的名称、标志和特征而在**历史上**著名的和为我们所知的那些地方”(第 5 页)。这部著作相应地分成两册。第 1 册的主题是地理学的定义和分类(第 1 章)；在决定引力上，地球的中心“不是一个吸引点，而仅仅是一个注意点”，地上物体尽可能移近它，而向它运动的“两个同样形状的物体，不管质料是否相同，都将在相同的时间里行过相等的距离”(第 2 章，第 32 页)；关于地磁仍采取吉尔伯特的解释，但还未认识到地磁变化的无常(第 3 章)；已经提出对地球的运动和情状的见解(第 4 和 5 章)；地球表面和天体的划分和分等(第 6、9 和 10 章)；地球和地图(第 7

章)；地球大小的测量(第 8 章)；经度和纬度的确定，地球表面上两个指定经度和纬度的点之间距离的计算(第 11 和 12 章)。第 2 册教导说地球上每个地方都可以居住，甚至太阳连续六个月不停地供热的两极地区也可以居住(第 1 章)。一个地方的地貌定义为专门表征该地方的那些"修饰语"，它们是该地方的**大小**、**边界**、**品质**(即"自然特征和气质"，包括热或冷、卫生状况、天然物产，等等)、**地磁要素**、"**空气**"和**情境**等(第 2 和 3 章)。第 4 章研讨勘察和绘制地图的原理；第 5—8 章研讨水文地理学和导航术。卡彭特讨论了有一条西北通道存在的可能性问题。他探索了那些今天在美洲的而与亚洲的相似的动物种是怎么在诺亚方舟靠岸后到达那里的，如果有这样一条通道存在的话。不过他提出，可能原先就有一条陆地通路，后来"由于大洪水的侵犯"而切断了。第 9—11 章研讨了"土相学"，即描述了陆地——连带定义了各种类型景观——河流、山脉、峡谷、森林、"平原地区"、岛屿等等。第 12 章列述了历次著名的洪水泛滥和地震。其余第 13—16 章系论述对于国土的"国民的钟爱之情"。卡彭特在此试图把国家在地理情境和特征上的差异同居民的"肤色"和气质关联起来，但也承认这些还在某种程度上取决于教育以及"许多人的宗教和道德修行"。该书这部分的思想看来大都来源于博丹的《共和国》(*Republic*)。 390

瓦雷尼乌斯

比卡彭特更有启发意义的地理学论述见于德国医生和地理学家伯恩哈德·瓦伦或瓦雷尼乌斯(1622—1650)的《普通地理学》(*Geographia Generalis*)一书。瓦雷尼乌斯的书在作者于 28 岁死去的那一年在阿姆斯特丹出版，它在一个多世纪里一直是公认的权威著作。牛顿在1672年把该书修正增订出版，供在剑桥大学听他讲授地理学的学生使用。朱林于1712年又重印了一次，添了一个附录。1733年出版的达格代尔的英译本即以此版本为基础，但译本加强了支持哥白尼假说的论证，并用根据牛顿体系的解释取代瓦雷尼乌斯基于笛卡儿哲学所做的解释。

瓦雷尼乌斯把地理学定义为“混合数学的这样一个部分：它用天体的外表和其他有关性质来解释地球及其各个部分之取决于数量(即它的外形、位置、大小和运动)的状况”。可见，普通地理学不仅仅是描述地区；但它应当不包括政治体制的论述。瓦雷尼乌斯原来还打算再把人类地理学也包括进去，但还没来得及撰写，他就夭亡了。地理学知识所根据的原理有：(1)纯数学的命题，(2)天文科学，(3)经验和观察(这是主要的，因为地理学不是论证的科学)。瓦雷尼乌斯把普通地理学分成三个分支——绝对地理学(关于地球本身)、相对地理学(关于地球同宇宙其余部分的关系所引起的各种现象)和比较地理学(关于各个地方相互之间的关系)。这部著作相应地分成三册，每一册则又分成篇、章和命题。第一篇是上述关于地理学这门科学的**预备知识**，继之以选自初等几何和三角的有用命题，以及全世界各地所使用的主要长度单位的比较。第二篇论述下面几个问题：(1)地球的外形，带有关于地球球状的传统证明。(2)根据古代和中世纪应用过的几种方法确定地球的大小，这些方法全都依据从两个不同地点测得的一个天体或者一根杆的高度之差，或者依据测量一个已知高度的物体刚好消失在地平线下时的距离。(3)地球的运动及其在宇宙中的位置：支持哥白尼体系的论证。(4)地球的组成。瓦雷尼乌斯认为，万物由五种简单物质构成——水、油或磷、盐、土和“某种精，有人称它为酸，而它也可能是化学家的汞”(第7章)。他追随笛卡儿，认为这些各不相同的元素具有形状和尺寸不同的粒子，但质料相同。盐是把粒子黏结起来形成固体的元素。第三篇概述了各个主要陆地。大陆(包括澳大利亚大陆)用边界来定义，还列举了主要岛屿、半岛和地峡。花了好几章论述山脉，包括测量山高的方法。瓦雷尼乌斯推测包含海贝的那些山脉年代较近，它们是逐渐形成的：狂风把砾石吹起而堆积起来，后来这些砾石堆在雨水的作用下固结了起来。扼要描述了世界上各主要山岭、山脉、山峰、岬角、大山、矿藏、森林和沙漠。第四篇论述水文地理学，综述了各主要的海洋、海湾和海峡。有一章专门讨论了海洋是否到处都处于相同的水位，鉴于洋流的存在，人们怀疑水位是否到处相等。瓦雷尼乌斯认为，海湾和港湾可能低于邻接的海洋。他认为，人们所以长期以来没有用一条运河把地中海和红海连接起来，一个原因是由于害怕红海可能以从它流入(据推测比较低的)地中海的水将埃及淹没。至于海洋所以含盐，亚里士多德假想这是由于雨水吸收了空气中含盐的发散物而再把它们带下来之故。瓦雷尼乌斯认为，或者海洋从产生起生来就含有盐分，或者海水从海底的盐岩得到盐分，或者从海底土壤中取得盐分。如果像传说的那样，海洋在赤道附近最咸，那么这一定是因为热带海洋的(淡)水蒸发得比纬度高的地方为快，相应地留下了较多的盐分，同时纬度高的地方雨水的稀释作用也来得厉害；还因为咸水越热，味道越咸。而且，赤道附近的水比较热，因此将溶解并在溶液里包含较多量的盐分。不断接受河水的海洋

392

所以不会无限地上涨,是因为多余的水有一部分通过地下水道流回河流的源头,一部分变成蒸气升腾,后来又作为雨水降落在陆地上。书中对洋流作了全面的综述,用笛卡儿关于有一种涡动包围地球的假说来解释洋流和海潮。湖泊分成四种类型:(1)没有河流给水,也没有通过河流排水;(2)通过河流排水,但没有给水;(3)有给水,但没有排水;(4)既给水,也排水。第一种湖泊由雨水、泉水、溶融的冰或雪或者洪水维持;第二种由泉水维持;第三种通过蒸发或者渗入周围土壤而失去水分;第四种湖泊放出的水多于或者少于接受的水,视床底有水源还是渗坑而定。每种类型湖泊全都举出了例子。接着讨论河流,它们的成因归诸雨水或融雪(造成充溢的湖泊),或者归诸泉水。亚里士多德把泉水归因于地壳底下的空气产生水;其他作家将之归因于冷凝的蒸气或雨水集积在地壳内的蓄水槽或者说"水库"里,后者向所有河流供水。瓦雷尼乌斯倾向于认为,从海洋流失的水和河流供给它的水接近相等,而如此流失的水经过砂粒的过滤而失去盐分,等等。他认为,许多河床是人工建造的,而我们所以没有咸河,只是因为唯有淡水才值得开凿。然而,咸泉有许许多多,也有一些是热泉、冷泉、含沥青泉、石化泉、毒泉、彩色泉等,书中指出了它们的种类和性质。第五篇叙述了海洋所覆盖的区域在哪些条件下可能变为陆地,以及相反的情况;还说明了已经发生过这种变迁的各个地区。第六篇论述据认为由那些从地球升腾的各种发散物所构成的大气的现象。这一篇还包含有一幅风的分布图,后来首先由哈雷在 1686 年用他自己的图取代之;还有关于大气折射的理论和图表,以及怎样制作测试大气热量用的刻度空气验温器的说明。

393

《普通地理学》第2册论述数理地理学的各个部分，例如地球仪的应用；地球的各种圈和区域，以及确定纬度的方法；季节；时间；罗盘的制作，等等。第3册论述经度，以及根据所观察到的当地时间和某种天体信号（例如一次食）所预示的标准时间之差来确定经度的方法。这部著作在结束部分说明了制作地球仪和绘制地图的方法，还略述了船舶的制造、装载和导航等问题。

检

汉译世界学术名著丛书

十六、十七世纪科学、技术和哲学史

下册

〔英〕亚·沃尔夫 著

周昌忠 苗以顺 毛荣运

傅学恒 朱水林 译

周昌忠 校

商务印书馆

2016年·北京

目　　录

第十八章　生物科学：

394

一、植物学　二、动物学　三、解剖学和生理学　四、显微生物学

古代学术的复兴、地理发现旅行和印刷术的发明都给予生物科学以及数学和物理学以新的刺激。在文艺复兴之前的好几个世纪里，植物和动物的研究几乎完全从属于医学的兴趣。中世纪的整个气氛不利于为研究大自然而对大自然抱有兴趣。而对古典文献的新的接触促使恢复和激起纯博物学的兴趣，新一代的博物学家也逐渐出现，他们对生物现象怀有与实利目的无关的纯真的兴趣。为了地理发现和贸易目的而进行的大量旅行，也通过引入许多种前所未知的植物和动物品种而助长了这种趋势。这种对生物学研究的新的兴趣的表现之一是植物园和动物园的建立以及植物标本和解剖标本的采集，它们是这个新时代的特征。随着生物学研究材料的迅速增加，迫切需要某种系统的分类方法，使材料易于驾驭和便于研究。因此，人们长期以来一直为研究植物和动物的系统分类问题而努力不懈。同分类工作密切相关的任务是阐明种、属等等概念。同时，显微镜的发明又开辟了一个新的生物学研究领域。迄此由于尺寸太小而观察不到的微小有机体及其部分现在可以加以周密的研究了。最后，机械哲学在物理科学中取得的

惊人成功也对生物学家产生了不小影响；于是，不仅像笛卡儿那样的哲学思想家，而且像波雷里那样比较严肃的生物学研究者也纷纷试图建立一种生物力学，它把活有机体，甚至人体看做不过是自动机或者机器而已。

395

一、植物学

植物书

在近代之初，植物学的进展尤为引人注目。习惯上一向认为，提奥弗拉斯特、普林尼、第奥斯科里德已经对植物界作了详尽无遗的研究，所以人们言必称这三位先贤。当这重新唤起的对大自然的兴趣促使人们去直接观察周围的植物时，这个默契很快就被抛弃了。人们马上发现，有许多种植物是这些古人所不知道的，或者至少他们未研究过。因此，人们把兴趣集中在几种特殊的植物群上面，在所谓的**植物书**中对它们作了详尽的描述，并配以插图。随着木刻插图画艺术的发展，文字描述的技巧也在提高。虽然植物描述和图示艺术的这种进步本身乃是周密观察的结果，但它反过来又促进了周密注意细节的技巧进一步改进，结果是植物群的分类更加精确，植物间的亲缘关系也得到更好的了解。推动这种进步的主要研究者中，有布伦费尔斯、博克和富克斯，他们三人做了大量工作，表明不同的地理区域有不同的植物群，因而提奥弗拉斯特、普林尼和第奥斯科里德所知道的植物就不同于中欧的植物群。

植物园

在古代和中世纪已经出现了在专门的园子里栽培药用植物，而不到野外去采集的习俗。十四世纪时萨莱诺和威尼斯已有这种园子。但是，它们完全是为医术服务的。它们不是严格意义上的植物园。只是到了十六世纪中期，一些大学才把植物学作为科学的一个独立于医术的分支来研究，于是植物园便作为一个必不可少的植物学教学手段而出现了。帕多瓦和比萨两所大学率先置办了这种植物园。比萨的那个是美第奇家族出资办的，他还为这个植物园从东方搞来了一些植物和种子。富商科尔纳罗家族和莫罗西尼家族慷慨解囊在威尼斯也置办了一个类似的植物园，他们凭借全世界的关系而把它搞成了一个有代表性的植物库。意大利的榜样自然激起其他国家也对植物园发生兴趣。结果是在十六世纪里各个著名城市，例如蒙彼利埃、伯尔尼、斯特拉斯堡、安特卫普、尼恩贝格都出现了许多植物园。这些植物园有的附属于大学，有的属私人所有。也是在十六世纪里，流行起把植物压榨后再粘贴在纸上制成植物标本的风尚。 396

克鲁西乌斯和洛贝利乌斯

近代初期最伟大的植物学家是安特卫普的克鲁西乌斯或勒克鲁斯(1525—1609)。荷兰当时一般地在商业和工业方面以及尤其在园艺方面已享有重要地位。克鲁西乌斯曾在维也纳度过几年，掌管帝国公园；他还研究匈牙利的自然史。他最后就任莱顿大学的自然史教授。他对法国、西班牙和葡萄牙做过一次科学考察，并于 1576 年发表了对这个半岛上的罕见植物群的记述。1583 年,他发表了关于东欧的罕见植物群的论著,其中搜集了他在奥地利和匈牙利的研究成果。1605 年,他发表了对勒旺岛和印度的植物的描述。他的描述总是配以精美的插图。当然,他的事业只是在其他旅行家和研究者的帮助下才得以维持。他最主要的合作者是马蒂亚斯·德·洛贝耳或洛贝利乌斯(1538—1616),今天某些供观赏的花卉(Lobelias)〔半边莲属〕就是纪念他的名字。他出生于荷兰,终老在英国。他在英国掌管伊丽莎白女王和詹姆斯一世国王在位时的皇家公园。洛贝利乌斯表现出对植物的天然亲缘关系有一定的识别能力。他辨认出了禾本科植物、百合属植物和兰科植物等天然类群。但是,由于他把叶子的形状作为划分的基础,结果作了一些错误的分类,例如把蕨类植物和某些单子叶植物划归同一类群。

马蒂奥利

当中欧的植物学家忙于考察他们环境中的植物群时,十六世纪的意大利植物学家主要还在从事对古代植物学论著的解释工作。然而,他们很快就发现普林尼和第奥斯科里德只提到了为数很少的意大利植物。于是,意大利特别是北意大利的植物学家也转向注意研究当地的植物群。他们特别注意南阿尔卑斯山,例如蒙特巴尔多地区的石灰质地层的异常丰富的植物。十六世纪的意大利植物学家中间,最杰出的是皮埃特罗·安德列·马蒂奥利(1501—1577)。他是最伟大的第奥斯科里德著作评论家,在鉴别古代著作家所提到的植物方面表现出卓越的洞察力。但他不只是个书呆子。他还是个敏锐的观察者和热心的搜集者。他以关于大量

397

新的植物品种的知识丰富了植物学这门科学。他的《评第奥斯科里德》(*Commentaries on Dioscorides*)(1544年)产生了广泛的影响。

博欣

植物学的这些新趋势在博欣的著作中达到顶点，他提出了一种植物的自然分类法来取代当时习用的那种极为粗浅的人为分类法。卡斯帕尔·博欣(1560—1624)出生于巴塞尔，一度在帕多瓦大学当法布里修斯的学生，研究德国、意大利和法国的植物群。他发现过许多新的植物品种。但是，他对植物学作出的更为重要的贡献是：对各种各样植物作了详尽无遗的特征扼述；提出了双名命名制；按照植物的相似性对它们分类：清理了到那时为止植物学家们所使用的不计其数的同物异名。这最后一项可以首先来讨论。如同上面已经指出的，对植物学兴趣的复兴，导致发现大量植物学家以前所不知道的欧洲和非欧洲的植物。事实上，新的植物在数量上大大超过古人所知道的和描述过的植物。这些新植物的命名没有任何一致的或者公认的指导原则。有时纯属武断地把旧名称用于新植物。于是，不同著作家往往用不同的名称于同一种植物，以及用同样的名称于不同的植物。结果造成了语言上的混乱，而这似将阻碍一切进步。博欣的伟大功绩在于他在1623年发表了他的一部有关植物之同物异名的详尽专著(*Pinax theatri botanici*, *Basel*)，从而结束了这种嘈杂紊乱的局面。在这部著作中，他研讨了各个植物学家所应用的全部纲名，涉及他所知道的大约六千种植物，从而使得植物学讨论能够明确清楚地进行，人们彼此能相互理解。这本书在三百多年后的今天仍在植物学文献中占有重要地位。然而，博欣不只是纠正了前人和同时代人造成的混乱。398 他还为植物命名和描述的方法树立了一个楷模，由此避免了植物学文献中将来重新再出现类似的混乱。他发展了非常简洁明了的描述植物的技巧，他所提供的植物特征的简述使人们能够很容易地证认出植物。每个描述尽管十分简短，但包括了所论植物的每一部分。植物形状和尺寸、其根茎的分布、叶子形状、花、果实和种子的性状——所有这一切只用大约二十行以内的字句作了精当的描述。而且，他还审慎地区分开了属和种（纲及其亚纲）。每个种通常都给予一个由属名和种名构成的双名，例如 *gramen caninum*（匍匐冰草？）、*lilium album*（白百合）、*ranunculus montanus*（山毛茛）。双名命名制（纲名制）后来为林奈加以完善。

博欣按照植物在全部主要特征上的相似性来对植物进行分类，这隐含地表明他比洛贝利乌斯的分类法更进一步地认识到植物之间的亲缘关系，但是他用以命名和协调各种植物类群的方法还不够清楚明确。像洛贝利乌斯一样，他首先把禾木科植物作为最简单的开花植物。接着他研讨百合属植物，然后是最重要的草本植物、隐花植物，最后是乔木和灌木。像洛贝利乌斯一样，博欣也没有认识到蕨类植物的独特性状。当然，他的分类有时是错误的，例如他把显花的（开花的）浮萍和藓类植物归于一类，或者把海绵和海藻归于一类。但是，有鉴于下述事实，这种错误是在情理之中的：显花的和隐花的（无花的）植物直到很久以后才为人们所认识，而 zoöphyte〔植物动物〕的性状也是直到十八世纪才为特伦布利所发现。博欣花了四十年时间写作这部伟大著作，在它出版后一年即 1624 年死去。

舍萨平尼

同上述走向植物自然分类的趋势相反，意大利植物学趋向人为分类，它在一定程度上采用按照亚里士多德逻辑的先验划分方法，主要注意植物果实的性质。这种分类法的主要优点是对于各种实用目的很为便利，而比较自然的分类法虽然比较合乎科学，但不怎么适合于实用目的。当时最杰出的意大利植物学家是安德列·塞萨平尼或舍萨平尼（1519—1603），他的著作《论植物》（*On Plants*）于 1583 年发表。这部著作所描述的各种植物，在两个重 399 要方面不同于普通植物书中的介绍。首先，舍萨平尼并不局限于说明一种植物的习性，而是还详细地描述它的各个部分，特别注意它的传粉器官。其次，这些描述还以对植物一般本性的哲学考查为导引。这部著作第一册的引言中所提出的这些理论考查的各个主要原则都带有亚里士多德派的倾向。植物只赋予那种为营养、生长和繁殖所必需的灵魂，因此它们的器官远比还能够运动和感觉的动物为简单。植物性或者植物灵魂的功能是利用营养维持个别植物，利用繁殖延续物种。因此，一棵植物有两个部分：借以获取养料的根（养料据认为已消化在土壤中）；支承果实的茎。他选择果实作为他进行分类的基础，因为果实的性状显得比根更为稳定。有些低等植物例如地衣和蕈似乎没有受精器官，因此舍萨平尼也依着亚里士多德认为，这些植物是从腐败物质中通过自生而产生的，因而它们所需要做的只不过是摄取养料和生长。它们标志着从无机界向完全植物的过渡阶段，正像植物和动物之间的过渡阶段一样。

舍萨平尼对十七和十八世纪的植物学发展产生很大影响，他的观点在林奈的工作中发展到顶点，后者从根本上完成了基于人为分类法的系统植物学之发展。

荣吉乌斯

在十七世纪里，科学的植物形态学产生了。吕贝克的约阿希姆·荣吉乌斯或荣格(1587—1657)沿着这个方向迈出了第一步。他在帕多瓦大学学习，最后在汉堡定居，当一所学校的校长。荣吉乌斯信奉德谟克利特的原子哲学，积极而又能干地提倡自由的科学探索。他生前没有发表过任何东西。但是当他的著作在他死后问世时，立即不仅在德国，而且还在英国和瑞典都产生了影响，雷和林奈分别在这两个国家对这些著作给予高度的评价。事实上，雷在1660年已经读过有些荣格著作的手稿。荣吉乌斯最主要的植物学著作(*Isagoge phytoscopica*，1678)完成了两件事情。第一，它创造了一套适合描述植物各部分和过程的科学术语。这种术语今天已证明是合适的，至少有一部分还沿用到了今天。例如，一些用来表述各种花序名称的术语目前仍在应用：*spica*〔穗状花序〕(直接从茎生长的花丛)、*panicula*〔散穗状花序〕(疏散的花丛)、*umbella*〔伞形花序〕(从茎的同一高度处长出的花丛)、*corymbus*〔伞房花序〕(从茎的不同高度处长出的花丛)和许多其他花序，这些术语的现行定义都溯源于荣吉乌斯。其次，荣吉乌斯率先注意茎生叶随着其离地面距离的增加而发生的形状变化。他还明确地区分开并命名了单叶和某些复叶，后者常被误认为是枝。并且，荣吉乌斯还十分完备地描述了花的形态，虽然他并不知道植物的这种性征的本质。根据花的形态不同，他明确地划分开这样一些类别：*compositae*（雏菊科）、*labiatae*（唇形科）和 *leguminosae*（豆科）。他对植物形态学的各个基本概念所作的清晰的阐明，也帮助了更好地对植物进行分类。气味、口味、颜色、药效等特性以及类似的次要属性，荣吉乌斯都一概不予考虑，因为它们不适用于植物的科学分类；他对当时仍在流行的把植物分成乔木、灌木和草本植物的习惯嗤之以鼻。他的命名法主要仿照博欣提出的那种双名制。

莫里森和约翰·雷

罗伯特·莫里森(1620—1683)和约翰·雷(1628—1705)这两位英国植物学家把博欣和荣吉乌斯的工作向前推进了一步。莫里森对博欣的著作做了彻底的批判，指出了他的分类方法中所存在的各种错误。1672 年，他发表了一部关于伞形花序(欧芹科)的著作。这似乎是第一部详细研究一类植物的长篇专著。在这部书中，他对伞形花序植物又按照它们果实的性状作了一系列的迭分。约翰·雷效法博欣，把他那个时代的所有植物学知识汇编成一部包罗万象的著作《植物史》(*Historia plantarum*，1684—1704)，其中述及一万九千种植物，分成一百二十五个纲或者类。这部著作的形态学部分紧密遵循荣吉乌斯所奉行的路线。雷的工作所以值得一提，是因为它第一次列举了重要的植物自然类群或者目。首先是藻类、藓类、蕨类和海洋植物(包括海藻和植物动物)等不完全植物。开花植物划分成单子叶植物和双子叶植物。单子叶植物中，禾本科植物研究得最透彻，按总的性状进行了系统的分类。棕榈、百合科和兰花都归入单子叶植物。*labiatae*〔唇形科〕、

401

leguminosae〔豆科〕和 *compositae*〔雏菊科〕都已在雷之前证认出。然而，*cruciferae*〔十字花科〕、*rubiaceae*〔茜草科〕、*asperifoliae*〔勿忘草科〕和其他各种植物科都在这个系统的植物分类制中占有指定的位置。

里维努斯

莫里森和雷认为把果实的性状作为开花植物的分类基础非常重要，但是德国植物学家里维努斯(亦名巴赫曼，1652—1725)却宁肯注重花瓣的数目和连接。里维努斯还采取了添加一个适当的专门形容词的方法而把属或者较宽的纲的名称纳入种或者亚纲之中，后来林奈把这种做法系统地贯彻到底。

土尔恩福尔

这个时期法国最伟大的植物学家是 J. P. 德 · 土尔恩福尔(1656—1708)，他是植物园的教授(从 1683 年起)，以研究希腊、北非和小亚细亚的植物群著称。像里维努斯一样，他也根据花冠的性状对开花植物进行分类。他因而区分开带花瓣的(有瓣的)植物和不带花瓣的(无瓣的)植物；有花瓣的植物又分为单个花瓣的(合瓣的)植物和多于一个花瓣的(离瓣的)植物。他归于合瓣植物的有 *campanulaceae*〔钟状植物〕(风铃草等等)和 *labiatae*〔唇形科〕，它们的花冠是单一的；他归于离瓣植物的有 *cruciferae*(十字花科)、*rosaceae*〔蔷薇科〕(蔷薇花等等)、*papilionaceae*〔蝶形植物〕(荆豆、三叶草等等)。把这些区别同别的区别例如分为乔木、灌木和草本植物这种通常的区别相结合，土尔恩福尔建立起了一个有 22

个纲的系统。这个人为的系统主宰了十八世纪头几十年里的植物学，直到为林奈提出的分类法所取代。就一个方面来说，土尔恩福尔的工作是反动的，因为他的分类法没有像应该的那样认识到某些综合的自然类群，即隐花植物、单子叶植物和双子叶植物。 402

二、动物学

动物学的情形和植物学相仿。地理发现旅行等活动揭露了古代动物学论著所没有提到的许多事实，这激发了人们独立地观察和研究事实的欲望。新动物学的先驱是格斯内和阿德罗范迪。

格斯内

康拉德·格斯内(1516—1565)是瑞士博物学家。他居住在苏黎世，但他设法以某种方式同全欧的科学工作者保持密切联系。他关于动物学的著作(*Historia animalium*，1551—1587)足足有对开本的五大卷，完备地(如果不是系统地)记叙了他那个时代所知道的一切动物，从而为动物学的进一步发展提供了材料。他的描述明确而又清晰，并且配有大量插图，有些图颇有独到之处，许多图均给人以深刻的印象。对自然界的新的热衷态度在格斯内身上表现得非常显著，他对植物和动物都感兴趣，还对山岳表现出当时罕有的喜爱。

阿德罗范迪

乌利西·阿德罗范迪(1522—1605)是意大利同格斯内对等的

人物。他出生于波洛尼亚。1567 年他在那里建立了一个植物园，任首任园长，后来舍萨平尼继任第二任园长。像格斯内一样，阿德罗范迪也试图写作一部关于动物学的百科全书式著作。1599 年，他发表了一部三卷集的研究鸟类的著作。1602 年，他又发表了关于昆虫的著作。他的全部著作有十三卷之多。阿德罗范迪对动物生活的描述不如格斯内全面；但他比较注意以解剖学的考虑作为分类的根据，从而大大接近于科学的动物学。

沃顿

在格斯内著作的第一卷出版的翌年，而在阿德罗范迪著作问世好多年之前，一个英国动物学家试图对动物进行比他们两人都更为有系统的分类。这就是牛津大学的医生和博物学家爱德华·沃顿。1552 年，他发表了一部拉丁文著作《论动物的差异》(*On the Differences of Animals*)，他在书中概述了动物机体及其各个部分，并根据自然亲缘关系，基本上采取亚里士多德的动物分类方法对动物界作了全面的考察。

403

贝隆和朗德勒

法国博物学家贝隆(1518—1564)和意大利的朗德勒(1507—1566)两人是古典动物学的评注家。他们两人都试图根据亲身观察来证实古人描述的形态，为此他们重新考察了地中海区域的动物群。他们关于这个专题的书纯属动物志性质，因为他们所描述的那些动物的自然分类或者亲缘关系的问题尚未着手研究。贝隆关于他在地中海考察的结果的书发表于 1553 年，《鱼的历史》(*A History of Fish*）发表于1551年，《鸟类的历史》（*A History of Birds*）发表于1553年。朗德勒集中研究地中海的海洋动物，于1554年发表了他的著作《水生动物》（*Aquatic Animals*）。

在他的《鸟类的历史》中，贝隆比较了一只鸟的骨骼和一个人的骨骼（图198）。然而，除此之外，他或者他的博物学评注家同行都没有继续使用这种已为亚里士多德所使用过的比较的研究方法，他们也没有试图根据这种方法进行分类。相反，像普林尼那样，他们在排列次序上仅仅追求方便和遵从大众的习惯。因此，贝隆在他的《鸟类的历史》中研讨蝙蝠；朗德勒的书《水生动物》则把诸如甲壳纲、软体动物、鲸、海豚和鱼这些各不相同的类型放在一起描述。

404

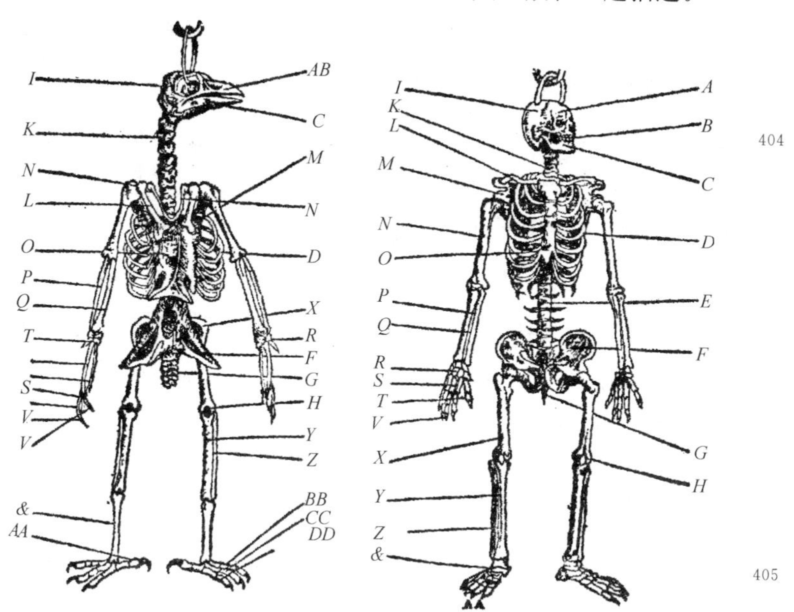

405

图198—鸟和人的骨骼的比较。
对应的骨头用同样的字母指示

维萨留斯

与此同时，解剖学的研究也在取得进展。在整个中世纪里，解剖学研究受碍于禁止或者反对解剖，因而始终未取得进步。在不能直接观察人体结构的情况下，医学研究者和其他生物学家不得不主要依靠引经据典，主要是盖伦的著作。然而，解剖的机会逐渐地虽然是缓慢地来临了。在十三世纪，开明的皇帝弗里德里希二世对解剖学研究发生兴趣，并允许解剖人的尸体。在随后的几个世纪里，为了医学和纯粹科学的目的，这种解剖进行得越来越频繁。及至十六世纪，解剖学的研究终于从仅仅仰赖盖伦的权威而正确地转移到依据直接观察。解剖学的这种新的科学研究的奠基人是比利时的维萨留斯(1514—1564)，他的工作将在下一节里论述。他于1543年出版的《论人体构造》(*On the Structure of the Human Body*)是一部革命性的著作。通常对微观宇宙和宏观宇宙的想象以及对人体和天体或者宇宙其他部分的各个部分之间的类似和联系的那些徒劳的探索，在这部伟大著作中都只字未提。相反，对人体及其各个部分的实际构造却都作了清晰而又注重事实的描述；今天，人们不时通过同低等动物相应部分的比较来阐明这种描述。

406

约翰·雷

动物学的进一步发展沿着多少跟植物学相似的路线进行。人们广泛收集新的研究材料，并仔细地加以观察和描述。专门化发展到了这样的程度：各别研究者有时仅满足于详细研究某一类动物。这样，到了十七世纪中期，分别论述巴西和东印度群岛动物群的专著问世了。像植物学一样，动物学也经历了收集材料的时期代之以系统分类的时期这种变迁。这种相似部分地是由于至少在某种程度上，同一些研究者既对植物学也对动物学的研究发生兴趣，他们试图在这两个领域里都进行系统的分类。约翰·雷尤为如此，他在植物学方面的工作上面已经提到过。

约翰·雷对大不列颠、法国、德国和意大利的动物群和植物群都做过仔细的研究。1693 年，他发表了《四足动物分类纲要》(*Synopsis methodica animalium quadrupedum*)，我们在这书中看到最早的对动物的真正的系统分类。雷开始时先按亚里士多德把动物划分成有红血的动物(脊椎动物)和无红血的动物(无脊椎动物)。脊椎动物然后又分成通过肺呼吸的动物和通过鳃呼吸的动物(即鱼)。前者又分成胎生动物和卵生动物(爬行动物、鸟类)。胎生动物又按其牙齿或者脚趾的性质再分类。于是，例如他把有蹄的动物(有蹄动物)和有爪的动物(有爪动物)区别开来。有蹄动物又分成具有单蹄、双蹄和四蹄几种；而有爪动物又分成两爪的和五爪的等等。并且，雷还最早提出关于生物学"物种"之本质的明确概念。在他的《植物史》(*History of Plants*)(1686 年)里，他断言："不同物种的形态始终保持它们的特殊本性，一个物种不会从另一个物种的种子里生长出来。"这个物种概念为林奈所采纳，林奈还汲取了雷的动物分类制的精华。然而值得指出，雷本人与大多数十八世纪生物学家不同，他不认为物种的本性固定不变。因为在上述关于物种的论述之后，雷接着补充说："虽然这种物种统一性的标志是相当固定的，但它不是不可改变的，也不是一贯可靠

407

的。”除了对系统生物学的贡献而外，雷还由于他认识到化石实际上就是已灭绝动植物的石化遗骸而赢得荣誉。

三、解剖学和生理学

甚至在近代之初，生物学家已经不囿于只注意活有机体的外部特征，而已试图弄清楚它们的内部机构以及它们的发展。这种倾向随着时间的推移愈趋显著，尤其是当显微镜使人观察到许多前所未知的有关动植物各个部分的结构和功能的事实之后。而且，在当时带有明显机械论特征的物理科学的日益增长的影响下，生物学家也试图按照力学定律来解释活有机体的运动和活动。不过，这个时期里最为重要的解剖学和生理学发现都同血液循环有关。为了恰当地评价这些发现，需要对它们所破除的那些观念有一定的了解。

在许多世纪里，马可·奥里略皇帝的御医盖伦（130—200）的解剖学和生理学观点一直被奉为公认的权威。甚至近代之初的革命派也不能完全摆脱盖伦的影响，因此变革姗姗来迟。盖伦关于心脏和血管的见解这里简述如下。血液在肝脏中形成，被赋予“自然灵气”；血从那里通过静脉流到身体各个部分，再通过同一些静脉流回肝脏——这种运动酷似潮水的涨落。心脏的右心室是静脉 408 系统的一部分。进入右心室的血液，在把它含有的杂质释放到肺里以后，大部分又回到肝脏，其余部分则透过多孔壁（即瓣膜）而进入左心室，在那里同来自肺的空气相混合，转变成一种更为精细的物质，称为“活力灵气”。这些活力灵气通过动脉传送到身体各个部分包括脑。进入脑的活力灵气在那里精炼成“动物灵气”，神经（想象为空心的管子）把它们遍布整个人体。这各种各样“灵气”的捉摸不定的、半物质和半精神的状况给处于困境的医生带来便利，但对医学科学的进步造成了障碍。

厌恶独尊的权威，嫌弃唯经典是从而崇尚对事实作客观的研究，这些都象征着近代的曙光。这两种倾向支持对盖伦的观点作批判改造。带来这些变革的人主要是维萨留斯、塞尔维特、法布里修斯和哈维。变革是缓慢而逐渐地进行的，因为这些改革者那么深沉地迷恋于盖伦的思想，以致他们无法完全放弃这些思想；但是变革终究来临了。中世纪普遍厌恶直接研究自然现象，因而趋向依赖书本的权威。这种状况在血液循环问题上也许比在解剖学和生理学领域里更为显著。因为在这个领域里，宗教或道德的顾忌和某种厌恶感联合起来反对直接研究动物机体，尤其是人体。因此，亚里士多德和盖伦的权威几乎是至高无上的。然而，这种状况迟早必定要终结，即便仅仅因为这些研究同医学和医治人体继承的成百上千种疾病之取得成功有密切关系。所以，从十三世纪起，解剖人体的做法逐渐明显地恢复。在十四世纪里，这种直接研究人体解剖学的做法在一定程度上已经成为意大利各个医学流派的习惯。十五世纪出现了一切时代最伟大的解剖学家之一列奥那多·达·芬奇。他的750幅解剖素描是他在这个工作领域的天才的明证。1489年，他实际上计划写一部关于人体的专著。但不幸的是，这个计划没有实现，他的解剖素描也直到十九世纪末二十世纪初才发表。即使没有发表之便利，列奥那多可能也已对人体解剖学的发展产生了影响。不过，实际上是维萨留斯复兴了对解剖学的直接研究，发起了对生物科学领域里的独尊权威进行攻击，引入了新的方法和仪器以有效地进行解剖学和生理学研究。

409

维萨留斯

安德烈亚斯·维萨留斯（1514—1564）出生于布鲁塞尔，在那里以及卢万、巴黎和帕多瓦等大学求学。他于1537年任帕多瓦大学的解剖学教师。维萨留斯打破当时由没有专门技能的理发师外科士作解剖示范的惯例，他亲自给学生展示人体的各个部分。虽然他和学生所使用的是盖伦的权威教科书，但他仍毫不犹豫地在所考察的实际人体上指出同盖伦著作相矛盾的地方。1543年，也即哥白尼的革命著作问世那年，维萨留斯发表了他的伟大著作《论人体构造》（*De humani corporis fabrica*）。这部书当然遭到了非难。维萨留斯于是不得不离开帕多瓦去西班牙，在那里他先后当了查理五世皇帝及其继承人菲利普二世的御医。他逐渐对宫廷生活感到厌倦。1563年，为了离开西班牙宫廷一段时间，他去耶路撒冷朝圣，途中又重访帕多瓦。在从巴勒斯坦返回时，他得了病，遂在赞特的爱奥尼亚群岛登岸，不久就

图199—安德烈亚斯·维萨留斯

病死在那里。

和哥白尼的著作同年发表的维萨留斯的伟大著作《论人体构造》也是一部划时代的著作，但范围比哥白尼的天文学著作狭窄；正因为它在影响人的世界观方面没有那么深远，所以它产生影响比较快。这部人体解剖学的伟大典籍并不怎么革命，虽然它也遭到非难。论述的程序基本上仍沿袭传统的做法。首先论述骨骼，然后依次是肌肉、血管、神经、腹部和胸部内脏，最后是脑。主要思想基本上也是传统思想。其中有亚里士多德的观点：食物在腹腔中烹调，呼吸使血液冷却；也有盖伦的观点：心脏和肝脏在维管系中起作用，等等。这部书最有独创性的部分也许是最后一章，他在其中介绍了他的活体解剖方法。他用的方法和器械都是新颖的、划时代的。它们在很大程度上仍是现代解剖技术的基础。不过，他在解剖学的细节方面作出了许多发现，抛弃了几百个过去的错误。而且，维萨留斯特别重视他著作中的插图，而这正是解剖学和生理学研究中的一个特别重要的

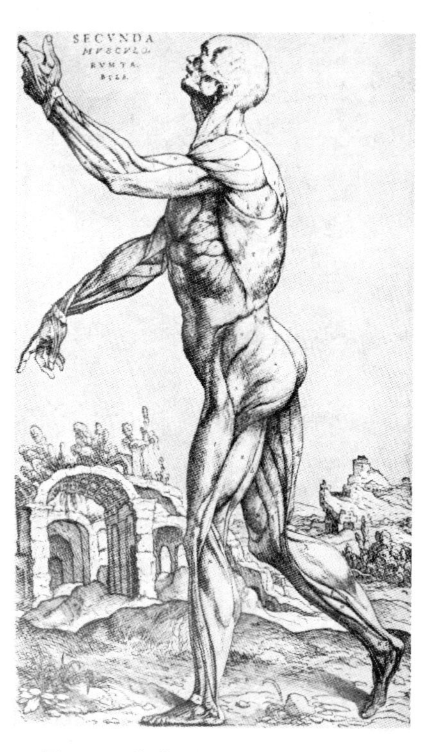

图 200—维萨留斯绘制的一幅图版
（人体的肌肉）

410

问题。蒂先的一个有才华的门徒在维萨留斯的指导下所绘制的一些图版,今天看到它们的人仍然叹为观止。在维萨留斯纠正的盖伦的许多错误中,有一个我们现在特别感兴趣。如上所述,在盖伦看来,两个心室之间的中膈或者说壁是多孔的,因此一部分血能够透过它而从右心室跑到左心室。维萨留斯断然拒绝这个思想,他说:“在我看来,心脏的中膈跟心脏其余部分一样厚实致密。因此,我无法想象哪怕是最小的微粒怎么能够从右心室通过中膈到达左心室。”而且,他画的门循环的略图也表明了动脉和静脉的微细端末在人体组织内那样密切接近的情形,并且他对门静脉和腔静脉的说明也是十分清楚地指出,“这些静脉的最微小的支脉都彼此联合,在许多地方看来还结为一体而呈连续状”,以致人们不禁感到奇怪,他怎么没有猜测到血液是循环的。然而,他毕竟没有猜测到。迈出认识血液循环的下一步的是塞尔维特。

塞尔维特

迈克尔·塞尔维特(1511—1553)是西班牙阿拉贡地方的人。他在巴黎大学就学,和维萨留斯是同学。他因狂热拥护唯一神教派而同新教和天主教这些当权的教派冲突。他逃过了异端裁判所的法网,但落入了加尔文的魔掌,加尔文后来把他处以火刑,他的《基督教的复兴》(*Restitution of Christianity*)也一起悉数付诸一炬。正是在这部著作中,塞尔维特连带阐述了血液的肺循环即小循环学说。其中一个重要的段落写道:“我们为要能够理解血液为何就是生命所在,那首先就必须知道由吸入空气和非常精细的血液所组成和滋养的那活力灵气是怎样产生的。活力灵气起源于左心室，肺尤其促进其形成；它是一种热力所养成的精细的灵气，浅色，能够燃烧……。它是由吸入的空气和从右心室流向左心室的精细血液在肺中混合而形成的。这种流动不是像一般所认为的那样经过心脏的中膈，而是有一种专门的手段把精细血液从右心室驱入肺中的一条直通道。它的颜色变得更淡，并从肺动脉注入肺静脉。在这里它同吸入的空气相混合，其中的烟汽通过呼吸清除

图 201—迈克尔·塞尔维特

411

掉。最后同空气完全混合，并在其膨胀时被左心室吸入，这时它就真成为灵气了。"塞尔维特的书只有二三本幸存下来，因此很难估价这些有关中膈不可透过性和血液从心脏右边通过肺循环到左边的新观点所产生的影响。帕多瓦的吕亚尔都斯·哥伦布（1516—1559）在1559年也表示过类似的观点。哥伦布未提及塞尔维特的这部宣传左道邪说的著作，但这并不证明他不知道这部著作。非常可能的是，如果塞尔维特没有浓厚的神学意识，或者如果加尔文不是那样狂热，那么，系统血液循环学说和随之而产生的一切生理学进步本来可能要早半个世纪出现。

图 202—哲罗姆·法布里修斯

法布里修斯

法布里修斯又迈出了朝向完全发现血液循环的一大步，他发现了静脉中的瓣膜，但是他不完全明白它的作用。哲罗姆·法布里修斯(1537—1619)出生于阿夸彭登特的托斯卡村。他在帕多瓦大学教了64年书，对生物科学，尤其是胚胎学和肌肉活动力学作出了许多重要贡献。1603年，他发表了著作《论静脉瓣膜》(*On the Valves of the Veins*)，他在书中描述了静脉内壁上有小的薄膜，它们朝心脏的方向打开，但朝相反方向则关闭。他指出，如果在肘部上面把一条手臂绷起来，那么静脉就肿胀，而瓣膜突起成“结”或者突隆。他这样解释这种现象：瓣膜阻滞了血液的流动，以使组织能够有时间吸收必需的养料；瓣膜还防止血液流动极不规则，否则可能使养料全部为身体的一个部分所吸收。他没有看到瓣膜的真正作用是影响血液循环本身，因为他仍然师承盖伦而相信，血液运动是一种涨落，静脉把新鲜血液从肝送到组织，把陈旧的血从组织带回肝脏。真正的解释是法布里修斯的一个学生哈维发现的。

哈维

威廉·哈维(1578—1657)出生于福克斯通,在剑桥大学受教育。1597年,他去到帕多瓦大学,在法布里修斯指导下学医,直到1602年。值得指出的是,哈维在帕多瓦就学期间,伽利略在那里任教。1602年,哈维定居伦敦开业行医,最后弗兰西斯·培根也成了他的私人病员。1607年,哈维被选为皇家医学院院士。两年以后他任圣巴塞洛缪医院的内科医生,1615年任皇家医学院的解剖学讲师。1616年即莎士比亚去世那年,哈维在学院讲授了第一门课程,其中已经概略地勾勒了他的血液循环理论的大纲,虽然他的书《论心脏和血液的运动》(*On the Movement of the Heart and the*

412

图 203—威廉·哈维

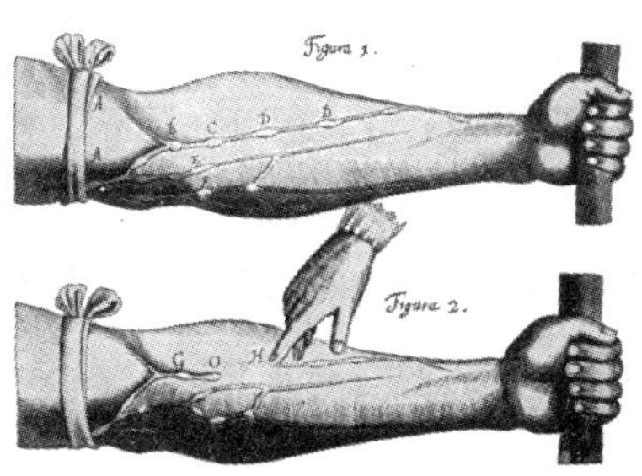

前臂正面的静脉
(哈维的《练习》(*Exercitatio*)
中的一幅插画)

Blood)直到1628年才发表。1632年,他被任命为查理一世国王的御医,因而在后来的内战中遭了殃,住宅被洗劫,手稿、图表和收藏的解剖标本都被毁掉。1648年国王投降以后,哈维返回伦敦,过隐退的生活。1651年,他发表了著作《论动物的发生》(*On the Generation of Animals*)。三年以后,皇家医学院表示要他当院长,但他谢绝了,虽然他遗嘱把他的财产捐赠给该学院。他被认为是这个机构的光荣,还在他生前就在学院大厅里竖立了他的塑像。

在他给《论心脏和血液的运动》这本书写的《序言》中,哈维表达了维萨留斯和伽利略所代表的新时代精神。他说道:“我信奉不是从书本,而是从解剖来学习和教授解剖学;不是从哲学家的观点,而是从自然结构来学和教。”然后他批驳了有关心脏、动脉、静脉和血液等问题上的流行的错误观点,解释和论证了他自己的系统血液循环观点。

哈维的一些最重要的观点可以简述如下。心脏是一块中空的肌肉,它的特征运动是挛缩(收缩),继之以被动的扩张(舒张)。收缩把在心脏扩张期间进入心脏的血液从心脏排出;这些收缩的规则重复使血液保持在血管中运动。这种机械的解释立即就驱除了各种“灵气”,人们通常都乞灵于它们来解释血液的运动。其次,心脏在半小时里所推动的血液之数量超过整个人体在任一时刻所包含的全部血液,如果不是设想从心脏排出的血液在相当短暂的时间里返回心脏,这一点就不可能得到合理的解释。有充分的观察和实验证据表明,血液一刻不停地做连续循环运动。血管系统中的各种瓣膜保证这种运动沿一个方向进行。剖切和结扎的放血实验表明,动脉中的血总是沿离开心脏的方向流动,而静脉中的血总

413

是沿朝向心脏的方向流动,因此有理由认为,血液从心脏到动脉,从动脉到静脉,再从静脉回到心脏连续地循环,如此流动不息,直至生命结束。

附图(图 204)有助于我们认清人体全部血液怎样循环。

心脏有四个腔,即两个心房和两个心室。当左心室收缩时,其中的血被推动通过瓣膜而进入称为主动脉的大动脉。从那里它通过较小的动脉等等,直至进入静脉,然后通过称为腔静脉的大静脉进入右心房。当这心房收缩时,其中的血被推动通过瓣膜而进入右心室,再通过肺动脉进入肺。血液从肺通过肺静脉进入左心房,由此再次进入左心室;这整个循环过程重复进行。可见,人体中的全部血液沿着图示的方向循环:只对这个方向打开的瓣膜阻止血液沿相反方向流动。这就是哈维的血液循环概念。

哈维的血液循环理论不无缺陷;但这些缺陷大都在十七世纪里得到弥补。例如哈维不知道动脉的末端和静脉末端连接的确切情形;但在 1660 年,马尔比基观察到血液流过连接这两类血管的毛细血管,这个发现后来又为列文霍克所证实和扩充。另外,哈维还多少墨守血液是由肝脏用所消耗的食物通过某种方法制造出来的这种陈见,不过他对这个问题的认识还比较模糊。1651 年,让·佩克表明乳糜(一种乳液)怎样由乳糜管导入胸导管,由此再通过颈静脉和锁骨下的静脉两者在颈跟处的接合部而进入血流。约过了一二年,乌普萨拉的鲁德贝克和哥本哈根的巴塞林发现了淋巴管,这种导管系统类似乳糜管,但它们所包含的液体(淋巴液)是无色的,这种液体被排入静脉。1659 年,弗兰西斯·格里森详细说明了肝、胃和肠的解剖学。1656

年，托马斯·沃顿仔细说明了胰腺、肾、甲状腺和其他各种腺体。他拒绝笛卡儿认为松果状腺体是灵魂之居处或者器官的观点，而坚持认为它仅仅排出脑所产生的废料。1664年，托马斯·威利斯发表了对神经的实验研究，表明了它们对心和肺的影响。所有这些发现都从某一方面帮助人们对血液循环理论有新的认识，并且大大扩充了这个理论的范围，提高了它的重要性。最后，虽然哈维对血液在肺中所经历的变化还没有确切的认识，但玻意耳、胡克、洛厄和梅奥等人的化学工作(见第十五章)在一定程度上澄清了这个问题。不过，对这种变化的完备解释直到拉瓦锡时代才找到。

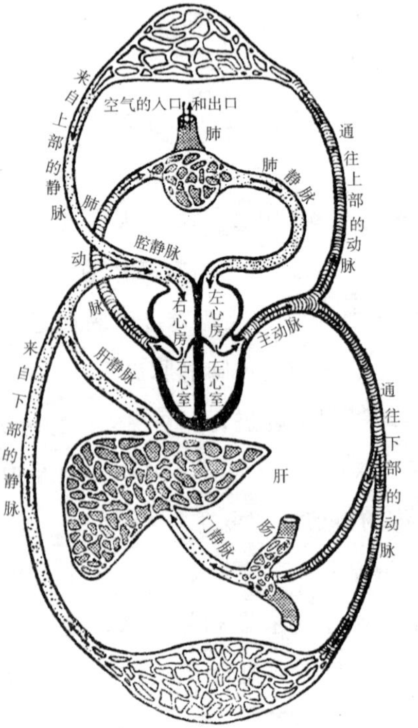

图 204—血液循环的示意图〔采自 C. 辛格的《血液循环的发现》(*Discovery of the Circulation of the Blood*)〕

如上所述，哈维还写过胚胎学方面的著作。他的著作《论动物的发生》因提出下述学说而闻名：“一切动物甚至包括人自己在内的生殖活幼仔的动物，都是从一个卵子进化来的。”(或者简而言之：*Omnia ex ovo*〔万物皆来自卵〕)。不过，虽然这本书里有迹象表明,已做了非常耐心的观察,进行了深入的思考,但质言之它基本上仍属于亚里士多德的体系,因而其立足点与《论心脏和血液的运动》这部专著大相径庭。这部专著所达到的最高成就是提出了这样的理论:全身的血液由于心脏之类似泵的作用而通过血管系统进行循环。这标志着生理学史打开了一个新纪元,因为这个理论产生了深远影响,开辟了一个新方向,沿此方向人们对健康和患病人体的构造进行了不计其数的研究。并且,通过把血液运动归因于仅仅是心脏肌肉收缩的结果,哈维促进生物科学摆脱蒙昧主义。只要生物科学使用灵气之类范畴而不是物理和化学范畴,蒙昧主义就一直笼罩着它。诚然,哈维本人决没有完全摆脱同时代人所使用的那种神秘化的语言,他甚至自命为忠诚的亚里士多德派,但他的建树超过自己的认识。

图 205—乔瓦尼·阿尔方多·波雷里

波雷里

在十七世纪试图解释活有机体之力学的人中间,最重要的一位是波雷里。乔瓦尼·阿尔方多·波雷里(1608—1679)生于那不勒斯,就学于伽利略一度任教授的比萨大学。波雷里先后在比萨和罗马任教授,1657年到佛罗伦萨,在西芒托学院工作了十年。继之他到墨西拿,后来由于政治原因，遂于1674年被迫离开那里。他一度在罗马为前瑞典克416里斯蒂娜女王服务，最后在一所修道院里终老。他的专著《论动物的运动》(*On the Movement of Animals*)在他逝世那年(1679年)出版。

波雷里深受伽利略的影响，把伽利略在数理科学方面的工作奉为楷模。因此，他几乎用同样的方法来研究和解释动物的运动，似乎非借助杠杆、重体等等不可。他的论述从单纯肌肉开始(因为肌肉是动物运动的主要器官)，继而转到越来越复杂的器官和器官系统，最后概略地说明了动物的整个可动性。在研究过程中，他不仅充分地研究了诸如行走、跑步、跳跃、溜冰、举重等等人体运动，而且还仔细研究了鸟的飞翔、鱼的游泳甚至昆虫的爬行和蠕动。为了说明波雷里的方法，我们以他对举起一个重体之力学的解释作为例子。这情形示于附图(图206)。他表明，当肌肉和骨配合动作时，骨起着杠杆的作用，而肌肉所使的力作用于这杠杆的短臂。这样，例如当这臂处于图示的位置时，为支持重体 *R* 所需要的肌肉力与该重体的比例将跟距离 *OK* 与距离 *OI* 的比例相等。因此，二头肌 *CF* 所使的力必定大大超过该重物在 *B* 处的拉力。波雷里估计，当这臂保持水平以支持手指上悬挂的一个重十磅的重体时，臂上全部肌肉所使的总力超过

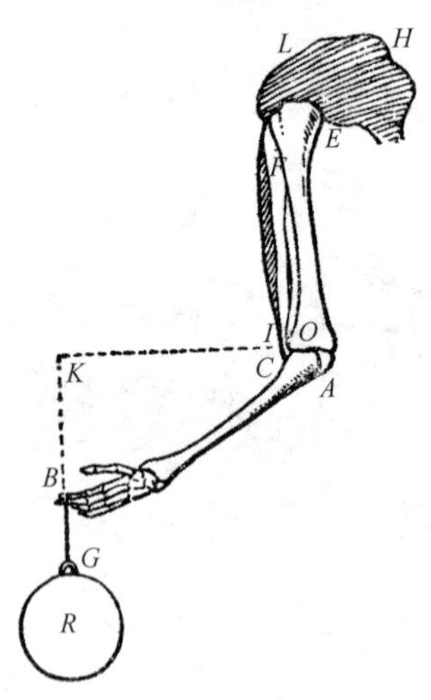

图206—肌肉活动的力学

该重体好多倍。鉴于他为人坦率，富有洞察力，因此完全可以相信，虽然他以根据力学解释活有机体运动这个观念为出发点，但他仍旧认识到，所有这种运动所依赖的肌肉之收缩和舒张不可能纯粹是机械的，而是还包括复杂的化学过程。这就是说，他认为神经刺激同肌肉之收缩和舒张有一定的关系，当来自神经的液体和肌肉中所包含的血液混合时，肌肉中发生着某种发酵作用。

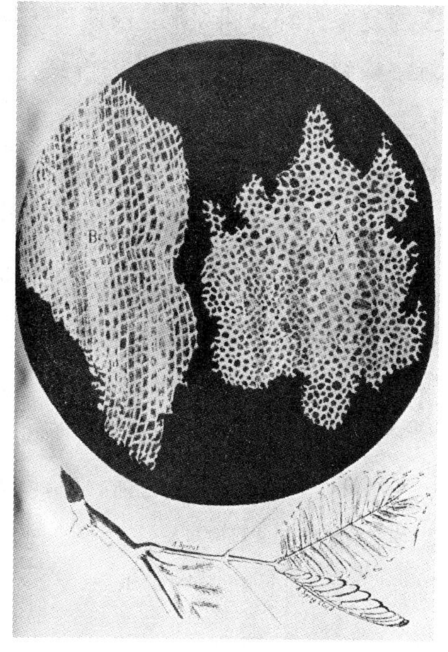

图 207—软木的细胞结构
（胡克的《显微术》中的一幅图版）

417

四、显微生物学

显微镜的应用使生物学知识的范围在十七世纪里大大扩展。关于显微镜的历史，上面已做过简单介绍（见第五章）。以前用肉眼不能完全观察到的有机体和有机体的各个部分，现在可以借助单显微镜和复显微镜加以仔细研究，作出完备的描述和切实的图示。最早借助显微镜进行的生物学观察似乎是伽利略在 1610 年或者更早的时候做的，他研究了小动物的运动和感觉器官以及昆虫的复眼。1625 年，弗兰西斯科·斯蒂留提发表了根据显微研究对蜜蜂解剖等的说明。哈维看来曾应用某种放大镜研究心脏。他在其《论心脏和血液的运动》(1628 年)这部著作中曾有两次提到这种透镜的应用。其中的一段话这里很值得录引，因为它举例说明了这种新仪器能够扩大视界。“我已观察到，几乎所有动物都有一个心脏——不仅(像亚里士多德所说)大的红血动物，而且小的淡血甲壳纲和水生贝壳动物，例如蛞蝓、蜗牛、贻贝、虾、蟹、蝲蛄等等，都有心脏；而且，借助放大镜，我自己，还让许多别人，看到甚至马蜂、大黄蜂和苍蝇等也都在所说的尾巴之上部有心脏在跳动”(上引著作，第四章)。胡克、格鲁和其他一些人也对生物现象做过很有价值的显微研究。不过，十七世纪最重要的显微生物学家是马尔比基、列文霍克和施旺麦丹三人。他们在这个新的而又非常重要的生物学领域里的工作不仅在十七世纪里无出其右，而且一直到十九世纪始终保持无与伦比的地位。

马尔比基

马尔切洛·马尔比基(1628—1694)出生于波洛尼亚附近的卡瓦尔库奥累。1656 年，他就任比萨大学医学教授，在那里同波雷里结为知交。1662 到 1666 年间，马尔比基在墨西拿执教，1666 到 418 1691 年间，在波洛尼亚执教。1692 年，他被任为教皇英诺森十二世的私人医生，如此度过他在罗马的最后几年。马尔比基的著作主要是一些呈交伦敦皇家学会发表的论文。他曾于 1668 年当选为皇家学会会员，还曾把自己绘制的蚕和小鸡的图的原作呈送给该学会。

马尔比基抱着这样的信念研究低等有机体：这研究将能揭示高等动物的本质。出于这种信念，凡是可能的地方，他都应用比较方法。他是通过研究蛙的肺而发现，并不像通常所认为的那样，肺不是空气和血液在其中混合的均匀组织，而是包含气泡，并且有膈膜总是把血液和空气隔开，以使它们在肺中不直接接触。1660 年，马尔比基在进行这些研究时首次发现血液流过包埋在蛙肺中的毛细血管，它们把动脉和静脉连接起来。后来他又在蛙体的其他部位也发现了毛细血管。当然，这些关于完全血液循环的重要观察只有借助显微镜才得以进行；但这在很大程度上也要归功于马尔比基的独创精神，他率先采用在动脉中注入水的方法，由此冲掉血管系统中的血液，使血管看得更加清楚。

图 208—马尔切洛·马尔比基

马尔比基最早专门研究蚕。他从显微镜下的解剖看到，这些小动物有复杂的器官构造，它们通过一个气管系统即遍布全身的极其细微的小管进行呼吸。在蚕中发现这种小管子，使马尔比基对他的下一个发现作了思想准备。这个发现极其清楚地说明了他怎样运用比较方法，怎样利用从类比得到的启示。这个发现系关于植物的解剖学，对这个问题胡克已作出过一个重大贡献，他对植物组织的细胞构造作了显微观察。

有一天他在林间散步，看到一棵树的树枝折断了，折断处周围的一些丝状体引起了他的好奇心。他用袖珍透镜观察到这些丝状体的形状，发现它们同蚕的微小气管相像。这个发现导致他研究植物的比较解剖学，就一切生物的共性提出了许多猜测和设想。这些饶有兴味的猜测之一系关于活有机体的呼吸。按照马尔比基 419 的看法，呼吸器官的大小同有机体的完善程度成反比。有机体越不完善，呼吸器官就越大，而有机体越完善，呼吸器官就越小。例如，植物布满了螺线状气管，昆虫体表覆盖有大量细微的气管，鱼有许多鳃，而人和高等动物则只有一对很小的肺。关于呼吸的功能，马尔比基提出呼吸以某种方式促进了养料液汁的发酵。

在马尔比基所做的其他显微研究中，可以提到的有：发现皮肤在表皮和真皮之间有一个色素沉着层（现在称为马尔比基层），发现舌上有乳头（即蕾状的内味觉器官）以及发现肾和脾中有某些小体（也以他命名）。

最后还必须特别提到马尔比基对胚胎学显微研究的贡献。马尔比基发展了（阿夸彭登特的）法布里修斯和哈维的胚胎学工作，对小鸡在鸡蛋中的发育做了精细的观察。他在《论小鸡在鸡蛋中的形成》（*On the Formation of the Chick in the Egg*）（1673 年）和《孵卵的观察》（*Observation on the Incubated Egg*）（1689 年）两篇论文中详尽记述和图示了这些观察的结果。这两篇论文对后来的胚胎学进步产生了很大影响。

施旺麦丹

简·施旺麦丹（1637—1682）在昆虫研究上甚至超过马尔比基。

他出生于阿姆斯特丹，父亲是当地一个兴隆的药商，酷爱收集动物标本和其他珍宝。年幼的施旺麦丹很早就醉心于昆虫，自己逐步地收集了大约三千种昆虫。他在莱顿大学学医，在那里他同德格拉夫和斯特诺相会。他一度居留法国。1667年他取得医学学位，但他没有开业。他转行致力于精微解剖学研究，作出了很大的自我牺牲，不仅损害了视力，而且总的健康也受到伤害，结果终于夭折。他生前发表的著作很少。但他死后很久，伯尔哈韦以毕生的精力把他的著作编纂成《自然圣经》(*The Bible of Nature*，1737)一书。

施旺麦丹表现出非凡的手艺和技巧，大大丰富了精微解剖学技术。他制作的微型解剖器械——刀、剪、柳叶刀和解剖刀等要借助放大镜才能研磨。他拉制的细玻璃管，一端细如鬃毛。他用这种管子扩张昆虫等的微细脉管，或者注入彩色液体，以便能更清楚地看到这些脉管。有时他注入熔融的蜡。他还在水下进行解剖，以便能较容易地把解剖开来的各个部分分离开。他用松节油溶解和去除覆盖在他想研究的那部分上面的脂肪。他以卓绝的技巧含辛茹苦地对蜜蜂、蜉蝣、蛙和蝌蚪等等作了描述和绘图。这些成果不仅在当时，而且在以后的几十年里始终都保持领先地位。 420

在生物学理论方面，施旺麦丹的功绩是反对自然发生的观念。这种观念相信有些生物是从无生命物质产生的。这种广为流传的陈旧信念在没有显微镜的时候，是非常自然的。它认为生命能够自然发生，而且也已经从黏质物、软泥和腐败物质中发生过。甚至连哈维也认为有些低等生物，尤其是某些种类昆虫是从腐败物质经过某种变态而自然发生的，尽管他曾大胆提出“万物皆来自卵”。

施旺麦丹激烈反对这种观点。意大利人雷迪(1618—1676)也是这样,他坚持说,他考察了据说是昆虫从腐败物质自然发生的情形,他每次都通过显微观察发现,那里原来都有别的这种昆虫存放的卵。施旺麦丹令人惊讶地预言了后来的发现,他力陈,从产生微小活有机体的腐烂物质中,迄今所发生的都是那些在有机物质中发生腐烂的活有机体。他坚持认为,自然界的一切生物都仅以哈维所说的"万物皆来自卵"那种方式从生物中诞生。施旺麦丹比哈维本人更加哈维主义地信奉和应用哈维的这个格言。

列文霍克

图 209—安东尼乌斯·列文霍克

热衷于应用显微镜而乐在其中的人莫过于安东尼·范·列文霍克(1632—1723)。他出生于荷兰的德尔夫特;他没有什么可以称道的学历,一度当过店员。约在 1660 年,他在市政当局里谋得一个卑微的职位,这使他有充裕的余暇花在自己的癖好上面。他完全依靠自学,自己动手做透镜(实际做了几百片),用它们进行观察。他的观察没有计划,凡是使他感到好奇的,他都观察。像马尔比基一样,他也逞送许多论文给伦敦皇家学会。1680 年他被学会选为会员,后来他把自己的 26 架显微镜遗赠给学会,"以表达他的谢忱,感谢皇家

421

学会给予他的殊荣。"他的主要著作以《大自然的奥秘》为总题目发表（*Arcana Naturae*，4 vols.，Delft，1695—1719）；还以《显微观察》（*Microscopical Observations*）为题出过一部英文版的选集（London，1798）。

前面我们已经提到过马尔比基和列文霍克两人完成了哈维对血液循环的观察。列文霍克决心发现全部循环。在对其他动物作了各种尝试之后，他于 1688 年转而用显微镜观察蝌蚪的尾巴，他这样描述观察所及："呈现在我眼前的情景太激动人了，我从未为观察所见而如此高兴过；因为我在不同地方发现了五十多个血液循环，其间动物在水中静止不动，我可以随心所欲地用显微镜观察它。因为我不仅看到，在许多地方，血液通过极其细微的血管而从尾巴中央传送到边缘，而且还看到，每根血管都有弯曲部分即转向处，从而把血液带回尾巴中央，以便再传送到心脏。由此我明白了，我现在在这动物中所看到的血管和称为动脉与静脉的血管事实上完全是一回事；这就是说，如果它们把血液送到血管的最远端，那就专称为动脉，而当它们把血液送回心脏时，则称为静脉。由此可见，一根动脉和一根静脉是同一根血管的延长或者说延续。"

列文霍克独立做出的发现中，最重要的是发现单细胞有机体（现在称为原生动物门）。他说，他最早是 1675 年在已经在一只新的陶罐中盛放了几天的雨水中观察到单细胞生物。它们看上去大约只有施旺麦丹描述过的、肉眼可以看到的水蚤和水虱的千分之十那么大。有的似乎是由 5 个、6 个、7 个或者 8 个整整的小球组成，没有可见的膜把它们包容在一起。当它们运动时，便伸出两个小的触角。触角之间的部分呈扁平状，而身体其余部分呈圆形，朝末端略微削尖，末端有一根尾巴〔梗节〕，长约是整个身体全长的4倍，厚度如蜘蛛网（如从显微镜可以看到的），并在端部有一个小球。这些小动物（或者如他所称的“活原子”）有的似乎比一只血球的二十五分之一还小。

422 列文霍克曾把原生动物的大小与血球做比较这一点很重要。因为，很可能是列文霍克最早清楚地观察到和明确地指出有红血球存在，尽管有人对立地主张这应当归功于马尔比基和施旺麦丹。他还最早指出，这种红血球在人血和哺乳动物的血中是圆形的，而在鱼和蛙的血中是椭圆形的。

在发现原生动物以后六年，列文霍克又发现了甚至比这些“活原子”更加微小的生物即细菌。1683年，他描述他的发现如下。他通过放大镜在自己牙齿缝里看到有一个细小的白色物体，像潮湿的面粉粒那样大。他将它同纯净的雨水混合，惊讶地看到有许多小的活动物在活动。它们的形状、大小和运动都各不相同。有的长而灵活；有的较短，像陀螺似的转动；有的呈圆形或椭圆形，像昆虫群似的来回运动，看上去是那么小，好几千个所占的地位才抵上一颗砂粒。

现在还必须简要地提一下列文霍克许多其他发现中的几个。他发现，蚜虫的发生无须受精，幼虫从没有受过精的雌虫身体中产生。他表明，称为胭脂红颜料的猩红染料来源于昆虫（胭脂虫），而不是像通常认为的那样来源于卵。他发现了轮虫类，并观察到当包容它们的水蒸发掉时，它们就变为干尘，但当它们重又放进水里时便复活。他还观察到，心肌是分支的，但像随意肌一样也是横纹肌。他还研究了精子、眼球晶状体的构造、骨的构造和酵母细胞等等。

列文霍克是第一个也是最后一个伟大的显微观察家。他对纯理论很少或者说根本没有兴趣。他也许体会不到总括万殊的理论之威力，因此对理论敬而远之。但是他在自然发生问题上，却坚定地支持雷迪和施旺麦丹，并明确地否认这种观点有任何精确的观察证据作依据。

格鲁和卡梅腊鲁斯

在结束对十七世纪显微生物学家的简短介绍之前，还必须谈一下植物解剖学的进步，尤其是格鲁和卡梅腊鲁斯在这个研究领域中的工作。如上所述，胡克率先在他1665年出版的《显微术》中描述了植物的细胞结构(见图207)。他估计，1立方英寸里必定包含约1200000000个细胞。他还对螫毛荨麻、苔藓和叶真菌等等的构造作了显微研究。然而，胡克没有深入下去研究这个问题，因为他的兴趣在其他方面，实际上是在许许多多方面。马尔比基在这个研究领域中作出过比较重要的贡献，他的工作上面已经介绍过。但是，有关植物的解剖学和性的特性方面，各个最重要的发现是格鲁和卡梅腊鲁斯作出的。 423

内赫米亚·格鲁(1641—1712)先后在剑桥和莱顿两所大学攻读医学，1671年他获得医学博士的学位。后来他在伦敦开业行医，成为皇家学会会员，最后当了学会的秘书(1677年)。他的《植物解剖学》(*Anatomy of Plants*)全书于1682年出版，但一部分早在1671年就已发表。像马尔比基(格鲁因在发现植物气管等等方面

图 210—内赫米亚·格鲁

得助于他而曾表示谢意)一样,格鲁也崇尚比较法和利用植物与动物之间的类似,但与马尔比基不同,而更像他的荷兰同胞的是,格鲁也热衷于扯到神学方面。他细致入微地描述了他对植物解剖学所做的显微观察,并极其细腻地加以描绘,竭力让人认识到植物组织之独特的有机结构。另外,他还观察到叶的上表面有微孔,由此提出叶是植物的呼吸器官。但是,他最著名的发现是植物的性特征,他认为花是植物的性器官。他说花的雄蕊(或“服饰”)是雄性器官,花粉是它的种子,雌蕊是雌性器官。他还认为一切植物都是雌雄同株,即集两性的性状于一株。当然,他在这一点上是错的。卡梅腊鲁斯对植物的性特征这个问题作了更充分的实验研究。

鲁道夫·雅各布·卡梅腊鲁斯(1665—1721)出生于德国图宾根,1688 年他在那里成为植物学教授和植物园园长。他的研究记叙在他的《关于植物的性的书信》(*Letter on the Sex of Plants*)(1694 年)之中。(该书拉丁文原版的德文译本于 1899 年出版,收入奥斯特瓦尔德的 *Klassiker*,No. 105。)他观察到一棵结果的桑树由于附近没有带花粉的树而只产生空的不结果的果皮,于是决定对这个问题进行实验研究。为此,他选择像犬山靛属那种开不同性别花的常见植物来研究。他把它的一些成熟的种子种植在土壤里，发现它们长成两种植物，这些植物虽然在许多方面都相似，424 但在一个方面不同，即有的只有雄蕊而没有籽或者果实，而另一些则只结果实而没有雄蕊。他把结果的植物和产生花粉的植物隔离开来，于是前者上面又出现了果皮，但不结果。然后他用雄蕊和雌蕊长在同一株植物上的植物，例如玉米和 *ricinus*〔蓖麻〕(榨取蓖麻油的热带植物)进行实验。他发现，如果在花药发育完全之前摘掉它们的柱头，则它们的果皮总是空的，不结果实。于是他得出结论：花药是雄性器官，以花粉作为授精籽，而子房和花柱起雌性器官的作用。然而，甚至卡梅腊鲁斯也只想到自花授粉，而不知道异花授粉。

(参见 W. A. Locy, *Biology and Its Makers*, 3rd ed., 1928, 和 *The Growth of Biology*, New York, 1925; E. Nordenskiöld, *The History of Biology*, 1929; J. von Sachs, *History of Botany*, 1530—1860, Oxford, 1890; C. Singer, *A Short History of Biology*, Oxford, 1931。)

425

第十九章　医学

医学和科学

医学(包括外科学)本质上是一种实用的技术。它是治愈、缓解和预防疾病的技术。现代医学跟生物科学(尤其是解剖学和生理学)、化学和物理学关系极其密切。但是,十六和十七世纪的医学还不是现代医学,它从这两个伟大世纪里生物学、化学和物理学所取得的那些成为未来医学之主要基础的进步中获益很少,如果说有所获益的话。前几章已经介绍过这些进步。维萨留斯的解剖学工作;哈维发现血液循环;洛厄成功地进行了输血手术;玻意耳、胡克、洛厄和梅奥等人关于空气在动物机构中之功能的工作;以及列文霍克和基歇尔发现细菌;这一切无疑都对内科学、外科学和卫生学的实践产生了极其重大的影响。但是,开业医生和病人都墨守旧传统,对新奇的科学发现不抱好感。甚至赫赫有名的哈维在他发表了血液循环之发现以后,业务也“一落千丈”。哈维本人非常守旧,甚至在比利时医生约翰内斯·维鲁斯清楚地揭露出巫术搜寻和烧灼之愚蠢和残忍(*De Praestigiis Daemonum*,1563)以后,他仍然信巫。但是,当他表现为一个革新者时,他的病人可能就都不相信他了。甚至像托马斯·西德纳姆那样特别能干的开业医生也很少注意或者根本不注意当时的生物学发现,这也许是由于那时臆造的假说太多了，以致很难摆脱它们的藩篱。然而，十六和十七世纪里医学还是取得了一些进步，虽然它们的价值竟主要维系于当时医学之落后。

医学遗产

疾病和实际上任何不适都会使人变得轻信。在绝望的时候，甚至平常很苛求的人也轻率地尝试任何医道；甚至在今天，大多数人都不挑剔。因此，在漫长的岁月里，人们已经尝试过一切种类的治疗方法；很少有人区别某种治疗**之后**的康复、**由于**治疗而康复和**无关于**治疗而康复这三种情形，因此，民间长年累月极其广泛地收集了无数传说的治疗方法。甚至官方的《1618 年伦敦药典》也收入了各种奇异药物，例如胆汁、血、爪、鸡冠、羽毛、毛皮、毛发、汗、唾液、蝎子、蛇皮、蜘蛛网和地鳖！放血是每病必用的一个方法。占星术和魔法也和医学形影相随。它们绝不仅仅带来灾祸。因为，例如把放血限制在只能当太阳处于黄道十二宫中的某些宫时才进行，这就挽救了一些人，使他们免动这种危险的手术。这就像提出限制出售酒的时间，结果使一些人免于酗酒致醉。再如，相信同帝王、圣人、大祭司和“名流”的接触具有疗效，至少也使有些人免于尝试上面开列的那些正统药物。

另外，开业医生很少或者根本没有组织。几乎任何人都可以行医。受过训练的医生大都专在宫廷供职，或者受贵族和其他富豪雇用。一般大众在要寻求“专业的”帮助时，便去找药商，而后者常常是普通的杂货商或者香料商。外科手术通常由普通理发师施行，他们有些人无疑技术娴熟。英国在 1509 年曾尝试施加限制，只有通过资格考试,取得开业证书的人才拥有开业行医的权利。但是,在此后的很长时间里仍允许没有证书的人治疗简易疾病。当由于托马斯·利纳克雷的努力而在伦敦建立皇家医学院时,亨利八世给它颁发了特许状。这特许状道出了当时的可悲事态。特许状写道:“以往有许多无知之徒,他们大都不懂得医学,也不懂得任何别的学问,有些人甚至目不识丁,而像铁匠、织工和女人却都无畏地、习以为常地接受他们的种种怪异治疗。对此,上帝深感恼怒,医界蒙受奇耻大辱,而国王的子民广受悲惨的伤害和摧残。”然而,就是比较有学问的开业医生,他们所造成的危害似乎也不亚于这些不学无术的庸医。这个时期的伟大医生之一帕腊塞耳苏斯告诉我们,关于他那个时代的那些名医,他所能说的,充其量不是他们做了许多好事,而是他们造成的危害最小。因为他还说过,有人427 用汞毒害他们的病人,另一些人给人通便或者放血而造成死亡。有的人学识渊博,以致让学问泯灭了常识,另一些人关心病人的健康,远甚于为自己谋利(*Paragranum*,IV,p. 216,1658 年编)。

那时有学问的医学家中间所流行的理论里面,最常见的是希腊的四种基本性质(热、冷、干和湿)的学说和连带的四种“体液”即身体的液汁(血、黏液、黑胆汁和黄胆汁)的学说。健康据信维系于这四者构成一个恰当的比例;疾病则据认为导源于它们之比例失调。因此,放血往往被当作一种使“体液”恢复适当比例的手段。不过,也求助于特殊的饮食和服用特殊的草药与其他药物,这些据信能够迫使有关的体液达到平衡。还有一种希腊理论是所谓“活力灵气”的学说。人体每一部分据说都有其特有的“活力灵气”,当生病时就必须设法调节之。帕腊塞耳苏斯和范·赫耳蒙特用

图 211—特奥夫拉斯图斯·博姆巴斯特·帕腊塞耳苏斯

archei〔精素〕代替灵气；但这只是给那古老的虚妄学说换了个名字而已。当时还有各种占星术的信仰，它们为有学问的医生所接受和奉行。人被视为宇宙的一个小模型，人体的各个部分据认为同相应的天体相关联。所谓"人体黄道带"图据称表明了人体各部分同相应星座即黄道十二宫之间的联系。当时有学问的医生都使用这种图来确定施行某些治疗的最佳时令。例如，当太阳处于金牛座、双子座、狮子座、室女座或摩羯座时，就不能施行放血手术；其他几种治疗也是这样。常见的黏膜炎名叫"influenza"[①]〔流行性感冒〕，这证明在十七世纪时占星术和医学之间有密切关系。这个名字是意大利医生在十七世纪取的，因为他们认为得此病是由于受了星宿的"影响"。诚然，帕腊塞耳苏斯谴责占星术和医学的结合，宣称星宿与我们无涉。但是当着他继续声称不是星宿，而是精素支配人的命运时，他只是代之以他自己的同样虚妄的臆想（*Paramirum*，1529，Cap. II，和 *De Tartaro—Opera*，1658 年编，Vol. I，第 7528 页和其他各处）。

体液学说的一个有比较可信价值的结果也许是尿检法，即通 428

① 意大利文，意为"影响"。——译者

图 212—第一部《伦敦药典》的扉页

过检查病人的尿液来诊断他的疾患，以及对症处方。这种诊断方法也在好几个世纪里一直广泛采用，以致尿瓶成为医生的“招牌”，犹如三个球现在仍是英国当铺的“招牌”。图 213 示出一个诊所，里面有一大套尿瓶，图上还示出了检查尿液的仪式。帕腊塞耳苏斯贬斥检尿法；然而这种方法还是流传了下来，至今仍然是保险公司医官的仪式的主要部分。

考虑到十六和十七世纪乃至后来很长时间里医学的总的状况，就不会对帕腊塞耳苏斯、约翰·伍德沃德（*The State of Physick*，1718）和其他人对这种方法的非难感到惊讶。然而，这种批评一般说来比其他同时代的医生好不了多少，如果说比他们好的话。帕腊塞耳苏斯想充当大主教式的医生。“你们蒙彼利埃、科隆和维也纳人，你们德国人，你们多瑙河、莱茵河和近海岛屿人，雅典人，希腊人，阿拉伯人和犹太人……你们都要跟我走……。我就是你们的君主”（*Paragranum*，1531，Preface；*Opera*，ed. 1658，Vol. I，p. 183）。这个医学希特勒比希特勒本人先降世，他的挑衅性的、狂妄的口吻使他的一个教名（Bombastus〔博姆巴斯图斯〕）后来成为自负、夸夸其谈和言

图 213—尿液检查

429

过其实的代名词(bombastic〔浮夸的〕)。伍德沃德天真地用化石贝壳做药物的配料,以便证明化石贝壳和海贝“在让动物内服时,具有同样 *vires*〔功效〕和效果”(*The Natural History of the Earth*, Part I, ed. 1723, p. 24)。无怪乎人们辛辣地讽刺这些开业医生,例如下面这段韵文就是嘲笑十八世纪一个声名卓著的伦敦医生约翰·科克利·莱特索姆的:

当病人来看病时,
　我让他们服药,放血,出汗;
如果然后他们希望死去,
　哎哟,那自然啰!我是莱特索姆。

(见 J. J. Abraham, *Lettsom*, 1933, p. 478。)

威廉·配第爵士(1623—1687)提供的关于当时伦敦和巴黎各大医院的材料尽管很有限,但充分证明了十六和十七世纪的医学状况总的来说是不能令人满意的。这些材料见于他的《关于伦敦和巴黎的平民、住房和医院等等的政治算术的论文集》(*Essays in Political Arithmetic, Concerning the People, Housing, Hospitals, etc., of London and Paris*)(1682年)的第二篇。

“公元1678年看来有2647人进拉夏里特医院,这一年在那里死了338人,超过上述2647人的八分之一;同年有21491人进市立医院,其中5630人死去,超过总数的四分之一,因此这5630人中约有一半即2815人似乎是由于市立医院的治疗和设备不如拉夏里特而死亡的。

“而且,1679年有3118人进拉夏里特,死去452人,超过七分之一;而同年进市立医院有28635人,其中死去8397人;在1678和1679这两年里(死亡率相差很大),进入市立医院的人数为

430

28635和21491,即总共为50126人,平均为25063人;这两年里该医院死亡人数为5630和8397,即总共为14027人,平均为7013人。

“这两年里进拉夏里特的人数为2647和3118,即总共为5765人,平均为2882人;其中死亡人数为338和452,即总共为790人,平均为395人。

“于是,如果市立医院每年死7013人,因此市立医院的死亡率是拉夏里特的两倍(从上面的数字可以看出接近于此),那么,由此可以认为,上述数字7013的一半即3506人都是死于非命,是由于这家医院滥用药物所致。

“这一结论乍一看来似乎十分离奇,这与其说是真情实事,还不如说,是歪曲或者巧合;然而,如果考虑到伦敦那里情形也是如此,那么我们就会甘心相信这个结论。这就是:

“伦敦的圣巴塞洛缪医院1685年收进和医治1764人,其中死去252人。再者,圣托马斯医院收进和医治1523人,死去209人——这就是说,这两个医院治疗3287人,死去461人,因此这死去的461人占治疗和死去的3748人的八分之一弱;而在拉夏里特,死去的那部分超过八分之一;这说明,伦敦最简陋、最蹩脚医院的死亡比例也低于巴黎最好的医院。

“而且,上面已经表明,拉夏里特每年平均死亡395人,绝症医院死亡141人,总共为536人;而伦敦的圣巴塞洛缪医院和圣托马斯医院平均死亡461人,其中一部分属于绝症医院;这表明,虽然伦敦的人口比巴黎多,但伦敦进医院的人没有巴黎多,尽管伦敦最简陋的医院也优于巴黎最好的医院;这表明,伦敦最穷的人的家居条件也比巴黎最好医院优越。”

凡是对科学抱有浓厚兴趣的最有才干的职业医生都把主要注意力转向非医学学科，例如生物学（如哈维）、物理学（吉尔伯特）、431地质学（阿格里科拉、利斯特和伍德沃德）或者心理学和哲学（洛克）或者人口统计学（配第）。显然，作为一个科学研究领域，作为一门非经验的、传统的学科，医学很少引起他们注意。当然，也有一些例外。托马斯·西德纳姆也许是主要的例外。他和其他志同道合者都试图通过密切观察和描述各种具体的疾病而为一种理性的、科学的医学奠定基础；桑克托留斯甚至还提出了一些利用体温计、脉搏计和衡器的定量方法。这些人都属于例外。今天人们在研究他们的工作。可惜的是，他们对同时代人的影响看来微不足道。然而，在任何学科的历史上，所取得的进步都会成为极其重要的历史事件，即使人们未必忘却它们曾经遭到冷遇。十六和十七世纪里内科学和外科学还是都取得了许多进步，纵然它们不能同天文学、数学、物理学甚或各门生物科学的进步相比。

我们这里可以按如下四个大题目来扼述这两个世纪里医学所取得的进步。这些题目是：(1)科学仪器在医学中的应用；(2)一般治疗方法的改良；(3)新药物的引用；和(4)研究疾病的方法的改进。这些问题虽不能截然分开，但还是可以分别加以叙述。

科学仪器在医学中的应用

如前面各章中所反复说明的那样，近代科学的进步同定量方法和测量各种物理量的科学仪器的应用不可或离。医学的进步同样也取决于定量方法和适当的科学仪器的应用。十七世纪在这两方面都有了良好的开端。这些科学仪器不一定是医学家发明的。它们都是原来就有的，即使还不完善，它们只是需要人们将之应用于医学，或者使之适合于医用。这些仪器就是温度计、摆和天平。意味深长的是，它们的医学应用主要归功于伽利略的一个医生朋友桑克托留斯(1561—1636)。在他之前，而且就普遍习惯而言甚至在他之后很久，医学诊断一直纯粹是定性的。一个病人的症状被描述为“发烧”；当病情发生变化时，就说他热退了或者发热更厉害了；但是没有一种根据某个客观的测量标准来指示这些症状和变化的可靠方法。此外，虽然已经知道脉搏变化幅度很大，但这些变化的描述通常都是定性的，并且都凭随意想象，而不是根据一个客观测量的时间单位。同样，尽管普遍知道皮肤排出人体的挥发物质，而且也相信健康或者疾病的状况和这些“看不见的排汗”有一定的联系，但是在桑克托留斯着手测量它们之前，从未有人试图这样做过。 432

上面在第五章里已指出过，第一个体温计是桑克托留斯制造的。图 214 示出它的蛇形及其使用方式。球状上端放在病人的口中，管子下端放入一个盛水的容器。管子的刻度用玻璃珠标示，各定点的间距是任意的，似乎分别通过把雪和烛焰作用于这温度计的泡来确定。这无疑是个粗糙的仪器，但却是一个良好的开端，桑克托留斯利用这种温度计发现了人体健康时的约略温度和患病时的体温变动(*Commentaria in artem medicinalem Galeni*，1612)。

在古代人们已经相信，脉搏可以看做是健康或者患病的一种症候，尼古拉·德·库萨曾试图用水钟来测量脉搏率。这种测量既困难又不可靠。桑克托留斯首创或者推广应用脉搏计(*pulsi-*

logium）来比较精确地测定脉搏率。这种脉搏计系一个由一根长线悬着的铅锤，线的长度可以不断调节，直至如此形成的摆之摆动速率与病人的脉搏相一致。这样，线的相对长度便成为比较和测量不同脉搏率的基准。为了便于测量，脉搏计设有一个标尺，因此在摆长调节到与脉搏同步时，一眼就可读出摆长。图 215 示出两种脉搏计，它们的原理相同。

图 214—桑克托留斯的体温计

433

这种脉搏计基于观察摆的摆动速率，因此它的应用自然随摆长而变。两者的精确关系是伽利略确定的，他用实验发现，摆动周期随摆长的平方根而变。因此举例说来，当摆长增加到四倍时，它的摆动周期加倍，当摆长增加到九倍时，其摆动周期增加到三倍，如此等等。这种脉搏计无疑是对水钟的改进，但它仍有很大的任意性，不太可靠，因为它不是以标准时间单位作为基准。这直到十七世纪末才得到弥补。1690 年，约翰·福耶尔用一个秒摆测量脉搏率。他还用它估计了脉搏率和呼吸率之间的关系。

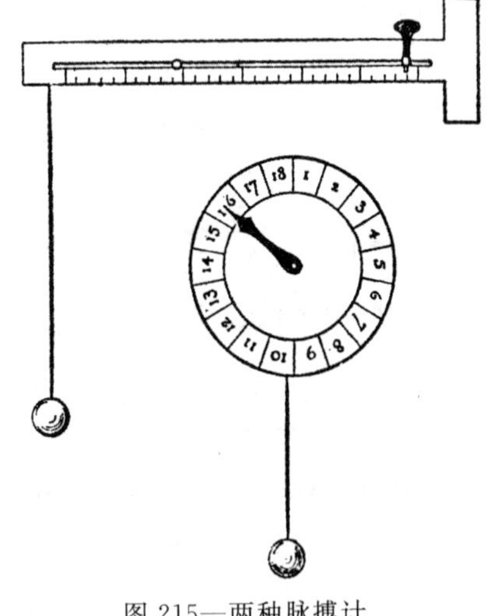

图 215—两种脉搏计

桑克托留斯对人体及其功能的定量研究所作的各个最重要的贡献发表于他的《医学统计方法》(*Ars de statica medicina*)(Venice,1614;John Quincy 英译,London,1712)。如桑托克留斯所说,这本书积他“三十 年之经验”,这三十年里他基本上生活“在天平之中”。他制造了一架大型天平,在这天平的一个秤盘上放一把椅子(见图 216),他大部分时间待在这张称量椅上,近旁放着一张桌子,仔细记录他的体重在各种条件下的变化:进餐前后,睡时或醒时,活动时和休息时,情绪安静时和激动时,等等。他的结论表述成五百条左右格言,按下列标题排列:觉察不出的出汗、空气和水、食和饮、睡和醒、操作和休息、心境和性欲。他得出的最一般的结论是,健康的维持有赖于我们人体机构在摄取和排泄两方面保持适当的平衡。不过,这里值得提一下他的有些具体的结果。“仅仅觉察不出的出汗所排出的东西就大大超过全部从属的排泄。觉察不出的出汗或通过身体的细孔进行,身体浑身都可以出汗,细孔像一张网一样布满皮肤;或者由通过口的呼吸进行(像平时朝玻璃杯呼一口气就可看出),这在一天里面通常可以达到半磅左右。如果一天吃喝八磅,那么在这个时间里通过觉察不出的出汗通常排出五磅”(Section I,Apho-

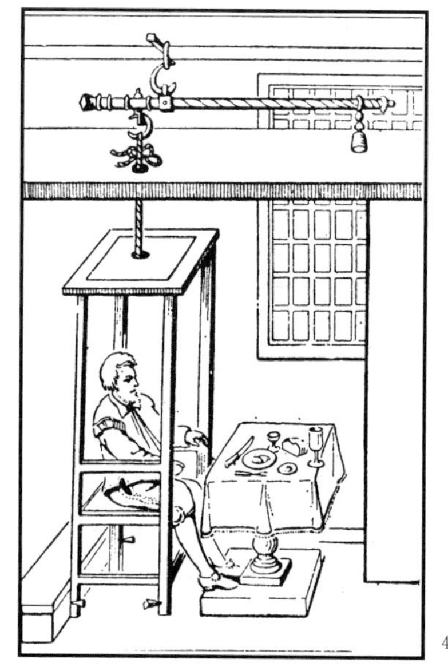

图 216—桑克托留斯的称量椅

434

435

risms 4—6)。“在七小时的睡眠里,无任何不适的人体的觉察不出的出汗的量是醒时的两倍”(Section III,Aphorism 2)。从他对瘟疫的中肯的评述可以看出他蔑视当时的医学:“寥寥无几的富人是用药物治愈的,而大多数穷人是自然康复的。”(Section I,Aphorism 139)

这里还需要提及的这个时期的唯一的另一种仪器是 *speculumauris*〔耳窥器〕。窥器是一种反射器,用于更好地检视身体的某些部分。这种器械看来很早——肯定在公元二世纪就已应用了。不过,专用于检查耳朵的窥器似乎是法布里茨·冯·希尔登最早在1600年发明的。

改良的治疗方法

有些医疗方法方面的改进系关于触染和感染的预防。当然,古代人已经知道有传染病,《圣经》(尤其是《利未记》)里有一些关于诊断麻风病和隔离麻风病人的指示。《圣经》和别处还说明瘟疫同苍蝇和鼠之间有一定的联系。在许多世纪里,隔离的习惯做法在一定程度上都遵照《利未记》的规定。可是,尽管许多种流行病已经盛行肆虐,但对它们的性质或者怎样对付它们还不甚了了或者一无所知。然而,自十四世纪以来,在隔离和预防方面采取了日益严格的步骤。1377年,拉古萨城采取措施防止瘟疫患者进城,把所有可疑的人都集中在城外一个地方隔离了一个长达四十天的时期(**检疫期**,此后开始普遍沿用这种方式来隔离有患病嫌疑的人)。巴黎在1533年发布瘟疫法令,命令呈报和隔离所有瘟疫患者,禁止运送感染的食品,坚决要求清扫道路和贫民窟,撤空瘟疫死者的住房。伦敦在 1665 年大瘟疫期间也仿效巴黎。这些措施 436 无疑有助于防止产生甚至比实际更加恐怖的恶果。感染可以以物和人作为媒介这一认识导致十七世纪的医生在往访传染病患者时穿上罩衣,头和脸甚至还戴上专门的装具。图 217 示出这种全套衣装。它最奇怪的地方是长长的嘴套。它里面装填芳香物质。芳香物质能够帮助阻挡瘟疫这种想法的产生是由于瘟疫普遍同污染的空气或者瘴气相联系之故。在十五世纪(如果不是更早的话),医生和其他人习惯随身携带用琥珀和芳香药物做的“琥珀苹果”,在接近瘟疫或者其他传染病患者时,随时嗅闻。香草和其他芳香物质长久地博得大众甚至职业医生的喜好,尽管大家全都知道它们丝毫无助于防止感染。不过,在同传染病患者接触时穿特殊罩衣的做法却真是一个改进。

图 217—防止感染的罩衣
(韦尔科姆医学史博物馆版权)

在外科手术和一般创伤治疗方面也有许多改进。1514 年,乔瓦尼·达·维哥采用结扎动脉的方法(代替使用赤红的铁)来防止出血。著名外科医生昂布鲁瓦兹·帕雷于 437 1545 年推广了这种方法,一个法国医生莫雷尔则于 1674 年发明了用一条止血带来压迫主动脉的方法。1646 年,马可·奥雷利奥·塞维利诺提出用冰和雪作为手术用的局部(冷冻)麻醉剂。1536 年,帕雷由于偶然机会而发现了一种比较有效的医治枪伤的新方法。这种创伤被认为系弹药毒害所致,所以通常用在伤口灌注煮沸的接骨木油这种使人痛苦不堪的方法治疗。由于缺乏接骨木油,因此帕雷成功地尝试应用一种由玫瑰油、松节油和蛋黄制成的简单药膏。1616年,切萨利·马加蒂提倡一种简便而又更为有效的治疗一般创伤的方法,他尤其强调,绷带换得过勤会阻缓伤口的愈合。1696年,奥古斯丁·贝罗斯塔指出,必须保护伤口,使其免受空气中传染杂质的侵害,还倡言利用酒精来防止伤口溃烂。

治疗方法的其他进步,最值得提及的有下述一些。1550年起,霍勒留斯和其他眼科医生经常为近视眼患者配眼镜。图卢兹的乔治·贝尔纳·佩诺在1547年提倡应用水疗法。帕雷于1575年应用按摩法,尤其对于卧床病人。1650年,弗兰西斯·格里森提议利用按摩和体操来医疗佝偻病。1700年,亨德里克·范·德文特提出用绷带和机械设备来治疗诸如佝偻病、肌肉萎缩、腱收缩和腿钩弯等疾病。对窒息病人采用人工呼吸方法,这似乎是约翰·申克·冯·格雷芬伯格于1584年提出的。

十六和十七世纪里,还开始发明人造物来代替由于事故或者疾病而丧失的或者受到损害的身体各部分。一个在战争中失去右手的德国骑士格茨·冯·伯利欣根首先于1505年设计和(用铁)制造了一个人造手。(“铁腕”今天仍博得德国侵略主义者的青睐。)1575年,帕雷制造了金银的人造眼睛;1617年,法布里修斯提倡应用玻璃的人造眼睛。在制造人造眼睛的同年(1575),卡斯帕尔·塔利亚科扎设计了人造耳。1640年,马尔库斯·班策尔成功地用人造鼓膜取代已损坏的鼓膜,对此他在其《论听觉的接续》

(*De auditione laesa*)里曾做过介绍。

然而,说来或许令人感到荒谬可笑的是,治疗病人方面最大的改进之一在于给病人施行比惯常少的治疗。那时开业医生们都相信药剂的配料越多,就越有可能证明其中一种是有效的。也许由于这样,所以他们都习惯于开复杂药物的处方。这种“射击”式治疗很危险,因为错误的药物可能造成很大危害。一些比较有眼光的医生完全认识到这种危险,尤其是托马斯·西德纳姆采取一种“等着瞧”,尽可能少用药物去干扰的方针。他所以采取这种方针和相应的理论,是由于他具有广泛的临床经验,以及对传统秘方抱批判态度。他在疾病的许多阶段上都看到人的机体本身力图摆脱失常状态;他相信,医生所能做的最好事情是维护这种可以说是竞赛,给人体以每一个能够发挥其自愈力的机会,而服药、放血等等也许只是阻碍这种能力。他写道:“疾病……无非就是自然的一种努力,她竭力通过消灭致病物质来恢复病人的健康”(*Works*, ed. by R. A. Latham, London, 1848—1850, Vol. I, p. 29);他在另一处赞扬希波克拉底,因为“他对医术只要求当自然衰弱时帮助她,当她努力太甚时则克制她……因为这个有眼力的观察者发现,只有自然才能使失调终止,并借助少数简单药物进行医治,有时甚至根本不用药物。”西德纳姆还曾给风湿患者开了个处方,叫他服乳清,并以他特有的方式补充了一句:“如果有人嫌这种方法简单而鄙薄它,那么我要让他知道,只有意志薄弱者才会蔑视平凡简单的东西。”(*Works*, ed. Latham, Vol. II, p. 26)

他本着这种精神而赞许病房里应有新鲜空气,并且认为十七世纪伦敦的淡水是一种危险饮料,而主张病人喝少量啤酒。西德纳姆的思想传出了英国。在欧洲大陆,格奥尔格·恩斯特·施塔耳热情地接受和鼓吹这些思想,但他明显地偏重精神病的治疗。

新药物

十六和十七世纪里,引入了或者至少较为广泛地应用了相当439 数量新药物。但是它们命名不一,处方玄虚而令人不识真貌,且又缺乏充分的资料,所以,我们有时无法知道某些药物的确切性状究竟如何,它们到底属于新发现,还是仅属重新发现,或者只是既有成例的继续。

现在公认帕腊塞耳苏斯曾引入过几种新药,上面在第十五章里我们已介绍过他对化学的贡献。似乎至少早在1494年就已知道给“爱疫”(梅毒)病人外用汞,但是帕腊塞耳苏斯帮助这种疗法在1526年以后得到较为广泛的应用;1540年,彼得·安德烈亚斯·马蒂奥鲁斯还给梅毒病人内服汞。约在同时(1526年),帕腊塞耳苏斯开的药方还包括锑、铜、铁、铅的制剂和磷乳。他似乎还应用了一些鸦片制剂。许多别的制剂通常也归功于他,但看来都不足信。

部分地由于帕腊塞耳苏斯的影响,部分地还由于阿尔加鲁斯(卒于1603年)的影响,锑的制剂在十六和十七世纪里成为常用药物,而且锑杯(即催吐杯)也相当流行。这种杯子用锑制作。酒在杯子中放置一些时候以后,酒中的酒石就明显地和杯上的氧化物化合而形成吐酒石。图218示出一只这种杯子,上面用德文刻着夸大其词的话:“你是自然的奇迹,人人必能治愈。”不管怎样,似乎是阿德里安·范·明西希特在1631年引入的这种酒石(酒石酸锑钾)，乃是从锑获得的最重要药物，尽管巴黎医生协会在 1566 年禁止使用含锑药物，并且这项禁令继续了整整一个世纪。

铁的药用看来发端于占星术的考虑。铁同“血与铁”的战神玛尔斯(火星)相联系。因此，铁的盐开给贫血者和虚弱者；它们今天仍用作为一种强壮药。在十七世纪，西德纳姆和威利斯在他们的药物中广泛采用铁，因为他们发现结果良好，虽然他们并不自称懂得它的作用。应用银和金入药的初衷和铁的应用相同。银同银色的月亮相联系，而月亮同脑相关联；因此，银的制剂在十六世纪和之前都开给癫痫和忧郁症患者。同样，金同金色的太阳相联系，因而也同生命相联系。炼金士把“可饮的金子”销遍欧洲，作为治疗天下一切病痛的万应灵药，也作为延年益寿的酏剂。甚至像格劳贝尔、莱默里和凯内尔姆·迪格比这样的名医也制备酏剂。有些卖给公众的金酏剂实际上根本不含金子；不难想见金子到底哪儿去了。

图 218—锑杯

440

其余在十六世纪引入或者复兴的药物中，最值得提及的有下面一些。1540 年，康拉德·格斯内用颠茄来解痛。砷的外用看来是加布里勒·法洛皮亚在 1550 年使之恢复。普罗斯珀·阿尔比努斯在 1580 年把艾从东方传到欧洲，应用于烧灼术。同年，费比奥·科拉姆纳将缬草用于治疗癫痫；伦贝图斯·多多内乌斯用旱金莲属植物治疗坏血病，把番茄用于各种药物。甘汞用于医学似乎是约瑟夫·德·谢涅(奎尔塞塔努斯)在 1595 年使之恢复的；亚历山大里亚人和阿拉伯人似乎早就知道这一点。

十七世纪的头几十年里，雷蒙德·明德雷尔于1610年首先把中国的藤黄（一种黄色树胶脂）用作为峻泻剂，并把氨用于医药。雅各布·特奥多尔·塔贝内蒙塔努斯首先于1613年在处方中开山金车花做治疗痔疮绞痛的药。阿卡瓜神父在1638年首先推荐使用古巴香胶油即香脂。最引人注目的新药物秘鲁树皮（金鸡纳皮或者奎宁）约在1640年首次从秘鲁传入西班牙；不久又传遍整个欧洲作为治发烧的药物。秘鲁印第安人应用这种药物还要早得多，因为尼古拉·莫纳德斯在1560年已经描述过秘鲁土著使用秘鲁油膏。1638年，秘鲁的西班牙总督的妻子钦琼女伯爵根据她的医生卡尼萨雷斯的建议用秘鲁树皮治疗间日热，卡尼萨雷斯在1630年已经成功地这样应用过。女伯爵在1640年返回西班牙时带了一些这种树皮，在几年里用它医治了许多发烧病人。耶稣会教士们采纳了这种药物并广泛应用，以致它得名“耶稣会教士树皮”或者“耶稣会教士粉”。这种药物通过罗伯特·塔尔博尔而风行英国和法国，塔尔博尔是剑桥一家药商的助手。塔尔博尔在1672年出版了一本关于发烧的书（*Pyretologia*），他在书中提倡这种药物，但对人保守秘密。他到伦敦医治了查理二世和王公贵族。他被封为爵士，并任皇家医生。他曾去法国医治皇太子，把他的药方卖给了路易十四。塔尔博尔最后一次成功是医治西班牙女王。他约于1681年死在伦敦，不久他的药方就公诸世人。这药方是金鸡纳皮和玫瑰叶、水、柠檬汁与persil〔欧芹〕汁的混合物。

十七世纪中叶最著名的药商之一是格劳贝尔，他对化学的贡献已在第十五章里介绍过。他的“怪盐”（硫酸钠）在1648年首次制成，后来被称为“格劳贝尔盐”，它今天仍是市场上很受欢迎的轻泻剂，或者作为毛料染料。他还制造了各种其他药物，尤其是硫酸铵制剂，他奉之为万应灵药。他也把一个秘方卖给路易十四。格劳贝尔一度声名大噪，以致有些药商用他的一尊木像放在店铺外面作为“招牌”。图219示出一个当年药商用的这种“偶像”。在英国，格劳贝尔盐遇到了埃普索姆盐〔泻盐〕这个强劲对手，后者是内赫米亚·格鲁(1641—1712)从萨里的埃普索姆地方的泉水中提取出来的，并通过他关于埃普索姆水的论著而闻名于世。 442

由于有人不问剂量地滥用，所以金鸡纳皮在欧洲兴盛一阵子以后不久就被冷落了。因此，人们就寻找和试验其他医治发烧的药物。1650年，西尔维乌斯采用氯化钾作为解热剂，并广为应用；1697年，约翰·克里斯蒂安·雅各比用砷和钾碱的水溶液治疗间歇热。

图219—格劳贝尔被作为药店的“招牌”

其他值得提到的十七世纪引入的药物有：吐根制剂，似乎是莱格拉在1672年用它治疗痢疾；波希鼠李皮，斯蒂塞尔首先在1690年将它用于医药；欧薄荷，约翰·雷首先推荐；麝香味的欧蓍草，施塔尔最早推荐使用，现在在恩加丁[①]仍制成一种烈性酒

① 瑞士东部因河流域。——译者

用作为酷剂,称为**艾瓦**(Iva)。欧洲最早在1588年知道(Giovanni Pietro Maffei, *Hist. indic. libri*. XVI)茶叶,一个荷兰医生本特科厄在1684年把它开给病人作为一种万应灵药,甚或作为延年益寿的酏剂;不管怎样,这种令人愉快的药物今天仍博得英帝国的欢心。玻意耳通过硫酸对酒精的作用而制备以太。牛顿在1700年写到过以太(*Phil. Trans.*)。1718年,弗里德里希·霍夫曼制成了一种由一份以太和三份酒精组成的制剂,这种制剂以"霍夫曼滴剂"而闻名。

专门化的疾病研究

在近代之初,盛行的倾向总的来说是不适当地简化了人体及其病痛。在极为空虚无力的四种体液理论之类空想的影响下,治疗通常都是试图重新调整在作为整体之人体中体液等等的比例,因而人们都没有密切注意各种疾病的特异性及其特殊要求。然而,在十六和十七世纪里这方面发生了重大变化。物理科学先驱所带有的那种明显的经验主义,逐渐感染了比较明智的医生。在托马斯·西德纳姆那里也许可以最清楚地看到这种经验观点及其同思辨冒险的对抗。不过,这在他之前已经有所表现:十六世纪的医学文献中可以看到对各种疾病的比较仔细的观察和详尽的描述。

443 医学研究上这种专门化倾向的发端同哥白尼在帕多瓦大学的一个同学吉罗拉摩·法拉卡斯托罗(1478—1553)有关。1501年,他专门研究了斑疹伤寒。1530年,他发表了一首关于"爱疫"即

“高卢病”的长诗。他给这本书取名《西菲利斯》(*Syphilis*)[①],戏谑地隐喻尼俄伯[②]的儿子神话人物西必洛斯(Sipylus);这种病从此以后就一直称为 *syphilis*〔梅毒〕。这本书因取诗歌和幻想的文体而流行很广;书中提供了重要的论据,正确描述了这种疾病、它的病因和治疗方法。继这本著作之后,作者在1546年又写了一本更有分量的论述触染疾病的专著《论触染疾病》(*De Contagionibus*)。作者在书中史无前例地首次明确区分开某些疾病从一个人传给另一个人的三种具体方式,即(1)通过触染,亦即直接接触;(2)通过经由媒介物即污染物的感染,例如被传染性恶臭气玷污的衣服;和(3)超距感染。他在解释感染时还提出了一种关于疾病的原始胚芽理论。因为他坚持认为,疾病是由某些 *seminaria* 即种子引起和传送的,种子传播它们自己的种。当阿撒那修斯·基歇尔在1671年发表报告,说在鼠疫患者的血液中观察到微观有机体之后,法拉卡斯托罗的观点就更显得大为有力了。这本专著附带地还论及斑疹伤寒,并指出肺痨是传染性的。法拉卡斯托罗不是把各种各样发烧笼而统之地论述,而是仔细地区分出几种主要类型。

乌尔利希·冯·胡滕早在1517年就已注意梅毒了,虽然不是不是这样称呼。他推荐用愈创树脂来治疗这种病。西班牙在1508年从美洲进口愈创树脂;但它的应用证明常常是致命的,因此人们很快就抛弃了它,改而使用汞。1534年,让·菲涅耳又描

---

① 即梅毒。——译者

② 希腊神话中的底比斯王后,因哀哭自己被杀的子女而化为石头。——译者

述过梅毒。1540年，昂布鲁瓦兹·帕雷研究了梅毒的遗传性。

纪尧姆·德·巴尤最先在1578年说明过百日咳，他亲眼目睹这种疾病当时在巴黎肆虐。

1583年，格奥尔格·巴蒂施发表了最早对眼病的说明，描述了各种治疗眼疾的新器械和新手术。

1590年，乔万尼·第·阿科斯塔率先描述了高山病，他认为这种病是高原地区空气稀薄所致。

1600年，法布里茨·冯·希尔登描述了外耳的结构和功能。[444]他还发明了一种用于检查耳朵的器械耳窥器。同年，阿夸彭登特的哲罗姆·法布里修斯发表了专著《论发声器官喉》(*De Larynge vocis organo*)，第一次完备地说明了作为发声器官的喉。

在十七世纪里，关于各种疾病，即身体各个部分及有关病痛的专门研究大见增加。但在本书这样的著作里，只能聊胜于列举而已。

卢多维科·麦卡托在他1608年的《医学作品》(*Opera medica*)中论述了间歇热。维拉·雷亚尔在1611年描述了白喉。1620年，范·赫耳蒙特描述了消化的化学。他认为它本质上是一种发酵过程，其中碱性的胆汁中和了消化食物的酸性。西尔维乌斯进一步使这种对消化过程的理解臻于完善，他在1663年发表了对这个过程的解释。1644年，范·赫耳蒙特发表了对尿的性质的详尽研究。其间即1630年，塞缪尔·哈芬雷弗对各种皮肤病作了详尽的研究(*Nosodochium in quo cutis affectus tractatae*)。后来，让·鲁瓦洛在1648年，托马斯·威利斯在1670年又都研究过皮肤病。

图 220—弗兰西斯·格里森

弗兰西斯·格里森在1650年叙述了佝偻病，并建议借助按摩、体操和利用支撑物来治疗这种疾病。1654年，他还发表了一篇研究肝解剖学的论文。约翰·雅各布·韦普弗在1658年发表了最早对中风及伴随的脑的状况的专门研究。托马斯·威利斯在1667年对脑作了比较完备的说明。1660年，康拉德·维克托·施奈德研究了感冒这个问题，并阐明了黏膜在排出黏液方面的功能。

理查德·洛厄关于心脏的论著(1669年)上面在第十五章里已论述过。1670年，托马斯·威利斯论述了糖尿病及其病因和疗法。前面也已提及阿撒那修斯·基歇尔描述过鼠疫患者血液中的微观有机体(1671年)。

1680年，贝那提乌斯·拉马齐尼率先论述了各种与职业有关的特殊疾病(*De morbis artificum diatribe*)。

在1683年里，托马斯·西德纳姆发表了对痛风、圣安东尼舞蹈病和歇斯底里的研究；爱德华·泰森发表了对绦虫的研究(*Phil. Trans.*)；吉夏尔·约瑟夫·德·韦尔内发表了关于耳的论著。亨德里克·范·德文特在1685年以异常骨盆及其治疗为论题写了一篇论文。博诺莫和切斯托尼在1686年论述了痒病。

图 221—托马斯·威利斯

1689 年,理查德·莫顿研究了痨病,他坚持认为,这病总是从结核发展而成的。莫顿在 1697 年发表了一篇研究恶性发烧的论文。他将之归因于疟疾发作,并建议用秘鲁树皮来治疗这种病。费莱拉·达·罗萨在 1694 年首先描述了黄热病。

445

格奥尔格·恩斯特·施塔尔在 1692 年论述了精神病。1698 年,他还描述了门静脉(它把静脉血传送到肝)的疾病。最后,在十七世纪的最后一年,洛兰佐·托拉内奥发表了对淋病的各种类型和各个阶段的论述。

著名的医生

十六和十七世纪产生了一批为数不少的名医。这里是一张按年代顺序排列的他们中最有名的 21 人的名单:吉罗拉摩·法拉卡斯托罗(1483—1553)、帕腊塞耳苏斯(1493—1541)、阿格里科拉(1494—1555)、昂布鲁瓦兹·帕雷(1510—1590)、安德烈亚斯·维萨留斯(1514—1564)、哲罗姆·法布里修斯(1537—1619)、威廉·吉尔伯特(1540—1603)、桑克托留斯(1561—1636)、约翰·巴普蒂斯塔·范·赫耳蒙特(1577—1644)、威廉·哈维(1578—1657)、约翰·鲁道夫·格劳贝尔(1604—1668)、乔瓦尼·阿尔方多·波雷里

(1608—1697)、威廉·配第(1623—1687)、托马斯·西德纳姆(1624—1689)、马尔切洛·马尔比基(1628—1694)、理查德·洛厄(1631—1691)、约翰·洛克(1632—1704)、马丁·利斯特(1638—1712)、约翰·梅奥(1640—1679)、格奥尔格·恩斯特·施塔耳(1660—1734)和约翰·伍德沃德(1665—1728)。然而,这些名医绝大多数都不是**作为医生**,而是作为其他研究领域,即物理学、化学、地质学、生物学、心理学或者哲学中的先驱而闻名的。这个事实部分地说明为什么这个时期的医学史通常不能令人满意,寥寥几滴医学之水冲入与之有点油水不相融的汪洋大海之中。它也说明为什么这些名医大都在本书其他章节中论述。吉尔伯特的工作在第十三章中介绍;帕腊塞耳苏斯、范·赫耳蒙特、格劳贝尔、洛厄和梅奥等人主要在第十五章里论述;阿格里科拉、利斯特和伍德沃德在第十六和十七章;维萨留斯、法布里修斯、哈维、波雷里和马尔比基在第十八章;配第在第二十五章;洛克在第二十四和二十六章。因此,现在剩下来只要介绍一下法拉卡斯托罗、帕雷、桑克托留斯和托马斯·西德纳姆等人的生平,至于他们对医学的贡献已在本章前面部分说明过。

哲罗姆·法拉卡斯托留斯(即吉罗拉摩·法拉卡斯托罗)1483年出生于维罗纳。他在帕多瓦大学就学,和哥白尼是同学。他是一个典型的人文主义者。他研究文学、法律、科学、哲学以及医学。在他对病人巡回探视出诊时,他总是带一本普鲁塔克[①]的书消磨时间;他写过论诗的艺术和诗的各种主题的著作;如上面所已指出　446

① 普鲁塔克(Plutarch,46? —120?),希腊传记作家和历史学家。——译者

的，他甚至用诗的幻想来美化梅毒，并在他1530年的一部诗体著作中论述了这种病。他最重要的著作是1546年发表的《论触染疾病》，本章前面已对它的内容做过一些介绍。447 他的文学活动使他在同时代人中间赢得很大声誉，博得世俗和宗教王侯们的青睐。他还多次受到宫廷任命的延聘。但是，他依恋自己在维罗纳附近的乡间宅第，喜爱读书，寄情怡养。因此，他拒绝了所有这些聘请。只有一次例外，他接受了教皇保罗三世的任命，担任了特兰托会议的医官，不过为期很短。他在七十岁时死于中风。1555年即他死后两年，在维罗纳为他竖立了一座纪念碑。

图222—哲罗姆·法拉卡斯托留斯

昂布鲁瓦兹·帕雷1510年出生于曼恩河畔拉瓦尔附近的布尔埃尔桑。他一度跟一个理发师当学徒，但最后设法到了巴黎，在市立医院工作，学习外科技术。1536年，法兰西斯一世和查理五世开战，帕雷就任团的外科军医，攻占维拉尼要塞时他在蒙特雅元帅所部。正是在这个要塞敷裹伤员时，帕雷由于缺乏接骨木油，而发现了枪伤的性质和疗法，这在上面已经提到过。他告诉我们，在只是由于他已没有接骨木油而用了他的由玫瑰油、松节油和蛋黄制成的药膏之后，“我几乎彻夜不眠，一直在惦念那些伤员，我为没有给他们烧灼伤口而担心。我料想翌晨他们全都会死去。……我很早就起床去看他们。我大吃一惊，我给他们敷涂了药膏的伤员都没有什么痛苦……没有发炎，也没有肿胀，都舒适地过了一夜。其他伤口用煮沸的接骨木油治疗过的伤员都发高烧，伤口发炎，肿胀，痛苦不堪。因此我决定，再也不能残酷地烧灼这些不幸的伤员了。”他认识到，与当时公认的观点相反，枪伤不是弹药毒害所致。1538 年，尼斯和平以后，帕雷返回巴黎，成婚定居，开业行医。没过几年，他又经历了战争。但在1544 年他又返回巴黎，1545 年他发表了一部关于枪伤治疗的经典著作。在后来的五年里，他深入研究了维萨留斯的解剖学教导。1552 年，战争给了他一个应用他自己的外科学思想的极好机会。他于是相信结扎是比烧灼更好的止血方法，并且实践了这种方法。1553 年，他在埃丹被俘，但他由于外科医术高超而获释。翌年，他获得了就任巴黎圣科姆学院外科主任的殊荣。这个平民的儿子没有学者派头。他不耻下问，甚至向老妪求教，如此他采纳了例如用剁碎后撒上少许盐的洋葱来治疗烧伤和烫伤等疗法。这位伟大内外科医生的谦虚谨慎和帕腊塞耳苏斯的夸夸其谈的态度适成有趣

图 223—昂布鲁瓦兹·帕雷

448

的对照。他的格言是 Je le pensai, Dieu le guarist〔我给那个人诊治，但治愈他的是上帝〕。帕雷笃信上帝的全能的治愈力量会使他免于试验时产生过失，一如西德纳姆相信大自然的治愈威力。帕雷活到 80 岁。

图 224—桑克托留斯·桑克托留斯

桑克托留斯·桑克托留斯（即桑淘留·桑淘留）生于 1561 年，是伽利略在帕多瓦大学的同学，1582 年获得帕多瓦大学医学学位。他受伽利略科学观的影响，试图应用伽利略研究物理学的那种定量方法来研究医学。关于这个门徒所取得的成果，本章前面在论到体温计、脉搏计和称量椅时已有所述及。1587 年，他应聘在波兰行医，业务兴隆，声誉卓著。1611 年，他返回意大利，就任母校帕多瓦大学医学教授。1629 年他辞去此职，到威尼斯当私人开业医生。除了引入体温计等等之外，桑克托留斯还发明了一种用于气管切开手术的新器械（套针）、一种取除膀胱结石的新器械和一种专用的睡椅，可让久病衰弱者毫不吃力地洗澡。他死于 1636 年。

托马斯·西德纳姆 1624 年出生于多塞特郡的温福德伊格尔。他出身清教徒世系，四个兄弟在内战时都是克伦威尔军队的军官。1642 年，他进牛津大学马格达伦学院，但不久就辍学从军。1646

图 225—托马斯·西德纳姆

年他重返牛津，1647 年进沃德姆学院。1648 年，即威尔金斯博士（1662 年时皇家学会的首席秘书之一）任沃德姆院长那年，西德纳姆根据牛津大学名誉校长的命令成为医学学士，并当选万灵学院的评议员，1649 年任该学院高级司库。1651 年，他受命任一个骑兵团里的军官，于是离开牛津，但不久又返回牛津，一直待到 1665 年。这年他结了婚，到伦敦开业行医。他一度似乎不很认真地考虑过投身政治生涯，但最终还是决定以医学为业，而且还特地去蒙彼利埃留学了一个时期，于 1661 年回到伦敦。两年后他获得了皇家医师学会颁发的开业证书。西德纳姆在有些方面同帕雷很相似。两人都从过军；两人都没有太多的学问，都不怎么崇尚纯粹书本知识；两人都是经验主义者，注重观察事实而不是抽象理论。西德纳姆同经验化学奠基人罗伯特·玻意耳（他有个时期陪伴西德纳姆一起出诊）的友谊也许是意义重大的。他们由于共同的经验主义而志同道合。并且，西德纳姆还是个非常富有独立精神的人，不大受高谈阔论和夸夸其谈的理论的影响。他表白："我的秉性是思考别人感到明白的地方；我深究的不是世界是否同我一致，而是我是否同真理一致"（*Treatise on the Gout*，1683，Dedication，Latham 译，

449

Vol. II，p. 122）。像牛顿一样，他不喜欢深远的假说，对当时的医学理论家也敬而远之。他写道："凡是已写在书上的都是假说；都是滥用荒诞的歪门邪道。实际上，那些其病史必须加以描述的疾病的种种症候乃是同一个工厂生产的赝品：它们全都是假设的。因此，甚至它们的医治也是同假说性的公设相一致，而不是同自然的事实相一致"（*Venereal Disease*，Ep. II；*Works*，ed. Latham，Vol. II，p. 32）。他坚持认为，改进医学的首要的必须条件乃"取决于尽可能地使对一切疾病的描述或病史记载真实而又合乎自然"。西德纳姆通过仔细而又详尽地描述了热病和痛风、麻疹和猩红热、支气管肺炎和急性胸膜肺炎、舞蹈病、赤痢以及歇斯底里等病症而对此作出了贡献。在治疗方法上，他谨慎而又带批判的眼光，不依赖习惯和传统，而依靠经验证据。如所已指出的那样，当他拿不准对症的药物时，他宁肯什么也不给，而是等待观察病情的进展，只是略加指点：粗茶淡饭、新鲜空气、少量的啤酒、适当的锻炼等等，以便在这自然治疗期间维持病人的体力。西德纳姆为人谦恭直率，作为反对医学骗术的斗士和用批判的科学方法研究和治疗人类疾病的先驱，他深受当代和后世的景仰。在他于1689年死后，人们众口一词，称颂他为英国希波克拉底。

（参见F. H. Garrison，*Introduction to the History of Medicine*，1917；C. Singer，*A Short History of Medicine*，1928；S. G. B. Stubbs和E. W. Bligh，*Sixty Centuries of Health and Physick*，1931；A. C. Wootton，*Chronicles of Pharmacy*，1910。）

第二十章　技术：

450

一、科学和技术　二、农业　三、纺织

一、科学和技术

科学的首要目标乃是发现事物和事件的本质和规律，从而我们能够理解并解释它们。这种关于事物和事件的知识总是带来高度的实利，以新的利益丰富人类生活，帮助聪慧的人们在他们生活于这个伟大世界的短暂一生中确定自己的方针。然而，人首先要生存，然后才能去认识；人们必定早在理解许多事物之前就已经在应用它们了。衣食住等等在对它们有所了解之前很久就已是必不可少的了。为满足这种人类基本需要所作的努力，是依靠摸索性的试错法，而促进这种努力的是本能和冲动的压力，并非科学知识的指导。甚至当生活必需已充分得到满足，以致有闲暇可以探索无直接利益的知识时，也会产生其他的实际需求，而对此有时借助已获得的知识，有时则仍得用老的试错法使之得到满足。另外，人的创造本能也不断促使他去创造新事物，不管它们有用与否。艺术是这种倾向的一种表现，发明也是一种表现；也许科学本身也只是这种创造倾向的又一种表现，尽管科学是创造观念而不是实用的或装饰用的物品。但是不管怎样，事物和工艺的发明，它们的本

质和规律的发现这两个方面是多少可以独立进行的活动。在人类文明史的初期，它们就是这样进行的，虽然随着知识的增长，它们日益趋向于密切地交织在一起。

上述见解也许有助于阐明科学与技术之间错综复杂的关系。科学或纯粹科学（人们有时这样称呼它）关心的是发现真理；而技术关心的则是发明新的东西和工艺或者改进旧的。两者当然是紧密相关的，今天尤其是这样。但它们的关系现在经常被误解，在历史上也经常被歪曲，所以弄清楚它们之间的关系是很有必要的。451 技术常被说成仅仅是“应用科学”。这种看法实际上是说，人们先得到某些现象的科学知识，然后再把这种知识运用于某个实用目的。诚然，事情有时候是这样，但并非经常如此，当然更不是总是如此。在人类文明史上，无疑是实用发明的进步走在有关现象的理论知识的进展的前面。甚至在近代最初几个世纪里，虽然有时科学进展促进了实际应用，但更经常的是已有的技术方法为科学发现提供了资料；而且恐怕技术发明和改进大都是在根本没有纯粹科学帮助的情形下进行的。

我们在这里可以举出一些实例来说明上述关于技术和科学间的各种关系的见解。农业、建筑、矿业、玻璃与陶瓷制造以及纺织工业等重要技术在十八世纪末以前，从科学得到的帮助微乎其微，如果说有的话。有时实际上倒是科学向已有的技术方法学习，而不是科学教给技术方法什么东西。例如，伽利略和托里拆利发现大气压就是制造抽水机的工程师们的实践所导致的结果；哈维提出他的血液循环理论部分地是依靠了当时外科医生所采用的那种结扎法；哈尔从制造玻璃所实用的方法中了解到熔融物质冷却速率的意义。最为重要的是，科学的进步在很大程度上取决于适当的科学仪器的发明。另一方面，甚至在近代最初几个世纪里，肯定也有技术发明系故意应用科学知识而得到的直接成果的情形。例如，电学知识使富兰克林得以发明避雷器（1750 年）；赖岑和萨尔瓦发明了火花电报系统（分别在 1794 年和 1798 年）。类似地，化学知识使马格拉夫得以从甜菜根制备了糖（1747 年）；赫顿制成了氯化铵（1765 年?）；勒布朗用盐和硫制备了苏打（1775 年）；贝尔托莱利用氯作为漂白剂。同样，在纯粹数学的指导下，数学家们发明了计算器。

近代科学的先驱们肯定希望和期待科学与技术之间存在一种极端密切的关系。那种为知识而知识的观念对他们没有什么魅力。事实上，他们的最大愿望是，这新科学与旧的书本知识不同，452 将非常实用；新的知识将赋予人类以力量，使人类得以成为自然界的主人。培根对获得成果的实验的爱好至少不下于对提供启示的实验的爱好；伽利略做了建筑材料强度的实验；早期的科学院全都致力于实用的发明。巴黎科学院实际上发表了二十卷关于实用技术的集子，详尽论述了所有有关问题，并附有插图（*Descriptions des arts et métiers*，1761—1781）；主要由于这个科学院的影响，1795 年在巴黎建立了第一个科学技术博物馆即 Conservatoire des Arts et Métiers〔工艺博物馆〕。此外，有些科学家还为改进他们祖国的实用技术和工业做了很有价值的工作。地质学家、制造业总监德马雷斯就是这种倾向的一个突出代表，许多传说都把干酪、布匹、纸张等的制造归功于他。

像以前和后来几个世纪一样，十六和十七世纪技术改良和发明的主要目标也是创造机械工具来减轻或取代体力劳动。亚里士多德就已经企望发明自动机器作为结束奴役人的手段。这种希望和信念也曾激励了近代科学的先驱们,而且延续了很长时间。那个时候,被机器取代的人们只是偶尔地对这种乐观主义发生过动摇。直到我们这一代才亲眼目睹,发展过度的机械化,如何导致生产的过度丰富而给人类带来不幸,如何将赤贫的众生驱使到肆无忌惮的蛊惑分子的残忍的暴虐之下。但这一切在我们所讨论到的那个时代中是做梦也想不到的。当时世界刚从中世纪的噩梦中苏醒过来,充满青春的活力和希望。这种新的世俗知识的先驱们相信,利用科学与技术能够驱使大自然的力量拉动人类进步之车前进。他们认为知是行之助,科学是技术之助。

因此,为了完全反映本卷所讨论的那个时期的精神,我们应该讲述一下那个时期的技术,而不能局限于纯粹科学的历史。这个任务极为困难。最大的困难在于要以十分明白易懂的方式描述非常复杂的发明,同时又不能用很大的篇幅,以免和其余部分不相协调。研究这些问题的唯一令人满意的方法是在适当的指导下去参观一下某个著名的科学博物馆。然而,既然总得有个开端,我们就在这里做个尝试,希望传授这样一点知识不会对读者有什么害处,反而可以刺激读者的求知欲。

453

另一个困难就是如何适当安排我们所要介绍的那些材料。也许最好是大致按照技术发明和改良所要满足的各种基本需要的顺序——食物、衣着、房屋、保健、运输,等等。但这样安排在本卷并不完全行得通。直到十八世纪末的基本工具和技艺都发端于古代,近代前几个世纪中新出现的东西在上述几个部门里并非都同等重要。此外，肯定常常还有相互交混的情况。例如，在食物这个项目之下，就必须讨论农业、甜菜糖的化学以及将骨头制成冻胶的蒸汽机。有人可能会对在技术名下看到论述医学的章节而感到惊奇。因此，关于医学那一章已放在生物科学那一章之后。同样，科学仪器的发明和改良也已在前面专门辟出一章加以研讨。其余技术问题的论述将按以下顺序进行：农业、纺织问题、建筑问题、矿业和冶金、玻璃制造、机械工程、蒸汽机和机械计算器。

二、农业

农业大概是人类最古老的生产事业了。也许正因为这样，千百年来它一直是陋习和迷信的牺牲品，根本没有得益于科学研究。注重实践的古罗马人用经验方法实际上在农业方面取得了可观的进步，但他们的成就在中世纪里被遗忘或漠视了，因此近代的人们发现农业处于相当原始的状况。十六和十七世纪欧洲在农业上有相当大的进步。这些进步主要是经验上的，是用试错法得来的。但是，农业作业得到改良，发明了新的农具，并且对农业实验和结果的周密观察和记录还为农业现象的科学研究奠定了基础。

死板地按惯例划分土地和处理土地仍然是十七世纪农业的特征。可耕地、草地、牧场和荒地的划分被认为是永久性的，很少有人认为可以进行定期的或偶尔的调换。而且，可耕地也每年有三分之一甚或半年时间不耕种，成为不毛之地。可耕地采用二区轮作制时，一半种植，而另一半休闲，每年交换一次。当采用优越的三区轮作制时，三分之一的可耕地种植黑麦、小麦和冬大麦；还有 454

三分之一种植燕麦、夏大麦、混播牧草、某些豆类、豌豆以及巢菜；而剩下的那三分之一可耕地则休闲。这三分之一的休闲地每年要耕耘两三次，以清耕和平整，准备翌年种植。这种相当浪费的方法在十八世纪里在英国逐渐为所谓的诺福克轮作制所取代。这是一种四区轮种制，即分别种植苜蓿、小麦、萝卜和大麦，不让任何耕地休闲。类似的轮作制似乎在十六世纪就已在荷兰或许还有别的地方采用了，但直到十八世纪这种轮作方法才以诺福克轮作制的形式被广泛采用。英国采用这种耕作制是由于那里要栽培苜蓿和萝卜。这两种作物以及其他外来植物（甘蓝、胡萝卜、欧洲防风、蛇麻等等）之传入英国是理查德·韦斯顿爵士（1591—1652）以及特别是查理（绰号“萝卜”）·汤森（1674—1738）的功劳。

诺福克轮作制乃植基于某些从观察形成的信念，尚未达到科学的理解。人们相信，苜蓿以某种方式给小麦准备好土壤，因为观察到种过苜蓿的土地上小麦生长得更好。同样地，也以类似的经验方式而相信小麦为萝卜，萝卜为大麦，大麦为苜蓿准备好土壤基础。直到十九世纪，人们才懂得了其中的科学道理。汤森也像诺福克人以经验方式发现了施过泥灰的轻松土壤的优越性。有一首民谣体现了人们在这方面从经验总结出来的道理：

“泥灰施砂地，

等于买块田；

施在沼泽地，

不会白费力；

黏土施泥灰，

到头吃大亏。”

杰思罗·塔尔(1674—1741)作出了另一项实用的发现。他发现松 455 土而不施肥要比施肥而不松土更好。这种松土使空气、露水和雨水能更有效地到达作物的根部,为根向侧向生长增加了营养。但我们不知道塔尔对其中的道理究竟理解了多少。

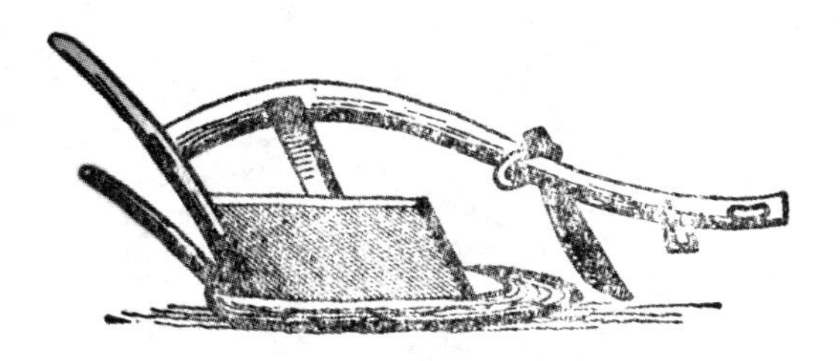

图 226—十六世纪的犁

关于农具,在十六和十七世纪里发明了一些新的,也改良了旧的。直到十六世纪所用的犁都非常笨重,需用六到八头牛来拉。不过,就在十六世纪的某个时候,在荷兰发明了一种只用两匹马就可拉动的较轻的犁,并在十六和十七世纪传入英国,特别是诺福克

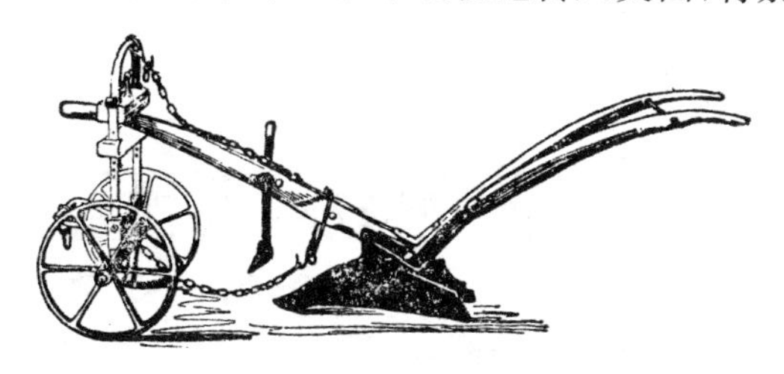

图 227—诺福克犁

和萨福克(图 227)。十六世纪的一个富有想象力的工程师甚至构想出一种用两头牛拉的三铧犁,辅以绳索和滑轮。J. 贝松的《数学仪器和机械器具图册》(*Théâtre des Instruments Mathématiques et Méchaniques*)(里昂,1579 年)中载有一幅这种三铧犁的图,现

456

图 228—贝松的三铧犁

复制在这里(图 228)。这幅图画得很精美,但是,像这个时期其他许多机械草图一样(见第二十二章边码第 536 页及以后),它也不切实用,因为绞盘和绳索每犁沟完一趟后必须移动并掉转方向,因而沟就不能犁得很长,结果就不合算。在十七世纪还发明了一种比较实用的畜力双铧犁(见图 229)。

457

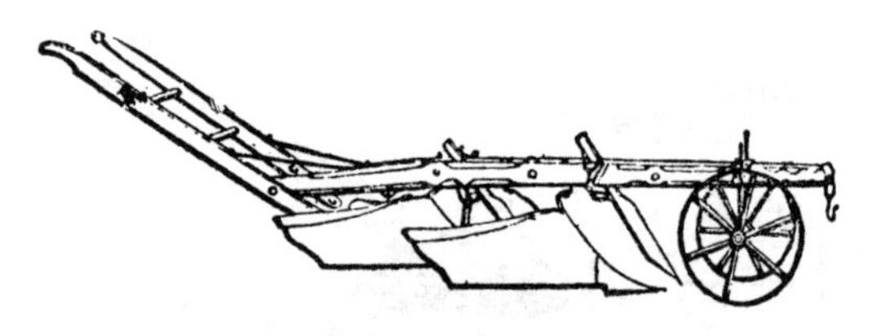

图 229—双铧犁

(本图的复制承蒙 J. C. 和 T. 耶茨两先生允准)

我们现在可以把话题从犁耕的改良转到播种的改良。直到十七世纪为止,在欧洲只采用两种播种法:撒播法和穴播法。一般都是用手将谷粒或小的种子撒播在地上,种子大致均匀地散布在耕地上。颗粒较大的种子,例如豆类和马铃薯,则用穴播法,就是在土地上挖出一个个空穴,它们排成平行的行,每行上的空穴间有一定的间隔距离,每个空穴里放上一颗或数颗种子。撒播法不仅要浪费大量的种子和人力,而且还妨碍种子播下后有效地进行中耕。1600 年,休·普拉特爵士(在 *Setting of Corne* 中)推荐了一种穴播小麦的方法。他解释说,这个想法是从一次奇遇得到启发而产生的:一个“傻姑娘”偶然将麦粒跌落在穴播其他种子的空穴里,结果那地方长出的小麦出奇的好。普拉特从而发明了一种固定在木板上的铁穴播器,使手工穴播谷物既迅速又方便。杰思罗·塔尔在十八世纪发明的畜力条播机具有远为重要的意义。

现在我们来讨论农业作业的最后一项,即给成捆的谷物脱粒。458 直到十八世纪,脱粒这个作业一直是用手梿枷进行的,这种农具今天仍用来给少量谷物脱粒。把一捆捆谷物放在打谷场上,用梿枷捶打,这样稿秆便脱离。剩下的是混有谷壳的谷粒,然后再借助自然的风力或用风扇产生的人工风将谷壳分离开来。1636 年,约翰·克里斯托弗·范·伯格爵士取得了一种脱粒机的专利权;但是直到十八世纪才由苏格兰工程师安德鲁·米克尔发明了第一部真正实用的脱粒机。米克尔发明的脱粒机也带有一个将谷壳和其他杂质吹走的装置,并带有把小的种子同大的谷粒分开的细筛。

三、纺织

纺纱和织造是古老的技艺。它们的发明和早期的发展都在史前时期。而针织是比较晚近的工艺,发端于十五世纪。用野草或稿秆交织可能是纺织工艺的最早形式。如果这种工艺可以说是织造的话(人们很可能就是这样认为),那么,织造的出现是比纺纱早。但如果不先把棉麻丝毛这些原料进行纺纱,那就不能用它们织造。因此,我们下面先概述一下纺纱的历史,然后简述各种纺织发明。

纺纱

已知最早用来从短纤维纺成连绵纱线的器具是一种木制的手动锭子。它很像一根织针,长九至十五英寸,圆形,两端呈锥形。在拈转过程中,其中一端上的一个缺口掣挡纱线。大约在锭子的中部有一个锭盘,这是由泥、石或木制成的圆盘。它使得锭子旋转时有一定的稳定性,并使拇指得到休息。首先把短纤维互相平行地放置,以形成所谓的梳理卷。接着一些纤维被拈转并附着于锭子上,再旋转锭子(放在大腿上用手滚动,或放在右手拇指与其他手指之间拈转),然后用手拉出纤维,使其成为多少是均匀的纱线,459 并绕在锭子上。这种简单的锭子直到相当晚近的时期一直是唯一的纺纱工具。后来又逐步进行了许多改革,但它们的年代和最初的式样都不得而知。在十四世纪或更早的时候,有人设计用一根皮带圈套住一个大轮子和锭子锭盘上的一个槽,这整个装置水平地放在一个专门设计的支架上。这个装置后来在英国称为摇动脚踏纺车,一直沿用到十九世纪初。大约在十六世纪中叶,据说德国不伦瑞克的约翰·于尔根进行了另一项改革。他给轮轴装上曲柄,并将它与一个脚踏板相连接,这样脚就可转动锭子,而操作者的手就可空出来拨弄纤维。另一项年代不详的改革是所谓的锭翼,用来在把纱线卷绕到筒子上之前拈转纱线。列奥那多·达·

芬奇曾经画过一幅这种装置的图(大约在1490年)。十六世纪时普遍应用这种装置,并称之为“撒克逊脚踏纺车”。这种装置使得能够连续地纺纱。十七世纪出现了“撒克逊纺车”的一种改良形式,它带有两个锭子和两个筒子,操作者用右手操作一根线,用左手操作另一根线。

织造

古代埃及人在织造技术方面取得很大的进步,至少早在公元前十二世纪就发明了织机。在这种织机上,经线从一个横梁上竖直下垂,交错的经线通过线圈附着于一个杆(即综丝)上,这样便能一起向前运动而让纬线通过。同样,另一组经线可向后运动而让纬线沿相反方向通过。经线所需的张力靠两端悬垂的重物来提供。奇数和偶数经线用分经棒分开。纬线缠在一个线框上,这个线框可以通过综丝所

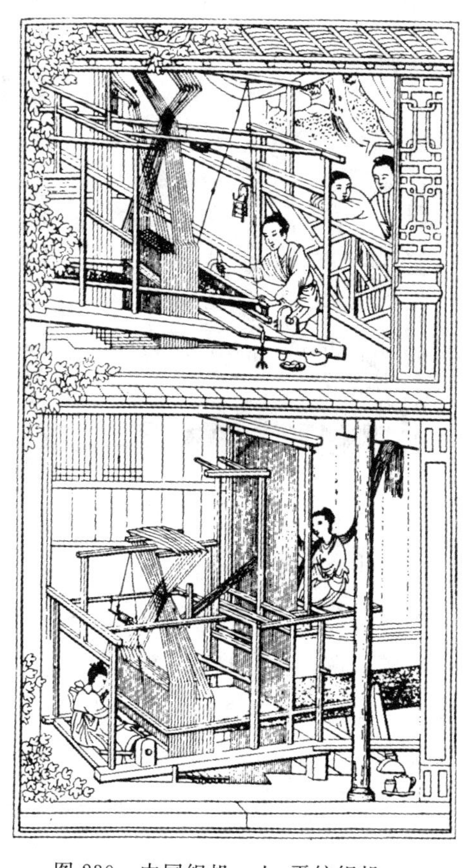

图230—中国织机。上:平纹织机;下:手工提花织机

张开的距离。用一种梳来使纬线紧密以使织物致密。这种织机大约在公元四世纪开始传入欧洲，一直沿用到十八世纪初。其间，只

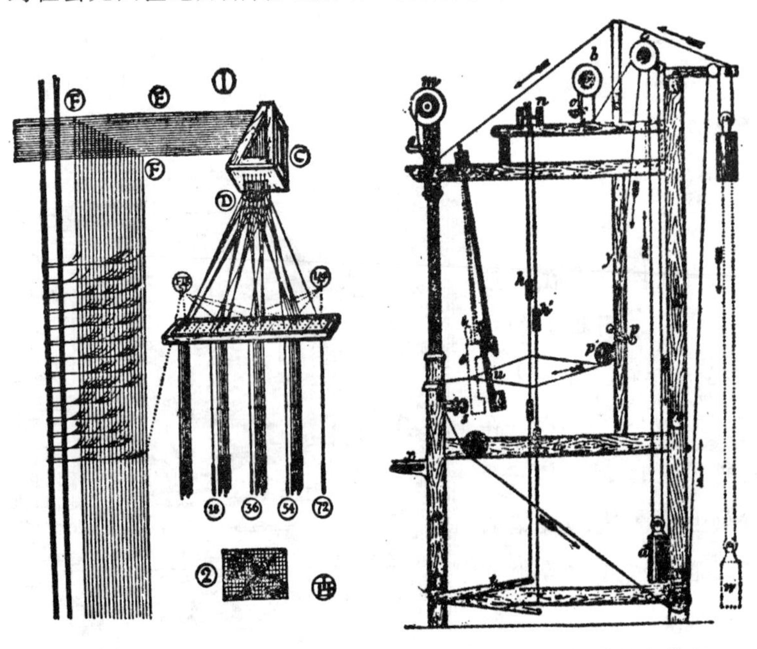

图 231—十七世纪的手工提花织机　　图 232——一种早期的织带机

作了一些小的改革，主要有下述几项。织机水平安置；发明了踏综杆来操纵综丝；用一个筘座来使纬线运动到其位置上。综丝后来 460 改造成为带有绳索的轻木框，绳索与织机上的纱线成直角，绳索并 461 带有眼孔可让经线通过。踏综杆受到压力后，便使一个综框向下降而另一个向上升，这样便为纬线张开了一个通道。这种简单织机很适用于织造平纹织物。再添加一些综框，就可在平纹织物上织出简单花纹。更精致的花纹只能用手工提花织机织造，这种织机大概在公元前九世纪到三世纪之间发明于中国。在这种手工提

花织机上，每根经线都由一个独立的综束控制，操作者可以同时将所有必须提起的纱线都提起，以给线框或梭子提供一个单通道。462经线的运动由水平安装的滑轮绳索来控制。这些水平滑轮绳索连接有竖直绳索，必须一次提起的竖直绳索都连接到一根粗重的导索（防止产生蛛网这种织疵），而下一次提起的竖直绳索连接到另一根导索。这些竖直的绳索由织工的助手向前向下牵拉，而这种运动提起综束，张开经线，从而使织工可将梭子通过去。操纵导索是相当费力的，因而在手工提花织机实现自动化之前很久，就进行过各种机械改良。但是，最重要的改良直到十八世纪才出现。

我们在这里还必须谈一谈织带机，尽管它的历史现在还很不清楚。织带机大概在1621年前后发明于荷兰，并在十七世纪传入463英国、德国和瑞士应用。这种织带机能同时织好多条带子。它装备有许多线框（或小的经轴），其数目视织制的带子条数而定；同时它还有相应数目的卷布辊，它们在织带的同时卷取带子。织带机在1765年已基本上自动化。

这里还可再就机织布的缩绒工艺说上几句。旧法缩绒是把布放在槽里踩踏。这种工艺一直延续到中世纪晚期。大概早在十二世纪就已经有了水力缩绒机。但是，现存最早的一幅缩绒机图画出现于1607年，即刊印在宗加关于作坊和机器的论著里。那里所描绘的缩绒机是一种相当简单的机器，由一个水车驱动一根轴，这轴上装有凸轮，以提起两个沉重的木槌。凸轮的运动带动木锤打击槽里的布。这种缩绒机节省了大量劳动力，因而也促进了机织布缩绒后处理工序的改良。这样，织成的布就不再从织机取下直接就送往市场。有时，这种缩绒机也可用作为最初的洗衣机，因为

464

当没有布缩绒时，这机器就用来给村民洗衣服。（见边码第464页上的图233。）

图233—缩绒机

针织

针织术在某些方面来说是一种比织造更为复杂的工艺。在织造时，一根根纱线互成直角地交织，同编织草制品的方式大致相仿。这是一种相当简单而又直观的制造织物的方法。针织时，织物是由单独一根纱线连续成圈而产生的，这种工艺远比织造精巧，但很不直观。因此，无怪乎针织技术出现得较晚。针织品——例如毛线帽和毛线袜或丝袜——直到十五世纪末才流行起来，但那以后很快就需求激增。在此之前，袜子都是用布做的。布袜和针织袜相比，肯定既不好看又不舒服。因此，我们有理由认为，针织技术发明以后，没有多少时间人们就都普遍穿起针织袜。当然，针织起初是用手来做；但随着对针织品的需求迅速增长，人们就自然想到发明机械的方法。然而，有趣的是，在工业国家中，纺纱和织造早已不再是家庭的手工业或消遣，但是手工针织却至今仍然未完全为机器所取代，并日益广泛地成为许多家庭妇女甚至有些男人的一种时髦的爱好。 465

第一部针织机即所谓的“织袜机”，大概在 1589 年发明于英

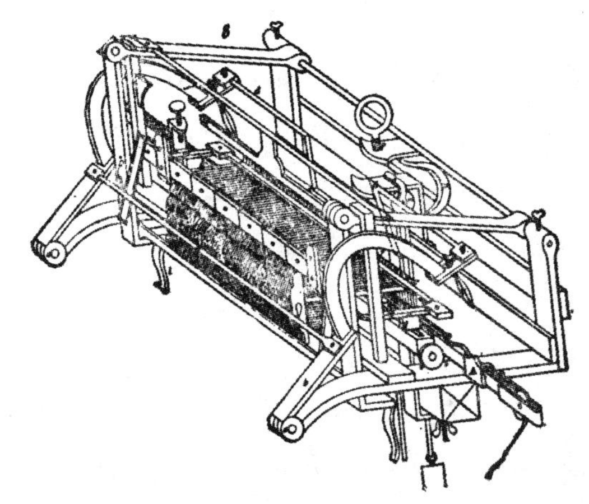

图 234——一种早期的织袜机

国。发明者是诺丁汉附近卡尔弗顿地方的副牧师威廉·李。他未能得到伊丽莎白女王和詹姆斯一世国王授予的专利权，遂迁往法国，卜居鲁昂。可是，他的织袜机不久也在英国获得广泛采用，特别是为伦敦的斯皮塔尔费尔兹工场丝绸工人以及莱斯特和诺丁汉的工匠们所采用。

李的织袜机是一种脚踏板操纵的机器，每个线卷各有一根织针。起初，这种机器只能织出平针织物，要把两边缝起来才能制成缝合的袜子。后来，李发现，在编织过程的某些阶段上让机上的某些针钩失去作用（相当于漏针），他的织机即可织出成形的袜品。 466

即使是最初形式的织袜机也比手工快十至十五倍，而且可以由一个十二岁的孩子来操作。

当然，这种织袜机并不是完全自动的，它在动力上以及机器各部件运动的协调上都依赖于操作工人。然而，这种织袜机乃是后来针织机和花边机械方面一切发明的基础。不过，织袜机直到十八世纪才得到最重要的改良。

（关于农业，参见 N. S. B. Gras，*History of Agriculture in Europe and America*，1926；R. E. Protheroe，*English Farming，Past and Present*，4th ed.，1932。

关于纺织等，参见 A. P. Usher，*A History of Mechanical Inventions*，New York，1929。

关于机械工程，参见 T. Ewbank，*Hydraulic and Other Machines for Raising Water*，New York，1842；R. S. Kirby and P. G. Laurson，*Early Years of Modern Civil Engineering*，Yale，1932。

Catalogues of the Science Museum，South Kensington，London 的有关部分也很有用。）

第二十一章　技术：

四、建筑

1. 建筑材料的强度

达·芬奇

从幸存的列奥那多·达·芬奇的笔记手稿中,可知他对材料在应力下的性能进行过实验研究。他也许是最早超越古代和中世纪施工人员单纯按经验法则处理结构问题的做法而有所进步的人。列奥那多在他那几本被称为"MS. A"和《大手稿》(*Codex Atlanticus*)的笔记(见 Ivor D. Hart:*The Mechanical Investigations of Leonardo da Vinci*,1925)中讨论过一些这类问题,都是关于柱和梁的强度。

列奥那多认识到,由一群紧密的柱身构成的立柱所能承受的荷载要比这些柱身各自独立所能承受的荷载的总和大许多倍。他提出了一个证实这一点的实验。让一段竖直的铁丝下端固定,上端加上一个使它开始弯曲的荷载;然后再把两根、四根等等数目的这种铁丝捆在一起,依次给它们加上使之开始弯曲的荷载;比较这些荷载。他似乎从这实验得出了这样的结论:一根高度给定的支柱的承载能力与其直径的立方成正比。列奥那多认为,给定截面积的支柱的承载能力与其高度成反比。他还尝试确定当支柱的高度和直径都变化时,其承载能力将如何变化(1757 年欧勒率先用数学方法来处理这一问题,但仍然很困难)。他还用实验比较了单根大木的梁和由多根同样大木束缚在一起而构成的梁的承载能力。在一例实验中,他发现梁的承载能力与组成它的大木数目成正比,看来他没能把那些大木很牢固地扣紧在一起。但是他正确地确定了,给定截面积的梁的承载能力与其跨度成反比,他还研究了为产生像给定的一段跨度的变位所需要的荷载如何随这跨度而变化。列奥那多的结果与现代的公式并不总是一致,但是我们应当考虑到他使用的那些方法都很糙粗,而且他的笔记也带有未完成的性质。

468

伽利略

伽利略对材料强度科学的贡献是内粘理论以及一系列关于梁的强度的基本命题,由于伽利略的研究,这一学科才开始引起了学者们的注意。

伽利略的研究成果载于他的《关于两种新科学的谈话》(1638年)中。书中所研究的问题部分地是通过在威尼斯兵工厂的观察以及与工匠们的谈话得到启发而提出的,这可证之于书中各主要谈话者的谈话。

在一艘大船下水的时候,必须谨慎防止它因自身的重量而破裂,而对于一艘以同样材料制造的、式样完全相同但比较小的船,则不必操这份心。这就使人们注意到**尺度**作为决定一种结构之强度的因素的重要性。施工人员似乎自古以来就在用来处理沉重立柱等问题的方法中考虑到了这个因素。伽利略从当时流行的观念出发,进一步探讨了材料抗断裂力的本质和测量问题。

固体的黏性部分地得之于对通过分离组成微粒而形成真空的抵抗(例如对分开两个相接触的抛光表面的抵抗),部分地得之于其中存在把这些微粒结合在一起的黏性物质。描述了一个实验,它通过测试把一个装在充满水的密闭的汽缸中的活塞拉出来所需的力,来确定对水中产生真空的限制阻力。工匠都知道这样的事实:在抽水时,如果聚水坑(泵的吸水管所插进的井或池塘)中水位处在某一高度以下,则吸水泵将不能工作。这说明上述阻力是可以用足够的拉力加以克服的。沙格列陀说:"迄今为止我一直那么不善思考,以致尽管我知道,一根木索或铁索或者一根木杆或铁杆如果十分长,那么当握它的上端时,它会因自己的重量而断裂,但我却从未想到水柱也会这样,而且更为容易。"

水柱的最大高度是 18 腕尺[①]。根据某一黄铜丝断裂时的载荷,可计算出长 4800 腕尺的这种黄铜丝的自重可使其断裂;由于黄铜重大约是水的 9 倍,所以"就依赖于真空而言,任一黄铜杆的断裂强度都等于 2 腕尺这种黄铜杆的重量"。因此,黄铜杆相当大的剩余强度归因于黏性物质的作用(*Discourses*, p. 14 ff.,载 Crew 和 Salvio 的译本),虽然这可能只是固体最小微粒间的一个个小真空的累积效应。 469

《谈话》第二日主要考查一端水平固定(例如固定在墙上),另一端荷载垂直悬挂的重物的梁的抗断裂力。首先考虑的问题是这种抵抗力如何因梁的长度、厚度和截面积而变化。在处理这些问

① 腕尺——由肘至中指尖的长度,约为 18 至 22 英寸。——译者

题时，伽利略不得不创造他自己的术语，而这些术语都不太明确。例如，他没有精确地把梁的挠矩与由此引起的抗力的力矩区分开，也没有与这些抗力本身区分开来。他所作的都是几何证明。

在伽利略关于梁的命题中，他假设裂面的底 $AFDA'$（图 235）只受拉应力的作用，而忽视了为保持梁处于静止所需的等效压应

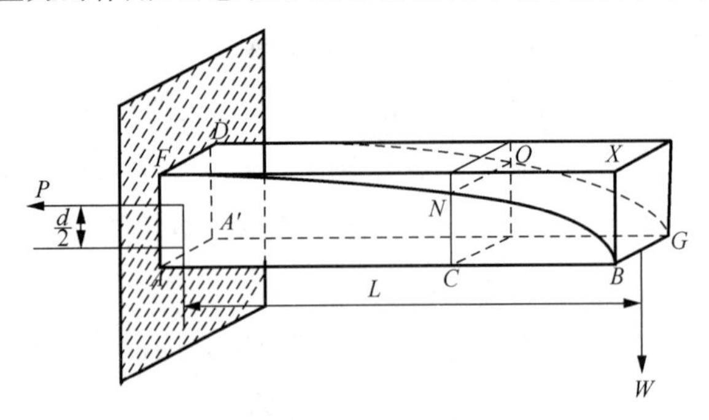

图 235——一端水平固定的梁的抗断裂力

力。他进而又错误地假设，这种拉应力均匀地分布在这底上，并等效于穿过其中心的合力 P。他完全忽视了梁在荷载作用下可能产生的任何变形，把产生应变的梁的纤维看成是不可延展的。然而，这些错误并不影响他在测定截面积相同的各个梁的强度之**比**时所具有的正确性，因为在这种情况下，抗力矩的力臂始终是梁截面的高度的同一部分。

现在我们把他的几个命题复述一下；下面是概要分析它们的

470 证明时所要用到的记号：

L = 梁的跨度；

d = 梁的高度或直径；

W = 荷载；

P＝“抗力”，即挠矩所引起的裂面底 $AFDA'$ 上的力（假设它沿水平方向通过底中心起作用）；

T＝通过底中心纵向地作用的力，可引起直接拉力损坏；

B＝挠矩＝$W \times L$；

M＝抗力矩＝$P \times \frac{d}{2}$；

$M_{max.}$＝梁所能承受的最大抗力矩。

命题 I.——由于重物 W 和抗力 P 的作用，实棱柱体 $ABXF$ 处于平衡。（梁的重量略去不计。）这两个力通过产生对 AA' 的相等力矩而平衡，故用符号表示就有：

$$B = M,\text{即 } W \times L = P \times \frac{d}{2}; \quad \therefore \frac{W}{P} = \frac{d}{2L}$$

命题 II.——“任一给定的宽度超过厚度的直尺或棱柱体侧立时要比平放时具有更大的抗断裂力，且这两个抗断裂力成宽与厚之比。”命题 III.——处理由于梁自身重量所产生的挠矩，它证明与长度平方成正比。命题 II 和 III 实际上是命题 I 的推论。

命题 IV.——“长度相等但厚度不等的棱柱体和圆柱体，其抗断裂力〔的极限力矩〕与裂面底厚度的立方成正比。”对于一个直径为 d 的圆柱体，在断裂时有：

$$P = T \propto \text{底面积} \propto d^2; M_{max.} = P \times \frac{d}{2}$$

$$\therefore M_{max.} \propto d^3$$

这个结果扩充成命题 V 以证明，“长度与厚度都不相等的棱柱体和圆柱体所具有的抗断裂力”（即在它们的端末所能承受的荷载），“与它们的底的直径的立方成正比，而与它们长度成反比。”

$M \propto d^3$（由 IV 得出）；$B = W \times L$；

$\therefore$ 当 $M = B$ 时，$W \propto \frac{d^3}{L}$

471

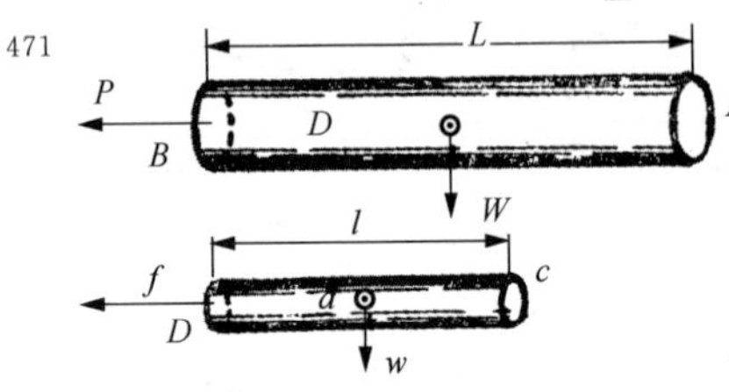

图 236—圆柱体的抗断裂力

命题 VI 是说，一端水平固定并只支持其自身重量的相似圆柱体或棱柱体，它们裂面底上实际产生的抗断裂力与极限抗力的二分之三次方成正比。在每个圆柱体中，

$M = B$，即 $P \times \frac{D}{2} = W \times \frac{L}{2}$，或 $\frac{P}{W} = \frac{L}{D}$

同理，　　$\frac{p}{w} = \frac{l}{d}$

但由于这些圆柱体相似，即 $\frac{l}{d} = \frac{L}{D}$

$$\therefore \frac{P}{p} = \frac{W}{w} = \frac{D^3}{d^3}$$

但底的极限强度之比 $\frac{T}{t}$（比如说）$= \frac{D^2}{d^2}$

$$\therefore \frac{P}{p} = \left(\frac{T}{t}\right)^{\frac{3}{2}}$$ [①]

命题 VII. ——“在一系列沉重的相似的棱柱体和圆柱体中，有一个而且只有一个在其自重应力的作用下恰好处于断裂与不断裂之间的界限上，因此凡是比它大的都承载不了自身的重量而断裂；而凡是比它小的则能够支承一定的倾向使之断裂的外加力。”

---

① 原文为“$\therefore \frac{P}{p} = \left(\frac{T}{t}\right)\frac{3}{2}$”，疑误。——译者

$$B = W \times \frac{L}{2} \propto (d^2 \times L) \times \frac{L}{2} \propto d^2 L^2$$

但在相似的棱柱体中,$L \propto d$;∴　$B \propto d^4$

但 $M_{max.} \propto d^3$(命题 IV);　　　　$\therefore \frac{B}{M_{max.}} \propto d$

∴ 只有在 d 的一个数值上,B 才会等于 $M_{max.}$

这个命题表明,并不像似乎已经假设的那样,相似的梁并非全 472 都具有相同的强度。命题 VIII 给出一端固定且恰能支持其自身重量的圆柱形梁的长度与直径之间的关系:"假定一个圆柱体或棱柱体具有其自重不致其断裂的限度内的最大长度;假定一个更长的长度,试求另一个具有这较大长度的圆柱体或棱柱体在其为唯一的且最大的恰能支承其自重的柱体时的直径。"已经证明,当圆柱体的直径随其长度的平方而变化时,这个条件得到满足。

对于每个圆柱体,重量$\propto Ld^2$;$B \propto Ld^2 \times \frac{L}{2} \propto L^2 d^2$,并有 $M_{max.} \propto d^3$;$\therefore B = M_{max.}$,若 $d^3 \propto L^2 d^2$,即若 $d \propto L^2$ 的话。

由这些命题可得出结论:"在技术上和在自然界中,都不可能把结构的尺寸增大到极其大"(Crew,p. 130)。书中还指出,体格庞大的鱼和巨大的轮船之所以能够安全地存在于海洋之中,是因为水夺去了它们的重量。

接下来考虑的是在两点支承、中点加荷载的梁。书中证明,在这种条件下,一根截面均匀的梁在靠近支承点处要比支承点中间部分强度大。因此,在支承点附近的材料可以被去除。这就引起了为一个给定荷载寻找一个梁的形状,使得在各截面上最大应力处处相等的问题。伽利略为宽度均匀、一端固定而自由端(伸臂)

负有荷载的方梁这种特定情形，确定了这种“强度均匀的梁”的形状，梁的自重忽略不计。对于一给定荷载，截面 CNO（图 235）上的抗力矩与截面 CNO 的面积成正比，也与截面的高度 CN 的二分之一成正比，因而也与 CN 的平方成正比。但挠矩与 CB 成正比。因此，为了在所有的截面上得到相同的强度，CN 的平方必须与 CB 成正比，因而梁的剖面 BNF 应是抛物线形的，这就需要砍去材料的三分之一。伽利略描述了（Crew，p. 148）画抛物线的方法：将一个黄铜圆球沿着一个近乎直立的金属镜面抛出，于是铜球就在这镜面上描出一条抛物线。

《谈话》第二“日”即第二部分最后研究了空心圆柱体作为梁时473 的强度问题。书中证明，“在两个圆柱体一个空心而另一个实心但体积和长度相等的情况下，它们的抗力”（抗力矩）“互成它们的直径之比。”

（抗力矩）$\propto$（截面积）$\times$（截面直径）。两个圆柱体的截面积相同（＝体积/长度），所以力矩与直径成正比。

不过，伽利略低估了空心圆柱体的相对强度。因为，令 A 为上述命题中的每个圆柱体的截面积，并令

D＝空心圆柱体的外径；

d＝空心圆柱体的内径；

Δ＝同体积实心圆柱体的直径。

如把模数定义为抗力矩除以外层纤维所产生的应力，则我们有：

	真模数	伽利略的模数
空　心	$\frac{AD}{8}\left(1+\frac{d^2}{D^2}\right)$	$\frac{AD}{2}$

实　心	$\frac{A\Delta}{8}$	$\frac{A\Delta}{2}$
比　率	$\frac{D}{\Delta}\left(1+\frac{d^2}{D^2}\right)$	$\frac{D}{\Delta}$

武尔茨

关于伽利略在梁的强度方面所得结果的物理真实性的实验检验的最早记载见诸瑞典人 P. 武尔茨与法国建筑师弗朗索瓦·布隆代尔的通信，它发表于《1666 至 1699 年皇家科学院备忘录》(*Mém. de l'Acad. Roy. des Sciences depuis* 1666 *jusqu'à* 1699)(Vol. V，p. 477)。(关于这通信以及随后发生的论战这段历史，见 P. S. Girard：*Traité analytique de La Résistance des Solides*，etc. 的引言 Paris，1798)。布隆代尔在 1657 年的一封信中宣称，伽利略的均匀强度梁的剖面应当是椭圆形的而不是抛物线形的。而武尔茨回信说，他已在他 1649 年的《伽利略的后期》(*Gallileus Promotus*)中研讨过这个问题。比萨的 A. 马什蒂在他于 1669 年发表的论述固体抗力的《伽利略的发展》(*Gallileus Ampliatus*)中，也对伽利略的结果作了同样的修正。马什蒂与格兰蒂两人因教授职位而互相妒忌，这促使格兰蒂写了一篇关于固体抗力问题的综合性几何论文，载于他的《辩解的反驳》(*Riposta Apologetica*，1712)之中，文中指责马什蒂剽窃。但伽利略关于不可延展纤维的假说没有得到纠正；这两位意大利作家也没有用实验检验他的结论的正确性。474

马里奥特

然而，在法国，埃德梅·马里奥特（法兰西科学院的奠基人之一）也在结合他的水力学工作研究材料强度问题。水力学在当时只是为了满足观赏用的喷水装置的需要。在他的《论水的运动》（*Traité du Mouvement des eaux*，德扎古利埃的英译本，伦敦，1718）第五部分的第二讲中论述了固体的抗力和水管的强度问题。

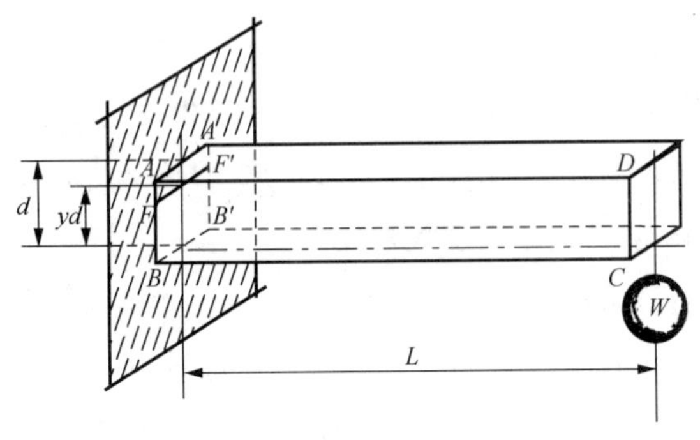

图 237—梁的抗断裂力

在伽利略的理论中，$W\times L=T\times\frac{d}{2}$或 $W=\frac{1}{2}\frac{Td}{L}$，其中 T 为极限强度，即截面 $ABB'A'$对直接拉力的抗力，W 为梁的断裂荷载。

但是，马里奥特对梁做了实际的试验。实验表明，上面的方程式应写为 $W=K\cdot\frac{Td}{L}$，其中 K 不是如伽利略所设想的$\frac{1}{2}$，而更接近$\frac{1}{3}$或$\frac{1}{4}$，而如果抗拉强度的数据更准确的话，他本来会发现 K 的数值还要小。马里奥特解释了这个差异，他设想纤维在不同荷载下，延展程度也不同，与荷载成正比，但在有一个延展度之下，纤维再也支承不住而断裂。马里奥特对这些实验结果在理论上作了隐含的解释，其基本步骤如下（图 237）：

把裂面底 $ABB'A'$ 划分成几个相等的水平条子。对每个条子作用的力都来自荷载 W 的一部分。试考虑顶部的条子 AA'，它离 BB'（假设梁以 BB' 为统合部）的距离为 d。设这顶部条子断裂时的伸长是由于在 C 点上的总荷载 W 的一部分 w。于是，条子 FF'（在 BB' 的上方，离 BB' 的垂直距离为 yd，其中 y 小于 1）断裂时的伸长乃由作用在 C 点的荷载 yw 引起（因为作用在 FF' 的一给定抗力对 BB' 的力矩是作用在 AA' 的同一抗力矩的 y 倍）。但是当 AA' 处的伸长达到断裂点时，FF' 处的伸长只增加到其断裂值的 y 倍，为在 FF' 处产生这伸长所要求的 C 处的荷载为 $y^2 w$。这样，引起断裂的荷载就是：$W=\Sigma y^2 w = w \cdot \Sigma y^2$。

475

对于自底部起第 m 个条子，$y=\frac{m}{n}$，于是，

$$W = w \cdot \sum \left(\frac{m}{n}\right)^2 = \frac{w}{n^2} \cdot \sum m^2 = \frac{w \cdot n(n+1)(2n+1)}{6n^2}$$

$$= \frac{nw}{3}\left(1+\frac{1}{n}\right)\left(1+\frac{1}{2n}\right) \quad \text{(A)}$$

整个裂面底的合力 P 是 n 个条子上全部力元 p 的总和。

将对 BB' 的力矩列成方程式，我们对条子 FF' 有：

$$p \cdot yd = wy^2 \cdot L; \qquad \therefore p = \frac{wL}{d} \cdot y = \frac{wL}{d} \cdot \frac{m}{n}$$

$$P = \varepsilon(p) = \frac{wL}{dn} \cdot \sum(m) = \frac{wL}{dn} \cdot \frac{n(n+1)}{2}$$

$$= \frac{nw}{2} \cdot \frac{L}{d}\left(1+\frac{1}{n}\right) \quad \text{(B)}$$

把方程式(A)和(B)合并,并设 n 的数值大到$\frac{1}{2n}$可忽略不计,我们便可以得到$\frac{W}{P}=\frac{2}{3}\cdot\frac{d}{L}$。但如果设 p 与 y 成正比,则 p 的平均值只是其最大值的二分之一。这样,当 AA'处最外纤维延展到断裂点时,P 只是梁对纯拉力的绝对抗力 T 的一半。因此,$W=\frac{1}{3}\cdot\frac{Td}{T}$,而在伽利略的结果中这个数值是$\frac{1}{2}\cdot\frac{Td}{L}$,这倾向于证实上述马里奥特的结果。

现在我们可以将在各家关于应力在裂面底上的分布的假说之下的抗力矩 M 进行比较,M 是一个截面为 $b\times d$ 的方梁的抗力矩,最外纤维应力为 f,该截面极限抗拉强度为 T(图 238)。 476

马里奥特的实验结果 $M=\frac{1}{4}\cdot Td$ 或$\frac{1}{3}Td$ 肯定是以对 T 值的一个错误假设为根据的。他的梁是一些装在水平承窝里的圆柱形杆件,而他的抗拉强度是从对一些直径与梁相同的圆柱体所进行的实验得出的,这些圆柱体的端头是哑铃形的,荷载用绳子固定在上面。这种固定方式肯定使这些试件发生一些弯曲,而得出的 477 结果便使马里奥特低估了它们的抗拉强度。马里奥特对他所达到的理论与实验间的这种一致感到满意,因此他也就不再继续研究这个问题了。但是,他对更为精确的理论也曾有过一些想法,因为他注意到梁在由于荷载而弯曲时,其下部纤维压缩而上部纤维延展。他写道:“你们可以想象,一半厚度的那部分挤压在一起,其中靠近外面的要比靠近中间的挤压得更厉害,而另一半厚度的那部

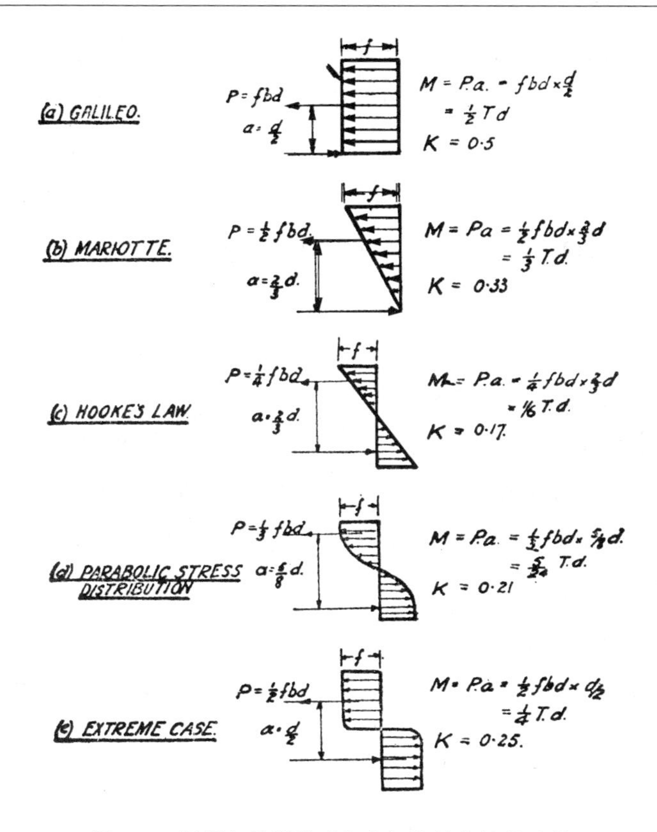

图 238—根据各种假说对抗力矩作的估计的比较

分则延展。”但他看来没有注意到，根据这种假说，$M=\frac{1}{6}Td$。

马里奥特表明，甚至脆性材料在荷载的作用下也会延展。他测量了一根长 4 英尺、厚$\frac{1}{4}$线①的玻璃棒的伸长（$\frac{4}{5}$线），同时注意到一旦荷载卸除，玻璃棒便又回复到其原来的长度。

① 1 线＝$\frac{1}{12}$英寸。——译者

与伽利略的见解相反，马里奥特关于梁性质的思想受到莱布尼茨的支持。莱布尼茨（*Demonstrationes novae de Resistentia solidorum*. *Act*. *Erud*.，July，1684）认为，纤维是可以延展的，“它们的抗力与伸长成正比”，因而他提出将胡克定律应用于单根纤维，这个假说后来称为马里奥特—莱布尼茨理论。

胡克

在英国，在做了像伽利略那样的测定金属丝黏性的实验之后，皇家学会于1664年2月决定“测试各种木材在挠曲、韧性等等方面的强度”，并责任胡克来负担这项工作（T. 伯奇：*History of the Royal Society*，Vol. I，pp. 384，405）。威廉·配第爵士和布龙克尔勋爵参加了这项工作。但是，除了“类似木件的断裂重量之比例系按照断裂木头的裂面底”之外，没有留下任何关于其方法和结论的详细说明。一些关于可压缩性与“弹性”的没有结果的讨论载于伯奇的后面两卷（II，p. 316 和 III，p. 109）。

2. 结构力学

十七世纪之前

在古代东方和希腊的建筑学中，很少考虑使立柱的直径与其高度和荷载成一定比例。在后来的罗马帝国，曾力求节约支柱的材料，但维特鲁维乌斯显得对建筑的科学原理完全无知。中世纪的施工人员似乎已经按经验法则处理结构问题，这些方法都按口授传统只传授给工艺师。无疑，他们从不稳固的或荷载过重的

478

建筑物的倒坍中学到不少东西。尽管我们找不到当时流传下来的明确理论和法则，但格威尔特（*Encyclopaedia of Architecture*，1881，p. 407）表明，在中世纪建筑物的底面图上，建筑物任何部分的支撑物的总截面积总是与该部分的总面积保持一定的比例，这个比例在任何时期都相当固定，但是后来随着时代的前进，这比例便逐渐地减小了（从四分之一减到八分之一）。早期的建筑物几乎必定是根据图样建造的。中世纪的图样幸存下来的寥若晨星；因为当时应用的羊皮纸和木板大都要擦去重用，这样幸存至今的就很稀罕了。用墨水按面图投影画在纸上的建筑图出现在十四世纪。精致的图样在十六和十七世纪开始出现，但它们并不总是很忠实地得到遵守。

巴拉迪奥

继哥特式时期之后，建筑学上开始出现古典复兴式，其特征是努力研究和模仿古代比例。十六世纪出版了许多解说古典模型的书，作为学者式建筑师的指南。其中最有影响的是《安德列·巴拉迪奥（1518—1580）的建筑学》〔*The Architecture of Andrea Palladio*（1518—1580）〕，出版于1570年。这部著作有好几种英译本，其中最好的是I. 韦尔1738年的译本。这部著作的四卷分别研讨的是：

（1）建筑材料；柱型；其他；

（2）古希腊和古罗马的房屋以及作者的设计图案；

（3）道路、桥梁、广场、会堂和竞技场；

（4）古罗马和其他时期的庙宇。

这部著作主要根据维特鲁维乌斯的著作，但也包括对一些新近建造的桁构木桥的说明，不过没有从力学上解释清楚它们的结构。巴拉迪奥提供了根据跨度来确定圬工拱拱座厚度的法则。拱座必须承受来自它们所支承的拱的水平推力，哥特建筑师用尖拱来最大限度地减小这种推力，而且他们知道如何将一个拱的推力去抵消相邻拱的推力。但是，他们似乎没有提出什么理论。巴拉迪奥指出，拱座的厚度不应少于拱跨的五分之一，但也不必多于其四分之一；然而他的法则是有缺陷的，他没有估计到在调节拱的水平推力时拱高的影响。他还错误地假设，半圆形的拱对其拱座没有水平推力。但甚至在胡克、雷恩和格雷戈里建立了比较令人满意的拱理论之后过了很久，他的权威仍未受到质疑。

479

德朗

弗朗索瓦·德朗在他的《拱建筑学》(*L'Architecture des Voutes*)(巴黎，1643 年)中提出了一种适用于任何拱的拱座的作图法，这种作图法在十七世纪曾经为大家广泛接受。这部著作主要研讨测体积学，但也包括(Part I, Chap. VI)下述的作图法(图 239)。

设 ABC 为拱腹。画出三条相等的弦 AQ、QB、BC。延长 BC 至 D，使 $CD = BC$。于是通过 D 的垂线即表明支承拱的墩的背面应位于哪里，故 FG 便是这拱座所需的厚度。这一方法同样适用于半圆形、弓形和尖形的拱。这一法则要比巴拉迪奥的高明得多，因为在拱高减小的同时，它提供了更大的拱座厚度。不过，正如雷恩所指出的那样，这一法则没有把墩的高度和拱的荷载作为两个因素在这个问题中考虑进去。

文艺复兴时代的建筑师由于越来越喜爱立柱下楣结构，因而对拱的兴趣日渐低落。罗马式公共建筑最初系作为一种安全的建筑方法，可供整个帝国那些不太高明的施工人员去搬用；而在十七世纪的欧洲，则已没有这种必要。仿古典式建筑所采用的砖墙、木地板和屋顶体现了某些传统法则。J. 朗德勒在其《建筑艺术》(*L'Art de Bâtir*)(巴黎，1805，1810 年)中曾专门研究过这些传统法则。根据对二百八十例古代和近代建筑物的分析，朗德勒推算出对于不同墙高和屋顶跨度的习惯的高厚比。例如，对于一堵长度为 l、高度为 h 的墙，其正确的传统厚度可求得为$\frac{h \times l}{N \times d}$，其中 d 为边长 l 和 h 的长方形的对角线(因而等于$\sqrt{l^2+h^2}$)，N 为一个从 18 到 27 变化的数，视建筑物的等级以及 h 与 l 之比而定。一些根据朗德勒法则编制的表载入了 1855 年的《都市建筑法》(*Metropolitan Building Act*)。这些表今天仍基本上得到遵循，并为大多数地方法所采纳。

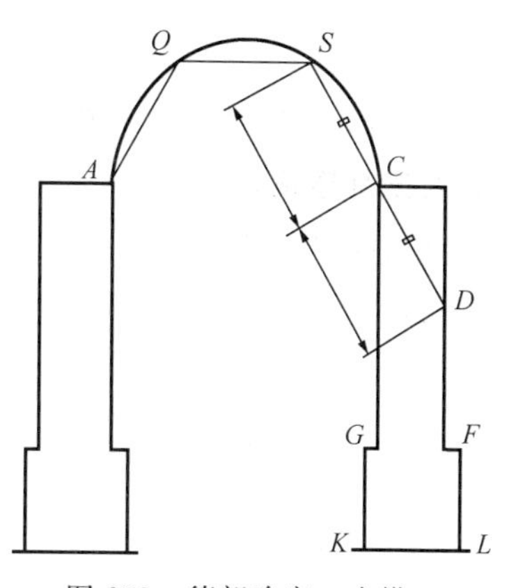

图 239—德朗确定一个拱的拱座的作图法

480

十七世纪

对十七世纪建筑传统作过最好记述的是约瑟夫·莫克松(1627—1700)。他是在伦敦经营数学书籍和仪器的商人，业余爱好力学技艺，也做过查理二世的水文学家，他是皇家学会的会员。他的著作《力学练习》(*Mechanick Exercises*)自1677年起分两个系列按月连载，研讨诸如锻工、细木工和建筑等等力学技艺。书中只是描述了传统的实用知识，并丝毫未受伽利略、笛卡儿的研究以及各科学社团的影响。

莫克松对木地板建造的阐述(*Mech. Ex.*, Vol. I, p. 140 in 1st ed.)表明，当时已认识到，**横过**梁木纤维开一个榫眼对梁的强度的损害甚至比**顺着**纤维开一道相当长的狭槽还要严重；在搁栅跨端头的一个小雄榫就能支承中跨处相当粗大的梁(因为像我们应该说明的那样，挠矩从搁栅两端向其中央逐渐增大)。但莫克松对这些性质的技术原理没能给出令人满意的解释。

雷恩

图240—克里斯托弗·雷恩

克里斯托弗·雷恩爵士没有写过材料强度方面的著作，但他做的关于公共建筑物状况的官方报告中却包含许多对建筑结构问题的评论。例如，他批评了老的圣保罗教堂屋顶的设计和建造方法，当时这个建筑物正面临坍塌的危险之中，它自身的重量使墙壁散开，把造得很糟的支柱向外推。雷恩做的结构计算，甚至那些为圣保罗教堂做的计算都没有保存下来。他的计算可能很不细

481

致，因为在建造的过程中他不断改变计划。1669 年在关于索尔兹伯里教堂的报告中，他批评支柱底座扩展不恰当，立柱不足以支承上面的重量（特别是那四个支承尖塔的支柱，尖塔是后来想到才增加上去的），墙壁的加固铁箍可能存在隐藏的裂缝，或者因生锈而损坏。在 1713 年关于威斯敏斯特教堂的报告中，雷恩指出，交叉处的四根支柱不够粗大，抵不住那么多拱的向内推力，除非上面有一座中央塔来承载。许多哥特式大教堂为了这个目的都设了这种塔，雷恩建议也给这教堂添上一座。同时，他还用铁加固其结构，他也把这个方法广泛用于圣保罗教堂。（关于上面讲到的那些报告，见 *Parentalia of the Wren Family*, by Stephen Wren, 1750）雷恩对建造拱顶及其支承柱的哥德式方法并不满意。他还批评德朗确定适合于一个给定拱形的拱座厚度的作图方法（边码第 479 页）不是普遍有效的。然而，雷恩自己判定一个拱座稳定性的准则也是不足取的，尽管它没有使他在实际中犯过错误。他设想（*Parentalia*, p. 356），一个拱是由重心在 *M* 的矩形竖立体（图 241），在它上面添加重心在 *N* 的块体 *ACD* 构成的。如果这两个分别集中在 *M* 和 *N* 处的质量对于垂线 *AB* 是等质量的，那么这石头的全部质量就会稳固地座在其基础之上。这拱的另外一半的构成与此相同，两半在 *D* 会合。这样，整个拱就像那两半一样稳固。于是，雷恩认为这拱就像两组对称而

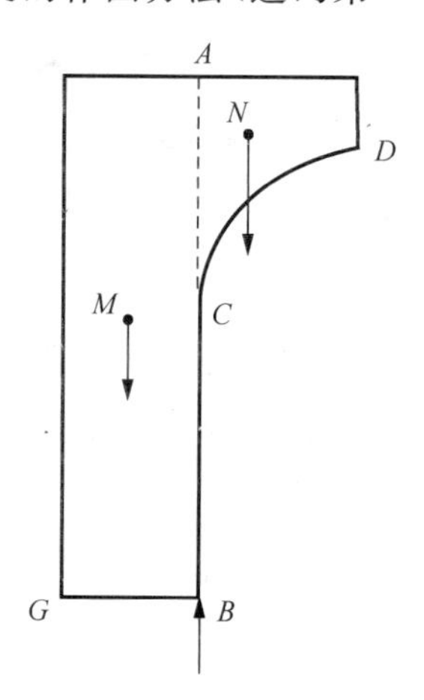

图 241—雷恩的拱概念

又稳固的伸臂和平衡块。他忽视了通过 D 的水平推力以及由于拱肋两半荷载不对称所产生的剪力。他的理论使人们以为在 A 处的受拉应力极其强，并使人认为对基础的最大压力是在 B。然而，如果 BC 很高的话，拱的水平推力（这个力被他忽视了）便将这压力中心移向 G 或更远的地方。

482

胡克

罗伯特·胡克在他的第三册卡特勒讲义的附录中以字谜形式列出了他的部分发现。其中一个系关于"各式拱建筑的正确的数学和力学形式，以及各式拱所必须的正确的拱座"；第二个字谜据称给出"真正的弹性理论"，而第三个字谜描述"一种新型的哲学尺度"。

第一个字谜的解在胡克死后由沃勒在他的论文中发现，那上面写道：*Ut pendet continuum flexile sic stabit continuum Rigidum inversum*，它的意思是，一个稳固的拱应当状如（倒置的）一根由于自重而自由下垂的柔性链条（**悬链**）。这实际上是环节多角形的先声，但尚需通过改变链环的重量来加以修正，以表示加于拱的相应部分的荷载。胡克关于结构问题的观点以他当伦敦大火之后的勘察官的实践经验作为支持。在 1670—1671 年皇家学会的一些会议上，胡克曾对他的拱的法则作过一些含糊其辞的暗示（Birch，*Hist. R. S.*，II，pp. 461，465，498）。戴维·格雷戈里在未对胡克致谢的情况下在 1697 年的《哲学学报》上发表了这法则，这或许是由于泄露，也可能是格雷戈里独自发现。在他文章中关于"一条重而柔软的链条从两个悬挂点自由下垂所形成的悬链或曲线的性质”那个部分中,格雷戈里(Proposition II,cor. 6)指出,“在一个垂直平面上,但在倒置的情况下,这链将保持其形状而不降落,这样就将构成一个非常细小的拱或穹隆:亦即无限小的、刚性的和抛光的球体散布在倒置的悬链曲线上,构成一个拱,它的任一部分都不被其它部分推向里面或外面,但由于最低部分保持坚定,因此它将靠着自己的形状而支持自己。反过来说,只有悬链才是正确的和合理的拱或穹隆的形状。”朗德勒(*L'Art de Bâtir*,1808,I,p. 138)声称搞过十五个小球形成的稳固的悬链形拱。只有当悬链拱每一段所承受的荷载与该段长度成正比时,这个拱才是稳固的。据信雷恩已经解决了拱的问题,但找不到明确的证据证明这一点。不过,W. G. 艾伦和 C. S. 皮奇指出(*Journal of the R. I. B. A.*,Vol. XXXVII,3rd Series,No. 18,pp. 664,665),圣保罗大教堂的支柱和圆锥体都严格符合悬链形状,其顶部荷载相当于提灯的重量。因此,雷恩可能是独立地发现了稳固拱的正确形状。 483

拉伊尔

菲利普·德·拉伊尔在他的《力学论》(*Traité de Mécanique*)(巴黎,1695 年)中考查了(Proposition CXXIII)如何确定一根绳索(自重可忽略不计)每一部分应施加多大重量,以致当各部分共同作用而使绳索绷紧时,绳索可呈任意所需的曲线形状这个一般问题。解是:将曲线 $AQRS$ 分成诸部分 AQ、QR、RS……,在各分点上作切线 AB、BD、DE……。施加通过各切线交点 B、D、E 作用的荷载。A 点处的切线 AH 是水平的,沿 AH 截取 AF,使之依某个标尺表示通过 B 点起作用的荷载 M。作 AC 垂直于 AH,作

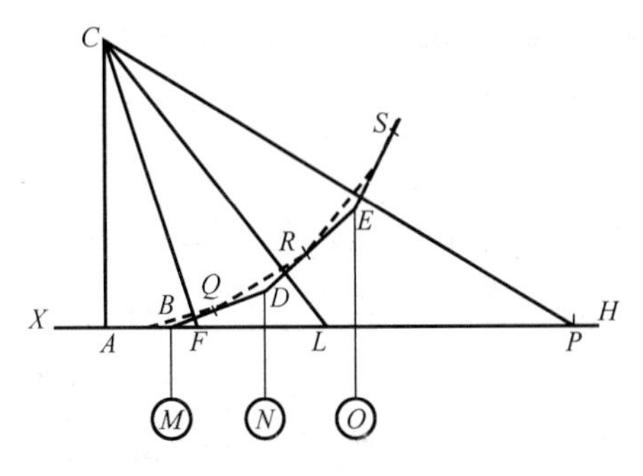

图 242—拉伊尔对拱问题的处理

FC 垂直于*BD* 并与*AC* 相交于 C。自 *C* 点作 *DRE*、*ES* 等等的垂线，与 *AH* 相交于 *L*、*P*……。于是，*AFC*、*FLC*、*LPC* 等等即是今天所称的 *B*、*D*、*E* 等各点各自的力三角形；*ABDE* 为环节多角形；*AFLP* 为力多角形 *CAFLP* 的荷载线，*C* 为其极点。拉伊尔(Proposition *CXXV*)运用这种作图法来求为使甚至在相邻石块之间没有摩擦的情况下拱仍保持平衡，每块 *voussoir*(拱石)应施加多大的荷载。他认识到，由于摩擦的存在，在实践中不能原封不动地照搬这个理论。后来对拱问题的处理都是在拉伊尔的基础上发展起来的。

484

3. 弹性

配第

威廉·配第爵士在一次对皇家学会的演讲中(1674 年)，强调了结构的**比例尺度**作为一个决定其强度之因素的重要性。这篇演讲以“倍比例在各种重要特殊情形中的应用，以及一种关于弹性运动的新假说”为题发表。忽视这个因素乃是造成“机械模型”按实际尺寸制造后即行破损的原因。伽利略曾详细研究过这个效应，但是配第没有提到他。

在他的著作的附录中，配第试图解释弹性物体形状的恢复和振动。他设想，原子像磁体一样趋向于排列成各轴成一直线的链条，但这为原子中心要聚到一起的倾向所抗衡。他用性的类比来解释这种情况，设想原子也有阴阳之分。这两种倾向通过“相互勾结”而相互平衡，以致达致现在的静止状态。

图 243—威廉·配第

胡克

胡克在他的卡特勒讲义《势的恢复》(*De potentia restitutiva*)(1678 年)中解开了上面提到的第二个字谜(第 482 页)：*Ut tensio sic vis*，“任何弹簧的弹力都与其张力成相同比例”。他宣称他在十八年前便发现了这条定律。胡克定律现在常被表述为“应力与应变成正比”。胡克用四种弹性物体的行为来说明他的定律：

(1) 一个轴垂直的金属丝螺旋，上端固定，下端荷载秤盘和砝码。随着增加荷载，此螺旋成正比地伸长。

(2) 把一根钟表发条上紧成垂直的螺线，里端固定，外端附着在一个与此发条同轴的轻巧的齿轮的辋上，后者盘绕有一根丝线，丝线的松端悬吊一个很轻的秤盘。秤盘中加载多大的砝码，这齿轮即转过多大的角度。

(3) 在一根悬吊的长长的线(胡克建议长度为20、30和40英尺)的下端装上一个秤盘。每在秤盘中加载一定的砝码,这线就会伸长相应长度,这可以用罗盘测量从地面到秤盘的距离来获知。

(4) 给干燥木质的伸臂的自由端加上荷载,可以用来证明,挠曲变形也遵循这条定律。

485 胡克早在《显微术》中就已经指出,这条定律同样适用于压缩空气,他现在则想把这条定律推广成为弹性物体的一条自然规律,它能有多种用途,例如制造钟表发条。他关于这个问题的第三个字谜 *ut pondus sic tensio* 即荷载等于伸张乃是他的"哲学秤"——用弹簧伸长来度量重量的弹簧秤——的基础原理,他曾徒然地想用这种弹簧秤来检测重力随高度的变化。

起初胡克把弹性解释为是由于弹性物体中包含空气所致(Birch:*History of the Royal Society*,II,p. 316),但当他在使用帕潘的抽气机时,发现容器中空气抽掉后并不影响里面悬挂的加载弹簧的弹性,这证明他原来的想法是不对的。他后来诉诸一种精微的但无所不在的媒质的作用,它使得构成弹性物体的微粒的振动的平均位置彼此保持固定距离,反抗将它们的距离拉得更大,也反抗把它们压缩得更紧密。在胡克所画的一根挠曲梁的示意图中(*Gunther*,VIII,p. 347),沿梁的截面一半的地方有一个"中性层",把伸长的部分和压缩的部分分离开来。

牛顿

牛顿在《光学》中的第三十一个疑问中研讨了内聚性和弹性。他假设,这些现象以及化学吸引和光微粒的折射现象都必定与组成物体的终极微粒的性质有关，很可能是邻近微粒相互**吸引**这个性质。至于弹性和光的发射所需的**排斥力**，他假设它伴随离微粒一定距离的吸引力而产生，恰如数学函数的符号对于自变量的一定值可以由正变负。

（参见 J. Gwilt，*Encyclopaedia of Architecture*，1842，etc.；R. T. Gunther，*Early Science in Oxford*，Vol. VIII，Oxford，1930；W. Petty，*Concerning the Use of Duplicate Proportion*，1674；I. Todhunter and K. Pearson，*History of Elasticity and Strength of Materials*，Vol. I，Cambridge，1886。）

第二十二章　技术：
五、矿业和冶金　六、机械工程

五、矿业和冶金

阿格里科拉

矿业和有关的冶金工序属于世界上最古老的工业。远在近代之前很久它们就得到了充分的发展，而十六世纪和十七世纪对于它们的进一步发展贡献甚微。不过，当时并不实际从事采矿作业的那些人很少了解各种采矿和冶金方法。这部分地是因为当时的行业保密，部分地是因为富有实际经验的人没有文字能力或文字爱好。到十六世纪才有人开始认真考虑全面而又准确地描述矿业的各个方面。大约1500年后逐渐出现了一些这方面的比较简短的论著。其中最早的是作者不详的《实用矿业小论》(*Ein Nützlich Bergbüchlein*)，接着(约1510年)较有价值的是《试金小论》(*Probierbüchlein*)，作者也不详。1540年，意大利锡耶纳的瓦诺塞奥·比林格塞奥发表了一部更为重要的著作《论高热技术》(*De la Pirotechnia*)，这是第一部真正系统的——严格地说是实用的——关于矿业和冶金的书。不过，这个时期中最重要的矿业专著，也是后来两个世纪里这个学科的权威著作，是阿格里科拉的

《论天然金属》（*De Re Metallica*）（1556 年），我们已在前面几章中提到过这位作者。阿格里科拉在 1530 年曾发表过一本较简短的关于矿业的书（*Bermannus*），但他后来的那部著作包括了它以及所有其他前人的著作。

阿格里科拉虽说在某种意义上是他那个时代的产儿，但他非常重视实际，他相信观察而不喜欢抽象推理。虽然他的职业不是实际的采矿工程师而是医生，但他把矿业当作自己的正业，亲自去观察实际情形。他在《论天然金属》的《序言》中的自述很值得援引在这里："我在这上面已花费了很多的心血和劳动，甚至破费了不少钱财。因为对于矿脉、工具、容器、流槽、机器和冶炼炉，我不光用语言描述了它们，而且雇用了画匠画出了它们的形状，以免单纯用文字陈述的东西既不能为我们当代人所理解，也给后人带来很大困难……。我舍弃了那些我所没有亲眼见过的材料，或者那些不是从我认为是可以信赖的人那里读到或听到的东西。那些我未见到，或者在读到或听到后未经过再三思考的东西，我都没有写进来。为了理解这条准则，一定要读完我的全部指示，不论我吩咐应该做什么，或者描述很寻常的东西，还是我指责今天在做的事情。"大量生动的图解是这部专著的突出特色之一。胡佛夫妇的英译本使得有英语阅读能力的阿格里科拉的学

图 244—格奥尔吉乌斯·阿格里科拉

487

生特别幸运。这个译本保留了所有的插图，而且无论从哪方面说都忠实于伟大的原著(Georgius Agricola：*De Re Metallica*，H. C. Hoover and L. H. Hoover 译，London，1912)。

这部著作共有十二篇，涉及矿业和相关的冶金工序的每个阶段。书中描述了数十种采矿作业，研讨了勘察、经营、地质、工程、熔炼以及试金等有关方面的问题，并包括对采矿事业中一些颇有争议的问题的审慎的评论。

第一篇中对矿业作了一般的辩护，反对某些人批评矿业是一种寻找财富的卑鄙事业，并指出若要成功地经营矿业，必须具备哪些知识。第二篇描述了称职的矿业主应具有的性格和品质，讨论了矿物勘探、矿业所有权、矿业公司以及股份等问题。他关于矿业股份以及“魔杖”的应用所表达的意见值得在这里重述：“在购买股份时，像在其他事情上一样，矿业主的冒险心应有所节制，以免财迷心窍而使所有钱财付诸东流。此外，一个精明的业主在购买股份之前应该先到那个矿上去，仔细地考察矿脉的性质，因为很重要的是要提防那些骗人的股份出售人让他上当。”(英译本，p. 29)阿格里科拉是最早揭穿“魔杖”的人之一——如果不是最早的一个的话。他的说明如下：“矿业主们对这种叉状

图 245—“魔杖”

树枝有很大的争论。一些人说它对发现矿脉极其有用，而另一些人则否认这一点。那些运用这种树枝的人有的先用刀子从榛树上砍下一根枝叉，因为他们认为这种灌木在寻找矿脉上比任何其他树木都更灵验，特别是生长在矿脉上方的榛树。有的人用不同的树枝来寻找不同金属的矿脉：银矿脉用榛树枝；铜用梣树枝；铅尤其是锡用油松；金用钢铁做成的杆。他们都用双手紧握住枝条的两叉，手指必须朝向天空，以便两叉相交的那一端可以抬高（见图 245，亦见边码第 511 页图 265，这是我们所知道的用'魔杖'探矿的最早图画）。然后他们随意地在山地各处漫步。据说，一当他们的脚踏上了矿脉，这树枝立即就会转动和扭曲，于是这一动作就揭示了矿脉的所在。当他迈动脚步离开那个地点，树枝便又不动"（同上，p. 38f.）。阿格里科拉把"魔杖"同巫术相比，驳斥了上述说法。他说："我们认为矿业主应该是良知而又严肃的人，因此他不应利用带魔法的树枝。如果他是一个审慎

图 246—竖井

A，尚未到达隧道；　B，已到达隧道；

C，附近尚无隧道；D，隧道

488

489 的人，并善于认识现象的本质，那他就会懂得分叉的树枝对他毫无用处。因为正如我前面所说过的一样，矿脉有一些自然的迹象，他 490 自己就可以观察到，而无需借助树枝”（同上，p. 41）。所谓表示存在着金属矿脉的“自然迹象”，阿格里科拉指的是带有泡沫的泉水；露头即由于水的冲刷而露出地表的矿石；与邻近地带比较，某处的草本植物上没有白霜；某处的树，“叶子在春天时呈蓝色或铅的颜色，尤其是上部枝条呈黑色或别的什么不自然的颜色，树干裂成两半，树枝呈黑色或变了颜色”（同上，p. 38）。他认为这些现象都是自然的迹象，因为它们是矿脉散发出的高热而又极为干燥的物质所造成的。值得指出，在阿格里科拉驳斥“魔杖”一个世纪以后，罗伯特·玻意耳仍然相信它，而且今天仍有不少人还相信它。

图 247—竖井的结构

A，长横梁；B，隔板；C，柱子；D，端板

491 第三篇论述岩石中不同种类的脉、细脉和缝，以及利用罗盘

(或“风玫瑰”)来测定它们的走向。第四篇研讨矿山管理和矿山管理人员的职责。第五篇阐释了地下开采的原理、勘探技术和矿石挖掘技术;并描述了在矿山中可以发现的各种矿石。这一篇描绘了各种竖井、各种测垂水准仪以及其他测量仪器;另外还包括关于地层的说明,这已在前面第十六章中引述过。图 246—图 249 复制了其中的一些插图。

第六篇描述了采矿作业应用的各种工具、器械、容器和机器——锤、楔、镐、锄、铲、篮筐、桶、手推车、载重货车、滑轮、齿轮、绞车、链斗提水机、带阀门的活塞式水泵、风箱,等等。其中有些我们将在下面介绍。当然,所有这些工具都早在阿格里科拉之前很久就已发明了。这一篇最后说明了“矿工常见的疾病和事故及其预防办法”。

图 248—直立的测垂水准仪

492

第七篇描述了对矿石进行试金的方法。“最好首先对矿石进行检验,以便更好地熔炼矿物,或者将渣滓清除掉,使金属更纯。”描述了试

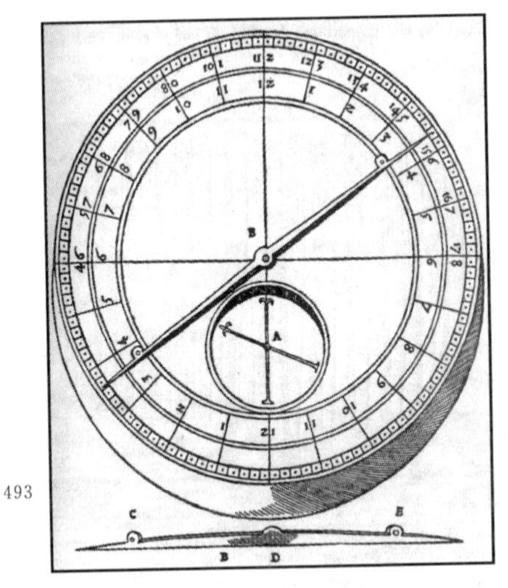

图 249—瑞士罗盘

A,指针;B,舌针;CDE,舌针上的孔

金炉、试金坩埚、坩埚、烤钵、铸模和试金天平,并附有插图,还详尽阐述了供试金石配用的各种试金针。这些试金方法大都最早是在上面提到的《试金小论》(1510 年?)以及《论高热技术》(1540 年)中提到的;但都不如《论天然金属》中讲得完备,这本书中还有关于锡、铋、汞和铁的试金方法的最早说明。远在古代试金石就已被用来检验金属,特别是用来检验贵金属,不过十六世纪之前一直没有关于其应用的详确叙述。试金石是一种黑色或深绿色的石块。当用一种金属在这种石块上摩划时,就会留下有色的痕迹,它因金属的性质而异。将这种痕迹与已知其成分的金属针在试金石上留下的痕迹相比较,就可以大致确定被试金的金属或矿石的特性。阿格里科拉列举了大量这样的标准试金针,并给出了精心编制的表,示出这些试金针摩划试金石时所产生的效果。图 250 示出二十四根这种试金针,前十一根用来测定银棒的含金量,其余十三根用来测定金棒的含银量。它们也可用来测定硬币中金或银的成色。其他试金针可用来对含铜等等其他金属的合金试金。

493 494

第八篇描述熔炼矿石前的准备过程——分选、破碎、研磨、筛分、清洗和焙烧。还论述了用水银来回收金的方法,但没有提及利用汞合金作用回收银的方法，而这个方法在前面提到的比林格塞奥的《论高热技术》中已经研讨过。有几幅插图画的是捣矿机，它们是大约在 1500 年由一个姓氏不详的人发明的，这种机器用来取代磨石研磨的方法。

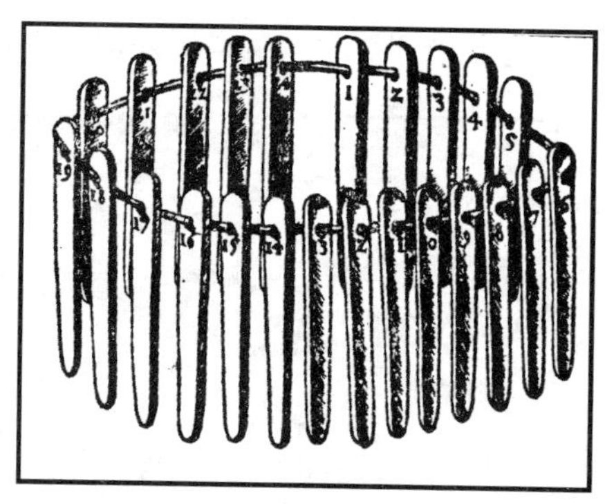

图 250—试金针

图 251 复制了一幅示出由水车驱动的捣矿机的图。图 252 示出焙烧含硫或沥青的金属矿石的方法。

图 251—水车驱动的捣矿机

第九篇研讨各种熔炼矿石的方法。描述了所应用的各种炉子、各种风箱和其他设备，以及一切必需的工序。所研讨的金属包括金、银、铜、铁、铅、锡、锑、汞和铋。阿格里科拉是最早描述铋矿石处理的人；甚至也是他最早描述了这种金属本身，见于他先前的一本书《铋》(*Bermannus*)(1530 年)。第九篇中研讨的作业大都产生于早期，但有些是十六世纪才引入的。后者包括熔炼铜矿石前

495

焙烧它们的方法以及从矿石还原铋和锌的方法。图252—图256示出几种炉子。十六世纪的高炉通常都是截顶的锥体，直径约24英尺，高约30英尺。它们一般用水车驱动的风箱来鼓风。1523年英国建造了一个炼钢炉。然而，在十九世纪之前，钢一直是很昂贵的，生产很困难，其用途局限于工具、武器和易磨损的机器零件。

图252—含沥青或硫的金属矿石的熔炼炉

496 497 498

在第十篇中，阿格里科拉解释了"怎样把贵金属从贱金属里分离出来，以及反过来贱金属如何从贵金属中分离出来"。他还写道："通常总可以从一种矿石中熔炼出两种金属，偶尔还可熔炼出更多种，因为在自然界中通常总有一定量的金包含在银或铜中，一定量的银包含在金、铜、铅和铁中；同样，也有一定量的铜包含在金、银、铅和铁中，一定量的铅包含在银中，一定量的铁包含在铜中。"还研讨了精炼金银的方法。这一篇在一定程度上不可避免地重复了第七

499

篇已讲过的关于试金的内容。在第八篇、第九篇中描述的试剂和作业今天仍大都用来对金、银、铅、铜、锡、铋、汞和铁进行无水分析；它们甚至阐明了现在仍然在应用的一些试金方法，如粒化法、复份试金法、铅检验法、啤酒湿润骨灰法，等等。阿格里科拉详尽研讨了他所称的 *aqua valens*〔"强水"〕，可用来分离金和银。他这是指无机酸或无机酸的混合物，以前称为 *aqua fortis*（硝酸）和 *aqua regia*（硝酸和盐酸的混合物）。他制备 *aqua valens* 的方法大都是蒸馏矾与盐或硝石，或矾与两者同时蒸馏。他的配方似乎主要取自《试金小论》。他有过实际经验的唯一一种 *aqua valens* 是 *aqua fortis*。他所详述的那些分离方法，即利用 *aqua fortis*，利用与盐、硫或硫化锑的黏结，在他之前

图 253—铅矿石熔炼炉

A，卡尼型炉；F，铸模；H，铅块；K，撒克逊型炉；I，L，开口；N，T，坩埚；O，浸锅；P，燃烧木炭的韦斯特法尔熔炼法；V，波兰型炉

500 大都已有人描述过。但他是第一个阐释与硝石黏结这种方法的人。

第十一篇讲述“必定可把银从铜或铁中分离出来的一些方法”。然而，它大部分是介绍将银从铜中分离出来的“熔析”方法。这是十六世纪才出现的新方法，阿格里科拉似乎是第一位记述这方法的人。熔析法的特征如下所述。把一种含铅多的铜铅合金置于一种还原空气（防止氧化）中加热到铅的熔点之上，但不到铜的熔点，于是铅就“熔析”，即熔化。但是，由于它还带有一定量银，所以在银最后分离出来之前，还要进行一些其他处理。图 256 所示即为熔析炉。

《论天然金属》的最后一篇研讨“固化液汁”即可溶性盐及其来源和制备方法。描述了制造盐、苏打、明矾、硫酸盐、硫、沥青乃至玻璃的方法。对于一部关于矿业和冶金的专著来说，收入这些东西也许不太恰当，但阿格里科拉觉得这样做很有必要。然而，至少就现在来论述十六和十七世纪的玻璃制造技术而言，仿效阿格里科拉是很称便的。

图 254—用圆形风箱的卢西坦型炼锡炉

图 255—铋或铁矿石的熔炼炉
E，坩埚；F，管道；G，浸锅

玻璃制造

玻璃制造技术是可追溯到史前时代的最古老的技术之一。十六和十七世纪里似乎没有增加多少新东西。但有些在此之前业已失传了的古代发现在这期间又重新被独立地发现了，而且最为重要的是，其间写出了关于这种技术的第一批重要论著。阿格里科拉在一定程度上研讨过这个问题，并提供了玻璃制造者所应用的三室炉的图（图 257）。但第一部专门论述玻璃制造的著作于 1612 年才在佛罗伦萨出版。书名为《论玻璃技术》（*De Arte Vetraria*），作者是安东尼奥·尼里，他是佛罗伦萨的一位教士，在他周游意大利（意大利的佛罗伦萨和威尼斯拥有许多著名的玻璃制造厂）和低地国家（那里安特卫普是重要的玻璃制造中心）时收集了大量有关玻璃制造方面的资料。尼里自己也做出过一些发 501

现。他的著作曾由克里斯托弗·赫默特译成英文（*The Art of Glass*，1662）。译者在他的译本中加进了不少内容，还增添了许多木刻插图。另一本关于玻璃制造方面的重要著作《玻璃制造技术》（*The Art of Glass-making*）于 1679 年出版。它是作者约翰·孔克尔用德文写成的，书中也利用了尼里的著作。孔克尔的书中有大量的插图，其中最令人感兴趣的是吹玻璃工用的由脚踏风箱供风的吹玻璃灯（图 258），读者可以把这幅图与更早的吹玻璃法（图 259）加以比较。后来所有这些著作出版了全一卷的法文译本，并附有 M. D. 的评论。这本书的书名为《玻璃技术》（*L'Art de la Verrerie*）（Paris，1752），M. D 就是霍尔巴赫男爵。

图 256—熔析炉

502

十六和十七世纪重新发现的技术都是有关制造彩色玻璃和人造宝石的。它们均由一些化学家各自独立发现，而且他们大都把自己的发现看作为重要的秘密。

就现在所知,其中第一项发现大概是1540年作出的,这就是德国诺伊德克的克里斯托弗·许雷尔发现的制造钴蓝色玻璃的方法。显然,他的办法是将玻璃同提炼铋剩下的矿渣相熔融(参见 Ernst von Meyer's *History of Chemistry*, ed. 1906, p. 95)。

图 257—三室玻璃熔炉

其他的发现都是关于红色或红宝石玻璃以及人造红宝石的制造方法。十六世纪末,安德烈亚斯·利巴维乌斯发现,把金和铁(?)同制造玻璃的材料相混合可制造出红宝石色的玻璃(*Alchemia*, 1597, Lib. II, Tr. I, C., 34)。接着,约翰·鲁道夫·格劳贝尔在一次幸运的机遇中作出了类似的发现。他当时在熔化金灰,加入含盐助熔剂帮助熔化。当他把坩埚从炉中取出时,发现里面有非常美丽的红色玻璃。他断定这颜色是金造成的,因为他添进去的含盐助熔剂是白色的。 503

图 258—脚踏风箱供风的吹玻璃灯

于是他发明了一种制造有色玻璃的更为简便的方法，即用“燧石液”（一种硅酸钾溶液，制备方法是把水作用于砂状或粉末状燧石和过量的碳酸钾的熔融混合物）使金从它的 *aqua regia* 溶液中沉淀，并将这沉淀物熔化。他指出，在用任何别种金属制造有色玻璃或人造宝石时，也可应用这种方法（*Philosophical Furnaces*，1651，Part II，Chs. 182，183）。尼里在 1612 年也提出（同上），溶解于 *aqua regia* 的金可用来给玻璃着色。他还叙述过一种制造铅玻璃的方法。

504 罗伯特·玻意耳在他的《物体多孔性的实验及思考》（*Experiments and Considerations about the Porosity of Bodies*）（1684 年）中指出，彩色玻璃的着色剂有时可贯穿整个玻璃，有时仅影响表505 面。事实上，玻璃常常蒙有矿物颜料，这种玻璃再沾上石灰或别的适当粉末，并置于低于其熔点的火中，结果它就会染上颜色。1666 年伦敦大火烧毁圣保罗大教堂时，玻意耳检查了一些染上了色的窗玻璃碎片,发现这颜色仅在表面上。他考虑了把玻璃完全染红的可能性。一天,他在蒸馏金汞合金,发现玻璃容器部分地变成了金色;他继续蒸馏直到这玻璃容器爆裂,这时他发现玻璃完全红透了,事实上它具有“那么美丽而又灿烂的**红**色,甚至我感到好几种**红宝石**也相形见绌”(*Works*, ed. 1772, Vol. IV, p. 793)。似乎孔克尔大约在同一时候也独立作出了同样的发现。

图 259—老式吹玻璃方法

六、机械工程

由于机械工程同矿业有着非常密切的关系,所以它在近代初期得到了很大发展。工程技术的这两个分支确实堪称两个先锋,为工业时代的世界奠定了基础。随着采矿活动越趋兴旺,越来越需要更好的运输和排水机械,这样也就刺激了机械器具的发明。

而一旦发明机械的积极性高涨起来，就势必导致发明其他与矿业无关的机械。

阿格里科拉所描述的机器大都是用人力或畜力驱动的。由于对金属矿石的要求不断增加，因此就必须发展深井开采。为了适应这种新的形势，就要求有新的设备。人们不得不去发明节省劳力的方法，采取种种特别措施以克服深井开采的特殊困难，这就是运输、排除亚土层水以及通风等的有效手段。露天矿矿工不需装备通风设施，简单绞车和农村用的水泵就可满足他的需要。但当开采工作不得不在地下很深的地方进行时，情况就不这么简单了。

图 260—简单绞车

506

运输机械

阿格里科拉描述过五种运输机械。图 260 是一种简单绞车。图 261 的绞车与前者不同，它只有一个曲柄，第二个人的位置代之以一个飞轮。似乎已经认为，飞轮的稳定作用能实际增加资用功。由于能量守恒是十九世纪的概念，所以当时绝不可能有这样的认识，或者是根本不可思议的，尽管阿格里科拉比起同时代的其他学者在这方面犯的错误要少得多。

阿格里科拉写道："每个绞车工都必须体格强健，无论他操纵哪种绞车，否则就干不了那样繁重的工作。”随着人道主义的高涨，强壮劳动力的缺乏更形吃紧，最后迫使实业家们不得不用动力驱动的机械来取代几乎完全的繁重体力，但这种思想和十六世纪的时代格格不入。阿格里科拉描述的第三种机器能“减轻工人的疲劳，同时又能提升更重的载荷”。两个人（图 262）握住一个水平的固定横杆，踩踏一个固定在一个竖立轴上的转台，这个轴在上部装有一个水平大轮子，靠近其边缘处散布着一圈竖直的齿。这些齿与一个木鼓上的槽相啮合，鼓轮装在一个水平轴的方形部分，这轴的另一部分是圆柱形的，它起绞车滚筒的作用，将邻近竖井中的吊桶提上放下，和前面两种绞车一样。

图 261—带飞轮的绞车

图 262—踏车驱动的绞车

507

508

木轮造得像重型矿

509

图 263—带闸轮的马力绞盘

车的轮盘，或者像几层圆盘组成，每层交替地与上下层横切，轮缘或其附近榫入硬木齿，以便齿磨损后可以更换。这是十六世纪机械的一个特征，而且在农业机械中一直沿用到十九世纪。

铁被用来做轴颈，轴颈在铁制的轴座或轴台上转动。铁也用来箍鼓形小齿轮的边缘，但那时候很少用铁来做齿轮或者轴。

第四种机器是一种马力绞盘；其构件都安装成大木块。例如，其竖直轴长为 40 英尺，截面为 $1\frac{1}{2}$英尺^2，顶端装有一根铁梢，在位于十六根倾斜木条交会处的一个铁轴颈中旋转，直径五十英尺的圆形马行道上有一个屋顶。这轴的最下部有一个支枢，它在一个固定于底梁的钢制轴座中转动，底梁将载荷播散到牢固地埋设在地板下面的木格排垛上。

510

第五种机器与第四种的不同处在于提升绞筒是靠齿轮传动来驱动的，而不是装设在竖直轴之上。图 263 还示出了由站在竖井底部的人操纵的闸轮。由于用的是铁吊链，所以采用可更换的绞盘头来保护轴。木件端部连接吊链的铁质防护条和铁质连接件与两个世纪之后瓦特蒸汽机安装在木连杆上的铁部件惊人地相似。

图 264—矿山地面运输

在叙述了运输机械之后，阿格里科拉接着说明了从山区矿井出车场向外运输矿石的方法。图 264 右部两轮小车后面的两根直木条看起来可能以为是铁路线，其实不然。这是两根缚在小车后面的木杆，借助它们在木排路面上的拖行来控制小车的运动。阿格里科拉从来没有描述过甚至根本没有提到过轨道的存在。不过，在当时甚或更早的时候，德国的矿山上就已在应用木轨道的路；而且在十七世纪初一些英国矿山也采用了。关于这种木轨道路已知最早的图画载于塞巴斯蒂安·明斯特尔的《普通宇宙结构学》(*Cosmographia Universalis*)(1550 年)

511

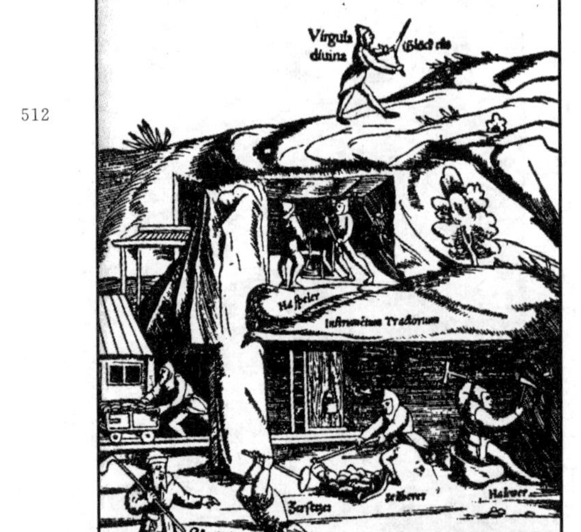

图 265—十六世纪的轨道

512

(p. 9)，图中还示出在上面跑的手推车，现复制于图 265。

水泵

阿格里科拉描述过多种水泵。第一种(图 266)尤其令人感兴趣。这是一种单人操作的全金属齿轮传动机构，显然取自习见的时钟机构。机架、齿轮、小齿轮和轴都用铁制；轴颈和轴台用钢制。每对齿轮都产生六比一的减速。值得注意的是，带动沉重链条的轴端安放在一个纯钢的辊子上。链以及每次可盛三品脱的勺斗的细节都很值得仔细观察。从细节看，这机器的确是一件精心构思的机械工程制品；但从原理来看，却存在着致命的弊病。为了使得它能为一个人的力量所操纵，就要求机器必须具有很高的机械效益。这在任何机器上都只能靠增加速比来获得。正如阿格里科拉所说，“若不付出很大的代价，就不可能造出这样的机器，这样它就只能以较慢的速度盛一点点水，正如其他一切带有许多滚筒的机器一样。”

接下来两种机器都是直接驱动的，一种的提升轴带动一个由两个人踩踏的踏车；另一种则带有一个水车。

图 266—勺斗链

从阿格里科拉对吸入泵的描述可以看出，在古罗马实践基础之上，这种装置如果说取得了什么进步的话，那也是微乎其微的。插图 267 表明了这种水泵的构造和最简单的应用。硬木树干（一般是榆木）上钻一直径五六英寸、长十二英尺的孔道。其一端呈锥状作为塞栓即阳端，另一端削成相应的阴端。这样的管状木头一根根首尾相接，连接处用铁件夹紧，就形成了泵筒或总水管。当用作泵筒时，最低一节管木安放在一根树干上，其侧面有一些进水孔和一个简单的瓣阀。活塞是一个皮袋，在下向冲程，它闭合，在上向冲程，它打开以让管中冲满水，活塞还有一个木圆盘，后者约 4 英寸厚，与孔松散地配合，或是一厚约 3/4 英寸的金属圆盘。圆盘上穿有孔，上面用皮瓣覆盖，用螺钉或键固定在活塞杆上。如插图所示，传动可采用直接提升的方式，图中“那个工人在使劲地干着，他站在地板上，把活塞往下推进管木，然后再拉出来”。活塞杆

513

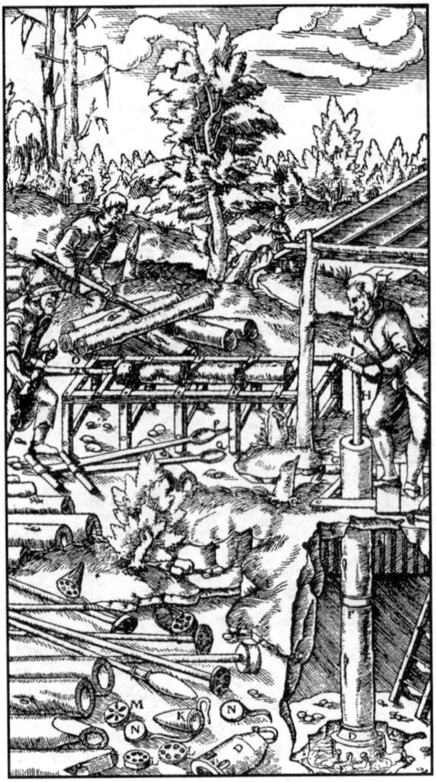

图 267—简单的吸入泵

可通过一根摇动杆来操纵。还示出了一些更为复杂的形式，其中活塞杆接续一根带挺杆的方木。一个其连杆呈方形榫入一个转动轴的凸轮提升这挺杆，于是活塞杆的重量便强迫活塞在释放时又落下去。这些取自捣矿机捶组的装置都画了出来，图中有三台或更多台这样的水泵并联工作，由同一个轴上的凸轮操纵，用人力或水车驱动。然而，若挺杆突然接合，则机器就必定不能有效地工作，因而经常需要进行修理。图 268 是更为改进的深井泵抽机器，图中许多吸入泵串联地工作。阿格里科拉说："这发明于十年之前，是一种最精巧、耐久而又实用的机械，〔并且〕造价也不高。"它由一直径 15 英尺的水轮通过一摆幅 2 英尺的曲柄驱动。从图中可以看出，没有采取有效的措施来保持活塞的平行运动，而且连接爪联杆的许多销的磨损肯定是很可观的。不过，这装置看来已达到了其应用目的，伦敦科学博物馆现在陈列着一具按照阿格里科拉的说明制作的小型活动模型。

很清楚，所以用串联吸入泵来取代单一的压力泵，其目的是为了避免照管前述形式管道时因有相当大压力而发生的困难和危险。然而，看来已经尝试制造能抵住一定压头的泵，图 269 示出了所应用的这种装置。

两个吸入泵都把水放进一共用的曲柄箱，后者由实心的山毛榉木块挖空而成，五英尺长，二英尺半宽，一英尺半厚，在铁曲轴转动的平面上锯开，曲轴伸入其中的那个孔的里面和外面的铁和皮革的衬垫，形成一种简单的密封盖。“然后把曲柄箱的上半部放在下半部之上，使各边贴切地吻合，凡接合部位都用宽厚的铁板连接起来，并用宽的小铁楔夹住，铁楔用夹板扣紧固定。”最后他警告说，“木箱常会裂开，所以最好用铅、铜或黄铜制的箱子。”他以此作为

图 268—串联的吸入泵

517

这段叙述的结束语是可以理解的。没过几年，拉梅利用图说明了这种用金属曲柄箱的泵，并作了些别的并不很必要的改进。曲轴最早用于这种目的，似乎是在十五世纪初。

518

图 269—曲柄操纵压力泵

现在我们可以论述阿格里科拉的最后一类泵唧装置。在深井工作的条件下，组成链的罐或斗就变得过于沉重，这时需保持运动的机械与要提起的水量很不相称。吸入泵受到一个天然的限制，后来发现这是大气压的缘故。压力泵需要有结实而不漏水的导管，而这种导管的生产超出了当时的技术水平。然而，古人曾找到了一种用球—链系统解决这一问题的方法。

链条在一个竖直的管道中运行，链条上每隔六英尺有许多球，"它们用马尾毛做成，缝入一个套子里面，以防止被〔驱动〕鼓轮的铁夹拉出来。马尾毛球的大小是每个人都能用一只手握住它。"阿格里科拉指出，一个直径 24 英尺的水轮能从 210 英尺深的井中提

519

升水；直径30英尺的水轮能从240英尺深的井中提升水。在没有水力的地方，可以采用马力绞车，这就是前面所述的第五种拖运绞车。

图270—链斗提水机和踏车

阿格里科拉描述（p. 194）了设在克姆尼茨的三级球—链泵抽水系统。“这种三台机器的系统由九十六匹马拉动；它们沿一个螺旋形地缓缓向下盘旋的斜井行走到这些机器旁边。最下面一台机器设在距离地面660英尺的深处。”八匹马一组，分班工作，每班四小时，休息十二小时。在离地面48英尺以内的深度，可由二或四人来操作曲柄和绞盘柄带动上部主轴鼓轮。对于66英尺的升程，用踏车和齿轮传动最为合适（图270）。然而，对于真正要求提水量很大的工作，则没有哪种办法比水袋直接提升方法效率更高。

阿格里科拉所记述的最后一种提升水的机器（图271）大概是 520

他那个时代力量最大的抽水装置了。带有两组可反转的勺斗的直径36英尺的一个木轮安装在35英尺长、2英尺见方的单根大木构成的轴上。甚至需要更强大的泵唧装置，但是这样所要求的轴的尺寸肯定已达到能够找到或可以加工的整根木料的最大限度。四个直径4英尺的轴毂相互间隔4英尺，它们带有横木条，作为缠绕牵引链条的绞筒。这些木条当然需要经常更新。水轮的水闸由在动力蓄水池旁边一521 个可升高的箱子中的人来控制。另外还有一直径6英尺的闸轮。这样，当水闸操纵工“不能很迅速地关闭水闸，而水继续在流时，他就可以招呼同伴，叫后者提起闸轮上的闸，刹住水轮”。插图中悬在半空的一只勺斗实际上只是一个指示器，它与水仓中的一个浮标相连接，能够显示地下的水位。

图271—强大的水力提升机

通风

在描述了抽水机械之后,阿格里科拉接着叙述了用于维持地下新鲜空气供给的装置。通风装置可分为三类:风洞和通风罩、离心扇风机及风箱。

图 272—风道上的旋转桶

风洞可以是固定的或者可调节的。固定式风洞是用木板将一个方形竖井顶部上的空间分隔成四部分,这样肯定有一个部分会挡住地面的风,并将风沿竖井向下传递。或者,也可造一个竖直风道,把它延伸到地面之上,或在它的背风侧的后面放一块板对风形成必要的阻碍,这样便可截住地面的风。可调式的风洞是在风道的上方装一个可绕框轴转动的桶,桶的一个侧面开有一个洞,在洞的对侧有一个叶轮伸出。从图 272 中可清楚地看到这种风洞的细部以及工作方式。

522 523

图 273—扇风机

风扇可以是圆柱形滚筒或者方盒,如图 273 所示。阿格里科拉说:“圆筒要比方盒优越得多;因为风扇充满圆筒,几乎触及其边沿,把积聚的空气全都煽进风道。”如果当时懂得了风扇的离心作用,那就会把进风孔开在靠近轴的地方,而不会如图所示开在一边(C 处)。风扇的叶片是薄板,形状像白杨木瓦或羽毛。也可利用风本身来转动风扇,即在风扇轴上装上翼板,形成一个小风车,如图 274 所示。

图 274—风车驱动的扇风机

524

图 275—巨型风箱

所描述的最后一种通风装置是风箱。它由铰链接合的板和皮革的侧壁构成。图 275 所示的一种饶有趣味的风箱，是把常见的家用点火工具大大放大，用来给炉子吹风。类似的但通常没有这样大的风箱用来把空气泵进矿井，或将里面的空气排出来；它们还可用来作泵抽水(图 276)。

供水系统

每个重要城镇都需要充足的供水，所以供水工作的经验总是需要的。德国城市在这方面处于领先地位。奥格斯堡、不来梅和525其他几个城市的供水工程使来自其他国家的旅行者们钦羡不已，但那些旅行者和设计师们都只是惊讶地提到而没有留下什么技术性的说明。

尤班克说："奥格斯堡的水力引擎一度是非常出名的。"米森（*Travels*，5th ed.，Vol. I，p. 137）和十七世纪其他旅行家们都曾提到过这些机械，但没有详细描述。这些机器可将水提升130英尺。布莱因维尔在1705年曾作为这个城市的奇物提到过这些机械（*Travels*，Vol. I，p. 250）。他写道："给该城市供水的塔也很稀奇。这些塔位于一个叫做红港的城门附近，在流经该市的莱克河的一条支流沿岸。河水激流推动的机器日夜不停地运转着，带动了许多水泵，它们通过很大的铅管道把水提升到这些塔的最高层。……其中一个塔通过较小的管道把水送到各个公共水池，其他三个塔把水供给城市中的千家万户。"

从布莱因维尔的话可以看出，那里应用的是活塞泵。贝克曾引述（*Beiträge*，p. 179）保罗·冯·斯特腾的话（*Kunst*，*Gewerbe und Handswerkgeschichte der Reichsstadt Augsburg*，Augsburg，1779），大意是说，奥格斯堡城的第一个公共供水计划是由利奥波德·卡格制定的，他试图用七条水道给全市分配给水，但是没有成功。四年之后，来自乌尔姆的技师汉斯·费尔贝尔开始在红港工作。开掘了运河来增加水源，又先后建起了几个水塔。我们认为，

图 276—用风箱提升水

及至 1558 年,公共及民用的充裕的供水设施便均已建成。

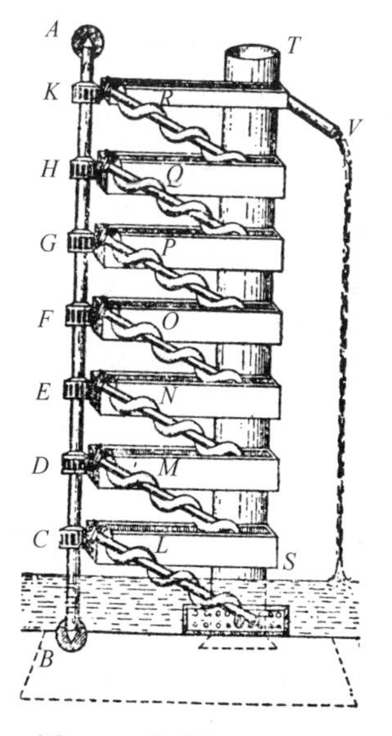

图 277—奥格斯堡提水机

526

吉罗姆·卡当在他的《论精巧》(*De Subtilitate*)(1550 年)(*Lib*. I)中记述了奥格斯堡使用的一种机器。不过,这事属偶然,看来大约在那一年他曾路过该地。在这部著作中,卡当以"奥格斯堡机器"为例叙述了如何利用阿基米德螺旋来提升水。一个竖轴〔图 277 中的 *AB*,该图采自 Th. 贝克的《机器制造史》(*Beiträge zur Geschichte des Maschinenbaues*)第 180 页〕由提供动力的水轮轴上的一个金属正齿轮驱动;竖轴上还带有一些小齿轮,其数目同螺旋 C、D、E 等等的数目相同,它们依次将水从一系列水平水槽的每一个提升到更高一个水槽。通过旋转螺旋和固定水槽的交替提升,最后水便升流到达塔的顶端,再从那里供水。卡当所说的这种机器中的螺旋也许就是布莱因维尔所提到的“很大的铅管道”;这种螺旋机器也可能只是这城市中所应用的几种不同类型机器中的一种。然而,我们从别的资料得知,管道耐受高压的问题成为一个严重的实际困难。

托莱多的供水系统具有异乎寻常的重要意义。这个城市的建立和设防都在远古时代,是西班牙的古都。像大多数古代高耸的城市一样,它也建在有七座峰的群山之上,三面有塔古斯河环抱。古罗马人从周围高地引水,水由于重力而从那里流入这座城市,途中通过长长的输水桥,越过塔古斯河时设有一系列桥拱。在摩尔人统治时期,这城市的人口增加到二十万,它的规模和重要性仅次527 于科尔多瓦而名列第二。十六世纪时,虽然输水桥毁坏了,人们不得不用牲畜从峡谷驮水,但这城市仍然是京城。

1526 年,托莱多的阿尔卡萨宫(七世纪的一个哥特国王所建)正在进行现代化的扩建,考虑建设一个更好更完善的供水系统。当时德国的供水系统已经很出名,于是国王的管事官找来了一位能干的德国工程师,让他解决从 2000 英尺远、250 英尺深的地方引水的问题。就我们所知,除了用若干接续的罐链或球—链式水泵外,在那之前还没有人能用其他方法解决这样的问题。但这两种方案都不适合于漫长而又倾斜的导水路线,即使著名的奥格斯堡机器也只把水提升到这个高度的一半。像现在一样,当时对这个问题也只有一种可行的解决办法，即在河边装上一个水车来驱动压力泵；并用管线输送到宫里。不过，这些管道必须能耐受得住大约八个大气压的压力，这在当时可能是前所未遇的。康塞普提昂·弗朗西斯卡修道院的编年史作者写道："这个设备用巨大的活塞带动，水受到非常猛烈的锤击，惊人的力量把水驱入金属管道，以致所有的干道都破裂了。当时没有强度足够的材料可供铸造这样的管道。"于是，"这个设备夭折了。"

看来德国工程师所采用的是带有长长实心柱塞的水泵，而没有用克特西布斯所说的气包，这种简化方式是很流行的；这在提升高度较低的情况下，还不会产生什么严重问题。但是对于一个长达半英里的水柱，省略气包后，其惯性很可能引起危险的锤击现象。然而，即便如此，管道立即破裂这个情况说明，当时并不理解这压力强度，或者大大低估了它。当时已能用铸造的黄铜或青铜管来抵住这样的压强，但造价过于昂贵。虽然当时德国和法国都已用铸铁制造炮弹、壁炉和炉板，但铸铁质地很差，可能没有人试验过用它来做管道。铅管道早就在应用了，这种铅管用铸铅片缝焊而成，在安装时将对接处焊接起来。不过，如果线路上的大管膛干道是维特鲁维乌斯铺设的，那我们不必再继续寻找破裂的原因。因为按照他的法则，管道**单位长度的重量**应与**膛径**成正比，这导致对一切直径都取约三分之一英寸的厚度（见 Gwilt's *Translation of Vitruvius*，1828，p. 253）。至于阿格里科拉所说的木管道，显然与这里无关。　528

德国工程师建设的系统失败看来导致取消阿尔卡萨宫供水计划。直到若干年后，有一位灵巧的钟表匠胡阿内洛·土里阿诺

(1500—1585)用一种独特的方法解决了这个问题。查理五世皇帝曾因胡阿内洛成功地修复了波洛尼亚的一台异常复杂的时钟而授予他“皇家数学家”的称号,那座时钟曾难住了他所有的同行们。其后他又制造了几台时钟,其中有个机构能按照托勒密体系显示所有行星的位置。这些东西博得他的皇家主子的欢心,后者曾在他的工作室里一连逗留了好几个小时,玩赏那些能活动和跳舞的钟表小人,以及其他灵巧的玩具。查理五世于1558年去世,但胡阿内洛仍为腓力二世留用。腓力二世命令他解决供水问题,从1564年起把在阿尔坎塔拉桥下的工场交付给他。胡阿内洛多年来一直急他的皇家恩主查理所急,对这个问题极感兴趣。于是,他在实际动工之前先给这个系统搞了一个缩小的活动模型。

现在仍然保存有据认为是胡阿内洛的许多笔记和图纸,但遗憾的是里面没有一处提及他的这种机器。现存唯一对这机器的描

529

图278—用摇动槽提升水

述是令人费解的,见于编年史作者阿姆布罗西奥·莫腊累斯的《西

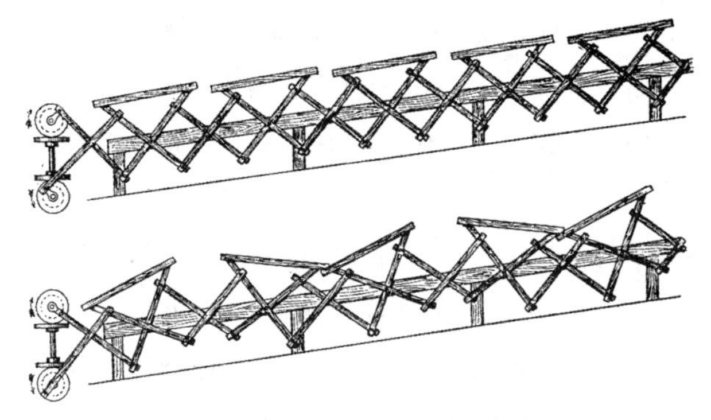

图 279—胡阿内洛的提水机(两个位置)

530

班牙城市的历史》(*Antiguedades de la ciudades de España*)(第337页)。莫腊累斯曾见过这个模型,他说这是最伟大、最奇妙的发明。首先,用链条和金属勺斗把水从河里提升上来。当时曾把用链条和金属勺斗替代麻绳和陶器看作胡阿内洛的一个独创来褒奖,这是错误的,因为我们从阿格里科拉更早的叙述中就已得知了。在这第一步提升之后,有一个由若干梁交叉构成的机械,而这些梁在中部和两端拴在一起,它"就像罗伯图斯·瓦尔托留斯用来把人送到高空的机械一样,平稳地将运动传向阿尔卡萨宫"。这套木架结构连着一些两端带有黄铜杯、长约一米半的宽阔黄铜管,这些杯放在支枢上,能随着梁架的运动而作上下摇动。这些容器在后倾时都从后面相似容器接盛水,而在向前倾时,则将这水传递给前面容器。"瓦尔托留斯梯"是一种惰钳或者"尼恩贝格剪"装置,它在横向受压缩时,便在纵向扩张。然而,若各交叉接点位置固定,则就会产生如莫腊累斯所描述的倾斜运动(图278)。埃斯科絮拉得出结论说,水道的形式只能是拉梅利所描绘的那种(见Beck's *Beiträge*, p. 365ff.,以及图279)。

531 拉梅利所说明的是一种舀水轮，而不是罐链；他还述及他的“碰撞”回动装置，以刚强的连杆来传递往复运动。因此，他的图所描绘的可能是胡阿内洛工作的改进形式。拉梅利和胡阿内洛都来自列奥那多·达·芬奇的影响和传统仍然很强的地区，他们两人也许汲取了这位伟人提出的一个想法，或者是这位伟人众多同人中某一位的一个想法，两人又各自发展了它（见边码第539页）。

在建造这台机器时，除了支持它的砖石墙而外，还耗费了二百矿车①木料和五百英担黄铜。由于轨道不是直的，所以必须安装许多特制的转向部件，这样，至少有四百根摇摆管道保持同时运动。

胡阿内洛的机器大约从1573年开始投入工作；不过，以我们现在的眼光来看，它只是独创性的一项成就，而从经济方面来考虑，就算不上什么成功。它提升的水量很小，而常需进行的维修却是昂贵的。只有朝廷的压力才能迫使公众付出如此高昂的代价来获得这种设施提供的水，尽管他们为占有这独一无二的奇物而感到自豪。

胡阿内洛1565年的最初协约中，不仅计划给阿尔卡萨宫本身供水，而且还计划每天也给这座城市一定量的水，但他拖延了这后一计划的实施。此项协约未能履行，于是在1575年，胡阿内洛同意由国王和市政联合投资建造第二台机器。第二台机器于1581年建成。但这时第一台机器已景况很不妙。胡阿内洛大约于1585年去世。这两项工程似乎维持了多年，直到后来国王于1598

① 矿车(wagon)，重量单位，等于24英担。1英担＝1/20吨。——译者

年采纳了由胡昂·费尔南德斯·德·卡斯提洛提出的一项改建旧机器的计划。这项计划是否真正实施过,现在不得而知。但一定在1639年前的某个时候,整个供水计划被全部放弃。托莱多的居民们重又回复到用他们祖辈历来依靠的驴子来驮水。

以上所引的例子足以说明,人们沿着想入非非的思路尝试建造实用设施,并非一点没有成功。然而,随着从大型工程取得了经验,总的趋势是研制比较简单的设施,消除已经暴露出来的缺陷和弱点,最后把重型水泵的设计集中于维特鲁维乌斯的《克特西布斯机器》(*The Machine of Ctesibus*)(见 Gwilt's *Vitruvius*, 1828, p. 317)中所描述的那种古代形式,不过在材料和工具方面都已有所改进。青铜泵缸或者如在西尔彻斯特所发现的那样(图280),用镶衬铅的木材构成的泵缸,两个配成一对,通过阀门与上部积有一定量空气的空气包相连接。活塞或者塞柱"活动极其平滑",用油润滑。维特鲁维乌斯清楚地认识到,里面积存的空气的作用是迫使水上升到排水管道。他曾提到,这种泵的用途是给公众供水,所以它必定是相当大的,但现存的几个样品都很小。在不列颠博物馆可以看到两台小型青铜泵,一个上面装有瓣阀,另一个上面装有转动提升阀。这种类型机

532

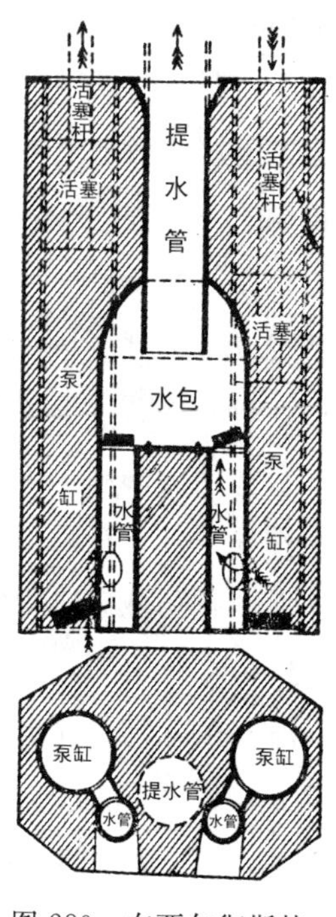

图280—在西尔彻斯特发现的古罗马水泵的复原图

器后来一直没有绝迹，而且在有了高强度铸件和较好的机械加工方法之后，它最终成为各种大型机器的标准型。

德国早期的供水系统可能也广泛采用这样的机器，但除了我们上面在讲到奥格斯堡的与此迥然不同的机器时所提到的文献而外，详细情况尚不得而知。然而，毫无疑问，在伦敦、巴黎以及其他地方所用的活塞泵肯定都是德国工程师们引进去的。十六世纪以前，这些城市都是从井或者用管道从泉获得水的。1582 年，一个名叫彼533 得·莫里斯的德国工程师首先试图在伦敦建造动力驱动的水泵。按照威廉·梅特兰的记述（*The History of London from its Foundation by the Romans to the Present Time*, London, 1739, p. 160），莫里斯向伦敦市长和参议员建议，在泰晤士河装设一台提水机器，来改善伦敦的供水；获准后，他便在这

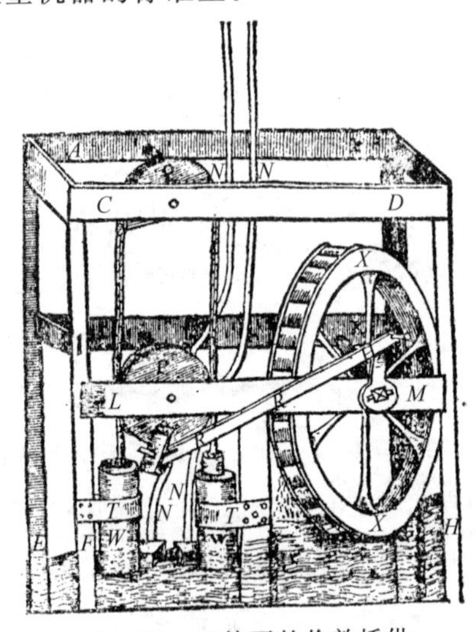

图 281—巴特画的伦敦桥供水系统示意图

（*Mysteries of Nature and Art*, 1635）**ABCDEFGHIKLM，木构架**。XX，**水轮**，安装于构架 **IKLM** 的两根中梁上的黄铜套中，**轮 P** 也固定在 **IKLM** 上，**P** 的上方有一个半轮 **Q**。WW 是由**铁带 TT** 固定在构架柱上的两个**黄铜或铁**的**泵缸**。每个泵缸都装有一根用皮革包裹得很好的压力杆，压力杆顶端都有两个长 2 英尺、厚 2 英寸的**木块**，木块的顶端是**铁链**，向上连接到环绕**半轮** Q 的**铁带**。**木棒** RRR 连接**主轮** XX 的把**柄**与**轮 P** 的**把柄**。水通过**管道** NN 压送到这机器旁边的角**塔**顶端，再从那里进入沿街铺设的**木干道**。

河近伦敦桥的地方装设了这种机器,它利用水泵和阀门(与现在伦 534
敦桥拱的那些机器的工作方式一样)将水抽吸和压送到城里地势最高地区中那些最高建筑物的最高房间,受到人们备极称赞。

“这种奇妙的机器第一次在英国出现,伦敦市长和市众议院都赞不绝口。因此,为了鼓励这位能干的工程师将如此卓有效用的事业继续下去,他们特授权他使用伦敦桥的一个桥拱安装他的机器,以便机器能更好地工作。但后来证明一台机器不足以提升所需的水量,于是又让他的继任者利用另外两个桥拱,安装更多的机器。目前机器的数目已达五台”。(图 281。)

据斯托说(见 Ewbank's *Hydraulics*, p. 322),市长和参议员们视察已竣工的工程时,“看到他把水喷射到圣马格纳斯教堂尖顶上面的情景。在此之前,英国人从来不知道竟可把水提升到如此高度。”

伦敦桥的机器曾几经相当规模的改建和扩建;最后在伦敦桥于 1822 年重建时,这些机器都被拆毁。

继伦敦桥计划之后,又建设了数项工程来增加伦敦的供水量,以跟上伦敦快速发展的步伐。1613 年,开掘了米德尔顿的新河,将李河的水从威尔引出。德拉姆围场、约克大厦、米尔班克、大江克欣、布罗肯码头、沙德韦尔和沃平等地兴建了许多马力水泵和压力塔(见 Rhys Jenkins,载 *The Proceedings of the Newcomen Society*, Vol. IX, pp. 43—51)。关于这些抽水设备的详细说明均付缺如;不过,倒有一幅同时代人画的爱德华·福特爵士的水塔的示意图,这座水塔建于萨默塞特大厦的下面(图 282)。从图中可以看到,它有一对活塞杆和一根很长的竖直的传动杆,分别悬挂在像是一根摇动梁的两对端，但梁的支点被略去未画出。这竖直传动杆带有一根青铜摩擦滚柱，由从水平面轮上表面突出的一系列凸块带动，这水平面轮是由在下面地面上绕行的马直接转动，不经过齿轮传动。这不均匀的驱动把牲畜弄得很吃力，据估计，它们所付出的力量只利用了百分之三十左右。除了每个水泵能提升 60 英尺的高度而外，这种设备与一个世纪以前阿格里科拉所描述的机器相比，没有什么进步。1664 年，这座水塔奉命拆除，其原因并非因为它已没有用了，而是因为它俯瞰邻近的萨默塞特大厦的庭园，当时王太后正占用那里。

535 巴黎的供水系统也有一段类似的有趣历史。大约在 1608 年，有个佛兰芒族工程师兰特拉埃建造了一台由“**升液泵**”构成的机械，依靠塞纳河九号桥（当时名副其实地叫“新桥”）下面的水流来工作，供给罗浮宫和蒂勒里宫的用水。在活塞的下行程，水通过活塞上的阀门升高，而在活塞的上行程，水则被推过泵缸盖上的阀门而直接进入排水管，水从那里垂直向上涌出。活塞杆直立于一个横杆之上，在水下由一对竖直连杆悬挂在上面一个摇动梁上。

这种类型水泵淹没在水中，所以无须为了启动而注水；但是，当要对其工作部件进行检查或修理时，因不易接近它们而非常不便。不过，由于它很有实用价值，所以 1669 年又在圣母岛上建造了一个类似的设施。

然而，最值得注意、最为精巧的机器是荷兰工程师拉内坎设计的。这种机器曾经大规模制造。1682 年建成的一套这种抽水装置为凡尔赛的花园供水。实际上，这使企图利用旧的小型结构系统来满足大规模需要的尝试达于极点。这种尝试导致造出极其复

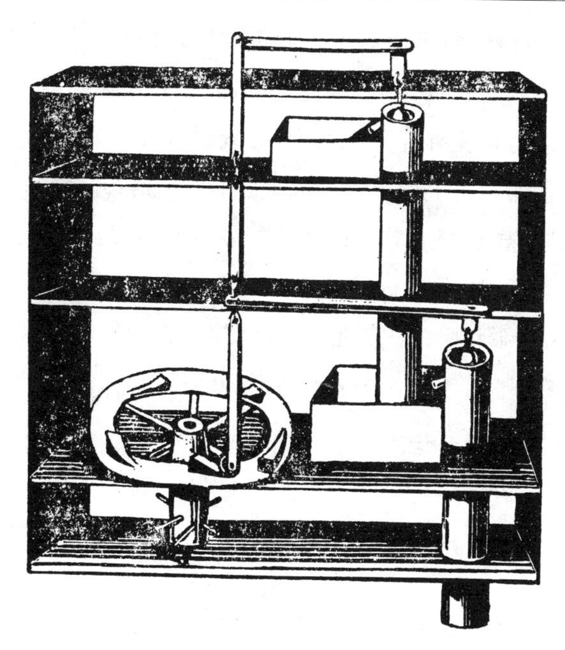

536

图 282—福特的水泵

杂和别出心裁的但效率又惊人地低的机器。这说明,应当注意制造大型然而简单的机器。

拉内坎的问题是要把水输送四分之三英里距离,升高到河面上 533 英尺高度,即在距离和高度方面都是胡阿内洛机器的两倍。像胡阿内洛一样,他避免了对付强大水压这个难题。他的办法是将管线分为三段,在距离河岸 600 和 2000 英尺的地方设置两个中转蓄水池,它们分别在河面之上 160 和 325 英尺的高度上。

为了提供原动力,拦河筑了一条坝,使水流集中流过十四个巨大的下射水轮。在河边、第一蓄水池和第二蓄水池处的水泵的台数分别为 64、79 和 82;为了驱动这些水泵,装设了一个安装在摇动联杆上的杆系,沿小山而上。尤班克说:“这些链把动力传递到这样的高度和漫长的距离,因此这机器得到了‘无知的纪念碑’这个称号。”动力至少有百分之八十,有人说百分之九十五都浪费在摩擦和惯性的损失上面了。后来企图通过取消第二级泵来减少这些浪费,结果导致管道破裂以及联杆发生超应变。耗费不少资金进行修理之后,这全套机器最终还是废弃了,而代之以一台蒸汽机、一些大型泵和坚强的管道。〔关于这种机械的说明取材于德扎古利埃的《自然哲学》(*Natural Philosophy*);贝利多的《水力建筑》(*Architecture Hydraulique*);以及洛伊波尔德的《水力机械舞台》(*Theatrum Machinarum Hydraulicorum*,Vol. I)〕。

工程概略

列奥那多·达·芬奇(1451—1519)本人没有发表过什么东西,但他积累了大量笔记。他去世以后,许多学者和著作家读到了这些笔记。他的短文述及齿轮系、曲柄、飞轮、摇臂驱动的压力泵、537 升降螺杆、带可调卡盘的螺杆进刀镗床;以及各种各样加工纺织机件的机具。运河水闸的发明也归功于他,至于究竟是他模仿了荷兰人和佛兰芒人早期的模式抑或他是先驱,我们现在不得而知(见*The Early Years of Modern Civil Engineering*, by Kirby and Laurson, Yale, 1932, Chap. II)。列奥那多·达·芬奇为计划要写关于水力学的专著收集整理了材料。这些材料的原件现存南肯辛顿的福斯特图书馆,其摹真本以《几何学和水力学问题》(*Problèmes de Geométrie et d'Hydraulique*)为题于1901年在巴黎印行。列奥那多的材料为吉罗姆·卡当(1501—1557)所占用,他的著作（*De Subtilitate*，1550，和 *De Rerum Varietate*，1557；两者均收入卡当的 *Opera Omnia*，Leyden，1663，Vol. III）可代替列奥那多的原本。卡当还增加了对一些当代著作的论述，这在前面讨论德国早期供水系统时已经谈到。

然而，对于约1550年之前机械技术方面所获得的实际成就，阿格里科拉在其名著《论天然金属》（1556年）中已作了较为精彩的介绍，书中说明了当时在采矿和泵抽方面运用动力的广泛程度。在其他行业方面有哈特曼·朔佩尔的一本小册子《大众全书》（*PapoPlia Omnium*），1568年在法兰克福印行。这本书好像是二十世纪重新发现的按一定体系编排的拉丁文读本。每个项目都有德文和拉丁文并用的标题，下面是一幅图画，画面的中间是一位工匠，他的周围是他的行业的材料、工具和产品，图下是用拉丁文韵文作的解说。印刷工人在螺杆印刷机上用活字进行印刷。造纸工人已经装备了由水轮轴上的随动杆驱动的纸浆机。造纸工人也有一台螺杆印刷机。可以看到白镴工在一个车床上车削金属单柄大酒杯，其动力由套在一个大皮带轮上的环形皮带供给，由一位助手摇动皮带轮的曲柄。图中车工在用车床加工一个球，车床的心轴显然是由绳子或皮带带动，后者的两端分别附着于一块踏板和一根弹性跨杆。这些工作都是个体劳动，使用手工具，只是最低限度地借助人力之外的动力源。

1579年，在里昂印行了篇幅相当大的四开本著作《皇太子妃同乡博学的数学家雅克·贝松的数学和力学仪器舞台》（*Theâtre des Instrumens Mathématiques et Méchaniques de Jaques Besson Dauphinois, docte Mathématicien*）。贝松是奥尔良的一位数学教

授,卒于1569年。他早先的著作都是研讨地下水源的寻找以及各种数学和天文仪器的制造。他最后这部附有贝罗阿尔德的注释的著作,是一部包罗了仪器、机床、泵唧装置以及武器等方面内容的巨著。这些设计中广泛采用了螺杆和蜗轮,而这些机件的制造在当时很难达到足以有效工作的精度。贝松自己的螺纹车床(图283)只能加工小型工件。贝松的著作曾多次再版,并被译成多种语言。这部著作对于在法国科学爱好者中传播列奥那多的传统起到了很大作用。

538

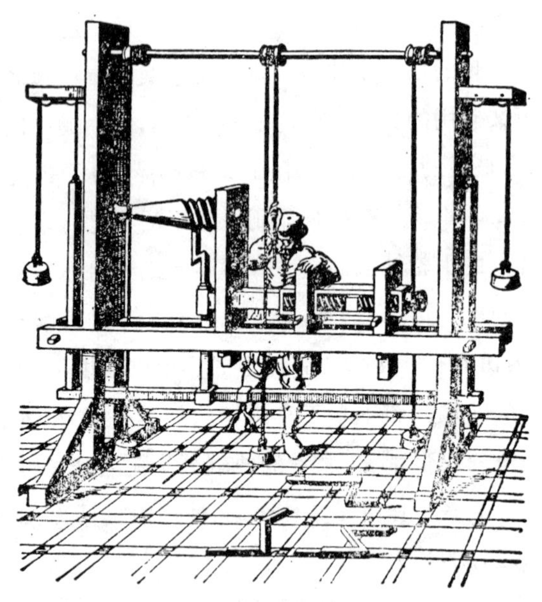

图283—贝松的螺纹车床

另一本甚至更值得注意的著作是《阿果斯提诺·拉梅利上尉的各种精巧的机械装置》(*Le Diverse et Artificiose Machine del Capitano Agostino Ramelli*),1588年在巴黎出版。拉梅利

(1530？—1590)在德·马里南侯爵属下任上尉，他可能是在列奥那多·达·芬奇的指导下学习的。这部著作详述了许多二三百年以后制造成功并成为商品的设备。这本精美的四开本著作中有一百九十五幅整页插图，艺术性强，并有法文和意大利文的解说。拉梅利所描述的重型机械大部分是由当时普遍使用的下射或上射式水轮驱动的；不过，也有几种是带有从竖轴水平辐射状发出的弯曲叶轮。贝松也曾描述过其中的一种；但那种机器当时即使有人使用，也是很罕见的。它只有在一个特制的圆柱形水槽中才能有效地运行，水流几乎切向地流动，这种复杂情况没有带来什么补偿的优点。不论水平安装或垂直安装的水轮轴，都提供旋转运动，这种旋转运动配以罐链或球链水泵即可直接用于提水。拉梅利描述了两种类型；但他较感兴趣的是活塞水泵。为此，他设计了各种将旋转运动转变为往复运动的装置。阿格里科拉说明过一种带有水密曲柄箱的水泵。拉梅利对之作了详细描述，指出这个压力箱可能是木制的或金属制的。由于对此感到不满意，因此拉梅利研制了一种换向装置。但他制成实际大小的机器后证明终遭失败。其主轴上装有两个轮子，每个轮子一半圆周带齿，这两个齿轮交替与一个灯笼式小齿轮上的齿条啮合(或在一根轴上的两个灯笼式小齿轮交替地与一个部分带齿的齿轮啮合)。这样便可以达到换向，但在每次啮合一开始，全速的正向运动即突然转变成全速的反向运动。这个小装置败坏了拉梅利好几十种设计的信誉，使得现代读者产生怀疑，似乎他的所有插图差不多全都只是一些效能令人怀疑的、未经试验的设想。后来实践的发展趋势证实了这种看法。

539

制作和收集模型是当时业余科学爱好者的一项嗜好。一个富有的法国士兵的这样一份收藏曾由他的孙子写了一本书介绍给人们，书名是《珍奇的数学和力学制品藏物或格罗利埃·德·塞尔维埃尔先生藏物介绍》(*Receuil d'Ouvrages curieux de Mathématique et de Mécanique, ou Description du Cabinet de M. Grollier de Serviere*)(里昂，1719年)。我们不清楚，他所描述的机械究竟全都真是模型，还是包括一些图解和说明。然而，显然其中有很多是活动的模型。这些模型的有些细部结构在实际机器上是无法复现的。

十六世纪那些不适合制成实际大小机器的模型，其共同特征是其中有些零部件需要精密加工，而那时的设备是无法使之满足的。拉梅利的旋转泵即属于这一类。他描绘了三种类型，其中有一种配有一套有趣的链式传动装置。他说明了蜗轮操纵螺旋起重器的多种用法，大都同攻占要塞有关。但是，只是当精密机床出现，因而能经济地制造它们时，这种装置才真正得到实用。拉梅利还描绘了柱式和塔式风车，可分别用于碾谷和抽水。所示出的设计图很简单，但已能表示出他所见到的实际模型。

540

机械方面的成就主要来自如阿格里科拉所描述的那些实用机器的实际发展，而不是达·芬奇、贝松和拉梅利等人所作出的大胆而新颖的设想。当然，他们在大胆设想和预见方面产生很大的影响。

我们已对这两位作者作了很多介绍，而对他俩的继承者们就不能留多少篇幅了，虽然他们也撰写了许多令人感兴趣的著作。不过，后来的制图术却倒退了，一直到进入十八世纪之前，始终没出过能与拉梅利的相媲美的书。其后的改进主要是收载了比例图。不过，我们下面还必须提及几位附图介绍各种机械的作者。但读者若要了解更细致的详情，那只有去参阅 Th. 贝克的绝妙的概述（*Beiträge snr Geschichte des Machinenbaues*，Berlin，1899）或者直接参阅原著。

浮斯图斯·维兰齐奥的《新式机器》（*Machinae Novae*）（约1617 年）描述了一些有趣的风车的细部结构、桥拱的拱架、吊桥以及疏浚设备。

维多利奥·宗加（1568—1602）是一部重要著作《机器新舞台和启发》（*Novo Teatro di machine et Edificii*）（帕多瓦，1621 年）的作者。书中用相当粗糙的简图表明了从动力机械的应用扩展到缩绒、缩呢、复式锭子绢纺以及许多其他工业用途（见边码第 464 页图 233）。

贾科木·斯特腊达·迪·鲁斯贝格是一位著名的文物古玩收藏家和商人，他于 1617—1618 年出版了一部著作，题为《各种畜力和人工的风车、水车以及各种水泵和其他无需花多大劳力而提升水的发明的图解》（*Dessins Artificiaux de toutes Sortes des Moulinsà Vent, à l'Eau, à Cheval, et à la Main, avec diverses Sortes de Pompes et aultres Inventions pour faire monter l'Eau au hault sans beaucoup de Peine et Despens*，etc.）。1629 年出版了它的德译本，后者在把十六世纪意大利的独创性成果传播到德国上面起了很大作用。

贝纳德托·卡斯特利是伽利略的朋友和学生，他深受列奥那多学派的影响，可能熟谙列奥那多笔记的梵蒂冈汇编本。他撰著了《论水流的测量》（*Delli Misure dell'Acque Correnti*），在他去世后于 1628 年出版。波根多夫认为这是第一部记述关于江河和水渠中水流的正确原理的著作。

541 戴克斯曾写过一本小书《水的提升技术》(*The Art of Water-drawing*),1659 年在伦敦初版(1930 年纽可门学会曾影印过该书),但这书没有得到应有的注意。戴克斯据认为是罗伯特·桑顿(1618—1679)的化名,是一位矿业工程师,沃里克郡的煤矿有他的股权。在那一时期的技术著作家中,他是唯一按照类型和作用对机器及其零部件进行分析的人。其他作者都把每台机器均说成是独立而又与众不同的发明,重复地详尽描述类似的细节。戴克斯认识到大气压的本质,以及大气压对空吸装置所造成的限制。他还提出了"工作原理":任何提升水的机器,无论其结构如何,所供给的动力都必须超过为提升水的自重所必需的数量。他还认识到,永恒运动是不可能实现的;一切机械有效工作的必要条件是结构简单和运行平稳流畅。遗憾的是他的著作没有图解。同时,它又是问世于艰难时世的一本篇幅短小的著作。这种种因素促使它稀如凤毛麟角。后来只是由于纽可门学会的警觉,才使它幸免湮没。

伽利略的具有划时代意义的著作《关于两种新科学的谈话》发表于 1638 年。我们可以认为工程理论即在那时最初奠定了基础。不时问世的许多专著都冠以"Theatrum machinorum"〔机器舞台〕的名称,通常后面再加上"novum"〔新的〕的字样,以告诉内行的读者:作者对他所介绍的全部思想负责。蔡辛(1607—1618)、伯克勒尔(1661 年)、洛伊波尔德(1734 年)三人是这个领域最突出的撰稿人。这些著作主要复述他人的工作;但它们在细节、量纲以及机械和动力的推广应用等方面都有所进步。洛伊波尔德的著作虽然发表于十八世纪,但它主要还是对前人的工作广泛地进行了概述,对所述评的蒸汽机以前的时期作了恰当的总结。

补遗

我们已经回顾了两个世纪里机械工程的发展,从最初尝试性的重型矿用泵抽设备和运输设备,以及早期的公共供水系统,直到蒸汽机出现的前夕。这一时期以对水轮和水泵这两种机器的改进为其特征,两者在大小和结构细节的改良方面而言都已很适合实用。

塞缪尔·莫兰爵士1674年引入了直径为10英寸的实心柱塞水泵,它装有由两块“**皮帽**”构成的垫料盖,以防在吸啜和排水两个冲程中漏水,这样就无需再将泵缸淹没以避免启动注水。 542

伦敦大火灾(1666年)之后,手工救火机很受重视,不断得到改进。1721年,理查德·纽沙姆使救火机实际臻于完善。他把阀门置于活动门下方人可以接触到的位置,并给活塞装配了“**皮碗**”。

铸铁产生于现代初期。铸铁的产生导致熟铁生产增加,造价较低,因而其用途也扩大了。约翰·W.哈尔写道(*Transactions of the Newcomen Society*, Vol. VIII, p. 40):“1591年时,一个铁工场每星期出不了两吨铁;常常由于缺水,只能年产五十吨。”这样生产出来的铁必定价格昂贵。因此,其用途只能限于其他便宜且易于制造的材料不适合利用的场合。那时的水箱和管道都是用白镴或铅制成的,这些材料只值铁价的一半。实际上,萨弗里的机器之所以失败,就是因为他的铅制管道在他所施压力的作用下而破裂所致。布鲁尔的锅炉和蒸馏釜都是铜制的。十七世纪末,人们用一种比煅铁炉稍大些的精炼炉来生产熟铁，每次给 50 至 100 磅生铁鼓风。这样的产品往往得不到充分的脱碳作用，在锻打以除去难熔性渣质时便发生破碎。直到大约 1800 年，在制铁中想以原煤代替木炭的尝试才获成功。达德利（1599—1684）宣称，他早在 1620 年就已成功地使用了这种方法（*Metallum Martis*，1665）。这自夸的说法没有可靠的根据，很值得怀疑（见 T. S. Ashton，载 *Transactions of the Newcomen Society*，Vol. V，p. 9）。

用于软金属加工的滚轧机可能在达·芬奇时代就已在应用了。L. 达尔姆施泰特尔（*Handbuch z. Gesch. d Naturw. u. d. Technik*）曾引述过约巴努斯·赫苏斯对尼恩贝格炼铁厂的描述，说那里“用转动轮的重量”对铁进行滚轧。这段 1532 年的记载据认为是对备有滚轧和滚剪机械的轧铁厂的最早描述。其后很长时间内铁棒和铁板都是先由落锤来成形，只是然后才用滚轧光制。短小铁棒的制造方法是滚剪铁板，或者是让铁板在两根轧辊之间通过，其中一个轧辊上的突出环与另一轧辊上的突出环间的空隙相对，从而把铁板剪切成长条。在十八世纪末之前，能耐得住为完成用这种方法加工铁所必需的压力和温度的轧辊一直没有普遍应用。

第二十三章　技术：

七、蒸汽机　八、机械计算器

七、蒸汽机

前驱

关于蒸汽机的历史，可远溯到亚历山大里亚的希罗（约公元50年）。希罗编纂过几种力学著作，包括一部关于气体力学的专著，其中描述了当时已有的各种机械装置以及他自己发明的一些装置，但他未指明哪些是他自己发明的。这些装置中，有一种机器能利用圣坛之火打开教堂的门；还有一种机器喷出能支持住一个轻轻的圆球的蒸汽流。更令人感兴趣的是一种汽堆，这实际上是反应式汽轮机。虽然希罗的汽堆（图284）据认为在以后的几个世纪里曾经实际应用过，但它

图284—汽堆（左）给熔铜炉吹风

这是一个带有小开孔的空心青铜球，水从开孔注入。当水煮沸时，就有强烈的风从球中吹出来。

仅仅略胜于玩具。

在近代肇始之前，尽管有关蒸汽动力的知识没有失传，但几乎没有什么东西记载下来。十二世纪以降的各种文献都表明了这一点。据说，1125 年热尔贝在兰斯制造了一架由热水压缩的空气来鼓风的风琴（见 R. Stuart's *History and Descriptive Anecdotes of Steam Engines*，Vol. I，p. 15）。卡当在十六世纪中叶提到蒸汽动力以及通过冷凝蒸汽来产生真空的方法（*De Rerum Natura*，Bk. 544 XII，Chap. 58，p. 425，in ed. 1557）。马西修斯在 1571 年也讲到过蒸汽动力；还有某个轶名的同时代人试图利用希罗的汽堆来转动烤肉叉。奥尔良的贝松（十六世纪）写过关于蒸汽动力的著作，意大利人阿果斯提诺·拉梅利在 1588 年发表了一本论述机器的书（*Le Diverse et Artificiose Machine*）。列奥那多·达·芬奇曾描述过一种蒸汽炮（他认为这是阿基米得的发明），它把水滴到一个灼热表面上，利用水汽化所产生的骤然膨胀把炮弹射出。

1601 年，巴蒂斯塔·波塔在其《神灵三书》（*I Tre Libri de' Spiritali*，ed. 1606，p. 77）中描述了一种利用蒸汽压力提升水柱的机器，它通过冷凝蒸汽的办法产生真空让水流入（图 285）。这种机器利用蒸汽压力排除液体，而希罗则利用空气膨胀的压力。所以，波塔引入了一种新东西。此外，波塔还精确地描述了蒸汽在利用冷凝产生真空中所起的作用，并构想出一种装置，它借助大气压力把水

545

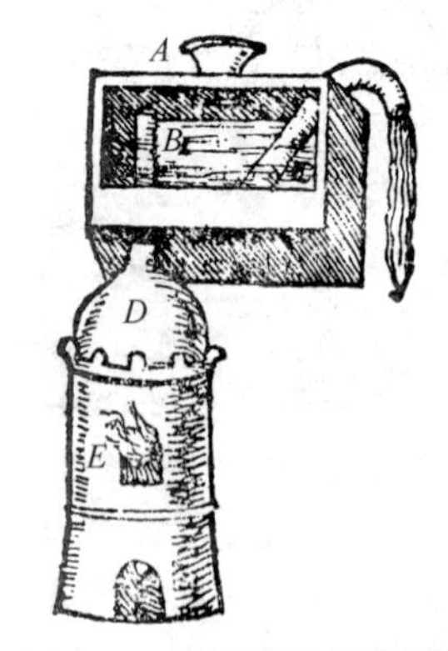

图 285—波塔描绘的蒸汽机

强迫注满如此产生的真空。不过，这些装置并未产生什么实际效益。

达维德·里沃在1608年出版的《枪炮原理》（*Les Elémens de l'Artillerie*）中指出，加热盛有水的密封炮弹壳，可使弹壳破裂，无论壳壁多么厚。他写道："里面的水变成了空气，汽化以后，接着便是猛烈的爆炸。"

所罗门·德·考司在《动力的理论》（*Les Raisons des Forces Mouvantes*）（1615年）中描述了一种借助蒸汽的膨胀力提升水的机器（第4页）（图286）。

图286—利用加热提升水（德·考司）

铜球 *A* 在 *D* 处有一开口，由此把球部分充水，然后用龙头盖紧。球中还有一根管子 *BC*，向下伸到接近底部的 *C* 处，在 *B* 处也有一个龙头。将球加热，一当打开 *B* 处的龙头，水就通过它喷出。

布兰卡在《乔万尼·布兰卡爵士的各种机器》（*Le Machine derverse del Signor Giovanni Branca, etc.*）（罗马，1629年）中描述了一种汽轮机，它用蒸汽冲击叶轮的叶片来使叶轮转动。这个装置——如果曾经制造过的话——也许只是个玩具（图287）。

1630年，戴维·拉姆齐获得了查理一世给多种发明颁发的专利权，其中一项发明是"利用火将深矿井中的水提升起来……可依靠不流动的水使任何类型磨矿机连续运行，而不用借助风力、等待[压力?][①]或畜力，……用一种前所未有的新方法将水从低处、矿井和煤矿中提升起来”。显然，这都是应用蒸汽动力。(见 T. Rymer, *Fœdera, conventiones, literae*, etc., 1732, XIX, p. 239 和 p. 17。)

威尔金斯主教在其《数学的魔力》(*Mathematical Magick*)(1648 年)中指出，汽堆曾被用来“驱动出风角的翼板，这翼板的运动可以被用来旋转烤肉叉之类的东西”(第 149 页)。

图 287—布兰卡的汽轮机

金属容器 A 中的水放在火上加热，通过 D 释放出的蒸汽的压力驱动叶轮 E 旋转，再通过齿轮系的传动，驱动捣矿机。

伍斯特侯爵

上述这些装置看来都没有用于大规模工作过，而且其中有一些是否按照建议制造过也是很值得怀疑的。

---

① 原文为“waite[weight?]”，作者怀疑 waite(等待)系 weight(压力)之印误。——译者

但是，伍斯特的第二位侯爵爱德华·萨默塞特在他的著作《我实践过的百年来发明的名称和样品》(*A Century of the Names and Scantlings of Inventions by me already practised*)(写于1655年，发表于1663年)中描述了一种利用蒸汽提升水的装置。作者没有提供这机器的图解，但后来人们按照他的说明画出了各种示意图，其中有一幅现存于伦敦科学博物馆。实际上，它只不过是德·考司机器的更为精巧的形式，将原来只是喷水的装置改良成为提升水的机器。有一台这样的机器建造在沃克斯霍尔，可将水提升到40英尺的高度。现在尚保存着1663和1669年的目击者的记载。1663年，议会通过法令授予这位侯爵的"控水机"以为期99年的专利权。博物馆的这幅藏图"示出一个高压锅炉和两个容器，当容器中的蒸汽冷凝之后，大气压就把水强迫泵入容器之中；以后萨弗里广泛改进了这个系统，其中后来又用蒸汽压力将这水释出"(*Science Museum Catalogue*, *Stationary Engines*, p. 28, Exhibit40)(图288)。

546

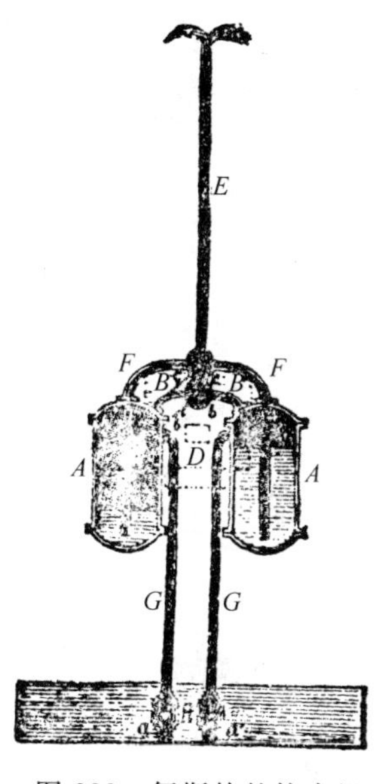

图288—伍斯特的控水机

547

AA 是由蒸汽管连接到后面锅炉的两个容器。*D* 为火炉。*E* 为由管道 *FF* 连接到 *AA* 的竖直水管。水由管道 *GG* 提供，GG插入水井 *H*，带有阀门 aa。蒸汽交替进入 *A* 和 *A*，并在那里冷凝，使大气压强迫水从井 *H* 上升通过 *G* 和 *G*。当一个容器充满水时，蒸汽强迫水从另一个容器沿 *E* 上升。当一个容器是空的时，蒸汽就从它转入另一容器，而它重又充满水。

548　这种"控水机"是我们所知道的企图实际应用一项发明的最早的认真尝试。但当时时机尚未成熟。伍斯特没有能够成立一个公司来研制他的发明。他去世后，他的遗孀曾为此作过长时间的努力，但也未获成功。

惠更斯

1608年，惠更斯设计了一种用火药膨胀力作动力的机器。这是第一台带有汽缸和活塞的煤气机。它示于图289，图中 A 为汽缸，B为活塞，CC为装有止回阀的排气管。火药在 H 处爆炸，把

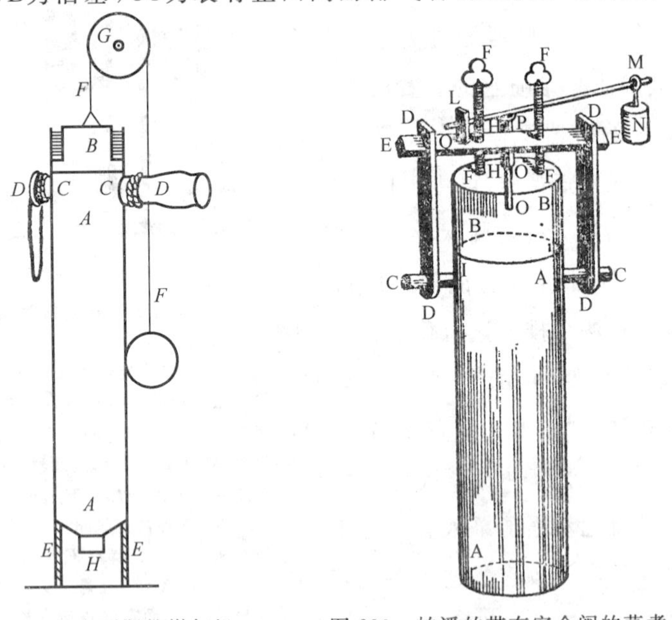

图289—惠更斯的煤气机　　图290—帕潘的带有安全阀的蒸煮器

空气从汽缸中排出。当机器冷却时，汽缸 A 中的压力降低，大气压便迫使活塞 B 下行，这样便将悬吊在滑轮系 F 上的重物升高。

但是，惠更斯所设想的这种机器从没有实际制造过。

帕潘

下一个重要进步是法国人德尼·帕潘（1647—1712）作出的，他做过惠更斯的助手。1675 年，帕潘来到英国，同罗伯特·玻意耳一起工作。1680 年他被选入皇家学会。1681 年，他发表文章介绍“蒸煮器”（图 290），后者所以值得提到，是因为它包含一种新发明——安全阀。“蒸煮器”是在密封器皿中用水煮骨头而使其软化的装置。正如我们现在所知道的那样，水在高压下煮时，沸点较高，这样便增强了水的溶解力。帕潘写道：“我所取的是牛骨，这些骨头已干置了很长时间，但从未煮过，而且是腿骨上最坚硬的部分；我把这些骨头放在一个小玻璃瓶中，加上水，把它跟另一个也装满骨头和水的玻璃瓶一起放在这机器上，但后一个瓶里是肋骨，并已煮沸过。然后用火加热，直到里面的水滴在三秒钟内干涸，压力达十个大气压，这时将火去除。在这容器冷却后，我发现我的两个玻璃瓶中都有美味的骨冻，但原来装有肋骨的瓶中是一种带有红颜色的骨冻，我认为这可能是骨髓部分产生的；而另一个瓶中的冻胶无色无味，就像鹿茸冻一样；……和……我用柠檬汁和糖加以调味，然后品尝了它一下，味道也极其鲜美，而且简直同鹿角冻一样开胃”（*New Digester for Softening Bones*，1681，p. 22）。这容器要经受相当大的蒸汽压力，因此为了防止爆炸，帕潘在蒸煮器的顶部插入了一根管子 *HH*。管的顶端由阀门 *P* 封闭，借助悬吊于杠杆 *LM* 一端的重物 *N* 来保持封闭状态，LM 可绕其支座 *LQ* 转动。 549

1687年，帕潘在意大利度过几年后重返英国，在英国又构想出一项发明——将动力从一点传递到另一点。“在有动力供给的一点，他用抽气机把一个气包抽空，并用一个导管通到远处需利用动力的一点，在那里从活塞背后抽掉空气，空气对活塞的压力使之退进与之相适配的汽缸，从而提升一个重物，其重量与活塞大小和抽空程度成正比。帕潘在他自己的实验上并未获得满意的成功；但是，他创生了近代动力空气传递系统的胚芽。他对致力于这种系统实用化所得到的结果深感失望，因而意气沮丧，遂亟望再次易地卜居”(Thurston, *The Steam Engine*, p. 49)。因此，1687年他接受了德国马尔堡大学数学教授职位，在那里度过了多年。

帕潘在马尔堡试图改进惠更斯的火药引擎，想以蒸汽代替炸药，因为蒸汽的冷凝可产生真空度很高的真空。于是，他制成了第一台带有活塞的蒸汽机，它用冷凝来获得真空。〔帕潘的设计发表于《学术学报》(*Acta Eruditorum*)，莱比锡，1690年8月，第410页及以后，题为 *Nova Methodus ad vires motrices validissimas levi pretio comparandas*，即《一种获取廉价大动力的新方法》。〕图 550 291所示便是这种引擎。汽缸 A 的底部放有少量的水，汽缸的底由很薄的金属做成。将汽缸加热，所产生的蒸汽将活塞 B 推至顶端。一个闩 E 与活塞杆 H 上的凹槽相契合，并一直保持到被释放。一当火撤除，蒸汽便开始冷凝，从而产生部分的真空。E脱开后，大气压便驱使活塞下落，这样，就将缚在滑轮 TT 上的绳索 L 上的重物提升起来。汽缸的直径为 $2\frac{1}{2}$英寸，每分钟可提升60磅重量。帕潘计算出，若汽缸直径为2英尺多一点，活塞冲程为4英尺，那么，每分钟即可将 8000 磅的重物提升起 4 英尺。

帕潘建议用这种机器从矿井提水，抛射炸弹，以及借助桨来开动船只。他说："最大的困难是制造这样的大型汽缸。"在 1695 年再版的一部著作（*Recueil de diverses Pièces touchant quelques nouvelles Machines*，Cassel）中，他描述了一种用于这种机器的经过改进的炉子——水把火团团围住，以极高的速率产生蒸汽，足可每分钟完成四个冲程。他还设计了一种炉子，燃料可以利用**下向通风**放在炉箅上燃烧。

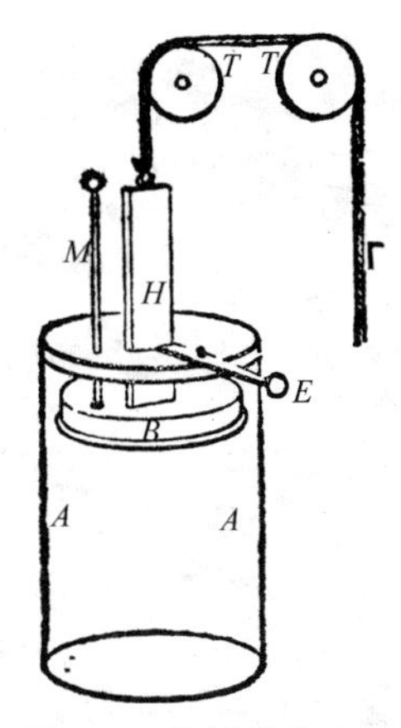

图 291—帕潘的蒸汽机

后来，在 1705 年，帕潘从莱布尼茨那里得知了萨弗里的引擎，并得到了他给予的一张这种引擎的示意图。1707 年，帕潘在其《新的火力提水法》（*Nouvelle manière pour lever l'eau par la force du feu*，Cassel）中发表了一种新型引擎的详细说明，它是对萨弗里引擎的改进，而他以前的那种引擎则是对惠更斯引擎的改进。不过，这种引擎比起他的第一种来并没有什么进步。

1707 年，帕潘用他的蒸汽机（本来的设计是一种蒸汽抽水机）在卡塞尔的富尔达河上开动了一条模型船；这蒸汽抽水机抽出水来驱动一个水轮，水轮带动桨。（这些实验的经过记载在帕潘同莱布尼茨的通信中，现存汉诺威国家图书馆。）其时，莫兰和萨弗里也在攻这一课题。

551

图 292—塞缪尔·莫兰

莫兰

塞缪尔·莫兰爵士是查理二世的掌管机械事务的官员。他做过各种蒸汽实验，制造过多种救火机。他曾发明过喇叭筒、计算机和一种绞盘，并对泵也非常注意。在1685年于巴黎出版的一本书（*Élévation des Eaux par toute sorte de Machines, etc.*）中以及早期的一部手稿（现存不列颠博物馆）中，他都写到了蒸汽问题。他在那部手稿中写道："用火蒸发水时，水蒸气所需占据的体积要比原来水占据的体积大（约大两千倍）；而且水蒸气不屈服于被束缚的状态，它能爆裂一门大炮。然而，如果按照静力学规律加以控制，并科学地使之处于负荷和平衡的限度内，那么，它就会（像良马一样）驯顺地负起重担，这样就会大有益于人类，特别是用来提升水。"然后，他给出了一个表，"列明当汽缸一半盛水，每小时提升 1800 次，提升高度 6 英寸时，对于汽缸的不同直径和深度，蒸汽所能提举的水的重量各为多少。"

莫兰所给出的水变成蒸汽时体积的增大比其他实验者所估计的要准确得多。德扎古利埃给出的数字是 1∶14000，德扎古利埃的数字在许多年里一直为人们所接受，直到瓦特用实验估计这数字为 1∶1800 或 1900。

莫兰对与他同时代的伍斯特的工作自然很熟悉。他的装置很可能是对伍斯特机器的改造，但关于他的工作我们不甚了了。他于 1696 年去世。

萨弗里

到十七世纪末，越来越深入地下的英国矿工备受矿井中积水的折磨。因此，这问题成为性命攸关的问题。托马斯·萨弗里（约 1650—1716）攻了这个问题。他是一位军事工程师，对力学、数学和自然哲学都有浓厚的兴趣。通过在实验和奇妙机械的发明方面作了很多努力，他获得了一种机械装置的专利权，这种装置用一个绞盘驱动明轮，可在风平浪静中开动船只，他曾试图说服海军部采用这种装置。为此，他受到海军部一个官员的非议。那位官员说："与我们海军毫无关系的人凭什么自夸要为我们海军设计或发明什么东西？"萨弗里曾在泰晤士河上演示了他的发明，但最后海军还是没有采纳它。

后来，萨弗里发明了一种蒸汽机，与伍斯特的非常相像。我们现在说不上他是否知道伍斯特或其前人的工作。1698 年 7 月 25 日，萨弗里获得了一项设计专利权，这就是第一种可实际应用于从矿井中泵抽水的蒸汽机。1699 年，他用一具活动模型在皇家学会作了成功的演示（见 *Phil. Trans.*，1699，Vol. XXI，pp. 189 and 228）。 552

萨弗里的专利证书的扉页上有这样的题词："授予托马斯·萨弗里先生，他独一地作出了一项新发明，利用火的推动力来提升水或者驱动各类机械。它可用于矿井排水和城镇供水，以及在没有水力和风力资源的地方用于驱动各种磨机。专利有效期为十四年，条款如常。”

萨弗里不但懂得如何发明，而且懂得如何使他的发明为人所知，看来他对广告的作用有正确的认识。他甚至能够使他计划中的细节部分也为人知道和理解。他的活动模型给皇家学会留下深刻的印象，得到学会的赞许。他把一幅他的机器的图逞交给皇家学会，《哲学学报》(同上)刊载过一幅图版，附有解说(图 293)。

553

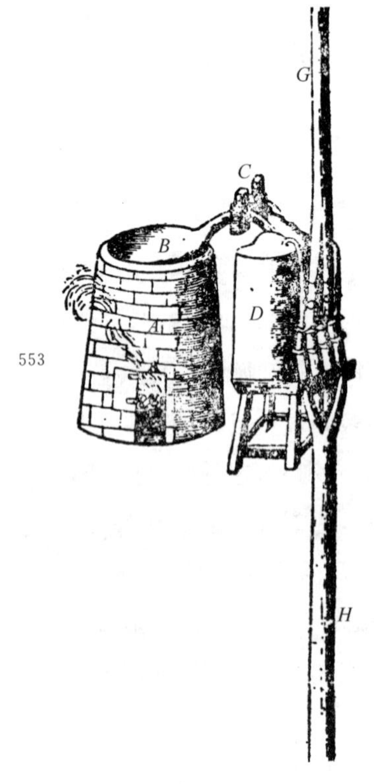

图 293—萨弗里的蒸汽机

A，火炉；B，锅炉，由管道 C 与汽包 D 连接，从 D 的底部导出的支管向上弯曲形成“压送管”G。从 D 的顶部向下弯曲的各支管会合形成吸水管 H，H 通到被泵抽的水。(最大提升高度 24 英尺。)打开旋塞 C，蒸汽便从 B 导出去充满 D。将 C 关掉，蒸汽便冷凝。于是，水就沿吸水管上升进入 D。C 打开，止回阀便关闭，而蒸汽就把水沿 G 压送出去，其瓣阀在水到达时即打开。然后，这个循环再重复进行。当一个汽包在充蒸汽时，另一个汽包在放水——两个汽包及管道交替工作。

554

他的另一种蒸汽机示于图 294。这是一种较简单的装置，1712 年建于肯辛顿的坎普顿大厦，造价 50 英镑，每小时可提升 3000 加仑的水。每个汽包每分钟充汽四次，机器每天耗煤 1 蒲式耳。这部机器“获得极大成功，自它建成之后，再也没有发生缺水的情况”。其容量将近 1 马力。

然后他又设计了一种更有效的机器，专用于解决科尼什矿井的积水问题。他还为之写了一本小册子，书名为：《矿业主之友——火力升水引擎，说明它在矿井中安装的方法，它还适合的其他用途；以及对质疑的答辩》(*The Miner's Friend, or, An Engine to raise Water by Fire, Described, And of the Manner of Fixing it in Mines, With an Account of the several other Uses it is applicable unto; and an Answer to the Objections made against it*)(伦敦，1702年)。这小册子曾在矿业股东中广为流传，当时他们的赢利正因高昂的排水费用而所剩无几。比如，一个矿井要用

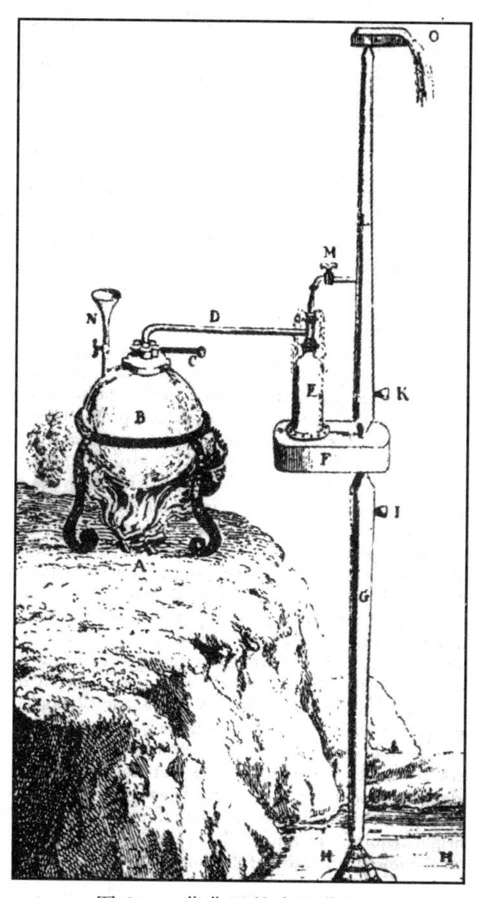

图 294—萨弗里的小型蒸汽机

G为吸水管，长16英尺，直径3英寸。E为汽包，容量13加仑。B为锅炉，容量40加仑。L为压送管，42英尺高。DMN为连接导管和旋塞。工作程序如图291，所不同的是应用了表面凝结，以及旋塞*M*打开时可让水从上升干道进入汽包*E*。

500 匹马拉动辘轳和勺斗来提水。萨弗里对国王和皇家学会的赞许表示感谢，并以精明的广告宣传而使他的发明为世人所知。

萨弗里的蒸汽机是第一种可付诸实用的蒸汽机。他的机器和伍斯特的机器一样，也是将锅炉与水源分离；但萨弗里应用表面凝结方法，这样在汽包需要再充汽时便可方便地充汽，并且它还设有一个副锅炉，可不间断地向工作锅炉供给水。换句话说，只要机器不损坏，就可连续不断地工作。萨弗里还在锅炉中安了量水旋塞以指示水位。必须指出，萨弗里没有使用安全阀，这样在深矿井中，他的机器就必须承受超过安全限的压力。这种机器示于图 295。

图 295—萨弗里的最后一种蒸汽机

这种机器和第一种(图 293)相似，只是它的汽包用从水箱 C 流来的水来冷却，C 的水由“压送管”下注入，以及主锅炉不间断地得到副锅炉(图中左边所示)的供水。

这种机器用来为城镇或私人住宅供水。也有一些矿井采用它，但为数不多，因为在很深的矿井中，要把相当多的水提升一定的高度，所需的蒸汽压力是很大的，这样就有锅炉发生爆炸的危险。在矿井中，这种机器必须置于 30 英尺以深的地方，因此如果井下水泛滥，就会把机器“淹没”。在深矿井中，水所要提升的高度要求所用的蒸汽应具有几个大气压的压强；当时认为三个大气压是安全工作的上限。于是，便在竖井中每隔 60 至 80 英尺的地方安装一台引擎，这样，每台引擎都是从下面一个引擎的水仓往上提水。只要有一台引擎出了毛病，泵抽工作就不得不停止，直到修复后方可重新工作。萨弗里的锅炉直径不超过 2½英尺，而且必须在竖井中各个深度处安装多台机器。这既昂贵又危险，所以矿主们宁愿仍旧采用马拉的方法。此外，燃料的浪费也很严重。锅炉的受热面太小。其冷凝方法造成的浪费更严重。萨弗里蒸汽机的这些缺点后来都被克服了，但那已是十八世纪他死（1716 年）后的事了。

555

556

（参见　R. H.　Thurston，*A History of the Growth of the Steam-Engine*，1878。）

八、机械计算器

为了节省在数值计算工作上所花费的时间和脑力，并避免脑力计算常易产生的错误，人们设计制造了大量机械计算工具，它们类型繁多，复杂程度不一。这方面最初的努力导致产生算盘和所谓“耐普尔骨筹”这类计算工具。计算尺在十七和十八世纪中发展起来，成为一种实用仪器。一般意义上的计算机即可用机械进行算术运算（例如利用联锁齿轮）和显示结果的机器，在这个时期尚处于试验阶段，要到十九世纪才开始成为实用的计算工具。

算盘

算盘的历史非常悠久。它似乎是从印度向东西两个方向传播的，但有一种说法认为它是闪米特人发明的，可能源于阿卡德人[①]。现在，东方仍然使用这种工具，而在西方它仅被用于初等教育。但在古代和中世纪，欧洲曾普遍应用这种计算工具，直至十七世纪。它甚至影响到了算术的书写记法，而后者取代了算盘的应用。原始形式的算盘只不过是些卵石（拉丁语 *calculi*，因而有英语动词 *to calculate*[②]），或者其他诸如此类的东西，它们被置于沙土上划出的沟槽里，或摆在划成长条的表上。后来出现了一种我们比较熟悉的形式，即在一个浅底盒子的边上固装着许多互相平行的等距离的线或杆，杆上串上珠子，可以自由滑动。各相继杆上的珠子形成一个个组合，分别代表各相继位的数值，由此表示一个名数。据说热尔贝（约1000年）首先采用算筹（*apices*），它可以用来代替算珠表示数字。在中世纪的西欧，这种器具有各种名称：*mensa Pythagorica*〔毕达哥拉斯表〕（这个名称也用来称呼乘法表）、*mensa* 或 *tabula geometricalis*〔几何表〕以及

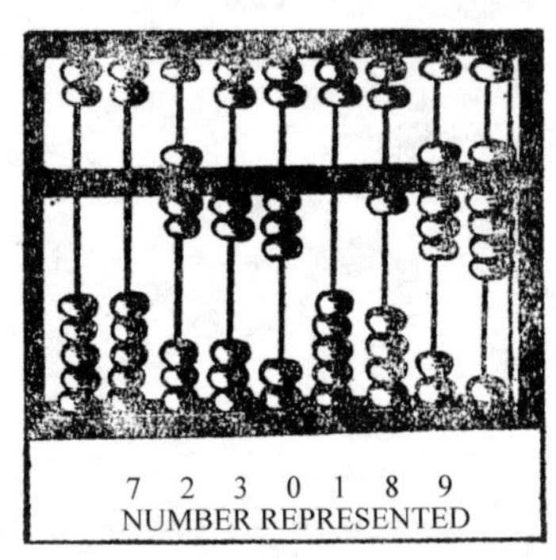

图 296—算盘

① 古代闪米特人的一支，古代巴比伦北部的阿卡德王国（公元前三世纪下半期）的居民。——译者

② 此动词意为“计算”。——译者

abax 或 *abacus*〔算盘〕。这种表通行的欧洲形式是用线条将表划分成若干长条（*spacia*）以代表相继的各位数。在这些长条中，放上适当数目的算筹，英国人把这整个表称作“计数器”，这个名称一直沿用至今。十五世纪时，这种行式算盘在欧洲商业上广泛采用。在十六世纪，德国及其邻国仍然通行用算盘算账。到了十七世纪，算盘的应用为从意大利传来的笔算法所取代，欧洲各国一般就只有文化水平低下的人在使用算盘了。在中国和日本式的这种工具中，算珠串在杆条上，每根杆条都被一根隔条分隔为两段，其中一段有五颗珠子，另一段有一颗，有时两颗。任何度量单位的五以下的数字均可通过将五颗算珠的一颗或多颗拨向隔条来表示；数字五也可以通过将五颗算珠拨回原处，进而拨下另一段上的一颗算珠或两颗中的一颗来表示；六至十的各数字可通过拨动这后一颗算珠和那五颗算珠中的一颗或多颗来表示。数字十也可通过拨动左边邻行上的一颗算珠来表示，依此类推。算盘主要用来做加法和减法，但在中国和日本也巧妙地用来计算较复杂的乘法和除法以及开平方和开立方（图 296）。 557

耐普尔骨筹 558

另一种做乘法的工具是“耐普尔骨筹”即算筹。约翰·耐普尔——对数的发明者——在其《魔杖的研究或用魔杖计算的两书》（*Rabdologiae, seu numerationis per virgulas, libri duo*）（爱丁堡，1617 年）一书中描述了这种工具，不过其原理似乎早已为东方人所知。算筹有几种形式，但一般都是每套有十根矩形木杆，每根木杆有四个平整的表面。每个面都划分为九个方块。最上端的方块中写上一个数字，下面诸方块依次写着顶端那个数字相继与 2 至 9 各数的乘积。每个乘积的十位数和个位数用方块上的一根对角线隔开。0 至 9 十个数字都用这种办法处理。图 297(a)所示即为数字 7 的情况。若要用 0 和 9 之间的一个数乘另外一个数，譬如 315×7，那么就将顶端数为 3、1 和 5 的三个面并排放置，如(b)所示；记下各面的第七个乘积，将每个方块上的十位数与其左邻方块的个位数相加。如此相加的各个数字看去都处于一个个小的平行四边形之中。于是，对于乘数 7，我们即可得 5、3＋7、1、2，如此便以逆序给出所求之 315 和 7 的乘积为 5、0、2、2，即积本身为 2205。当乘数是一位以上的数时，将上述过程对每一位数都进行一次；把各个部分积一一记录下来，最后将它们总加起来，同时考虑到每个部分积的位值。每个数字的倍数都在四根不同的算筹上重复出现，其分配原则是使各数字尽可能自由地相结合以便作乘法运算。

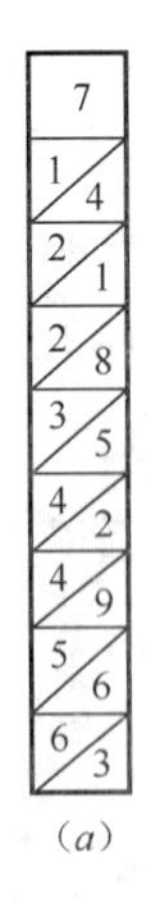

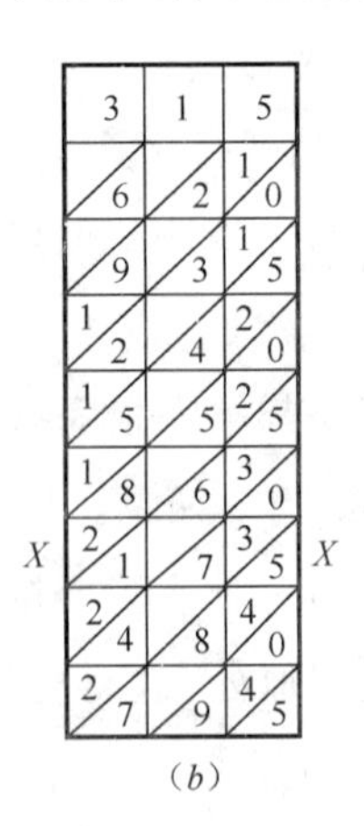

图 297—耐普尔骨筹的使用

559

十七世纪时，人们对“耐普尔骨筹”进行了多方改革。例如，朔特在 1668 年表明了如何把这些算筹安装在一些可转动的圆筒上，再封装在一个盒子里，这样操作起来就非常迅速。

计算尺

对数计算尺的发明大约可回溯到1630年，因此几乎和对数的发明同样久远。这种仪器所依据的原理是：两个或更多个数的乘积的对数等于这些数的对数之和，例如：$\log(A\times B)=\log A+\log B$。这样，如果沿一条直线截取两相继的线段，其长度分别等于$\log A$和$\log B$(依一定的尺度)，那么，这两条线段之和即相当于$\log(A\times B)$(依同样的尺度)。

格雷歇姆学院的埃德蒙·冈特就是根据这条原理制成了对数"数线"，他在其著作《三角精义》(*Canon Triangulorum*)(伦敦，1620年)中作了描述。"数线"是一种标尺，从一端开始与1和10间各个数的对数成比例地截取线段，每一线段的端点标上该线段等当其对数的那个数。这样，这标尺两端所标的数字就是1和10。线段在尺上的加和减等于相对应的数的乘和除，这些运算借助一只分规来进行。"冈特尺"还有按同样原理标度的线，表示三角函数的对数，适用于航海。但这种计算尺没有滑动部件，所以严格地说它算不上计算尺。不过，人们总是不太注意这一区别，因而往往错误地把计算尺的发明归功于冈特。

这项发明实际上似乎应归功于英国数学家威廉·奥特雷德(1575—1660)，他废弃了冈特的分规，代之以使一把对数分度的"冈特尺"在另一把同样的"冈特尺"上滑动，两把尺一起握在手里。除了发明这种直计算尺而外，奥特雷德还设计了一种圆形计算尺，刻度标示在同心的圆标尺上。计算借助两根可绕圆心转动并横越这两把圆尺的指针来进行。这两根指针是仪器仅有的可活动部

560 分。奥特雷德的仪器经其本人同意,由他的学生威廉·福斯特在其著作《比例圆和水平仪》(*The Circles of Proportion and the Horizontal Instrument*)(伦敦,1632年)中记述下来。很可能约在同一时间,伦敦的一位数学教师理查德·德拉曼也独立发明了圆形计算尺。理查德·德拉曼肯定在福斯特的书出版之前两年就已描述过圆形计算尺。后来奥特雷德和德拉曼两人互相指责对方剽窃,但直计算尺的发明者无可争议地是奥特雷德。

十七世纪为改进奥特雷德的发明而作了种种尝试。其中有的旨在增加尺的长度,同时又要不使它长得招致麻烦。这在某种程度上无疑也正是奥特雷德搞圆形尺和其他设计(指针被抑制,两个圆盘可彼此相对转动)的目标。后来,有时把对数标尺沿螺旋线截取;这一改良要归功于米尔本(1650年)。直尺也曾被制成折叠式的,在不用时可折叠起来。由一把可活动的直尺在两把固定直尺中间滑动的计算尺产生于十七世纪中叶,塞思·佩特里奇在他于1657年完成的著作(*The Description and Use of an Instrument called the Double Scale of Proportion*,1672)中描述过这种计算尺。十七世纪时,无论在英国或者欧洲大陆,这种计算尺都鲜为人知。不过,牛顿似乎很熟悉这种仪器,他还说明怎样借助三把冈特尺用机械的方法来解数字三次方程(*Opera*,ed. Horsley, Vol. IV, p. 520)。

人们逐渐认识到计算尺的原理可用于快速计算各种各样描述量——科学的、技术的、航运的、商业的等等,而且制造了种类几乎不计其数的仪器,以适应各种专门用途。

计算机器

现在我们来介绍几种最早的可以恰当地称为计算**机器**的装置。约翰·西尔曼斯在其《数学学科》(*Disciplinae Mathematicae*)(1640年)中提到一种用齿轮进行机械乘法和除法的装置，他宣称制造过这种装置。但是，他没有介绍机器的细节。今天我们知道其细节的最早的计算机器是巴斯卡1642年19岁时发明的一种加法机。

巴斯卡的机器外表像一个长方形盒子，上表面上是一行齿轮，每个齿轮的十个齿上都刻有数字0至9。这些齿轮分别对应于个位、十位、百位等等。不过，巴斯卡发明这种机器的目的是为了帮 561 助他父亲合计金钱款额。因此，他的有些机器除了有表示高达六位的普通数字的齿轮之外，另外还有一些齿轮用来加**但尼尔**和**苏**①，它们各自有12和20个分度。每个齿轮的上方有一条长孔，这样，当转动外齿轮时，匣子中与之相对应的另一个齿轮上的数字便依次在这孔中显露出来。外齿轮向前(减法时向后)转过所希望的分度数目，方法是把一个金属尖物插到相应的齿上，转动这齿轮。直到这个尖物被这齿轮上的凸销挡住。在这个操作过程中，所希望的数字便已加到了孔中原来所示的数字上(或从后者减去)。过去所有这类机器的困难都是进位(十位等等)以及加到左邻数字的问题，巴斯卡的机器为此采用了一种灵巧而又复杂的装

① 苏(sou)是法国铜币，合1法郎的1/20；但尼尔(denier)是法国古币，合1苏的1/12。——译者

图 298—耐普尔骨筹(原始形)

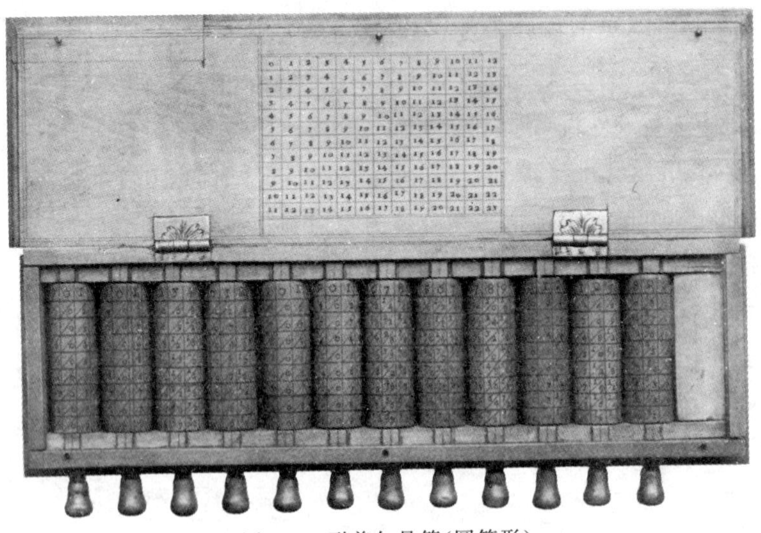

图 299—耐普尔骨筹(圆筒形)

图 300—巴斯卡的计算机

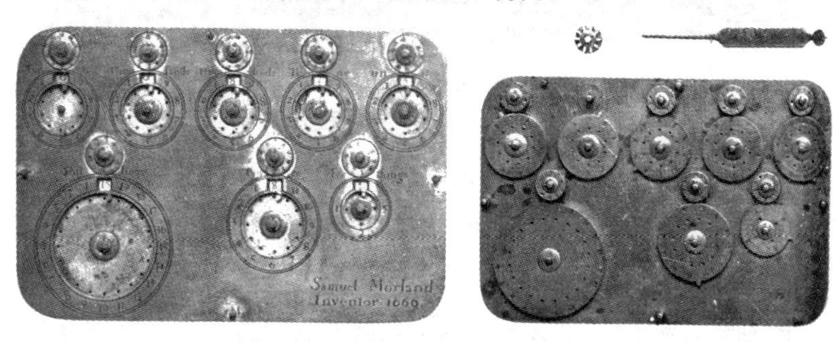

图 301—莫兰的计算机

置,叫做 *sautoir*〔长珠串〕不过,当时的工艺条件还不能使巴斯卡的设计变成理想的实物。〔关于这种仪器的说明,可参见狄德罗和达朗贝的《百科全书》(*Encyclopédie*),巴黎,1751 年,第 1 卷第 680 页及以后。伦敦南肯辛顿科学博物馆陈列着这种机器的复制品。〕

塞缪尔·莫兰于 1666 年发明了十七世纪另一种计算金额的加减法机器。他当时并不知道巴斯卡的发明。莫兰的机器是金属的,其大小为 4×3 英寸×不到¼英寸。(图 301 右图是仪器盖板

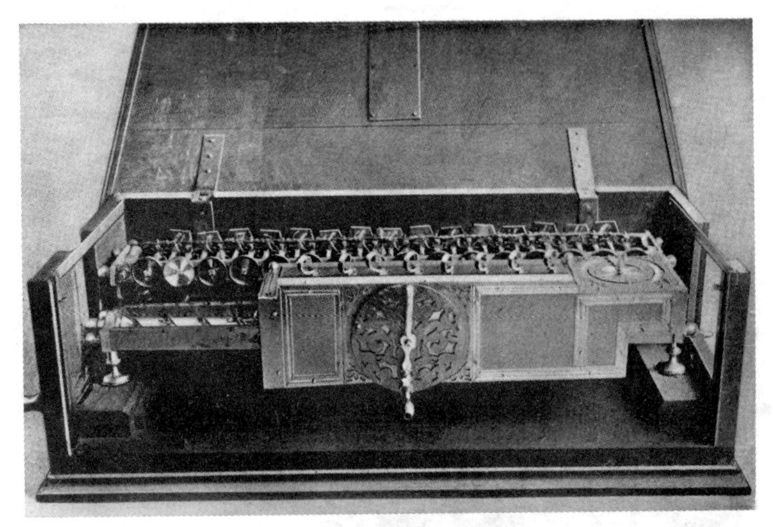

图 302—莱布尼茨的计算机

拿去后的视图。）面板上有八个刻度盘分别用来计法辛[①]、便士、先令、英镑、十英镑、百英镑、千英镑、万英镑。前三个刻度盘分别划分成 4、12 和 20 等分，其他都分成 10 等分。在各刻度盘中，有一些同样分度的圆盘围绕各自的圆心转动；借助将一根铁尖插进各分度对面的孔中，可使这些圆盘转过任何数目分度。一个圆盘每转完一周，该圆盘上的一个齿便将一个十等分刻度的小的计数圆盘（可看到恰在大圆盘的上方）转过一个分度，由此将这一周转动记录下来。总计金额从一种货币单位向另一更高单位的换算不是自动的，这项工作必须由操作者来做，然后才可读出所需结果。在调整小圆盘和转动大圆盘时，必须遵守专门的规则，具体视所进行的是加法还是减法而定。

① 法辛，英国铜币，合四分之一便士。——译者

莫兰的另一种机器系用于乘法，其工作方式在一定程度上是 562 根据“耐普尔骨筹”的原理，但他以可转动的圆盘代替后者的算筹，在圆盘直径的两对端标有每个倍数的数字。这种仪器也可用来进行开方运算。〔以上两种仪器的说明，参见莫兰的《两种算术仪器的说明及用法》(*The Description and Use of Two Arithmetick Instruments*)一书，伦敦，1673 年。〕莫兰还发明过一种机器，可用来快速解三角形和求三角函数的值。

巴斯卡和莫兰的机器主要用于做加法。为了便于进行乘法，就要附加一些设备，以便用机械重复累加同一数字，例如用一个手柄。这就是莱布尼茨制造的机器的目标。其中一台设计于 1671 年而完成于 1694 年的机器现存汉诺威，而另一台完成于 1706 年的机器似乎已经失传了。莱布尼茨在设计过程中发明了两种非常重要的装置，它们在现代计算机中仍然作为两种组元。这就是“阶梯式计数器”和“针轮”，两者都用于对任何选定的数字作机械加法。

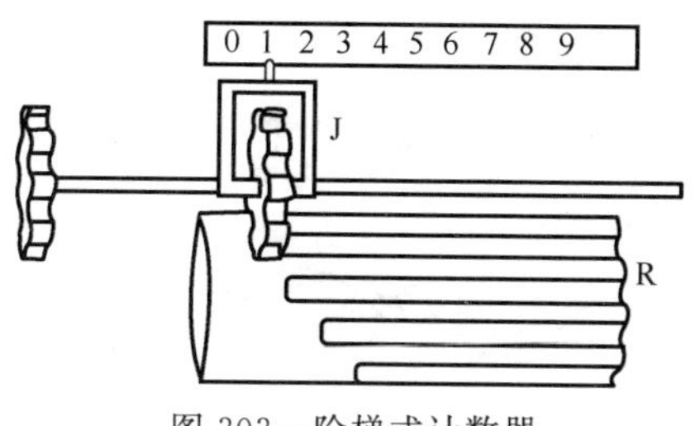

图 303—阶梯式计数器

阶梯式计数器主要是一个带有九个嵌齿或齿的滚筒(图 303)，每个齿均与滚筒的轴平行，长度以等增量递增。当滚筒转满一周时，某些齿便与连接着一个计数器的一个嵌齿轮上的某些齿相啮合，这个嵌齿轮可平行于滚筒轴地移动。如此啮合的齿数以及计数器读数最后改变多少，都取决于这嵌齿轮沿滚筒位于多远的距离。这个数字显示在近旁的一个标尺上，而借助这标尺的指示,可将嵌齿轮置于所希望的位置上。阶梯式计数器在以后的许多计算机上都成为关键的部件,例如科尔马的托马斯四则计算机(1820 年)。

另一种可随意改变与嵌齿轮啮合的齿数的装置是“针轮”。波莱尼曾描述过(*Miscellanea*,Venice,1709)这种装置,但从莱布尼茨遗留的一份手稿(见 *Zeitschrift f. Vermessungs-Wesen*,1897,p. 308)来判断,看来他也已经知道这种装置。针轮是一个齿轮,它 563 的圆周上有九个可活动的齿。它们可以全部处于这齿轮的内部(当它们无法同任何外部齿轮啮合时),或者每当这针轮整个地转过一周时,这齿轮的九个齿中可以有任何所希望的个数从中突出,同一个外部计数器相啮合。这样,计数器便可向前移动任何所希望的位数。图 304 是针轮原理的示意图。图中,KKK 是针,R 是一个穿过针上的孔的弯环;在更早的仪器中,R 是一个圆盘上的一道弯沟,支承针肩。H 是手柄,用来转动环或圆盘以便把所希望数目的针推出。与阶梯式计数器相比,针轮的优点是所占地位小。它们在十九世纪为托马斯和俄国发明家 W. T. 奥德涅尔所采用。奥德涅尔的计算机后来发展成为著名的布伦斯维伽计算器。

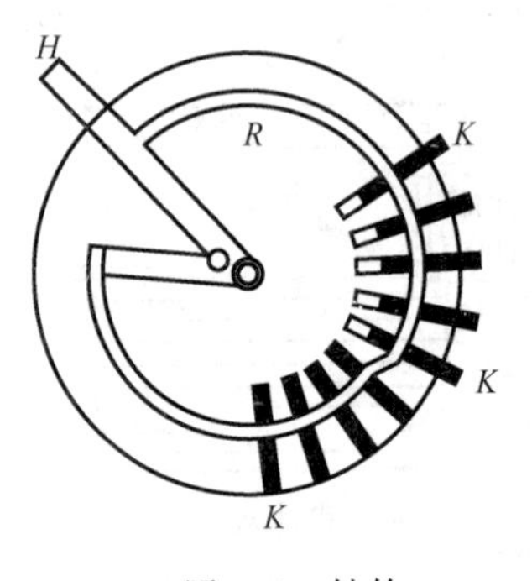

图 304—针轮

莱布尼茨是在获悉巴斯卡的机器之前发明他的 *machina arithmetica*〔算术计算机〕的,并在 1710 年作了描述(*Miscellanea Berolinensia*, Vol. I, p. 317;亦见 W. Jordan in *Zeitschrift f.*

Vermessungs-Wesen，1897）。这种机器主要由两部分组成，一个部分是固定的，记录通过反复累加同一个数而获得的各个部分积，而另一个部分是可活动的，以便可以按各种单位或单位组对被乘数进行这些加法。莱布尼茨的机器非常复杂。尽管花了大笔费用，但它们的工作还是不能令人满意，无疑这在很大程度上是由于它们结构上的缺陷所致。托马斯机器之前的一切计算机一般都是如此。

（参见 E. M. Horsburgh，*Napier Tercentenary Exhibition Handbook*，1914；F. Cajori，*A History of the Logarithmic Slide Rule*，1909；and the *South Kensington Science Museum Catalogue*，*Mathematics I—Calculating Machines and Instruments*。）

第二十四章　心理学

研究人性或者说人的心理过程的心理学是最古老的学问之一。最早关于心理学的内容广包的论著是亚里士多德撰著的；不过甚至他的前人也已对这个学科给予相当的注意。在心理学的早期历史上，作为人类行为研究的一部分，这门学问同生物学和医学密切相关；也同思辨的哲学和神学密切相关，因为据说它同灵魂不死的问题有关。心理学从思辨哲学摆脱出来，比大多数科学都要晚得多；今天仍然有人把心理学看做哲学思辨的一个领域，而不是一门科学知识，尽管它最近已采用了一些实验和统计计算的方法。

霍布斯

近代第一个给心理学作相当全面论述的人是托马斯·霍布斯，他的生平和哲学将在最后一章里论述。他的心理学观点主要包含在他的《论人性》(*Human Nature*)(1650 年)和《利维坦》(*Leviathan*)(1651 年)这两本书之中。在前一著作中，他试图描述心理的和肉体的才能即"人的自然才能的总和"。至于人的心理能力，霍布斯采用内省方法。他毫不怀疑，通过"观察他自身"，他能够发现任何人在类似情况下所经验到的思想和感情。他区分了两大类别即**认识**和**动机**。所谓认识能力，他是指形成表象、观念和概念的能力。这些过程或者说经验都对它们所涉及的外部客体有一定程度的独立性。霍布斯说，每个人都根据他自己的经验知道："已经想象到的事物的**不在**或**毁灭**不会引起**想象**本身**不在**或**毁灭**。没有事物时，我们关于它们性质的这种**意象**和**表象**就是我们所称的我们关于它们的**概念**、**想象**、**观念**、**注意**或**知识**"（*Human Nature*，Chapter I）。最初，一切认识都是当某个外部客体或刺激作用于感官时经过感官而获得的。但是，所产生的感觉、表象或者概念并不在外部客体之中，而是在感觉主体之中。他写道："颜色和表象所附存着的主体并**不**是看见的客体或事物。在我们以外（实在地）并没有我们称之为**表象**或颜色的东西。上述的表象或颜色只不过是**运动**、激动或变动对我们的**显现**，而这种运动、激动或变动是**客体**在**头脑**或〔有活力的〕心灵或头部的某种内在实体中造成的。像在**视觉**中一样，在由**其他感官**产生的概念中，概念所附存着的主体也不是**客体**，而是感情"（同上，Chap. II）。当然，所有这一切只不过是伽利略所复活的那种第二性的性质的观点。但是，它有助于说明像霍布斯这样一个唯物主义者为什么会研究起**心理**过程。不假定某种心理经验，就不可能接受把物质还原为它的第一性的性质即还原为仅仅是运动，而这正是霍布斯的唯物主义哲学的基础所在。为了证明对颜色等等的知觉的这种纯属主观或"幻觉"的性质，他援引了一些证据，例如："反映在水或镜中的影像有颜色，而实际客体并不在水或镜之中；看到一个客体成双的经验；听到一个声音借助回响变成二重或三重声音的经验；对**同一个事物**的嗅觉和味觉，**每一个人都不一样**，因此它们并不在**所嗅觉到**或**味觉到的**事物，而在人之中；"如此等等。所有这些感觉性质都"仅

565

仅是**显现**：实际**存在**于世界而未加运用的东西乃是〔在人的经验中〕引起这些表观的运动”。霍布斯关于感觉经验的阐述中，最值得注意的是，他强调了变化对于保持注意清醒的重要性，他说，这是“因为一个人总是感觉同一事物，还是什么也不感觉，两者几乎没有什么两样”(*Elements of Philosophy*，Chap. IV，5)。

因此，感觉是外部刺激或运动引起的。但是，当刺激撤去时，这些刺激的效应并不立即停歇。“虽然**感觉**已经**过去**，但表象或概念仍存留着：但当我们**清醒**时，它就比较**模糊**了。……而这种模糊的概念〔认识过程〕便是我们所称的**幻觉**或**想象**”(同上，Chap. III)。感觉刺激的残留有时同实际感觉一样强，例如，“注视太阳之后在**眼睛**前存留的**形象**”，或者当各实际感觉刺激间的竞争已消失时，睡梦中出现的梦景。并且，人还有回忆的能力；而记忆以其模糊和不完全而同当前的感觉经验相区别。“远距离的观看和遥远的回忆对事物产生相似的概念：因为在这两种情形里都想区别开各个部分；一个概念由于距离的作用而变弱，而另一个概念由于淡忘而变弱”(同上)。在讨论到心灵中依次相继的概念或表象时，566 霍布斯区分开有序的序列(他称之为**推论**)和纯粹因果的序列(他称之为“排列”)。概念的序列通常由这些概念乃是其残留的那些原始感觉经验的序列所决定。“例如，心灵从圣安德鲁到圣彼得，因为他们的名字是一起读的；由于同样原因，从圣彼得到**石头**；从**石头**到**基础**，因为我们是一起看到它们；也由于同样原因，从**基础**到**教堂**，从**教堂**到**人**，从**人**到**混乱**”(同上，Chap. IV)。这种借助邻近性的联想是霍布斯所认识到的唯一的联想规律。一个**经验**的人记得哪些前件一直跟着哪些后件。而关于将来的一切期望和关于过去的一切解释都以这种经验或记忆为根据。“当一个人**屡屡**看到同样的前件跟着同样的后件，以致**每当**他看到这前件，他便又期待这后件；或者当他看到这后件，就说已有过同样的前件；那么，他便把这前件和这后件都称为彼此的标志，就像云是未来的雨的标志，而雨是过去的云的标志一样”(同上)。然而，这种标志仅仅是猜测性的，不能由此得出普遍结论。

科学知识不止是单纯的感性知觉及其记忆；它需要并非仅仅由原始经验中的邻近性所决定的观念序列。这种新的概念序列只有应用了符号才有可能。事实上，科学知识就是关于**命题真实性**的知识，来源于**理解**，而理解涉及运用语言。“〔科学〕知识的**第一**原理是，我们有这样那样的**概念**；**第二**是，我们如此这般地**命名**事物，而这些名字是这些事物的概念；**第三**是，我们把这些**名字连接**起来以构成真命题；**第四**也是最后的一个是，我们把这些**命题连接**起来，以使它们作出结论，而这结论的真实性是已知的”(同上，Chap. VI)。因此，科学知识是一种语言的演算。这种“证明真理性”的能力是人的禀赋；野兽只能占有“事实经验”，它们的“精明”充其量是能够记住这经验。霍布斯关于人的**认识**能力的主要观点就是这样。我们接下来论述他对心灵的**动机**能力的阐释。

霍布斯所谓心灵的**动机**能力就是今天通常所说的意动。认识过程主要是外部刺激作用于感官，从而引起向头脑和在头脑中的运动所造成的结果；“动机”或意动过程包括从头脑向外通过心脏的运动。这种外向运动促进或者阻碍心脏的生机运动。“当它促进时，它就叫做**高兴**、**满意**或**快乐**……；而当这种运动**减弱**或阻碍这生机运动时，那就叫做痛苦。……这种构成**快乐**或**痛苦**的运动

567

也是一种**诱惑**或激发，使得或者**接近**于快乐的事物，或者**离开**不快乐的事物；这种诱惑是**动物**运动的**努力**或者说内部开端，而当对象引起快乐时，这努力称为**欲望**；当引起**不快**时，如果这不快是当前的，称为**厌恶**；而当这不快是**预期中的**时，则称为**恐惧**"（同上，Chap. VII）。"每个人都根据他自己而把**引起快乐**、他认为是快乐的东西称为**善**；把**引起他不快**的东西称为**恶**：因此不仅每个人**素质**彼此不同，而且在善恶这种普通区别上也彼此不同"（同上）。"我们直接从**感觉**获得的一切概念都是**高兴**或**痛苦**，或者**欲望**或**恐惧**；同样，感觉之后的一切**想象**也都如此。而和想象比较弱一样，这种快乐或痛苦也比较弱"（同上）。因此，除了感官的快乐和痛苦（或感觉的快乐和痛苦）之外，还有心灵的快乐（或欢乐）和痛苦（或悲哀）。

欲望和厌恶是意志的初步形式。心灵的欢乐和悲哀、它的希望和恐惧则构成了意志发展的一个比较高级的阶段。"**欲望**、**恐惧**、**希望**和情感〔情绪〕的其余一切……都是**意志**"（同上，Chap. XII）。行动遵循我们的意志，而我们的意志遵循我们的意见；因此，"世界受意见支配"（同上）。霍布斯强调引起人的行为的自我冲动，尤其强调人的"追求权力的永不停歇的权力欲，这种嗜欲要到人死亡才消失"（*Leviathan*，I，xi）。像很久以后的尼采一样，他所以强调这种"权力意志"，无疑也是他观察当时政治斗争的结果，而且这种强调更为 20 世纪的疯狂政治行为所证实。

笛卡儿

按照最后一章将加以阐释的笛卡儿的二元论哲学，心灵和肉体两者是截然不同的、独立的实体，彼此不可能发生直接影响。笛卡儿说，因此，心灵或理性的灵魂能够“独立于头脑地活动，因为头脑在纯粹思维中肯定是没有用的”（*Meditations*，Reply to Objections V，Haldane and Ross 译，Vol. II，p. 212）。心灵或灵魂拥有某些天赋观念，它们适用于但并不来源于外部客体。这些观念在意识中并不总是明显的。但是，它们至少作为隐伏的潜能存在于“思维实体”之中。总之，它们并不起源于经验，经验只是引起它们，即为它们的明显回忆提供机会。所有这些在一定程度上都同柏拉图的回忆说相一致。笛卡儿的天赋观念表包括上帝的观念、作为思维实体的自我的观念、数学公理以及空间、时间和运动等“普通概念”。作为能动实体（与被动的物质相比）的心灵的最大特征在于它在意志活动中表现自己，笛卡儿的意志这个术语不仅包括自愿的决定，而且还包括注意、回忆以及审慎的判断或思想。与心灵相对比，笛卡儿把动物甚至人的肉体看做仅仅是机器或者自动机，其过程完全可以用力学原理来解释。这种物质实体和思维实体的二元论未能完满解释某些经验，而这些经验似乎为人的肉体和灵魂间的密切关系提供了初步证据。因为如笛卡儿所说，“自然明显地告诉我的，无非是我有一个肉体，当我感到痛苦时，它就不舒服，当我感到饥渴时，它就需要吃或喝，如此等等；我绝不能怀疑这里面有某种真理。自然通过这些痛苦、饥饿、口渴等等感觉还告诉我，我不仅在我的肉体之中，就像一个舵手在一条船上一样，而且我还和它非常紧密地联结在一起，和它完全混合在一起，因此我们似乎形成一个整体。因为如果不是如此，那么当我的肉体受伤时，我这个只是在思维的东西就不会感到痛苦，而只是凭理智察

568

知这创伤,恰如舵手在他的船受损时的察知;当我的肉体需要喝或吃时,我就只是清楚地认识这个事实,而不凭饥渴的混杂感觉知道它。因为所有这些饥饿、口渴、痛苦等等感觉事实上都只不过是些混杂的思想方式,而它们是因心灵和肉体的联结和明显的混合而产生的"(*Meditations*,VI)。

笛卡儿把凡是心灵显然不是完全自我能动而是受肉体影响的经验统称为"情感",因为这里涉及心灵的一定程度的被动性。因此,他在心理学中的兴趣主要是按照他的一般哲学来解释"情感"。这就是他在其《论情感》(*Les Passions de l'Âme*)中所试图做的工作,该书与霍布斯的《论人性》在同年出版(1650 年)。在广义上,"情感"这个术语包括感觉、知觉、记忆、想象和一切偶然的观念以及感情和情绪。但笛卡儿着重后面一些经验,而关于前面一些经验,他没有多说什么;因此,我们可以局限于主要介绍他对情绪经验的论述。

569

尽管显然抛弃了肉体—灵魂问题的航船—舵手解释,但笛卡儿仍然坚持灵魂束缚在肉体之中这种中世纪的观念;他费尽心机地按照这种和他的二元论哲学相吻合的观点来解释"情感"。他克服困难的方法是在肉体和灵魂之间引入那古老的"活力精气"或"动物精气"这种媒介,后者的物质性据认为非常精细,使之足可与灵魂结下点头之交;他把灵魂放在位于头脑中央的松果腺之中,灵魂在那里接收来自肉体的信息,并能通过灵巧地引导动物精气从头脑沿神经到达肌肉而从那里在一定程度上控制肉体的运动。动物精气据说由血液最精细的成分组成,"有如微风,或者更确切地有如非常纯粹而又非常鲜明的火焰"(*Discourse on Method*,V)。

最后一章里我们还将论述这个问题。这里我们仅仅述及这个问题的心理学方面。

笛卡儿把狭义的“情感”定义为“灵魂的专门与此有关的感情或情绪，它们由精气的某种运动引起、维持和加强”（*Passions*，I，27）。“专门与此有关”是指不包括同外部对象（例如气味、声音和颜色）或者同我们肉体（例如饥饿、口渴和痛苦）有关的感情；所谓“〔动物〕精气的某种运动”是指不包括灵魂本身所引起的欲望。然而，引起我们情感的对象所以能够如此，并不是由于它们本身怎样，而是由于它们对我们的意义。“引起感觉的客体所以激起我们不同的情感，并不是因为它们中存在种种差异，而只是因为它们以不同的方式损害或帮助我们，或者一般地对我们具有某种重要意义”（II，52）。有许多种不同的情感。但是基本的只有六种；其余都是这些基本情感的变种或者组合。这六种基本情感是惊奇、喜爱、憎恨、欲望、快乐和悲哀。“惊奇是灵魂的突然惊异，它使灵魂努力注意地考虑灵魂感到稀奇古怪的客体”（II，70）。“喜爱是精神运动所引起的灵魂的一种情绪，它促使灵魂自愿地和灵魂感到合意的客体相结合。而憎恨也是精神引起的一种情绪，它促使灵魂想望脱离灵魂认为有害的客体”（II，79）。“快乐是灵魂的一种愉快的情绪，它构成灵魂在善中找到的欢乐，而头脑的印象把这种善向头脑描绘成属于头脑自己的”（II，91）。“悲哀是一种不愉快的消沉，构成灵魂从邪恶或瑕疵中感受到的不舒服和不安，而头脑的印象把这邪恶或瑕疵作为附属于头脑的东西放在头脑前面”（II，92）。这五种基本情感的作用是“促使灵魂同意采取和贡献于能够利于维护肉体或使肉体以某种方式更臻完善的活动”（II，

570

137)。例如,悲哀是痛苦引起的,它警告我们有某种有害于肉体的东西,而快乐标志着使我们愉快的那个事物是有益的。笛卡儿指出,还有纯粹理智形式的喜爱、憎恨、快乐和悲哀,它们不是情感,因为它们都完全发源于灵魂;但是他又说,只要灵魂同肉体相连结,理智情绪一般就总是伴随有相应的情感。然而,按照笛卡儿的意见,借助理智情绪,理性能够驾驭情感。

至于次级的或者说导出的情感,笛卡儿把单纯的感情、友好和热爱说成是三种喜爱,视我们认为一个客体不如、相近于还是胜于我们自己而定。希望是对达致所欲求的善的信心;恐惧是对所欲求的结果缺乏自信。信心是希望的最高形式;绝望是极端的恐惧。勇敢是这样的希望,它引致我们尽很大努力以在重重困难之下达致某个欲求的目标。"轻蔑是一种和憎恨交并的欢乐,它发端于我们在某人身上觉察到某种轻度邪恶,而我们又认为他确有此恶"(III,178)。妒忌"是一种和憎恨交并的悲哀,它发端于我们看到有人良善降身,而我们又认为他们不配享受这善"(III,182)。"怜悯是一种和对人的钟爱或善意交并的悲哀,我们看到这些人蒙受了某种邪恶,而我们又认为他们不应如此"(III,185)。如此等等。

在笛卡儿对情感的冗长论述中,最引人注目的也许是,他不仅在各种情绪的身体表现的描述上,而且甚至在他认为同这些表现相联系的血液流动和"动物精气"的各种运动的描述上,都遇到了很大的麻烦。笛卡儿极其强调情感所涉及的身体因素,因此可以认为笛卡儿在一定程度上开了詹姆斯-朗格的情绪理论的先河。571 可是,人们不知道他吃力地沉迷于这种纯粹的猜测是出于什么动机。不过,他的主要动机还是不难揣测的。主要是因为他决心尽可能地把肉体和灵魂分别开来，所以为了解释肉体和灵魂间的明显的密切关系或者说把它辩解过去，他不得不诉诸“动物精气”这种高度猜测性的图式等等。这种极端的二元论可能是试图维护人的心灵或灵魂的至高无上的地位，以反对当时把人和低等动物的差别减至最小的倾向。比较解剖学的成果助长了这种倾向，因为它表明，人和低等动物的肉体有惊人的相似之处。笛卡儿试图把一切低等动物甚至人体都看做仅仅是自动机，由此来挽救人的威望。因此，看来低等动物和同人共有的一切经验都必须用力学方法来解释。不过，笛卡儿宣称理性的灵魂为人所独有，而且它完全独立于肉体，因而他认为，人在宇宙中居于特优地位这个传统可得到拯救。

斯宾诺莎

如我们所已看到的，笛卡儿对情感的阐释与其说是心理学的，还不如说是生理学的，而这种生理学基本上属于传统的（盖仑的）、思辨的类型。这是他的极端二元论哲学的结果。斯宾诺莎的哲学使他得以采取一种与此很不相同的心理学态度。斯宾诺莎的哲学将在最后一章概述。这里只要指出这样一点就够了：在斯宾诺莎看来，肉体和灵魂不是两个彼此没有直接关系而需要各种中介和根本上超自然的干预的迥异的实体；它们倒是同一个实在的两个部分、方面或者表现。身体过程和心理过程是同一个活有机体的两种并存的表现，它们之间不需要外界的中介。因此，肉体活动和心理活动可以分别加以描述，即离开心理的身体和离开身体的心理，而同时假定这两种过程各在对方之中有其对应者。其结果是，斯宾诺莎有了一种心理学，而笛卡儿只有一种生理心理学。而尽管甚至在斯宾诺莎看来情感也是心理—生理性质的，但它们仍未被看做是肉体和灵魂**相互作用**的产物，而看做是这共同有机体的表现。

572 作为心理—生理整体的人类机体由一种自我保护的倾向（**自然倾向**）来表征。这种倾向，他也称之为"食欲"，它可能是有意识的，也可能是下意识的。当它是有意识时，称之为"欲望"。（当对这**自然倾向**的主动性有明显的意识时，它的纯粹心理方面即为通常所称的"意志"。）当这种自我保护的**自然倾向**所引起的欲望得遂时，我们感到快乐，否则便感到痛苦。人性的真谛不仅是坚持其现状，而且还竭力追求更完满的生存。在这种努力中，快乐是感受到生命力增加的有意识经验，而痛苦则是感受到生命力衰退的有意识经验。凡是据认为促进自我保护和更完满的生存的东西都应当追求，因而称之为"善"；凡是据认为有相反倾向的东西都应当回避，因而称之为"恶"；（*Ethics*，III，ix，Schol.）。在斯宾诺莎看来，欲望、快乐和痛苦都是基本感情。比较复杂的情绪的产生，部分地是由于恰当的或不恰当的观念在一定程度上和这些基本感情相结合，部分地是由于这些经验在一定程度是个人自己活动的、区别于外部影响的结果。刚才提到的两个因素即观念的恰当性和心灵的自主活动在斯宾诺莎的心理学中密切相关，像将从下面对他关于认识过程的阐释的考查可以看到的那样。

按照斯宾诺莎的意见，心灵本质上就是思维即最广义的认识。作为心灵之最大特征的活动是知识的活动。斯宾诺莎把认识活动分为三大等级。感性知觉和想象属于最低等，是"模糊的经验"。

在这个阶段，客体和事件相当孤立地或者仅仅从空间和时间的偶然关系中来了解。这种认识因人而异，视他们的身体状况和环境而定。它易于发生错误，充其量是不充分的。在这个阶段所仅能产生的一种共相是诸如“人”或“马”那样的一般表象或观念，它们是通过限制其形成比一定数目更多的表象的能力而产生的。因此，可以打个譬喻说，它们都跑到了一起，并且用普通名词来表示。在下一个较高级的阶段即“理性”阶段，个人观察上的误差都已消除，事物和事件都了解为服从普遍规律，这些规律决定了它们间那些不同于它们在空间和时间中的偶然关系的必然的相互关系。这种知识具有真正的普遍性；它从实在的本质的、普遍的关系中了解实在；它是一切理性心灵所共同的；它用“关于事物性质的恰当观念”来表征（*Ethics*，II，xl，Schol. 2），因此客体和事件了解为构成一个有秩序的世界，而不只是偶然的堆集。在这“理性”阶段，心灵远比“模糊经验”的阶段主动，后者明显地服从心灵外部的刺激，或多或少被动地受这些刺激影响。第三也是最高级的认识，斯宾诺莎称之为“直觉知识”。它是把整个宇宙了解为一个统一体或系统，它决定了其一切部分统通服从存在于其中的普遍规律。它正是一种总观的世界观的哲学理想。在这个阶段，实在被了解为存在于其中的无限的统一体或系统。“因为，虽然每个个别事物由另一个以某种方式存在的个别事物所决定，但是每个事物用以坚持其存在的力量却来自上帝本性的永恒必然性”（*Ethics*，II，xlv，Schol.）。与较低级的认识不同，这种知识不再承受有限的限制。在这种知识中，人进行其最高级的理智活动，获得最恰当的观念。

573

于是，按照斯宾诺莎的意见，感情和情绪是同相伴的认识或思维不可分离的，因为“心灵的本质由恰当的和不恰当的观念所组成”（*Ethics*，III，ix）；情绪是“身体的感触，而这些感触增加或减少，助长或阻碍身体的活动力量以及这些感触的观念”（III，Def. 3）。当一种情绪伴随有一种不恰当的认识，而心灵在这认识中受外部刺激影响而不是自我活动时，这情绪就是一种“情感”；但当心灵是这情绪的恰当原因时，即当这情绪伴随恰当的观念时，那么我们便感受到一种“主动的情绪”而不是“情感”。只要人主要受外部因素影响，那么，就像在不恰当观念、感觉和想象的“模糊经验”阶段所发生的情形，他就被情感奴役；通过养成更高级阶段的知识、恰当的“理性”和“直觉”的观念，心灵发展它自己的活动力量，变得自由，感受到那结果产生的主动情绪所带来的欢乐和福分。“我把人在支配和克制感情上的软弱无力称为奴役。因为一个人为感情所控制，它便不能主宰自己，而受命运主宰。而在命运的支配之下，他往往被迫去趋附邪恶，尽管他明知善良何在”（IV，Preface）。但是，“每个人都拥有，如果不是完全地拥有，那也至少是部分地拥有这样的力量：清楚而又确定无误地了解他自己和他的情绪，使他不怎么受情绪支配”（V，iv，Schol.）。“一种成为一种情感的情绪，一旦我们对它形成一个清晰而又明确的观念，这就是说，一旦我们恰当地从这情感同实在其余部分的因果关系来看待它，即从宇宙的观点而不是个人的观点来看待它时，这情绪就不再是情感”（V，iii）。当人的心灵在获得恰当的知识时完全主动的时候，他就达到了自由，因为“当一个人按照理性的指导生活时，他的行动便完全摆脱了他自己本性的规律”（IV，xxxv，Corol. i）；斯宾诺莎所理解的自由或自由意志乃是自我决定。

574

斯宾诺莎的自由意志概念有独到之处，值得一提。按照那种今天仍广为流行的旧观点，自由意志同任何必然性都相对立。这种观点认为，自由意志是指在外部境况不加妨碍的情况下，在任何时候与个性无关地做任何行动（或者不做）的能力。按照斯宾诺莎的意见，自由意志或自由的对立面不是必然性或决定，而是外部的强制。在没有外部强制的情况下，这人最为自由，他的行为自我决定，即由他自己的个性所使然；他凭冲动或一时的任性而行动时，最不自由。并且，在斯宾诺莎看来，认识和意志两者极其密切地交织在一起。认识尤其是较高级的知识（区别于“模糊经验”的含混观念）本质上是主动的；意志本质上是理智的。观念尤其是恰当的观念是心灵的自发活动所产生的；意志是以思维为前提，后者正是人的意志区别于单纯动物冲动的地方。在斯宾诺莎那里，“知识就是力量”这句格言有着比在培根那里远为深刻的意义。

按照刚才概述的学说，斯宾诺莎把全部情绪说成乃由欲望、愉快或痛苦和对同它们有关的现存的或回忆的对象的不恰当的或恰当的观念等所复合而成。例如，喜爱是“愉快〔或快乐〕伴随以关于外部原因的观念”；憎恨是“痛苦伴随以关于外部原因的观念”（*Ethics*, III, xiii, Schol.）。通过观念的联想，本身与我们并无关系的对象可以引起我们的喜爱或憎恨。类似的情绪也可以由别种移情产生。“一个在想象他所喜爱的东西的人产生快乐或悲哀，那他也将感到快乐或悲哀”（III, xxi）。同样，“如果我们想象一个人对我们喜爱的一个东西感到快乐，那么我们将感到喜爱他”；反之亦然（III，xxii）。骄傲是“一个人过分考虑他自己而产生的快乐”；这“是一种谵妄，因为他睁着眼睛梦想：凡是他想象他能做的，他都

575 能做到”(III,xxiv)。只要觉得或想象其他人像我们,就可能使我们对他们的快乐或悲哀产生一种同情(III, xxvii)。自爱是沉思我们力量而引起的快乐;谦卑是关于我们自己软弱的观念所伴随的悲哀(III,lv)。有许多情感仅仅按照引起它们的对象的种类相区分——例如情欲、酒醉、淫欲、贪婪和野心。它们都没有与之相反的情感,因为节欲、庄重和贞洁等都不是情感,而仅仅表示心灵抑制上述情感的力量(III, lvi)。斯宾诺莎描述了许多别种情感,但他并不自称已把它们穷尽,因为“可能产生非常多的变种,所以不能给它们的数目定一个限度”(III,lix,Schol.)。至于恰当观念所伴随的“主动情绪”,以上所述已经足够。“主动情绪”在“上帝的理智之爱”中达致顶点,后者即最高心理活动所产生的快乐和福分,斯宾诺莎称这种活动为对宇宙体系的“直觉知识”、关于我们在其中地位的一种“恰当观念”。

现在公认是莫泽斯·门德尔松在十八世纪首先把心理过程三分为认识、情感和意志。但是,如果不说在笛卡儿的著作中已经有,那在斯宾诺莎的著述中显然也已有了对这三种心理功能的认识了。就此而言重要的是,尽管门德尔松不同意斯宾诺莎的泛神论哲学,但他还是细心研究了斯宾诺莎的著作。

洛克

像本章考查的其他几位心理学家一样,洛克的主要兴趣也不是心理学问题而是哲学问题。最后一章将要说明,他主要致力于弄清楚人类知识的本质和界限。不过,他研究认识论问题的方法在很大程度上是心理学的。他试图编制一份显然是最简单的观念亦即人类认识的元素的清单，他把复杂观念分解为比较简单的观念。因此，他的《人类理智论》(*Essay Concerning Human Understanding*)(1690年)附带也包括很多心理学。

像玻意耳、牛顿和西德纳姆一样，洛克也不喜欢哲学思辨侵入科学。他认为一般理论是"当代的灾祸，它对生活的危害不下于对科学的危害"。他情愿尽可能密切地同感觉经验保持接近。他尤其反对据称独立于经验、无可非难的"天赋观念"；像斯宾诺莎一 576 样，他拒斥流行的用意志的作用对意志行动作解释。因此，洛克的心理学总的说来倾向经验主义。然而，在揭露诸如"肉体"、"灵魂"、"原因"、"无限"等等观念缺乏严格的经验基础的过程中，他还是指明存在心理活动。洛克可能很怀疑这些心理活动有什么认识价值，但他承认它们是心理学事实。

作者这样指出《人类理智论》的心理学方面："我将探索一个人所注意到并且自己意识到他在心灵中所具有的那些观念、概念或者随便你叫它们什么的东西的起源；以及理智获得它们的方式"(Book I, Chap. I, § 3)。他首先取消"天赋观念"。他很容易地就做到了这一点，即假定它们是从一开始就明显地存在于意识之中的观念。洛克毫无困难地就表明了，不存在**这种**天赋观念。然后他陈述了他的主要论点。那么，我们就假定心灵像我们所说的那样是白纸，上面没有任何记号，没有任何观念。心灵是怎样得到观念的呢？它是从哪里获得由人的忙碌而不受约束的幻想几乎无限多样地描绘在它上面的那许多东西的呢？它是从哪里得到理性和知识的全部材料的呢？我用一句话回答这问题：来自经验。我们的全部知识都建立在经验之上，归根结蒂都导源于经验。"我们对外部可感觉到的事物的观察或者对我们自己知觉到、反省到的我们心灵的内部活动的观察，就是供给我们的理智以全部思维材料的东西。这两者乃是知识的源泉，从那里涌出我们所具有的或者能够自然地具有的全部观念”(Book II，Chap. I，§2)。刚才指出的观念或认识的两个源泉或者来源中，**感觉**提供给我们以诸如“黄、白、热、冷、软、硬、苦、甜”等可感觉到的性质的**观念**，而这些性质都是外部刺激的结果；但洛克拒绝讨论这里涉及的心理—物理问题。“我现在不投身于心灵的物理考虑，即不费心考查心灵的本质何在，或者考查我们是通过我们的〔动物〕精神的哪些运动或者我们肉体的哪些改变而得到我们感官的**感觉**或者我们理智的**观念**的”(Book I，Chap. I，§2)。观念的另一个来源是**反省**，即“对我们自己的心灵运用于所得到的观念时在我们内部进行的种种活动的知觉；在这些活动被灵魂反省和考察时，就提供给理智以另外一套观念，这套观念是不能从外部事物取得的。这就是知觉、思维、怀疑、相信、推理、知识、意志和我们自己心灵的一切活动；我们意识到这些活动，在自己心灵中观察到它们，于是从这些活动接受一些清晰的观念到我们理智里面来，它们和我们从影响我们感官的物体取得的观念一样清晰”(Book II，Chap. I，§§3，4)。按照洛克的意见，“虽然由于反省和外部客体毫无关系，所以它不是感觉，但它很像感觉，因此完全可以恰当地称之为‘内部感觉’”(Book II，Chap. I，§4)。洛克没有充分看到‘反省’这个术语的创新性。因此，他可能把‘内部感觉’作为也可选用的名称。感觉观念之流首先产生；因此‘内部感觉’只能随之继起，事实上它们必定多少正是这样——“因为我们周围的物体以形形色色的方式作用于我们的

577

感官，所以心灵不得不接收这些印象，不可能(用任何意志行动)避免知觉依附于这些印象的观念”(Book II,Chap. I, § 25)。按照洛克的经验观点，外部感觉这样便获得了某种对于“内部感觉”的第一性。

感觉观念和反省观念都按照它们能否分解成简单观念而各区分为复杂和简单两种。触碰、温度、滋味、气味、声音和视看这几种感觉都是简单的感觉观念。甚至当它们乃由同一客体引起时，它们也是“完全清晰的”观念。对应于心灵中的观念，客体中有一定的性质或能力，洛克还作了第一性的性质和第二性的性质这种通常的区别。坚实性、广延、形象、运动或静止和数目都是第一性的性质，它们都实际存在于物体之中，“不管是否有谁的感官知觉到它们”(Book II,Chap. VIII, § 17)。颜色、声音、滋味、气味等等都是第二性的性质，“它们之在物体之中并不比疾病或痛苦之在人体之中更加实在”——它们是物体具有的某些“能力”的效果，这些效果“使我们产生各种感觉，并依赖于那些第一性的性质”(§ 14)。这方面值得提到的是洛克关于热和冷是第二性的性质的实验证据。他写道：“同样的水在同一时候可以通过一只手产生冷的观念，通过另一只手则产生热的观念；而如果这些观念真的实际存在于其中，那么就不可能同样的水在同一时候既是热的又是冷的。”(§ 21)简单的反省观念是知觉、记忆、辨别、比较、复合、抽象和意志。最后，有一些简单观念是通过感觉和反省两种途径进入心灵的。它们是快乐、痛苦、力量、存在、统一和接续。洛克关于简单观念即“我们全部知识的材料”的储存的见解，简单说来是这样的。578
“理智一旦储备了这些简单观念，它就能够重复它们，把它们加以比较，甚至以几乎无限多样的方式把它们联结起来，因而能够任意制造新的复杂观念。但是，就是最了不起的才智或最发达的理智无论凭怎样敏捷而又丰富的思想，也不能在心灵中创造或构成一个不由上述途径得来的新的简单观念；理智的任何力量也不能毁灭那些既存的简单观念"（Book II，Chap. II，§2）。

在谈到复杂观念时，洛克指出这种观念只有三种。"然而，尽管复杂观念是复合或者再复合的，尽管它们的数目是无限的，尽管它们盘踞在人的思想中时方式无限多样，但我认为它们全都可以归结为这样三类：(1)样态；(2)实体；(3)关系"（Book II，Chap. VII，§3）。(1)"有些复杂观念尽管是复合的，但并不包含它们独立存在的假定，而是被看成实体的附属物或属性，我把这种观念称为**样态**——例如'三角形、感激、谋害'等等语词所表示的观念便是。"(2)"**实体**的观念是简单观念的某种组合，这种组合用以表示独立存在的个别的特殊事物。"(3)**关系**"在于考虑和比较观念"（§§4—6）。洛克没有说明为什么他认为这三类复杂观念已穷尽一切。但是他蛮有把握地断定："即使是**最深奥的**观念，不管它们看来离开感觉或者我们自己心灵的任何活动是多么遥远，它们也还只是理智的构造物"，是理智用它储备的简单观念以这些方式之某一种来构造的（§8）。作为洛克对待深奥复杂观念的例子，我们可以举出他对无限和实体这两个观念的说明。洛克认为，无限是一种数量的样态，它主要属于距离、持续时间和数这类事物所有，它们都具有部分，都能够通过相加而增加。心灵这样地获得这个观念。"凡是抱有任何一定的距离长度例如1英尺的观念的人，都会发现，他能重复这个观念……而他的加法永无尽头。……由于通过进一步相加来扩充他的距离观念的能力保持不变,因此他便获得了无限距离的观念。”至于无限持续时间和无限数,情形亦复如此。就这个观念包含确实的东西而言,它实际上乃基于有限的东西,导源于我们关于有限距离、时间和数的经验。实际上,没有人会具有关于无限距离等等的确实观念。这个观念至少部分地是不确实的,并参照给每个有限结果进一步相加这个不断的过程。无限观念的这种不确实性未得到正确的评价,而洛克认为这个性质乃是造成使关于这个问题的那么多讨论都毫无结果的那种错综复杂和矛盾状况的原因(Book II,Chap. XVII)。洛克把实体观念追溯到这样的事实:我们通常都注意到一定数目的简单观念总是一起出现。因此,它们被认为结合在一个主体中,于是人们就用一个名称来称呼它们。这个习惯导致我们把其实是“许多观念的复合体”误以为是一个简单观念;“由于没有想象这些简单观念如何能够独立存在,因而我们惯于假定某个基质,作为它们的寄托,作为它们产生的原因,因此我们也就称这**基质**为‘实体’。”不过,洛克继续写道:“如果问一个人,‘颜色或重量所寄寓的主体是什么呢?’那他就只能说:‘是一些坚实的、有广延的部分。’而如果问他,‘这坚实性和广延又寄寓在什么东西里面呢?’那他的情况就不会比那个印度人好多少……后者说,世界由一只大象支撑着;问他大象在什么东西上面,他答道:‘一只大乌龟;’当再追问他什么东西支撑着这只阔背乌龟时,他就回答说:‘某种他不知道是什么的东西’”(Book II,Chap. XXIII, §§1,2)。

579

现在很清楚,尽管洛克坚持认为心灵在理解简单观念时基本上是被动的,但当他认为心灵具有用简单观念形成复杂观念的能力,甚至具有把它自己的一些混淆也相加起来的能力时,他抛弃了*tabula rasa*〔白板〕的概念。不过,如在最后一章里将更加完备地解释的那样,洛克的主要问题是限制思辨可行的范围,以及深奥但含糊的观念的运用。从这种观点出发,心灵主动地干预某些复杂观念的构造这个事实,在洛克看来是不利于这些观念的。

莱布尼茨

莱布尼茨的心理学观点也是他的哲学的组成部分,尽管这些观点在一定程度上是他有意反对洛克的《人类理智论》而形成的。对这部书,莱布尼茨精心撰写了一本评论著作,题为《人类理智新论》(*New Essays Concerning the Human Understanding*, A. G. Langley 英译,1894)。他的哲学理论将在最后一章论述。对于我们现在的目的来说,只要指出这样一点就够了:在莱布尼茨看来,实在乃由**单子**即动态单体所组成。概括地说,从心理学观点来看,有三种单子。最高的单子是自我意识的精神或者理性的灵魂或者智能。其次是意识的(而不是自我意识的)灵魂,像低等动物的灵魂。最后是无意识的或下意识的单子,如构成所谓物质的那些单子。较高级的单子既具有较低级单子的能力,又具有其自己独特的能力。甚至最低级的单子也有某种知觉,因为单子没有知觉便不能存在。但是,动物和人例如在睡眠状态中或昏厥状态中也都经验到这种无意识的或下意识的知觉。相应于知觉有这三等,欲望或意动也有三等即单纯冲动、动物本能和自我意识的意志;较高级的单子能够经验到较低等形式的欲望以及它们自己独特类型的欲望。但是,一个单子所经历的一切变化都发端内部,而不是由于

580

外部的原因。因为每个单子一旦创生以后，便是完全自足的、“没有窗子”、与其余一切都隔绝，除了“先定和谐”而外，后者造成相互影响的幻象。洛克以心灵是一张其上印象主要来自外部的白板这个假设作为出发点，但他也承认除了第一性的“外部感觉”之外，还有第二性的“内部感觉”。然而，莱布尼茨设想心灵或单子只有“内部感觉”，认为个别单子的全部心理生活乃从内部开展。根本没有什么东西从外部通过肉体感觉到达我们。事实上，肉体只是低级单子的社会，而所谓感觉只是混乱的知觉。洛克拒斥一切天赋观念，但莱布尼茨认为一切观念都是天赋的，仅从内部演化，即便它们中有一些需要假以时间来发展成为意识观念。因此，灵魂绝不是一张 *tabula rasa*，而倒是从一开始就像一块大理石，它的纹路预先决定了它最后的雕刻形式。莱布尼茨把下意识的、混乱的知觉向清晰的、有意识的观念的升华称为“统觉”。

后来心理学史上对无意识或下意识的知觉的重视，在很大程度上要归因于莱布尼茨。他因把“连续性定律”应用于心理生活而得出了他的**小知觉**(无意识或下意识的知觉)学说。这导致他假设心灵或心理有无限多样的等级；一些引向歧途的物理类比或假设使他更相信自己的思维方式。他认为，正像海洋的咆哮声是一个个波浪所产生的声音的总和一样，所谓狂怒海洋的知觉也必定由许多分知觉组成，而我们对这些分知觉还没有单独的意识，因此它们是无意识的或下意识的知觉。然而，莱布尼茨以这种方式来处理这个问题却树立了一个榜样，后来的心理学家们都仿效他而注意模糊因素可能对我们心灵状态产生的影响。 581

莱布尼茨的心理学着重强调笛卡儿对模糊观念和清晰明确观

念的区分,但是,他也强调斯宾诺莎关于心灵的本质主动性的概念,以及对恰当观念和不恰当观念的区分。像斯宾诺莎(莱布尼茨研读过他的著作)一样,莱布尼茨也认为人类独有的知识乃是关于必然真理或规律的恰当观念。尤其给人深刻印象的是,他们两人关于人类心理的意动机能的观点很相似,如果不说相同的话。按照莱布尼茨的意见,情感来自混乱的知觉。自由在于顺应清晰的和明确的(或恰当的)理性观念。意志自由是从避免了外部强制的意义,而不是从完全不存在必然性的意义上而言的,因为一个理性的灵魂必定总是对于其意志具有一种充足的理由,因而这些意志由在灵魂看来是善的东西所决定。

(参见 G. S. Brett, *History of Psycholoy*, Vol. II, 1921。)

第二十五章　社会科学

582

前驱

社会现象的研究可以追溯到古代。苏格拉底、柏拉图和亚里士多德都对社会现象深感兴趣。事实上，像许多世纪以后的教皇一样，苏格拉底也认为“人类正经的研究对象是人”。古典作家和他们中世纪与近代的追随者主要对社会和政治的理想感兴趣；这些理想的讨论超出了科学的领域，因而也不在本书的范围之中。然而，他们也注意描述社会和国家。例如，据认为亚里士多德描述了多达一百五十八个国家，虽然只有他对雅典国家的描述留传到了今天。我们在里面看到了对雅典的历史、外交关系、政治体制、文化和宗教生活的叙说。那些可能已遗失的论著以同样方式描述了另一些国家。十六和十七世纪继续和发展了这些古代传统。一方面，它们按照柏拉图的《理想国》(*Republic*)和圣奥古斯丁的《上帝之城》(*City of God*)创造了乌托邦；另一方面，它们仿照亚里士多德对雅典作描述研究的方式，也描述了许多国家。在这些描述研究中，可以提到下面一些。1562 年，弗兰西斯科·桑索维诺(1521—86)发表了他的《各王国和共和国的内阁和政府》(*Del governo e amministrazione di diversi regni e republiche*)，其中叙述了二十多个国家。1593 年，乔万尼·博特罗(1540—1617)发表了他的《世界关系》(*Le relazioni universali*),叙述了许多国家的地理、经济和宗教。1614年,皮埃尔·达维蒂(1573—1635)发表了一部类似的但更加雄心勃勃的题为《全世界的国家、帝国、王国、君主领地、采邑和公国》(*Les Etats, Empires, Royaumes, Seigneuries, Duchez et Principautez du Monde*)的著作。十七世纪初,埃尔策维尔斯出版社开始出版整套的《共和国》(*Respublicae*)丛书,到该世纪中叶已经出版了很多卷。

然而,十六和十七世纪并不仅仅沿袭旧的传统,而且还对社会现象的研究作出了自己的重要贡献。这两个世纪里已开始考虑自然环境对人类和社会的影响,开始研究经济问题,尤其是在社会研究中应用统计方法。在所有这些领域内所做的工作,都相当零星 583 而又不成系统,所以很难见树木而又见森林。因此,给这两个世纪带来光荣的那些工作仍然只是个开端。

一、地理和气候的影响

博丹

人性在某种程度上受人们居住的国家的气候和其他自然特性影响这个思想,在十六世纪开始突出起来。持这种观点的作家主要是让·博丹(1520—1596)。他的主要著作《论共和国》(*De laRépublique*)(1577年)(英译本:Richard Knolles, *The six bookes of a Commonweale*,1606)主要论述了政府的理想形式问题。然而,博丹认为,不同类型的人实际上需要不同形式的政府,不同民族间的差异在一定程度上是由于他们的自然环境不同。因此，他感到在解决他的主要问题之前，必须先研究这些环境上的差别及其影响。他关于地理和气候差别影响人的性格的观点主要见于他的著作第五卷第一章(英译本第545页及以后)。这些观点可扼述如下。

地球不同地区的动物随着地区差异而显著变化。同样，人由于他们居住国家的自然环境不同，性格和气质也发生很大差异。生活在一个给定地区东部的人与那些生活在该地区西部的人就不同，即使这两个地方的气候基本相同。在纬度和离赤道距离相同的地区，北部的人不同于南部。并且，在气候相同、纬度和经度也相同的地区，住在山上的人与居住在平原上的人也不同。位于山上的城市居民比平地的城市居民更容易发生革命和暴乱。例如有七座小山的罗马城总是隔不了多长时间就发生某种革命。博丹甚至把古雅典国家的三个不同政治派别与它的三个不同地理区域相联系，认为这些区域的地理条件的不同，使它们的居民形成不同的性格。例如，居住在雅典高地的人是民主派，向往有一个平民的国家；那些居住在该城邦地势低的地方的人赞成寡头独裁的国家或政府；而那些居住在海港比雷埃夫斯周围的人支持一种贵族政府或贵族和平民的混合政府。博丹认为，雅典公民这些性格和气质上的差异不可能是由于种族的不同而造成，因为雅典人自己坚认他们原先全都出身雅典这个地方。博丹认为，类似的差异也可以在瑞士看到。虽然他们属于同一种族，都来自瑞典，然而山地各州人凶悍好战，却又民主，而其他州的人则比较温和，由一个贵族政府治理。 584

博丹接着把赤道和北极之间的地域划分成三个区域，每个区域占纬度30°。他比较了居住在这三个区域的种族。生活在最北端即北极和纬度75°之间的人，瘦小而不畏寒冷。那些生活在纬度70°到75°之间的人未受到酷寒之苦；事实上，外部的寒冷如果不是达到极端，那还会使他们得以保护自己的内热，从而赋予他们一定程度的活力和体力。另一方面，非洲的居民内热甚少，因为外界的太阳热把他们弄得精疲力竭，因此他们的体力不如北方人。当从北向南或者从南向北移民时，气候的影响特别显著。那些从南方来到北方的军队，越向前进，精力越是充沛，体魄越是强壮；相反，那些从北方出发而逐渐向南方进发的军队，便日益委顿和衰弱。

然而，南方人由于气候炎热而造成的体力上的损失，却在机智和精明上得到弥补。南北区域之间的中间区域的民族兼有北方民族的体魄，又有南方民族的才智。而且这些中间区域的民族比北方民族更有才智，比南方民族更强健，因而他们创建了伟大而卓有成就的帝国，他们凭借自己的中庸而励精图治。

正像北方气候哺育的体魄促使这个区域的民族骁勇善战一样，南方气候孕育的才智使南部民族造就和发展了哲学、数学和其他科学的研究、法律和政治的研究以及“能言善辩的魅力”。博丹认为北方民族丝毫也不温文尔雅。在这方面，他只是说，“北方人现在是而且一直是酗酒的酒徒”；但是博丹非常通情达理，他缓和地补充说：“这不是这些人的，而是这个区域的过错。”

585

博丹接着把地理和气候的差异同气质的差异联系起来。为此，他遵循传统的希波克拉底的气质分类法，即分为多血质、胆汁质、忧郁质和黏液质四种。始自希波克拉底时代的医学传统把这种分类同四种“体液”即液汁：血、黄胆汁、黑胆汁和黏液之一在人体中占优势联系起来。这种古代的伪生理学的“体液”和气质的理论自然像把别人一样，也把博丹引入歧路，使他错误地把黑肤色与忧郁质，黄肤色与胆汁质，红肤色与多血质联系起来。因此，他说生活在靠近极地的民族是黏液质，生活在南方的民族是忧郁质，生活在北极南面 30°的民族倾向多血质，生活在更靠近中部的倾向多血质和胆汁质，生活在更靠近南方的倾向多血质和忧郁质，所以他们的肤色比较黑比较黄，“黑是忧郁质的肤色，黄是胆汁质的肤色”。北方民族的这种黏液质气质使他们变得野蛮残暴，南方民族的忧郁质使他们耽于报复；但是生活在南北方之间中间区域的民族既憎恶前者的残暴又憎恶后者的报复性。博丹还发现这些气质差异的又一个结果是北方民族由于黏液质的性格而比较贞洁或节欲，而南方民族的热情或贪欲则是由于他们“海绵般的忧郁质”所使然。

在结束对北方和南方民族的推测性对比之前，博丹还考虑了宗教的起源。如果我们记得他的观点是南方民族才智较高，他们创造和发展了哲学和科学以及一切生活的艺术和优美，那么我们自然预料博丹也认为他们创始了宗教。因此，正如下面一段引文所述，他们思想离奇古怪，穿着都铎王朝时代英国人的奇装异服，怪模怪样。

“一切宗教都以某种方式起源于南方民族，再从那里流传到全球：不是上帝选择地方和人，也不是他不让圣光普照一切人；而是正如太阳在清澈和平静的水中比在搅动的和污秽的水中更容易看见一样，我认为这天光在纯洁心灵上比那些为卑鄙的和世俗的感　586

情所玷污的心灵上，照耀得远为光彩夺目。倘若果真这样，那么灵魂只有用上帝的天光，用完美的主体的默祷的力量才能真正变得纯洁；无疑，他们将最快达到灵魂升天的境界；我们看到的这种情形发生在忧郁质的人身上。”

在考查了他认为按照居住在北方、南方还是中间区域而把民族区分开的那些差异之后，博丹接着考虑了那些按照居住在东方还是西方来区别民族的差异。他承认困难在于给东西方划出界线，但这未阻止他指出居住在东方和居住在西方的民族各有其独特的性状。东方民族比西方民族身材高大，皮肤白皙。博丹把这些差别归因于“空气和东风的天然美”。至于性格，东方民族不像西方民族那样好战，而更加温文尔雅、谦恭、机智。

就对人性的影响来说，博丹从自然环境的全部差别中挑出山峦和峡谷这个差异作为最重要的差别。在某种程度上，这个差异同南北方的差异一样重要。总的说来，山地无论坐落在什么地方，都酷似北方国家，因为如博丹所表明的那样，山地“常常比那些远北地区要寒冷”。至于峡谷，它们对民族的影响则因它们朝北还是朝南而有很大差异，即使它们气候、纬度和经度都相同也罢。他认为，这只要研究从西向东延伸的一片山脉的山麓处的峡谷就可以明白。他援引了亚平宁山脉、奥弗涅山脉和比利牛斯山脉的峡谷作为例子。他认为这些差异是造成托斯卡尼人和伦巴第人、阿拉贡人和巴伦西亚人性状不同于加斯科涅和郎格多克人的原因。生活在山地和生活在平原的人之间还存在着另一种差异。山区贫瘠的土地迫使人们辛勤劳动，变得稳健而又机智。而生活在富庶峡谷的人“由于土壤肥沃而变得又软弱又懒散”。

上面已经提到过博丹相信风对人类有影响。他坚持认为，盛行风种类的差异将使民族变得不同，即使他们生活在纬度和气候相同的地方。生活在遭受狂风吹袭的地方的民族，举止不如生活在“空气平静温和”的地方的民族那样从容和庄重。 587

最后，博丹还考虑了沿海、喧闹的城市或交通枢纽生活如何影响人的性状的问题。他的观点是，生活在这些地方的人通常比那些生活在远离海洋和交通的地方的人敏锐、老练和见识广。

博丹关于地理和气候条件对人性影响的推测大致上就是这样。我们会注意到，他划分的人性和地理与气候差异的类型同这些极端复杂的现象相比，实在太少而又太简单了。因此，他的结论很带推测性，科学价值甚少。然而，应当记得，即使现在，对这些问题在经过许多代人广泛而详尽的研究之后，我们仍然还要走过很长的路程，才能得到真正令人满意的解答。而且，与当代德国以其作为它的新 *Kultur*〔文化〕之基础的歇斯底里的人种学相比较，博丹的观点便显得是严肃的并且几乎是科学的。

二、政治算术

统计方法引进社会现象的研究是十七世纪中一件头等重要的大事，并在以后的几世纪中证明是卓有成效的。“统计学”这个术语当时还没有发明；当它在十八世纪被引入时，起初还用来指称本章开头一段所提到的那种对国家的描述性研究。但是，现在所称的统计学在十七世纪**确实**存在，并被威廉·配第命名为“政治算术”。配第是这门学问的三个主要先驱者之一，另外两个是约翰·

格劳恩特和格雷戈里·金。缺乏充分的人口调查统计数字使得人口统计学家很难工作;看看这些早期的先驱者怎样试图利用种种机智的手段得出可靠的统计结果,是饶有趣味的。

588

格劳恩特

约翰·格劳恩特(1620—1674)是伦敦的一个缝纫用品商,他在其《自然和政治的观察,在下面的索引中提述,根据死亡率表作出》(*Natural and Political Observations, mentioned in following Index, and made upon the Bills of Mortality*)(1662年;第五版,增加进一步的观察,1676年)一书中,做了很有价值的先驱工作。格劳恩特的书所根据的死亡率表原来是伦敦几个教区的埋葬人数的每周和每年的统计表。作这种统计表的做法似乎是在某次瘟疫时期(这时它们特别引起兴趣)出现的,并可追溯到十六世纪初。死亡率表似乎从1563年起便定期编制,如果实际上并没有公布的话。但是,它

589

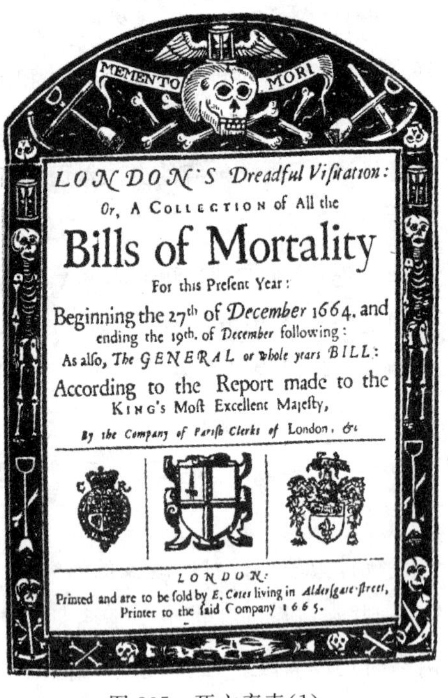

LONDON'S Dreadful Visitation:
Or, A COLLECTION of All the
Bills of Mortality
For this Present Year:
Beginning the 27th of December 1664. and ending the 19th. of December following:
As also, The GENERAL or whole years BILL:
According to the Report made to the KING's Most Excellent Majesty,
By the Company of Parish Clerks of London, &c.
LONDON:
Printed and are to be sold by E. Cotes living in Aldersgate-street, Printer to the said Company 1665.

图 305—死亡率表(1)

A generall Bill for this present year,

ending the 19 of *December* 1665 according to

the Report made to the KINGS most Excellent Majesty.

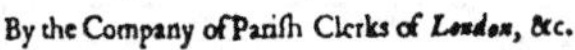

By the Company of Parish Clerks of *London*, &c.

Parish	Buried	Pla.
St Albans Woodstreet	200	121
St Alhallowes Barking	514	33c
St Alhallowes Breadst	35	16
St Alhallowes Great	455	426
St Alhallowes Honila	10	5
St Alhallowes Lesse	239	175
St Alhall. Lumbardstr	90	62
St Alhallowes Staining	185	112
St Alhallowes the Wal	500	356
St Alphage	271	115
St Andrew Hubbard	71	25
St Andrew Vndershaft	274	189
St Andrew Wardrobe	476	308
St Anne Aldersgate	282	197
St Anne Blacke-Friers	652	467
St Antholins Parish	58	33
St Austins Parish	43	20
St Barthol. Exchange	73	51
St Bennet Fynch	47	22
St Bennet Grace chur.	57	41
St Bennet Pauls Wharf	355	172
St Bennet Sherehog	11	1
St Botolph Billingsgate	83	50
Christs Church	653	467
St Christophers	60	47
St Clements Eastcheap	38	20
St Dionis Back-church	78	27
St Dunstans East	265	150
St Edmunds Lumbard	70	36
St Ethelborough	195	106
St Faiths	104	70
St Fosters	144	105
St Gabriel Fen-church	69	39
St George Botolphlane	41	27
St Gregories by Pauls	376	232
St Hellens	108	75
St James Dukes place	262	190
St James Garlickhithe	189	118
St John Baptist	138	83
St John Euangelist	9	
St John Zacharie	85	54
St Katherine Coleman	299	213
St Katherine Cree-chu.	335	231
St Lawrence Iewrie	94	48
St Lawrence Pountney	214	140
St Leonard Eastcheape	42	27
St Leonard Fosterlane	335	255
St Magnus Parish	103	60
St Margaret Lothbury	100	66
St Margaret Moses	38	25
St Margar. New Fishst.	114	66
St Margaret Pattons	49	24
St Mary Abchurch	99	54
St Mary Aldermanbury	181	109
St Mary Aldermary	105	75
St Mary le Bow	64	36
St Mary Bothaw	55	30
St Mary Colechurch	17	6
St Mary Hil	94	64
St Mary Mounthaw	56	37
St Mary Summerset	342	262
St Mary Stainings	47	27
St Mary Woolchurch	65	33
St Mary Woolnoth	75	38
St Martins Iremonger.	21	11
St Martins Ludgate	196	128
St Martins Orgars	110	71
St Martins Outwitch	60	34
St Martins Vintrey	417	349
St Matthew Fridayst.	24	6
St Maudlins Milkstreet	44	22
St Maudlins Oldfishstr.	176	121
St Michael Bassishaw	253	164
St Michael Cornehill	104	52
St Michael Crookedla.	179	133
St Michael Queenehi.	203	122
St Michael Querne	44	18
St Michael Royall	152	116
St Michael Woodstreet	122	62
St Mildred Breadstreet	59	26
St Mildred Poultrey	68	46
St Nicholas Acons	46	28
St Nicholas Coleabby	125	91
St Nicholas Olaues	90	62
St Olaves Hart-streete	237	160
St Olaves Iewry	54	32
St Olaves Siluerstreet	250	132
St Pancras Soperlane	30	15
St Peters Cheape	61	35
St Peters Corne-hill	136	76
St Peters Pauls Wharfe	114	86
St Peters Poore	79	47
St Stevens Colemanst	560	391
St Stevens Walbrooke	34	17
St Swithins	93	56
St Thomas Apostle	163	110
Trinitie Parish	115	79

Buried in the 97 Parishes within the walls, — 15207 *Whereof, of the Plague* — 9887

Parish	Buried	Pla.
St Andrew Holborne	3958	3103
St Bartholmew Great	493	344
St Bartholmew Lesse	193	139
St Bridget	2111	1427
Bridewell Precinct	230	179
St Botolph Aldersgate	997	755
St Botolph Algate	4926	4051
St Botolph Bishopsgate	3464	2500
St Dunstans West	958	665
St George Southwark	1613	1260
St Giles Cripplegate	8069	4838
St Olaves Southwark	4793	2785
St Saviours Southwark	4235	3446
St Sepulchres Parish	4509	2746
St Thomas Southwark	475	371
Trinity Minories	168	123
At the Pesthouse	159	156

Buried in the 16 Parishes without the Walls — 41351 *Whereof, of the Plague* — 28888

Parish	Buried	Pla.
St Giles in the Fields	4457	3216
Hackney Parish	232	132
St James Clarkenwel	1863	1377
St Katherines Tower	956	601
Lambeth Parish	798	537
St Leonards Shoreditch	2669	1949
St Magdalens Bermon.	1943	1363
St Mary Newington	1272	1004
St Mary Islington	696	593
St Mary Whitechap.	4766	3855
Redriffe Parish	304	210
Stepney Parish	8598	6583

Parish	Buried	Pla.
St Clement Danes	1969	1319
St Paul Covent Garden	408	261
St Martins in the Field	4804	2883
St Mary Savoy	303	198
St Margaret Westmin.	4710	3742
Whereof at the Pesthouse		156

Buried in the 9 Parishes in the City and Liberties of Westminster — 12194

Whereof, of the Plague — 8403

The Total of all the Christnings — 9967

The Total of all the Burials this year — 97306

Whereof, of the Plague — 68596

Diseases and Casualties this year.

ABortive and Stilborne	617
Aged	1545
Ague and Feaver	5257
Appoplex and Suddenly	116
Bedrid	10
Blasted	5
Bleeding	16
Bloudy Flux, Scowring & Flux	185
Burnt and Scalded	8
Calenture	3
Cancer, Gangrene and Fistula	56
Canker, and Thrush	111
Childbed	625
Chrisomes and Infants	1258
Cold and Cough	68
Collick and Winde	134
Consumption and Tissick	4808
Convulsion and Mother	2036
Distracted	5
Dropsie and Timpany	1478
Drowned	50
Executed	21
Flox and Smal Pox	655
Found dead in streets, fields, &c.	20
French Pox	86
Frighted	23
Gout and Sciatica	27
Grief	46
Griping in the Guts	1288
Hangd & made away themselves	7
Headmouldshot & Mouldfallen	14
Jaundies	110
Impostume	227
Kild by several accidents	46
Kings Evill	86
Leprosie	2
Lethargy	14
Livergrowne	20
Meagrom and Headach	12
Measles	7
Murthered, and Shot	9
Overlaid and Starved	45
Palsie	30
Plague	68596
Plannet	6
Plurisie	15
Poysoned	1
Quinsie	35
Rickets	557
Rising of the Lights	397
Rupture	34
Scurvy	105
Shingles and Swine pox	2
Sores, Ulcers, broken and bruised Limbes	82
Spleen	14
Spotted Feaver and Purples	1929
Stopping of the Stomack	332
Stone and Strangury	98
Surfet	1251
Teeth and Worms	2614
Vomiting	51
VVenn	1

Christned: Males — 5114; Females — 4853; In all — 9967

Buried: Males — 48569; Females — 48737; In all — 97306

Of the Plague — 68596

Increased in the Burials in the 130 Parishes and at the Pest-house this year — 79009

Increased of the Plague in the 130 Parishes and at the Pest-house this year — 68590

图 306—死亡率表(2)

591

The Diſeaſes and Caſualties this Week.

Abortive	4	Impoſthume	8
Aged	45	Infants	22
Bleeding	1	Kingſevil	4
Broken legge	1	Lethargy	1
Broke her ſcull by a fall in the ſtreet at St. Mary VVoolchurch	1	Livergrown	1
Childbed	28	Meagrome	1
Chriſomes	9	Palſie	1
Conſumption	126	Plague	4237
Convulſion	89	Purples	2
Cough	1	Quinſie	5
Dropſie	53	Rickets	23
Feaver	348	Riſing of the Lights	18
Flox and Small-pox	11	Rupture	1
Flux	1	Scurvy	3
Frighted	2	Shingles	1
Gowt	1	Spotted Feaver	166
Grief	3	Stilborn	4
Griping in the Guts	79	Stone	2
Head-mould-ſhot	1	Stopping of the ſtomach	17
Jaundies	7	Strangury	3
		Suddenly	2
		Surfeit	74
		Teeth	111
		Thruſh	6
		Tiſſick	9
		Ulcer	1
		Vomiting	10
		Winde	4
		Wormes	20

Chriſtned { Males 90, Females 81, In all 171 }　Buried { Males 2777, Females 2791, In all 5568 }　Plague—4237

Increaſed in the Burials this Week —— 249

Pariſhes clear of the Plague —— 27　Pariſhes Infected —— 103

The Aſſize of Bread ſet forth by Order of the Lord Maior and Court of Aldermen,
A penny Wheaten Loaf to contain Nine Ounces and a half, and three half-penny White Loaves the like weight.

图 307—死亡率表(3)

们提供的情况却逐渐地比较公开了。死亡率表总是列出由于瘟疫而死亡的人数，而从十七世纪初起，已尝试按若干种原因对所有死亡分类，男子和女子的埋葬也已区别开，但死亡年龄未列出。洗礼仪式次数表中也计算人数。在格劳恩特时代，这些表包括大约一百三十个教区，每星期二发布，费用是每年 4 先令。每次死亡的原因由每个教区委任的“两个正直谨慎的主妇”确定，她们宣誓承担的职责是根据教堂司事的死亡通知去“验尸”，并向教区执事报告是否是瘟疫致死以及一般地报告死亡原因。格劳恩特在他的书中表示怀疑那些“或许无知而且粗心大意的验尸者”所作出的报告的准确性，尤其是因不清楚的和不体面的疾病而死亡的情形。被看作是死亡率指数的埋葬记录还受到下述因素的影响：它们不考虑占人口 5%左右的罗马天主教徒和新教教徒，他们都不按英国国教的仪式埋葬；这些记录还不包括死在伦敦但葬在乡下的人。同样，由于这个时期对婴儿洗礼的合法性或必要性还有怀疑，因此出生率也大大超过相应的洗礼仪式的次数。

格劳恩特的书一开始（在致罗伯茨勋爵和罗伯特·莫里爵士的献词之后）先叙述这些死亡率表、它们的历史（就他所能追述的）和它们的逐渐增加的范围（包括了愈益增多的教区、提供了更多的资料）(Chapter I)。他列举了圣诞节前的那个星期四所作出的年度摘要。在这份 1623 年 12 月 18 日到 1624 年 12 月 16 日的年度总表中，各教区被归并在一起如下：　592

本年伦敦城内九十七个教区的埋葬人数………………… 3386
其中死于瘟疫的人数 ……………………………………… 1
本年在特区内而不在城内的伦敦的十六个教区和传染
　病医院的埋葬人数…………………………………… 5924
其中死于瘟疫的人数 …………………………………… 5

593

London 35 From the 15 of August to the 22. 1665

	Bur.	Plag.		Bur.	Plag.		Bur.	Plag.
St Alban Woodstreet	11	8	St George Botolphlane			St Martin Ludgate	4	4
Alhallows Barking	13	11	St Gregory by St Pauls	9	5	St Martin Orgars	8	6
Alhallows Breadstreet	1	1	St Hellen	11	11	St Martin Outwitch	1	
Alhallows Great	6	5	St James Dukes place	7	5	St Martin Vintrey	17	17
Alhallows Honylane			St James Garlickhithe	3	1	St Matthew Fridaystreet	1	
Alhallows Lesse	3	2	St John Baptist	7	4	St Maudlin Milkstreet	2	2
Alhallows Lumbardstreet	6	4	St John Evangelist			St Maudlin Oldfishstreet	8	4
Alhallows Staining	7	5	St John Zachary	1	1	St Michael Bassishaw	12	11
Alhallows the Wall	23	11	St Katharine Coleman	5	1	St Michael Cornhil	3	1
St Alphage	18	10	St Katharine Crechurch	7	4	St Michael Crookedlane	7	4
St Andrew Hubbard	1		St Lawrence Jewry	2	1	St Michael Queenhithe	7	6
St Andrew Undershaft	14	9	St Lawrence Pountney	6	5	St Michael Quern	1	
St Andrew Wardrobe	21	16	St Leonard Eastcheap	1	1	St Michael Royal	2	1
St Ann Aldersgate	18	11	St Leonard Fosterlane	17	13	St Michael Woodstreet	2	1
St Ann Blackfryers	22	17	St Magnus Parish	2	2	St Mildred Breadstreet	2	1
St Antholins Parish			St Margaret Lothbury	2	1	St Mildred Poultrey	4	3
St Austins Parish			St Margaret Moses	1		St Nicholas Acons		
St Bartholomew Exchange	2	2	St Margaret Newfishstreet	1		St Nicholas Coleabby	1	
St Bennet Fynck	2	2	St Margaret Pattons	1		St Nicholas Olaves	3	1
St Bennet Gracechurch			St Mary Abchurch	1		St Olave Hartstreet	7	4
St Bennet Paulswharf	16	8	St Mary Aldermanbury	11	5	St Olave Jewry	1	1
St Bennet Sherehog			St Mary Aldermary	2	1	St Olave Silverstreet	7	1
St Botolph Billingsgate	2		St Mary le Bow	6	6	St Pancras Soperlane		
Christs Church	27	22	St Mary Bothaw	1	1	St Peter Cheap	1	1
St Christophers	1		St Mary Colechurch			St Peter Cornhil	7	6
St Clement Eastcheap	2	2	St Mary Hill	2	1	St Peter Paulswharf	5	2
St Dionis Backchurch	2	1	St Mary Mounthaw	1		St Peter Poor	3	2
St Dunstan East	7	2	St Mary Sommerset	6	5	St Steven Colemanstreet	15	11
St Edmund Lumbardstr.	2	2	St Mary Stayning	1		St Steven Walbrook		
St Ethelborough	13	7	St Mary Woolchurch	1		St Swithin	2	2
St Faith	6	6	St Mary Woolnoth	1	1	St Thomas Apostle	8	7
St Foster	13	11	St Martin Iremongerlane			Trinity Parish	5	3
St Gabriel Fenchurch	1							

Christned in the 97 Parishes within the Walls —— 34 *Buried* —— 538 *Plague* —— 366

St Andrew Holborn	432	220	St Botolph Aldgate	238	212	Saviours Southwark	160	120
St Bartholomew Great	58	50	St Botolph Bishopsgate	288	236	S. Sepulchres Parish	403	274
St Bartholomew Lesse	19	15	St Dunstan West	36	29	St Thomas Southwark	24	21
St Bridget	147	119	St George Southwark	80	60	Trinity Minories	8	5
Bridewel Precinct	7	5	St Giles Cripplegate	847	572	At the Pesthouse	9	9
St Botolph Aldersgate	70	61	St Olave Southwark	235	131			

Christned in the 16 Parishes without the Walls — 61 *Buried, and at the Pesthouse* — 2861 *Plague* — 2139

St Giles in the fields	204	175	Lambeth Parish	13	9	St Mary Islington	50	45
Hackney Parish	12	8	St Leonard Shoreditch	252	168	St Mary Whitechappel	319	270
St James Clerkenwel	172	172	St Magdalen Bermondsey	57	36	Rotherith Parish	7	2
St Kath. near the Tower	40	34	St Mary Newington	74	52	Stepney Parish	371	273

Christned in the 12 out Parishes in Middlesex and Surry —— 49 *Buried* — 1571 *Plague* —— 1244

St Clement Danes	94	78	St Martin in the fields	255	193	St Margaret Westminster	220	191
St Paul Covent Garden	18	16	St Mary Savoy	11	10	whereof at the Pesthouse		13

Christned in the 5 Parishes in the City and Liberties of Westminster — 27 *Buried* — 598 *Plague* — 488

Illustr. 308

图 308—死亡率表(4)

等等，剩下的教区都归类为“在米德尔塞克斯和萨里的非特区”和“毗邻伦敦的无特权的九个外围教区”。洗礼仪式的次数同样也记下。在 1624—1625 年的总表中，每个教区一一列出，载明埋葬人数以及多少人死于瘟疫：

594

伦　　敦	埋　葬	瘟　疫
伍德街的阿尔巴内斯	188	78
阿尔哈罗斯，巴尔金	397	263
阿尔哈罗斯，布雷德街	34	14
大阿尔哈罗斯	442	302
阿尔哈罗斯，霍尼路	18	8
小阿尔哈罗斯	259	205

等等，这个表包括了城里城外的 122 个教区，除了传染病医院而外。埋葬的总人数是 54265，其中死于瘟疫的有 35417 人；只有一个教区发现这年没有一个人得瘟疫。1629 年以后，死亡人数按照各种死因分类，例如：

流产和死产 ………………………………………………… 415
恐惧 ………………………………………………………… 1
衰老 ……………………………………………………… 628
疟疾………………………………………………………… 43
中风和偏头痛……………………………………………… 17
疯狗咬 ……………………………………………… 1，等等。

等等。总计列举了六十三种死亡原因，包括如下说法："死在路上，饿死"，"处死和拷打致死"，"不幸"，"颚病"，"瘰疬"，"肝肿大"，"自杀"，"窒息，保姆领养中饿死"，"受行星所袭"，"电击"，"暴死"，而"牙病"据认为夺取了 470 名儿童的生命。

在"死亡人员的一般观察"这一章(Chap. II)中，格劳恩特考查 1629—36 和 1647—58 这二十年的死亡率表，他画了一份表作为第三版的一个附录，列出了每年死于 81 种原因的死亡人数。他发现，这样记载的 229250 个死者有三分之一死于影响四五岁以下儿童的那些原因，而关于死于某些其他疾病的死者，他估计有一半是六岁以下的儿童。他得出结论:“大约百分之三十六的早产儿不满六岁就死亡了。”该表还表明,约16000人死于瘟疫,50000人死于其他急病,“它们来势凶猛,像是空气腐败变质所致”,70000人死于“当地水土低劣”和食物品质引起的疾病,只有1个人在60岁死于“外部的不幸”,即皮肉疾患。格劳恩特观察到,“在一些死者中,595 有些死因在总的埋葬人数中占有固定的比例;它们是些慢性病和城市里最常见的病;例如肺结核、浮肿病、黄疸”,等等,“而且,某些事故,如灾难、水淹、自杀和杀伤等等,情况也是这样;而传染病和恶性疾病……并不保持这种均等的情形:因此在某些年月里死亡人数比其他时候多十倍。”在这段论述里,我们看到格劳恩特作出了一个统计学上头等重要的发现:某些现象(例如他提到的某些疾病)虽然在个别事例中看来是偶然的,但当作为一个整体或至少在大量地加以考虑时,却能表现出高度的规律性。

接着是“特殊的死者”这一章(Chap. III),格劳恩特在其中谈到少数人如何死于饥饿,以及少数人如何被杀害。“法兰西脓疱”(梅毒)的相当低的死亡率——20年内死亡392人——被格劳恩特归因于这样的做法(基本上仍保持着):把这种原因引起的死亡挂在由此引起的继发性疾病的名义下,办法是“让验尸的老妪喝一杯淡啤酒而迷迷糊糊,再给她一块八便士的银币(应当是四便士)作为贿赂”,从而得到她的默许。他讨论了1634年第一次在死者中出现的佝偻病究竟真是一种新的疾病还是先前同称为“肝肿大”的疾病相混淆的那种病。但在佝偻病急剧增加时,后一种病却相当稳定,因此格劳恩特得出结论:佝偻病实际上是一种新的疾病。格劳恩特接着观察和评论一些比较常见的疾病的死亡率的升降。

“痛风的死亡率很稳定……虽然我相信，较多的人死于痛风。其原因是由于痛风患者据说都很长寿；因此当这些人死去时，就把他们作为**老死**申报。”

第四章论述了瘟疫历次肆虐的死亡率，1603 年那次死者有五分之四死于瘟疫，是最严重的一次。在第五章里，格劳恩特论证了瘟疫一次肆虐在减少洗礼仪式次数上的效应；他还试图证明，这样一次瘟疫造成的城市人口的减少在翌年年底就好转了，他认为，这主要是由于从乡下流入新的人口。例如，1625 这个瘟疫年前后的洗礼仪式次数是：

1624 年………………8299　　1626 年………………6701

1625 年………………6983　　1627 年………………8408

在就人的健康比较年度和季度时（Chap. Ⅵ），除了“瘟疫年”（在这些年里，二百人以上死于瘟疫）而外，格劳恩特还区分出“疾病年”（在这些年里，埋葬人数超过前一年和下一年）。他表明，一般说来，“疾病较多的那些年，儿童的出生也较少”。这一情况也适合于在第十二章中所考查的乡村教区。秋天发现是一年中对健康最有害的季节。 596

这些统计表表明埋葬人数比洗礼仪式次数要多得多。例如，1649—1656 那些年里，伦敦有 85338 人埋葬，而相比之下，洗礼仪式次数只有 50465。这个城市的人口必定依靠从乡下流入人口而得以维持和增加。格劳恩特后来在这本书中所研究的乡村教区表明，如果从全部乡村来看，洗礼仪式次数超过埋葬人数的比率大大甚于对伦敦损耗的补偿，倘若英格兰的总人口大约十四倍于伦敦人口；而这从伦敦约捐整个税款的十五分之一这个事实，以及根据英格兰总的教区数目及其估计的平均人口所作的计算来看，是很可能的。埋葬人数超过洗礼仪式次数的总的理由是，“在伦敦易遭死亡的人数同能生育的人数的比例比乡村高”。特殊的理由有：到伦敦来经商和游玩的人大都把妻子留在乡村；学徒很晚结婚；伦敦有许多出洋远航的水手；伦敦的“烟雾、臭气和潮湿空气”必定缩短了许多人的寿命。提出的进一步原因是“饮食无度”、“通奸和私通”以及商业上的忧虑。

这些统计表还表明，在伦敦男性超过女性(Chap. VIII)。例如，从1628到1662(首尾两年除外)的三十三年中，男性的埋葬人数总计209436，相比之下女性的埋葬人数只有190474，而这期间洗礼仪式次数是，男性139782人，女性130866人，所以男性的出生人数超过女性约十三分之一。格劳恩特相信，乡村大体上也是这个比例。在第十一章中，格劳恩特试图估计伦敦的人口，然而大大夸大了。“鉴于估计的是平均状况，而不管是否有人多活十年，因此我认为，每十个人中总有一个人在一年内死亡。”根据这些统计表，伦敦每年埋葬的15000人中大约有5000人死于小儿病和老年病，因此每年大约10000人必定死在10到60岁之间。格劳恩特假设上述“平均状况”是确实的，遂把这个数字乘以10(应该乘以20)来得出在这两个年龄之间的人数(100000)。为了获得更精确的近似值，他估算出“生育女子”(育龄女子)的人数两倍于年出生数(12000)即24000；他估计家庭数目是这些女子人数的两倍(即48000)，而一个家庭平均人数为8(包括仆人和房客)，于是得出人口为384000。根据城内一些教区的死亡人数与家庭数目之比(3比11)以及伦敦的总死亡率(最近几年是13000人)，他证明，

597

伦敦总的家庭数目一定为 48000 左右(如上所述)。这个数目为许多受过训练的人所再次证实,也为下面的计算所证实:“我拿了一张由理查德·纽考特在 1658 年按码尺度测绘的伦敦地图。于是我推测,在 100 码见方中,可能大约有 54 个家庭,如果设想每所住宅正面 20 英尺宽;上述方形的两边将各有 100 码的住宅,另外两边各占 80 码;总共 360 码:那就是说,每个方形有 54 个家庭,而城内有 220 个方形,所以城内总共有 11880 个家庭。鉴于城内每年大约死亡 3200 人,而全部死亡 13000 人;由此可知,城内住宅是全部住宅的 $\frac{1}{4}$,因而也可知道,伦敦城内和周围有 47520 个家庭。”因此,人口估计约为 384000 人,按照已经得出的比例(Chap. VIII),其中约 199112 人必定是男性。

在他的第十二章也是最后一章“乡村的死亡率表”中,格劳恩特论述了汉特郡某个教区九十几年来的洗礼、结婚和丧葬记录,“汉特郡既不是一个以长寿和健康著名的地方,也不是一个有相反名声的地方。”这个共有 2700 人的教区几乎必定是威廉·配第故里的罗姆西教区,正如教区记录簿和格劳恩特的统计数字的严密一致所证实的。通过考查这些记录,格劳恩特发现:每次婚姻平均生四个小孩;每出生 15 个女孩,就有 16 个男孩出世;男性和女性的埋葬人数几乎完全相等;在整整九十年里,出生多于埋葬的人数仅达 1059 人,即大约每年 12 人,其中大约 400 人可能去伦敦,大约 400 人移居异乡,而本地人口大约增长了 300 人。根据这些记录,格劳恩特产生了一种设想:“乡村中最大的和最小的〔每年的〕死亡率的比例远比伦敦的大,”因为“在伦敦……埋葬人数……不　598

到十年之内就已增加一倍，而在乡村，埋葬人数……在这十年里……已增加四倍。……这一切表明，比较空旷的地方，既极易受到好的也极易受到坏的影响，伦敦的烟灰、蒸汽和臭气已经充斥上空，以致几乎无以复加”。格劳恩特未认识到，当他取得数据的范围从伦敦缩小到单独一个小镇时，必定使得统计规律的可靠性一年大不如一年。

在他的《观察》（*Observations*）第三版增加的附录中，格劳恩特讨论了或许是配第提供给他的都柏林的每周死亡率表；根据那里的埋葬人数和伦敦的埋葬人数与人口的比例，他估计都柏林的人口约为30000。他还录引了肯特和德文郡的其他统计表以同汉普郡的统计表作比较；概述了阿姆斯特丹的死亡率表；详细综述了其他欧洲人口中心瘟疫引起的死亡；还叙述了从可能因受格劳恩特原版《观察》的影响而公布的那些统计表中得出的巴黎洗礼和丧葬人数。这本书最后是些概括所有前述统计表的分析图表。

配第

格劳恩特的人口统计学工作由他的朋友威廉·配第爵士继续，他们两人的工作由于他们当选为皇家学会会员而受到重视。配第第一个明确提倡应用定量经验方法研究社会和政治现象，他的话很值得录引。“我采取那种利用数字和度量衡的方法（作为我长期追求的政治算术的一个范例），而不是仅仅使用比较级和最高级的语词以及理智的论据；仅仅利用感性的论据，仅仅考虑那些可在自然界中找到根据的原因；而那些取决于特定个人的变化不定的心情、见解、爱好和情绪的论据则让别人去考虑”（*Political*

Arithmetick, Preface)。因此，他提倡采用一种人口调查表的制度，给出他们的年龄、性别、婚姻状况、头衔、职业、宗教信仰等等。“如果不知道确切的人数，不以此作为一条原则，那么所保存的出生和埋葬率表的整个作用和应用便受到损害；于是，从出生和埋葬率表通过费力的推测和计算而得出的人数可能是精巧的，但却非常荒谬”(*Observations upon the Dublin Bills of Mortality*, 1681)。 599

配第的《政治算术》(完成于1676年，但直到1690年才发表)主要是论战性的——它旨在反对英格兰国情不妙这个普遍印象。他的较简短的《政治算术论文》(*Essays in Political Arithmetick*)(1683—7年)中有些论文更和本章的主题有关。在《关于伦敦城市的发展》(*Concerning the Growth of the City of London*)(1683年)这篇论文中，配第假定人口与正常健康状况年份的埋葬人数成正比，如此根据死亡率表所涉及的130个教区的人口增长而估计出伦敦的发展。他的计算根据下面的表进行：

在下列年间的伦敦平均死亡人数	
1604和1605	5185
1621和1622	8527
1641和1642	11883
1661和1662	15148
1681和1682	22331

配第注意到，这些数字与四十年中的人口倍增大致吻合。如果取格劳恩特的观察即每年30人中死亡1人，那么1682年前后的22331人的死亡率便得出人口为669930。这为一个报告所证实：有84000间租赁房屋，如假定每家8口人，则得出

人口 672000，接着他试图估计英格兰和威尔士的人口。伦敦的估计人数约为英格兰和威尔士全部人口的十一分之一；所以伦敦的全部人口可能是十一分之一，而英格兰和威尔士全部人口可能约为 7369000，这个数字与人头税和家庭税申报书以及教区受圣餐者名单均相符合。至于人口倍增所花的时间，格劳恩特的乡村统计表表明，每年 50 人中死亡 1 人，有 23 人埋葬，就有 24 人出生。如果这些规律总是成立，那么它们表明，人口约在 1200 年中增加 1 倍。但是，可以找到其他可靠的观察资料，它们表明的人口增长率要快十倍，而且提出，“按照自然的可能性”，人口在十年内就能增长一倍。因为在 600 个人中，可能有 180 个 18 岁和 59 岁之间的男人，180 个 15 和 44 岁之间的女人，她们两年内一次生育一个孩子，由此给出 90 或 75 人(由于各种原因减少 15 人)的出生率。由于还有 15 人的埋葬率，这个出生率给出每年 60 人的增长数，因此人口在十年之内增长一倍。配第采取折中的办法，假设死亡率为四十分之一，埋葬 9 人就有 10 人出生，于是便

600 给出在 600 个人口中，每年增长 $1\frac{2}{3}$ 人，这使人口在三百六十年里增长一倍。他似乎忽略了人口增长中的累积效果，但是或许他认为他所提到的瘟疫、饥荒和战争的影响抵消了这个效果。所以，如果现在英格兰和威尔士共有 7400000 人，并让城乡都取上述的倍增率，那么在诺曼人征服时期那里必定已有大约 2000000 人。到 1840 年，伦敦的人口将是 10718880，而乡村的人口将是 10917389，“只是略微多了一点。因此，无疑而又必然的是，伦敦的发展必定在上述的 1840 年前停止。在这之前的时期即公元 1800

年，伦敦的人口将达到顶峰。”

在他的《五篇政治算术论文》(*Five Essays in Political Arithmetick*)(1687 年)的第三篇中，配第再次试图估算出伦敦的人口，为此他使用了三种独立的方法：

(1) 通过估算住房的数字。——这有三种做法：(a)1666 年烧毁的住房数目是 13200。这些住房里死亡的人是那年全部死亡人数的五分之一，所以伦敦住房总数在 1666 年是 66000。但是，1666 年埋葬人数仅是 1686 年埋葬人数的四分之三。所以，1686 年住房数目是 88000。(b)1682 年的一幅地图的作者们(身份不明)告诉配第，他们原来发现有 84000 多所住房，而四年以后可能增加了十分之一，即总计为 92400 所，因此伦敦人口在四十年内增加一倍。(c)1685 年在都柏林有 29325 户家庭和 6400 所住房，而在伦敦有 388000 户家庭，因此按相同的比例可得这个城市的住房至少是 87000 所。在布里斯托尔，5307 所住房里有 16752 户家庭，按此比例可得伦敦有 123000 所住房。这两个结果的平均数是 105000：这同户籍署所证实的 105315 极其接近。接着便求家庭的数目：伦敦十分之一的住房中可能居住两户家庭，所以有(105315＋10531)户家庭，如再假设一户家庭有 6 口人，那么我们便得出人口为 695076 人。

(2) 借助埋葬人数和死亡率。——1684 和 1685 这两个健康年的埋葬人数几乎相同(23202 和 23222，平均值是 23212)。如果假设像格劳恩特所断言的和配第证明是可能的那样，每年 30 人中死亡 1 人，那么，人口应是 696360。

(3) 借助瘟疫年份死于瘟疫者与幸存者的比率。——配第指出(显然是错误的):格劳恩特说过,伦敦有五分之一人死于一次瘟疫流行期间。当时在1665年死去将近98000人。因此人口必定是490000人,再加上到1686年人口增长了三分之一,便可得总人口653000人。(但是赫尔指出了1665年死亡的总人数〔97306人〕,据说仅有68596人死于瘟疫,这给出1665年的人口约为3430001680年人口约为460000。)

601

在《五篇论文》的第四篇中,配第试图估算出欧洲主要城市的人口。假设死亡率为1:30,考虑到据说的埋葬人数或住房数目,他给出这些城市人口的估计数如下。

伦敦	696000
巴黎	488000
阿姆斯特丹	187000
威尼斯	134000
罗马	125000
都柏林	69000
布里斯托尔	48000
鲁昂	66000

配第在1667到1673年居留爱尔兰期间,为他的《爱尔兰政治解剖》(*Political Anatomy of Ireland*)(1691年)收集数据,这本书提出了据他认为人口统计学应该包括哪种资料的思想。它叙述了土地的面积和特征以及各个阶层的人中间土地所有权的分配。在10500000英亩爱尔兰土地中,据说有1500000英亩是公路、泥塘和河流;另外1500000英亩被说成是不毛之地;7500000英亩据说是良好的草地、耕地和牧场。计算了土地、地租、农产品税等等的总价值。爱尔兰总人口估算为1100000,家庭数目为200000,"烟"

(火炉)的数目为 250000。人口的分类如下：

罗马天主教徒……800000	或者	英国人………200000
非罗马天主教徒……300000		英格兰人……100000
		爱尔兰人……800000

160000 户家庭没有烟囱，24000 户家庭有 1 只烟囱，16000 户家庭有 1 只以上烟囱(平均 4 只烟囱)。还估算了下列各种的人数：虚弱的人(2000)、士兵(3000)、7 岁以下儿童(275000)、住房烟囱多于 6 个的富人(7200)、仆人(32400)、牧师和学生(400)——共计 320000 人，余下的 780000 人从事各种职业。这些男女据认为分布于下列这些职业：

602

粮农	100000
放牛	120000
渔民	1000
铁工	2000
铁匠和他们的雇工	22500
裁缝	45000
木工和泥瓦工	10000
鞋匠和他们的雇工	22500
磨坊工	1600
羊毛工	30000
制革工人和鞣皮匠	10000
首饰业	48400
总计	413000

余下的 367000 人从事其他职业。都柏林的 4000 户家庭中，有 1180 家啤酒店、91 家小酿酒店，所以在全爱尔兰的200000户家庭中，可能有 60000 户家庭从事酒业(即至少总共有 180000 人——男人、女人和雇工)，还留下 187000 失业的是“解雇者和

信用差的人”。他认为,这些人可以很好地雇用于从事下列各种工作:建造正规房屋和工厂以取代现用的“糟糕的猪圈似的房子”,种植树木,修筑道路,疏浚河流,为都柏林筑防,等等,或者在造船业和纺织厂工作,他还提供了每个所建议的工厂的成本的估价。

格雷戈里·金

格劳恩特和配第的先驱工作由格雷戈里·金(1648—1712)推进到一个更高的阶段,他的《关于英国状况和条件的自然与政治观察和结论》(*Natural and Political Observations and Conclusionsupon the State and Condition of England*)(1696 年)表明对人口统计学作用的认识有了发展。在这些**观察**的开头一节(§1)中,计算英国人口的根据是:(1)住房数目;(2)每所住房居住人数;(3)流浪者和其他不能列入正常估计数的人数。(1)按照户籍署的登记簿,1690 年报喜节住房数目估算为 1319215。正如后面(§5)所表明的,人口估计每年增加约 9000 人,按照这个速率,住房每年应增加约 2000 所,但由于同法国交战,每年住房的增长数不能超过 1000 很多,因此到 1695 年底,住房数日可能只增加到约 1326000。但是事实上,就税收而言,分租给好几个租户的住房也像许多独立603 寓所一样计算,而空房和工场间也都计算在内,因此这个数字应当扣除约 3%。因此,**住房的正确数字**(整数)为1300000。(2)金接着根据不同类地区的结婚、出生和埋葬的统计表,估算了每所住房的平均人数,并假定这些住房的分布按下表所示,从而得出总的固定人口:

	住 房	每所住房人数	人数
城内的 97 个教区 ……………………………	13500	5.4	72900
城外的 16 个教区 ……………………………	32500	4.6	149500
米得尔塞克斯和萨里郡的 15 个外国教区 …	35000	4.4	154000
伦敦和威斯敏斯特特区的 7 个教区…………	24000	4.3	103200
所以伦敦及其死亡率表包括…………………	105000	4.57	479600
其他城市和集镇………………………………	195000	4.3	838500
乡村和小村庄…………………………………	1000000	4	4000000
总 计………………………………………	1300000	4	5318100

由于估计还有遗漏，所以作为修正，把计算的伦敦人口增加 10%，其他城市和城镇增加 2%，乡村和小村庄增加 1%，这样得出的总数约为 5422560。(3)在“暂时的人”(像士兵和水手)中，大概有 60000 人没有列入上述估计数之中，还有流浪者、小贩等等大约 20000 人也没有计算在内。加上这些人数，英国的总人口约为 5500000 人。

第三节讨论“男人和女人、已婚和未婚、儿童、仆人和旅居者等区分”。结婚、出生和埋葬的估计表明两性人数的比例在规定的环境中如下表所示：

	男性，女性	男 性	女 性	总 和
伦敦及其死亡率表 …	10 : 13	230000	300000	530000
其他城市和集镇 ……	8 : 9	410000	460000	870000
乡村和小村庄 ………	100 : 99	2060000	2040000	4100000
	27 : 28	2700000	2800000	5500000

更加详细的分类给出下面的比例：

604

	人　数	男　性	女　性
夫妇，超过…………………… 34½%	1900000	950000	950000
鳏夫，超过 …………………… 1½%	90000	90000	——
寡妇，大约 …………………… 4½%	240000	——	240000
儿童，超过………………………… 45%	2500000	1300000	1200000
仆人，大约…………………… 10½%	560000	260000	300000
旅居者和单身汉……………… 4%	210000	100000	110000
总　计………………………… 100	5500000	2700000	2800000

下表示出这些类别分别在伦敦、大城镇和村庄中所占的不同比例：

	伦敦及其死亡率表		其他城市和大城镇		乡村和小村庄	
		人		人		人
夫　妇 ……	37%	196100	36%	313200	34%	1394000
鳏　夫 ……	2%	10600	2%	17400	1½%	61500
寡　妇 ……	7%	37100	6%	52200	4½%	184500
儿　童 ……	33%	174900	40%	348000	47%	1927000
仆　人 ……	13%	68900	11%	95700	10%	410000
旅居者 ……	8%	42400	5%	43500	3%	123000
总　计 ……	100	530000	100	870000	100	4100000

在第四节，接着以每年出生 190000 人的假设为根据，把年龄分布列成下表：

	总　计	男　性	女　性
1 岁以下	170000	90000	80000
5 岁以下	820000	415000	405000
10 岁以下	1520000	764000	756000
16 岁以下	2240000	1122000	1118000
16 岁以上	3260000	1578000	1682000

续表

	总　计	男　性	女　性
21岁以上	2700000	1300000	1400000
25岁以上	2400000	1150000	1250000
60岁以上	600000	270000	330000

在第五节中，金估算在他的时代，**每年**的人口增长数大约是 605 9000。如假定埋葬率为1∶32，则这个王国每年的埋葬数算出约为170000人，而如假定出生率为1∶28，则每年的出生数一定是190000。所以人口的年增长数应该是20000，这个数字和9000之间的不一致部分地是由于瘟疫和战争年份死亡率增加（**每年**增加死亡人数分别为4000和3500）；而又可能有2500人在海上丧生，1000人去殖民地，于是每年净增加数减少到9000人。在每年20000人的毛增长数中，金认为乡村的增长数恰为此数，而伦敦以外城镇的增长数为2000人以上，但是伦敦每年的埋葬数超过出生数2000人，所以总的毛增长数每年保持为20000人。自从1500年以来，伦敦的人口已经倍增了三次，但是乡村的总人口从1688年以来由于战争已减少了50000人。

金给出下列每年结婚、出生和丧葬比率的表：

人　口	结　婚	出　生	丧　葬
530000 伦敦	1∶106	1∶26.5	1∶24.1
870000 城市和集镇	1∶128	1∶28.5	1∶30.4
4100000 乡村和小村庄	1∶141	1∶29.4	1∶34.4
5500000	1∶134	1∶28.85	1∶32.35

图表 D.——1688 年计算的英国

606

家庭数目	阶层、地位、头衔和资格	每户家庭人数	人数	每户家庭岁入		
				英镑	先令	便士
160	世俗贵族	40	6400	3200	0	0
26	上议院中的主教和大主教	20	520	1300	0	0
800	从男爵	16	12800	880	0	0
600	骑　士	13	7800	650	0	0
3000	候补骑士	10	30000	450	0	0
12000	绅　士	8	96000	280	0	0
5000	上流人士	8	40000	240	0	0
5000	下层人士	6	30000	120	0	0
2000	远洋巨商	8	16000	400	0	0
8000	远洋商贾	6	48000	198	0	0
10000	律　师	7	70000	154	0	0
2000	大牧师	6	12000	72	0	0
8000	小牧师	5	40000	50	0	0
40000	大地产主	7	280000	91	0	0
120000	小地产主	5½	660000	55	0	0
150000	农场主	5	750000	42	10	0
15000	人文科学家和艺术家	5	75000	60	0	0
50000	店主和商人	4½	225000	45	0	0
60000	工匠和手艺人	4	240000	38	0	0
5000	海军军官	4	20000	80	0	0
4000	陆军军官	4	16000	60	0	0
500586		5⅓	2675520	68	18	0
50000	普通水手	3	150000	20	0	0
364000	劳动人民和户外仆佣	3½	1275000	15	0	0
400000	村民和贫民	3¼	1300000	6	10	0
35000	普通士兵	2	70000	14	0	0
849000	流浪者，如吉卜赛人、小偷、乞丐等等	3¼ —	2795000 30000	10	10	0
			所以总			
500586	王国财富增加	5⅓	2675520	68	18	0
849000	王国财富减少	3¼	2825000	10	10	0
1349586	净总数…………………………	4 1/13	5500520	32	5	0

一些家庭收入和开支表

607

总的岁入	每人岁入			每人年开支			每人岁入增长			总的岁入增长
英　镑	英镑	先令	便士	英镑	先令	便士	英镑	先令	便士	英　镑
512000	80	0	0	70	0	0	10	0	0	64000
33800	65	0	0	45	0	0	20	0	0	10400
704000	55	0	0	49	0	0	6	0	0	76800
390000	50	0	0	45	0	0	5	0	0	39000
1200000	45	0	0	41	0	0	4	0	0	120000
2880000	35	0	0	32	0	0	3	0	0	288000
1200000	30	0	0	26	0	0	4	0	0	160000
600000	20	0	0	17	0	0	3	0	0	90000
800000	50	0	0	37	0	0	13	0	0	208000
1600000	33	0	0	27	0	0	6	0	0	288000
1540000	22	0	0	18	0	0	4	0	0	280000
144000	12	0	0	10	0	0	2	0	0	24000
400000	10	0	0	9	4	0	0	16	0	32000
3640000	13	0	0	11	15	0	1	5	0	350000
6600000	10	0	0	9	10	0	0	10	0	330000
6375000	8	10	0	8	5	0	0	5	0	187500
900000	12	0	0	11	0	0	1	0	0	75000
2250000	10	0	0	9	0	0	1	0	0	225000
2280000	9	10	0	9	0	0	0	10	0	120000
400000	20	0	0	18	0	0	2	0	0	40000
240000	15	0	0	14	0	0	1	0	0	16000
34488800	12	18	0	11	15	4	1	2	8	3023700
							减		少	减　少
1000000	7	0	0	7	10	0	0	10	0	75000
5460000	4	10	0	4	12	0	0	2	0	127500
2000000	2	0	0	2	5	0	0	5	0	325000
490000	7	0	0	7	10	0	0	10	0	35000
8950000	3	5	0	3	9	0	0	4	0	562500
60000	2	0	0	4	0	0	2	0	0	60000
计　为 34488800 9010000	12 3	18 3	0 0	11 3	15 7	4 6	1 0	2 4	8 6	3023700 622500
43491800	7	18	0	7	9	3	0	8	9	2401200

因此，在任意10000人的人口中，在乡村里有71对或72对人结婚，生育343个儿童；在城镇有78对人结婚，生育351个儿童；在伦敦有94对人结婚，生育376个儿童。可见，伦敦出生数与结婚数的比例较低，但结婚数与人口的比例较高，因此伦敦比其他大城镇生育更多；同样，这些城镇比乡村生育更多。再者，如果伦敦的人像乡村的人一样长寿，那么伦敦的人口增长率便会比乡村快得多。金把伦敦出生数与结婚数的较低比例归因于通奸盛行、奢侈和酗酒、专心于商业、煤烟对健康的影响以及与乡村相比，伦敦夫妇间年龄差别大。

608 关于最后这个因素，金给出他根据在利奇菲尔德镇的观察所得到的父母年龄悬殊对生育力的(明显)影响的调查结果。在所考察的1060名儿童中，母亲年龄大的有228例，父亲年龄大的有832例；一半儿童的双亲，丈夫比妻子大4岁以上；三分之一儿童的双亲的相对年龄从妻子长2岁到丈夫长6岁，等等。一半儿童的父亲的年龄在28岁和35岁之间，母亲年龄在25岁和32岁之间。

在他的书的第六节中，金研讨了1688年英国人的岁入和开支。他的计算综合为一张表，这张表是迄当时为止最精心编制的人口统计资产负债表。查尔斯·戴维南特(1656—1714)理所当然地说它是“比可能曾编制过的关于任何其他国家的人的表都更为独特和正规的英国居民表”。此表(图表*D*)现录引在边码第606和607页上，其内容也许自不待言。

金估计了英国的总价值为650000000英镑，他是根据财产和生产的资本价值以及国家货币储备、金银餐具、船舶、库存、家畜等等计算出来的。

三、寿命表或死亡率表

格劳恩特和哈雷

人寿保险的做法似乎始于十六世纪，如果不是更早的话。但是这些契约的根据看来是相当随便的。甚至在十七世纪，人寿保险也在一定程度上按照赌博的方式进行，即像是靠运气取胜的游戏。一批人通过一年一次相互保险的方式付一定金额，记在公共的账上；不考虑年龄上的差别，而只考虑巴斯卡和其他人所提出的那种几率计算。格劳恩特对死亡率表的研究，标志着对完全科学的人寿保险的基础即寿命表或死亡率表发生特别兴趣的时期。格劳恩特自己编制了一张死亡率表，现将此表和他的导引性解释录引在这里（*Natural and Political Observations*，Chapter XI）。

"我们已经看到，在 100 个达到胎动期的胎儿中，大约 36 个不满 6 岁就夭折，也许只有 1 人活满 76 岁；在 6 和 76 之间有 7 个十，因此我们在余下活满 6 岁的 64 人和活满 76 岁的 1 人之间找到 6 个比例中项数；我们并发现下列数字实际上非常接近事实。……

609

100 人中，六岁以内死的	……36
下一个十年	……24
第二个十年	……15
第三个十年	…… 9
第四个十年	…… 6
下一个十年	…… 4
下一个十年	…… 3
下一个十年	…… 2
下一个十年	…… 1

由此可见,上述100名达到胎动期的胎儿中:

活满六岁的 ……64
十六岁的 ……40
二十六岁的 ……25
三十六岁的 ……16
四十六岁的 ……10
五十六岁的 …… 6
六十〔六〕岁的 …… 3
七十六岁的 …… 1
八十〔六〕岁的 …… 0”

低龄的死亡率在这表中大大夸大了。其他人也尝试编制了死亡率表,尤其在荷兰,那里雅各布·范·德耳、约翰·胡德(阿姆斯特丹的市长)、克里斯蒂安·惠更斯和简·德·维特等人都对这个问题感兴趣。但是,最有价值的寿命表并运用于计算终身年金的,乃由埃德蒙·哈雷于1693年发表在《哲学学报》第196期第596—610页上。这篇论文的题目是“根据布雷斯劳城的精细的出生和丧葬表进行的对人类死亡率高低的估算;并尝试根据寿命确定年金价格。皇家学会会员E.哈雷先生著”。

在提到格劳恩特和配第关于伦敦和都柏林死亡率表的工作时,哈雷评论说,这些表未能说明(1)总人口数;(2)死者年龄。而且,“伦敦和都柏林两地都偶然流入客死在那里的大量异乡人(正如这两座城市里丧葬人数远远超过出生人数所表明的),因此它们不能作为这方面的标准;可能的话,这要求我们所研究的人应该毫无变迁,他们应当死在出生地,没有因移入外国人而引起人口额外增长,或者因有人移居外地而人口有所减少。”但是,贾斯特尔最近把布雷斯劳城在1687—1691年间的几份死亡率表递交给皇家学会。

这些表给出了死亡人数的月报，其中说明了死者的年龄和性别，并与出生人数相比较。然而，布雷斯劳城的总人口数却没有给出，哈雷不得不根据下面给出的表间接地估算出这个数字。布雷斯劳远离海洋，“因此，只会聚集少量的异乡人”，故出生人数略微超过丧葬人数。在所考虑的五年（1687—1691 年）里，**每年**平均出生率是 1238，**每年**平均死亡率是 1174。从那些报告可知，348 个婴儿在第一年里就夭折，另外 198 个婴儿在 1 到 6 岁之间死亡，因此只有 692 个婴儿活满 6 年。根据这些存活者的死亡年龄，哈雷编制了下面的表，表中上面一行表示年龄，下面一行表示每年死于该年龄的**平均**人数。上面一行中有圆点的地方表示圆点下的数字代表前后两列年龄之间的死亡人数（假定每个年龄上都有人死亡）。 610

年龄：	7	8	9	·	14	·	18	·	21	·	27	28	·	35
死亡人数：	11	11	6	$5\frac{1}{2}$	2	$3\frac{1}{2}$	5	6	$4\frac{1}{2}$	$6\frac{1}{2}$	9	8	7	7
年龄：	36	·	42	·	45	·	49	54	55	56	·	63	·	70
死亡人数：	8	$9\frac{1}{2}$	8	9	7	7	10	11	9	9	10	12	$9\frac{1}{2}$	14
年龄：	71	72	·	77	·	81	·	84	·	90	91	98	99	100
死亡人数：	9	11	$9\frac{1}{2}$	6	7	3	4	2	1	1	1	0	1/5	3/5

哈雷认为，如果考虑很多年的话，表中的一点点不规则性将会得到纠正。

根据这些数据，哈雷编制了一张表，“它的用途是多方面的，给出了比我所知道的任何现有的表更有根据的、关于人的状况和条件的观念。”它据说表明了布雷斯劳每个年龄的人数，从而也表明所有年龄上存活和死亡的几率，由此便为计算终身年金等等提供了一个可靠的根据。哈雷的表列在边码第 611 页上，它表明在世的人按现在年龄的人数。

这些年龄组的人数合计接近 34000 人,哈雷大概经过修正而得出这个整数,以作为布雷斯劳人口数。

哈雷对这张表作了许多应用。(1)他首先算出这人口中适龄服兵役的男子所占的比例。18 和 56 岁之间的总人数是 18053 人,假定其中一半是男性,那么"够服兵役资格的男子"的总数为总人数的四分之一强。(2)该表还用于表明所有年龄上死亡率或生

611

现在年龄	人　数	现在年龄	人　数	现在年龄	人　数	现在年龄	人　数
1	1000	22	586	43	417	64	202
2	855	23	579	44	407	65	192
3	798	24	573	45	397	66	182
4	760	25	567	46	387	67	172
5	732	26	560	47	377	68	162
6	710	27	553	48	367	69	152
7	692	28	546	49	357	70	142
8	680	29	539	50	346	71	131
9	670	30	531	51	335	72	120
10	661	31	523	52	324	73	109
11	653	32	515	53	313	74	98
12	646	33	507	54	302	75	88
13	640	34	499	55	292	76	78
14	634	35	490	56	282	77	68
15	628	36	481	57	272	78	58
16	622	37	472	58	262	79	49
17	616	38	463	59	252	80	41
18	610	39	454	60	242	81	34
19	604	40	445	61	232	82	28
20	598	41	436	62	222	83	23
21	592	42	427	63	212	84	20

活率的大小,“因为如果任何存活一年后的年龄上的人数除以该人数和所提出的年龄的人数之差,则这比例表明了一个该年龄的人在一年内不会死亡的机会。”例如这张表表明,一个二十五岁的人,他在一年内不会死亡的机会是560比7即80比1。同样,任何给定年龄的人在达到任何另一个给定年龄之前不会死亡的机会也可以表示出来。例如,一个40岁的人将活7年的机会看来是377比68即约$5\frac{1}{2}$比1。(3)对于一个给定年龄的人,该表表明这人有对等的死或不死的机会的时期。在这个时期内,所提出的年龄的存活的人数减半;例如,对于一个30岁的人,这个时期在27和28年之间。(4)保人寿险价格(对于一个指定的时期)应该根据这些原则调整,而(5)年金的价格也应当这样,“因为很清楚,这买主应该付的仅仅是和他活的机会相应的那部分年金的价值;而这应该按年计算,将所有这些年价值的金额加在一起,便等于这个人终身年金的价值。”这就是说,在用普通方法按给定利率计算出到期应支付的英镑价值之后,那么,612“它便将作为在那年限之后还活着的人数与已死亡的人数;任何一个人活着或死亡的机会也是这样。因此结果是:两者的金额,或者最初提出的那个年龄的存活的人数和这许多年以后存活的人数……在所提出的那个期限以后每年应支付的价值,以及对于这个人在这许多年之后必定享受这样一笔年金这种机会所应支付的金额。对于这个人毕生的每年都这样重复做,那么这些机会的价值的总金额便是年金的实际价值。”根据这个原则,哈雷编制出下列的表,表明每隔5岁直到70岁按保险金计的年金价值。

年龄	五年购买金额	年龄	五年购买金额	年龄	五年购买金额
1	10.28	25	12.27	50	9.21
5	13.40	30	11.72	55	8.51
10	13.44	35	11.12	60	7.60
15	13.33	40	10.57	65	6.54
20	12.78	45	9.91	70	5.32

为了计算涉及两世的机会，只需记住："表中每个一世的机会的数字相乘即为两世的机会。"在处理这种涉及个人的机会的问题时，哈雷建议使用几何图形。这样，在长方形 *ABCD* 中，设 *AB* 表示同那个较年轻的人同年龄的人数，*BH* 表示他们中在一定时期以后存活的人数，AH 表示在此期间死亡的人数。设 *AC* 表示同那个较年老的人同年龄的人数，*AF* 表示在同一时期以后存活的人数，*CF* 表示已死的人数。于是，如果整个长方形 *ABCD* 的面积表示全部机会，则长方形 *HI* 将表示这两个人都活满这个时期的机会；长方形 *FE* 将表示两者都死亡的机会，而长方形 *GD*、*AG* 将表示一个人存活而另一个人死亡的机会。这种情况特别适用于共同年金的购买和向寡妇提供寿险赔款。哈雷最后研究了涉及三世的机会，并且说明了怎样求得三人中任何一人在世期间应付的年金价值。这里适用的图形是平行六面体。

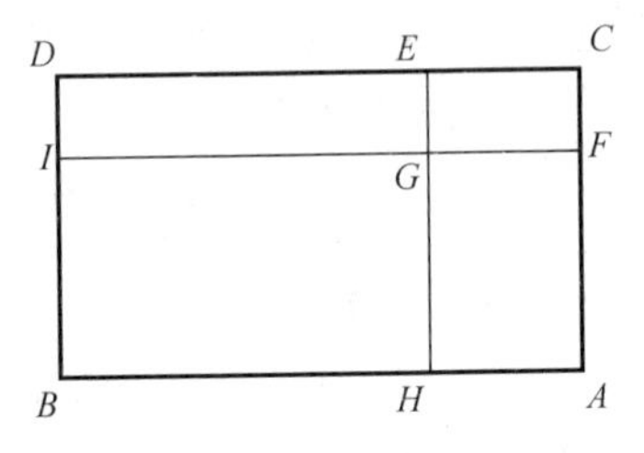

613

哈雷得出结论，"可以对之提出异议的是：各个地方不同的健康状况并不阻碍这种建议普遍适用，也不能否定它。但是……按照威廉·配第对伦敦所作的计算，看来〔在布雷斯劳〕每年大约死亡三十分之一……所以，就我所知，也许提不出一个更好的地方作为标准了。”

值得提到的是，十八世纪在伦敦建立的第一批人寿保险公司都使用了哈雷的表。

四、经济学

商品的生产、获得和应用是十分常见的社会现象，因此甚至最早的社会和政治问题作家也不能完全避开它们。所以，在古代和中世纪的文学作品中已经可以看到一些经济思想。然而，经济学作为一门科学的发端不能说比近代开始还早。甚至在十六和十七世纪，对于经济现象的科学研究，兴趣还相当小。经济学倒是被看做为政治学即国家事务管理术的一部分。因此，这门科学较早的名称“政治经济学”第一次是出现在安东安·德·孟克列钦的《政治经济学论文》(*Traicté de l'Oeconomie Politique*)(1615 年)之中。工业和商业尤其是外贸的作用主要认为是一种用于增加国家财富和力量的工具。而国家更倾向于比做一个农场——君主的农场。例如，威廉·配第在确定英国或爱尔兰居民的票面价值时，他令人可悲地把每个人看做仿佛是农场中的一头牛。欧洲有些地方甚至今天也这样看，把百姓当作炮灰！然而，就国家实施的经济措施开展的不同观点的辩论必然导致对经济问题进行认真的思考和推论，从而帮助奠定经济学的基础。正如从这种状况所可料想的，614 十六和十七世纪里讨论的经济问题主要是作为国家财富的工具的商业问题和某些有关的货币问题。在这些讨论的过程中，对诸如

"财富"、"价值"、"租金"、"利息"或"高利贷"等许多经济概念都作了为作为科学的经济学所必不可少的批判考查。当然,那些已在"政治算术"这个标题下论述过的研究在某种程度上也属于经济科学的范畴,而且无疑也夹杂着各种经济性的讨论。但是,在所考虑的这个时期中,总地说来没有对经济问题作系统的研究。因此,"政治算术"最好单独加以叙述,尤其还因为它已充分自成一体,而且它的最重要的特征即应用定量或统计方法,在经济学研究范围之外也已产生重大影响。

虽然法国和意大利对经济理论尤其对金融的研究作出了宝贵的贡献,但是,十六和十七世纪最重要的经济文献都是英国人撰写的;因此,以下主要就英国经济学家来概述这个时期的经济思想,他们的观点作为一个整体可以认为代表了其他国家当时所有的理论。

国家财富

这个时期的政治家所主要关心的实际经济问题,是不断增长的国家财富的问题。由于把整个国家比做普通的商人,因此不言而喻地也就认为一个国家的财富只能依赖与其他国家的有利交易来增加。此外,目光盯住"军费"的政治家们特别重视货币或贵金属形式的财富。不断发展的武装力量、迅速增长的行政机构的费用和王室的日趋奢华致使迫切需要现金资源。因此,政治目标便成为谋求这样的盈余的"贸易平衡":通过出口交易不仅给国家带来所有必需的外国商品,而且还提供贵金属以补偿进出口商品在价格上的差别。"贸易平衡"这个用语〔显然是弗兰西斯·培根在他的《致乔治·维利尔斯爵士的通知信》(*Letter of Advice to Sir George Villiers*)(1615 年)中第一次与“荣誉平衡”一起使用它〕在 615 这个时期的经济学著作中大量出现;它所表达的思想先于它的表述。这种经济政策以及为促进这政策而采取的各种措施现在称为“重商主义”,这可能是因为它倾向于特别重视作为获得所希望的贸易顺差的主要力量的商人阶级。商业冒险家组成各种公司,是那些年代的特征。已知最早对重商概念的说明见诸约翰·海尔斯的《英国政策的简论》(*Briefe Conceit of English Policy*)(1549 年?);但是,它最清楚的阐述见诸托马斯·曼(1571—1641)的著作,他是东印度公司的董事、《论英国和东印度公司的贸易》(*A Discourse of Trade from England to the East Indies*)(1621 年)和《英国得自对外贸易的财富或者我们的对外贸易差额支配我们的财富》(*England's Treasure by Forraign Trade or the Balance of our forraign Trade is the Rule of our Treasure*)(写于约 1628 年,出版于 1664 年)两书的作者。

托马斯·曼说:“增加我们财富和现金的通常手段是通过对外贸易,而在这里我们必须时时恪守这一原则:每年卖给外国人的货物在价值上必须超过我们消费他们的。因为,试想当王国得到富足的布、铅、锡、铁、鱼和其他土产的供应时,我们每年向外国的出超达二百二十万镑的价值;借此我们能够越过海洋为我们的使用和消费买进价值二百万镑的外国货物;只要我们的贸易充分保持这种状况,我们便可担保王国将每年增加二十万镑,而这二十万镑必定给我们带来这么多的现金;因为我们储备的这一部分并不以货物归于我们,而必定以现金带回国内。”(*England's Treasure*,

Chap. II)

依靠贸易顺差增加国家财富这种思想的一个结果，是政府试图尽一切可能，甚至必要时利用奖励金鼓励出口货物，并通过禁令或征进口税而阻挠进口外国货物。为了给本国产品找到国外市场，提出了各种方法，其中有些方法曾付诸应用。法国在十六世纪初以及后来在十七世纪又在柯尔培尔的领导下试图依靠艺术家、科学家和其他专家谋求商品制造上的霸权。一些名人像列奥那多·达·芬奇、本文努托·切利尼、克里斯蒂安·惠更斯和许多其他人以及一大批来自国外的能工巧匠都到法国接受为此设置的吸引人的职位；英国也从她对来自宗教迫害国家的避难者的宽容而获得有些类似的好处。对付外国市场竞争的另一个方法是廉价生产。戴维南特力主：促进"羊毛生产的一个自然办法是利用一些有益的法规确保英国的羊毛加工十分廉价，这样我们就能支配国外市场"(*Ways and Means of Supplying the War*，1695)。首先，这可通过适当的劳动分工达到。配第说："在一只手表的制造中，如果一个人制造齿轮，一个人制造发条，一个人刻表面，还有一个人制造表壳，那么这只手表比全部工作由任何一个人做更好也更便宜。"(*Concerning the Growth of the City of London*，1683)

616

同样，"如果一个人梳棉，一个人纺纱，一个人织布，还有一个人熨平和包装，那么布匹也一定比上述所有工序都由同一双手笨拙地进行时便宜。"配第建议的另一种促进廉价生产的手段是强迫游手好闲者工作，即通过"对失业者征税迫使他们去生产商品"(*Polit. Arith.*，II)。配第实际上建议把爱尔兰人"从贫穷可悲的耕作业"完全转成英国的"比较有利的手工业"(同上，IV)。查尔斯·戴维南特(在他的 *Ways and Means* 中)也极力主张强制身体强壮的贫民参加生产廉价商品。国家还用奖励金或津贴鼓励出口。这种方法的思想基础在某种程度上可能与配第提出下述见解(*Treatise of Taxes*,1662,Chap. Ⅵ)的动机相同:“暂时耗用一千个劳力比让这一千个人因失业而丧失劳动力可能更好”——这是大战后这个时期中人们广泛赞同的一种观点。金银的出口被认为无利可图。我们等一下将考查其理由。

进口的限制远比出口的扩大简单。某些种类商品可能完全禁止进口;其他一些商品可能征税;而为本国工业所需要的原料则可能免税。有时候一箭双雕,同一个措施既限制了某些种类商品进口,又帮助扩大了相应商品的出口。克伦威尔的航海法令(1651年)对航运业的影响就是一个显著事例,它既破坏了荷兰的运输业,又帮助了英国控制海洋。对进口商品实施的各种限制的目的也有点类似,即旨在保护和发展国内应用和出口的类似商品的国内生产。 617

整个重商趋向的精神是国际对抗。贸易主要被看作为是一种政治工具;重商主义的格言可以表达成这样一句话:“贸易到处国旗至。”甚至在配第的经济学著作中也可看到这种精神的反映。他写道:英国拥有足够的土地,有充裕的劳力和就业机会,因此,“英国国民的国王要获得整个商业世界的全球贸易,是一件可能而且极易办到的事情”(*Polit. Arith.*,X)。但是,对这个问题抱不同看法的经济学家在英国也不是一个没有。他们认为,国际贸易主要是各国互通有无的一个自然方法,并且认为国际贸易不应受专横的干涉。这种观点在戴维南特的《方法和手段》(*Ways and*

Means)中这样表述:“贸易本质上是自由的,它寻找自己的途径,最合理地确定自己的路线,而任何作出规定和指示、施加限制和约束的贸易法令可能都是服务于私人的特殊目的,但很少有利于大众……不同地域和国家的出产不同,这表明上苍希望它们相互帮助。”但是,世界采纳这种观点的时机尚未到来;甚至今天也还如此。重商主义的幽灵仍然缠住这些强国的内阁。

货币和财富

正如我们所已看见的那样,十六和十七世纪的政治家和经济学家全都注意到出口的重要性。然而,如上面所已指出的,他们不赞同出口金银。当时普遍倾向于认为财富就是货币,或者至少是贵金属和宝石,因此这些东西的出口看上去像是财富的损失。当十七世纪初英国贸易不景气时,爱德华·米塞尔登(*Free Trade*,1622)把部分责任归罪于东印度公司出口金银条块;当托马斯·曼为该公司辩护时,他仅抗辩说,“在商品贸易中,我们货币的出口是增加我们财富的一种手段”,像农民从他自己播种获得收益一样。曼的辩护似乎承认财富等于货币这一流行看法;更可能是他仅仅用它进行论证,因为他相信,甚至根据这个假设他也能够为他的理由辩护。那个时期的经济学家几乎都没有真的把财富看作就是金钱(或贵金属)。例如,配第在他的小册子《货币略论》(*Quantulumcunque concerning Money*)(1682 年?)提出了这样的问题(23):“一个国家难道不是因为货币少而变穷了吗?”他的回答是:“并非总是这样。因为,最富有的人手头都没有钱或只有很少的钱,而是把它变成各种商品流通,牟取高额利润,而整个国家也是

618

这样。”他继续说，事实上，如果货币超过“英国全部土地的半年地租，加上四分之一的房租，再加上全体国民一周的开支和所有出口商品总值的约四分之一”，那么这个国家的货币就太多了。

在他对英国财富的估算中，他包括了土地、房屋、货物、船舶等等以及货币、贵金属和宝石。在他的《赋税论》(*Treatise of Taxes*)等著作中，他估算了这个王国的全部钱币只占国家财富的百分之一。格雷戈里·金在这方面的观点也是明确的(见边码第606和607页)。戴维南特的观点也很清楚，甚或更其如此。“我们理解维持君王和他的全体国民富足、舒适和安全，就是财富”(*Works*, I, p. 381)。最后，还可以援引达德利·诺思爵士的话。他写道：“不愁贫困，安享最好的环境就是真正的富裕，即使没有金银或者类似这样的东西。”(*Discourses upon Trade*, 1691, I)

这个时期的经济问题的作家们都没有把财富和货币混淆起来。不过他们特别重视货币或贵金属。他们认为，金和银是商品，但它们是特殊类型的商品，因为它们是不朽的、可移动的，而且最容易交换成任何其他商品。因此，金和银(以及由它们制成的货币)远比其他商品为优越。诺思非常明确地概述了大要。他解释道：“金属对许多用途来说都是必不可少的，应当列入世界的物产和产品。金和银本性精细，比其他金属稀有，因此极受珍视；完全有理由认为一点点的金银价值上等于大量的其他金属等等。由于这个理由，还由于金银是不朽的以及具有易于储存和移动等便利，所以，并非根据任何法律，它们就被奉为标准即做买卖的共同的计量单位；而且如每个人现在都知道的那样，全人类都赞成这样”(同上)。

在《贸易论》(*Discourses upon Trade*)的第二版中,他说:"金和银以及它们制成的货币无非是度量衡,由此可以比不用它们时更方便地进行贸易;而且还为盈余的储备存储了一笔专门的基金"(同上)。

619 诺思关于金银货币与财富关系的观点基本上是正确的,尤其就他那个时代的英国而言,当时任何英国公民拥有的金银条块均可免费铸造王国的钱币。但是这个观点也不完全正确,如果他考虑过青铜、铜或锡的钱币的情形,那他本来也会看到这一点。这个王国的钱币都包含立法认可的因素,使之成为合法货币。尼古拉斯·巴邦(或巴伯恩)在他的《贸易论》(*Discourse of Trade*)(1690年)的《论货币》等章节里不无夸张地强调了这一点(在没有纸币的时期里)。他写道,"货币是由一项法律确立的价值;它的价值差别通过钱币的印记和大小来识别。……货币的价值必须由法律确定,否则它不能作为某种计算单位,也不能作为交换一切东西的价值。货币也不是绝对必须由金和银铸造;因为,货币的唯一价值来自法律,所以印记打在什么金属上不是实质性的问题。如果货币是黄铜、铜、锡或任何其他金属铸造的,那么它们都具有相同的价值,一样使用。……旧铜币六便士将买到与银币六便士相同的东西。"然而,巴邦认识到,这仅适用于可对钱币实施立法认可的英国。因此,他又补充说:"金和银以及黄铜、铜和锡的钱币,在那些这法律无效的国家里改变了它们的价值,其值不超过打上钱币印记的那金属的价格。因此,一切外币都取决于重量,没有确定的价值,随着其金属价格而涨落。"

因此,货币毕竟并不具有"它依据法律的唯一价值";巴邦的观点必须由诺思的加以补充。如果钱币被认可为合法货币，那么它们就因此变得更加**可以接受**；但是，它们的**价值**主要由用来铸造它们的那些金属的总的供需状况所决定。

格雷歇姆规律

钱币作为合法货币的价值和它的金属含量的价值之间可能存在着的差别产生了各种诱惑。一方面，在经济困难时期，政府或王室被诱使通过把钱币的金属价值减少到低于它们的票面价值即法定价值来使一点点贵金属能购买许多东西。这个时期的经济学作家们几乎一致谴责这种政策；他们中的许多人还极力主张，旧钱币应该熔化，代之以含有适量贵金属的新钱币。例如，配第在他的《货币略论》中指出，减少银币的重量不会带来好处，因为它们的购买力将按它们重量减少的比例而降低。他还极力主张，重量不等的旧硬币应当重新铸得一样重，以提供一个固定的商业标准，并且这些新钱币初次发行时应该具有和旧币同样的重量和纯净度。另一个诱惑是剪钱币的边缘。尽管剪边者一经捕获便严加惩处，但是他们仍继续干这种勾当。成色低的、用坏了的和剪过边的钱币的广泛经验很快使人明白，当重量足的钱币和重量不足的钱币一起流通时，人们都倾向储藏那好的钱币，或使用它们支付给外国贷方，以致不久便只有差的钱币在流通。这种倾向通常称为格雷歇姆规律。它可以表达成这样的公式："劣币驱逐良币。"这条规律的提出现在归功于托马斯·格雷歇姆爵士，据说他在1560年把它用在他起草的、伊丽莎白女王钦准的一份公告中（见 Burgon's *Life and Times of Gresham*，1839）。

620

价值和价格

十七世纪讨论最广泛的经济问题之一是价值的问题。无疑，这个问题在一定程度上是由于讨论上面已说明过的货币价值问题而提出的。关于价值的讨论都相当含混而又片面。大部分作家并非总是分清使用价值和交换价值，即商品或服务的效用和价格。其次，每个作家都趋向把决定价值的某个因素看作好像是需要加以考虑的唯一因素。然而，集体进行的讨论澄清了一个正确的经济价值理论的几乎所有的基本方面，而所需要的仅仅是某种逻辑综合。

在《贸易论》中，巴邦着重强调效用这个因素。他写道："一切商品的价值全来自它们的用途；没有用途的东西也就没有价值，正如英国警句所说，**它们分文不值**。东西的用途是给人提供必需品。人类生来有两大需要：肉体需要和精神需要；为了提供这两种必需品，普天下一切东西都成为有用之物，因而都有价值。"肉体的主要需要是"衣、食、住"。但是，"精神需要是无穷无尽的。""在形形色色满足精神需要的东西中，那些装饰人的肉体、促进生活华丽的东西应用最广。"

621

所以，稀罕或短缺成为价值中的一个因素，因为"稀罕难得的东西是体面的重要标志；从这个价值中，珍珠、钻石和宝石等都由于这种用途而获得其价值；稀罕物品所以是体面的象征，是因为获得了难得的东西。"相反，"如果商品超出可能的需要而**过剩**，它们便变得毫无价值。"

巴邦还解释了大多数东西由于风尚变化而发生的价值变动。

“大多数东西的用途是满足精神需要，而不是肉体的必需；以及那些大都发端于想象即心灵变化的需要；这些东西逐渐变得没有用，所以失去了它们的价值”(pp. 13—15 in J. H. Hollander’s Reprint, Baltimore, 1905)。

然而，关于价值的讨论大都主要围绕价格问题即那些决定交换价值的因素。即使东西为了具有交换价值即价格而必须有某种用途，那也不能由此得出结论：一切有用的东西均应得到价格，更不能认为一种商品的价格必定与其效用成正比，从而假设这效用可以独立地加以量度。正如约翰·劳所指出：“水用处很大，但价值很小。……钻石用处很小，然而价值很大”(*Money and Trade Considered*, 1705)。

那么，如果假设一些商品都有某种用途，则决定它们价格的是些什么因素呢？十七世纪经济学作家们主要强调这样两个因素：(1)生产一种商品所必需的劳动量和(2)商品的供给与需求之间的关系。

(1) 约翰·洛克在他的《政府论》(*Civil Government*)(1690年，§42)中强调劳动在创造价值中的作用。他说：“面包、酒和布都是日常用品而且很充足，然而，尽管橡树子、水和树叶或兽皮都必定是我们的面包、饮料和衣服，但并不是劳动提供给我们这些比较有用的商品。因为，无论面包比橡树子、酒比水、布或丝绸比树叶、兽皮或苔藓更有价值，这一切全都完全是由于劳动和工业所造成的。”然而，既然劳动必须有原料进行加工，而原料不是由人的劳动而是由大地所创造，因此洛克不得不承认，一种商品的价值部分地应当归功于大地。配第赋予在创造价值中的土地和劳动以同等

的重要性。他在他的《赋税论》(1662年,Chap. IV)中写道:"一切
622 东西都应该根据两个自然单位即土地和劳动来估价;即我们应当说,一艘船或一件衣服按照土地这个量度以及劳动这个量度是有价值的;因为船和服装都是土地和人在土地上劳动的创造物。"

然而,单用劳动或者单用土地来表达一种商品的价值将更为方便。配第因而考虑寻找"土地和劳动之间的自然平价",借此可以"把一者化归为另一者,就像我们把便士化归为镑一样容易而又可靠"(同上)。这样"自然平价"的问题在他的《爱尔兰政治解剖》(1691年,Chap. IX)中再度作了讨论,他得出的结论是:"一个成年人一天食量的平均数而不是一天的劳动量,是价值的公共量度。"这个结论是根据下述考虑提出的。"设想在二英亩围起来的牧场上,放上一头断了奶的小牛,我料想小牛十二个月里将长出1英担重可食用的肉;那么,我认为一英担重这种肉相当于五十天的食量,而这小牛价值的利息就是土地的价值即年租。但是,如果一个人的劳动……一年内能使上述土地生产出六十天以上这种或任何别种食物,那么,这些天食物的余量是这个人的工资:两者都用一天的食量来表达。"

配第满足于他把劳动的价值和土地的租用价值化归为一种公共单位的方法,因而着手表明如何作出"技术和简单劳动之间的平价和等值。"他解释道:"如果通过这种简单劳动我能在一千天里耕耘一百英亩土地准备播种;然后假定我花一百天研究一种更简单的方法,发明为此所用的工具;但在这一百天里土地一点也没有耕耘,而在剩下的九百天中我耕耘了二百英亩;那么我就说,上述仅花一百天代价发明的技术,永远值一个人劳动的价值;因为一个人

采用这种新技术就能完成两个不用这技术的人所做的工作”(同上)。

(2) 另一方面,有一种倾向强调一种商品的价格取决于供给和需求。例如约翰·劳坚认,商品的价格“或高或低,与其说是根据它们价值和必要的用途或大或小,还不如说是根据和对它们的需求成正比的它们的数量的多少”。他举出上面已经引述的那个例子,这里再重新全文录引。他说,“水用处很大,但〔交换〕价值很小;因为水的数量远远超过需求。钻石用处很小,然而价值很大,因为对钻石的需求远远超过它们的数量”(*Money and Trade Considered*)。因此,“商品的价值随它们的数量或对它们的需求的改变而变化。**例子**。如果燕麦的数量比去年多,而需求仍相同或者减少,那么燕麦的价值便将减小。”

戴维南特或许格雷戈里·金(戴维南特利用了他的统计资料)研究了谷物价格随供应的变化,他的结论如下:我们认为,收成的减损可能按如下比例抬高谷物的价格:

减损	相对通常价格的提高
十分之一〔10%〕	十分之三〔30%〕
十分之二〔20%〕	十分之八〔80%〕
十分之三〔30%〕	十分之十六〔160%〕
十分之四〔40%〕	十分之二十八〔280%〕
十分之五〔50%〕	十分之四十五〔450%〕

〔*An Essay upon the Probable Methods of making a People Gainers in the Ballance of Trade*, 1699, § III, p. 83.〕

洛克在强调了劳动是决定价值的一个因素以后,也承认供需的影响。他写道:“任何商品的价格都按照买卖双方人数的比例而涨落”(*Some Considerations of the Consequences of the Lowering of Interest*,etc.,1696,p.45)。他的功劳还在于考虑到了代用品的存在对商品价格的影响。“因为假如在小麦和其他谷物奇缺的同时,燕麦数量很多,那么,人们对小麦的珍重必定远甚于燕麦,因为小麦更有益于健康、可口和方便;但是,既然燕麦可满足维持生命的绝对必需,所以当燕麦的价格比较便宜时,尽管它有某种不便,人们还是不会用所有的钱去买小麦,而失去所有其他生活上的便利”(同上,p.48)。

我们可以从巴邦的《贸易论》(p.18,1905年版)中引录一段精彩的论述来结束本节。“要不是用金银制造盘子、网织品、丝绸和盾牌,以及**东方**王家储藏它们和用它们陪葬的习惯造成消耗,以致**西方**发掘出来的金银有一半在东方是埋在地下的话,那么,自从**西印度群岛**的发现以来,大量发掘的金银本来会大大贬低它们的价值,以致现在它们的价值不会超过锡或铜多少。因此,如果这些正在寻找哲人石的先生们终于找到了它的话,那么他们会感到多少失望呢?因为如果他们产生的金银数量同他们及他们的前辈为寻找哲人石所花去的一样多,那么金银的价格将大大降低,以致可能产生一个问题:哲人石给他们带来的**盈余**能否抵偿他们用以变成金银的金属。能保持价值〔价格〕的只是稀罕,而不是金属固有的效能或品质;因为如果考虑效能的话,用金子买铁制的刀和东西的**非洲人**就会在这交易中获利;由于铁是一种比金银都远为有用的金属。”

在此人们或许会回忆起大战后不久有些地方非常害怕,唯恐德国用假的黄金来偿还所有赔款。但是,德国炼金术的坩埚既没有产生赔款，也没有产生黄金，只产生了毁灭自己的恶魔。

土地价值

在上一节中，我们已经附带提及配第用放牧在牧场的牛所获得的食物数量来估价牧场土地地租价值的方法。这个问题在他的《赋税论》(Chap. IV)中讨论得比较充分，我们现在从中援引两段。他写道："假设一个人能用他自己的双手种植一定面积土地的谷物，就是说，能翻土或犁地、耙地、除草、收割、运送、打谷和扬谷，以及耕作这块土地所需要做的一切工作，而且他也有播种这土地所需的种子。我说，当这个人从他的收成中减去他的种子，扣除自己的口粮以及用于与别人交换布匹和其他生活必需品的谷物，那么，谷物的余量便是那年这块土地自然的和真正的租金；七年或者更确切地说，组成歉收和丰收周转循环的那许多年的平均便得出这土地以谷物计的通常租金。"

至于这租金值多少钱的问题，"我的回答是，这等于另一个人在相同时间内倾全力从事生产，扣除了他的消费以后所能储存的那样多的钱；这就是说，让另一个人到银的产地，在那里挖掘，冶炼，并把银子带到那个人种植谷物的地方，铸造银币等等；这个人在他从事银的工作的同时，始终也在为他的必要生计寻觅食物，谋求补给等等。我说，应当估计这个人的银币与另一个人的谷物价值相等"，如果根据许多人劳动许多年后的结果进行比较的话。625

然而，配第认识到，地租价值的确定还涉及其他因素，尤其是邻近人口稠密地区的土地，这部分地是因为食物运输费用节省了。他在他的《政治算术》(Chap. IV)中对此这样解释："如果只有一个人生活在英国，那么这整个领土的效益可能只是这个人的生计；但是如果增加了一个人，那么这领土的租金或效益便加倍，如果增加了两个人，那么便增长到三倍；如此以往，直到种植的人多到使这整个领土都能提供食物。因为，如果一个人想要知道一块土地的价值有多大，那么正确而又自然的问题必定是：它将供给多少人食物？有多少人得到食物？但是更实际地说，同样数量和质量的土地在英国的价值一般是爱尔兰的四或五倍；但是只值荷兰的四分之一或三分之一的价值；因为英国居住的人口是爱尔兰的四五倍，而只及荷兰的四分之一。”

配第然后着手确定以一定年数的年租或“一定年数的地租”计的土地资本价值。他把土地资本价值定为“一个 55 岁的人、另一个 28 岁的人和另一个 7 岁的人”〔祖父、父亲和儿子〕“三人共同生活的年数，我想这个年数可以认为会被人们记住……几乎没有人会有理由去考虑更远的后裔。……现在在英国，我们估计三代人共同生活 21 年，因此，土地价值约是这个年数的地租总额”，视情况有所增减。当然，因邻近市场或者人口稠密而引起的土地资本价值的增加已在租金加价中考虑到（土地资本价值是租金的倍数）。

工资

上面（见边码第 622 页）在论述配第试图建立“一种土地和劳动之间的自然平价”时，已经顺便提到他关于农业劳动价值的观点。他利用与同一块土地用于放牧牛群时所获得的口粮数量相比，雇佣劳动者所产生的“口粮盈余”来量度农业劳动价值。这种用劳动生产率来计量工资的观点对于他同时代人所公认的那种观点是一个进步，后者认为工资应根据劳动者及其赡养的人口所需 626 的最低生活资料费用来确定。托马斯·曼、戴维南特和洛克的论点就是根据这种最低生活资料的工资理论，他们认为，对工人阶级征收的税实际上落到了他们雇主的头上。这个论点只有在下述假定下才能成立：工人的正常工资恰好仅够维持最低生活，而如果对他们征税，雇主就得根据税收金额增加他们的工资。然而，配第注意到，"当谷物极其丰富时，穷人的劳动相应地宝贵了，但几乎一无所获"（*Political Arithmetick*，Chap. II）；乔赛西·蔡尔德爵士（在他的 *Discourse of Trade*，Preface 中）指出，荷兰人"给他们的所有生产者的工资通常至少比英国人每先令多二便士，"虽然这两个国家的最低生活资料费用不存在这样大的差异。

利息

在中世纪里，基督教世界对"利钱"或"使用费"（即为临时使用他人的钱或贷款而支付的钱）的态度，有时带有经济愚蠢和卑鄙伪善相混合的特征。基督教徒不得出借要利息的钱；只有犹太教徒通常被允许这样做；但是红衣主教们通常务必要在他们的"保护"之下生活的犹太教徒把这样获得的利润分一大部分给他们。然而，随着时间的推移，经济的必要性把伪装的宗教顾忌搁在了一边，而"高利贷"打着某种幌子在基督教徒中间盛行，虽然这个词现在仍然带着它在"宗教时代"所得到的那种恶名声，而且已完全被"利息"这个词所取代。十七世纪的经济学作家值得称赞，因为他们揭示了，收取本金的利息实质上同收取土地或房屋的租金一样。

两者都可能被滥用;但是错误的是滥用而不是租金或利息本身。巴邦简洁而又清楚地陈述了这个要点(同上,p. 20)。他写道:“利息是本金的租金,与土地的租金相同:前者是制造的或人工的本金的租金,后者是非制造的或天然的本金的租金。利息通常按钱计算,因为带利息的借款是得用钱偿还的;但这是误解;因为利息是按本金偿付的:因为借款花费来购买货物,或者预付贷款;没有人会出借利息由他自己负担的贷款而损失利息。”

627　从下面引自他的《赋税和捐款论》(*Treatise of Taxes and Contributions*,1662)(Chap. V)的一段话中可以看出,配第同样清楚这一点,甚或更其清楚:“如果一个人按下述条件提供他的钱:在某个期限之前,他可以不要求偿还,而不管在此期间他自己多么急需,那么,他当然会为他给自己招致的这种不便得到报偿:这种津贴就是我们通常所说的利息。”

此外,当钱必须在某个地方偿付时,就产生了“兑换或当地的利钱”的问题。本金的利钱自然不能少于“这贷款将可购买的那么多土地的租金,如果抵押可靠的话;但是如果抵押靠不住,那么就必须用简单的正常利息来提供一种保证,这种利息可以非常正当地提高到本金以下的任何金额。”

十七世纪里关于利息讨论得最多的问题是,利息是否应当受法律限制。有些人极力主张,高的利率应该由法律来规定,这个观点有时曾付诸实施。例如在英国,利率在1623年限定在8%,在1651年限定在6%;有些作家(例如,乔赛亚·蔡尔德爵士在他的*Brief Observations Concerning Trade*等论文之中,1668年)力主,利率应进一步减少到3%,这是那时荷兰的时率,而且据认为这给了荷兰商人一种对他们的英国竞争者的优势。然而，大多数经济学作家都反对由法律限制利息。配第（在上引著作中）反对它。诺思也反对，他极力主张，利率应该根据贷方和借方的比例进行自我调节。对那些鼓吹为了贸易的利益而由法律强行规定一种低利率的人，他反驳道："并不是低利息促进贸易，而是贸易的增长、国家的储备使利息降低；"他断言："当一切都考虑周到以后，将会发现，国家最好是让贷方和借方按照情况达成他们自己的交易。"（同上，pp. 18,20）

五、社会现象的规律性

十七世纪经济学文献最令人感兴趣的特征之一，是日益意识到在经济活动领域中普遍有一定程度的固有规律性或秩序。在纯粹自然领域内，规律和秩序的概念当然是该世纪自然科学的特征之一。这个时代的天才的天文学家和物理学家的伟大发现，给一切有头脑的人留下了深刻的印象，使笛卡儿、霍布斯尤其是斯宾诺莎这些哲学家确信宇宙规律和秩序普遍存在。然而，只有很少的人能够这样纵情想象。人意志自由而又变幻莫测，这似乎明显地驳斥了那种认为规律占据普遍支配地位的思想。笛卡儿甚至认为必须赋予人的灵魂（如果不是人的肉体）以专有的特权。这种成功的自然科学的精神足以感染敏锐的博丹，使他去寻找人的性格和能力同地理和气候影响之间的有规律的联系。"政治算术"领域中的工作者都探索出生老病死这类人类事件的规律性。经济学作家们处于一种多少有点独特的地位，因为在重商主义盛行的时期里，

628

经济活动倾向于被认为是一个明显地由君主和政府专横干预和控制的领域。然而，只要浏览这个时期的经济学文献，就会发现，有一种信念在不断增长，即经济事务自然地遵循它们自己的一定规律和倾向，甚至政府所能达到的有效操纵也有限度。这可以从下述两点看出，在贸易问题上，同政府干预的对抗愈演愈烈；事情集中在这种干预怎样时常导致各种各样的诡计，而它们是在受到妨碍时排泄经济趋向的出口。前面的引文有些可能已经把这一点说清楚了。这里我们仅仅再补充诺思用来结束他的《贸易论》时所用的那句生动的比喻："我们可以费力筑起篱笆把杜鹃围起来，但这是枉费心机。"

（参见 *The Economic Writings of Sir William Petty — Together with the Observations upon the Bills of Mortality more probably by Captain John Graunt*, ed. by C. H. Hull, Cambridge, 1899; *The Petty Papers*, ed. by the Marquis of Lansdowne, 1927; J. Bonar, *Theories of Population*, 1931; W. G. Bell, *The Great Plague in London in* 1665, 1925; H. L. Westergaard, *Contributions to the History of Statistics* 1932; E. Cannan, *A Review of Economic Theory*, 1930。）

第二十六章　哲学

哲学和科学

我们已经指出过，在近代之初哲学和科学是彼此不分的。哲学这个术语广义上用来泛指所有世俗的知识，包括一切今天所称的科学。为了使哲学摆脱从属于基督教神学的地位（这是经院哲学的最大特征所在），近代思想的先驱者们长期努力不懈。这种分离的基础在一定程度上是邓斯·司各脱（1270？—1310）在中世纪临近结束时奠定的。他把天启知识和自然知识、神学和哲学截然区分了开来。他认为，天启是上帝的恩赐；而理性的知识则是以知觉到的客体为对象的人类心灵的自然过程。这种"双重真理"即自然真理和天启真理的思想无疑促进了世俗研究事业。但是，这个走向自然知识解放的进程由于下述事实而被阻滞了：教会把亚里士多德的哲学奉为解决一切不与基督教教义相冲突的哲学和科学理论问题的权威。因此，当时人们时常激烈攻击亚里士多德，尤其是他的形式逻辑。他们严厉批评他的仅仅是三段论推理方法的贫乏无力，批评他看不到只有经验和归纳才是能促进真正知识的正确方法。这种批评完全是不应该的。亚里士多德关于科学方法的知识，他为促进科学而作出的贡献，都远远超过大多数批评他的人。但是，这种批评并非总是表里一致的。它的目标所向或许倒不如说是以巧妙的方式抨击教会以及经院哲学对亚里士多德逻辑的滥用。这种对亚里士多德逻辑的批评和在哲学上鼓吹新的经验方法,无疑主要是为了谋求把自然知识从神学解放出来,以使哲学和科学都能成为完全世俗的学问。然而,科学和哲学在很长时间里是彼此不分的。科学著作包含很多我们今天所称的哲学,科学家还常常作出形形色色的纯粹哲学假设。但是,科学和哲学这两个自然知识领域逐渐地还是分离了开来,尽管这种分离并非总是在这两种名义之下进行的。部分地受弗兰西斯·培根的影响,更大程度上由于罗伯特·玻意耳的努力,尤其在牛顿树立的榜样的示范下,当然也完全是他们所倡导和运用的经验方法的结果,终于作出了一种区别,它把直接来自观察或经验事实的理论同离开这些材料比较遥远的进一步理论分别开来。前者属于科学的范畴(即通常所称的自然哲学),后者则属于思辨哲学的范畴(它有各种不同的名称:神学、形而上学或第一哲学)。牛顿非常奇怪地把"假说"这个术语限制于那些比较思辨的理论,这也许是因为这个术语从词源上使他想到形而上学的"基质"或"实质"。这样,经验上可证实的自然知识便同因无法证实或不能充分证实而令人可疑的思辨区别了开来。换句话说,科学同哲学分离了,尽管它们并非始终都和为此目的所用的这两个术语互为表里。在本章,哲学这个术语在刚才所指出的意义上使用。这将防止发生混淆,尽管不久以后便出现了分化。

近代科学的先驱者们坚持不懈地致力于使科学和哲学摆脱神学以及随后又使科学同哲学分离,这绝不能看做是一种证据,说明他们都敌视神学或哲学。他们大都是虔诚的基督教徒,尽管他们不是狂热的教士;他们莫不热衷于各种哲学假设,虽然他们并不总是清楚地意识到这个事实。然而,他们都本能地试图保持他们的科学工作脱离他们的神学和哲学,取得了程度不等的成功。

本章的主要目的在于论述十七世纪末之前的主要近代哲学家的最主要的思想,并适当离题地介绍一些主要不是哲学家的近代科学先驱者的哲学观点或推测。

布鲁诺

乔丹诺·布鲁诺(1548—1600)出生于意大利的诺拉。他在那不勒斯就学,加入多明我会。因为涉嫌异端,他出逃过流亡生活,到过法国、英国、德国和瑞士。他不时在牛津、巴黎和其他地方讲演。在返回意大利时,他在威尼斯被宗教法庭发现,在囚禁了几年之后,最后在罗马被烧死在火刑柱上。 631

布鲁诺的世界观既反映了在复活的新柏拉图主义的影响下文艺复兴所特有的那种对大自然的生机勃勃之美的热忱,也反映了打破当时的乡土观念的地理发现旅行所激发的目光开阔以及哥白尼的日心天文学对人类倾向所产生的深远影响。

教会对自然界的认识相当狭隘,还轻蔑地把它同超自然的王国对立起来。在布鲁诺看来,自然界是一个充满生机和美的无限世界。自然界中神无处不在;事实上,它就是上帝,它具备通常赋予上帝的一切品性。按照布鲁诺的意见,上帝并不存在于世界事物之外,不能离开它们而存在,而是存在于所有它们之中(*De la Causa, Principio et Uno*, Dial. II and V; *Opera Latina*, 1879, I, i, 68)。一个有限的世界不值得上帝去占满它。实际上,自然界不仅无限，而且还包含无限多个世界，它们全都充满生机和活力，随着神一起搏动。这些世界每一个都有它自己的太阳，围绕其运动。每个世界都由一种比较原始的状态形成，它在完成了生命周期之后又将复归于这状态。并且，宇宙由于其内在的规律和秩序而无限地美。这有序性是它自己本性的必然性所使然，而这必然性也就是它的自由。因为在上帝即宇宙中，自由和必然性相吻合。上帝正是在自然界的不可违犯的规律中、太阳的光辉中和母亲地球所生育的事物中显圣；宇宙万物都对上帝的至善至美作出其贡献。有限的事物实际上是无限多样的永恒的“单子”，每个单子都是宇宙的一个独特的单元，都对宇宙的完善无缺作出贡献。一个单子的“死亡”只是其不断变化的一个阶段即它退化的阶段。一个单子的诞生只是它从宇宙中心开始进化，它的寿命就是它的完满性的周期，而它的死亡就是它复归于或者说退化到宇宙中心。不过，无限宇宙中实际上并没有空间中心。内和外之间、月上和月下区域之间、天和地之间或者自然界中物质和精神之间都不可能有根本的差别。因为神的精神无所不在，不存在没有灵魂的肉体，正如不存在没有肉体的灵魂一样。一不可能和多相分离，多也不可能和一相分离。人的最高生命和活力在于他尽情地爱宇宙，这是一种“英雄的”爱，从而在他的身上清除掉了一切猥琐。

632　布鲁诺对自然界的生命和优美的诗一般的赞美可能令人纳罕，但它实质上类乎一种对自然界及其几何和谐的美学态度，这种态度激励了天文学先驱，尤其是开普勒，并因而为数学谋得在近代科学中占据至高无上的地位。

培根

弗兰西斯·培根(1561—1626)出生在伦敦。他的父亲是伊丽莎白女王的掌玺大臣尼古拉斯·培根爵士。弗兰西斯在剑桥大学三一学院求学。他在那里看来学到了两件事:对个人荣誉的热望和对经院哲学的蔑视。他天赋和机遇都超常,前者导致他身败名裂,后者使他成为反中世纪精神的先锋而名垂青史。他在1576年去法国,但在他父亲于1579年去世后又返回英国,继而攻读了四五年法律。1584年,他进入议院。1593年,他因在下议院反对一项财政议案而冒犯了女王。因此,尽管埃塞克斯伯爵为他说情,但他仍失去了升迁的机会。这件事可能教训了他,使他看轻了道德心。1601年他帮助给埃塞克斯定下叛逆罪,因而重又博得女王的宠信。但他

图309—弗兰西斯·培根

仍未得到重用,只在1603年成为爵士。当他于1607年被詹姆斯国王任命为副检察长时,他正在认真考虑放弃政治转向从事学术研究。1613年,他就任检察总长;1617年任掌玺大臣;1618年任大法官和维鲁拉姆男爵;1621年任圣奥尔本斯子爵。可是,他由

于奢侈而堕落，就在这一年他被控受贿，被定罪而失宠。他一生最后五年在隐退中度过，致力于学术工作。

培根之前不久进行的地理发现旅行和作出的实用发明给他留下了深刻的印象。他认为，印刷术、火药和磁罗盘的发明“改变了全世界的整个面貌和事态”。给他特别深刻印象的是哥伦布发现新世界和他同时代的伽利略用望远镜揭露了新的景象。培根还想亲自作出实用的发明和发现一个新世界，至少是一个“新的理智世界”。为此，他提议找出当代学者的缺陷，详细制定关于协同研究的新方法的计划，这些新方法能够导致真正的知识和实用的结果。他为履行这个计划所作的主要贡献包括在他的《学术的进展》（*Advancement of Learning*，1605）（大大扩充的拉丁文版是 *De Augmentis Scientiarum*，1623）、《新工具》（*Novum Organum*，1620）（新的方法论）和《新大西岛》（*New Atlantis*，1625）之中。值得指出的是，这些著作中最重要的一部即《新工具》的扉页上是一幅图，画面上一艘张满帆的船驶过旧世界的尽头“海格立斯柱”而进入大西洋去探寻新世界。培根显然志在成为“新的理智世界”的哥伦布。他曾经如此明确地表白过。“我之发表和提出这些猜测，一如哥伦布在他越过大西洋的那次令人惊叹的航行之前所做的那样，当时他说明了他为什么相信可能发现新的土地和大陆的理由”（*Nov. Org.*）。

633

在培根看来，传统学术的毛病例如他在旧大学中所目睹的也正是经院哲学所特有的那种毛病：依赖寥寥几本古籍，翻来覆去地对它们的内容作逻辑的修补，而不是注意事物本身。他继续说道：“这种蜕变的学术主要在经院哲学家中间盛行。这些人智慧敏锐而出众，他们有充裕的闲暇，阅读种类不多的书籍，但是他们的智慧禁锢在少数几个作者（主要是他们的独尊者亚里士多德）的窠穴里，因为他们的人身就束缚在修道院和学院的小天地里；他们对自然史和历史都不甚了了，因而他们没有研究大量的问题，而是无限制地发挥智慧，把在他们的书本上苦心编织成的学术之网来束缚我们。因为如果人的智慧和心灵对问题（它是对上帝创造物的沉思）进行工作，那么它们是在按照材料进行工作，因此是有限的；但如果它们是在对自己进行工作，像蜘蛛织网那样，那么便是无限的，它们实际上编织出了学术的蜘蛛网，网丝和编织的精细令人赞叹，但却是空洞的或无益的”（*Advancement of Learning*，Book I）。培根一只眼睛看着轻信的经院哲学家，另一只眼睛盯住当时的怀疑论者，这样，他把对待书本的正确态度描述如下：“读书不是去反驳和驳倒；不是去相信和想当然；也不是去寻找谈话和议论；而是去权衡和思考”（*Essays*，On Studies）。

培根不仅知道哪些心灵品质是科学的障碍，而且还深明哪种心理最适合于科学。他这样写道：“心灵要非常机敏而又全智，能够把握事物的相似之处（这是主要之点），同时又非常稳重，能够注意和分辨它们比较精细的差别；……作为天性，就具有探索的欲望、怀疑的耐心、沉思的嗜好、断言的谨慎、重新考虑的果断、整理的仔细；并且……不损害新的东西，也不赞美旧的东西，并痛恨一切欺诈”（*De Interpretatione Naturae Proemium*，Vol. III，p. 518ff.，载培根著作的 Ellis 和 Spedding 版本）。培根是在考虑他有无资格担负规划“新的理智世界”这个重任时，给他自己作这番描述的。鉴于他实际取得的成就，人们无可厚非，不能说他对自己的品格失诸溢美。人们倒是倾向于遗憾地想象，如果他把全部 634

精力都投入科学和发明的事业而不是政治，那他可能本来还会在这个领域里取得何等重大的成就。

培根珍视科学知识并不是为了它本身，而因为它是利用可能从它产生的发明来为全人类谋利的强有力的工具。广大人民还生活在粗野而又悲惨的境况之中，迫切需要解救。在贫困之中，人们乞灵于魔法和占星术。传统上对奇迹的迷信和流行的神秘的和泛灵论的自然观助长了对占星术、魔法和巫术的信仰。甚至开普勒也只能被认为既是个伟大的天文学家，又是个神秘主义者和占星士；哈维也曾参与考核习称的巫士。据认为培根坚持主张，驾驭自然现象的唯一途径是利用科学知识而不是巫术的或占星术的仪式。神秘的操作不可能制服自然现象；必须研究、遵守和服从它们。只有理解和遵守它们的特征和规律，它们才可用来造福于人类。

培根说道："人的知识和人的力量是合二而一的；因为原因不明的地方，结果也不可能产生。对于有待征服的大自然必须先去顺从她"（*Nov. Org.*，Aphorism iii）。

另外，培根的功利主义的科学观是富于远见的。他目光远大。他认为，从长远来看，科学作为一个整体将会，也应当会大大造福于人类。他不宣扬任何目光短浅的观点，例如那种认为每项科学研究无论开始或结束时都应当根据其实际效果来评价的观点。相反，他告诫世人，这种目光短浅的功利主义只会败坏自己，正像阿塔兰塔在赛跑中由于停下来拾金苹果而失败一样。[①] 他写道："诚

① 希腊神话中的捷足美女阿塔兰塔许诺嫁给在赛跑中战胜她的人。青年希波美尼斯在路上丢下三只金苹果，诱使阿塔兰塔停下来拾取而战胜了她。—译者

然，我主要从事著述和积极的科学研究，但我仍然期待着收获期，不过我不想收割苔藓或者还没有成熟的谷物。……我极端谴责和拒斥那种不合时宜地、幼稚地刚开始工作就急于攫取唾手可得的、但却像妨碍赛跑的阿塔兰塔苹果那样的东西”（*The Great Instauration*，Plan of the Work）。

635

为了获得真正的而又富有成果的知识，需要做到两件事情，即摆脱成见和采取正确的探索方法。关于第一个要求，培根坚持认为，一切科学知识都必须从不带偏见的观察开始。可是，这并不是轻而易举的事。因为人的心灵“像一面魔镜”，一面给出虚假反映而不是正确映像的失真的镜子。这种失真是由于某种缠住人的心灵的成见或“假相”（即幻影或幻象）所致。培根列举了四种类型成见或偏见，他分别称之为“种族假相”、“洞穴假相”、“市场假相”和“剧场假相”。“种族假相”是整个种族所共有的成见，例如倾向于只看到和相信所赞同的东西，在万物中看到一种目的，用拟人的方式解释一切，受幻觉妨碍，如此等等。“洞穴假相”是个人所特有的成见，因人而异。他说，这些成见“大都是由于一个偏爱的问题占支配地位而产生的”；他以他的同时代人吉尔伯特博士为例，后者“在极其勤奋地从事磁石的研究和观察之后，立刻就着手按照他所偏爱的这个问题构造一个完整的哲学体系。”培根说的“市场假相”是指那些主要由于应用语言而产生的成见，语言是社会交往的主要工具。例如，人们倾向于认为，同所使用的一切名称相对应的事物是存在的，例如机遇、命运、巫士等等；也倾向于忽略一个语词的字面意义和隐喻意义间的差别，例如有限的和无限的在应用于物理的和非物理的客体的时候。培根把这些归因于这样的事实：“学者们激烈而严肃的争执往往终止于围绕语词和名称的论争。”最后，“剧场假相”是由于采纳特殊的思想体系而引起的成见。它们是特别忠于特定的哲学、神学等等的体系的产物。培根断言，“根据我的判断，一切公认的〔哲学〕体系都只不过是许多舞台上的戏剧，按照一种不真实的布景方式来表现它们自己所创造的世界罢了。”他举为例子的有忠诚的亚里士多德派和毕达哥拉斯派以及那些近代人，“他们试图根据《创世记》前几章或者《约伯记》以及圣书的其他部分来建立一种自然哲学体系。”科学家必须从他的心灵中清除掉所有这四种“假相”，如果他想获得那种将使人类驾驭物质世界的知识——进入建基于科学之上的天国，这与进入“除了幼儿谁也无法进入的天国没有多大差别”（*Nov. Org.*, Aphorisms xxxixlxviii）。

636

至于科学知识的第二个必要条件即正确的方法论，培根则坚认重要的是应把经验主义和理性主义、仔细的观察和正确的推理结合起来。培根照例形象地把单纯的经验主义者比做蚂蚁，把先验的理性主义者比做蜘蛛，而把正确的科学家比做蜜蜂。“实验家像蚂蚁：它们只知采集和利用；推理家犹如蜘蛛，用它们自己的物质编织蜘蛛网。但蜜蜂走中间路线；它从花园和田野里的花朵采集原料，但用它自己的力量来变革和处理这原料”（*Nov. Org.*, Book I, Aphorism xcv）。

培根呕心沥血地精心制定了详细的发现科学真理的正确方法。他关于自己所提出的这些方法的本质和目标的思想，乃建基于他对物理世界的构成所抱有的某些概念。在试图说明他所提出的各个科学方法之前，必须先简单地介绍一下这些概念。

虽然伽利略和其他人已经用物质原子即微粒、运动和它们的规律建立了一门新的物理科学，但培根仍在用亚里士多德的质料、形式、性质等概念以及与之相关的质料因、形式因、动力因和终极因的概念进行思考。哥白尼仍用本轮进行思考，但他同托勒密相比已把本轮的数目大大减少。正像哥白尼一样，培根也把中世纪物理学中的性质和形式的数目减少。他采取这样的假定：为了理解物理现象，必须考虑三个方面，即它们的从感觉得到的性质、它们的固有的即物理的性质和构成它们的基础的形式。例如，热是一种由感觉得到的性质，即它是某些物质现象于一定条件下在生物中产生的一种感觉。这种热并不处于所谓的热的实体之中，而后者据认为是引起这感觉的原因、泉源或刺激。人们倒是应当说，这热实体具有在生物体中产生热的感觉（或者可能是增加气体的体积，等等）的**能力**。正是这种能力构成了这热的实体的固有性质即物理性质。培根把物质客体的这种或任何类似的物理性质或能力（例如颜色或重量）称为“本质”。按照培根的意见，每种“本质” 637 又依赖于某个看不见的即潜在的过程，他称之为“形式”；而因为这种过程符合于规律，所以培根还用“规律”这个术语代替“形式”。他写道：“当我说形式的时候，我无非是指支配和构成任何简单本质例如各种物质和感觉主体中的热、光和重量的那些绝对现实的规律和规定性。因此，热的形式或光的形式和热的规律或光的规律乃是同一东西。”（*Nov. Org.*，Book II，Aphorism xvii）所以，按照培根的意见，“感觉得到的热是一个相对概念，同人有关”；热的“本质”是某种在生物体中产生热的感觉的能力，这种能力甚至当近处没有受它作用的生物体时也仍然存在；热的“形式”或者他另外所称的“热本身、它的精髓和它的实质”恰恰是“运动而已，别无他者”。于是，培根设想整个物质世界乃由数目相当少的简单“本质”，诸如热、光和重量（视为物理能力或性质）所组成。他认为，所有简单“本质”全都可以用甚至数目更少的“形式”甚或一个终极的“形式”来解释。人类对物质客体的全部经验、天上和地上万物的总体乃是数目有限的“简单本质”或者甚至数目更少的终极“形式”（因为这种简单的一般“本质”例如热、光和声均可视为同一个终极“形式”即运动的各个特殊变种的产物）的不同组合和置换的结果。“简单本质的形式尽管数目少，但通过交换和配合可以构成所有这一切种类”（*Adv. of Learning*，Book II）。应当明白，尽管他的术语多少带有经院色彩，但培根实际上是根据原子、运动及其规律来思考物理世界的，即使他并未认识到定量精确的定律的重要意义。

按照上述解释，就能理解培根为何认为真正的而又富有成果的科学的工作就是发现“形式”，或者更确切地说，发现简单的形式。“探索密、稀、热、冷、重、轻、有形性、流动性、挥发性、固定性和诸如此类东西的形式……而它们像字母表的字母一样，并不多，但却构成和维持一切实体的精髓和形式，噢，这正是我现在试图做的”（*De Augmentis Scientiarum*，Book III，Chap. IV）。因此，培根即从事解释发现这种简单形式的方法。现在我们就可以来介绍他的方法论的主要特点。

638

科学方法必须从系统的观察和实验开始，达到普遍性有限的真理，再从这些真理出发，通过渐缓的逐次归纳，达到更为广阔的概括。切忌根据少数的观察匆忙进行概括。他说道：“存在着而且可能只存在着两条寻求和发现真理的途径。一条是从感觉和特殊飞到最普遍的公理,把这些原理看成固定和不变的真理,然后从这些原理出发,来进行判断和发现中间公理。这条途径是现在流行的。另一条途径是从感觉和特殊引申出公理,然后不断地逐渐上升,最后达到最普遍的公理。这是真正的途径”(*Nov. Org.*,Book I,Aphorism xix)。〔培根把任何概括都称为“公理”。〕

观察必须系统地进行和记录。无论研究哪种性质或者说物理性质,都必须试图把基于观察的有关资料编制成三张表。(i)首先我们需要一张**肯定事例表**,它列举有该性质出现的所有种类现象。这些事例应当尽可能地多种多样。“给定了一个本质,我们就必须首先把一切已知的虽然在实体上迥异但在这个本质上一致的事例收集起来,摆到理智的面前。在进行这种收集时,必须……避免过早进行思索”(同上,Book II,Aphorism xi)。例如,若研究的是“热的形式”,则这表应枚举诸如太阳光线、曳光、雷电、火焰、天然温泉、火花、经摩擦的矿物、潮湿的生石灰、酸等等事例。(ii)其次是应编制一张**否定事例表**,也即“缺乏这给定本质的事例,尽管这些事例在其他方面同别的其中有这本质存在的事例极其相似。”例如,关于热的否定事例包括月亮、恒星和流星的光线;空气、水和其他处于自然状态的流体;干的生石灰,等等。(iii)第三,我们需要一张**程度表或比较表**,其中的“事例在大小不同的程度上具有所探索的本质。”在热的情形里,这些所需要的事例包括运动、酒、发烧等等引起的动物热的增加、生物体各个部分热的程度不同、太阳热的强度随太阳位置不同而变化,以及运动或吹风的量、取火镜离燃烧体的距离和火的持续时间等的不同所造成的热的差别,等等。

借助这三张适当事例的表,就可以很容易地确定所研究的性　639

质或本质的形式。所采纳的原则是，当所给定的本质存在时，这给定本质的形式也必定存在，它不存在时，这形式也不存在，而当前者变化时，后者也发生量的变化。把每张表中的各种事例加以比较，并把这些表相互比较，就应当能够取消对所有形式的断定，而只留下对一个形式的断定。对这种排除方法的依靠意味着，存在数目相当少的形式和关于所有它们的知识。上面已解释过，培根对它们为数很少深信不疑，并且他还希望，通过科学家之间勤奋的合作，这些形式不久就将可全部被获知。培根把这种排除方法应用于有关热的三张事例表，由此得出结论："热乃是其一个特殊情形的那个本质，看来是运动。这在火焰中表现最为明显，火焰总是在运动，以及烧煮也是在不断运动的液体。运动激发热或者引起热增加，如在风箱和鼓风机里，也证明了这一点。……此外，任何阻止和制止这运动的强压缩都会使火和热熄灭，也证明了这一点。"为了防止误解，培根又补充说："热本身、它的精髓和实质只是运动，别无他者"；但它是一种特殊的运动，即"一种膨胀的、受约束的、由其冲突而作用于物体较小微粒的运动"（*Nov. Org.*，Book II，Aphorisms x—xx）。

培根意在制定科学程序的准则，使得几乎任何具有常识而又勤奋的人都能作出科学发现。他的《新工具》（即新逻辑）旨在成为这样的工具，他把它比做圆规。正像圆规使甚至没有技能的人也能画出一个很好的圆一样，这种新方法也应当使得普通人都能成为科学发现者。在这里，培根大大低估了独创性和洞察力在科学工作中的重要作用，以及把它简约成单凭经验的方法所存在的困难。事实上，培根自己也发现不可能令人满意地应用他自己精心制定的规则。仅仅把他所要求的那三种类型表编制完全,也将是一项费时而又麻烦的工作。培根自己也不得不同意和实行某些简捷的做法("预期")。然而,他对科学方法的说明仍建立了相当大的功绩。他的三种表,即使不完整,也已为那些最为重要的比较简单的归纳方法的应用提供了必需的资料。肯定事例表提供了应用契合法所需的资料;比较表提供了共变法所必需的资料;而肯定事例表和否定事例表的结合应用为差异法和契合差异并用法的应用提供了所须的资料。这是科学方法论研究的一个不小的成就。他强调经验之必要性和可控实验之极端重要性,也是值得称赞的。他考虑把神学逐出物理科学(虽然没有逐出哲学);他认识到否定的、关键的和特别的(或不正常的)事例的重要意义。这些都是对科学方法研究的重要贡献。 640

最后,虽然培根本人未对科学发现直接作出过有价值的贡献,但他对自然知识的世俗化提供了宝贵的帮助,他的乌托邦式的《新大西岛》描绘了有组织的科学研究机构(所罗门之宫),这促进了后来建立伦敦皇家学会。这个学会完全可以看做是玻意耳和其他人有意实现培根的梦想的结果,这些人都深受这位罕见的学识渊博而又才华横溢的大法官的著作和名望的影响。

霍布斯

托马斯·霍布斯(1588—1679)生于玛姆兹伯利附近的韦斯特波特。他在牛津就学,然后当了卡文迪什勋爵后嗣的同伴,他陪伴后者到海外旅行,其间他会见了许多外国学者和政治家,包括伽利略、伽桑狄、默森和笛卡儿。他的主要哲学著作是《论公民》(*De*

图 310—托马斯·霍布斯

Cive)(1642 年)、《利维坦》(1645 年)、《论物体》(*De Corpore*)(1655 年)、《论人》(*De Homine*)(1658 年)。第一本书研究他那个时代的政治动乱;第二本也是最出名的书试图为皇家的特权辩护,但他根据的思想不是君权神授,而是国王体现人民的意志。他对自由意志的否定招致剧烈反对;在好几十年里,霍布斯一直是英国各个主要的道德主义者的攻击目标。

在科学史上,对霍布斯的主要兴趣在于他采取机械论的宇宙观。伽利略和笛卡儿以及某种程度上甚至还包括培根,都试图用物质和运动来解释物质世界。霍布斯超越了他们,他试图对包括精神世界和物质世界的整个宇宙都作类似的解释。像培根一样,641 他也是经验主义者,反对经院哲学。但是,霍布斯对数学的科学意义有更深刻的认识,他同伽利略比同其他前驱或同时代人更加接近。虽然霍布斯是近代的古典唯物主义者,但他不反对宗教。他相信上帝是宇宙的第一原因,但他坚决主张,人"不可能认识上帝"。

按照霍布斯的唯物主义哲学,物质和运动是绝无仅有的终极实在。它们是万物,甚至感情和思想的基础,因而也是一切知识的基础。因为一切知识归根结底都导源于感觉即感官知觉。霍布斯坚决主张，“一个人的心灵中是没有概念的，概念不是原来就有的，它完全地或者部分地是依靠感官产生的”；一切感觉经验都是物质撞击或者压迫感官的运动所产生的；甚至在人体内部，这些压力也只能是各种运动或者只能产生各种运动，“因为运动只产生运动，别无他者”（*Leviathan*，Part I，Chap. I）。精神是一种物质；心灵经验全都是变化的过程，因此全都是运动，因为在霍布斯看来，“一切变化全在于运动”。并且，一切事物，无论有生命的还是无生命的都服从同样的惯性规律，即都表现出保持它们的现状（无论静止还是运动）这种基本倾向。

霍布斯可以看做一个突出的范例，说明一条方法论原理怎样可以转变成一种宇宙哲学。霍布斯把伽利略用物质和运动解释物理现象的方法转变成一种片面的唯物主义哲学。不久之后，片面的唯物主义又为若干同样片面的唯心主义所抗衡。然而，十七世纪的哲学家大都依靠基督教传统的上帝来把物质和精神这两个世界维系在一起。试图一视同仁地对待宇宙的一切方面而又不诉诸传统的 *deus ex machina*〔解围之神〕的一个哲学家是斯宾诺莎，他的哲学我们就要论述到。

笛卡儿

勒内·笛卡儿（1596—1650）生于法国都兰的拉哈耶。他的家族属于爵位较低的贵族，出了许多学者。关于他的军事世家的逸闻只是把姓氏相同但实际不是一家的人搞在一起而产生的一种传说。他在昂儒的拉福累歇的耶稣会学校求学。前五年主要学习古典语言；后来三年他主要埋头攻读数学、物理和哲学。1612 年他

642

图 311—勒内·笛卡儿

离开这所学校，不久进入普瓦蒂埃大学，1616 年毕业于该校法律系。1618 年，他离开法国，表面上是到荷兰、德国和奥地利等国度过军事生涯。但并无迹象证明他真的在那些地方过戎马生活；他只是同数学家们交往。

1619 年 11 月 10 日，正在乌尔姆的笛卡儿似乎在转念之间认识到，数学方法可以推广应用到其他学科。这个思想就像天启主宰着他的心灵。后来他做了三个梦，它们给他留下了极其深刻的印象，因此他发誓要朝觐圣母殿；接着的九或十年里，他几乎完全致力于精心阐发他的新的数学思想，这些上面已经说明过。1622 年，他回到法国；但在 1623 年他因家庭事务去意大利，约在 1625 年返回巴黎，同默森、皮科和其他人结下友谊。1628 年，他又去荷兰，在那里几乎度过了他的余生。他写道："难道还有别的哪个国家，在那里，你能享受这么完全的自由，你能睡得更安稳……道德败坏、背信弃义和诬蔑中伤这样少见，我们祖先淳朴的遗风这么浓烈？"及至 1649 年，笛卡儿已经名闻遐迩，他应邀去斯德哥尔摩当克里斯蒂娜女王的教师，后者对哲学感兴趣。但是他不适应瑞典宫廷的生活，北方的严寒也大大损害了他那历来孱弱的体质。他在斯德哥尔摩逗留了五个月后于 1650 年 2 月 11 日逝世。

笛卡儿的主要著作有《方法谈》(*Discourse on Method*),包括有关屈光学、气象学和几何学等的三个重要附录(1636年);《形而上学的沉思》(*Meditations of First Philosophy*)(1641年);《哲学原理》(*Principles of Philosophy*)(1644年);《论灵魂的各种情感》(*Treatise on the Passions of the Soul*)(1649年)。笛卡儿的哲学著作有二卷本的英国译本(E. S. Haldane 和 G. R. T. Ross 译,Cambridge,1911,1912),他的《几何学》(*Geometry*)有美国译本(D. E. Smith 和 M. L. Latham 译,Chicago,1924)。笛卡儿的《屈光学》(*Dioptrics*)的英国译本(A. J. Taylor 译)和《宇宙》(*Le Monde*)的英国译本(A. Wechsler)的打字稿现存伦敦大学图书馆。

像培根及其前后的其他人一样,笛卡儿也对在拉福累歇哺育过他的经院哲学深恶痛绝。他本质上是个数学天才;经院哲学那种诉诸权威的方法甚至在他的耶稣会学校里,在数学上也没有什么用,只在其他学科上大加应用。因此,笛卡儿费了很大心思探索利用自然的理性之光来获得真正知识的正确方法这个问题。他对这个问题的讨论见于他的残篇《心灵方向的规则》(*Rules for the direction of the Mind*)(1628年)、他的《论正确运用理性的方法》(*Discourse on the Method of Rightly Conducting the Reason*)(1637年)、他的《形而上学的沉思》、未完成的对话《探索真理》(*The Search after Truth*)(1641年?,或许1628年)和《哲学原理》。《论正确运用理性的方法》中包括一些关于他对方法问题的态度的饶有趣味的传记材料。特别值得录引的是下面这段话:“我从孩提时代起就一直在学问的哺育下成长,因为人们让我相信,凭

643

借学问我们清楚而又确切地知道一切人生有用的东西，所以我渴求获得教育。可是，一当我完成了全部学业，而人们在结束这学业后通常都被接纳进学者行列，我的见解却完全变了。因为我为这么多的怀疑和错误所困扰，以致我似乎觉得，我受教育的结果无非是越来越发现我自己的愚昧。然而，我是在欧洲最著名的学校之一里学习的……我在那里学到了一切别人所学到的东西……我也并不感到，我得到的评价比同学们差。……这使我冒昧地妄自评价一切其他人，并得出结论：我以往所相信的那种学问在世界上并不存在。”在他的《心灵方向的规则》里，他相应地坚持认为，一个问题的解决绝不取决于别人对它的看法，而取决于研究者自己的洞察力。他继续解释说，这是因为“举例说来，即使我们能背记别人已经作出的所有证明，我们也不会成为数学家，除非我们的理智才能使我们能够解决这种困难。即便我们掌握了柏拉图和亚里士多德的全部论证，我们也不会成为哲学家，如果我们没有能力形成对这些问题的可靠判断的话。”

数学是唯一使他真正感到满意的学科，因为它的证明具有确实性。因此，它应当作为其他学科的楷模；他回顾了这样的意味深长的事实：柏拉图和其他古代哲学家“不让不谙数学的人研究哲学”。笛卡儿不赞同还在一些同时代人中流行的毕达哥拉斯派的数学神秘主义。事实上，他甚至对纯粹数学也不重视，他说：“忙于单纯的数字和虚构的图形，以播弄这种无聊的东西为满足，再也没有比这样做更加徒劳无益了。”他注重的是数学的方法，而不是它的结果；他亟望把这方法推广应用到其他学科。可是，数学方法的独特性何在呢？按照笛卡儿的意见，数学的独特优点在于从最简

644

单的观念开始,然后从它们出发进行谨慎的推理。一切科学研究者都应当这样做。他们应当从最简单而又最可靠的观念出发,通过进行式地把各个比较简单的观念相综合,即通过演绎而前进到比较复杂的观念。笛卡儿知道,知识也是从经验通过推导和从经验通过归纳而推出来的。他读过培根的《新工具》,很为赞赏。然而,笛卡儿本人相信从一个可靠的出发点进行演绎。他指出,经验从高度复杂的对象开始,因此从它们进行推理很容易产生错误;但是,演绎只要以普通的智力加以运用,就不可能发生错误。他力陈,"这清楚地说明了,算术和几何为什么远比其他科学确实。前者只处理那么纯粹而又那么简单的对象,以致它们根本不需要作经验使之变得不确实的那些假定,而它们完全在于理性地归约推论。"

因此,一切自然知识的首要问题是发现最简单和最可靠的观念或原理。按照笛卡儿的意见,这些"乃由直觉给出",即"由明晰的和注意的心灵在理性之光下产生的那些无疑的概念"给出。作为这种直觉的例子,他引证说:"每个人都能直觉到这样的事实:他存在着,他在思维;一个三角形仅由三条直线围着;一个球由一个表面围着,如此等等。"当遇到一个比较复杂的问题时,正确的途径是把它分解成为它的各个最简单的元素,依靠直觉确信每一个这种元素,然后从它们出发进行演绎推理。在他的《心灵方向的规则》中,笛卡儿未试图探究直觉,而在他的《方法谈》中则表现出一种比较复杂的态度。

在《方法谈》中,笛卡儿通过应用方法论的怀疑这种严格的考验来寻求知识的可靠出发点。通过对一切可能加以怀疑的事物提出疑问，他希望能找到不受任何怀疑的东西。一时间，一切看来都屈服于怀疑。不仅传统的信仰，而且公认的观念，甚至直接观察的事实都可能只是幻象或者梦景。然而，他最后发现了无可置疑的东西即怀疑本身。进行怀疑的他，不可能对他的怀疑发生怀疑。于是，怀疑是思维，而思维意味着思维者。因此，*cogito ergo sum*，“我思故我在”。于是，这个无可怀疑的确实性被用作为他的逻辑杠杆的支点，以升起真正自然知识的体系。这终极的确实性的秘密何在呢？它在于信念的清晰性和明确性。它是不可能加以怀疑的终极直觉。然而，这意味着，凡是以类似的清晰性和明确性来理解的东西都必须认为是真的。因此，一切清晰明确的直觉都可以认为是真的；从它们出发进行的演绎也是如此，倘若这演绎的每一步都像那初始直觉一样清晰明确的话，即使最终的演绎和原始的直觉间的联系是基于记忆而不是基于清晰明确的理解也无妨。笛卡儿隐含地认为真的那些终极直觉之一是普遍因果原理，即万物都必定有一个原因，而这原因必定至少同其结果一样丰富。借助这条原理，他从他自己作为一个思维实体的存在，以及他具有认为上帝是无限地优越于他自己的一个完善实体这种上帝观念，推进到作为这个思维者和这个观念之充足原因的上帝的存在。而从不会把这个思维者（笛卡儿）引入歧途的一个完善上帝之存在，他推出清晰明确地知觉到的一切事物的实在性。以这种方式，笛卡儿确立了他自己对外部世界的存在所感到的满意。与通常从这个世界的存在推出上帝的存在这种程序相反，笛卡儿从上帝的存在推出这世界的存在。

然而，笛卡儿的论证似乎已经把他带得太远了。如果人类知觉的可信赖性来源于上帝的真实性，那么，错误和幻觉这等事物是怎么会有的呢？当着笛卡儿说，错误的产生是由于忽略了这样的告诫：理解应当清晰明确，然后才能相信之，他便碰到了这个困难。当判断超越理解时（情形常常是这样），错误就发生了。因为在笛卡儿看来，判断是一种判定的行动、意志的行动。人的意志是自由的、无限制的，而人的理解是严格受限制的。

并且，理解的清晰性和明确性不仅是事物实在性的检验标准；它们也指导怎样确定事物的真正特性或性质。所以，对于思维来说清晰明确的外部的或物质的客体所仅有的性质是，它们的三维广延和它们的运动。因此，事物的这些所谓第一性的或数学的性质是客观地实在的。另一方面，像颜色、气味、滋味等等性质即所谓的第二性性质都不是可以清晰明确地加以思考的，因而都不是事物的客观性质，而仅仅是感觉性质，后者是赋有感官的生物在物理客体由其第一性性质作用于感官时所产生的主观经验。因此，笛卡儿明确地采纳了第一性性质和第二性性质这种区别，它是古代原子论者提出的，为近代的伽利略、培根、伽桑狄和其他人所复活。笛卡儿认为运动不是物质的一个固有性质，而是一种单独的创造物，它在数量上是恒定的，任意地同物质相结合，以符合于一定的规律。因此，在笛卡儿看来，物质实际上等同于广延，即乃是三维空间。因此，他的数学方法论采取数理物理学即力学的形式，这多少是仿照伽利略的方式，而不像霍布斯那样极端。笛卡儿把物质看做为广延的一个结果，他认为物质世界是充实的，即否定真空，因为空间是连续的。另一个结果是他拒斥原子，即终极不可分的粒子，因为甚至空间最微小的部分理论上也是可分的。第三个

646

结果是他承认物理世界的统一性，因为整个空间是一体的。这几个论点有些现在必须作一番比较详尽的考查。

如果物质是广延的，而广延是连续的，那么，那些明显分离的物体是怎么产生的呢？笛卡儿认为，正是它们的运动导致我们区分开单独的物质粒子。广延的无论哪个部分，在总合地运动时，看来都像是一个单独物体。因为没有真空，所以一个物体的运动必定立即为其他物体的运动所继起。他解释道："为此，所有运动着的部分根本不必排列成一个正圆，尺寸和形状也不必相同，因为这些方面的不均衡性可以为其他不均衡性所弥补。我们通常不会在天空中看到这些圆周运动，因为我们习惯于认为天空是空虚的地方。可是，如果我们观察在一个水盆中游的鱼，那么我们便看到，如果这些鱼没有太靠近这水盆，那么它们不会激动盆的表面，即使它们以很高的速度在水盆中游过。由此显见，它们所推动的在它们前面的水，并不是一视同仁地推动盆中所有的水，而是只推动能最好地服务于完成鱼的运动的圆周、进入它们所腾出的地方的水"（*The World*, Ch. IV）。这样，笛卡儿达致了他的涡旋理论。

笛卡儿做过两个尝试，来解释物理世界由广延和运动"通过渐次的和自然的手段"而形成。第一个是在《宇宙》之中，他勇敢地宣称："给我广延和运动，我将造出这个世界。"第二个是在他的《哲学原理》之中。他的阐释简述如下。因为物质世界中是没有真空的，所以物体唯一可能的运动是圆周运动或涡旋运动（图 312）。当上帝把运动赋予物质时，不计其数一切形状和尺寸的物质涡旋便以各种速度开始运动。密包物体的运动所引起的摩擦从许多这种物体上磨掉精细微粒，使它们变得光滑而呈球形。这些精细微粒即摩擦物构成“第一物质”即最精微的物质，后者趋向于每个涡旋的中心，在那里形成自发光的太阳和恒星。由于摩擦而同“第一物质”分离的那些光滑的球状粒子构成“第二物质”，后者趋于离开涡旋的中心，沿直线向周围运动，形成透明的天空，发送发光星球的光。还有更粗糙的“第三物质”，即由原始粒子抵抗一切为摩擦所引起的损失而形成的极大块团；所有不透明的物体，诸如地球和其他行星及彗星都由它构成。笛卡儿试图利用这个涡旋理论来调和哥白尼的天文学和《圣经》的教义。因为像每个其他行星一样，地球静止在它的涡旋之中，因而相对于涡旋是驻留的；但这涡旋围绕太阳运动。在他的《哲学原理》中，笛卡儿把行星和彗星的形成解释如下。随着一个涡旋的精细微粒通过旋转着的球状粒子间的间隙，它们被捕获，形成沟道并扭绞起来，而当它们到达涡旋中心的恒星物质时，它们在

648

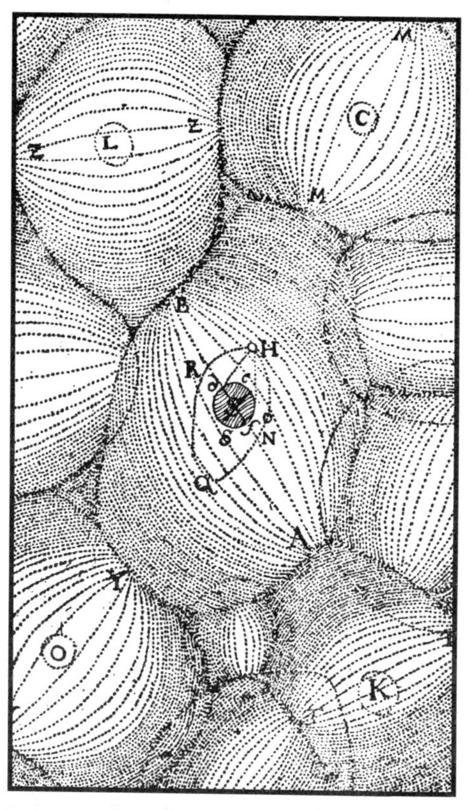

图 312—笛卡儿的涡旋

其上形成壳或“太阳黑子”。这有时引起这恒星的膨胀力减小，因而为另一个涡旋所压倒。如果这带硬壳的恒星的速度和这入侵的涡旋的某个部分的速度相等，那么这恒星将留在那里，继续在该涡旋中旋转。在这种情形下，它是一个行星。但是，如果这带壳的恒星的速度大于入侵涡旋的速度，则这恒星将离开该涡旋而进入另一个涡旋，继续在涡旋之间漂游，并将称为彗星。太阳系的各个恒星就是已为太阳的涡旋所席卷的那些带壳恒星及它们各自的涡旋。

笛卡儿把这种机械论的解释模式应用于生物体和无生命物体。他甚至把人体也看做主要是一具自动机构即“地上机器”。哈维对血液循环的机械过程的论证，更助长了这种倾向。作为对人体机构的通俗说明，笛卡儿利用了下述类比。他写道：“你们可能已在我们皇家公园的洞穴和喷泉中看到，水从其源头流出而运动时所产生的简单的力，足以按照水的传送管的不同配置驱动各种机器，以及使仪器演示或表达出指示。所以，完全可以把我现在所描述的这种机器的神经同这些喷泉的机器的水管相比较，把肌肉和腱同驱动机器的其他发动机和动力相比较，而把动物精气〔即血液最精细、最有生气的部分〕（心脏是它的源泉，大脑的腔窝是它的储存器）和推动机器的水相比较。另外，对这机器来说是自然而又惯常的、依赖于〔动物〕精气流动的呼吸和类似动作，都同〔水〕钟或碾磨机的运动相似，其中水流通常持续不断。外界客体以其出现而作用于这机器的感官，从而决定它按照大脑各部分的意向而沿不同方向运动。这些外界客体可以同闯入一个有许多喷泉的洞穴的外来者相比，他们自己无意中引起了那些他们所目睹的运动。

因为一旦进入，他们便踩着一些砖片或者地板，而它们是这样配置的，以致当他们走近正在沐浴的狄安娜[1]时，他们便惊动她躲避到玫瑰树中，而当他们试图追踪她时，他们便招惹尼普顿[2]跑来用他的三叉戟恫吓他们。当他们朝另一个方向行进时，他们就致使一个海怪跳出来向他们脸上喷水。……为了理解作用于感官的外部客体怎么能激励大脑，以致全部构元被驱使朝成百上千方向运动，我们可以设想，产生于大脑内部并形成神经髓的那些纤细的线是这样地配置在一切作为感觉器官的身体部分之中，以致它们可以容易地为感觉的客体所驱动，并且一旦它们被驱动，即使非常轻微，它们也会拉动大脑的那些它们由之发端的部分，从而在大脑内表面上打开一些微孔。脑室中的动物精气通过这些微孔进入神经，再进入肌肉，后者完成当我们感官如此受作用时所引起的那种运动。例如，如果火靠近了脚，那么，火的微粒……便驱动脚的皮肤，并通过拉动附着于这皮肤的细线，这些微粒打开这细线末端所抵住的微孔，恰如拉动一根绳索的一端，就能在其另一端打响一只铃"(*L'Homme*, Part II)。

然而，物体甚至生物体的机械论解释并不完全正确。因为除了物质的即有广延的物体之外，还有别的实体，这就是精神即例如居留在人体之中的思维实体。与霍布斯完全不同，笛卡儿在精神和肉体之间划一道截然分明的界线。由于受宗教教育的影响，他这样对立地认识它们：无论他对一者断定什么，他总是否定另一

① 古罗马神话中的月亮和狩猎女神。——译者
② 古罗马神话中的海神。——译者

者，除非两者都是上帝创造的。上面已经提到过这种对立的一个650结果。既然精神本质上是主动的，那么肉体就必然本质上是惰性的，因而运动也就不可能是物质的一个固有属性，而只是上帝加给它的东西。这对立的另一个结果是产生了这样的问题：即使把低等动物看做仅仅是自动机，又怎么来解释在人类的情形里，精神和肉体之间的明显的相互作用。笛卡儿试图克服这个困难，他的方法是假定精神在“处于大脑实体中央”的松果腺中同肉体相接触，从那里“它借助动物精气、神经甚至血液而辐射到肉体其余部分。”回到皇家公园中的机械玩意儿的类比，他把驻留在大脑松果腺里的精神或灵魂的功能比做“喷泉工，每当他想开动、停止和变换机器时，他必须置身于所有机器管子都从那里出发的水池之中。”更为具体地，笛卡儿还认为，松果腺只需要最低限度的影响来使之产生某种倾向，并且“动物精气”极其精细，几乎是非物质的。不过，他无法一以贯之地解释人的肉体和灵魂之间的明显的相互作用。作为最后一着，他和他的追随者即所谓的“偶因论者”只能诉诸神的干预——肉体中偶发事件的产生是给神向精神的交流以及相反过程提供偶因。因此，笛卡儿的哲学最后终结于两个独立的世界，它们分别由物质实体和精神组成，两者由上帝的超自然干预以某种方式维系在一起。

斯宾诺莎

别涅狄克特·德·斯宾诺莎（1632—1677）出生于阿姆斯特丹，祖上是来自葡萄牙的犹太难民。父亲和祖父都是富商，在犹太社会里一直居于上流地位。斯宾诺莎就读于犹太学校，课程包括犹太哲学家的著作以及《圣经》,还有希伯来文献。课余他学习各种语言,包括荷兰语和拉丁语,也许还学了一点法语、德语和意大利语。他在家里和学校里使用的是西班牙语。1656 年,由于据说他持异教观点而被犹太教会革出教门。他的父亲死于 1654 年,母亲在那之前很久便已死去。因此,斯宾诺莎对犹太社会失去了依恋。他的生计靠时而在学校教书,时而当私人教师来维持,但大部分时间靠他以极其精湛的技艺研磨光学镜片来维持。他的朋友和熟人大都是类似公谊会教徒的大学生派和笛卡儿派。他们中的一部分形成了一个在他指导下的学习小组。他们每人给他 500 弗罗林年金,但他至多只肯收 300 弗罗林。1660 年,他迁到大学生派总部所在的莱顿附近的莱茵斯堡。1661 年,未来的皇家学会秘书奥尔登伯格在那里拜访了他。在这里他还结交了斯特诺和其他人。1663 年,他又迁到海牙附近的伏尔堡,在那里他结识了语言学家福修斯以及克里斯蒂安·惠更斯和其他人。同年,他发表了对笛卡儿的《哲学原理》第一和二篇的几何学上的说明,同时还有一个称为《形而上学思想》(*Metaphysical Thoughts*)的附录。斯宾诺莎不是笛卡儿主义者,但他不得不教授笛卡儿的哲学。

图 313—别涅狄克特·德·斯宾诺莎

651

这时，他已经写作了大量他自己的哲学，即他的《上帝、人及其幸福短论》(*Short Treatise on God, Man and his Well-Being*)、他的《知性改进论》(*Treatise on the Improvement of the Understanding*)和他的《伦理学》(*Ethics*)的第一篇。1665年，他最重要的著作《伦理学》接近完成。但是，情势不利于它的出版。在加尔文派教士和君主主义者的影响下，不容异端的气氛甚嚣尘上。因此，斯宾诺莎产生了一个念头，就是写作一部著作来捍卫思想和言论自由，驳斥所谓的《圣经》支持教士干预世俗和政治事务。1670年，他的《神学政治论》(*Tractatus-Theologico-Politicus*)匿名出版，结果引起轩然大波，以致斯宾诺莎打消了再出版任何著述的念头。但是他仍继续写作。这年，他迁到海牙，在那里终其一生。1673年，法国军队驻扎在乌得勒支，斯宾诺莎应邀到那里拜访孔代公爵。在征询了一些有影响人士的意见之后，斯宾诺莎想望促进和平事业。但结果枉费心机。同年，他还被聘为海德堡大学哲学教授，但他谢绝了。到海牙拜访斯宾诺莎的显要中有特席尔恩豪斯(1675年)和莱布尼茨(1676年)。斯宾诺莎死于1677年2月，终年44岁。他的《遗著》(*Posthumous Works*)由朋友在极其秘密的情况下编印，在这年以拉丁文和荷兰文作为牙科学士的著作出版。

斯宾诺莎的哲学可说是最充分地表达了那种自我独立、不受任何“权威”帮助和牵制的近代思潮。它还庄重地表现出对自然界的新的友善态度和对超自然的需要的日益增长的怀疑。它不仅充满热情，而且还严格合乎理性，同时又焕发道德的光华。它达到了统一，但其途径不是忽视任何似乎确有权利要求实在性的事物，而是依赖它的总括万殊的广包性。在斯宾诺莎看来，实在世界是一个实在的宇宙，一个总括万殊、紧密联系的宇宙，在其中，物质、精神、人和神都各得其所，一切都不是变幻莫测的或者随机偶发的，而是万物都井然有序地符合于万古不变的规律。 652

斯宾诺莎产生这种信念的方式可以简述如下。为了理解任何客体或事件，必须参照无数同它相联系的其他客体或事件；而它们每一个又都依赖于无数他者。每个有限的客体或事件都伸出无数根卷须，以大量源泉获得支持，沿许多方向传播影响。整个实在能否仅由这种依赖的事物和事件组成呢？不能，作为一切依赖的东西的基础，一定还存在某个自在的、独立的或绝对的神在。然而，斯宾诺莎并未像通常那样把实在的这个绝对基础看做造物主，后者一下子以他任意选择的方式赤手空拳地创造出世界。斯宾诺莎拒绝把上帝看作由类似然而不同的链环组成的因果链的所谓最后一环的观念。他宁可把实在的整个系统看做是它自己内在的基础，看做既是自然又是上帝。这没有给超自然留下地盘；它也不需要超自然的干预来把精神和物质联系起来，因为自然既是精神又是物质。因此，斯宾诺莎的哲学是泛神论的、自然主义的和理性主义的。它的泛神论在于主张上帝就是一切(即宇宙全体)，而一切都是上帝。它的自然主义在于它通过把自然提高到宇宙的水平并把它们两者同上帝相等同，从而逐出超自然。它的理性主义在于拒斥一切任意的、变幻莫测的或者仅仅偶然的东西，还在于力主规律和秩序普遍存在于宇宙，甚至在人还没有成功地发现它们的地方，它们也存在。现在人们通常都错误地把自然主义和唯物主义视为同一。像霍布斯那样的唯物主义无疑是自然主义的一种形式;但不是唯一的形式;斯宾诺莎的自然主义肯定不属于唯物主义,因为它不仅承认而且强调上帝、精神和物质的实在性。斯宾诺莎哲学的总轮廓就是这样。接下来必须论述一下它的细节。

斯宾诺莎用**实体**、**属性**和**样态**这三个术语来描述宇宙的构造;但是他以一种独特的方式使用这些术语,我们必须谨慎对待,因为如果从含混不清的通常意义上去理解它们,那么只会造成混淆和误解。斯宾诺莎本人在两种略为不同但密切联系的意义上使用实体这个术语。不过,解释了这个差别,便可弄清楚他的主要论点。他说的实体,一般是指独立于任何其他事物的自在的实在。例如,按照斯宾诺莎的意见,如果不假定有某种自在的物质或者说物理力,它在空间发生的一切变化中显露自己,那么,就无法理解物理客体和事物。斯宾诺莎仿效笛卡儿,把这种物理力即一切物理现象的终极基础称为**广延**,而起先曾把它说成是一种实体。同样,如果不假定有某种自在的永恒意识或者说精神能,那么也无法理解瞬变的精神经验。斯宾诺莎把这种精神能称为**思想**,而起先他也把它说成是一种实体。所以这样称呼这两种实体,是因为这两者都不能还原为另一者——每一者都有资格存在。然而,在人的生活中,肉体和精神看来非常密切地相联系,因此斯宾诺莎感到必须把广延和思想看做不是分离的实体,而是构成一个有机的整体或系统。为了表达这种观点,斯宾诺莎现在把实体这个术语限制于整个系统,而把**属性**这个术语用于广延和思想。他还把这两者都看做是**特种无限**,广延是一切物理现象的包罗无遗的基础或母体;而思想是一切精神经验的母体。不过,实体现在认为是**绝对无限**,即认为是**一切**实在的包罗无遗的基础或母体,是全部"属性"的系统。按照斯宾诺莎的意见，这些"属性"不是实体的性质；它们是或者说合在一起构成整个实体。因此，他使用了"实体或属性"这个措辞。实体正是整个属性体系；除了广延和思想而外，可能还有其他属性，广延和思想仅仅是人类两个已知的属性。斯宾诺莎在"完全"的意义上使用术语"无限"，因此他把实体说成是由无限多个属性组成，其中每个属性都是**特种无限**，而实体是**绝对无限**且是一体的。这样，斯宾诺莎的特殊意义上的实体结果也跟上帝（他通常也被说成是实在的无限基础）以及跟自然或宇宙相等同。

因此，上帝、自然或实体是一切宇宙实在的终极基础或母体。并且在斯宾诺莎看来，实在本质上是活动——存在就是活动。因此，实体一刻不停地在活动，每个属性都以一切可能方式运用它的特种能。物理世界的一切客体和事件都作为广延的样态（状态或变态）而产生；一切精神和精神事件都是思想的样态。样态不是由属性作为外部产物"抛出"，而是属性的内在状态，正如气波是空气的状态一样。然而，属性并不作为有限的样态直接表现出来，而是通过中间阶段间接地表现出来。伽利略和笛卡儿的物理学引致斯宾诺莎把全部物理现象看做是恒定储备的运动（或者运动和静止）的形形色色表现。然而，斯宾诺莎以其惯有的谨慎而猜疑，运动或许只是物理能的若干类型之一种。因此，他未把广延视为和运动同一，而是把运动说成是广延的一种**无限的**和**中间的样态**——**无限**是由于穷尽了运动的全部有限样态，而**中间**则是作为广延的直接表现或表达。另外，"〔物理〕世界作为一个整体的面貌"保持某种同一性，尽管在细节上有无数变化。然而，这是运动守恒的结果。因此，斯宾诺莎把它说成是广延的一种**中间的**即间接的样态；

654

但它是**无限的**,因为它包括一切可以还原为运动的事物。日常经验的物理现象是**有限的**,因为每个现象都为其他有限样态所限制或束缚。这种限制在性质上基本上是消极的——每个有限样态所以是**有限的**,正因为它**并非**同时也是其他有限样态。但是,每个样态都是积极地实在的,终究是属性的组成部分。思想这个属性和其他属性的样态亦复如此。整个宇宙被认为是一个无所不包的动力学系统,它的各种属性是若干条“世界线”,宇宙沿着它们在无限多样的事件中表现自己。

斯宾诺莎认为广延和思想是实体的两个并存的属性这种观念,对肉体和灵魂的关系作了新的理解。上面已经表明,肉体和灵魂的关系是笛卡儿主义者极为关切的一个问题,但他们从未真正令人满意地解决过它。也许正是出于克服这个困难的企图,斯宾诺莎产生了并存属性的观念,这就解释了肉体和灵魂明显的相互作用,而又不把肉体或灵魂搪塞过去,也不诉诸超自然的相互作用。因为在斯宾诺莎的宇宙图式中,人是上帝的一个有限样态,因此同时带有广延和思想这两个属性,同时以肉体和精神这两种方式起作用。这样地解决该问题,使斯宾诺莎认为,一切物体都有生命,尽管程度不等。斯宾诺莎正是抱有这个观点。

斯宾诺莎的宇宙哲学还从与之密切相关的他的认识论受到启发。因此,这里必须做些说明。斯宾诺莎把知识分成三等。他把655 最低等的知识称为“意见”。它是前科学性质的,认为客体和事件是分离的,看不到它们的联系和规律。第二等称为“理性”。它是科学地洞察事物和事件的关系和规律的阶段。它相当抽象:它追索实在这种织物的一根根纱线,但未能理解其整个花样;它寻踪

“世界线”，但没有想象到宇宙。斯宾诺莎把最高等的知识称为“直觉”。它把宇宙体系作为一个整体来把握。它不是低等知识的想象的替代物，而是它们的顶点。这三个阶段可以同获得一种新语言的知识的三个阶段相比拟。第一阶段是学习字母表上的单个字母；其次，它们组合成单词，而单词按一定的语法规则组合成句子；在最后阶段，可以从整节、整章或整篇文学作品的整体领会它们的意义。宏大的自然之书也是这样。首先是知觉明显孤立的事实和事件；其次是理解它们的关系和规律；最后是对整个宇宙的构造和意义的直觉——万物是上帝的想象物，以及上帝是万物的想象物。

就前两个等级的知识而言，重要的是认清斯宾诺莎区别“意见”或知觉和“理性”或理解的方式。他认为印象或表象迥异于观念或概念。因此，他力主，“我们不可能产生上帝的**表象**，但我们能够产生他的**概念**。”概念同表象毫不相干；概念是一种把握联系的活动——他力陈，观念是活动，不像那些油画板上的无生命的绘画。甚至它们的规律也不相同：知觉和想象遵循联想的规律；概念或理解则遵循逻辑的规律。这说明他拒斥培根的经验主义。从对特殊本身的观察，不可能引出关于它们相互联系的规律。科学规律即普遍的科学真理的基础，说到底不是同知觉对象的对应，而是它们在一个真理系统中的一致性。检验真理的最后标准不只是真实，且还是一切已知东西的和谐。谬误由于其同已知的东西不一致而暴露出来。事实上，斯宾诺莎所以喜欢说观念的**恰当性**，而不喜欢说它们的真理性，正是为了避免使人想到外部的对应。概念这种领悟联系的活动，就其真正有助于使某个领域的事实臻于系统化而言，是恰当的。只有当一个人产生了恰当的概念，他才能这样地领悟事实:看到这概念也是真的,即同这些事实相符。最后,656 就最高等知识而言,值得提一下斯宾诺莎对它的宇宙意义的评价。在斯宾诺莎看来,这种知识不只是培根意义上的力量。它是生命。因为它是手段,可用以把生命的种种活动这样维系起来,以致它们可以构成一个谐和的统一体并在宇宙体系中取得其适当位置。这样,达到这种最高等知识的努力便成为宇宙赖以维持其统一的那些宇宙活动的一部分。因此,它是上帝生命的一部分。

洛克

约翰·洛克(1632—1704)出生在萨默塞特郡的灵顿,就读于伦敦的威斯敏斯特学校和牛津大学的克赖斯特彻奇学院。他出身清教徒,曾想望成为牧师。但是,他日渐热爱自由和宽容,因而终于放弃这个念头,转而热衷医学。这样,他同西德纳姆和玻意耳有了接触,受到他们的经验主义的影响。1667 年他迁到伦敦,后来的十五年里他一直随阿什利勋爵即后来的舍夫茨别利伯爵住在埃克塞特宫,当他的机要秘书。1670 年,正是在这里,洛克制定了他撰写《人类理智论》(*Essay Concerning Human Understanding*)的计划,这部著作他花了二十年才写成。1675 年起,英国的政治纷争逼使洛克长期亡命海外。他在法国度过三年,在荷兰度过五年。最后他在 1689 年,约在奥伦治的威廉登基三个月后,和玛丽公主同船回到英国。1685 年,他发表了他的《论宽容的信札》(*Letter on Toleration*)和《政府两论》(*Two Treatises on Government*)。1690 年,他的《人类理智论》终于问世。1691 年,他到埃塞克斯的奥茨马诺尔同弗兰西斯·马沙姆爵士一起生活,在那里终老。马沙姆夫人是他的朋友拉尔夫·卡德沃思的女儿。这最后十五年里，他大部分时间从事著述，包括一些经济和神学论著；有四五年里他还当过商务部的专员，他凭这资格常常访问伦敦。洛克的声名主要来自他极端忠诚于真理以及敏锐地看出人类知识的局限性。他写道："为真理而爱真理，乃是人类在这个世界上达于极致的主要部分，也是一切其他德行的温床。"这常常成为盲信的口实。但是，由于他洞察了人类知识的局限性和许多人类信念的可疑性，因此他摆脱了盲信，并主张宽容。

图 314—约翰·洛克

洛克对他的哲学的动机解释如下。在他居留埃克塞特宫期间，"五六位朋友"一直定期聚会讨论"道德和宗教的原则。他们很快由于每一方所引起的困难而陷于僵局"。因此他感到："在我们着手进行这种探索之前，必须先考查一下我们自己的能力，看看我们的理智究竟适合应付哪些对象。"因为，如果"让他们的探索超出他们的能力"，人们就只是"提出问题，众说纷纭，永远不会达到明确的解决。这些都徒然地保留并增长他们的疑问，最后使他们更坚持彻底的怀疑论"。这是在 1670 年，接着"由于偶然的机会，有人继续提出这要求，于是就写了一些不连贯的片断，在荒疏了很长一段时间后，由于心境好，时间也容许，就又执起笔来”。这最终的结果就是他的《人类理智论》(1690年)。洛克的方法是清查人类的“观念”，追寻它们的起源和发展。他说的“观念”是指任何种类的认识，在这个术语比较通常的意义上包括感觉和知觉以及概念或“观念”。

首先，洛克否定“天赋观念”的存在。笛卡儿和有些英国新柏拉图主义者例如彻伯利的赫伯特和亨利·莫尔都认为，人有某些天赋观念——例如上帝的观念。他争辩说，许多人根本没有这个观念，而其他人的上帝观念也是各式各样。其他所谓天赋观念或原则，也是这样。因此，他得出结论：“心灵中是没有天赋观念的”，人类的心灵最初像一张白纸，等待经验在它上面书写，或者像一间暗室，等待光线给它带来视力。换句话说，观念完全取决于经验。洛克对天赋观念的攻击，在很大程度上完全可能是由于这样的事实引起的：形形色色的纯粹成见惯于冒充“天赋的”信念。

为了支持他主张的一切观念归根结底都起源于经验这个论点，洛克区分开简单观念和复杂观念，并声称一切复杂观念均由简单观念构成。因此，只需要证明简单观念起源于经验。他提出，简单观念以两种方式之一种产生，即或者从感觉或者从反省产生，这就是说，或者从外部知觉或者从内部知觉产生。当物体刺激感官时，产生“感觉观念”。“反省观念”的产生则是心灵理解它自己的与感觉观念有关的活动的结果。因此，心灵被认为既具有反省的能力，而且也具有把简单观念组合成复杂观念的能力。但按照洛克的意见，全部心灵观念的内容最终都受人类感觉范围的限制。658 在他遍举完人类观念之前，洛克不得不承认，心灵甚至能够发明它自己的观念,它们不只是简单观念的复合。不管怎样,人类理智究竟能够要求拥有哪种知识呢?洛克从这样的格言出发:任何不能追溯到简单的感觉和反省观念的信仰都不得看做是客观事实的知识。这种态度使他成为经验主义哲学家。但是,他没有一以贯之地坚持这种态度。

至于我们关于外部客体的知识,它的基础当然在于感觉观念。于是,在洛克看来,这些观念具有双重性质。一方面,它们是**直接**经验;另一方面,它们被认为是**表示**"事物",而事物亦即外部或物质客体,并不是观念。能否肯定感觉提供实在事物的知识呢?像他的同时代人一样,洛克区分开第一性的性质和第二性的性质,即他所称的"物质的原始的或本质的性质"和"派生的性质"。第一性的性质有体积、广延、形象和运动。它们是量而不是质,同物质不可分割,而且"不管有没有有感觉的存在物知觉它们,它们都将实在地按其原样存在于世界"。而第二性的性质则不是事物的物理性质,如果没有有意识的存在物知觉它们,它们就不存在,"除非可能作为第一性性质的未知样态,或者不是这样的话,作为某种还是比较朦胧的东西"。第二性性质之还原到纯粹经验,同洛克思想的整个倾向相当一致。可是,为什么应当把第一性的或数学的性质看做是客观的、独立于经验的呢?洛克说,它们类似于我们所具有的关于它们的观念。可是,怎么能知道这一点呢?谁能把他的"感觉观念"同据说由它们表示的那些客观性质相比较呢?并且,洛克认为物质事物即实体的实在性乃是第一性性质的支撑,尽管他无法把他的复杂观念追溯到任何简单的经验观念;他还承认,它们是模糊的,我们无法知道实体的"真正本质"。贝克莱和休谟很快就抓住了他的经验哲学中的诸如此类的弱点。

至于我们的心灵知识，洛克自然谨慎地承认精神经验本身的实在性，认为我们利用“反省观念”来获得关于它们的知识。但是，这里当他承认心灵、灵魂或者精神实体作为据说的经验负荷者的实在性时，他又超越了他所自称的经验主义的界限，尽管他坦率地说，他说的物理的或精神的“实体”所意指的“只是对我们所不知道的东西的一种不确实的假定，”并承认，我们无法肯定灵魂究竟是精神实体还是具有思维能力的物质实体。

659

洛克之所以承认实体和物质第一性性质的实在性，归根结底是基于他对因果关系这个范畴的认识。可是，支持这种原因或主动力量的观念的经验理由是什么呢？他承认，它不是感觉观念，而约瑟夫·格兰维尔（1636—1680）在《教条化的虚夸》（*The Vanity of Dogmatizing*）（1661年）中已经指出，所观察到的是**序列**，不是**因果联系**。然而，洛克主张，因果关系是从“我们对我们自己的自发**力**量的意识”导出的反省观念，它为物理现象的解释提供了类比，而这些现象因而也就易于理解了。洛克正是用因果关系这个范畴证明作为一切存在着的事物的第一原因的上帝之存在。

上述种种考虑自然导致洛克对人类知识作出十分克制的评价。因为我们没有天赋观念，所以人类知识仅有的泉源是感觉观念、反省观念和这两种观念的结合。又因为我们绝不可能肯定感觉观念在多大程度上真正表示外部客体，所以许多公认的信念是信仰的问题，而不是真正知识的问题。虽然洛克坚持认为，我们每个人都对他自己的心灵或灵魂有直觉的、不可抵制的知识，但他还是承认，我们不知道它的本质是什么，甚至不知道它究竟是物质的抑或不是物质的。同样,他还坚持认为,我们对上帝的存在有论证的知识,但又承认,关于上帝的本性却一无所知。他还接受物体或实体的实在性,但又承认,关于它们的"真正本质"一无所知,只知道它们是某些第一性性质的集合,甚至这些也不能认为是绝对肯定地客观的。由于这些原因,所以尽管洛克认为数学和伦理学提供真正的知识,但他在此所依靠的根据却似乎是自相矛盾的:这些学科只研究观念本身之间的关系,而不涉及观念以外的实在。物理学宣称研究物体的本质客观的性质,就此而言,洛克对物理学非常怀疑。牛顿的《原理》出版后过了三年,对他的这位伟大同胞和同时代人的天才赞赏备至的洛克表示,"倾向于怀疑,一门关于物体的科学是否超出我们力所能及的范围。"洛克教导的最后结果是阻拦关于宇宙的雄心勃勃的猜测。这种态度在一定程度上促使人 660 们顺从作为一种信仰的传统神学。它还鼓励按严格经验的精神进行科学探索。但是,洛克观点最可宝贵的实际成果是劝阻任何盲信和由此而产生的褊狭。

莱布尼茨

戈特弗里德·威廉·莱布尼茨(1646—1716)出生在莱比锡,他在那里攻读法律。他在 20 岁时毕业于阿尔特多夫大学,并被聘为该大学的教授,但他回绝了。在转向注意科学时,他感到"被送到了另一个世界"。1672 年,他作为外交使节前往巴黎,在那里会见了伽桑狄、惠更斯、马勒伯朗士和其他人。他还访问过伦敦,在那里他会见了玻意耳和皇家学会其他会员;以及荷兰,在那里他会见了斯宾诺莎。1676 年,他被不伦瑞克公爵召到汉诺威任图书馆

图 315—戈特弗里德·威廉·莱布尼茨

馆长。他还晋升到评议员的地位，常常从事处理法律和政治问题。1700 年，他参与领导建立柏林科学院的工作；但他仍留在汉诺威的任职上，一直到他逝世。他对科学的贡献尤其是他参与发现微积分，在前面有一章里已经论述过。这里我们将仅仅简短介绍一下他的宇宙哲学。莱布尼茨最重要的哲学著作包括在下列几个英文译本之中：《单子论和其他哲学著作》(*The Monadology and other Philosophical Writings*)(R. Latta 译，Oxford，1898)；《形而上学论》(*Discourse on Metaphysics*)、《同阿尔诺的通信》(*Correspondence with Arnauld*)，等等(G. R. Montgomery 译，Chicago，1908)；《人类理智新论》(*New Essays Concerning Human Understanding*)(A. G. Langley 译，New York，1896)。

莱布尼茨哲学的主要动机是为了替精神尤其是有限的精神即灵魂在宇宙中的实在性和意义辩护。他的广泛兴趣、乐观主义以及喜欢妥协，鼓励他尝试一种综合，所有各不相同的宇宙理论在其中可以在一定程度上相和谐。但是，主宰的因素是他崇尚精神。因此，尽管他承认与各个力学范畴(空间、时间、物质、运动)相应的客体是存在的，但他把它们看做是现象的，而不是终极的东西，即看做是借助表面上力学的工具来追求目的的精神实体的活动的表现。

在莱布尼茨看来，机械论哲学是把原子或类似的广延客体看做是终极实在的结果，他对这种观点提出了挑战。广延的东西绝不可能非常小，因此是可分的，而可分的东西必定由部分组成，所以不可能是终极的实在。一切物质实体中真正本质的东西是力。力是存留在所有它们之中的东西，并且按照一定的规律保存在其中。而且，力是一种简单的、没有广延的和非物质的东西。一切物质的现象都是力的单元或中心的表现。如果物质真的是惰性的，那就不可能有运动，因为不能设想绝对静止的客体能够引起活动。事物必须看做是活动或力的单元的集合。这种活动的单元必定是心灵或精神性质的，而不是惰性的、广延的物质。莱布尼茨把这些活动单元称为“单子”，这个术语在布鲁诺甚至更早的著作中已经出现过。按照连续性的原理，他安置了无限系列的单子，它们表现出无限多样的发展程度，因此没有两个单子是一样的。甚至最低等的单子也有一定程度的意识或下意识；在人类灵魂所代表的这个阶段上，有自我意识存在。不过，可以同人类灵魂相类比地来认识低等单子，认为它们经历某种有意识的或下意识的活动。

661

莱布尼茨切望同时避免泛神论的和机械论的哲学，因此试图设想单子彼此没有直接联系，不能相互影响。他说道：“它们没有可以进出什么的窗户。”然而，他又不得不承认这有一个例外，即上帝，上帝被认为是最高单子或者说“单子中的单子”。上帝创造了所有其他单子，它们的创造过程则被描述为从上帝发出的过程。

当然，这同连续性原理并不完全一致，这条原理不允许跳跃或间断；因为这个“单子中的单子”如此便被认为不仅在程度上与其他单子不同，而且在**种类**上也不同。并且，也还有个怎么解释其他单子之间的明显的相互作用的问题。如果这些单子“没有窗户”，那么，构成视在物体的发展程度低的单子的组合怎么会同称为人类灵魂的高等单子相互作用呢？他的回答是，单子实际上并不相互作用，但是每个单子都是独立的、自我充足的。然而，既然一切单子共同起源于单子中的单子即上帝，而一切单子在精神特征和活动上归根结底又都是相似的，因此，每个单子都在自身之中并按照其发展水平及其自身的局限性重复最高单子的经验。这样，所有 662 单子便是那么多的镜子，它们每一个都按照其自己的力量及其独特的位置反映同一个终极实在（上帝）。因此，它们完全处于和谐之中，而彼此实际上不发生影响。这犹如无数个各式各样的钟都上紧了发条，由一个中央的钟用电定时；它们完全同步地走时，而又并不相互作用。换句话说，存在一种由上帝规划的“先定和谐”，因此每个单子在某种意义上都反映所有其他单子；这样，整个宇宙是从这个单子的观点来看的。

可见，莱布尼茨的哲学在一些重要的方面与霍布斯的哲学大相径庭。与后者把全部实在都归结为物质和运动的唯物主义相反，莱布尼茨坚持唯灵主义或者说唯心主义，它使全部实在由心理活动的精神中心组成。按照莱布尼茨的意见，物体的空间广延性和运动仅仅是由于最低等单子的活动的混乱性质所产生的现象。因此在莱布尼茨看来，空间和时间只是共存和次序的现象秩序——领悟的形式，而不是终极的或独立的实在。但是，像霍布斯在解释物质和运动怎么能产生心灵和心理活动上没有取得多大成功一样，莱布尼茨在解释心灵和心理活动怎么能引起物质和运动的现象时，也未取得什么成功。

像斯宾诺莎（莱布尼茨研究过他的《伦理学》的手稿）一样，莱布尼茨也强调实在的动力的即活动的特性。与洛克所主张的心灵是经验在其上打上印记的白板这种论点相反，莱布尼茨证明心灵本质上是活动的；事实上，洛克本人也不得不赋予心灵以超过他的初衷的活动能力。洛克和其他人的格言是“理智中唯有来自感官的东西”，而莱布尼茨正确地给它补充上“除了理智本身而外”这几个字。但是，莱布尼茨走到了霍布斯所主张的经验主义的另一个极端。因为，洛克否认一切天赋观念，而莱布尼茨出于他的“无窗”单子（它们的活动虽然是渐次的，但完全是内在的）概念，实际上把一切观念都归到天赋观念的水平，这些天赋观念并非总是从一开始就是清晰明确的（除了在上帝那里），而是从比较模糊的天赋知觉逐渐发展。

然而，归根结底说来，霍布斯没有成功地摒弃一个外部上帝的超自然干预而又把世界维持在某种统一之中，而莱布尼茨也不过尔尔。因此，跟布鲁诺和斯宾诺莎不同，莱布尼茨最后还是转归当时的传统神学。

莫尔

663

近代科学的机械论倾向尤其是霍布斯身上表现出来的那种极端形式引起了正统宗教人士的严重不安。因此，他们做了许多努力，或者试图抵制它，或者至少把它和基督教教义相调和。在这些信仰的捍卫者中间,从科学史的观点看来最令人感兴趣的是牛顿。然而,他在这些问题上的观点在很大程度上是受亨利·莫尔、罗伯特·玻意耳和伊萨克·巴罗等人的影响。因此,有必要先简述一下他们几个人的哲学观点。

然而,首先应当说明机械论科学所提出的那些特殊问题。利用关于物质和运动的数学定律来解释物理现象这种倾向以及由此而引起的拒斥神学解释和忽略事物的第二性性质的倾向包含一个崭新的方针。一方面,作为运动必要条件的空间和时间被赋予了前所未有那么高的重要意义。另一方面,主要在于认识第二性性质的人的生活,似乎被降格到仅仅是幻觉,且不再是主要的考虑对象:它曾被认为存在于自然的体系之中。而且,长期以来一直被认为是宇宙万物运动的终极目标的上帝自己,看来也有失去其先前在世界所占据的地位之虞。

现在让我们来探讨一下上述这批思想家是怎么对待这些问题和其他有关问题的。

亨利·莫尔(1614—1687)出生在林肯郡的格兰瑟姆。这位加尔文派教徒的儿子说,他实在无法“咽下那艰涩的关于命运的教义”。在剑桥大学的阿克顿学院度过三年以后,他又到弥尔顿刚在那里完成学业的基督学院。他学习了四年亚里士多德哲学,“在某种意义上,结果一无所获,所得的仅仅是怀疑论”。于是他转向注意新柏拉图主义者、德国神学诡辩派和犹太神秘主义者的著作。最后他加入了“自由派”,他们为宗教中的理性和知识探究中的宗教精神辩护,同独断论和不容异端说相对抗。他们后来被称为剑桥柏拉图主义者。虽然是个虔诚的宗教信仰者、神秘主义者和鬼魂巫魔的信仰者，但莫尔也对科学和哲学感兴趣，并被选为皇家学会会员。和他通信的人中有笛卡儿、范·赫耳蒙特、卡德沃思和格兰维尔。他死于剑桥大学，葬于基督学院教堂。他的主要哲学著作是《形而上学手册》(*Enchiridion Metaphysicum*)(1671年)和《灵魂不灭》(*The Immortality of the Soul*)(1659年)。

图316—亨利·莫尔

664

莫尔哲学的主要动机有三个方面。首先是他为了反对霍布斯的彻底唯物主义而试图替精神或精神实体的实在性(和不灭)辩护。其次，他试图维护主张统一的世界观，据此，物质实体和精神实体不像笛卡儿的二元论所提出的那样截然分离；与这个论点密切相关地，他还反对笛卡儿把物质视为与广延同一，他倒认为广延本质上是非物质的，对于物质和精神是共同的，是两者之间的一种连接。第三，他想力陈关于世界起源和指导的宗教观念的必然性。当然，莫尔并未把这些问题割裂开来，而是以种种奇特的方式把它们结合在一起。

在主张灵魂和精神是实体这一点上，莫尔和笛卡儿是一致的。但是，笛卡儿认为思想或意识是一个精神实体(*res cogitans*)的特征属性，而莫尔则主张，精神的本质是自我活动。有些精神是意识，就它们而言，意识被认为是自我活动的证据。但是也有活动的精神，尽管它们是盲目地和无意识地活动和努力。每个人都了解有自我活动的精神存在，因为他们直接意识到自我活动；莫尔认为这“是一个足够明晰的证据，证明自然中有无形体的东西存在”（*Ench. Met.*，XXV，7）。知觉的知识本身就证实了这一点，因为“动物的庸俗的物质微粒无论如何不能够进行像我们自我体验到的那些认识的操作和功能”（同上，XXV，1）。记忆、想象和思想等活动被援引来作为补充证据（同上，XXV，6）。至于人类灵魂或精神以外的东西的存在，莫尔这样证明它们的存在：存在许多不可能用机械论即不可能用物质和碰撞运动来解释的自然现象；而凡是非物质的东西就必定是精神的。按照莫尔的看法，物体在自然中的结合、运动的起源和物理事件的有秩序的出现都只有诉诸自我活动的精神才能得到解释（同上，IX，4—13）。在确立了精神的存在之后，莫尔列举了许多不同等级的精神，从上帝到最低等的“可塑”精神即始原，这给当时的化学和地质学带来严重破坏。然而，我们这里就不必注意这些细节问题了。

665 按照莫尔的见解，精神是广延的。他反对笛卡儿，但同意霍布斯的观点：虽然一切物质都是广延的，但广延并不等同于物质，因为可以很容易地想象离开物质的广延。莫尔同霍布斯一致的一点还有：凡是任何处所都没有的东西就是无。但他得出的不是霍布斯的结论：不存在精神，而是这样的结论：精神是广延的。他论证说，“因为取除一切广延等于把一个事物仅仅归结为一个数学点，而后者无非是纯粹的虚无或者说虚构实体，而实体和虚构实体之间是没有中介的，因此很清楚，如果一个事物是存在的，那么它必定是广延的”(同上,IX,21)。所以,精神是广延的,能够自由地穿透物体以使它们运动;按照莫尔的意见,它还能随意收缩或膨胀。他试图按这种方式解释人的活动。灵魂能够从它在大脑第四室中的主要处所播散到整个人体,甚至超出一点,作为一种散发物;在为所欲为之后,它能够再收缩,局限在那个脑室之中。莫尔把这种精神膨胀和收缩的力量称为“致密”。

与这些据说发生在人体中的事相类比,莫尔认为物理自然是一个也充满一种精神即“自然精神”或“世界的普遍灵魂”的整体。莫尔复活了古代的 *anima mundi*〔世界灵魂〕,以作为物理现象的机械论解释的辅助或补充。像他的好几位同时代人一样,他也感到,许多物理现象不可能仅仅用物质和运动来解释——例如内聚、磁和电甚至重力。所有这些事实,他都试图用“自然精神”来解释,他把这种精神说成是“一种无形体的实体,但它没有好恶地弥漫宇宙的全部物质,并按照它对之起作用的那些部分中的各种预先存在的倾向和偶因而在其中发挥一种形成力量,从而通过指引物质的这些部分及其运动而使那些不能分解为纯粹机械力量的现象出现在世界上”(*Immortality*,III,xii,1)。为了把这概念限制在科学的范围内,即为了防止那时流行的滥用(以便玩弄巫术和进行欺诈),莫尔进一步把“自然精神”限定为“到处都一样,而且对于同样的偶因,作用始终如一,就像一个头脑清晰、判断得当的人在同样的境况中总是提出同样的意见”(同上,III,xiii,7)。然而,这整个宇宙秩序归根结底是上帝创造的。在上述同人体的类比中,“自然精神”仅仅对应于“动物精神”,而后者是灵魂的无意识的代表;上帝本身对应于灵魂,但他当然远不止于此,他是造物主,也是指导者。

666 因此，按照莫尔的见解，上帝在整个宇宙无所不在。接下来的问题是要确定上帝同空间和时间的关系。像已经指出的那样，运动在近代科学中的重要地位看来给予空间和时间都以一个新的独立存在的地位，即物质和运动的背景或舞台、测量一切运动的参考系。并且，虽然物质可以认为不在，但空间却不能作如是观，因为已预先假定在任何一种存在中它都在。在莫尔看来，空间确实有许多极其显著的属性。它是"简单的、不动的、永恒的、完美的、独立的、自我存在的、自我维持的、不可腐蚀的、必然的、巨大无垠的、非创造的、不受限制的、不可理解的、无所不在的、无形体的、渗透和包含一切事物的东西，它是必要的存在、现实的存在和纯粹的现实"(*Ench. Met.*, VIII, 7)。因此，它必定是精神实体。并且，空间的这些属性都在通常归诸上帝的那些属性之列。因此，它必定是神性的。和马勒伯朗士不同，莫尔实际上并不把空间和上帝相等同，而是把空间说成是"神的本质或本质存在的某种相当混乱而又含糊的表示，就它不同于神的生活和活动而言。因为这些属性中没有一个……看来涉及神的生活和活动，而只涉及神的纯粹本质和存在"(同上，VIII, 14)。可见，莫尔把空间等同于上帝的无所不在。这种空间概念必定可以在犹太人神秘主义文献中看到，其中把上帝描述为"世界的空间"(*Genesis Rabba*, 68, 9)，还描述为"像灵魂占满肉体一样地占满整个世界"(*Leviticus Rabba*, 4, 8)。上面已经指出，莫尔研读过犹太人的和其他形式的神秘主义。

巴罗

伊萨克·巴罗(1630—1677)就读于查特豪斯公立学校、费尔斯特德学校和剑桥大学圣彼得学院。在赴法国、意大利和近东旅行之后，他于1660年就任剑桥大学希腊文教授。1662年，他成为格雷歇姆学院的几何学教授；1663年成为皇家学会会员；1664年任剑桥大学首任数学卢卡斯教授。1669年，他辞去这个职务以让他的学生牛顿接任。1672年，他被任命为剑桥大学三一学院院长；1675年，他当选为这个大学的副校长。他对数学科学的贡献上面有一章里已经介绍过。这里述及的比较思辨的思想主要包括在他的《数学演讲》(*Mathematical Lectures*)(1669年)之中。

巴罗看来受莫尔和其他剑桥柏拉图主义者的影响。他关于几何概念的观点本质上是柏拉图式的。完美几何图形的观念不是从经验导出的，因为他问道："有谁看到过或者凭感觉分辨出一条精确直线或一个完美的圆呢？"这些观念已经隐含在心灵中；图形和其他感官知觉对象仅仅是诱发明显地回忆起它们的偶因。他还持有这样的观点：实际上存在着包含在可感知客体之中的完美几何图形，尽管它们是看不见的，除非是用理性的眼睛。几何图形占据空间，而空间不能认为是独立于上帝而存在的。那么，空间怎么同上帝相关联呢？巴罗认为现存世界是上帝的创造物，上帝是无限的和全能的，由此他断言，上帝能够创造另外的世界。因此，上帝必定超出或延伸到这个世界之外。所谓空间正是上帝的存在和能力。如上所述，这也是莫尔的空间观。然而，巴罗对时间和空间同样感兴趣。笛卡儿认为几何图形由运动产生，这种涉及时间和空

667

间两者的几何图形概念使得时间的本质也成为数学家的紧迫问题。巴罗的时间概念同他的空间概念相类似。他写道:“正像在世界创建以前已经有空间,甚至现在在这个世界之外也有无限的空间(上帝与之共存)一样……在这个世界之前,以及和这个世界一起(也许在这个世界以外),也是过去和现在都有时间;既然在这世界产生之前,某些存在物〔上帝和天使〕能始终保持存在,那么,在这个能够这么持久的世界之外也可能有事物存在。……因此,时间并不标示实际的存在,而只标示永久存在的能力或可能性,正像空间表示一种介入量的能力。……不过,时间不蕴涵运动吗? 我回答说,就时间的绝对的和固有的本性而言,它根本不蕴涵运动;它也不蕴涵静止;时间的数量本质上同运动和静止都无关;不管事物行进还是驻留,不管我们睡觉还是醒着,时间总是按其平稳的进程流逝着……尽管我们分辨时间的数量,并必定借助运动作为我们据以判断时间数量和把它们相互比较的一种量度”(*The Mathematical Works of Issac Barrow*,1860,Vol. II,p. 160)。在巴罗看来,数学的异常清晰确实乃是作为上帝之无所不在和永恒的空间和时间的神性所使然。牛顿的绝对空间和时间概念无疑同莫尔和巴罗的这些宗教观念相联系。

668

吉尔伯特

莫尔的空间概念和“自然精神”概念主要导源于早期的神秘主义和哲学;但是它也受到某些较近的本国影响的鼓励。其中主要是威廉·吉尔伯特。吉尔伯特在磁学和电学方面的先驱工作上面已经介绍过。他致力于**解释**磁现象以及描述它们,这种努力导致他得出结论:磁是有生命的、类似灵魂的东西,事实上它在有些方面明显地优越于人类灵魂,这可以从磁作用具有屡试不爽的准确性和规律性,而相比之下凡人常常犯错误看出。既然地球产生磁力,所以地球必定有灵魂。吉尔伯特的泛灵论并不止于此。他说道:"我们认为,整个宇宙是有生命的,一切天球、一切恒星以及崇高的地球都从一开始起就受它们自己拥有的灵魂所支配,并有自我守恒的动机。"(*On the Magnet*, The Gilbert Club, London, 1900, p. 209)借助它所发出的"光和精神的"发散物,磁灵魂或磁力能作用于遥远的客体。吉尔伯特的这个观点以及笛卡儿应用以太涡旋解释惰性物体的运动,这两者的结合使得"以太精神"的概念流行起来;"以太精神"本质上类似于莫尔的"自然精神",用来解释超距作用以及那些无法用碰撞运动来解释的现象。

玻意耳

罗伯特·玻意耳对科学的重要贡献上面已经介绍过。这位富于经验的化学家和物理学家偶尔也表现出有些倾向于莫尔的思想。但他比较谨慎,仅仅承认世界的行为"仿佛说明,宇宙中充满一种理智的存在物"(*Works*, ed. 1672, Vol. II, p. 39)。在他的化学和物理学研究中,玻意耳非常严格地遵循机械论解释的原则,所以当莫尔提出抽气机的作用不能用力学来解释时,玻意耳拒斥这种建议。但在处理他的专业领域以外的问题时,玻意耳有时沉溺于神学解释。例如,在他的《流动性和稳固性的历史》(*History of Fluidity and Firmness*)(§ xix)中,在谈到"鸭、天鹅和其他水禽"时,玻意耳解释说:"自然〔把它们〕设计得有时在天空飞翔,有时在

水中生活，自然又有远见地使它们的羽毛具有这样的质地，以致像
669 各种其他鸟类一样，它们也不吸收浸入的水，否则它们便不适合飞行。"总之，他无疑需要对作为一个整体的物理世界作一种目的论的和神学的解释，即使它的各个部分可用机械论来解释。首先，这台宏大而有秩序的机器必须由一个智慧至高无上的、全智全能的造物主来设计和创造。并且，玻意耳指出，"世界的这个最能干的创造者和设计者没有抛弃与他如此相称的一件杰作，而是仍旧维护和保存它，并这样地调节这些巨大天球和其他硕大的尘世物质块团的极其迅速的运动，以致它们不会以任何明显的不规则性而扰乱宇宙这个宏大体系，使之陷于混沌"(*Works*，ed. 1672，Vol. V，p. 519)。按照玻意耳的意见，奇迹不是不可能的。但是，世界通常不需要超自然的干预，因为"它像一台珍贵的时钟，例如在斯特拉斯堡就可能这样，那里一切都那么灵巧地达到这样的地步，以致发动机一旦开动，一切就会按照这设计师的最初设计进行下去"(同上，p. 163)。所以，玻意耳很倾向于一个内在地有秩序的宇宙的概念，这宇宙不需要超自然的力量来不断修补。然而，就此而言，他远远落后于斯宾诺莎的内在宇宙秩序的概念。玻意耳落在斯宾诺莎后面究竟有多远，可以从这样一点看出。正当牛顿快要用一个宏大的概括(万有引力原理)囊括宇宙的一切物理现象——从苹果坠地到潮汐运动、地球形状、木星卫星的旋转、行星运动以及甚至像彗星运动那种明显反复无常的运动时，玻意耳却还在思考这样的可能性：我们以外的其他世界里，运动规律或许和我们这里不同(同上，p. 139)。他的心灵显然为相信地上世界和天上世界这种区别或类似东西的传统信仰所占据。

玻意耳不仅试图寻找在自然过程背后的上帝的地位和作用，他还试图恢复人在这个世界上的正常地位。上面已经指出，强调物质的数学的或第一性性质而牺牲第二性性质这种科学倾向，似乎把人类生命在一定程度上还原为虚幻的生命。玻意耳令人赞赏地捍卫了那些第二性性质。他一度走得很远，曾说："它们具有与我们无关的绝对存在；因为，即使世界上没有人或者任何其他动物，例如雪仍旧是白的，燃烧的煤还是热的。"然而，他通常是谨慎的，并坚持认为："事实上，世界上存在某些我们称之为人的有感觉的和有理性的存在物；人的肉体有几个外部部分，如眼、耳等等，每个都有特异的组织结构，借此能够接受来自周围物体的印象，因此称之为感觉器官；我以为，我们必须认为，这些感觉可能是它们之外的物体的形象、形状、运动和质地以各种方式所引起的，这些外部物体有的适合于影响眼睛，有的适合于影响耳朵，有的适合于影响鼻孔，等等。人的心灵给客体对感官的这些作用(心灵通过同肉体的结合而知觉它们)以专门的名称，称一种为光或颜色，另一种为声音，还有一种为气味，等等。"他承认，第二性性质即使这样也并不存在于外部物体之中，除非作为"它的构成微粒的一种意向，而当它真的作用于一个动物的感觉时，它便引起一种为另一个不同构成的物体所不会引起的可感觉到的性质"(*Works*, Vol. III, pp. 22—36)。然而，这种意向是非常实在的。但玻意耳毕竟坚持认为，人不仅像自然的万物那样实在，而且"人的灵魂〔是〕一种比整个有形世界更崇高、更可贵的存在物"(同上，Vol. IV, p. 19)。实际上在玻意耳看来，不仅第二性性质非常实在，而且自然的美和有秩序的谐和也是他用以证明有"一个至高无上地强大、明智和完

670

美的创造者存在的主要论据之一”(同上,Vol. IV,p. 515)。

玻意耳认为,机械论的科学仅仅部分地提供了自然现象的解释;完备的解释必须包括诉诸宇宙的创造者和他的设计。科学家的问题还是在于尽可能深入地追踪事物发生的精确途径。就算物理世界“像一台珍贵的时钟,例如在斯特拉斯堡就可能这样”,那它还是有一种机构应当加以研究,以便能具体地了解它的作用。一个理智的存在物不应当仅仅满足于宣称物理世界是由一个技艺精湛的钟表匠制造的。玻意耳写道:“他一定是个十分愚笨的探索者,只想弄清楚一只表的现象,满足于知道它是一个钟表匠制造的机械;但是他因而对下述几点一无所知:发条、齿轮、摆轮和其他零件的结构和接合,以及它们相互作用以协同地使表针指示正确时间的方式。”一切现象都是这样。“为了阐释一个现象,仅仅把它归671 诸一个一般的有效原因是不够的,我们还必须清楚地说明这个一般原因引起所述效应的特定方式”(同上,Vol. V,p. 245)。因此,玻意耳在他的实验工作中满足于表明,他所研究的现象“可以用运动、大小、重力、形状和其他力学属性来解释”(同上,Vol. III,p. 608)。而在他的科学范围之外,玻意耳通常都保持他的神学和他的目的论信仰。

牛顿

牛顿的科学工作前面已经做过介绍。本章我们仅仅论述他的思想的哲学背景。一般地我们可以说,近代科学先驱者的哲学思想大都在牛顿那里重现。但是,各种思潮的真正会合,必须某种程度的相互适应。牛顿正是完成了这个工作,而且他的贡献还不止于使不同哲学倾向相互适应。

作为历来运用数学方法的大师之一，牛顿避免了开普勒把科学方法转变成宇宙哲学的错误。在牛顿著作中可以看到有一点点新毕达哥拉斯派的数学狂的味道，如果说有的话。事实上，他赋予数学演绎的重要性甚至还没有例如笛卡儿那样高。他的科学精神更倾向于培根、玻意耳和洛克的经验精神。他不仅仅依赖于数学演绎，而且还总是诉诸经验证实；而且，他还承认，有些问题根本不能用数学来解决。他甚至去追溯几何学的经验起源。他写道："几何学可以在力学实践中看到，它无非就是精确地提出和论证测量技术的普遍力学的一部分"（*Universal Arithmetic*，Preface）。正是这种经验主义导致牛顿敌视形而上学的假说，即反对不以经验为根据和不由经验证实的理论。"探索事物性质的正确方法是从实验推出它们"（*Opera*，ed. 1779，Vol. IV，p. 320）。作为万有引力定律和大多数重要光学定律的发现者，牛顿却抑制自己不明确地致力于提出关于重力或光的本性的观点。他把光仅仅描述为从发光体向四面八方沿直线传播的"不知什么东西"。"不知什么东西"这说法带有洛克经验主义对待"实体"的味道。另一方面，尽管他怀有强烈的经验感，但牛顿仍知道怎么把实验同数学分析和演绎结合起来以获得意义深远的结果。这种幸运的结果在很大程度上是由于他清楚地认识到，关于现象的精确规律的知识甚至在没有任何关于这些现象的终极本质的真正知识的情况下，也可能是非常可贵的。"从现象引出二三条一般的运动原理以及随后表明怎样从这些明了的原理得出一切有形体的事物的性质和作用，将是哲学〔即科学〕上的一个十分重大的步骤，尽管这些原理的原因尚 672

未发现"(*Opticks*,3rd ed.,p. 377)。

前面已经多次指出,数学方法之在近代科学中处于主宰地位的后果之一是,区分开了第一性性质和第二性性质,并且在相当的程度上忽略后者。牛顿也主张这种区分,但对之有所修正。他在第一性性质中增加"质量"这个性质。至于第二性性质,他采纳通常的看法,即声音和颜色不是事物的性质,而是外部客体传播的振动在活有机体中引起的。他写道:"钟、乐弦或其他发声物体的声音无非是一种震颤运动,而在天空中的声音无非是从这客体传播来的运动,而感觉中枢中的声音则是对这种呈声音形式的运动的感觉;因此,这客体的颜色无非是它比其余客体更多地反射某种光线的倾向;光线的颜色无非是把某种运动传入感觉中枢〔即据认为灵魂居留在其中的那个大脑部分〕这种倾向,而感觉中枢中的颜色则是对这些呈颜色形式的运动的感觉"(同上,p. 110)。然而牛顿并不赞同这样的观点:所谓第一性性质(包括质量)是自然物体仅有的客观性质。在这方面,也许他赞同上述的玻意耳的各个思想,甚至他可能走得更远。他无疑地相信世界的客观的美和谐和,相信上帝在维持它们。

牛顿看来是从玻意耳的空气密度实验得到启发而把"质量"引入物质的第一性性质之中的。这个概念使得他能够提出一种自然的力学理论,它比笛卡儿的涡旋所能提出的更加令人满意。这个事实,以及把一切第二性性质明确地逐出自然,两者促成确立了机械论的世界观。这种世界观在将近两个世纪中一直被奉为科学的信经。牛顿自己关于物质的种种观念并不完全是一以贯之的。一方面,他是一个正统的基督教徒,相信有一个第一原因。他指出,

673

这第一原因“肯定不是力学的”(同上,p. 344),而是致力于维护宇宙的美和谐和。另一方面,他不仅把机械论的解释模式成功地应用于广阔领域的事实,而且还希望“我们能够利用同样的推理方法从力学原理推导出自然的其余现象”(*Principles*,Motte 译,II,9);事实上,他采纳无所不在的以太这种流行观念,而以太的压力可能有助于以多少是力学的或准力学的方式解释光的透射以及其他不能诉诸质量和运动来解释的现象。并且,与他的比较正统的同时代人不同,他实际上把宇宙目的的观念从现实宇宙秩序中逐出。事实上,世界是上帝创造的一部绝妙的机器。但是,上帝的工程技艺是那么精湛,以致这机器不需要经常维修,而只要稍加监视以维持它的正常运转。上帝仍起着驻在工程师的作用。但是,世界本质上是一个块状结构的整体,其中万物都在一定程度上是预先决定的。人只需学会他所能学会的关于这部巨大机器的知识,只需崇拜“这伟大工程师”的数学天才和力学专长。

对于牛顿来说,承认上帝在宇宙中的存在和影响,不只是对大众信仰的忍让。它是他的思想的攸关重要的部分,深深地影响了他的观点。可以毫不夸大地说,牛顿的绝对运动、空间和时间等概念在很大程度上是他受到莫尔和巴罗影响的神学观点的结果。其要点如下。第一,关于绝对运动,牛顿说道:“那些把真正的〔即绝对的〕运动和相对运动彼此区别开来的种种原因乃是施加于物体而产生运动的力。真正的运动既不能创生也不能改变,而是由施加于某物体的某个力驱动;至于相对运动,则无须施加什么力于该物体,即可创生或改变。因为,只要施加某个力于与前者相比较的其他物体就够了:它们一屈服,关系就可改变,而这别的物体的相对静止或运动正在于此”(*Principles*,Motte 译,I,10)。可见,牛顿关于绝对运动的实在性的信念归根结底乃植基于他的这样的信仰:运动的能量最终是上帝所施加的,上帝精确地知道他是否已施加能量,以及施加了多少。同时,绝对运动预先就假定了绝对运动在其中发生的绝对空间和绝对时间。因此,牛顿也接受这两个概念。“绝对的、真实的和数学的时间自行地和出于其本性地均匀流逝,与任何外界事物无关,它也称为持续;相对的、视在的和日常的时间是利用运动对持续所作的某种可感觉得到的和外界的(无论精确的还是不定的)量度,它通常代替真实时间应用;例如小时、日、月、年。”同样,“与任何外界事物无关的绝对空间就其本性而言始终保持同样和固定不动。相对空间是某种可变的大小即对绝对空间的量度;我们的感官根据它对于物体的位置而确定它,一般就把它当做固定不动的空间;地下、天空或天上空间依其相对地球的位置所确定的大小就是这样。绝对空间和相对空间在形象和量上相同;但它们在数值上并不始终保持相同。因为,如果比方地球在运动,那么,相对地球始终保持相同的我们的空域则将一会儿成为这空域所进入的那绝对空间的一部分;一会儿又将是其另一部分,因此,绝对地看来,这空域将是不断地在变化的”(*Principles*,Motte 译,I,6)。但是,我们看来只对相对空间和时间有实在的知识或应用。那么,我们不是满足于它们,却去相信绝对时间和空间的实在性,这有什么理由呢?牛顿很清楚当用纯粹科学根据来捍卫它们时所存在的种种困难。可是,他证明绝对空间和时间之合理的根本理由是神学的,而不是科学的。按照传统的神学,上帝“永恒存在,而且无所不在”。在接受莫尔和巴罗的观点时,牛顿作了意味深长的补充：上帝"由于始终存在和无所不在，因此他构成持续和空间"(*Principles*，Motte 译，II，311)。

牛顿的宗教信念和类似精神都避免了按照霍布斯和某些后来思想家的方式把力学科学转变成机械论宇宙哲学的危险。像我们已看到的，莱布尼茨试图用他的唯心主义的单子论哲学来撤除唯物主义的基础。问题不光是他在构造一个无所不包而又令人满意的哲学上是否更加成功。而是在某些方面，他似乎赞同一种比笛卡儿、玻意耳或牛顿更为严格的机械论自然观，因为他把上帝的活动局限在世界之中，不超出它的创造物和先定的和谐。他简直是揶揄他那些比较正统的同时代人的观点。他说："按照这些先生们的意见，上帝制造的这部机器是那么不完善，以致他得时常格外集中地清洗它，甚至像修钟表的匠师一样地修理它。"(Brewster's *Newton*，II，285)　675

然而，在莱布尼茨看来，整个物理自然没有终极的实在性，而只是精神单子的现象。但是即便如此，当考虑莱布尼茨体系中无窗单子的预先决定的命运以及任意设想的它们同"单子中的单子"的关系时，人们看到，莱布尼茨的唯灵主义哲学和霍布斯的唯物主义哲学、更不用说笛卡儿、玻意耳和牛顿等的宗教折中之间只有微乎其微的实际差别，如果说有这种差别的话。作为一种哲学体系，斯宾诺莎的泛神论比所有这些极端的和折中的学说都来得优越。但是，甚至在这个群星灿烂的时代，实行这种哲学的条件也还未臻成熟。

(参见 E. A. Burtt，*The Metaphysical Foundations of Modern Science*，1925；J. E. Erdmann，*History of Philosophy*，Vol.

II, 1892, etc.; W. Windelband, *History of Philosophy*, New York, 1901; A. Wolf, "Descartes" and "Spinoza" in the *Encyclopaedia Britannica*, 14th ed。)

插 图 目 录

事 项 索 引

按英文字母顺序排列。页码系原书页码,排在本书切口。

B

C

H

I

J

K

L

M

O

P

Q

R

S

T

U

V

W

Y

Z

人名索引

人名按英文字母顺序排列。有异译的，附列于后。年代和地点系指生卒年代、生卒地点。页码系原书页码，排在本书切口。

C

D

I

J

K

L

O

P

Q

R

W

译　后　记

本书系根据原书1935年伦敦第一版译出。

本书翻译分工如下。周昌忠:第五、十一—十九、二十四、二十六章;苗以顺、毛荣运:第六—八、二十—二十三章;傅学恒:序言、第一—四、二十五章;朱水林:第九、十章。全书由周昌忠校订,并编制人名索引。

本书译文容有错误和不妥之处,诚望读者指正。

译　者

1982年1月

图书在版编目(CIP)数据

十六、十七世纪科学、技术和哲学史(上下册)/(英)沃尔夫(Wolf,A.)著;周昌忠等译. —北京:商务印书馆,1984.12(2016.11重印)
(汉译世界学术名著丛书)
ISBN 978-7-100-01104-4

I. ①十… II. ①沃…②周… III. ①自然科学史—世界—中世纪 ②社会科学—历史—世界—中世纪 ③哲学史—世界—中世纪 IV. ①N091②B13

中国版本图书馆CIP数据核字(2010)第217851号

汉译世界学术名著丛书

十六、十七世纪科学、技术和哲学史

(上 下 册)

〔英〕亚·沃尔夫 著

周昌忠　苗以顺　毛荣运
傅学恒　朱水林　译

周昌忠　校

商 务 印 书 馆 出 版
(北京王府井大街36号 邮政编码100710)
商 务 印 书 馆 发 行
北京市白帆印务有限公司印刷
ISBN 978-7-100-01104-4

1984年12月第1版　开本850×1168　1/32
2016年11月北京第6次印刷　印张28½
定价:76.00元